通风与空气调节

（第二版）

主　编　苏德权
副主编　王全福　吕　君
　　　　曹慧哲

哈爾濱工業大學出版社

内容简介

本书是高职高专院校“供热通风与空调”、“暖通设备管理”专业的主要教材之一，为适应高等职业教育的特点而编写。

全书较完整的阐述了通风与空气调节的理论基础和国内外相关的先进技术，分为工业通风、民用建筑通风和空气调节三部分，包括工业通风系统设计及设备选型、工业有害物的净化、通风空调管道的设计计算、民用建筑通风及防火排烟系统的构成及设计计算、湿空气的物理性质、热湿负荷计算、热湿处理设备的选型设计、空调系统、净化空调的设计和通风空调系统的消声减振、测定调节与运行维护等内容。

本书也可作为函授学生或专业培训人员使用，亦可供有关工程技术人员参考使用。

图书在版编目(CIP)数据

通风与空气调节/苏德权主编. —哈尔滨：哈尔滨工业大学出版社，2009.2(2018.1 重印)

ISBN 978-7-5603-1621-5

Ⅰ.通… Ⅱ.苏… Ⅲ.①建筑-通风-高等学校-教材 ②建筑-空气调节-高等学校-教材

Ⅳ.TU83

中国版本图书馆 CIP 数据核字(2002)第 006636 号

责任编辑 李艳文
封面设计 卞秉利
出版发行 哈尔滨工业大学出版社
社 址 哈尔滨市南岗区复华四道街 10 号 邮编 150006
传 真 0451-86414749
网 址 http://hitpress.hit.edu.cn
印 刷 哈尔滨圣铂印刷有限公司
开 本 787mm×1092mm 1/16 印张 24.75 字数 569 千字
版 次 2009 年 2 月第 2 版 2018 年 1 月第 8 次印刷
书 号 ISBN 978-7-5603-1621-5
定 价 36.00 元

前　言

近十余年来 HVAC&R 技术发展很快，如变风量空调、置换通风、蒸发冷却及水源、地源热泵等技术在国内已得到较多应用。相应的设计与施工规范、质量验收标准、定额、技术规程等都已经过一次甚至数次更新修订。《通风与空气调节》自 2002 年 4 月出版以来，收到很多用书院校师生的反馈信息，编者深感急需修编，但因种种原因，迟迟未能实现。

在哈尔滨工业大学出版社李艳文副社长的推动下，本书由黑龙江建筑职业技术学院苏德权主持，黑龙江建筑职业技术学院王全福、吕君老师，哈尔滨工业大学市政与环境工程学院曹慧哲博士结合 HVAC 技术的发展与应用进行了全面的修编和更正。本书的编写力求简洁、易懂，注重示例及附录内容的实用性和先进性，以及对工程的指导作用。适于高职高专院校学生使用，适当调整也可作为中职学校、函授院校教材和专业培训教材，同时可供有关设计、施工、运行维护管理等专业技术人员参考。

本书由苏德权主编，王全福、吕君、曹慧哲为副主编，因编者水平有限、时间紧迫，不足之处敬请批评指下。

编者

2009 年 1 月

目 录

绪　论

在20世纪,伴随社会生产力和科学技术的迅速发展,人类改造客观环境的能力也大大提高,一个以热力学、传热学和流体力学为基础,综合建筑、建材、机械、电子学和电工学等工程学科,旨在解决各种室内空气环境问题的独立的技术学科——通风与空气调节逐渐形成。20世纪初,美国的一家印刷厂首次采用能够实现全年运行的用喷水室进行热湿处理的空气调节系统。在1919~1920年,芝加哥的一家电影院也安装了空调系统,这是人类首次将空调应用到民用建筑。1931年,我国第一个真正意义的空调系统诞生在上海纺织厂(采用喷深井水的直流式喷水室处理空气)。进入20世纪下半叶,通风空调技术的发展更加迅速,应用更加广泛。

现代建筑的密封性、保温性愈来愈好,为解决人们对自身居住生活和工作的环境控制,生产过程和科学实验过程所要求的环境控制提供了条件。同时,人们在较为密封的室内环境生活和工作,进行生产或科学实验,通风和空气调节也是必需的。随着生产力和科学技术的飞速发展,人民的物质文化生活水平的提高,通风和空调技术在我国的应用日益广泛。在大型的民用建筑,如图书馆、体育馆、展览馆、写字楼、高层公寓、宾馆、商场等场所均已普及,家用空调的普及率也在迅速提高。在汽车、飞机、火车及船舶上也大都装上了空调系统。在汽车制造、机械制造、电子、制药、纺织、印刷、养殖、食品加工,甚至粮食储运等生产方面,通风和空调的应用同样比比皆是,不可或缺。可以说,现代生活离不开通风和空气调节,通风空调技术的发展和提高也依赖于现代化。

对某个特定的空间来说,要使其内部空气环境处在所要求的状态,主要是对空气的温度、湿度、空气流动速度及洁净度进行人工调节,以满足人体舒适和工艺生产过程的要求。当然,有时我们还要对空气的压力、成分、气味及噪声进行调节与控制,也就是说我们要对很多参数进行控制,那么如何控制呢?影响室内环境的因素通常来自室外和室内两个方面。一是来自室外的太阳辐射、外部气候变化及外部空气中有害物的干扰;二是来自室内的内部生产过程、设备和人员所产生的热、湿和其他有害物的干扰。消除上述干扰的主要技术手段有:通过对特定空间输送并合理分配一定质量的空气,与内部空气之间进行热质交换,然后把已完成调节作用的空气等量排出,即用换气的方法保证内部环境的空气新鲜;采用热湿交换的方法来保持内部环境的温湿度;采用净化的方法保持空气的清洁度。因此,对一定空间的空气进行调节主要是一系列的置换和热质交换过程。

为了保持一个稳定的空气环境,要采用多种技术手段,通风、供暖与空调是密不可分的。工程上,一般将只要求控制内部温度的调节技术称为供暖或降温,将为保持内部环境有害物浓度在一定卫生要求范围内的技术称为通风,对空气进行全面处理,即具有对空气进行加热、加湿、冷却、除湿和净化的调节技术称为空调。实际上,供暖、降温及工业通风、空调都是对内部空间环境进行调节与控制的技术手段,只是在控制和调节的要求上以及空气环境参数调节的全面性方面有所不同,因此,我们可以把空气调节认为是供暖和通风技术的延续和发展。按照服务对象,通风可分为工业通风、民用建筑通风;为保证室内生产工艺和科学实验过程顺利进行而设的空气调节称为“工艺性空调”,为保证人的热舒适要求,应用于以人为主的空气环境的调节称为“舒适性空调”。

通风与空气调节对国民经济各方面的发展,对人民物质文化生活水平的提高有至关重要的意义。空气调节不再是什么奢侈手段,而日渐成为现代化生产、科学研究及社会生活的不可缺少的必要条件。通风与空气调节的应用为人们创造了舒适的工作和生活环境,保护了人体健康,提高了劳动生产率,更成为许多工业生产过程稳定运行和保证产品质量的先决条件。如以高精度恒温恒湿要求为特征的精密仪器、精密机械制造业,为避免元器件由于温度变化产生胀缩影响加工和测量精度、湿度过大引起表面锈蚀,一般都规定严格的基准温度和湿度,并制定了偏差范围,如 20±0.1 ℃;50±5%。纺织、印刷、造纸、烟草等工业对相对湿度的要求较高,如相对湿度过小可能使纺纱过程中产生静电,纱变脆变粗,造成飞花或断头;空气过于潮湿又会使纱粘结,从而影响生产质量和生产效率。在电子工业的某些车间,不仅要求一定的温湿度,而且对空气洁净度的要求也很高,某些工艺对空气中悬浮粒子的控制粒径已降至 0.1 μm,对悬浮粒子的数量也有明确的要求,如每升空气中等于和大于 0.1 μm 的粒子总数不超过 3.5 粒等。在制药、食品工业及生物实验室、手术室等,不仅要求一定的空气温湿度,而且要求控制空气中的含尘浓度及细菌数量。在旅游、农业、宇航、核能、地下与水下设施以及军事领域,空气调节都发挥着重要作用。

综上所述,通风与空气调节的应用是相当广泛的,而愈来愈多地运用通风空调技术也带来了一些新的问题。首先,空调的能耗是很大的,某些企业(如电子工业)空调耗能约占全部能耗的 40%,民用建筑的空调能耗也占建筑能耗的很大比重。由于所消耗的电能和热能大多来自热电站或独立的工业锅炉房,其燃料燃烧产生的多种而大量的排放物不仅造成严重的空气污染,还是大气层温室效应的主要原因。在这种情况下,空气调节不但要提高设备能量转换性能,寻求合理的运行调节方法,从而实现节约用能、合理用能,而且应重视清洁能源的开发,如太阳能、地热、风能等。其次,空调常用的人工冷源的制冷剂多为卤化烃物质,对臭氧层破坏严重,尤其是氟利昂 R12,寻求更好的过渡性或永久性替代物是紧迫而重要的。第三,室内空气品质问题。现代建筑的密封性越来越好,使室内污染物的浓度上升,室内各种装饰材料与新型建筑材料带来的甲醛、石棉、苯等污染更是让人难以处理,而且在空气处理过程中,空调设备本身就会造成空气中负离子的减少,这一点已被证实。因而长期生活在这样“令人疲倦和致病”的建筑物中,人们会产生闷气、粘膜刺激、昏睡及头疼等症状;另外,长期在空调环境中生活会使一些人产生“空调适应不全”,出现皮肤汗腺和皮脂腺收缩,腺口闭塞,导致血流不畅,神经功能紊乱等症状。

目前,通风与空气调节技术不仅要在合理用能、能量回收、能量转换和传递设备性能的改进及计算机控制、楼宇自控等方面继续研究,而且要进一步探讨如何创造更有利于健康的适于人类工作和生活的内部空间环境。通风与空调技术正在由解决空气环境的调节和控制,向内部空间环境质量的全面调节与控制发展,即所谓的内部空间的人工环境工程,这方面要做的工作还很多。

总之,通风与空气调节的应用将愈来愈广泛,通风空调技术的发展前景是美好而广阔的,需要从事这一事业的人们掌握的知识技能将越来越多,需要人们不断地开拓创新。

第一章　通风方式

所谓通风，就是把室内的污浊空气直接或经净化后排至室外，把新鲜空气补充进来，从而保持室内的空气条件，以保证卫生标准和满足生产工艺的要求。我们把前者称为排风，后者称为送风。

第一节　通风的分类

按照通风动力的不同，通风系统可分为自然通风和机械通风两类。

一、自然通风

自然通风是依靠室外风力造成的风压和室内外空气温度差所造成的热压使空气流动，以达到交换室内外空气的目的。

1. 热压作用下的自然通风

图 1.1 为一利用热压进行通风的示意图。由图可以看出，由于室内空气温度高、密度小，则会产生一种上升的力，使房间中的空气上升后从上部窗孔排出，而此时室外的冷空气就会从下边的门窗或缝隙进入室内，使工作区环境得以改善。

2. 风压作用下的自然通风

图 1.2 为一利用风压进行通风的示意图。具有一定速度的风由建筑物迎风面的门窗吹入房间内，同时又把房间中的原有空气从背风面的门、窗压出去(背风面通常为负压)，这样也可使工作区的空气环境得到改善。

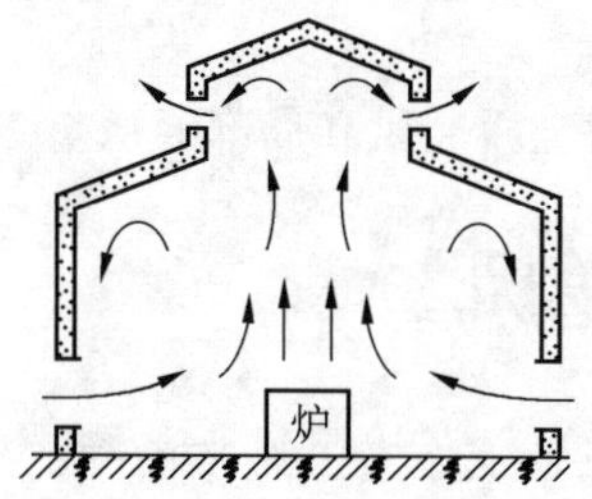

图 1.1　热压作用下的自然通风

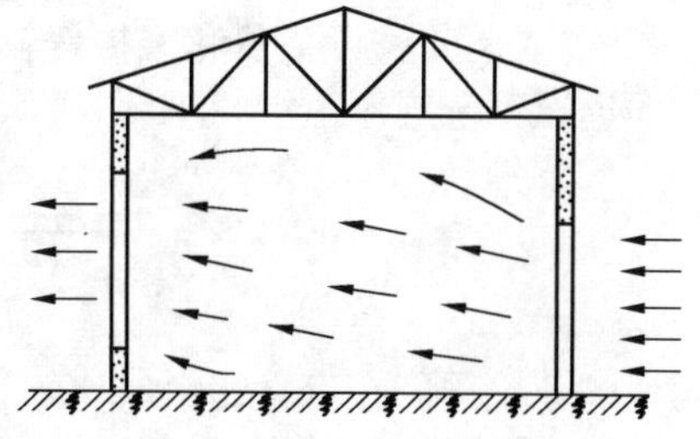

图 1.2　风压作用下的自然通风

3.热压和风压同时作用下的自然通风

在大多数工程实际中，建筑物是在热压和风压的同时作用下进行自然通风换气的。一般说来，在这种自然通风中，热压作用的变化较小，风压作用的变化较大，如图 1.3 即为热压和风压同时作用下形成的自然通风。

用热压和风压来进行换气的自然通风对于产生大量余热的生产车间是一种经济而又有效的通风方法。如机械制造厂的铸造热处理车间，各种加热炉、冶炼炉车间均可利用自然通风，这是一种既简单又经济的方法。但自然通风量的大小和许多因素有关，如室内外温差，室外风速、风向，门窗的面积、形式和位置等，因此，其通风量不是常数，会随气象条件发生变化，使得通风效果不太稳定，利用时应充分考虑到这一点而采取相应的调节措施。

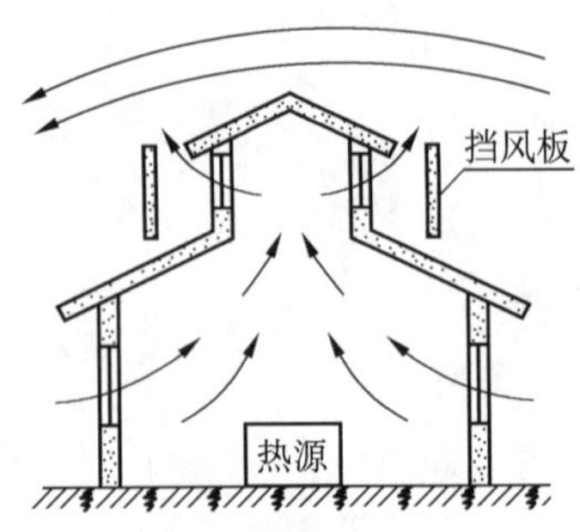

图 1.3　风压和热压同时作用下的自然通风

二、机械通风

依靠通风机产生的动力来迫使室内外空气进行交换的方式称机械通风。图 1.4 所示为某车间的机械送风系统。机械通风由于作用压力的大小可以根据需要选择不同的风机来确定，而不像自然通风那样受自然条件的限制，因此，可以通过管道把空气按要求的送风速度送到指定的任意地点，也可以从任意地点按要求的吸风速度排除被污染的空气。适当地组织室内气流的方向，并且根据需要可对进风或排风进行各种处理。此外，也便于调节通风量和稳定通风效果。但是，机械通风需要消耗电能，风机和风道等设备还会占用一部分面积和空间，工程设备费和维护费较大，安装管理较为复杂。

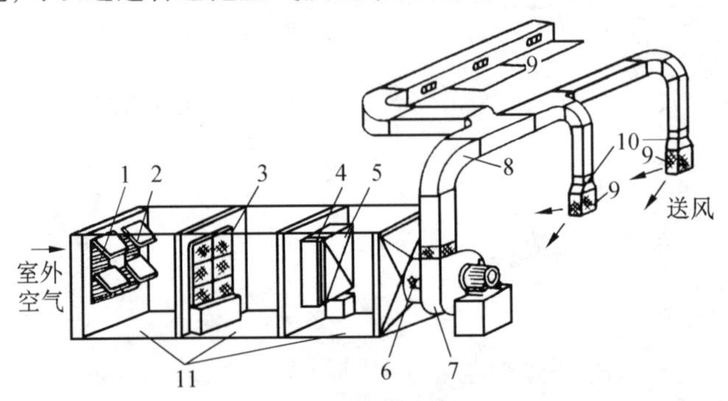

图 1.4　机械送风系统示意图

1—百叶窗；2—保温阀；3—过滤器；4—旁通阀；5—空气加热器；6—启动阀；7—通风机；8—通风管；9—出风口；10—调节阀；11—送风室

按照通风系统应用范围的不同，机械通风还可分为全面通风和局部通风。

第二节　局部通风

通风的范围限制在有害物形成比较集中的地方，或是工作人员经常活动的局部地区的通风方式，称为局部通风。局部通风系统分为局部送风和局部排风两大类，它们都是利用局部气流，使工作地点不受有害物污染，以改善工作地点空气条件的。

一、局部送风

向局部工作地点送风，保证工作区有良好空气环境的方式，称局部送风。

对于面积较大，工作地点比较固定，操作人员较少的生产车间，用全面通风的方式改善整个车间的空气环境是困难的，而且也不经济。通常在这种情况下，就可以采用局部送风，形成对工作人员合适的局部空气环境。局部送风系统分为系统式和分散式两种。图 1.5 是铸造车间局部送风系统图，这种系统通常也称作空气淋浴或岗位吹风，即将冷空气直接送入工人高温作业点的上方，并吹向工人的身体，使人体沐浴在冷空气气流形成的空气淋浴中，而送入车间的一部分空气由窗孔排出。分散式局部送风一般使用轴流风机，适用于对空气处理要求不高、可采用室内再循环空气的地方。

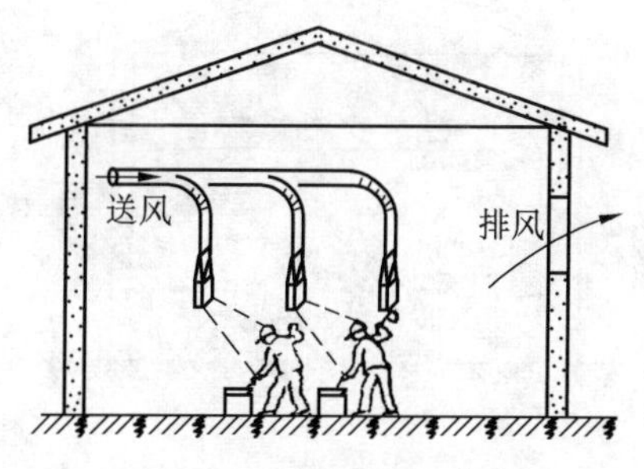

图 1.5　局部送风系统(空气淋浴)

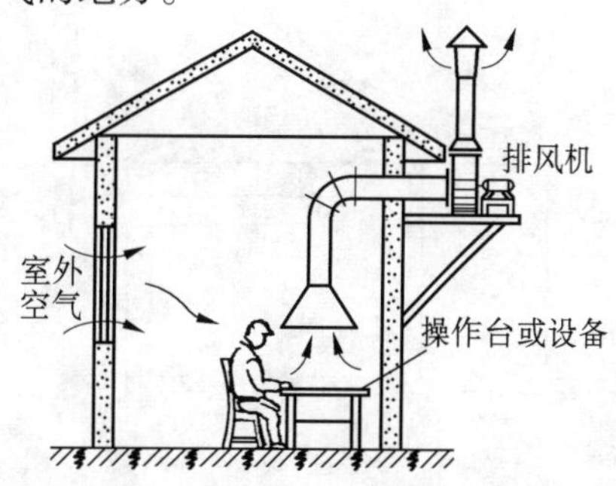

图 1.6　局部排风系统

二、局部排风

在局部工作地点安装的排除污浊气体的系统称局部排风。图 1.6 是局部排风系统示意图，它是为了尽量减少工艺设备产生的有害物对室内空气环境的直接影响，将局部排风罩直接设置在产生有害气体的设备上方，及时将有害气体吸入局部排风罩，然后通过风管与风机排至室外，是比较有效的、积极的一种通风方式。这种方式主要运用于安装局部排气设备不影响工艺操作及污染源集中且较小的场合。局部排风也可以是利用热压及风压作为动力的自然排风。

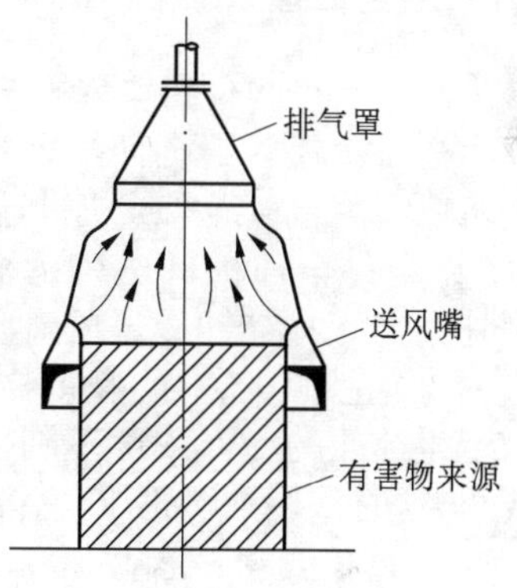

图 1.7　局部送、排风系统

三、局部送、排风

如图 1.7 所示，有时采用既有送风又有排风的局部通风装置，可以在局部地点形成一道“风幕”，利用这种风幕来防止有害气体进入室内，是一种既不影响工艺操作又比单纯排风更为有效的通风方式。

第三节　全面通风

全面通风是在房间内全面地进行通风换气的一种通风方式。全面通风又可分为全面送风、全面排风和全面送、排风。

当车间有害物源分散，工人操作点多且较分散，面积较大，安装局部通风装置影响操作，采用局部通风达不到室内卫生标准的要求时，应采用全面通风。

一、全面排风

在整个车间全面均匀进行排气的方式称全面排风。

全面排风系统既可以利用自然排风，也可以利用机械排风。图 1.8 表示在产生有害物的房间设置全面机械排风系统，它利用全面排风将室内的有害气体排出，而进风来自不产生有害物的邻室和本房间的自然进风，这样，通过机械排风造成一定的负压，可防止有害物向卫生条件较好的邻室扩散。

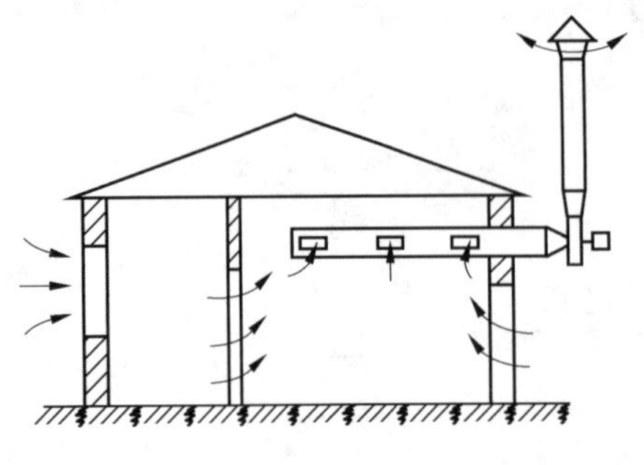

图 1.8　全面机械排风系统

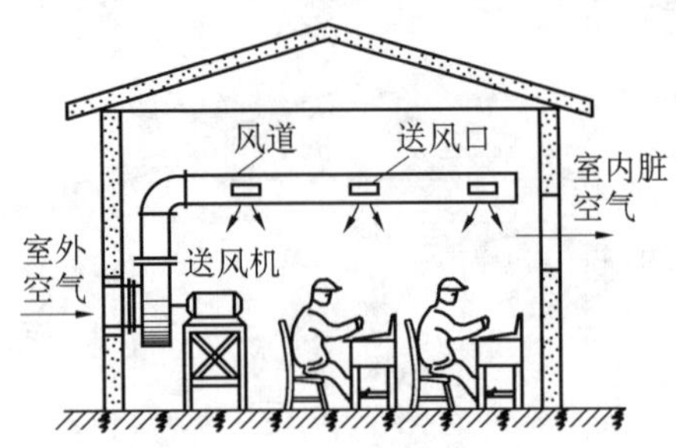

图 1.9　全面机械送风系统

二、全面送风

向整个车间全面均匀的进行送风的方式称为全面送风。同全面排风相同，全面送风也可以利用自然通风或机械通风来实现。图 1.9 即为一全面机械送风系统，它利用风把室外大量新鲜空气经过风道、风口不断送入室内，将室内空气中的有害物浓度稀释到国家卫生标准的允许浓度范围内，以满足卫生要求，这时室内处于正压，室内空气通过门窗压至室外。

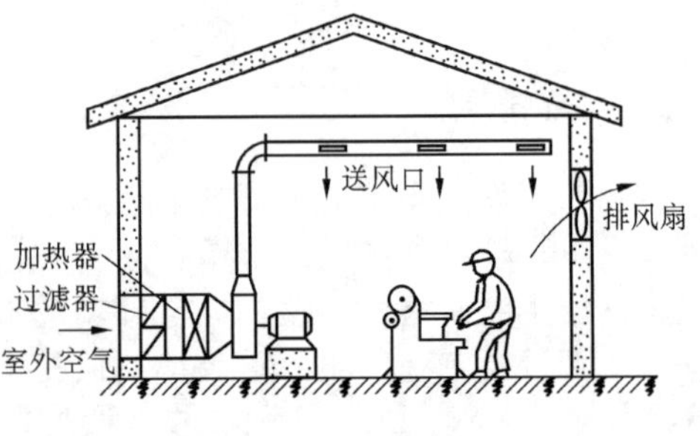

图 1.10　全面送排风系统

三、全面送、排风

很多情况下，一个车间可同时采用全面送风系统和全面排风系统相结合的全面送、排风系统，如门窗密闭、自行排风或进风比较困难的场所。通过调整送风量和排风量的大小，使房间保持一定的正压或负压。如图 1.10 所示即为全面送、排风系统。

第四节　事故通风

事故通风是为防止在生产车间当生产设备发生偶然事故或故障时，可能突然放散的大量有害气体或有爆炸性的气体造成更大人员或财产损失而设置的排气系统。它是保证安全生产和保障工人生命安全的一项必要措施。

事故排风的风量应根据工艺设计所提供的资料通过计算确定，当工艺设计不能提供相关计算资料时，应按每小时不小于房间全部容积的 12 次换气量确定。事故排风宜由经常使用的排风系统和事故排风的排风系统共同完成，但必须在发生事故时，提供足够的排风量。

事故排风的通风机应分别在室内、外便于操作的地点设置电器开关，以便一旦发生紧急事故时，使其立即投入运行。事故排风的吸风口应设在有害气体或爆炸危险物质散发量可能最大的地方。事故排风的排风口不应设置在人员经常停留或经常通行的地点；当其与机械送风系统进风口的水平距离小于20 m时，应高于进风口 6m 以上；当排气中含有可燃气体时，事故通风系统排风口距可能火花溅落地点应大于 20 m；排风口不得朝向室外空气动力阴影区和正压区。

第二章　工业有害物的来源及危害

工业通风是研究控制工业有害物对室内外空气环境的影响和破坏的技术。为了控制工业有害物的产生和扩散,改善车间空气环境和防治大气污染,必须了解有害物产生和散发的机理,认识各种工业有害物对人体及工农业生产的危害。

第一节　工业有害物的来源

工业有害物主要是指工业生产中散发的悬浮微粒、有害蒸气和气体、余热和余湿。

一、悬浮微粒的来源

悬浮微粒是指分散在大气中的固态或液态微粒,包括烟尘、灰尘、烟雾、雾等,其中最主要的是烟尘和粉尘。

1. 粉尘产生的原因

粉尘是指能在空气中悬浮的、粒径大小不等的固体微粒,是分散在气体中的固体微粒的通称。

烟尘是燃料和其他物质燃烧的产物,粒径范围约为 0.01 ~ 1 μm,通常由不完全燃烧所形成的煤黑、多环芳烃化合物和飞灰等组成,为凝聚性固态微粒,以及液态粒子和固态粒子因凝集作用而生成的微粒。所有固态分散性微粒称为灰尘,粒径为 10 ~ 200 μm 的称“降尘”;粒径在 10 μm 以下的称为“飘尘”。粉尘和烟尘的来源主要有以下几个方面:

(1) 矿物燃料的燃烧,如锅炉燃料的燃烧。

(2) 机械工业中的铸造、磨削与焊接工序,如砂轮机的磨光过程、抛光机的抛光过程等。

(3) 建材工业中原料的粉碎、筛分、运输,如水泥的生产和运输。

(4) 化工行业中的生产过程,如石油炼制、化肥的生产等。

(5) 物质加热时产生的蒸汽在空气中凝结或被氧化的过程,如铸铜时产生的氧化锌。

2. 粉尘的扩散机理

任何粉尘都要经过一定的扩散过程,才能以空气为媒介与人体接触。粉尘从静止状态变成悬浮于周围空气的过程,称为“尘化”作用。常见的尘化作用主要有:

(1) 诱导空气造成的尘化作用,如图 2.1。

(2) 热气流上升造成的尘化作用。

(3) 剪切造成的尘化作用,如图 2.2。

(4) 综合性的尘化作用,如图 2.3。

通常把上述各种尘粒由静止状态进入空气中浮游的尘化作用称为一次尘化作用,引起一次尘化作用的气流称为一次尘化气流。一次尘化作用给予粉尘的能量是不足以使粉尘扩散飞扬的,它只造成局部地点的空气污染。造成粉尘进一步扩散,污染车间空气环境的主要原因是室内的二次气流,即由于通风或冷热气流所形成的室内气流,如图 2.4 所示。二次气流带着局部地点的含尘空气在整个车间内流动,使粉尘散布到整个车间,二次

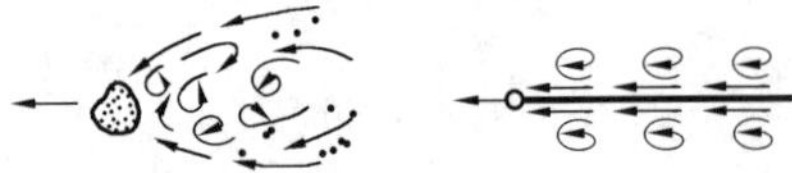

图 2.1　诱导空气造成的尘化作用
（块、粒状物料运动时）

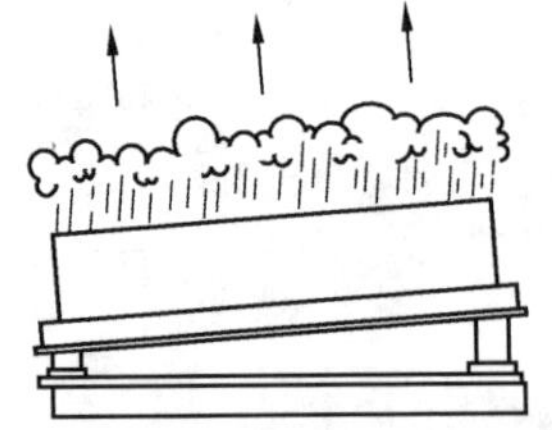

图 2.2　剪切压缩造成的尘化作用

图 2.3　综合性的尘化作用

气流的速度越大，作用也越明显。由此可见，粉尘是依附于气流而运动的，只要控制室内气流的流动，就可以控制粉尘在室内的扩散，改善车间空气环境。

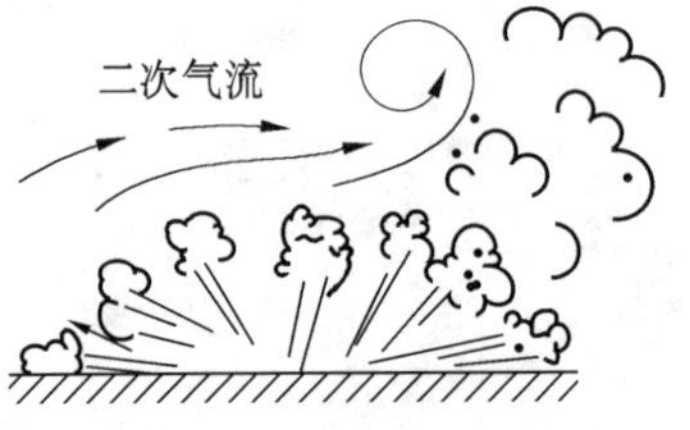

图 2.4　二次气流对粉尘扩散的影响

二、有害气体和蒸气的来源

在工业生产过程中，有害气体和蒸气的来源主要有以下几方面：

1. 有害物表面的蒸发，如电镀、酸洗、喷漆等；
2. 化学反应过程，如化工生产、有机合成、燃料的燃烧；
3. 设备及输送有害气体管道的渗漏；
4. 物料的加工处理，如金属冶炼、浇铸、石油加工等；
5. 放射性污染，如带有辐射源的各种装置与设备、核武器试验等。

三、余热和余湿的来源

工业生产中，各种工业炉和其他加热设备、热材料和热成品等散发的大量热量，浸泡、蒸煮设备等散发的大量水蒸汽，是车间内余热和余湿的主要来源，如冶金工业的轧钢、冶炼，机械制造工业的铸造、锻造车间等。余热和余湿直接影响到空气的温度和相对湿度。

第二节　工业有害物的危害

一、粉尘对人体的危害

粉尘对人体危害的大小取决于空气中所含粉尘的性质、浓度和粒径。化学性质有毒的粉尘，如汞、砷、铅进入人体后，会引起中毒以致死亡；含有游离二氧化硅的无毒粉尘吸入人体后，会在肺内沉积，损害呼吸功能，发生“矽肺”病。空气中粉尘量的多少一般以所含粉尘的浓度作为衡量标准，粉尘浓度越大，对人体的危害也越大。粉尘的粒径也是危害人体健康的一个重要因素，粒径越小，则单位质量的表面积越大，相应地提高了粉尘的物理化学活性,加剧了生理效应的发展。粉尘颗粒大小不同,进入人体的深度也不同,如图 2.5 所示。5 μm以上的粉尘颗粒,由于被鼻粘膜和呼吸道所阻留,不易进入肺部,而粒径为 0.1 ~ 1 μm 的粉尘可直接进入肺泡,较易溶解,肺泡吸收速度快,且不经肝脏的解毒作用,直接被血液和淋巴液输送至全身,对人体有很大的危害。另外,粉尘的表面可以吸附空气中的某些有害气体和致癌物质(如 3、4 苯并芘),使肺癌发病率上升。

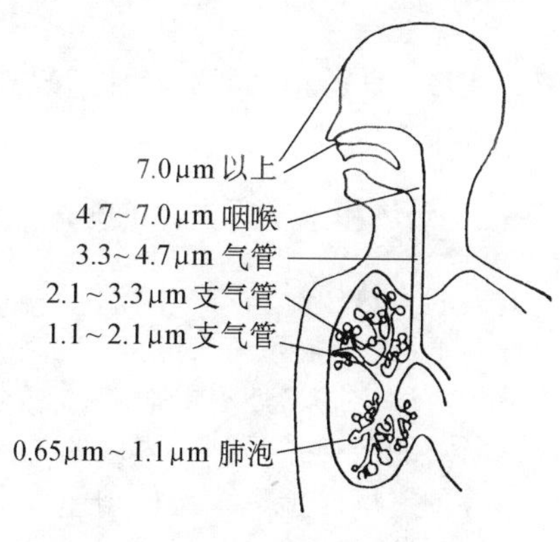

图 2.5　吸及呼吸器官的气溶胶粒子

二、有害蒸气和气体对人体的危害

有害蒸气和气体的种类很多,对人体的危害也各不相同。根据其对人体危害的性质不同,可分为麻醉性、窒息性、刺激性和腐蚀性的等几类。下面介绍几种常见的有害气体和蒸气对人体的危害。

1. 硫氧化物

硫氧化物主要有 SO_2 和 SO_3,它们是目前大气污染物中数量较大、影响面较广的一种气态污染物。SO_2 是无色、有硫酸味的强刺激性气体,是一种活性毒物,在空气中可以氧化成 SO_3,形成硫酸烟雾,它们能刺激人的呼吸系统,是引起肺气肿和支气管炎发病的原因之一,另外还能致癌。

2. 氮氧化物

氮氧化物主要有 NO 和 NO_2。NO 毒性不太大,但进入大气后可被缓慢地氧化成 NO_2,且在催化剂作用下,其氧化速度会加快。NO_2 的毒性为 NO 的 5 倍,NO_2 对呼吸器官具有强烈的刺激作用,会使人体细胞膜破坏,从而导致肺功能下降,引起急性哮喘病。实验证明 NO_2 可能是导致肺气肿和肺瘤的病因之一。

3. 碳氧化物

CO 和 CO_2 是各种大气污染物中发生量最大的一类污染物。CO_2 是无毒气体,但当其在大气中的浓度过高时,使氧气含量相对减小,会对人体产生不良影响。CO 是一种窒息性气体,对人类的危害作用相当大,因为它与血红蛋白的结合能力比 O_2 的结合能力大 200 ~ 300倍。当 CO 的浓度较高时,就会阻碍血红蛋白向体内的供氧,轻者会产生头痛、眩晕,重者会导致死亡。

4. 碳氢化物

碳氢化物主要是多环芳烃类物质,如苯并芘、蒽、晕苯等,大多数具有致癌作用,特别是苯并(a)芘是致癌能力很强的物质。碳氢化物的危害还在于参与大气中的光化学反应,生成危害性更大的光化学烟雾,对人的眼睛、鼻、咽、喉、肺部等器官都有明显的刺激作用。

5. 汞蒸气

汞蒸气是一种剧毒物质,通过使蛋白质变性来杀死细胞而损坏器官,长期与汞接触,会损伤人的嘴和皮肤,还会引起神经方面的疾病。汞中毒典型症状为易怒、易激动、失忆、失眠、发抖,当空气中汞浓度大于 0.000 3 mg/m^3 时,就会发生汞蒸气中毒现象。

6. 铅蒸气

能够与细胞内的酵酸蛋白质及某些化学成分反应而影响细胞的正常生命活动,降低血液向组织的输氧能力,导致贫血和中毒性脑病。

7. 苯蒸气

苯蒸气是一种具有芳香味、易燃和麻醉性的气体，吸入体内会危及血液和造血器官，使中枢神经受到抑制。

三、余热和余湿对人体的影响

人的冷热感觉与空气的温度、相对湿度、流速和周围物体表面温度等因素有关。在正常情况下，人体依靠自身的调节机能使自身的得热和散热平衡，保持体温稳定。人体散热主要是通过皮肤与外界的对流、辐射和表面汗液蒸发三种形式进行的。当人体由于新陈代谢所需的散热量受到外界因素的影响，散发较少或较多时，就会感到不适，严重时还会产生各种疾病。余热余湿使得室内环境中空气的相对湿度和温度受到相应影响，从而影响人体的散热。

四、工业有害物对生产和大气的影响

粉尘对生产的影响主要是降低产品质量和机器的工作精度，缩短机器的使用年限。有些粉尘，如煤尘、铝尘等，当浓度超过一定界限后，还可能发生爆炸，造成经济损失和人员伤亡。集成电路、精密仪表、感光胶片的生产，若空气中的含尘浓度高于净化要求时，就会降低质量，甚至无法生产出合格的产品。粉尘落到机器的转动部件上，就会加速机器磨损，影响使用寿命。

有害蒸气及气体对工农业生产也有很大的危害，如空气中的 NO_2 具有腐蚀性和刺激作用，能损害农作物使之减产。光化学烟雾对植物的毒性也很强，会使植物出现“斑点样”坏死病变，造成品质变坏，产量下降。另外，由于光化学烟雾中含有 O_3 等强氧化剂，还会使橡胶、塑料老化，降低织物强度，使染料、涂料和油漆褪色或剥落，对生产造成一定的影响。

工业有害物不仅会危害室内空气环境，如不加控制地排入大气中，还会造成大气污染，如全球出现的温室效应、酸雨现象等均是有害物对大气污染所造成的后果。

第三节　卫生标准和排放标准

一、有害物的浓度

有害物的浓度即单位体积空气中所含有害物的含量，它决定了有害物对人体和大气的危害程度，也是制定各类标准的一个重要参数。

粉尘的浓度有两种表示方法，一种是质量浓度，即每立方米空气中所含粉尘的质量，单位是 g/m^3 或 mg/m^3。另一种是颗粒浓度，即每立方米空气中所含粉尘的颗粒数，单位是(个/m^3)。通风工程一般采用质量浓度，颗粒浓度主要用于洁净车间。

有害气体和蒸气的浓度也有两种表示方法，一种是质量浓度，另一种是体积浓度。体积浓度的常用单位是 ml/m^3，因为 $1\ ml = 10^{-6}m^3$，所以，$1\ ml/m^3 = 1\ ppm$。1 ppm 表示空气中某有害蒸气或气体的体积浓度为百万分之一。

在标准状态下，质量浓度和体积浓度可按下式进行换算

$$Y = \frac{M}{22.4} C \tag{2.1}$$

式中　Y——有害气体和蒸气的质量浓度，mg/m^3；

C——有害气体和蒸气的体积浓度，ppm 或 ml/m^3；

M——有害气体和蒸气的摩尔质量，g/mol。

【例 2.1】　在标准状态下 50 mg/m^3 的一氧化碳相当于多少 ppm？

解　一氧化碳的摩尔质量 $M=28$ g/mol，所以

$$C=22.4\frac{Y}{M}=22.4\times\frac{50}{28}=40\text{ ppm}$$

二、卫生标准

为使工业企业的设计符合卫生要求，保护工人、居民的身体健康。我国于 1962 年颁发并于 1979 年修订了《工业企业设计卫生标准》(TJ36—79)，作为全国通用设计卫生标准，从 1979 年 11 月 1 日起执行。它规定了“居住区大气中有害物质的最高容许浓度”标准和“车间空气中有害物质的最高允许浓度”标准，是工业通风设计和检查效果的重要依据。见附录 2.1 和 2.2。我国现在执行的是《工业企业设计卫生标准》GBZ1—2007 版。

居住区大气中有害物质的最高容许浓度的数值，是以居住区大气卫生学调查资料及动物实验研究资料为依据而制定的，鉴于居民中有老、幼、病、弱，且有昼夜接触有害物质的特点，故采用了较敏感的指标。这一标准是以保障居民不发生急性或慢性中毒，不引起粘膜的刺激，闻不到异味和不影响生活卫生条件为依据而制定的。

车间空气中有害物质最高容许浓度的数值，是以工矿企业现场卫生学调查，工人健康状况的观察，以及动物实验研究资料为主要依据而制定的。最高容许浓度是指工人在该浓度下长期进行生产劳动，不致引起急性和慢性职业性危害的数据。在具有代表性的采样测定中均不应超过该数值。

三、排放标准

排放标准是为了使居民区的有害物质符合卫生标准，对污染源所规定的有害物的允许排放量和排放浓度，工业通风排入大气的有害物应符合排放标准的规定，它是在卫生标准的基础上制定的。

随着我国对环境保护的重视和环境保护事业的发展，1996 年在原有《工业“三废”排放试行标准》(GBJ4—73)废气部分和有关行业性国家大气污染物排放标准的基础上制定了《大气污染物综合排放标准》(GB16297—1996)，从 1997 年 1 月 1 日起执行，它规定 33 种大气污染物的排放限值和执行中的各种要求。见附录 2.3。1997 年 1 月 1 日前设立的污染源，即现有污染源，执行表 1 标准。1997 年 1 月 1 日起设立(包括新建、扩建、改建)的污染源，即新污染源，执行表 2 标准。在我国现有的国家大气污染物排放体系中按照综合性排放标准与行业性排放标准不交叉执行的原则，即除若干行业执行各自的行业性国家大气污染物排放标准外，其余均执行本标准。如锅炉即执行《锅炉大气污染物排放标准》(GW13271—2001)，它是在《锅炉大气污染物排放标准》(GB13271—91)的基础上修订的，见附录 4。同时我国还制定了《环境空气质量标准》(GB3095—1996)，它是在 1982 年制定的《大气环境质量标准》(GB3059—82)的基础上修订的。本标准制定了环境空气质量、功能区划分、标准分级、污染物项目、取值时间及浓度限值。附录 5 给出了空气质量功能区分类、标准分级及各项污染物的浓度限值。

第三章　全面通风

全面通风也称稀释通风，它是对整个车间或房间进行通风换气，以改变室内温、湿度和稀释有害物的浓度，并不断把被污染空气排至室外，使作业地带的空气环境符合卫生标准的要求。根据气流方向不同，全面通风可分为全面送风和全面排风。根据通风方式不同，全面通风又分自然通风、机械通风或自然通风与机械通风联合使用等多种方式。

全面通风的效果不仅与通风量有关，而且与通风的气流组织也有关。在图 3.1 中“×”表示有害物源，“○”表示人的工作位置，箭头表示送、排风方式。方案 1 是将室外空

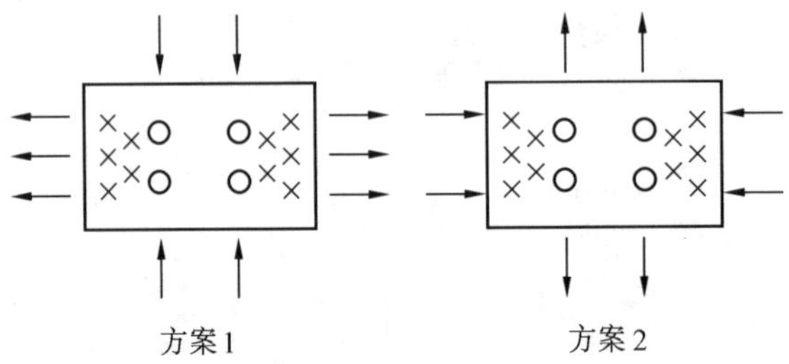

图 3.1　气流组织方案

气首先送到工作位置，再经有害物源排至室外。这样，工作地点的空气可保持新鲜。方案 2 是室外空气先送至有害物源，再流到工作位置，这样工作区的空气会受到污染。由此可见，要使全面通风效果良好，不仅需要足够的通风量，而且要有合理的气流组织。

第一节　全面通风量的确定

所谓全面通风量是指为了改变室内的温、湿度或把散发到室内的有害物稀释到卫生标准规定的最高允许浓度以下所必需的换气量。一般可按下列公式计算。

1. 为稀释有害物所需的通风量

$$L = kx/(y_p - y_s) \quad \mathrm{m^3/s} \tag{3.1}$$

式中　L——全面通风量，$\mathrm{m^3/s}$；

k——安全系数，一般在 3～10 范围内选用；

x——有害物散发量，g/s；

y_p——室内空气中有害物的最高允许浓度，$\mathrm{g/m^3}$，见附录 2.2；

y_s——送风中含有该种有害物浓度，$\mathrm{g/m^3}$。

2. 为消除余热所需的通风量

$$G = \frac{Q}{c(t_p - t_s)} \quad \mathrm{kg/s} \tag{3.2}$$

或

$$L = \frac{Q}{c\rho(t_p - t_s)} \quad \mathrm{m^3/s}$$

式中 G——全面通风量，kg/s；

Q——室内余热(指显热)量，kJ/s；

C——空气的质量比热，可取 1.01 kJ/kg·℃；

ρ——空气的密度，可按下式近似确定

$$\rho = \frac{1.293}{1+\frac{1}{273}t} \approx \frac{353}{T} \ \text{kg/m}^3$$

其中 1.293 kg/m³——0 ℃时干空气的密度；

t——空气的摄氏温度，℃；

T——空气的绝对温度，K；

t_p——排风温度，℃；

t_s——送风温度，℃。

3. 为消除余湿所需的通风量

$$L = \frac{W}{\rho(d_p - d_s)} \ \text{m}^3/\text{s} \quad 或 \quad G = \frac{W}{d_p - d_s} \ \text{kg/s} \tag{3.3}$$

式中 W——余湿量，g/s；

d_p——排风含湿量，g/kg 干空气；

d_s——送风含湿量，g/kg 干空气。

室内同时放散余热、余湿和有害物质时，全面通风量应分别计算后按其中最大值取。

按卫生标准规定，当有数种溶剂(苯及其同系物或醇类或醋酸类)的蒸气，或数种刺激性气体(三氧化二硫及三氧化硫或氟化氢及其盐类等)同时在室内放散时，全面通风量应按各种气体分别稀释至最高容许浓度所需的空气量的总和计算，若在室内同时放散数种其他有害物质时，全面通风量按其中所需最大的换气量计算。

防尘的通风措施与消除余热、余湿和有害气体的情况不同，除特殊场合外很少采用全面通风的方式，因为一般情况下单纯增加通风量并不一定能够有效地降低室内空气中的含尘浓度，有时反而会扬起已经沉降落地或附在各种表面上的粉尘，造成个别地点浓度过高的现象。

当散入室内有害物数量无法具体计算时，全面通风量可按类似房间换气次数的经验数据进行计算。换气次数 n 是指通风量 L(m³/h)与通风房间体积 V(m³)的比值，即 $n = L/V$(次/h)，因此全面通风量 $L = nV$(m³/h)。

【例 3.1】 某车间内同时散发苯和醋酸乙酯，散发量分别为 80 mg/s、100 mg/s，求所需的全面通风量。

解 由附录 2.2 查得最高容许浓度为苯 $y_{p_1} = 40$ mg/m³，醋酸乙酯 $y_{p_2} = 300$ mg/m³。送风中不含有这两种有机溶剂蒸气，故 $y_{s_1} = y_{s_2} = 0$。取安全系数 $k = 6$，则

苯 $$L_1 = \frac{6 \times 80}{40-0} = 12 \ \text{m}^3/\text{s}$$

醋酸乙酯 $$L_2 = \frac{6 \times 100}{300-0} = 2 \ \text{m}^3/\text{s}$$

数种有机溶剂的蒸气混合存在，全面通风量为各自所需之和，即

$$L = L_1 + L_2 = 12 + 2 = 14 \ \text{m}^3/\text{s}$$

第二节　全面通风的气流组织

全面通风的效果不仅与全面通风量有关,还与通风房间的气流组织有关。全面通风的进、排风应使室内气流从有害物浓度较低地区流向较高的地区,特别是应使气流将有害物从人员停留区带走。一般通风房间气流组织的方式有:上送上排、下送下排、中间送上下排、上送下排等多种形式。在设计时具体采用哪种形式,要根据有害物源的位置、操作地点、有害物的性质及浓度分布等具体情况,按下列原则确定:

1. 送风口应尽量接近操作地点。送入通风房间的清洁空气,要先经过操作地点,再经污染区排至室外。

2. 排风口尽量靠近有害物源或有害物浓度高的区域,以利于把有害物迅速从室内排出。

3. 在整个通风房间内,尽量使进风气流均匀分布,减少涡流,避免有害物在局部地区积聚。

根据上述原则,对同时散发有害气体、余热、余湿的车间,一般采用下送上排的送排风方式,如图 3.2 所示。清洁空气从车间下部进入,在工作区散开,然后带着有害气体或吸收的余热、余湿流至车间上部,由设在上部的排风口排出。这种气流组织的特点是:

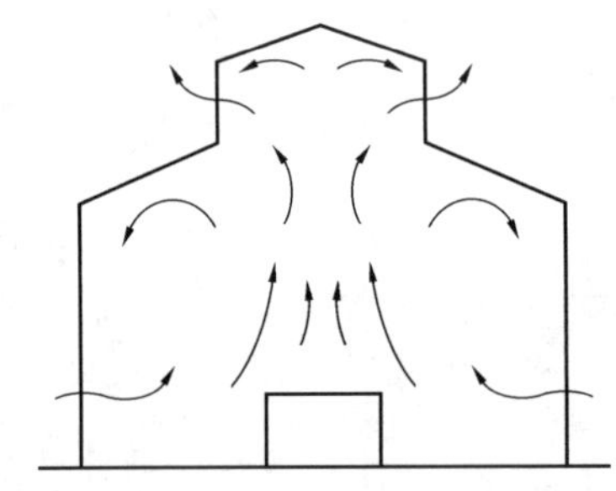

图 3.2　热车间的气流组织示意图

1. 新鲜空气沿最短的路线迅速到达作业地带,途中受污染的可能较小。

2. 工人(绝大部分在车间下部作业地带操作)首先接触清洁空气。

3. 符合热车间内有害气体和热量的分布规律,一般上部的空气温度或有害物浓度较高。

有害气体在车间内的浓度分布,是设计全面通风时必须注意的一个问题。车间内的有害气体不是单独存在,而是和空气混合在一起的,因而他们在车间内的分布不是取决于有害气体的密度,而是取决于混合气体的密度。实验证明,有害气体本身的密度对其浓度分布所起的影响是极小的,而空气温度变化对空气密度变化影响很大,只要室内温度有极小的变化,有害气体就会随室内空气一起运动。有人认为,当车间内散发的有害气体密度较大时,有害气体会沉积在车间的下部,排风口应设在下面。这种看法是不全面的,只有当室内没有对流气流时,密度较大的有害气体才会集中在车间下部;另外,有些比较轻的挥发物,如汽油、醚等,由于蒸发吸热,使周围空气一起有下降的趋势。遇到具体情况,要具体分析,否则会得出错误的结论。

工程设计中,通常采用以下的气流组织方式:

1. 如果散发的有害气体温度比周围气体温度高,或受车间发热设备影响产生上升气流时,不论有害气体密度大小,均应采用下送上排的气流组织方式。

2. 如果没有热气流的影响,散发的有害气体密度比周围气体密度小时,应采用下送上排的形式;比周围空气密度大时,应从上下两个部位排出,从中间部位将清洁空气直接送至工作地带。

3. 在复杂情况下,要预先进行模型试验,以确定气流组织方式。因为通风房间内有害气体浓度分布除了受对流气流影响外,还受局部气流、通风气流的影响。

机械送风系统的送风方式,应符合如下要求:

1. 放散热或同时放散热、湿和有害气体的房间，当采用上部或下部同时全面排风时，送风宜送至作业地带。

2. 放散粉尘或密度比空气大的蒸气和气体，而不同时放热的房间，当从下部排风时，送风宜送至上部地带。

3. 当固定工作地点靠近有害物放散源，且不可能安装有效的局部排风装置时，应直接向工作地点送风。

当采用全面通风消除余热、余湿或其他有害物质时，应分别从室内温度最高、含湿量或有害物浓度最大的区域排出，且其风量分配应符合下列要求：

1. 当有害气体和蒸气的密度比空气小，或在相反情况下但会形成稳定的上升气流时，宜从房间上部区域排出；

2. 当有害气体和蒸气的密度比空气大，且不会形成稳定的上升气流时，宜从房间上部地带排出 1/3，从下部排出 2/3。

从房间下部排出的风量，包括距地面 2 m 以内的局部排风量。从房间上部排出的风量，不应小于每小时一次的换气量。

用于排除氢气与空气混合物时，吸风口上缘距顶棚平面或屋顶的距离不大于 0.1 m。

机械送风系统室外进风口位置，应符合下列要求：

1. 应设在室外空气比较洁净的地方。

2. 应尽量设在排风口的上风侧(指进、排风口同时使用季节的主导风向的上风侧)，且低于排风口。

3. 应避免进风、排风短路。

4. 进风口的底部距室外地坪不宜低于 2 m。当设置在绿化地带时，不宜低于 1 m。

5. 降温用的进风口，宜设在建筑物的背荫处。

第三节　全面通风的热平衡与空气平衡

一、热平衡

热平衡是指室内的总得热量和总失热量相等，以保持车间内温度稳定不变，即

$$\sum Q_d = \sum Q_s \tag{3.4}$$

式中　$\sum Q_d$—— 总得热量，kW；

$\sum Q_s$—— 总失热量，kW。

车间的总得热量包括很多方面，有生产设备散热、产品散热、照明设备散热、采暖设备散热、人体散热、自然通风得热、太阳辐射得热及送风得热等。车间的总得热量为各得热量之和。

车间的总失热量同样包括很多方面，有围护结构失热、冷材料吸热、水分蒸发吸热、冷风渗入耗热及排风失热等。

对于某一具体的车间得热及失热并不是如上所述的几项都有，应根据具体情况进行计算。

二、空气平衡

空气平衡是指在不论采用哪种通风方式的车间内，单位时间进入室内的空气质量等

于同一时间内排出的空气质量，即通风房间的空气质量要保持平衡。

如前所述，通风方式按工作动力分为机械通风和自然通风两类。因此，空气平衡的数学表达式为

$$G_{zj} + G_{jj} = G_{zp} + G_{jp} \tag{3.5}$$

式中 G_{zj}——自然进风量，kg/s；

G_{jj}——机械进风量，kg/s；

G_{zp}——自然排风量，kg/s；

G_{jp}——机械排风量，kg/s。

如果在车间内不组织自然通风，当机械进、排风量相等（$G_{jj} = G_{jp}$）时，室内外压力相等，压差为零。当机械进风量大于机械排风量（$G_{jj} > G_{jp}$）时，室内压力升高，处于正压状态。反之，室内压力降低，处于负压状态。由于通风房间不是非常严密的，当处于正压状态时，室内的部分空气会通过房间不严密的缝隙或窗户、门洞等渗到室外，我们把渗到室外的空气称为无组织排风。当室内处于负压状态时，会有室外空气通过缝隙、门洞等渗入室内，我们把渗入室内的空气称为无组织进风。

在通风设计中，为保持通风的卫生效果，常采用如下的方法来平衡空气量：对于产生有害气体和粉尘的车间，为防止其向邻室扩散，要在室内形成一定的负压，即使机械进风量略小于机械排风量（一般相差 10% ~ 20%），不足的进风量将来自邻室和靠本房间的自然渗透弥补。对于清洁度要求较高的房间，要保持正压状态，即使机械进风量略大于机械排风量（一般为 5% ~ 10%），阻止外界的空气进入室内。处于负压状态的房间，负压不应过大，否则会导致不良后果，见表 3.1。

表 3.1 室内负压引起的危害

负压/Pa	风速/(m·s^{-1})	危害
2.45 ~ 4.9	2 ~ 2.9	使操作者有吹风感
2.45 ~ 12.25	2 ~ 4.5	自然通风的抽力下降
4.9 ~ 12.25	2.9 ~ 4.5	燃烧炉出现逆火
7.35 ~ 12.25	3.5 ~ 6.4	轴流式排风扇工作困难
12.25 ~ 49	4.5 ~ 9	大门难以启闭
12.25 ~ 61.25	6.4 ~ 10	局部排风系统能力下降

在冬季为保证排风系统能正常工作，避免大量冷空气直接渗入室内，机械排风量大的房间，必须设机械送风系统，生产车间的无组织进风量以不超过一次换气为宜。

在保证室内卫生条件的前提下，为了节省能量，提高通风系统的经济效益，进行车间通风系统设计时，可采取下列措施：

1. 设计局部排风系统时（特别是局部排风量大的车间）要有全局观点，不能片面追求大风量，应改进局部排风系统的设计，在保证效果的前提下，尽量减少局部排风量，以减小车间的进风量和排风热损失，这一点，在严寒地区特别重要。

2. 机械进风系统在冬季应采用较高的送风温度。直接吹向工作地点的空气温度，不应低于人体表面温度（34 ℃左右），最好在 37 ~ 50 ℃之间。这样，可避免工人有吹冷风的感觉，同时还能在保持热平衡的前提下，利用部分无组织进风，减少机械进风量。

3. 净化后的气体再循环使用。对于含尘浓度不太高的局部排风系统，排出的空气经除尘净化后，如达到卫生标准要求，可以再循环使用。

4. 把室外空气直接送到局部排风罩或排风罩的排风口附近，补充局部排风系统排出的风量。

通风系统的平衡问题是很复杂的，是一个动平衡问题，室内温度、送风温度、送风量等

各种因素都会影响平衡。比如冬季某车间根据空气平衡得出机械送风量，但机械进风又必须携带一定热量以保持热平衡，此时进风温度就可能不符合规范的要求，碰到类似的问题应采用下列处理方法：

1. 如冬季根据平衡求得送风温度低于规范的规定，可直接提高送风温度到规范规定的数值，进行送风。结果是室内温度有所提高，这在冬季是有利的。

2. 如冬季根据平衡求得送风温度高于规范的规定，应降低送风温度到规定的范围，相应调节机械进风量。结果是自然进风量减少，室内压力略有提高。室内温度变化不大是可行的。

3. 如夏季根据平衡求得送风温度高于规范规定，可直接降低送风温度进行送风。结果是室内温度稍有降低，这在夏季是有利的。

4. 如夏季根据平衡求得送风温度低于规范的规定，应提高送风温度，增大机械进风量。

要保持室内的温度和有害物浓度满足要求，必须保持热平衡和空气平衡，前面介绍的全面通风量公式就是建立在空气平衡和热、湿、有害气体平衡的基础上，它们只用于较简单的情况。实际的通风问题比较复杂，有时进风和排风同时有几种形式和状态，有时要根据排风量确定进风量，有时要根据热平衡的条件确定送风参数等。对这些问题都必须根据空气平衡、热平衡条件进行计算。

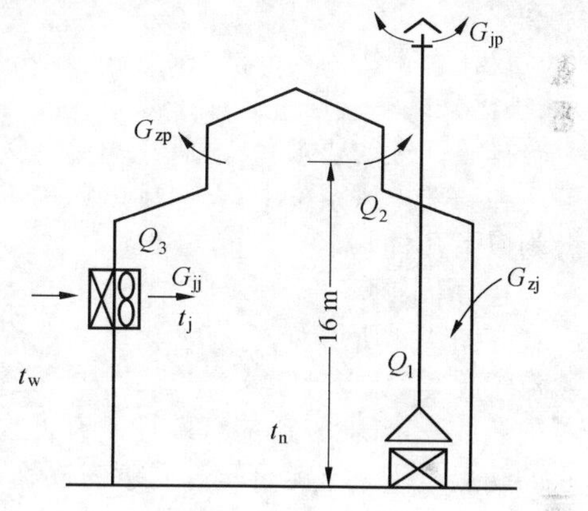

图 3.3　某车间通风系统示意图

下面通过例题说明如何根据空气平衡、热平衡，计算机械进风量和进风温度。

【例 3.2】　已知某车间内生产设备散热量为 $Q_1 = 70$ kW，围护结构失热量 $Q_2 = 78$ kW，车间上部天窗排风量 $L_{zp} = 2.4\ m^3/s$，局部机械排风量 $L_{jp} = 3.2\ m^3/s$，自然进风量 $L_{zj} = 1\ m^3/s$，车间工作区温度为 22 ℃，自然通风排风温度为25 ℃，外界空气温度 $t_w = -12$ ℃，上部天窗中心高 16 m(图 3.3)。求：(1) 机械进风量 G_{jj}；(2)机械送风温度 t_{jj}；(3) 加热机械进风所需的热量 Q_3。

解　列空气平衡和热平衡方程

$$G_{zj} + G_{jj} = G_{zp} + G_{jp} \quad \text{kg/s}$$

$$\sum Q_d = \sum Q_s$$

$$Q_1 + C_p \cdot t_w G_{zj} + C_p t_{jj} G_{jj} = Q_2 + C_p t_{zp} G_{zp} + C_p t_n G_{jp}$$

根据 $t_n = 22$ ℃，$t_w = -12$ ℃，$t_{zp} = 25$ ℃，查得 $\rho_n = 1.197\ kg/m^3$，$\rho_w = 1.353\ kg/m^3$，$\rho_{zp} = 1.185\ kg/m^3$。

$$G_{jj} = G_{zp} + G_{jp} - G_{zj} = 2.4 \times 1.185 + 3.2 \times 1.197 - 1 \times 1.353 = 5.32\ \text{kg/s}$$

$$t_{jj} = [78 + 1.01 \times 25 \times 2.4 \times 1.185 + 1.01 \times 22 \times 3.2 \times 1.197 - 70 - 1.01 \times (-12) \times 1 \times 1.353]/1.01 \times 5.32 = 33.75\ ℃$$

$$Q_3 = C_p G_{jj}(t_{jj} - t_w) = 1.01 \times 5.32 \times [33.75 - (-12)] = 245.8\ \text{kW}$$

第四章　局部排风

在生产车间设置局部排风罩的目的是要通过排风罩将有害物质在生产地点就地排除，来防止有害物质向室内扩散和传播。设计完善的局部排风罩能在不影响生产工艺和生产操作的前提下，既能够有效地防止有害物对人体的危害，使工作区有害物浓度不超过国家卫生标准的规定，又能大大减少通风量。

第一节　局部排风系统的组成

仅在有害物的局部散发点进行排风所设置的排风系统称局部排风系统。如图 4.1 所示，被污染的空气通过局部排风罩，经风道输送至净化装置，在净化装置内空气被净化至符合排放标准的要求后，用风机通过排气立管、风帽排入大气中。

在局部排风系统中，局部排风罩是重要的组成部分，它的形式很多，按其作用原理可分为以下几种基本类型：

1. 密闭罩

如图 4.2 所示，它把有害物质源全部密闭在罩内，在罩上设有工作孔①，以观察罩内工作情况，并从罩外吸入空气，罩内污染空气由风机②排出。它只需较小的排风量就能在罩内造成一定的负压，能有效控制有害物的扩散，并且排风罩气流不受周围气流的影响。它的缺点是工人不能直接进入罩内检修设备，有的看不到罩内的工作情况。

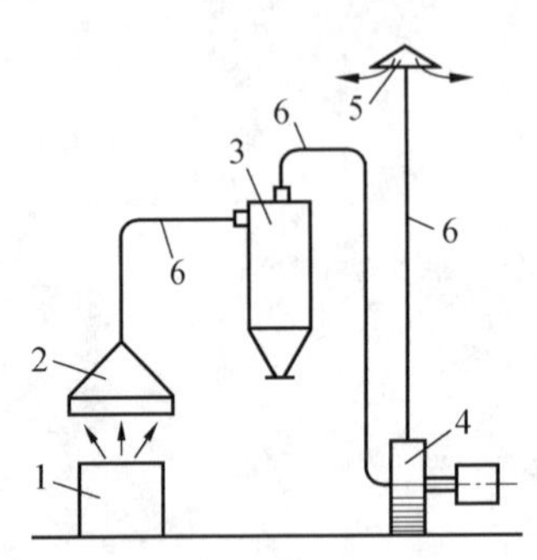

图 4.1　机械局部排风系统
1—有害物源；2—排气罩；3—净化装置；4—排风机；5—风帽；6—风道

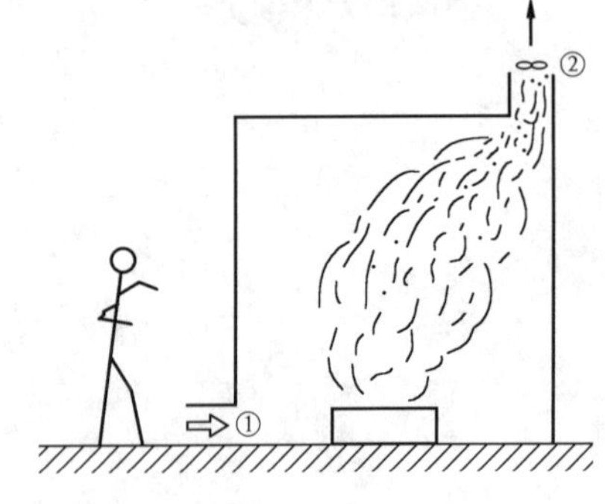

图 4.2　密闭罩

2. 柜式排风罩（通风柜）

如图 4.3 所示，它的结构形式与密闭罩相似，只是罩一侧可全部敞开或设操作孔。操作人员可以将手伸入罩内，或人直接进入罩内工作。

3. 外部吸气罩

由于工艺条件限制，生产设备不能密闭时，可把排风罩设在有害物源附近，依靠风机在罩口造成的抽吸作用，在有害物散发地点造成一定的气流运动，把有害物吸入罩内，这

图 4.3　柜式排风罩

类排风罩统称为外部吸气罩。当污染气流的运动方向与罩口的吸气方向不一致时，如图 4.4 所示，需要较大的排风量。

图 4.4　外部吸气罩

4. 接受式排风罩

有些生产过程或设备本身会产生或诱导一定的气流运动，带动有害物一起运动，如高温热源上部的对流气流、砂轮磨削时抛出的磨屑及大颗粒粉尘所诱导的气流等。对这种情况，应尽可能把排风罩设在污染气流前方，让它直接进入罩内。这类排风罩称为接受罩，见图 4.5。

5. 吹吸式排风罩

由于生产条件的限制，有时外部吸气罩距有害物源较远，单纯依靠罩口的抽吸作用在有害物源附近造成一定的空气流动是困难的。对此可以采用图 4.6 所示的吹吸式排风罩，它利用射流能量密度高、速度衰减慢的特点，用吹出气流把有害物吹向设在另一侧的吸风口。采用吹吸式通风可使排风量大大减小。在某些情况下，还可以利用吹出气流在有害物源周围形成一道气幕，像密闭罩一样使有害物的扩散控制在较小的范围内，保证局部排风系统获得良好的效果。图 4.7 是精炼电炉上带有气幕的局部排风罩，它利用气幕抑止热烟气的上升，保证热烟气全部吸入罩内。

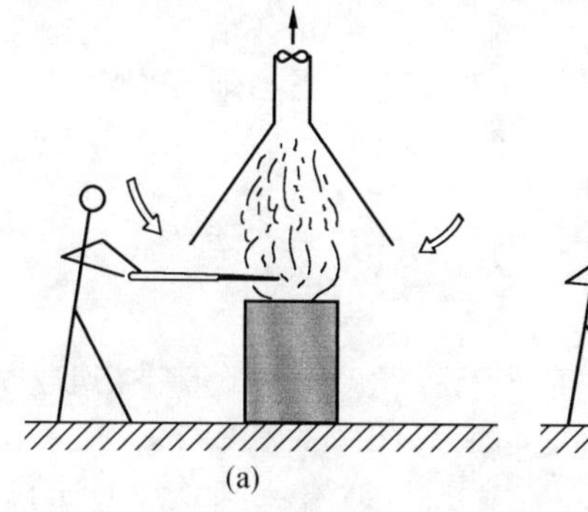

(a)

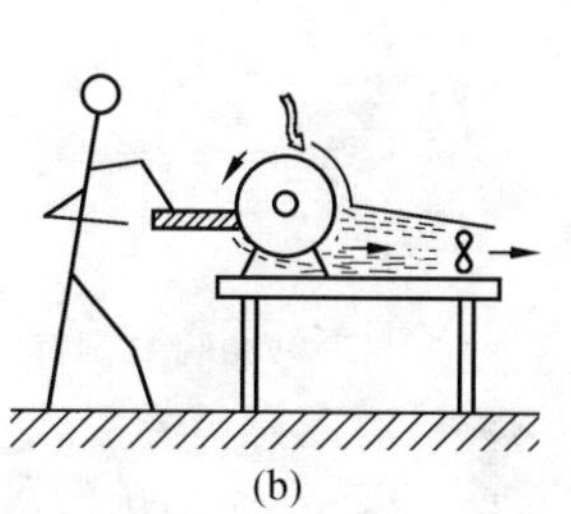

(b)

图 4.5　接受罩

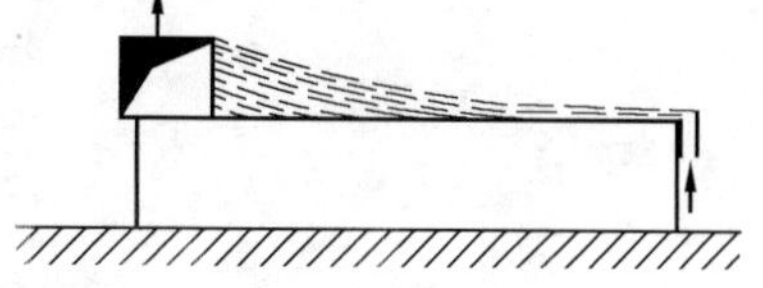

图 4.6　工业槽上的吹吸式排风罩

综上所述，在设计局部排风系统时，应注意以下几点原则：

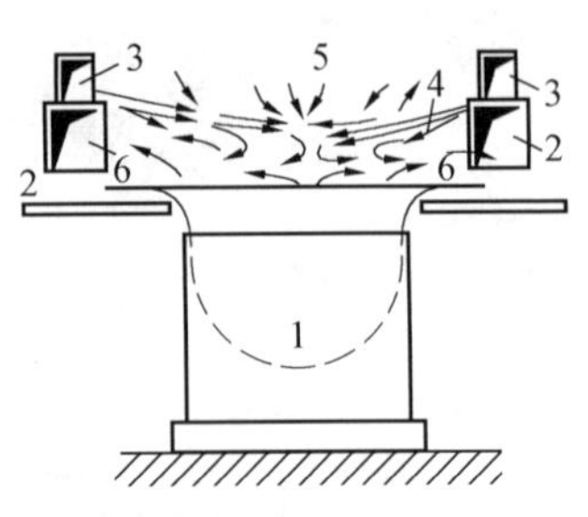

图 4.7　精炼电炉上带气幕的排风罩

1—电炉；2—环形排风风管；3—环形送风口；4—形成气幕的定向气流；5—由室内吸入的空气；6—精炼时的排气气流

1. 划分系统时，应考虑生产流程、同时使用情况及有害气体性质等因素，凡属下列情况之一时，应分别设置排风系统。

(1) 两种或两种以上的有害物混合后能引起燃烧或爆炸时。

(2) 有害物质混合后能形成毒性更大的混合物。

(3) 混合后的蒸气容易凝结并聚集粉尘时。

2. 设计局部排风罩时，应注意以下几点：

(1) 尽可能采用密闭罩或柜式排风罩，使污染物局限于较小的局部空间。

(2) 设置外部吸气罩时，罩口应尽量靠近有害物发生源。

(3) 在不影响工艺操作的前提下，罩的四周应尽可能设围挡，减小罩口吸气范围。

(4) 吸气气流的运动方向应尽可能与污染气流运动方向一致。

(5) 尽可能减弱或消除排风罩附近的干扰气流，如风动工具的压缩空气排出口、送风气流、穿堂风等对吸气气流的影响。

(6) 已被污染的吸气气流不能通过人的呼吸区。

(7) 不要妨碍工人的操作和检修。

3. 局部排风系统排出的空气在排入大气之前应根据下列原则确定是否需要进行净化处理：

(1) 排出空气中所含有害物的毒性及浓度。

(2) 考虑周围的自然环境及排出口位置。

(3) 直接排入大气的有害物在经过稀释扩散后，一般不宜超过附录 2.1 中的规定值。对于某些有害物的排放标准应遵照附录 2.3 的规定。当当地有规定时，应按当地排放标准执行。

第二节　外部吸气罩

外部吸气罩是通过罩口的抽吸作用在距离吸气口最远的有害物散发点（即控制点）上造成适当的空气流动，从而把有害物吸入罩内，见图 4.8。控制点的空气运动速度为控制风速（也称吸入速度）。罩口要控制扩散的有害物，需要造成必须的控制风速 v_x，为此要研究罩口风量 L、罩口至控制点的距离 x 与控制风速 v_x 之间的变化规律。

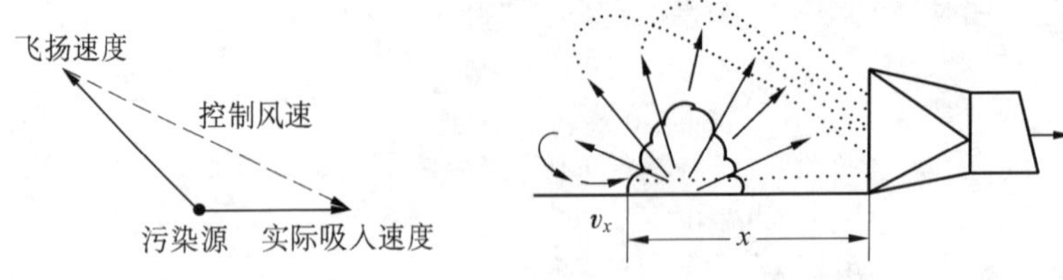

图 4.8　外部吸气罩

一、吸气口的气流运动规律

1. 点汇吸气口

根据流体力学,位于自由空间的点汇吸气口(图 4.9)的排风量为

$$L = 4\pi r_1^2 v_1 = 4\pi r_2^2 v_2 \tag{4.1}$$

$$v_1/v_2 = (r_2/r_1)^2 \tag{4.2}$$

式中　v_1, v_2——点 1 和点 2 的空气流速,m/s;

r_2, r_1——点 1 和点 2 至吸气口的距离,m。

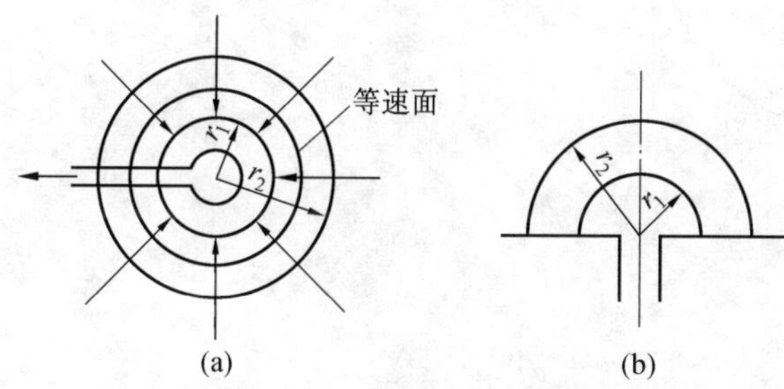

图 4.9　点汇吸气口

(1) 自由的吸气口;(2) 受限的吸气口

吸气口在平壁上,吸气气流受到限制,吸气范围仅半个球面,它的排风量为

$$L = 2\pi r_1^2 v_1 = 2\pi r_2^2 v_2 \tag{4.3}$$

由公式(4.2)可以看出,吸气口外某一点的空气流速与该点至吸气口距离的平方成反比,而且它是随吸气口吸气范围的减小而增大的,因此设计时罩口应尽量靠近有害物源,并设法减小其吸气范围。

2. 圆形或矩形吸气口

工程上应用的吸气口都有一定的几何形状、一定的尺寸,它们的吸气口外气流运动规律和点汇吸气口有所不同。目前还很难从理论上准确解释出各种吸气口的流速分布,一般借助实验测得各种吸气口的流速分布图,而后借助此图推出所需排风量的计算公式。图 4.10 和图 4.11 就是通过实验求得的四周无法兰边和四周有法兰边的圆形吸气口的速度分布图。两图的实验结果可用式(4.4)和式(4.5)表示。

对于无边的圆形或矩形(宽长比不小于 1:3)吸气口有

$$\frac{v_0}{v_x} = \frac{10x^2 + F}{F} \tag{4.4}$$

对于有边的圆形或矩形(宽长比不小于 1:3)吸气口有

$$\frac{v_0}{v_x} = 0.75\left(\frac{10x^2 + F}{F}\right) \tag{4.5}$$

式中　v_0——吸气口的平均流速,m/s;

v_x——控制点的吸入速度,m/s;

x——控制点至吸气口的距离,m;

F——吸气口面积,m^2。

式(4.4)和式(4.5)仅适用于 $x \leqslant 1.5\ d$ 的场合,当 $x > 1.5\ d$ 时,实际的速度衰减要比计算值大。

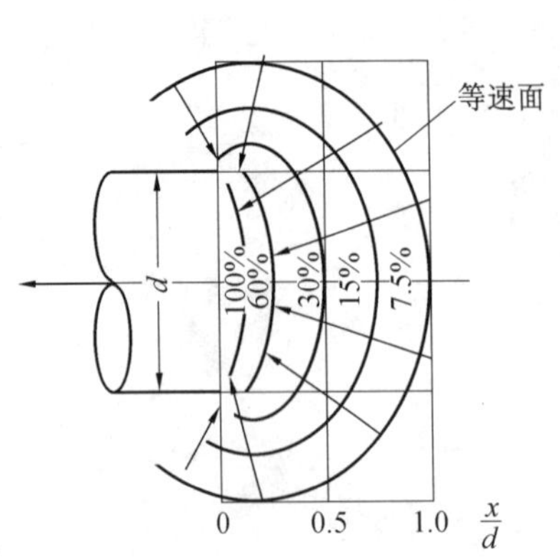

图 4.10 四周无边圆形吸气口的速度分布图

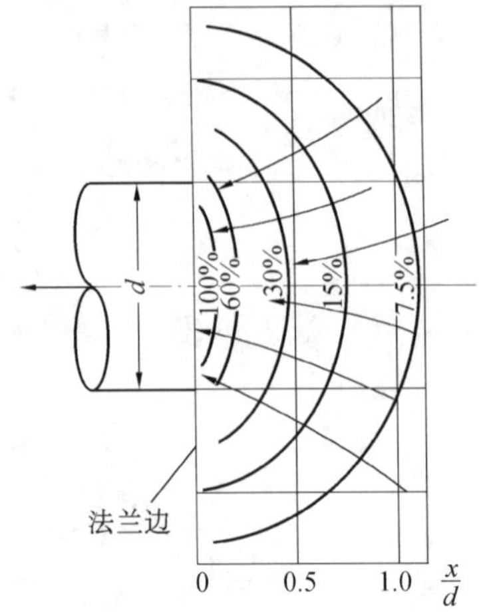

图 4.11 四周有边圆形吸气口的速度分布图

二、外部吸气罩排风量的确定

1. 控制风速 v_x 的确定

控制风速 v_x 值与工艺过程和室内气流运动情况有关，一般通过实测求得。若缺乏现场实测的数据，设计时可参考表 4.1 和表 4.2 确定。

表 4.1 控制点的控制风速 v_x

污染物放散情况	最小控制风速 /($m \cdot s^{-1}$)	举　例
以轻微的速度放散到相当平静的空气中	0.25～0.5	槽内液体的蒸发；气体或烟从敞口容器中外逸
以较低的初速度放散到尚属平静的空气中	0.5～1.0	喷漆室内喷漆；断续地倾倒有尘屑的干物料到容器中；焊接
以相当大的速度放散出来，或是放散到空气运动迅速的区域	1～2.5	在小喷漆室内用高力喷漆；快速装袋或装桶；往运输器上给料
以高速放散出来，或是放散到空气运动很迅速的区域	2.5～10	磨削；重破碎；滚筒清理

表 4.2

范围下限	范围上限
室内空气流动小或有利于捕集	室内有扰动气流
有害物毒性低	有害物毒性高
间歇生产产量低	连续生产产量高
大罩子大风量	小罩子局部控制

2. 排风量的确定

(1) 前面无障碍的自由吸气罩

① 圆形或矩形的吸气口

圆形无边　$L = v_0 F = (10x^2 + F)v_x \quad m^3/s$ (4.6)

四周有边　$L = v_0 F = 0.75(10x^2 + F)v_x \quad m^3/s$ (4.7)

② 工作台侧吸罩

四周无边　$$L=(5x^2+F)v_x \quad m^3/s \tag{4.8}$$

四周有边　$$L=0.75(5x^2+F)v_x \quad m^3/s \tag{4.9}$$

式中，F——实际排风罩的罩口面积，m^2。

公式(4.8)和式(4.9)适用于 $x<2.4\sqrt{F}$的场合。

③ 宽长比(b/l) < 1/3 的条缝形吸气口，其排风量按下式计算

自由悬挂无法兰边时

$$L=3.7xv_xl \quad m^3/s \tag{4.10}$$

自由悬挂有法兰边或无法兰边设在工作台上时

$$L=2.8xv_xl \quad m^3/s \tag{4.11}$$

有法兰边设在工作台上时

$$L=2xv_xl \quad m^3/s \tag{4.12}$$

式中，l——条缝口长度，m。

(2) 前面有障碍时的外部吸气罩

排风罩如果设在工艺设备上方，由于设备的限制，气流只能从侧面流入罩内。上吸式排风罩的尺寸及安装位置按图 4.12 确定。为了避免横向气流的影响，要求 H 尽可能小于或等于 0.3 A(A 为罩口长边尺寸)。

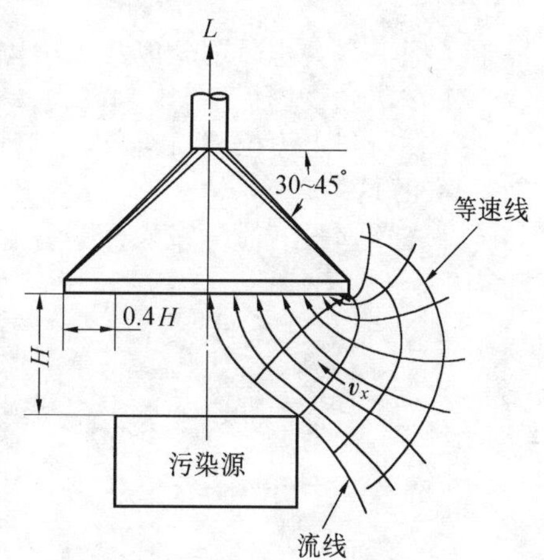

图 4.12　冷过程的上吸式排风罩

前面有障碍的罩口尺寸可按下式确定

$$A=A_1+0.8H \quad m \tag{4.13}$$

$$B=B_1+0.8H \quad m \tag{4.14}$$

式中　A,B——罩口长、短边尺寸，m；

A_1,B_1——污染源长、短边尺寸，m；

H——罩口距污染源的距离，m。

其排风量可按下式计算

$$L=KPHv_x \quad m^3/s \tag{4.15}$$

式中　P——排风罩口敞开面的周长，m；

v_x——边缘控制点的控制风速，m/s；

K——安全系数，通常 $K=1.4$。

以上确定外部吸气罩排风量的计算方法称为控制风速法。这种方法仅适用于冷过程。

【例 4.1】　有一浸漆槽槽面尺寸为 0.6×1.0 m，为排除有机溶剂蒸气，在其上方设排风罩，罩口至槽口面 $H=0.4$ m，罩的一个长边设有固定挡板，计算排风罩排风量。

解　根据表 4.1、4.2 取 $v_x=0.25$ m/s，则罩口尺寸

长边 $A=1.0+0.8\times0.4=1.32$ m

短边 $B=0.6+0.8\times0.4=0.92$ m

罩口敞开面周长　$P=1.32+0.92\times2=3.16$ m

根据公式(4.15)有

$$L=KPHv_x=1.4\times3.16\times0.4\times0.25=0.44 \quad m^3/s$$

设计外部吸气罩时在结构上应注意以下问题：

1. 为了减少横向气流的影响和罩口的吸气范围，工艺条件允许时应在罩口四周设固定或活动挡板，见图 4.13；

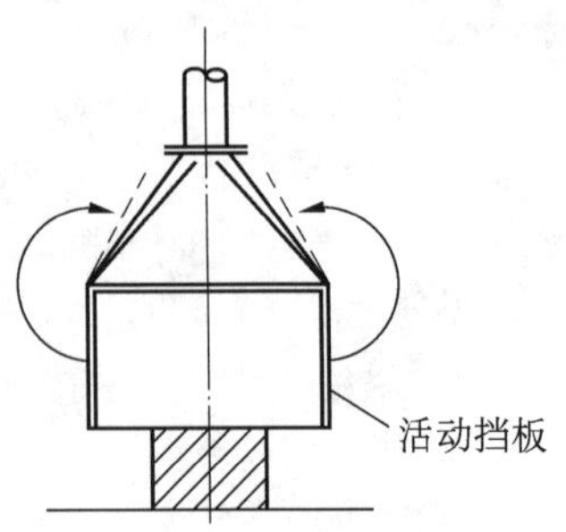

图 4.13　设有活动挡板的伞形罩

2. 罩口的吸入气流应尽可能均匀，因此罩的扩张角 α 应小于或等于 60°。罩口的平面尺寸较大时，可以采用图 4.14 所示的措施：

(1) 把一个大排风罩分成几个小排风罩(图 4.14(a))；

(2) 在罩内设挡板(图 4.14(b))；

(3) 在罩口上设条缝口，要求条缝口风速在 10 m/s 以上(图 4.14(c))；

(4) 在罩口设气流分布板(图 4.14(d))。

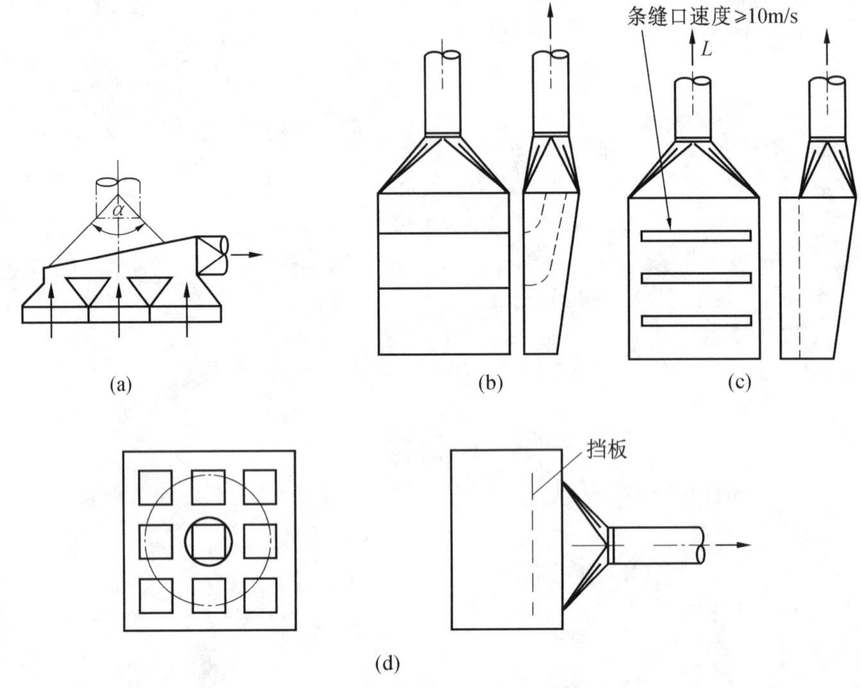

图 4.14　保证罩口气流均匀的措施

第三节　密闭罩与柜式排风罩

一、密闭罩

将发尘区域或产尘的整个设备完全密闭起来，以隔断在生产过程中一次尘化气流和室内二次气流的联系，是控制有害物扩散的最有效办法。它的形式较多，可分为三类：

1. 局部密闭罩

将有害物源部分密闭，工艺设备及传动装置设在罩外。这种密闭罩罩内容积较小，所需抽气量较小。如图 4.15 所示。

2. 整体密闭罩

将产生有害物的设备大部分或全部密闭起来，只把设备的传动部分设置在罩外，如图 4.16 所示。

3. 大容积密闭罩

将有害物源及传动机构全部密闭起来，形成一独立小室。如图 4.17 所示。

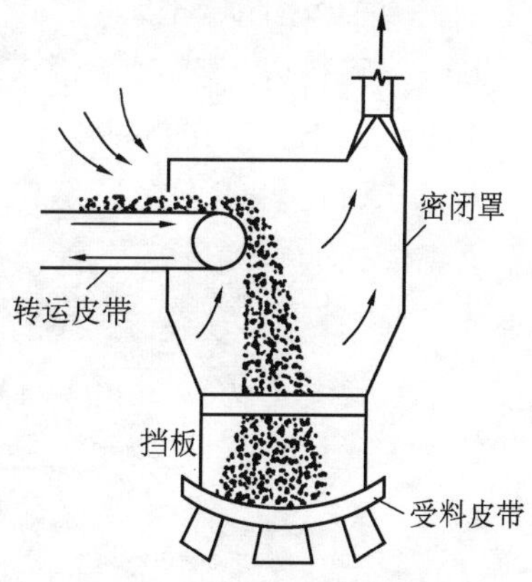

图 4.15　皮带传输机局部密闭罩

在密闭罩内设备及物料的运动（如碾压、摩擦等）使空气温度升高，压力增加，于是罩内形成正压。因为密闭罩结构并不严密（有孔或缝隙），粉尘随着一次尘化过程，沿孔隙冒出。为此在罩内还必须排风，使罩内形成负压，这样可以有效地控制有害物质外溢。罩内所需负压值可参见表 4.3。为了避免把物料过多地顺排尘系统排出，密闭罩形式、罩内排风口的位置、排风速度等要选择得当、合理。防尘密闭罩的形式应根据生产设备的工作特点及含尘气流运动规律规定。排风点应设在罩内压力最高的部位，以利于消除正压。排风口不能设在含尘气流浓度高的部位或溅区内。罩口风速不宜过高，通常采用下列数值：

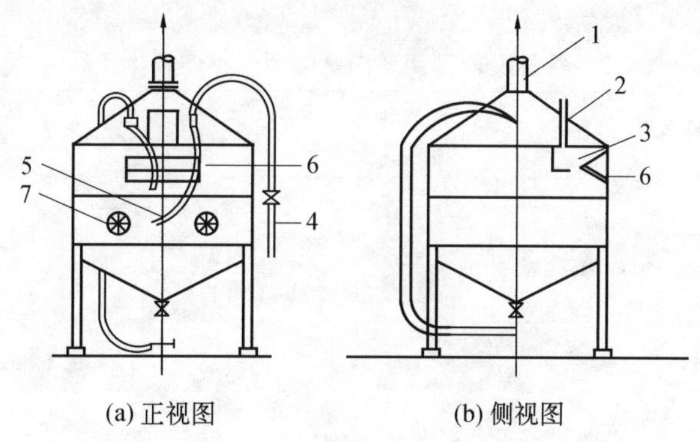

图 4.16　喷砂室整体密闭罩

1—排风管；2—引风管；3—带导流板的进气口；4—压缩空气管；5—喷嘴；6—观察窗；7—操作孔

筛落的极细粉尘　　$v = 0.4 \sim 0.6$ m/s

粉碎或磨碎的细粉　$v < 2$ m/s

粗颗粒物料　　　　$v < 3$ m/s

根据物料飞溅的特点，可将密闭罩的容积扩大，见图 4.18，使尘粒速度到达罩壁前衰减为零，或在含尘气流方向上加挡板。

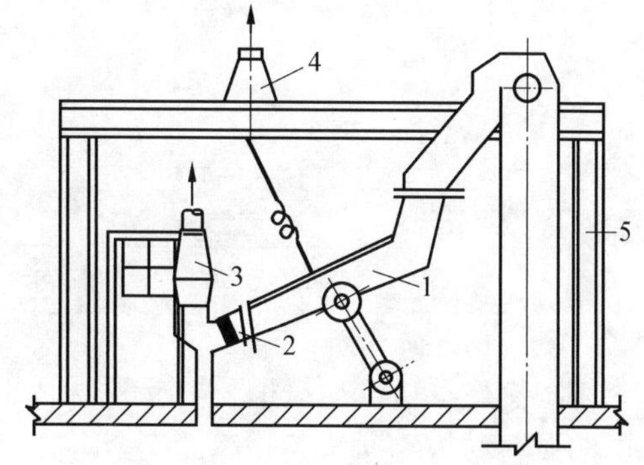

图 4.17　振动筛的大容积密闭罩

1—振动筛；2—帆布连接管；3，4—抽气罩；5—密闭罩

多数情况下防尘密闭罩的排风量由两部分组成，即运动物料进入罩内的诱导空气量（如物料输送）或工艺设备供给的空气量（如设有鼓风装置的混砂机）和为消除罩内正压由孔口或不严密缝隙处吸入的空气量。

$$L = L_1 + L_2 \tag{4.16}$$

式中　L——防尘密闭罩排风量，m^3/s；

L_1——物料或工艺设备带入罩内的空气量，m^3/s；

L_2——由孔口或不严密缝隙处吸入的空气量，m^3/s。

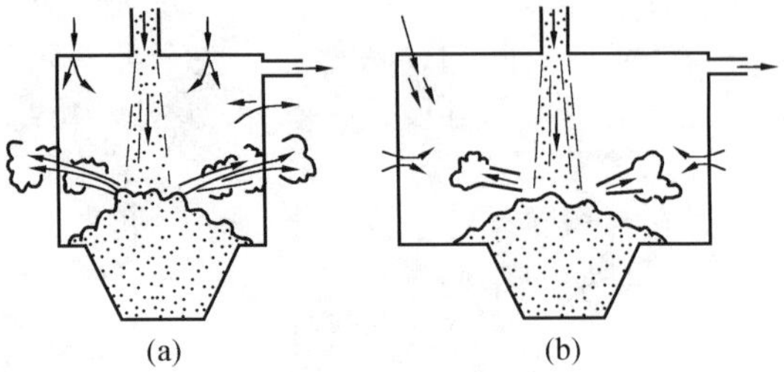

式中 L_2 可按下式计算

$$L_2 = \mu F \sqrt{2\Delta P/\rho} \quad m^3/s \quad (4.17)$$

式中　F——敞开的孔口及缝隙总面积，m^2；

μ——孔口及缝隙的流量系数；

ΔP——罩内最小负压值，Pa，见表 4.3；

ρ——敞开孔口及缝隙处进入空气的密度，kg/m^3。

(a)　(b)

图 4.18　密闭罩内的飞溅

表 4.3　各种设备密闭罩内所必须保持的最小负压值

设　备	最小负压值/Pa	设　备	最小负压值/Pa
干碾机和混碾机	1.5～2.0	筛子：条筛	1.0～2.0
破碎机：颚式	1.0	多角转筛	1.0
圆锥式	0.8～1.0	振动筛	1.0～1.5
辊　式	0.8～1.0	盘式加料机	0.8～1.0
锤　式	20～30	摆式加料机	1.0
磨机：笼磨机	60～70	贮料槽	10～15
球磨机	2.0	皮带机转运点	2.0
筒磨机	1.0～2.6	提升机	2.0
双轴搅拌机	1.0	螺旋运输机	1.0

二、柜式排风罩

柜式排风罩俗称通风柜，与密闭罩相似。小零件喷漆柜、化学实验室通风柜是柜式排风罩的典型结构。通风柜一侧面完全敞开（工作窗口），柜的工作口对通风柜内的气流分布影响很大，气流分布又直接影响柜式排风罩的工作效果。如工作口的气流速度分布是不均匀的，有害气体会从速度小的地点逸入室内，为此，对通风柜的工作情况加以分析。

1. 低温通风柜

当有害物的温度比周围空气温度低时，称为低温通风柜。如图 4.19 是冷过程通风柜采用上部排风时气流的运动情况。工作孔上部的吸入速度为平均流速的 150%，而下部仅为平均流速的 60%，有害气体会从下部逸出。为了改善这种状况，柜内应加挡板，并把排风口设在通风柜的下部,如图 4.20 所示。

2. 高温通风柜

应用于产热量较大的工艺过程的通风柜,称为高温通风柜。热过程通风柜内的热气流要向上浮升,如果像冷过程一样,在下部吸气,有害气体就会从上部逸出,见图 4.21。因此,热过程的通风柜必须在上部排风。对于发热量不稳定的过程,可在上下均设排风口,见图 4.22,随柜内发热量的变化,调节上下排风量的比例,使工作孔的速度分布比较均匀。

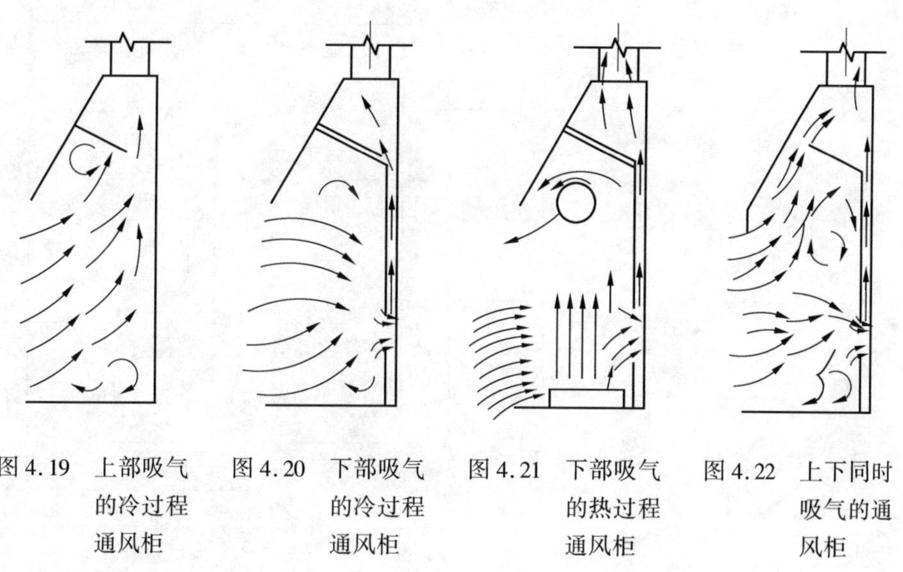

图 4.19　上部吸气的冷过程通风柜　图 4.20　下部吸气的冷过程通风柜　图 4.21　下部吸气的热过程通风柜　图 4.22　上下同时吸气的通风柜

通风柜的排风量按下计算

$$L = L_1 + vF\beta \quad m^3/s \tag{4.18}$$

式中　L_1——柜内的有害气体发生量,m^3/s;

v——工作孔上的控制风速,m/s;

F——操作口或缝隙的面积,m^2;

β——安全系数,$\beta = 1.1 \sim 1.2$。

对化学实验室用的通风柜,工作孔上的控制风速可按表 4.4(1)确定。对某些特定的工艺过程,其控制风速可参照表 4.4(2)确定。

表 4.4(1)　通风柜的控制风速

污染物性质	控制风速/($m \cdot s^{-1}$)
无毒污染物	0.25 ~ 0.375
有毒或有危险的污染物	0.4 ~ 0.5
剧毒或少量放射性污染物	0.5 ~ 0.6

表 4.4(2) 排风柜的控制风速

序号	生产工艺	有害物的名称	速度 /m·s⁻¹
一、金属热处理			
1	油槽淬火、回火	油蒸气、油分解产物(植物油为丙烯醛)热	0.3
2	硝石槽内淬火 $t = 400 \sim 700$ ℃	硝石、悬浮尘、热	0.3
3	盐槽淬火 $t = 400$ ℃	盐、悬浮尘、热	0.5
4	熔铜 $t = 400$ ℃	铅	1.5
5	氰化 $t = 700$ ℃	氰化合物	1.5
二、金属电镀			
6	镀镉	氢氰酸蒸气	1 ~ 1.5
7	氰铜化合物	氢氰酸蒸气	1 ~ 1.5
8	脱脂: (1) 汽油 (2) 氯化烃 (3) 电解	汽油、氯表碳氢化合物蒸气	0.3 ~ 0.5 0.5 ~ 0.7 0.3 ~ 0.5
9	镀铅	铅	1.5
10	酸洗: (1) 硝酸 (2) 盐酸	酸蒸气和硝酸酸蒸气(氯化氢)	0.7 ~ 1.0 0.5 ~ 0.7
11	镀铬	铬酸雾气和蒸气	1.0 ~ 1.5
12	氰化镀锌	氢氰酸蒸气	1.0 ~ 1.5
三、涂刷和溶解油漆			
13	苯、二甲苯、甲苯	溶解蒸气	0.5 ~ 0.7
14	煤油、白节油、松节油	溶解蒸气	0.5
15	无甲酸戊酯、乙酸戊酯的漆		0.5
16	无甲酸戊酯、乙酸戊酯和甲烷的漆		0.7 ~ 1.0
17	喷漆	漆悬浮物和溶解蒸气	1.0 ~ 1.5
四、使用粉散材料的生产过程			
18	装料	粉尘允许浓度: 10 mg/m³ 以下 4 mg/m³ 以下 小于 1 mg/m³	0.7 0.7 ~ 1.0 1.0 ~ 1.5
19	手工筛分和混合筛分	粉尘允许浓度: 10 mg/m³ 以下 4 mg/m³ 以下 小于 1 mg/m³	1.0 1.25 1.5
20	称量和分装	粉尘允许浓度: 10 mg/m³ 以下 小于 1 mg/m³	0.7 0.7 ~ 1.0
21	小件喷砂清理	硅盐酸	1 ~ 1.5
22	小零件金属喷镀	各种金属粉尘及其氧化物	1 ~ 1.5
23	水溶液蒸发	水蒸气	0.3
24	柜内化学试验工作	各种蒸气气体允许浓度 > 0.01 mg/L < 0.01 mg/L	0.5 0.7 ~ 1.0
25	焊接: (1) 用铅或焊锡 (2) 用锡和其他不含铅的金属合金	允许浓度: 高于 0.01mg/L 低于 0.01mg/L	0.5 ~ 0.7 0.3 ~ 0.5
26	用汞的工作 (1)不必加热的 (2)加热的	汞蒸气 汞蒸气	0.7 ~ 1.0 1.0 ~ 1.25
27	有特殊有害物的工序(如放射性物质)	各种蒸气、气体和粉尘	2 ~ 3
28	小型制品的电焊 (1)优质焊条 (2)裸焊条	金属氧化物 金属氧化物	0.5 ~ 0.7 0.5

第四节　槽边排风罩

槽边排风罩是外部吸气罩的一种特殊形式，专门用于各种工艺槽，如电镀槽、酸洗槽等。它是为了不影响工人操作而在槽边上设置的条缝形吸气口。槽边排风罩分为单侧和双侧两种：

槽宽 $B \leqslant 700$ mm 要用单侧排风，$B > 700$ mm 时采用双侧，$B > 1\,200$ mm 时宜采用吹吸式排风罩。

目前常用的槽边排风罩的形式有：平口式、条缝式和倒置式。平口式槽边排风罩因吸气口上不设法兰边，吸气范围大。但是当槽靠墙布置时，如同设置了法兰边一样，吸气范围由 $3\pi/2$ 减少为 $\pi/2$，见图 4.23，减少吸气范围排风量会相应减少。条缝式槽边排风罩的特点是截面高度 E 较大，$E \geqslant 250$ mm 的称为高截面，$E < 250$ mm 的称为低截面。增大截面高度如同设置了法兰边一样，可以减少吸气范围。因此，它的排风量比平口式小。它的缺点是占用空间大，对于手工操作有一定影响。

条缝式槽边排风罩的布置除单侧和双侧外，还可按图 4.24 的形式布置，它们称为周边式槽边排风罩。

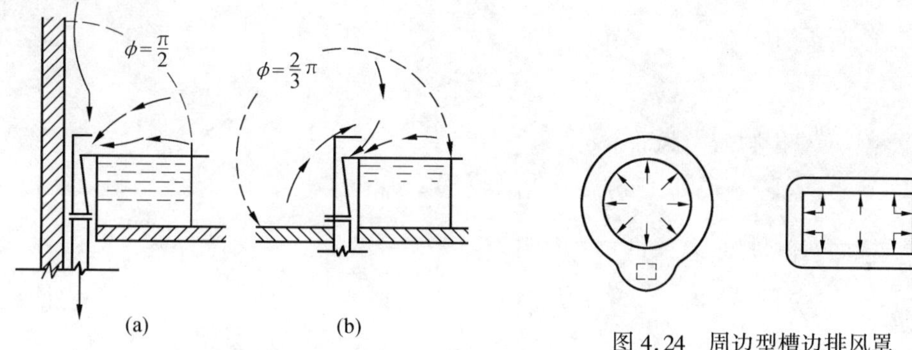

图 4.23　槽的布置形式

(1) 靠墙布置；(2) 自由布置

图 4.24　周边型槽边排风罩

条缝式槽边排风罩的条缝口有等高条缝(图 4.25(1))和楔形条缝(图 4.25(2))两种。条缝口高度可按下式计算

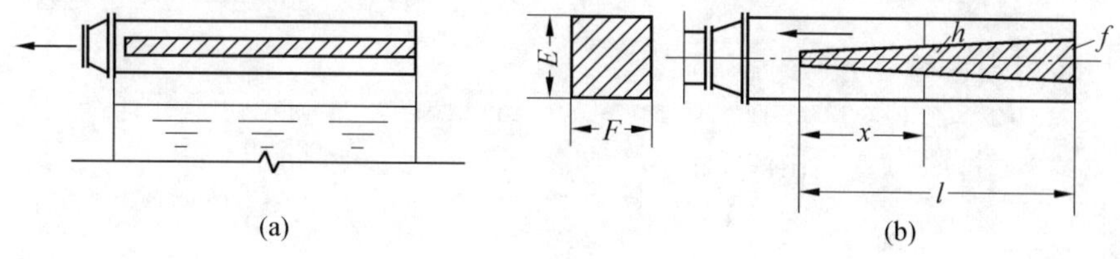

图 4.25

$$h = L/3\,600 v_0 l$$

式中　L——排风罩排风量，m^3/h；

l——条缝口长度，m；

v_0——条缝口的吸入速度，m/s，$v_0 = 7 \sim 10$ m/s，排风量大时可适当提高。

采用等高条缝，条缝口上速度分布不易均匀，末端风速小，靠近风机的一端风速大。

条缝口的速度分布和条缝口面积 f 与罩子断面面积 F_1 之比(f/F_1)有关，f/F_1 越小，速度分布越均匀。$f/F_1 \leqslant 0.3$ 时，可以近似认为是均匀的。$f/F_1 > 0.3$ 时，为了均匀排风可以采用楔形条缝，楔形条缝的高度可按表4.5确定。如槽长大于1 500 mm时可沿槽长度方向分设两个或三个排风罩(如图4.26所示)，对分开后的排风罩来说一般 $f/F_1 \leqslant 0.3$，这样仍可采用等高条缝。条缝高度不宜超过50 mm。

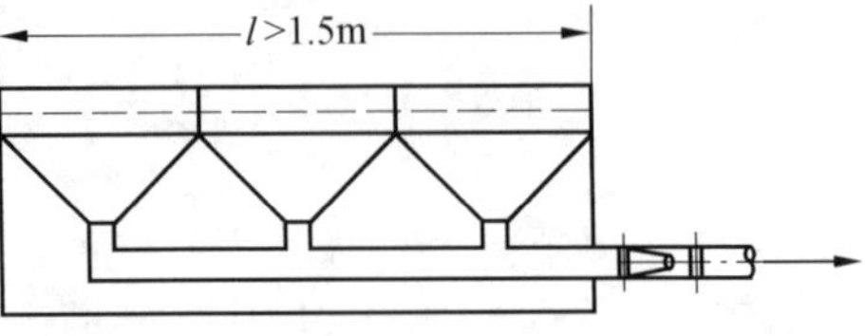

图4.26 多风口布置

表4.5 楔形条缝口高度的确定

f/F_1	$\leqslant 0.5$	$\leqslant 1.0$
条缝末端高度 h_1	$1.3\ h_0$	$1.4h_0$
条缝始端高度 h_2	$0.7\ h_0$	$0.6h_0$

条缝式槽边排风罩的排风量可按下列公式计算：

1. 高截面单侧排风

$$L = 2v_x AB\left(\frac{B}{A}\right)^{0.2} \quad \text{m}^3/\text{s} \tag{4.19}$$

2. 低截面单侧排风

$$L = 3v_x AB\left(\frac{B}{A}\right)^{0.2} \quad \text{m}^3/\text{s} \tag{4.20}$$

3. 高截面双侧排风(总风量)

$$L = 2v_x AB\left(\frac{B}{2A}\right)^{0.2} \quad \text{m}^3/\text{s} \tag{4.21}$$

4. 低截面双侧排风(总风量)

$$L = 3v_x AB\left(\frac{B}{2A}\right)^{0.2} \quad \text{m}^3/\text{s} \tag{4.22}$$

5. 高截面周边型排风

$$L = 1.57v_x D^2 \quad \text{m}^3/\text{s} \tag{4.23}$$

6. 低截面周边型排风

$$L = 2.36v_x D^2 \quad \text{m}^3/\text{s} \tag{4.24}$$

式中 A——槽长，m；

B——槽宽，m；

D——圆槽直径，m；

v_x——边缘控制点的控制风速，m/s。v_x 值可按附录3确定。条缝式槽边排风罩的局部阻力 Δp 用下式计算

$$\Delta p = \xi \frac{v_0^2}{2}\rho \quad \text{Pa} \tag{4.25}$$

式中 ξ——局部阻力系数，$\xi = 2.34$；

v_0——条缝口上空气流速，m/s；

ρ——周边空气密度，kg/m^3。

平口式槽边吸气罩的排风量可根据相应的条缝式低截面槽边吸气的排风量乘以修正系数 K，单侧吸气 K 为1.15，双侧吸气 K 为1.20。

【例4.2】 长1 m，宽0.8m的酸性镀铜槽，槽内溶液温度等于室温。设计该槽上的槽

边排风罩。

解　因 $B>700$ mm,采用双侧。选用高截面 $E\times F=250\times250$ mm(国家标准设计共有 250×250、250×200、200×200 mm 三种断面尺寸)。

控制风速 v_x 查附录 3,得 $v_x=0.3$ m/s

总排风量 $L=2v_xAB(\frac{B}{2A})^{0.2}=2\times0.3\times1\times0.8(\frac{0.8}{2\times1})^{0.2}=0.4\ m^3/s$

每一侧排风量 $L'=\frac{1}{2}L=\frac{1}{2}\times0.4=0.2m^3/s$

取条缝口风速 $v_0=8$ m/s。

1. 采用等高条缝

条缝口面积

$$f=L'/v=0.2/8=0.025\ m^2$$

条缝口高度

$$h_0=f/A=0.025\ m=25\ mm$$

$$f/F_1=0.025/0.25\times0.25=0.4>0.3$$

为保证条缝口速度分布均匀,在每一侧分设两个罩子,设两根排气立管。

$$f'/F_1=\frac{f/2}{F_1}=\frac{0.25/2}{0.25\times0.25}=0.2<0.3$$

$$\Delta p=\xi\frac{v_0^2}{2}\rho=2.34\times\frac{8^2}{2}\times1.2=90\ Pa$$

2. 若采用楔形条缝,查表 4.5,得

$h_1=1.3h_0=1.3\times25=32.5$ mm,可取 33 mm;

$h_2=0.7h_0=0.7\times25=17.5$ mm,可取 18 mm;

$\Delta p=90$ Pa

每侧设一个罩子,共设一个排气管。

第五节　接受罩

某些生产过程或设备本身会产生或诱导一定的气流运动,而这种气流运动的方向是固定的,我们只需把排风罩设在污染气流前方,让其直接进入罩内排出即可,这类排风罩称为接受罩。顾名思义,接受罩只起接受作用,污染气流的运动是生产过程本身造成的,而不是由于罩口的抽吸作用造成的。图 4.27 是砂轮接受罩的示意图。接受罩的排风量取决于所接受的污染空气量的大小,它的断面尺寸不应小于罩口处污染气流的尺寸。

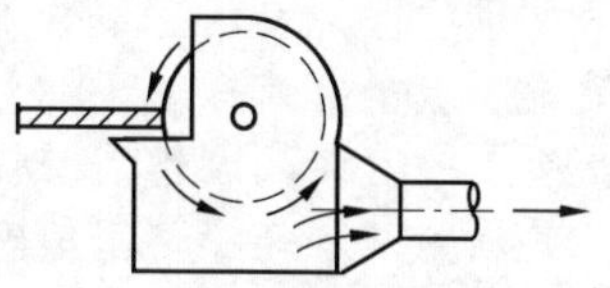

图 4.27　砂轮接受罩

一、热源上部的热射流

接受罩接受的气流可分为两类:粒状物料高速运动时所诱导的空气流动(如砂轮机等)、热源上部的热射流两类。前者影响因素较多,多由经验公式确定。后者可分为生产设备本身散发的热烟气(如炼钢炉散发的高温烟气)、高温设备表面对流散热时形成的热射流。通常生产设备本身散发的热烟气由实测确定,因而我们着重分析设备表面对流散热时形成的热射流。

热射流的形态如图 4.28 所示。热设备将热量通过对流散热传给相邻空气,周围空气受热上升,形成热射流。我们可以把它看成是从一个假想点源以一定角度扩散上升的气流,根据其变化规律,可以按以下方法确定热射流在不同高度的流量、断面直径等。

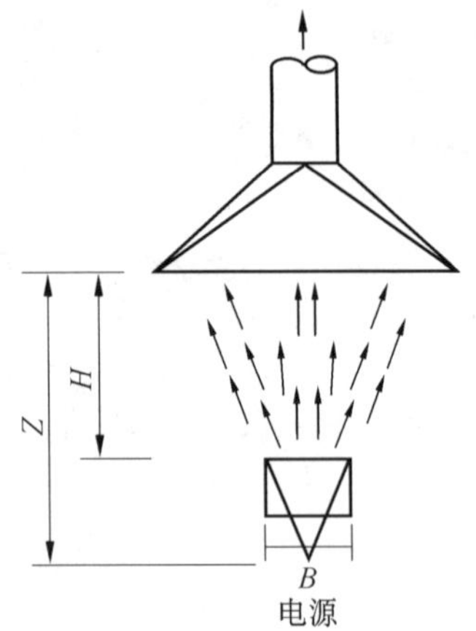

图 4.28 热源上部接受罩

在 $H/B = 0.9 \sim 7.4$ 的范围内,在不同高度上热射流的流量

$$L_Z = 0.04 Q^{1/3} Z^{3/2} \quad m^3/s \tag{4.26}$$

式中 Q——热源的对流散热量,kJ/s;

$$Z = H + 1.26\ B \quad m \tag{4.27}$$

式中 H——热源至计算断面的距离,m;

B——热源水平投影的直径或长边尺寸,m。

对热射流观察发现,在离热源表面$(1 \sim 2)B$处射流发生收缩(通常在 1.5 B 以下),在收缩断面上流速最大,随后上升气流逐渐缓慢扩大。近似认为热射流收缩断面至热源的距离 $H_0 \leqslant 1.5\sqrt{A_p}$($A_p$ 为热源的水平投影面积),收缩断面上的流量按下式计算

$$L_0 = 0.167 Q^{1/3} B^{3/2} \quad m^3/s \tag{4.28}$$

热源的对流散热量

$$Q = \alpha F \Delta t \qquad J/s \tag{4.29}$$

式中 F——热源的对流放热面积,m^2;

Δt——热源表面与周围空气的温度差,℃;

α——对流放热系数,$J/m^2 \cdot s \cdot ℃$。

$$\alpha = A \Delta t^{1/3} \tag{4.30}$$

式中 A——系数,对于水平散热面 $A = 1.7$,垂直散热面 $A = 1.13$。

在某一高度上热射流的断面直径

$$D_Z = 0.36H + B \quad m \tag{4.31}$$

二、罩口尺寸的确定

理论上只要接受罩的排风量、断面尺寸等于罩口断面上热射流的流量、尺寸,污染气流就会被全部排除。实际上由于横向气流的影响,热射流会发生偏转,可能溢向室内,且接受罩的安装高度越大,横向气流的影响愈重,因此需适当加大罩口尺寸和排风量。

热源上部接受罩可根据安装高度的不同分成两大类:低悬罩($H \leqslant 1.5\sqrt{A_p}$),高悬罩($H > 1.5\sqrt{A_p}$)。$A_p$ 为热源的水平投影面积,对于垂直面取热源顶部的射流断面积(热射流的起始角取 5°)。

1. 低悬罩($H \leqslant 1.5\sqrt{A_p}$时):

(1) 对横向气流影响小的场合,排风罩口尺寸应比热源尺寸扩大 150 ~ 200 mm;

(2) 若横向气流影响较大,按下式确定

圆形
$$D_1 = B + 0.5H \quad m \tag{4.32}$$

矩形
$$A_1 = a + 0.5H \quad m \tag{4.33}$$

$$B_1 = b + 0.5H \quad m \tag{4.34}$$

式中 D_1——罩口直径,m;

A_1, B_1——罩口尺寸，m；

a, b——热源水平投影尺寸，m。

2. 高悬罩（$H > 1.5\sqrt{A_p}$）

高悬罩的罩口尺寸按式(4.35)确定，均采用圆形，直径用 D 表示。

$$D = D_Z + 0.8H \tag{4.35}$$

三、热源上部接受罩的排风量计算

1. 低悬罩

$$L = L_0 + v'F' \quad \mathrm{m^3/s} \tag{4.36}$$

式中　L_0——收缩断面上的热射流流量，$\mathrm{m^3/s}$；

F'——罩口的扩大面积，即罩口面积减去热射流的断面积，$\mathrm{m^2}$；

v'——扩大面积上空气的吸入速度，$v' = 0.5 \sim 0.75$ m/s。

2. 高悬罩

$$L = L_Z + v'F' \quad \mathrm{m^3/s} \tag{4.37}$$

式中　L_Z——罩口断面上热射流流量，$\mathrm{m^3/s}$；

$v'F'$——同式(4.36)。

高悬罩排风量大，且易受气流干扰，工作不稳定，应视工艺条件尽量降低其安装高度。如工艺条件允许，可在接受罩上装设活动卷帘。

【例 4.3】　某金属熔化炉，炉内金属温度为 600 ℃，周围空气温度为 20 ℃，散热面为水平面，直径 $B = 0.6$ m，在热设备上方 0.5 m 处设接受罩，计算其排风量，确定罩口尺寸。

解　$1.5\sqrt{A_p} = 1.5\left[\frac{\pi}{4}(0.6)^2\right]^{1/2} = 0.8$ m

由于 $H < 1.5\sqrt{A_p}$，该罩为低悬罩

$$Q = \alpha \Delta t F = 1.7\Delta t^{4/3} F = 1.7(600 - 20)^{4/3} \times \frac{\pi}{4}(0.6)^2 = 2324 \text{ J/s} = 2.32 \text{ kJ/s}$$

$$L_0 = 0.167 Q^{1/3} B^{3/2} = 0.167 \times (2.32)^{1/3} \times (0.6)^{3/2} = 0.103 \text{ m}^3/\text{s}$$

罩口断面直径　$D = B + 200 = 600 + 200 = 800$ mm

取　$v' = 0.5$ m/s

排风量　$L = L_0 + v'F' = 0.103 + \frac{\pi}{4}\left[(0.8)^2 - (0.6)^2\right] \times 0.5 = 0.213 \text{ m}^3/\text{s}$

第六节　吹吸式排风罩

一、吹吸式通风的原理

在工程中，人们设想可以利用射流作为动力，把有害物输送到排风罩口再由其排除，或者利用射流阻挡，控制有害物的扩散。这种把吹和吸结合起来的通风方法称为吹吸式通风。图 4.29 是吹吸式通风的示意图。由于吹吸式通风依靠吹、吸气流的联合工作进行有害物的控制和输送，它具有风量小、污染控制效果好、抗干扰能力强、不影响工艺操作等特点。下面是应用吹、吸气流进行有害物控制的实例。

1. 图 4.30 是吹吸气流用于金属熔化炉的情况。为了解决热源上部接受罩的安装高度较大时，排风量较大，而且容易受横向气流影响的矛盾，可以如图 4.30 所示，在热源前

方设置吹风口,在操作人员和热源之间组成一道气幕,同时利用吹出的射流诱导污染气流进入上部接受罩。

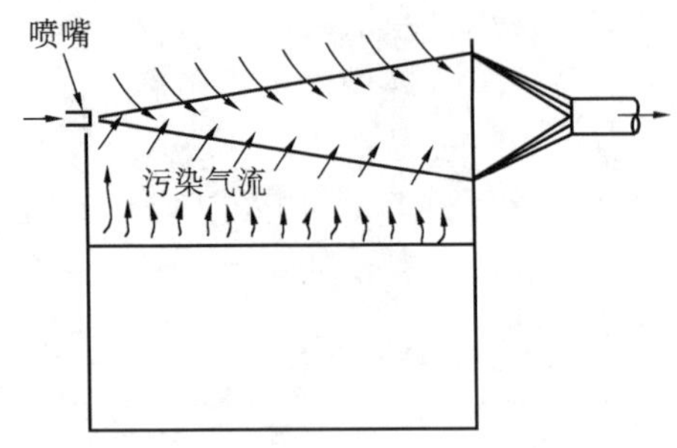

图 4.29 吹吸式通风示意图

2. 图 4.31 是用气幕控制初碎机坑粉尘的情况。当卡车向地坑卸大块物料时,地坑上部无法设置局部排风罩,会扬起大量粉尘。为此可在地坑一侧设吹风口,利用吹吸气流抑止粉尘的飞扬,含尘气流由对面的吸风口排除,经除尘器处理后排放。

3. 吹吸气流不但可以控制单个设备散发的有害物,而且可以对整个车间的有害物进行有效控制。由于车间有害物和气流分布的不均匀,要使整个车间都达到要求是很困难的。图 4.32 是在大型电解精炼车间采用吹吸气流控制有害物的实例。在基本射流作用下,有害物被抑制在工人呼吸区以下,最后由屋顶上的送风小室供给操作人员新鲜空气,在车间中部有局部加压射流,使整个车间的气流按预定路线流动。这种通风方式也称单向流通风。采用这种通风方式,污染控制效果好,送、排风量少。

图 4.30 吹吸气流在金属熔化炉的应用

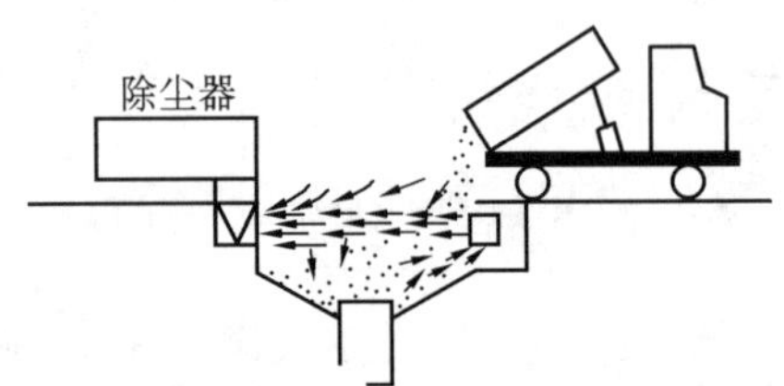

图 4.31 用气幕控制初碎机坑的粉尘

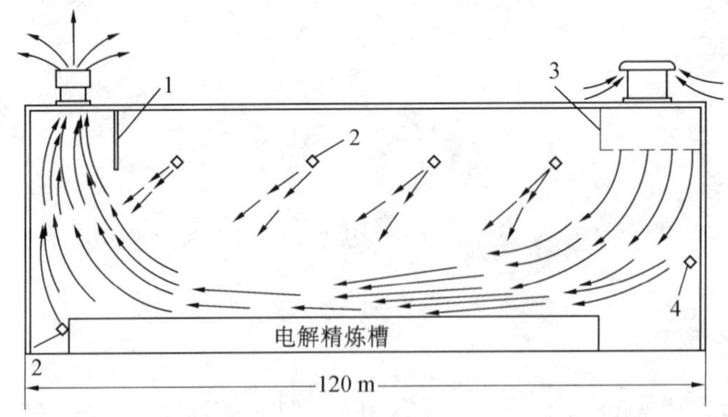

图 4.32 电解精炼车间直流式气流简图

1—屋顶排气机组;2—局部加压射流;3—屋顶送风小室;4—基本射流

图 4.33 是单向通风用于铸造车间浇注工部的情况。该车间采用就地浇注,有害物源分布面广,难以设置局部排风装置。采用全面稀释通风,通风量大、效果差。采用单向流通风时,用下部的射流控制烟气和粉尘,由对面的排风口排除,利用上部射流向室内补充空气。

二、吹吸式通风系统的计算

吹吸气流的运动情况较为复杂，缺乏统一的计算方法，下面介绍一种具有代表性的计算方法——速度控制法。

苏联学者巴杜林提出的计算方法是这类方法的典型代表，他把吹吸气流对有害物的控制能力简单地归结为取决于吹出气流的速度与作用在吹吸气流上的污染气流（或横向气流）的速度之比。只要吸风口前射流末端的平均速度保持一定数值（通常要求不小于 0.75 ~ 1 m/s），就能保证对有害物的有效控制。这种方法只考虑吹出气流的控制和输送作用，不考虑吸风口的作用，把它看作是一种安全因素。

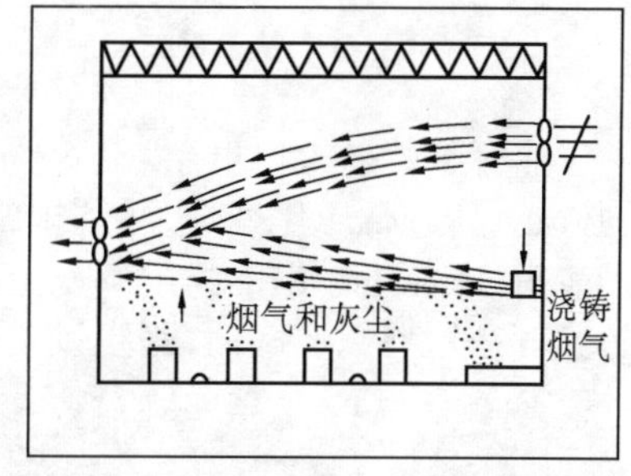

图 4.33　用单向流通风控制铸造车间污染物

对工业槽，其设计要点如下。

1. 对于有一定温度的工业槽，吸风口前必须的射流平均速度 v_1' 按下列经验数值确定：

槽温　$t = 70 \sim 95$ ℃　　$v_1' = H$（H 为吹、吸风口间距离 m） m/s

　　　$t = 60$ ℃　　$v_1' = 0.85\ H$　m/s

　　　$t = 40$ ℃　　$v_1' = 0.75\ H$　m/s

　　　$t = 20$ ℃　　$v_1' = 0.5\ H$　m/s

2. 为了避免吹出气流溢出吸风口外，吸风口的排风量应大于吸风口前射流的流量，一般为射流末端流量的（1.1 ~ 1.25）倍。

3. 吹风口高度 b_0 一般为（0.01 ~ 0.15）H，为了防止吹风口发生堵塞，b_0 应大于 5 ~ 7 mm。吹风口出口流速不宜超过 10 ~ 12 m/s，以免液面波动。

4. 要求吸风口上的气流速度 $v_1 \leqslant (2 \sim 3) v_1'$，$v_1'$ 过大，吸风口高度 b_1 过小，污染气流容易溢入室内。但是 b_1 也不能过大，以免影响操作。

作用在吹吸气流上的污染气流通常有两种形式。一种是由于工艺设备本身的正压所造成的污染气流，如炼钢电炉顶的热烟气，这个烟气量基本是稳定不变的。设计吹吸式通风时，除了要把污染气流和周围空间隔离外，还必须把污染气流全部排除。我们把这种吹吸式通风称为侧流作用下的吹吸式通风。另一种污染气流是由于热设备表面对流散热时形成的对流气流，如高温敞口槽，在槽上设置吹吸式通风后，对流气流的上升运动受到吹吸气流的阻碍，只有少量蒸汽会卷入射流内部。受阻的上升气流会把自身的动压转化为静压作用在吹吸气流上，由于侧压的作用使吹吸气流发生弯曲上升。我们把这种吹吸式通风称为侧压作用下的吹吸式通风。

第五章　工业有害物的净化

工业有害物对人体健康、动植物生长、环境等危害很大，因此只要技术、经济条件允许，必须对其进行净化处理，达到排放标准才能排入大气。有些生产过程如原材料加工、食品生产、水泥等排出的粉尘都是生产的原料或成品，回收这些有用物料，具有很大的经济意义。在这些工业部门，除尘设备既是环保设备又是生产设备。

第一节　有害气体及蒸气的净化

在许多工业生产过程中会散发出多种有害气体，为了保护环境，避免大气污染，通常需要将其进行净化处理，达到排放标准后排入大气，可能的条件下也可考虑回收利用。

有害气体的净化方法主要有：吸收法、吸附法、燃烧法、冷凝法、高空排放法。

一、吸收法

用适当的液体吸收剂将有害气体中一个或几个组份溶解或吸收掉的方法称为吸收法。能够用吸收法净化的有害气体主要有：SO_2、H_2S、HCL、CL_2、NH_3、酸雾、沥青烟和多种组份有机物蒸气。常用的吸收剂有水、碱性溶液、酸性溶液、有机溶剂等。吸收法的特点是既能吸收有害气体，又能除掉排气中的粉尘，但污水的处理比较困难。

吸收法分物理吸收和化学吸收两种。物理吸收是用液体吸收剂吸收有害气体时不伴有明显的化学反应，只是单纯的物理溶解过程；若同时发生明显的化学反应，则为化学吸收，其吸收率较高，是目前应用较多的有害气体处理方法。

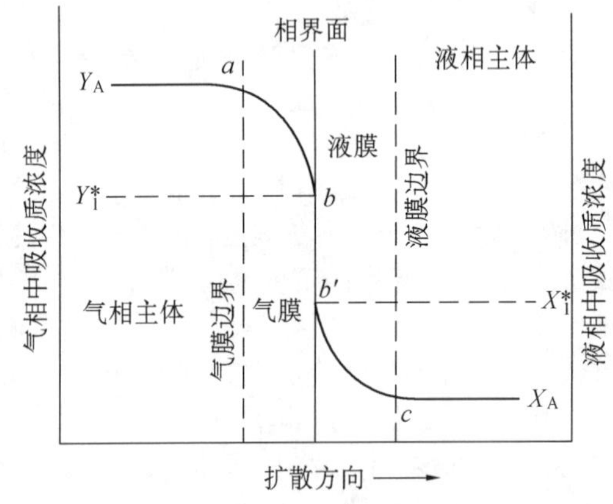

图 5.1　双膜理论的吸收过程

图 5.1 所示为目前应用最广泛的“双膜理论”的吸收过程，其基本论点如下：

1. 气液两相接触时，它们的分界面称相界面，在相界面两侧各存在着一层稳定的层流薄膜，分别称为气膜和液膜。这两层薄膜间，吸收质以分子扩散方式通过。

2. 在气液两相主体中，主要以对流扩散为主，溶质的浓度基本均匀，所以在两相主体中的扩散阻力可忽略。

3. 在相界面处传质阻力略而不计。

4. 溶质从气相转入液相的过程是：靠湍流扩散从气相主体到气膜表面，靠分子扩散通过气膜到达相界面，在相界面上，溶质从气相溶入液相，靠分子扩散从相界面通过液膜到达液膜表面，靠湍流扩散从液膜表面到液相主体。整个传质过程中，主要阻力来自气膜和液膜对分子扩散的阻力。

5. 通过滞流气膜的浓度降，相当于气相主体的平均分压力与界面气相平衡分压力之差，即图 5.1 中 $Y_A - Y_1^*$，这就是通过气膜扩散的推动力；通过滞流液膜的浓度降，就等于界面液相平衡浓度与液相主体中的平均浓度之差，即图 5.1 中 $X_1^* - X_A$，这就是通过液膜扩散的推动力。

6. 吸收过程可以看作是通过气、液膜的稳定扩散。

常用的吸收设备有喷淋塔、填料塔、湍流塔、筛板塔和文丘里吸收器等。喷淋塔的结构如图 5.2(a)所示，气体在吸收塔横断面上的平均流速一般为 0.6～1.2 m/s，阻力为 20～200 Pa，液气比为 0.7～2.7 L/m³。其优点是阻力小，结构简单，塔内无运动部件。但是

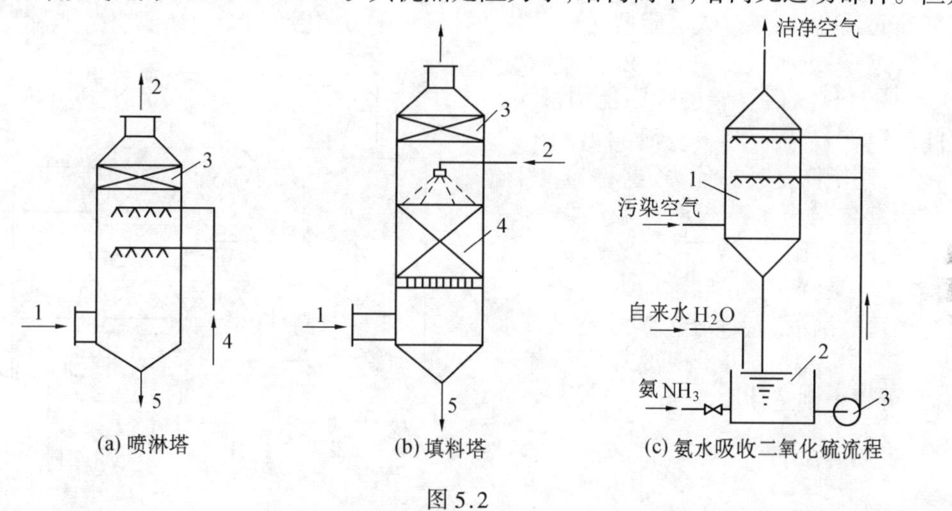

图 5.2

它的吸收效率不高，仅适用于有害气体浓度低，处理气体量不大和需要同时除尘的情况。填料塔的结构如图 5.2(b)，在喷淋塔内填充适当的填料就成了填料塔，放置填料增大了气液接触面积，常用的填料有拉西环(普通的钢质或瓷质小环)、鲍尔环，鞍形和波纹填料等。填料塔阻力中等，应用较广，但不适用于有害气体与粉尘共存的场合，以免堵塞。图 5.2(c)所示为用氨水吸收二氧化硫的工艺流程图。硫酸尾气从吸收塔底部进入吸收塔，而后从下向上流动，氨水在塔顶部进入，从上向下喷淋，由于两者逆向流动，接触比较充分，硫酸尾气中的二氧化硫被氨水吸收。吸收了 SO_2 后的吸收液流入循环槽中，用溶液泵抽出重新送进吸收塔，这样循环往复，不断地吸收硫酸尾气中的 SO_2。被除掉 SO_2 的气体经放气管排入大气(放空)。

二、吸附法

利用多孔性固体吸附剂来吸附有害气体和蒸气的方法，称为吸附法。

吸附过程是由于气相分子和吸附剂表面分子之间的吸引力使气相分子吸附在吸附剂表面的。根据吸附作用力的性质不同，可以分为物理吸附和化学吸附。

1. 物理吸附

物理吸附被认为是依靠分子间的引力完成的。当固体和气体之间的分子引力大于气体分子之间的引力时，气体分子会冷凝在固体表面上。物理吸附是可逆的，当降低气相中吸收质分压力，提高被吸附气体温度，吸附质会迅速解吸，解吸后的吸附剂，可重新获得吸附能力，称为吸附剂的再生。物理吸附过程是一个放热过程，吸附热愈大，吸附剂和吸附质之间的亲合力愈强。

2. 化学吸附

化学吸附是由于吸附剂表面与吸附分子间的化学反应力所造成的。化学吸附具有很高的选择性,一种吸附剂只对特定的物质有吸附作用。化学吸附比较稳定,它的过程是不可逆的,吸附后被吸附的物质已发生化学变化,改变了原来的特性。工业上常用的吸附剂有活性炭、硅胶、活性氧化铝、分子筛等。应当指出,物理吸附和化学吸附之间没有严格的界限,同一物质在较低温度下可能发生物理吸附,而在较高温度下往往是化学吸附。

图 5.3 所示为用活性炭吸附二氧化硫的工艺流程。含有 SO_2 的烟气进入文氏管时,将 H_2SO_4 稀溶液用泵送入文氏管入口和烟气混合,烟气中的 SO_2 被洗掉一部分,而且烟气温度降低,低温烟气进入吸附器后 SO_2 被活性炭吸附,净化后的烟气送至烟囱排入大气。

经过一段时间后,由于在表面吸附 SO_2 形成 H_2SO_4,活性碳的吸附能力减少,因此需把存在于活性炭表面的 H_2SO_4 取下,使活性炭恢复吸附能力,这称为再生。再生的方法是用水洗去活性炭表面的硫酸。水进入吸附器,携带 H_2SO_4 后流入循环槽,活性炭就恢复了吸附能力。

稀硫酸溶液进入浸没燃烧器加热,水分蒸发,浓度提高,再进入冷却器冷却降温后,可用来制造化肥。

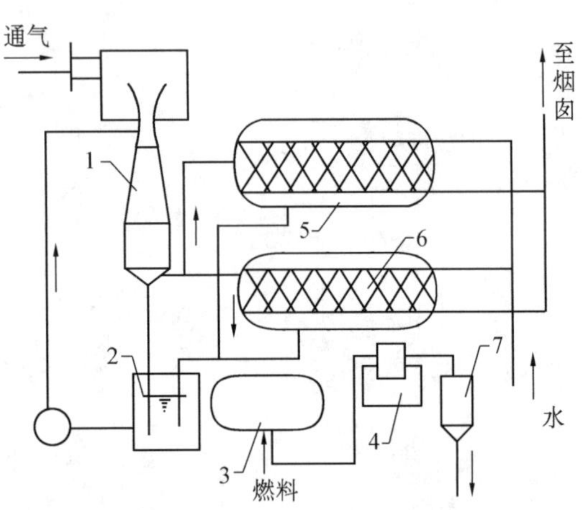

图 5.3　活性炭吸附 SO_2 流程

1—文氏管洗涤器;2—循环槽;3—浸没燃烧器;4—冷却器;5—吸附器;6—活性炭床;7—过滤器

三、燃烧法

使排气中有害气体通过燃烧变成无害物质的方法称燃烧法。燃烧法的优点是方法简单,设备投资也较少。但缺点是不能回收有用物质。这种方法只适用于可燃和高温下能分解的有害气体。

燃烧法又分直接燃烧、热力燃烧和催化燃烧三种。直接燃烧是将有害气体直接点燃烧掉。例如有的炼油厂的烟囱长年点燃就是把排出的废气直接烧掉。热力燃烧是利用辅助燃烧来加热有害气体,帮助它燃烧的方法。催化燃烧是利用催化剂来加快燃烧速度的方法。在催化燃烧时所使用的催化剂,其种类是根据有害气体的性质决定的。催化燃烧常用的催化剂是:铂(pt)和钯(Pd)。催化剂的载体一般用氧化铝—氧化镁型和氧化铝—氧化硅型。载体可制成球状、柱状和峰窝状等。把催化剂载于载体上置于反应器中,当有害气体通过反应器时,即可被催化燃烧,除去毒性,使有害气体得到净化。

燃烧法可以广泛地应用于有机溶剂、碳氢化合物、一氧化碳和沥青烟气等。这些物质在燃烧氧化过程中被氧化成二氧化碳和水蒸气。另外,燃烧法也可用于消除烟和臭味。

四、冷凝法

把排气中的有害气体冷凝,使之变成液体,从排气中分离出来的方法称冷凝法。这种方法设备简单,管理方便。但只适用于冷凝温度高、浓度高的有害蒸气的净化。

采用冷凝法处理有害气体时,只有将废气的冷却温度降低到露点温度以下,有害蒸气才能冷凝成液体,同时仍有一部分有害蒸气残留在空气中。因此,冷却温度愈低,净化程度愈高。常用的冷却剂是自来水或深井水。为了强化冷却,也可以使用冰、冷冻水、固体二氧化碳等冷却剂。

五、高空排放法

车间排气中含有害气体时应净化后排入大气，以保证居住区的空气环境符合卫生标准。但在有害气体浓度较小，没有经济有效的净化方法时，可采用高空排放扩散的方法来稀释有害气体，使有害气体降落到地面的最大浓度不超过卫生标准的规定。

影响有害气体在大气中扩散的因素很多，主要有地形情况、大气状态、排气温度、排气量、大气风速等。考虑这些影响因素可以采用公式计算排气立管高度，也可以用公式绘制的线算图查取排气立管高度。图 5.4 就是对地形平坦、大气处于中性状态时排气立管高度的线算图。

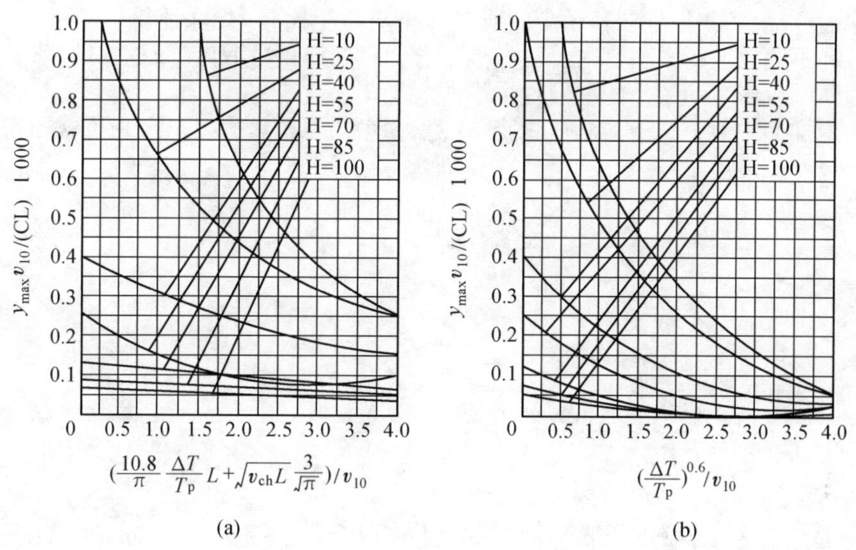

图 5.4　排气立管高度线算图

(a) $\Delta T<35$ K 或 $Q_h<2\ 093.4$；(b) $\Delta T<35$ K 或 $2\ 093.4\leqslant Q_h<2\ 093.4$；其中 Q_h—烟气的排热量 kW

图中纵坐标为$(y_{max}v_{10})/1\ 000\ CL$。其中 y_{max} 为“居住区大气中有害物质的最高允许浓度”，mg/m^3；v_{10}为距地面 10 m 高度处的平均风速（由各地气象台取得），m/s；C 为排气中有害物浓度，mg/m^3；L 为排气量，m^3/s。图中横坐标为$(\frac{10.8}{\pi}\frac{\Delta T}{T_p}L+\sqrt{Lv_{ch}}\ \frac{3}{\sqrt{\pi}})/v_{10}$和$(\frac{\Delta T}{T_p}L)^{0.6}/v_{10}$，其中 ΔT 为排气立管出口处气流温度之差，K；T_p 为排气温度，K；v_{ch}为排气立管出口处排气速度，m/s；一般取 15 m/s 左右。其他符号意义同前。图中每条曲线代表一个排气立管高度。

第二节　粉尘的特性

实践表明，通风除尘系统的设计和运行与粉尘的许多性质密切相关，恰到好处地利用这些性质，可以大大提高通风除尘的效果，并保证设备的可靠运行。

一、粉尘的真密度(尘粒密度)

尘粒的密度分真密度和容积密度两种。

自然堆积状态下的粉尘其颗粒间及颗粒内部充满空隙,即呈松散状态,此状态下单位体积粉尘的质量称为粉尘的容积密度。如果设法排除颗粒之间及颗粒内部的空气,此时测出的单位体积粉尘的质量称为真密度(或尘粒密度)。研究单个尘粒在空气中的运动时应用真密度,计算灰斗体积时应用容积密度。

二、粉尘的分散度

粉尘的粒径分布称为分散度。由于粉尘是由粒径不同的颗粒组成的,各粒径粉尘只占总粉尘的一部分,如果某粒径粉尘的质量和总质量相比较大,这种粉尘的分散度就大。通常把各种不同粒径粉尘质量占总质量的百分比称为质量分散度,简称分散度。

尘源不同所产生的粉尘的分散度也不同。

设粉尘样品中某一粒径粉尘质量为 S_d 克,粉尘的总质量为 S_0 克,则该粒径粉尘的分散度为

$$f_d = \frac{S_d}{S_0} \times 100\% \tag{5.1}$$

且有

$$\sum_{i=1}^{\infty} f_{di} = 1 \tag{5.2}$$

式中 f_d——某粒径粉尘的分散度,%;

S_d——某粒径粉尘的质量,g;

S_0——粉尘的总质量,g;

f_{di}——第 i 种粒径粉尘的分散度,%。

粉尘的分散度一般是根据测定决定的,但在测定时由于粒径有无穷多个,用任何方法都无法把各种粒径粉尘的质量测出。所以通常是把粉尘按粒径分组,如:0~5 μm、5~10 μm、10~20 μm 等。把每一组的质量测出和总质量相比,即得出该组的分散度。

三、粘附性

粉尘相互间的凝聚与粉尘在器壁上的堆积,都与粉尘的粘附性有关。前者会使尘粒逐渐增大,有利于提高除尘效率;后者会使除尘设备或管道发生故障和阻塞。粒径小于 1 μm 的细粉尘主要由于分子间的作用产生粘附,如铅丹、氧化钛等;吸湿性、溶水粉尘或含水率较高的粉尘主要由于表面水分产生粘附,如盐类、农药等;纤维状粉尘的粘附主要与壁面状态有关。

四、爆炸性

粉尘由于比表面积很大,化学活泼性很强。当粉尘在空气中达到一定浓度时,在外界的高温、摩擦、震动等作用下会引起爆炸。这一点在设计除尘系统时尤其要注意。不同粉尘爆炸的浓度极限不同。

五、粉尘的比电阻和荷电性

悬浮在空气中的粉尘由于碰撞、摩擦、辐射、静电感应等原因会带一定电荷,带电量的

大小与尘粒的表面积和含湿量有关。在同一温度下，表面积大，含湿量小的尘粒带电量大；表面积小，含湿量大的灰尘颗粒带电量小。电除尘器就是利用尘粒的带电特性进行工作的。粉尘的比电阻是粉尘的重要特性之一，反映粉尘的导电性能，它对电除尘器的有效运行具有重要影响。

六、润湿性

粉尘是否易于被水（或其他液体）湿润的性质称为润湿性。根据粉尘被水湿润的不同可分为两类。容易被水湿润的粉尘（如泥土）等称为亲水性粉尘；难以被水湿润的粉尘（如炭黑等）称为疏水性粉尘。亲水性粉尘被水湿润后会发生凝聚、增重，有利于粉尘从空气中分离。疏水性粉尘则不宜用湿法除尘。

粒径对粉尘的润湿性也有很大影响，5 μm 以下（特别是 1 μm 以下）的尘粒因表面吸附了一层气膜，即使是亲水性粉尘也难以被水湿润。只有当液滴与尘粒之间具有较高的相对速度时，才能冲破气膜使其湿润。有的粉尘（如水泥、石灰等）与水接触后，会发生粘结和变硬，这种粉尘称为水硬性粉尘。水硬性粉尘不宜采用湿法除尘。

七、粉尘的安息角和滑动角

粉尘的安息角是指粉尘在水平面上自然堆积成圆锥体的锥体母线同水平面的夹角；粉尘的滑动角是将粉尘置于光滑的平板上，使该板倾斜到粉尘能沿着平板滑下的角度。

第三节　除尘效率

一、除尘器的全效率和穿透率

除尘器的效率是指除尘器从气流中捕集粉尘的能力，是评价除尘器性能的重要指标之一，表示方法有除尘器的全效率、分级效率等。

1. 除尘器的全效率

含尘气流在通过除尘器时被捕集下来的粉尘量占进入除尘器的粉尘总量的百分数称为除尘器的全效率 η。

$$\eta = \frac{G_3}{G_1} \times 100\% = \frac{G_1 - G_2}{G_1} \times 100\% \tag{5.3}$$

式中　G_1——进入除尘器的粉尘量，g/s；

G_2——从除尘器排出的粉尘量，g/s；

G_3——除尘器所捕集的粉尘量，g/s。

如果除尘器结构严密，没有漏风，公式(5.3)可改写为

$$\eta = \frac{Ly_1 - Ly_2}{Ly_1} \times 100\% \tag{5.4}$$

式中　L——除尘器处理的空气量，m^3/s；

y_1——除尘器进口的空气含尘浓度，g/m^3；

y_2——除尘器出口的空气含尘浓度，g/m^3。

式(5.3)要通过称重求得全效率，称为质量法。用这种方法测得的结果比较准确，主要用于实验室。在现场测定除尘器效率时，通常是同时测出除尘器前后的空气含尘浓度，再按

式(5.4)求得全效率,这种方法称为浓度法。管道内含尘空气的浓度分布不均匀又不稳定,要测得准确的结果是比较困难的。

当多台除尘器串联使用时,除尘全效率为

$$\eta = 1 - (1-\eta_1)(1-\eta_2)\cdots(1-\eta_n) \tag{5.5}$$

式中,η_1、η_2…η_n 为第一级、第二级…第 n 级除尘器的除尘效率。

当多台除尘器并联使用时,除尘全效率为

$$\eta = g_1\eta_1 + g_2\eta_2 + \cdots g_n\eta_n \tag{5.6}$$

式中,g_1、g_2…g_n 为进入第一级、第二级…第 n 级除尘器的粉尘质量份额。

若两台除尘器全效率分别为 99% 或 99.5%,两者非常接近,似乎两者的除尘效率差别不大。但是从大气污染的角度去分析,两者的差别是很大的,前者排入大气的粉尘量要比后者高出一倍,因此,有些文献中,除了用除尘器效率外,还用穿透率 P 表示除尘器的性能。

穿透率

$$P = (1-\eta) \times 100\% \tag{5.7}$$

除尘器全效率的大小与处理粉尘的粒径有很大关系,例如有的旋风除尘器处理 40 μm 以上的粉尘时效率接近 100%,处理 5 μm 以下的粉尘时,效率会下降到 40% 左右。因此,只给出除尘器的全效率对工程设计是没有意义的。要正确评价除尘器的除尘效果,必须按粒径标定除尘器效率,这种效率称为分级效率。图 5.5 是某种除尘器的分级效率曲线。

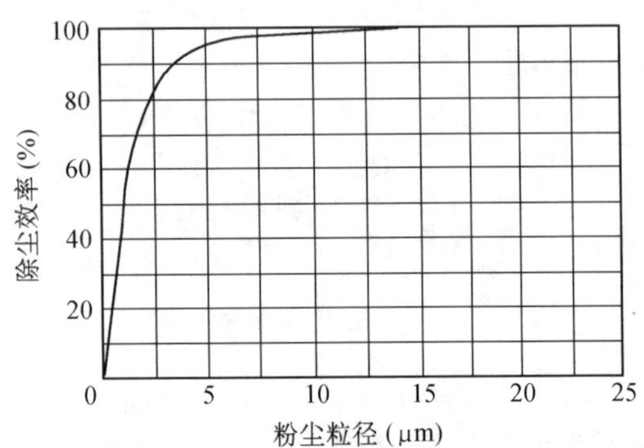

图 5.5　某除尘器的分级效率曲线

二、除尘器的分级效率

如果除尘器进口处粉尘的粒径分布为 $f_1(d_c)$、空气含尘浓度为 y_1,那么进入除尘器的粒径在 $d_c \pm \frac{1}{2}\Delta d_c$ 范围内的粉尘量 $\Delta G_1(d_c) = L_1 y_1 f_1(d_c)\Delta d_c$。同理在除尘器出口处,$\Delta G_2(d_c) = L_2 y_2 f_2(d_c)\Delta d_c$。$f_2(d_c)$是除尘器出口处粉尘的粒径分布。

对粒径在 $d_c \pm \frac{1}{2}\Delta d_c$ 范围内的粉尘,除尘器的分级效率为

$$\eta(d_c) = 1 - \frac{\Delta G_2(d_c)}{\Delta G_1(d_c)} = 1 - \frac{L_2 y_2 f_2(d_c)\Delta d_c}{L_1 y_1 f_1(d_c)\Delta d_c}$$

如果 $L_1 = L_2$,则

$$\eta(d_c) = 1 - \frac{y_2 f_2(d_c)\Delta d_c}{y_1 f_1(d_c)\Delta d_c} = 1 - \frac{y_2 \mathrm{d}\phi_2(d_c)}{y_1 \mathrm{d}\phi_1(d_c)} \tag{5.8}$$

如果除尘器捕集下的粉尘的粒径分布为 $f_3(d_c)$,除尘器所捕集的粒径在 $d_c \pm \frac{1}{2}\Delta d_c$ 范围内的粉尘量为

$$G_3(d_c) = (L_1 y_1 - L_2 y_2) f_3(d_c)\Delta d_c$$

当 $L_1 = L_2$ 时,上式可简化为

$$G_3(d_c) = L_1(y_1 - y_2) f_3(d_c)\Delta d_c$$

分级效率

$$\eta(d_c)=\frac{G_3(d_c)}{G_1(d_c)}=\frac{(y_1-y_2)f_3(d_c)\Delta d_c}{y_1f_1(d_c)\Delta d_c}=\frac{(y_1-y_2)\mathrm{d}\phi_3(d_c)}{y_1\mathrm{d}\phi_1(d_c)} \tag{5.9}$$

研究表明,大多数除尘器的分级效率可用下列经验公式表示

$$\eta(d_c)=1-\exp[-\alpha d_c^m] \tag{5.10}$$

式中,α、m——待定的常数。

当 $\eta(d_c)=50\%$ 时,$d_c=d_{c50}$。我们把除尘器分级效率为 50% 时的粒径 d_{c50}称为分割粒径或临界粒径。根据公式(5.10)

$$0.5=1-\exp[-\alpha d_c^m]$$
$$\alpha=\ln 2/d_{c50}^m=0.693/d_{c50}^m \tag{5.11}$$

把上式代入式(5.10),则得

$$\eta(d_c)=1-\exp[-0.693(\frac{d_c}{d_{c50}})^m] \tag{5.12}$$

这是分级效率的一般表达式,只要已知 d_{c50}及除尘器特性系数 m,就可以求得不同粒径下的分级效率。

三、分级效率和全效率的关系

$$\eta(d_c)=\frac{G_3(d_c)}{G_1(d_c)}=\frac{G_3f_3(d_c)\Delta d_c}{G_1f_1(d_c)\Delta d_c}=\eta\frac{d\phi_3(d_c)}{d\phi_1(d_c)} \tag{5.13}$$

式中　η——除尘器全效率;

$d\phi_1(d_c)$——在除尘器进口处,该粒径范围内的粉尘所占的质量百分比;

$d\phi_3(d_c)$—— 在除尘器灰斗中,该粒径范围内的粉尘所占的质量百分比。

$$\eta=\frac{G_3}{G_1}=\frac{\int_0^\infty G_1d\phi_1(d_c)\eta(d_c)}{G_1}=\int_0^\infty\eta(d_c)d\phi_1(d_c) \tag{5.14}$$

【例 5.1】 已知某除尘器的进口处粒径分布和分级效率如下:

粒径(μm)	0~5	5~10	10~20	20~40	40 以上
$f_1(d_c)\Delta d_c$(%)	10	30	40	15	5
$\eta(d_c)$(%)	60	89	92.2	97	99

解　计算其全效率 $\eta=\int_0^\infty\eta(d_c)f_1(d_c)\Delta d_c=0.1\times0.6+0.3\times0.89+0.4\times0.922+0.15\times0.97+0.05\times0.99=89.1\%$

第四节　重力沉降室与惯性除尘器

重力沉降室是利用尘粒本身的重力作用使其从含尘气流中分离出来。它的结构如图 5.6 所示。含尘气流进入重力沉降室后,流速迅速下降,在层流或接近层流的状态下运动,其中的尘粒在重力作用下缓慢向灰斗沉降。

一、尘粒的沉降速度

根据流体力学,尘粒在静止空气中自由沉降时,其末端沉降速度按下式计算。

$$v_s=\sqrt{\frac{3(\rho_c-\rho)gd_c}{3c_R\rho}}\quad \text{m/s} \tag{5.15}$$

其中 ρ_c——尘粒密度，kg/m^3；

ρ——空气密度，kg/m^3；

g——重力加速度，m/s^2；

d_c——尘粒直径，m；

c_R——空气阻力系数，与尘粒和气流相对运动的雷诺数 Re_c 有关，通常在通风除尘中可近似认为 $Re_c \leqslant 1$，则有

$$c_R = 24/Re_c \tag{5.16}$$

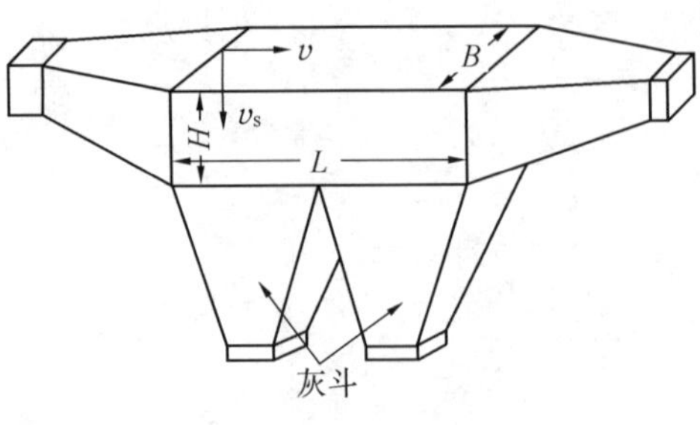

图 5.6 重力沉降室

则

$$v_s = \frac{g(\rho_c - \rho)d_c^2}{18\mu} \tag{5.17}$$

由于 $\rho_c \gg \rho$，公式(5.17)简化为

$$v_s = \frac{\rho_c d_c^2 g}{18\mu} \quad m/s \tag{5.18}$$

式中 ρ_c——尘粒密度，kg/m^3；

g——重力加速度，m/s^3；

d_c——尘粒直径，m；

μ——空气的动力粘度，Pa·s。

如果已知尘粒的沉降速度，可用下式求得对应得尘粒直径。

$$d_c = \sqrt{\frac{18\mu v_s}{g\rho_c}} \tag{5.19}$$

如果尘粒不是处于静止空气中，而是处于流速为 v_s 的上升气流中，尘粒将会处于悬浮状态，这时的气流速度称为悬浮速度。悬浮速度和沉降速度两者的数值相等，但意义不同。沉降速度是指尘粒下落时所能达到的最大速度，悬浮速度是指要使尘粒处于悬浮状态，上升气流的最小上升速度。悬浮速度用于除尘管道的设计。

当尘粒粒径较小，特别是小于 1 μm 时，其大小已接近空气中气体分子的平均自由行程(约 0.1 μm)，这时候尘粒与周围空气层发生"滑动"现象，气流对尘粒的实际阻力变小，尘粒实际的沉降速度要比计算值大。因此对 $d_c \leqslant 5$ μm 的尘粒计算沉降速度时要进行修正。

$$v_s = k_c \frac{\rho_c g d_c^2}{18\mu} \tag{5.19}$$

式中，k_c——库宁汉滑动修正系数。

当空气温度 $t = 20$ ℃、压力 $P = 1$ atm 时

$$k_c = 1 + \frac{0.172}{d_c} \tag{5.20}$$

式中，d_c——尘粒直径，μm。

二、重力尘降室的计算

气流在沉降室内停留时间

$$t_1 = \frac{l}{v} \quad \text{s}$$

式中　l—沉降室长度，m；

v——沉降室内气流运动速度，m/s。

沉降速度为 v_s 的尘粒从除尘器顶部降落到底部所需时间为 t_2

$$t_2 = \frac{H}{v_s} \quad \text{s}$$

式中，H——重力沉降室高度，m。

要把沉降速度为 v_s 的尘粒在沉降室内全部除掉，必须满足 $t_1 \geqslant t_2$，即

$$\left(\frac{l}{v}\right) \geqslant \left(\frac{H}{v_s}\right)$$

把公式(5.19)代入上式，就可求得重力沉降室能 100% 捕集的最小粒径

$$d_{\min} = \sqrt{\frac{18\mu Hv}{g\rho_c l}} \quad \text{m} \tag{5.21}$$

式中，$d_{\min}$——重力沉降室能 100% 捕集的最小粒径，m。

沉降室内的气流速度要根据尘粒的密度和粒径确定，一般为 0.3 ~ 2 m/s。

设计新的重力沉降室时，先要根据式(5.18)算出捕集尘粒的沉降速度 v_s，假设沉降室内的气流速度和沉降室高度(或宽度)，然后再求得沉降室的长度和宽度(或高度)。

沉降室长度

$$l \geqslant \frac{H}{v_s} v \quad \text{m} \tag{5.22}$$

沉降室宽度

$$B \geqslant \frac{L}{Hv} \quad \text{m} \tag{5.23}$$

式中，L——沉降室处理的空气量，m^3/s。

重力沉降室仅适用于 50 μm 以上的粉尘。由于它除尘效率低、占地面积大，通风工程中应用较少。

三、惯性除尘器

为了改善重力沉降室的除尘效果，可在其中设置各种形式挡板，利用尘粒的惯性使其和挡板发生碰撞而捕集，这种除尘器称为惯性除尘器。惯性除尘器的结构形式分为碰撞式和回转式两类，见图 5.7。气流在撞击或方向转变前速度愈高，方向转变的曲率半径愈小，则除尘效率愈高。

图 5.8 所示的百叶窗式分离器也是一种惯性除尘器。含尘气流进入锥形的百叶窗分离器后，大部分气体从栅条之间缝隙流出。气流绕出栅条时突然改变方向，尘粒由于自身的惯性继续保持直线运动，随部分气流(约 5 ~ 20%)一起进入下部灰斗，在重力和惯性力作用下，尘粒在灰斗中分离。百叶窗分离器的主要优点是外形尺寸小，阻力比旋风除尘器小。

惯性除尘器主要用于捕集 20 ~ 30 μm 以上的粗大尘粒，常用作多级除尘器的第一级除尘。

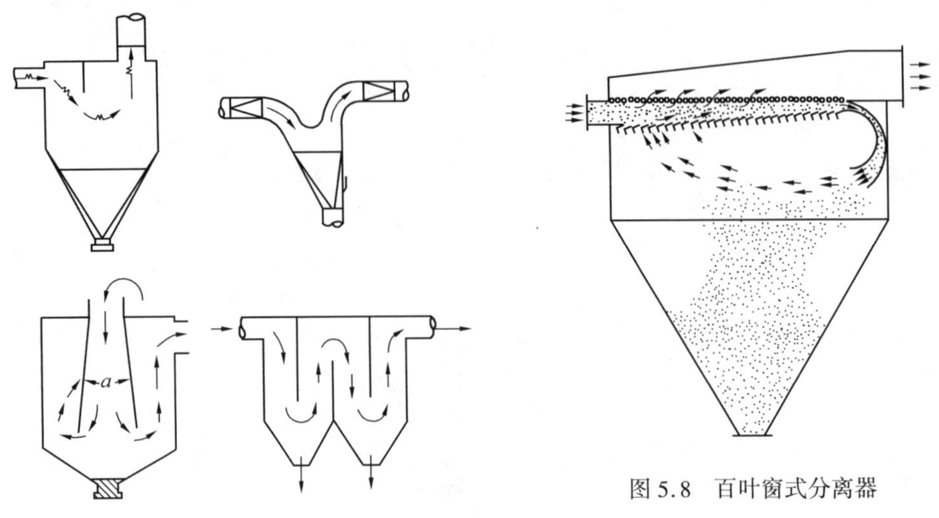

图 5.7 惯性除尘器

图 5.8 百叶窗式分离器

第五节 旋风除尘器

旋风除尘器是利用气流旋转过程中作用在尘粒上的离心力和惯性力,使尘粒从气流中分离出来的。旋风除尘器一般由五部分组成:切向入口、圆筒体、圆锥体、排出管和集灰斗。它结构简单、体积小、维护方便,主要用于 10 μm 以上的粉尘,也用作多级除尘中的第一级除尘器。

一、旋风除尘器的工作原理

1. 工作过程

含尘气流由切线进口进入除尘器,沿外壁由上向下作螺旋形旋转运动,这股向下旋转的气流称为外涡旋。外涡旋到达锥体底部后,转而向上,沿轴心向上旋转,最后经排出管排出。这股向上旋转的气流称为内涡旋。向下的外涡旋和向上的内涡旋,两者的旋转方向是相同的。气流作旋转运动时,尘粒在惯性离心力的推动下,要向外壁移动。到达外壁的尘粒在气流和重力的共同作用下,沿壁面落入灰斗,见图 5.9。

尘粒的含尘气流中分离出来与气流速度、压力分布有直接关系。

2. 速度分布

切向速度　图 5.10 是实测的除尘器某一断面上的速度分布和压力分布。由图可看出,外涡旋的切向速度 v_t 是随半径 r 的减小而增加的,在内、外涡旋交界面上,v_t 达到最大。可以近似认为,内外涡旋交界面的半径 $r_0=(0.6\sim0.65)r_p$(r_p 为排出管半径)。内涡旋的切向速度是随 r 的减小而减小的,类似于刚体的旋转运动。旋风除尘器内某一断面上的切向速度分布规律可用下式表示

外涡旋 $$v_t^{1/n}r=c \tag{5.24}$$

内涡旋 $$v_t/r=c' \tag{5.25}$$

式中　v_t——切向速度,m/s;

r——距轴心的距离，m；

c'、c、n——常数，通过实测确定。

一般 $n=0.5\sim0.8$，如果近似的取 $n=0.5$，公式(5.24)可以改写为

$$v_t^2 r = c \tag{5.26}$$

径向速度　外涡旋的径向速度是向内的，内涡旋的径向速度是向外的，气流的切向分速度 v_t 和径向分速度 w 对尘粒的分离起着相反的影响，前者产生惯性离心力，使尘粒有向外的径向运动，后者则造成尘粒作向心的径向运动，把它推入内涡旋。由于内涡旋的径向分速度是向外的，内涡旋对尘粒仍有一定的分离作用。

涡壳形出口
低湍流入口
外侧螺旋
向下运动
入口
圆筒
内侧螺旋
向上运动
的洁净空气
锥体
集尘斗

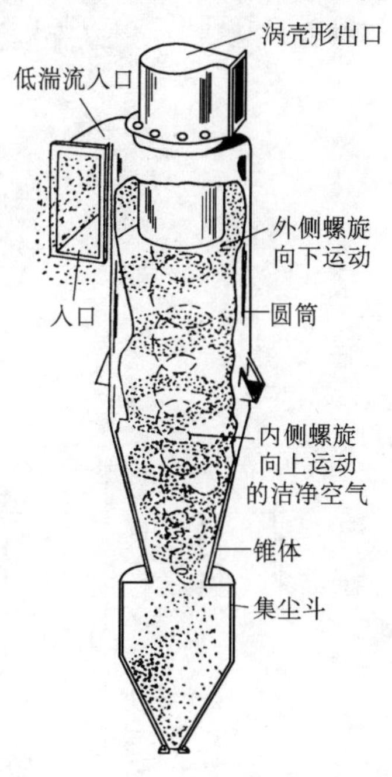

图 5.9　旋风除尘器示意图

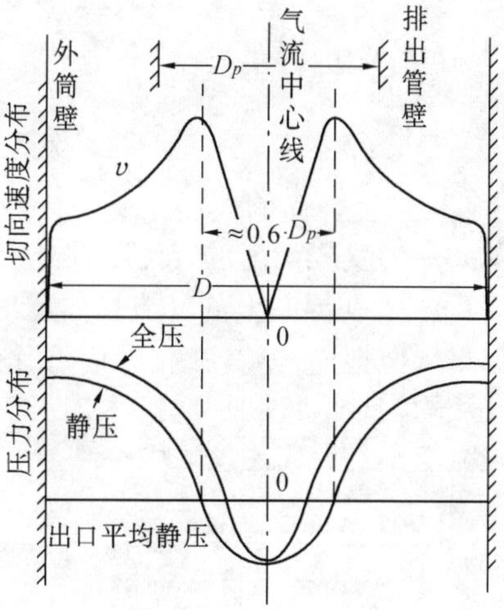

外筒壁
气流中心线
排出管壁
D_p
切向速度分布
v
≈0.6·D_p
D
0
全压
压力分布
静压
0
出口平均静压

图 5.10　旋风除尘器内的切向速度和压力分布

轴向速度　外涡旋的轴向速度是向下的，内涡旋的轴向速度是向上的。

3. 压力分布

见图 5.10，从图看出静压和全压均是筒外壁向轴心越来越小。在轴心压力最低。外涡旋基本为正值，而内涡旋压力为负值，所以除尘器底部要严密，否则外界气体被吸入，会卷起已除下的粉尘，形成返混，使除尘效率迅速下降。

二、旋风除尘器的计算

旋风除尘器的分离理论主要有两类，转圈理论和筛分理论。下面介绍比较接近实际，应用也较为广泛的筛分理论。

处于外涡旋的尘粒在径向会受到两个力的作用

惯性离心力

$$F_1 = \frac{\pi}{6} d_c^3 \rho_c \frac{v_t^2}{r} \tag{5.27}$$

向心运动的气流对尘粒形成阻力为 P：(在雷诺数 $Re \leqslant 1$ 时)

$$P = 3\pi\mu\omega d_c \tag{5.28}$$

式中，ω——气流与尘粒在径向的相对运动速度，m/s。

这两个力相反，因此作用在尘粒上的合力为

$$F = F_1 - P = \frac{\pi}{6} d_c^3 \rho_c \frac{v_t^2}{r} - 3\pi\mu\omega d_c \tag{5.29}$$

当 $F>0$ 时，尘粒被推向外壁分离出来；当 $F<0$ 时，尘粒被推向轴心从排出管排出。又因 F 同 d_c 有关，而 d_c 是连续的，则总有一粒径能使合力 $F=0$，即离心力和阻力相等。$F_1=P$，这一粒径称为除尘器的分割粒径。处于这一粒径的粉尘从概率上讲有 50% 被推向轴心，50% 被推向筒壁，它的分级效率将是 50%。此时好像有一个筛子，把 $d_c>d_{c50}$ 的尘粒全部除掉，$d_c<d_{c50}$ 的通过筛子跑掉，所以这一理论称为筛分理论。从 $F=0$ 有

$$\frac{\pi}{6} d_{c50}^3 \rho_c \frac{v_{0t}^2}{r_0} = 3\pi\mu\omega_0 d_{c50}$$

旋风除尘器的分割粒径

$$d_{c50} = \left[\frac{18\mu\omega_0 r_0}{\rho_c v_{0t}^2}\right]^{1/2} \quad \text{m} \tag{5.30}$$

式中　r_0——交界面的半径，m；

ω_0——交界面上的气流径向速度，m/s；

v_{0t}——交界面上的气流切向速度，m/s。

如果近似把内、外涡旋交界面看作是一个圆柱面，外涡旋气流均匀地经该圆柱面进入内涡旋，见图 5.11，交界面上气流的平均径向速度

$$\omega_0 = \frac{L}{2\pi r_0 H} \tag{5.31}$$

式中　L——旋风除尘器处理风量，m^3/s；

H——假想圆柱面高度，m。

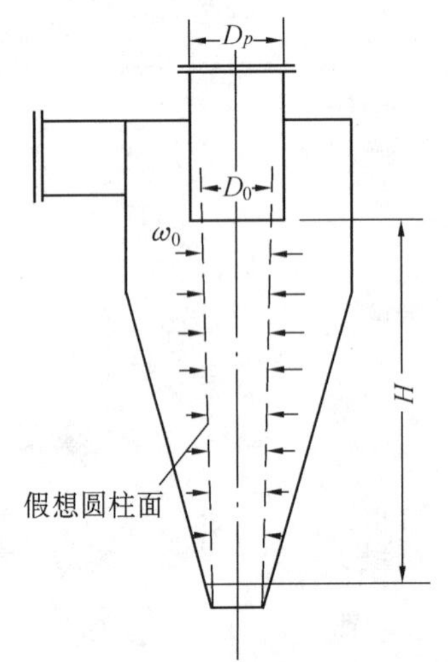

图 5.11　交界面上气流的径向速度

应当指出，实际的径向速度分布沿除尘器高度是不均匀的，上部大，下部小。根据公式 $v_1^2 r = c$ 和 $v_{1t}^2 D = v_{0t}^2 D_0$

$$v_{0t} = v_{1t}(D/D_0)^{1/2} \tag{5.32}$$

式中　v_{1t}——旋风除尘器外壁附近的切线速度，m/s；

D——旋风除尘器筒体直径，m；

D_0——交界面的直径，m。

根据实验研究，v_{1t} 与进口速度 u 具有下列关系。

当 $0.17<\sqrt{F_j}/D<0.41$ 时

$$v_{1t} = 3.74(\sqrt{F_j}/D)u \tag{5.33}$$

式中，F_j——除尘器进口面积，m^2。

$$v_{0t} = 3.74(\sqrt{F_j}/D)u\left(\frac{D}{D_0}\right)^{1/2} \tag{5.34}$$

当 $\sqrt{F_j}/D<0.17$ 时，$v_{1t}=0.6u$

$$v_{0t} = 0.6u\left(\frac{D}{D_0}\right)^{1/2} \tag{5.35}$$

旋风除尘器结构尺寸及进口速度确定以后，即可按上列公式求得分割粒径 d_{c50}。

旋风除尘器的阻力按下式计算

$$\Delta P = \xi \frac{u^2}{2}\rho \quad \text{Pa} \tag{5.36}$$

式中　ξ——局部阻力系数，通过实测求得；

u——进口速度，m/s；

ρ——气体密度，kg/m^3。

三、影响旋风除尘器性能的因素

1. 进口速度 u

从公式(5.30)和式(5.34)可以看出，旋风除尘器的分割粒径 d_{c50}是随进口速度 u 的增加而减小的，d_{c50}愈小，说明除尘器效率愈高。但是进口速度 u 也不宜过大，u 值过大，旋风除尘器内的气流运动过于强烈，会把有些已分离的尘粒重新带走，造成除尘效率下降。另外从公式(5.36)可以看出，阻力 ΔP 是与进口速度的平方成比例的，u 值过大，旋风除尘器的阻力会急剧上升。因此，一般控制在 12～25 m/s 之间。这个范围并不是绝对的，它与除尘器的结构型式、几何尺寸等因素有关。

2. 筒体直径 D 和排出管直径 D_p

从实践可看出，在同样的切线速度下，筒体直径愈小，尘粒受到的惯性离心力愈大，除尘效率愈高。目前常用的旋风除尘器，直径一般不超过 800 mm，风量较大时可用几台除尘器并联运行。一般认为，内、外涡旋交界面的直径 $D_0 = 0.6D_p$，内涡旋的范围是随 D_p 的减小而减小的，减小内涡旋有利于提高除尘效率。但是 D_p 不能取得过小，以免阻力过大，一般取 $D_p = (0.5 \sim 0.6)D$。

3. 旋风除尘器的筒体和锥体高度

筒体和锥体总高度过大，没有实际意义。实践经验表明，一般以不大于五倍筒体直径为宜。在锥体部分，由于断面不断减小，尘粒到达外壁的距离也逐渐减小，气流的切向速度不断增大，这对尘粒的分离都是有利的。

4. 除尘器下部的严密性

从图 5.10 的压力分布图可以看出，由外壁向中心静压是逐渐下降的，即使旋风除尘器在正压下运行，锥体底部也会处于负压状态。如果除尘器下部不严密，渗入外部空气，会把已经落入灰斗的粉尘重新带走，使除尘效率显著下降。

四、旋风除尘器的其他结构形式

1. 多管除尘器

如前所述，旋风除尘器效率是随圆筒直径增加而减小的，为了提高除尘效率可以把许多小直径(100～250 mm)旋风管(称为旋风子)并联使用，这种除尘器称为多管除尘器。图 5.12 是多管除尘器的示意图，含尘气流沿轴向通过螺旋形导流片进入旋风子，在其中作旋转运动。多管除尘器内通常要并联几十个以上的旋风子。对于多管除尘器重要的问题是如何保证各进气口气流分布均匀。旋风子尺寸不宜过小，不宜处理粘性大的粉尘，以免阻塞。多管除尘器主要用于高温烟气净化。

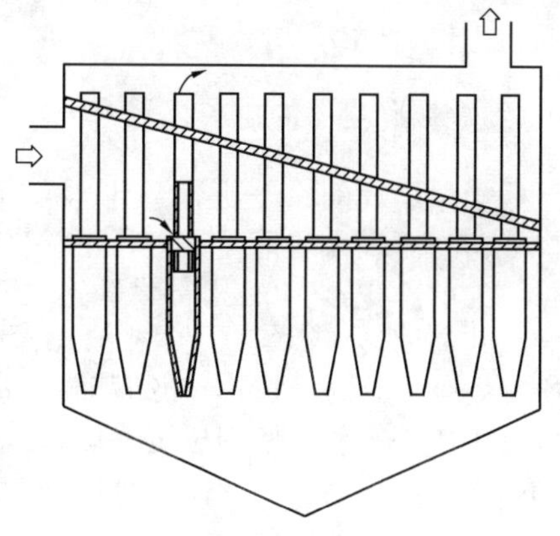

图 5.12　多管除尘器

2. 旁路式旋风除尘器

旁路式旋风除尘器的结构如图 5.13 所示,它有以下几个特点:

(1) 设有切向分离室(旁路分离室);

(2) 顶盖和进口之间保持一定距离;

(3) 排出管插入深度较短。

若按图的形式设置进口,由于上涡旋不受进口气流干扰,细小的粉尘会在顶部积聚,形成灰环。为此在旁路式旋风除尘器上专门设有旁路分离室,让积聚在上部的细粉尘经旁路进入除尘器下部。

试验表明,设旁路分离室后,旋风除尘器的除尘效率明显提高,约提高 20% 。

3. 锥体弯曲的水平旋风除尘器

为了节省空间,简化管路系统,出现了图 5.14 所示的锥体弯曲的水平旋风除尘器。实验研究表明,进口速度较大时,直立安装与水平安装的阻力及除尘效率基本相同,但随着进口速度的下降两者的效率稍有差别。旋风除尘器即使倒立安装,对其效率的影响也是不大的。、

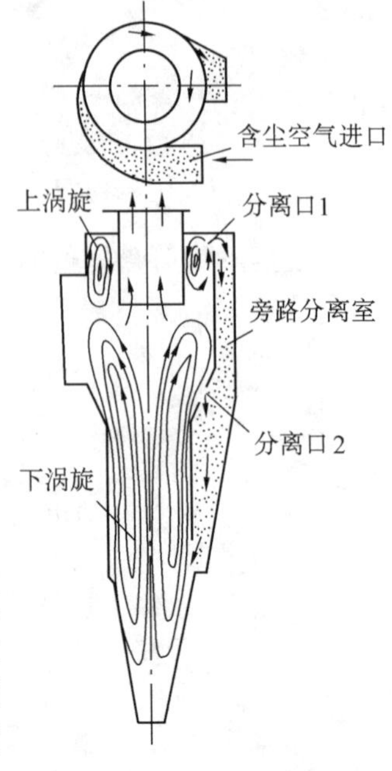

图 5.13　旁路式旋风除尘器

五、旋风除尘器的进口形式

目前常有的进口形式有直入式、涡壳式和轴向式三种,直入式又分为平顶盖和螺旋形顶盖。平顶盖直入式进口结构简单,应用最为广泛。螺旋形直入式进口避免了进口气流与旋转气流之间的干扰,可减小阻力,但效率会下降。涡壳式进口的设计原意是通过减少进口气流与旋转气流之间的干扰以减小阻力、提高效率。实践的结果表明,与设计良好的直入式进口相比,它的好处并不明显。如果除尘器处理风量大,需要大的进口,采用涡壳式进口可以避免进口气流与排出管发生直接碰撞,见图 5.15(a)、(b),有利于除尘效率和阻力的改善。轴向式进口主要用于多管旋风除尘器的旋风子,图 5.15(c)。

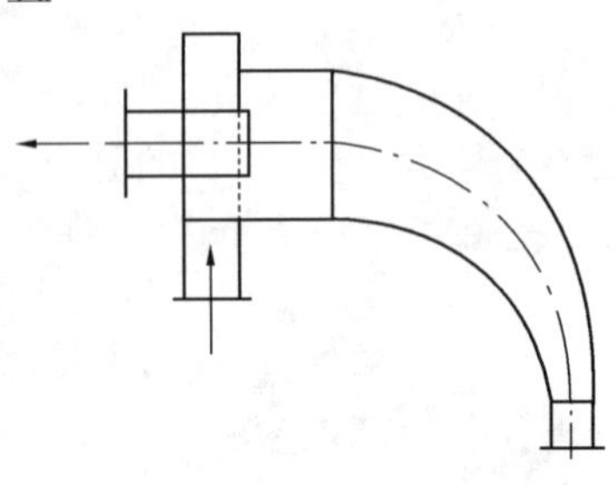

图 5.14　锥体弯曲的水平旋风除尘器

六、旋风除尘器的排灰装置

收尘量不大的除尘器下部出现漏风时,效率会显著下降。如何在不漏风的情况下进行正常排灰是旋风除尘器运行中必须重视的一个问题。收尘量不大的除尘器,可在下部设固定灰斗,定期排除。收尘量较大,要求连续排灰时,可设双翻板式和回转式锁气器,见图 5.16,翻板式锁气器是利用翻板上的平衡锤和积灰质量的平衡发生变化时,进行自动卸灰的。它设有两块翻板轮流启闭,可以避免漏风。回转式锁气器采用外来动力使刮板缓慢旋转,转速一般在 15 ~ 20 r/min 之间,它适用于排灰量较大的除尘器。回转式锁气器能否保持严密,关键在于刮板和外壳之间紧密贴合的程度。

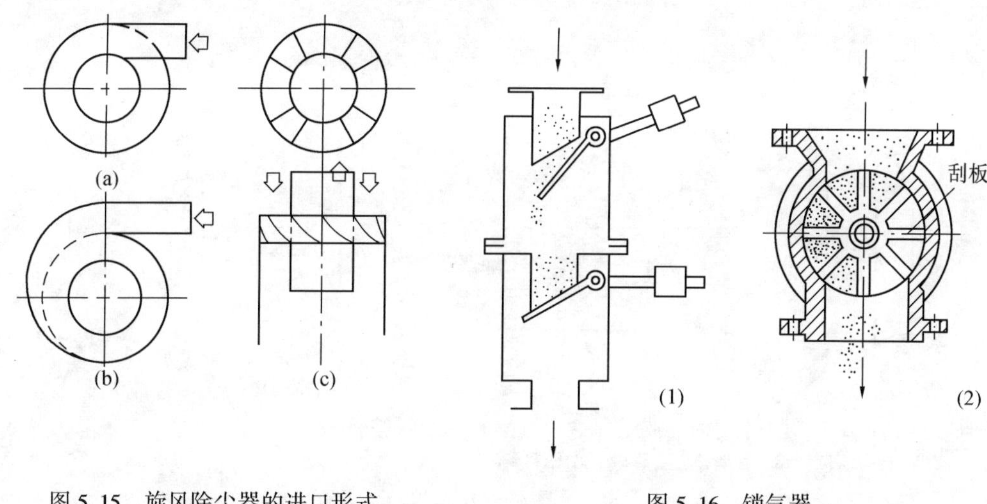

图 5.15　旋风除尘器的进口形式
(a) 直入式;(b) 蜗壳式;(c) 轴向式

图 5.16　锁气器
(1) 双翻板式;(2) 回转式

第六节　电除尘器

电除尘器又称静电除尘器,它是利用电场产生的静电力使尘粒从气流中分离的。电除尘器是一种干式高效过滤器,它的优点是:

1. 电除尘器适用于微粒控制,对粒径 $d_c = 1 \sim 2\ \mu m$ 的尘粒,效率可达 98 ~ 99%。

2. 在电除尘器内,尘粒从气流中分离出来的能量,不是供给气流,而是直接供给尘粒的。因此,和其他的高效除尘器相比,电除尘器的阻力比较低,约为 100 ~ 200 Pa。

3. 可以处理高温(在 400℃以下)气体。

4. 适用于大型的工程,处理的气体量愈大,它的经济效果愈明显。

电除尘器的缺点是:

1. 设备庞大,占地面积大。

2. 耗用钢材多,一次投资大。

3. 结构较复杂,制造、安装的精度要求高。

4. 对粉尘的比电阻有一定要求。

电除尘器在国内主要用于某些大型的工程。小型的电除尘器用于进气的净化。

一、电除尘器的工作原理

电除尘器除尘的基本过程是:空气电离→尘粒荷电→尘粒向集尘板移动并沉积在上面→尘粒放出电荷→振打后粉尘落入灰斗。

1. 空气电离

用一电场实验装置来说明空气电离,实验装置如图 5.17 所示。在电场的作用下空气中带电离子定向运动,即形成电流。电压越大,电流也随之增大。当电场强度增大到一定程度,空气中的中性原子被电离成电子和正离子,这就是空气电离。见图 5.18 中电离曲线。

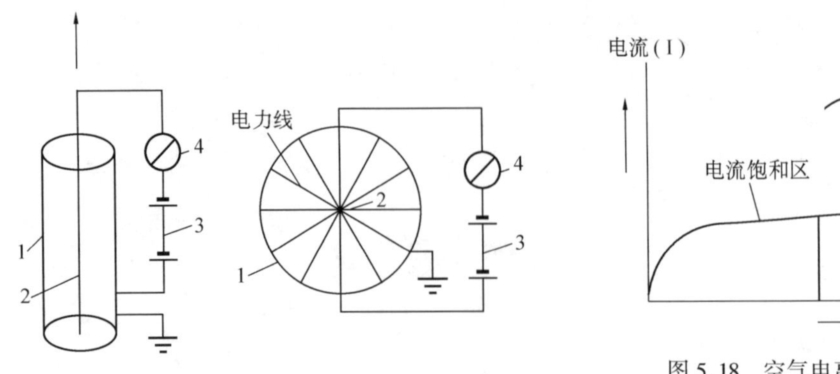

图 5.17 电场除尘实验装置示意图

1—金属圆管;2—导线;3—电源;4—电流计

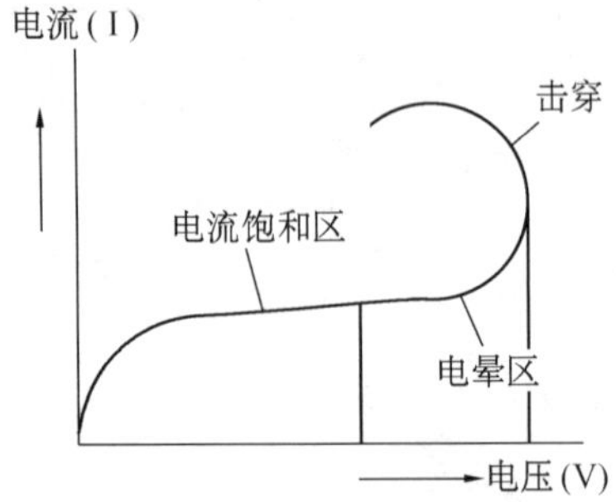

图 5.18 空气电离曲线

图 5.18 中纵坐标为两极间电流,横坐标为两极间所加电压。随着电压的增大,两极间带电离子运动加快,所以曲线呈上升趋势,这时带电离子数目并没有增多,见曲线的电流饱和区。过了饱和区,电压增大,空气开始被电离,带电离子增多,电流上升也较多,所以曲线变陡。在空气被电离的同时,负极周围有一淡蓝色光环,此现象称为“电晕”。随着电压增大,电晕区变大,当电晕区扩大到两极整个空间时,即出现击穿(即正负极短路),电场停止工作。

2. 粉尘的荷电

含尘气体进入电场后,空气先电离,电离后的正负离子将附着在尘粒上,此过程称为粉尘荷电过程。

3. 荷电粉尘的沉积

荷电后的粉尘在高压电场作用下,按其电荷性质奔向异性极。因为电晕区的范围很小,通常局限于电晕线周围几毫米处,因而只有少量粒子沉积在电晕线上,大部分含尘气流是在电晕区外通过的,因此大多数尘粒是带负电,最后沉积在阳极板上,这也是把阳极板称为集尘板的原因。

在集尘板上尘粒放出电荷,振打后落入灰斗。

二、电除尘器分类

1. 按集尘极型式分为管式和板式

管式电除尘器如图 5.19 所示,集尘极一般为金属圆管,管径为 150 ~ 300 mm。也有的采用多圆同心圆方式,在各圆圈之间布置电晕线。管式电除尘器主要用于处理风量小的场合,如小型锅炉烟气除尘等。

板式电除尘器如图 5.20 所示,它采用不同断面形状的平行钢板作集尘极。平行钢板之间均匀布置电晕线,极板间距一般为 200 ~ 400 mm。板式电除尘器的集尘面积大大增加,目前大多采用板式电除尘器。

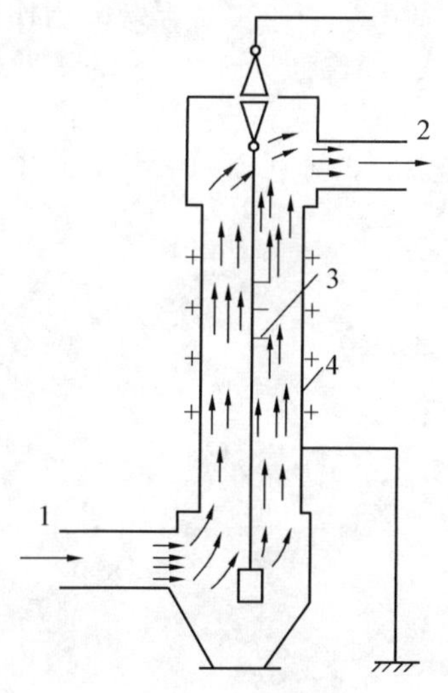

图 5.19　管式电除尘器
1—含尘气体入口；2—净化气体出口；
3—电晕极；4—集尘极

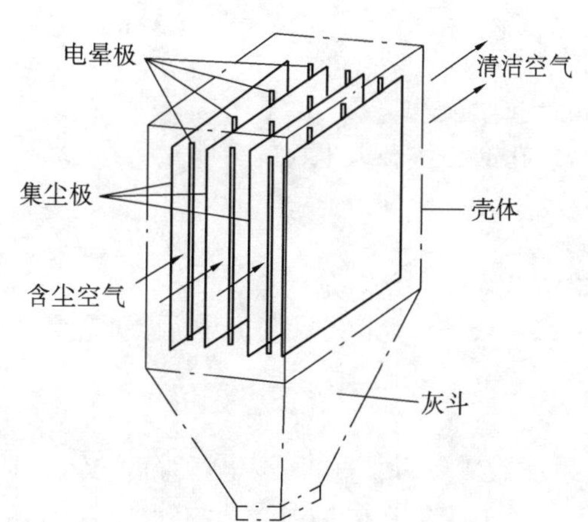

图 5.20　板式电除尘器

2. 按粉尘荷电区和分离区布置不同分为单区和双区电除尘器

粉尘的荷电和分离、沉降都在同一空间内完成的称为单区电除尘器，如图 5.19、5.20 所示。分别在两个空间完成的称为双区电除尘器，如图 5.21 所示，它主要用于空调系统的进气净化。在双区电除尘器中粉尘的荷电和分离分开，电晕极为正极(电离后产生的臭氧和氮氧化物量较少)，电压仅 10 kV 左右。由于采用多块集尘极板，增大了集尘面积，缩小了极板间距，因而集尘极电压较低，仅 5 kV 左右。这样做较为安全。

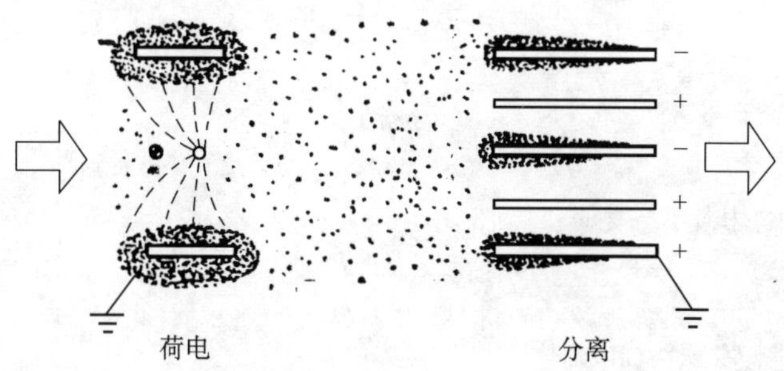

图 5.21　双区电除尘器

3. 按照气流流动方式分为卧式和立式。

4. 按照清灰方式分为干式和湿式。

沉积在电晕极和集尘极上的粉尘必须通过振打及时清除，以防止反电晕现象，防止驱进速度的降低。振打后粉尘下落易产生二次飞扬，因而有的电除尘器在集尘极的表面淋水，用水膜把粉尘带走，即湿式电除尘器。

三、电除尘器内尘粒的运动和收集

1. 驱进速度

尘粒在电晕场内的荷电机理分为电场荷电和扩散荷电。由于离子在静电力作用下作定向运动，与尘粒碰撞而使尘粒荷电的称为电场荷电或碰撞荷电。由离子的扩散使尘粒荷电，称扩散荷电。粒径大于 0.5 μm 的尘粒主要依靠碰撞荷电，是电除尘器内尘粒荷电的主要机理。粒径小于 0.2 μm 的尘粒主要依靠扩散荷电。对 0.2 ~ 0.5 μm 的尘粒两者同时起作用。

在饱和状态下尘粒的荷电量

$$q = 4\pi\varepsilon_0(\frac{3\varepsilon_p}{\varepsilon_p + 2})\frac{d_c^2}{4}E_f \quad \text{C(库仑)} \tag{5.37}$$

式中 ε_0——真空介电常数，$\varepsilon_0 = 8.85 \times 10^{-12}\ \text{C/N.m}^2$；

ε_p——尘粒的相对介电常数(无因次)，对导体 $\varepsilon_p = \infty$，绝缘材料 $\varepsilon_p = 1$，金属氧化物 $\varepsilon_p = 12 \sim 18$；

d_c——粒径，m；

E_f——放电极周围电场强度，V/m(或 N/C)。

荷电尘粒在电场内受到的静电力

$$F = qE_j \quad \text{N} \tag{5.38}$$

式中 E_j——集尘极周围电场强度，V/m。

尘粒在电场内作横向运动时，要受到空气的阻力，当 $Re_c \leqslant 1$ 时，

空气阻力

$$p = 3\pi\mu d_c\omega \quad \text{N} \tag{5.39}$$

式中 ω——尘粒与气流在横向的相对运动速度，m/s。

当静电力等于空气阻力时，作用在尘粒上的外力之和等于零，尘粒在横向作等速运动。这时尘粒的运动速度称为驱进速度。

驱进速度

$$\omega = \frac{qE_j}{3\pi\mu d_c} \quad \text{m/s} \tag{5.40}$$

把公式(5.37)代入上式

$$\omega = \frac{\varepsilon_0\varepsilon_p d_c E_j E_f}{(\varepsilon_p + 2)\mu} \quad \text{m/s} \tag{5.41}$$

对 $d_c \leqslant 5$ μm 的尘粒，上式应进行修正。

$$\omega = K_c\frac{\varepsilon_0\varepsilon_p d_c E_j E_f}{(\varepsilon_p + 2)\mu} \quad \text{m/s} \tag{5.42}$$

式中 K_c——库宁汉滑动修正系数。

为简化计算，可近似认为

$$E_j = E_f = U/B = E_p \quad \text{V/m}$$

式中 U——电除尘器工作电压，V；

B——电晕极至集尘极的间距，m；

E_p——电除尘器的平均电场强度，V/m。

因此

$$\omega = K_c\frac{\varepsilon_0\varepsilon_p d_c E_p^2}{(\varepsilon_p + 2)\mu} \quad \text{m/s} \tag{5.43}$$

从公式(5.43)可以看出，电除尘器的工作电压 U 愈高，电晕极至集尘极的距离 B 愈小，电场强度 E 愈大，尘粒的驱进速度 ω 也愈大。因此，在不发生击穿的前提下，应尽量

采用较高的工作电压。影响电除尘器工作的另一个因素是气体的动力粘度 μ,μ 值是随温度的增加而增加的,因此烟气温度增加时,尘粒的驱进速度和除尘效率都会下降。

2. 除尘效率方程式(多依奇方程式)

电除尘器的除尘效率与粉尘性质、电场强度、气流速度、气体性质及除尘器结构等因素有关。严格地从理论上推导除尘效率方程式是困难的,因此在推导过程中作一些假设后得出了除尘效率公式

$$\eta = 1 - y_2/y_1 = 1 - \exp\left[-\frac{A}{L}\omega\right] \tag{5.44}$$

式中　y_1——除尘器进口处含尘浓度,g/m^3;

y_2——除尘器出口处含尘浓度,g/m^3;

A——集尘极总的集尘面积,m^2;

L——除尘器处理风量,m^3/s。

不同($\frac{A}{L}\omega$)值下的除尘效率见表 5.1。

表 5.1

$\frac{A}{L}\omega$	0	1.0	2.0	2.3	3.0	3.91	4.61	6.91
η(%)	0	63.2	86.5	90	95	98	99	99.9

驱进速度 ω 是粒径 d_c 的函数,如果考虑进口处粉尘的粒径分布,则上式可改写为

$$\eta = 1 - \int_0^\infty \exp\left[-\frac{A}{L}\omega(d_c)f(d_c)d(d_c)\right] \tag{5.45}$$

式中　$\omega(d_c)$——不同粒径尘粒的驱进速度;

$f(d_c)$——除尘器进口处粉尘的粒径分布函数。

公式(5.44)是在一系列假设的前提下得出来的,和实际情况并不完全相符。但是它给我们提供了分析、估计和比较电除尘器效率的基础。从该式可以看出在除尘效率一定的情况下,除尘器尺寸和尘粒的驱进速度成反比,和处理风量成正比,在除尘器尺寸一定的情况下,除尘效率和气流速度成反比。

3. 有效驱进速度

公式(5.44)在推导过程中忽略了气流分布不均匀、粉尘性质、振打清灰时的二次扬尘等因素的影响,因此理论效率值要比实际高。为了解决这一矛盾,提出有效驱进速度的概念。有效驱进速度是根据某一除尘器实际测定的除尘效率和它的集尘极总面积 A、气体流量 L,利用公式(5.44)倒算出驱进速度。在有效驱进速度中包含了粒径、气流速度、气体温度、粉尘比电阻、粉尘层厚度、电极型式、振打清灰时的二次扬尘等因素。表 5.2 是某部门实测的有效驱进速度 ω_e 值。

表 5.2　某些粉尘的有效驱进速度 ω_e

粉尘种类	ω_e(cm/s)	粉尘种类	ω_e(cm/s)
锅炉飞灰	8~12.2	镁　砂	4.7
水　泥	9.5	氧化锌、氧化铅	4
铁矿烧结粉尘	6~20	石　膏	19.5
氧化亚铁	7~22	氧化铝熟料	13
焦　油	8~23	氧化铝	6.4
平　炉	5.7		

4. 粉尘的比电阻

粉尘的比电阻是评定粉尘导电性能的一个指标。由电工学可知,某物体(物质)当温度一定时,其电阻 R 和长度 l 成正比,与物体的横断面积 F 成反比,即

$$R = R_b \frac{l}{F} \tag{5.46}$$

从上式可看出,某一物质的比电阻就是长度和横断面积各为 1 时的电阻。沉积在集尘极上的粉尘的比电阻对电除尘器的有效运行具有显著影响,比电阻过大($R_b > 10^{11} \sim 10^{12}\ \Omega\cdot\mathrm{cm}$)或过小($R_b < 10^4\ \Omega\cdot\mathrm{cm}$)都会降低除尘效率。粉尘比电阻与除尘效率的关系见图 5.22。

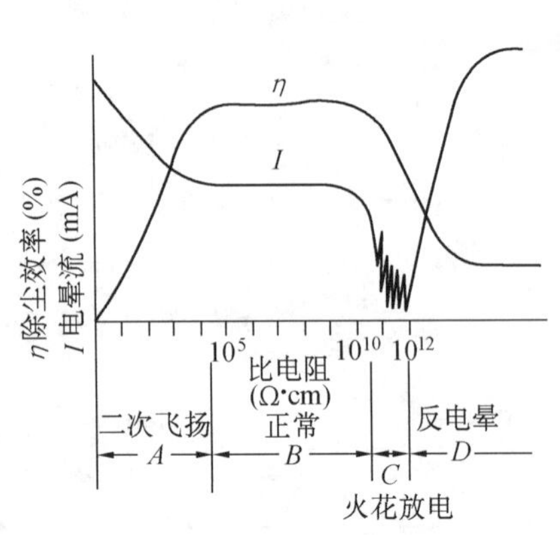

图 5.22　粉尘比电阻与除尘效率关系

比电阻低于 $10^4\ \Omega\cdot\mathrm{cm}$ 的粉尘称为低阻型粉尘。这类粉尘有较好的导电能力,荷电尘粒到达集尘极后,会很快放出所带的负电荷,同时由于静电感应获得与集尘极同性的正电荷。如果正电荷形成的斥力大于粉尘的粘附力,沉积的尘粒将离开集尘极重返气流。尘粒在空间受到负离子碰撞后又重新获得负电荷,再向集尘极移动。这样很多粉尘沿极板表面跳动前进,最后被气流带出除尘器。用电除尘器处理金属粉尘、炭黑粉尘、石墨粉尘都可以看到这一现象。

粉尘比电阻位于 $10^4 \sim 10^{11}\ \Omega\cdot\mathrm{cm}$ 的称为正常型。这类粉尘到达集尘极后,会以正常速度放出电荷。对这类粉尘(如锅炉飞灰、水泥尘、高炉粉尘、平炉粉尘、石灰石粉尘等)电除尘器一般都能获得较好的除尘效果。

粉尘比电阻超过 $10^{11} \sim 10^{12}\ \Omega\cdot\mathrm{cm}$ 的称为高阻型粉尘。高比电阻粉尘到达集尘极后,电荷释放很慢,残留着部分负电荷,这样集尘极表面逐渐聚集了一层荷负电的粉尘层。由于同性相斥,使随后尘粒的驱进速度减慢。另外随粉尘厚度的增加,在粉尘层和极板之间形成了很大的电压降 Δu。

$$\Delta u = jR_b\delta \quad \mathrm{V} \tag{5.47}$$

式中　j——通过粉尘层的电晕电流密度,$\mathrm{A/cm^2}$;

δ——粉尘层厚度,cm。

在粉尘层内部包含着许多松散的空隙,由于粉尘层内具有电位梯度,形成了许多微电场。随 Δu 增大,局部地点微电场击穿,空隙中的空气被电离,产生正、负离子。Δu 继续增高,这种现象会从粉尘层内部空隙发展到粉尘层表面,大量正离子被排斥,穿透粉尘层流向电晕极。在电场内它们与负离子或荷负电的尘粒接触,产生电性中和,大量中性尘粒由气流带出除尘器,使除尘效果急剧恶化,这种现象称为反电晕。所以高比电阻粉尘不宜用电除尘器处理。

根据研究发现,含尘气体的温度和湿度是影响粉尘比电阻的两个重要因素,故提出降低粉尘比电阻的措施是:

1. 选择适当的操作温度;

2. 增加烟气的含湿量;

3. 在烟气中加入调节剂(SO_3、NH_3 等),它们吸附在尘粒表面,使比电阻下降。

有些工厂通过喷雾、降温,提高了电除尘器的效率,其中的一个原因就是降低了粉尘的比电阻。飞灰电除尘器是国外应用较多的一种电除尘器,锅炉燃用高硫煤时,烟气中含

有一定量的 SO_2，飞灰表面由于吸附了一层 SO_2，它的比电阻一般都在 $10^{11}\ \Omega\cdot cm$ 以下。采用低硫煤时飞灰的比电阻大大增高，煤的含硫量与飞灰比电阻的关系见图 5.23。

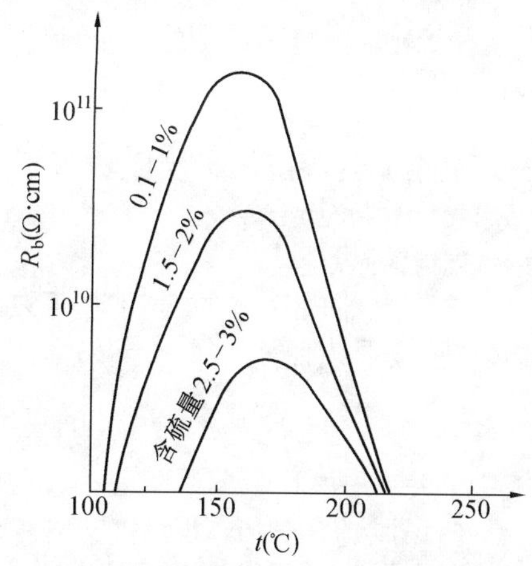

图 5.23　飞灰比电阻的弯化曲线

四、电除尘器的结构

电除尘器一般由本体和供电源组成，本体主要包括壳体、灰斗、放电极、集尘极、气流分布装置、振打清灰装置、绝缘子等。

1. 集尘极

集尘极板要求板面的场强和电流的分布尽可能均匀，二次扬尘少，振打性能好，机械强度好，耐高温，耐腐蚀，且消耗钢材少，多用 $\delta = 1.2 \sim 2.0$ mm 的钢板轧制，常用的断面形状如图 5.24 所示。

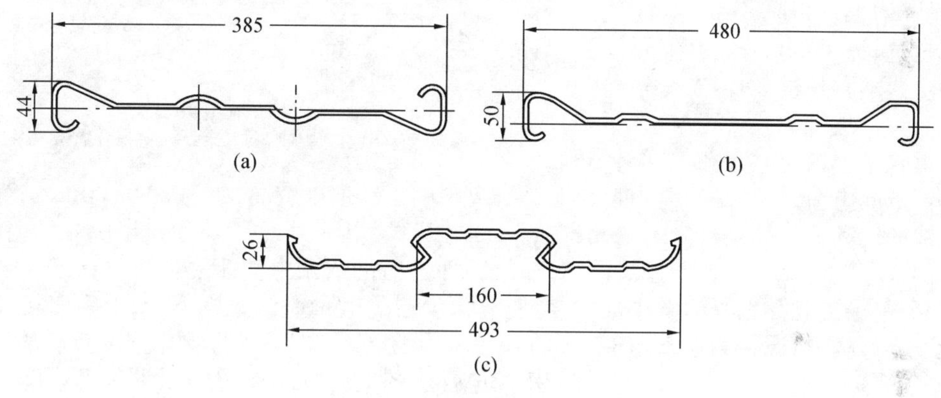

图 5.24　极板型式

(a) Z 型电极；(b) C 型电极；(c) CS 型电极

2. 放电极

对放电极的要求是起晕电压低、击穿电压高、电晕电流强，机械强度和耐腐性好，易于清灰，耐高温，通常由钢或特殊合金制成。

常用形式见图 5.25，有圆形、星形、锯齿形、芒刺形、麻花形等。

3. 振打清灰装置

振打的方式有锤击振打、电磁振打多种形式，常用的是机械锤周期性振打。

4. 气流分布装置

气流分布的均匀性对除尘效率的影响很大，因此电除尘器进口需设气流分布板。常见的有圆孔形、方孔形几种，采用 3 ~ 5 mm 的钢板制作，孔径 40 ~ 60 mm，开孔率为 50 ~ 65%。

5. 供电装置

供电装置包括：(1) 升压变压器，将 380 V 或 220 V 交流电升到除尘器所需高电压，通常工作电压为 50 ~ 60 kV；

(2) 整流器，将高压交流电变为高压直流电，通常为半导体硅整流器；

(3) 控制装置，起自动调压作用，使工作电压始终在接近于击穿电压下工作，保证电除尘器的高效运行。

五、电除尘器设计中的几个问题

1. 集尘极面积的确定

电除尘器所需的集尘面积可按公式(5.44)计算确定。

2. 电场风速

电除尘器内气体的运动速度称为电场风速,按下式计算

$$v = \frac{L}{F} \quad \text{m/s} \qquad (5.48)$$

式中 F——电除尘器横断面积,m^2。

电场风速的大小对除尘效率有较大影响,风速过大,容易产生二次扬尘,除尘效率下降。但是风速过低,电除尘器体积大,投资增加。根据经验,电场风速最高不宜超过1.5~2.0 m/s,除尘效率要求高的除尘器不宜超过 1.0~1.5 m/s。

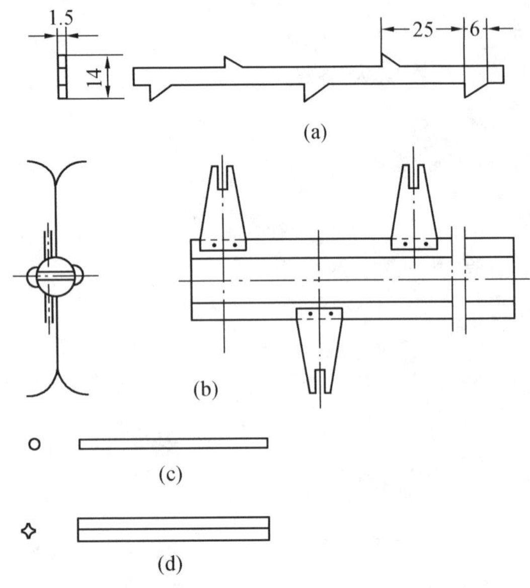

图 5.25 放电极型式

(a) 锯齿形;(b) R-S 线(芒刺形);(c) 圆形;(d) 星形

3. 气体含尘浓度

电除尘器内同时存在着两种电荷,一种是离子的电荷,一种是带电尘粒的电荷。离子的运动速度较高,约为 60~100 m/s,而带电尘粒的运动速度却是较低的,一般在 60 cm/s 以下。因此含尘气体通过电除尘器时,单位时间转移的电荷量要比通过清洁空气时少,即这时的电晕电流小。如果气体的含尘浓度很高,电场内悬浮大量的微小尘粒,会使电除尘器的电晕电流急剧下降,严重时可能会趋近于零,这种情况称为电晕闭塞。为了防止电晕闭塞的产生,处理含尘浓度较高的气体时,必须采取措施,如提高工作电压,采用放电强烈的电晕极,增设预净化设备等。气体的含尘浓度超过 30 g/m^3 时,必须设预净化设备。

第七节 袋式除尘器

袋式除尘器是一种干式的高效除尘器,它利用纤维织物为滤料进行除尘。滤袋通常作成圆柱形(直径为 125~500 mm),有时也作成扁长方形,滤袋长度一般为 2 m 左右。

一、袋式除尘器工作原理

袋式除尘器利用棉、毛、人造纤维等加工的滤料进行过滤,滤料本身的网孔较大,一般为 20~50 μm,表面起绒的滤料约为 5~10 μm。因此,新滤袋的除尘效率是不高的,对 1 μm 的尘粒只有 40% 左右,见图 5.26。含尘气体通过滤袋,把粉尘截留在布袋的表面上,净化后的气体经排气管排出。含尘气体通过滤料时,随着它们深入滤料内部,使纤维间孔隙逐渐减小,最终形成附着在滤料表面的粉尘层,称为初层。袋式除尘器的过滤作用主要是依靠这个初层以及逐渐堆积起来的粉尘层进行的,见图 5.27 所示,即使过滤很微细(1 μm 左右)粉尘也能获得较高的除尘效率($\eta = 99\%$ 左右)。随着粉尘在初层基础上不断积聚,使其透气性变坏,除尘器的阻力增加,当然滤袋的除尘效率也增大。但阻力过大会使滤袋容易损坏或因滤袋两侧的压差增大,空气通过滤袋孔眼的流速过高,将已粘附的粉尘

带走，使除尘效率下降。因此，袋式除尘器运行一定时间后要及时清灰，清灰时又不能破坏初层，以免效率下降。

二、袋式除尘器的阻力计算

袋式除尘器阻力与除尘器结构、滤袋布置、粉尘层特性、清灰方法、过滤风速、粉尘浓度等因素有关。可作以下定性分析。

袋式除尘器阻力

$$\Delta P = \Delta P_g + \Delta P_0 + \Delta P_c \quad \text{Pa} \tag{5.49}$$

式中　ΔP_g——机械设备阻力，Pa；

ΔP_0——滤料本身的阻力，Pa；

ΔP_c——粉尘层阻力，Pa。

机械设备阻力 ΔP_g 是指设备进、出口及内部流道内挡板等造成的流动阻力，约为 200 ~ 500 Pa。

滤料阻力

$$\Delta P_0 = \xi_0 \mu v_F / 60 \quad \text{Pa} \tag{5.50}$$

式中　μ——空气的粘度，Pa·s；

v_F——过滤风速，即单位时间每平方滤料表面积所通过的空气量，$m^3/min \cdot m^2$；

ξ_0——滤料的阻力系数，m^{-1}。

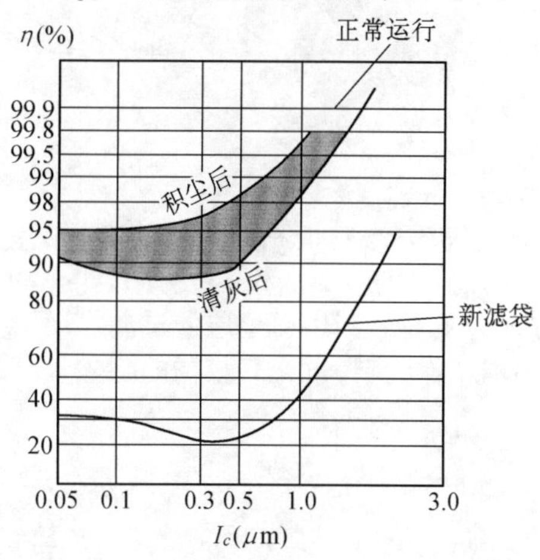

图 5.26　某袋式除尘器分级效率曲线

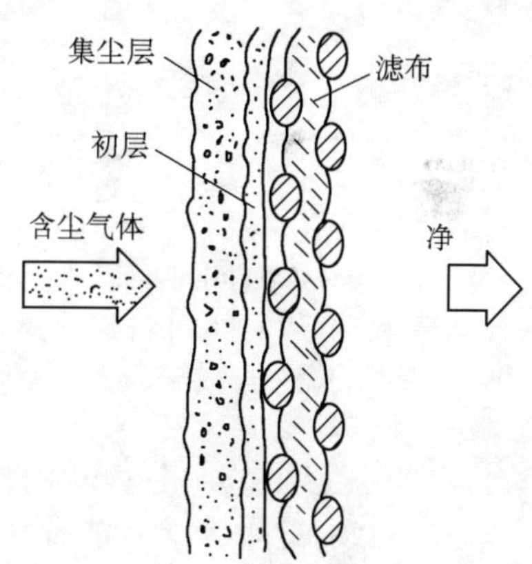

图 5.27　滤料的过滤作用

棉布 $\xi_0 = 1.0 \times 10^7\ m^{-1}$、呢料 $\xi_0 = 3.6 \times 10^7\ m^{-1}$、涤纶绒布 $\xi_0 = 4.8 \times 10^7\ m^{-1}$。

滤料上粉尘层阻力

$$\Delta P_c = \alpha_m \delta_c \rho_c \mu v_F / 60 = \alpha_m \left(\frac{G_c}{F}\right) \mu v_F / 60 \quad \text{Pa} \tag{5.51}$$

式中　δ_c——滤料上粉尘层厚度，m；

G_c——滤料上堆积的粉尘量，kg；

F——滤料的表面积，m^2；

α_m——粉尘层的平均比阻，m/kg。

α_m 是随粉尘粒径、真密度及粉尘层内部空隙的减小而增加。这就是说，处理粉尘的粒径愈细小,ΔP_c 愈大。

除尘器运行 τ 秒钟后,滤料上堆积的粉尘量

$$G_c = \frac{(v_F F)}{60} \tau y \quad \text{kg} \tag{5.52}$$

式中 τ——滤料的连续过滤时间,s;

y——除尘器进口处含尘浓度,kg/m^3。

把公式(5.52)代入式(5.51),则得

$$\Delta P_c = \alpha_m \mu y \tau (v_F/60)^2 \quad \text{Pa} \tag{5.53}$$

除尘器处理的气体及粉尘确定以后,α_m、μ 都是定值。从公式(5.53)可以看出,粉尘层的阻力取决于过滤风速、气体的含尘浓度和连续运行的时间。除尘器允许的 ΔP_c 确定以后,y、τ、v_F 这三个参数是相互制约的。处理含尘浓度高的气体时,清灰时间间隔应尽量缩短;进口含尘浓度低、清灰时间间隔短、清灰效果好的除尘器,可以选用较高的过滤风速;相反,则应选用较低的过滤风速。不同的清灰方法要选用不同的过滤风速就是这个原因。

三、除尘效率

袋式除尘的机理是过滤除尘。过滤除尘分两个阶段,首先是含尘气体通过清洁滤料,此时过滤除尘作用主要靠纤维,这是过滤除尘的初级阶段;其次是含尘气体通过滤袋,经过一段时间后滤料表面积尘不断增加形成了初层,此时除尘主要靠初层起作用,该阶段为过涉除尘的第二阶段。

根据实验得知,袋式除尘器的除尘效率与滤料种类、滤料状态、含尘气体的含尘浓度、清灰方式、过滤风速以及粉尘性质和含尘气体特性等有关。

四、清灰方法

从上面的分析可以看出,袋式除尘器的运行与清灰方法密切相关。目前常用的清灰方法有简易清灰、机械清灰、和气流清灰三类。简易清灰是通过关闭风机时滤袋的变形及粉尘层的自重进行的,同时辅以人工的轻度拍打。为了充分利用粉尘层的过滤作用,它的过滤风速较低,清灰时间间隔较长,即使用普通的棉布作滤料,也会有较高的除尘效率。

图 5.28 所示是机械清灰和气流清灰的示意图。机械清灰有三种形式:

(1)、(2) 是滤袋在振打机构的作用下,上下或左右运动,这种清灰方法容易使滤袋产生局部的损坏。

(3) 是滤袋在振动器的作用下产生微振,从而使粉尘脱落。

(4) 是气流清灰的示意图。反吹空气从相反方向通过滤袋和粉尘层,利用气流使粉尘从滤袋上脱落。采用气流清灰时,滤袋内必须有支撑结构,如撑环或网架,避免把滤袋压扁,粘连,破坏初层。反吹气流是均匀通过整个滤袋的,称为逆气流清灰。反吹空气可以由专门的风机供给,也可以利用除尘器本身的负压从外部吸入,采用后者,除尘器本身

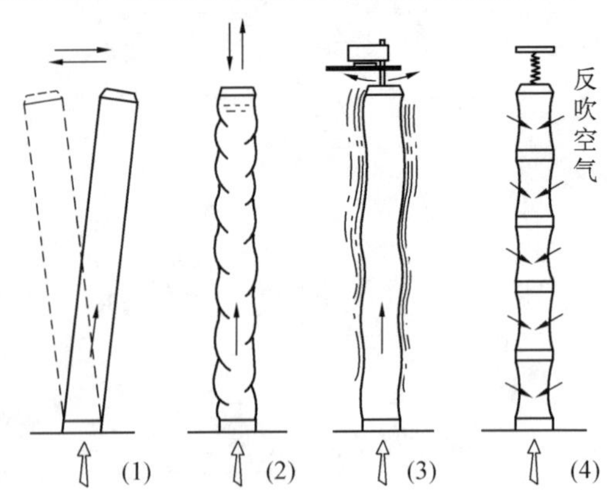

图 5.28 机械清灰和气流清灰

1—左右摇动;2—上下运动;3—振动器振动;4—气流反吹

的负压值不得小于 500 Pa。

上述的清灰方法属于间歇清灰，即除尘器被分隔成若干室，逐室切断气路，顺次对各室进行清灰。

图 5.29 是脉冲喷吹清灰，它利用喷嘴喷出压缩空气进行反吹，每 60 秒钟左右喷吹一次，每次喷吹 0.1 秒左右。脉冲喷吹清灰的优点是清灰过程不中断滤料工作，能使粘附性强的粉尘脱落，清灰时间间隔短，过滤风速高。采用脉冲喷吹需要有压缩空气源。

某些袋式除尘器常把上述的几种清灰方法结合在一起使用。

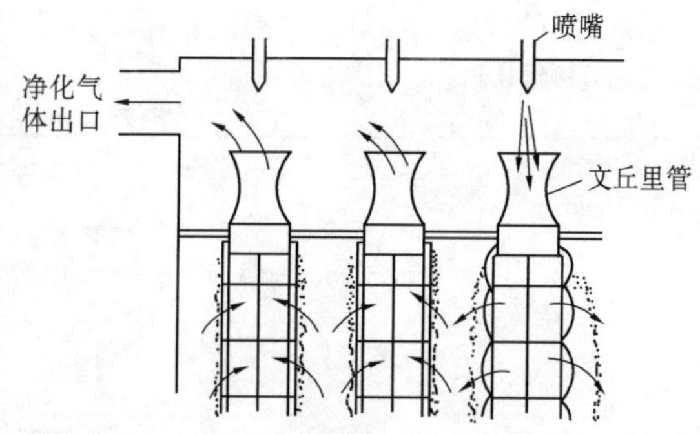

图 5.29　脉冲喷吹清灰

五、过滤风速

过滤风速是指单位时间每平方米滤料表面积上所通过的空气量。

$$v_F = L/60F \quad m^3/min \cdot m^2 \tag{5.54}$$

式中　L——除尘器处理风量，m^3/h；

F——过滤面积，m^2。

过滤风速是影响袋式除尘器性能的重要因素之一。选用较高的过滤风速可以减小过滤面积，使设备小型化。但是会使阻力增大，除尘效率下降，并影响滤袋的使用寿命，每一个过滤系统根据它的清灰方式、滤料、粉尘性质、处理气体温度等因素都有一个最佳的过滤风速。一般细粉尘的过滤风速要比粗粉尘低，大除尘器的过滤风速要比小除尘器低(因大除尘器气流分布不均匀)。

采用简易清灰的简易袋式除尘器其过滤风速 $v_F = 0.35 \sim 0.5\ m^3/min \cdot m^2$。

据国外资料介绍，对于采用振动和逆气流反吹的除尘器，处理粗大的粉尘时 $v_F = 1.5 \sim 3.0\ m^3/min \cdot m^2$；处理普通粉尘时 $v_F = 1\ m^3/min \cdot m^2$；处理细粉尘(如电弧炼钢炉的烟尘)$v_F = 0.5 \sim 0.75\ m^3/min \cdot m^2$。

脉冲喷吹清灰的除尘器的过滤风速可参考国外的下列近似公式确定。

$$v_F = A \times B \times C \times D \times E \quad m^3/min \cdot m^2 \tag{5.55}$$

式中　A——粉尘因素，见表 5.3；

B——应用因素，见表 5.4；

C——温度影响系数，见图 5.30；

D——粒径因素，见表 5.5；

E——含尘浓度影响系数，见图 5.31。

根据我国的使用经验，一般含尘浓度在 15 g/m^3 左右时，取 $E = 1.0$。

公式(5.55)中所考虑的影响过滤风速的因素，对其他清灰方式的袋式除尘器也是适用的。

六、常用袋式除尘器的结构和性能

1. 简易清灰的袋式除尘器

图 5.32 是简易清灰袋式除尘器的示意图。简易袋式除尘器大多在正压下运行，有时

滤袋直接布置在室内,净化后的空气在室内再循环。它的清灰是依靠风机关闭时滤袋的变形和粉尘层的自重进行的,有时也辅以人工轻度拍打。

简易袋式除尘器的特点是除尘效率高、性能稳定、投资省、对滤料要求不高(棉布、玻璃纤维滤布均可)、维修量小、滤袋使用寿命长。它的缺点是过滤风速小,占地面积大。阻力为 400 ~ 600 Pa。

表 5.3 粉尘因素 A

过滤风速 $m^3/min \cdot m^2$	粉 尘
4.5	纸板尘、可可、饲料、面粉、谷物、皮革尘、锯尘、烟草尘
3.6	石棉、抛光尘、纤维、铸造落砂、石膏、熟石灰、橡胶化学产品、盐、砂、喷砂尘、苏打灰、滑石粉
3.0	矾石、炭黑、水泥、陶瓷颜料、粘土和砖尘、煤、萤石、天然树胶、高岭土、石灰石、高氯酸盐、岩石尘、矿石和矿物、硅石、糖
2.7	磷肥、焦碳、干的石油化工产品、染料、金属氧化物、颜料、塑料、树脂、硅酸盐、香料、硬脂酸盐
1.8	活性炭、炭黑(分子的)、去污粉、烟和其他直接反应生成物、奶粉、皂粉

表 5.4 应用因素 B

应用场合	因素 B
排除有害物质的通风	1.0
产品回收	0.9
生产工艺气体的过滤(如喷雾干燥窑、反应器)	0.8

表 5.5 粒径因素 D

粒径范围(μm)	因素 D
>100	1.2
50 ~ 100	1.1
10 ~ 50	1.0
3 ~ 10	0.9
<3	0.8

2. 大气反吹气流和振动联合清灰的除尘器

图 5.33 是利用大气反吹进行清灰的袋式除尘器。反吹气流利用除尘器本身的负压吸入。在气流反吹的同时,在弹簧的作用,滤袋产生轻微振动,通过反吹气流和振动联合进行清灰。清灰过程是分组进行的,某一组滤袋清灰时,反吹空气阀门 1 自动打开,净化空气出口阀门 U 处于关闭状态。清灰时间约为 30 ~ 60 秒,清灰的时间间隔约为 3 ~ 8 分钟。除尘器阻力约为 600 ~ 1 000Pa。

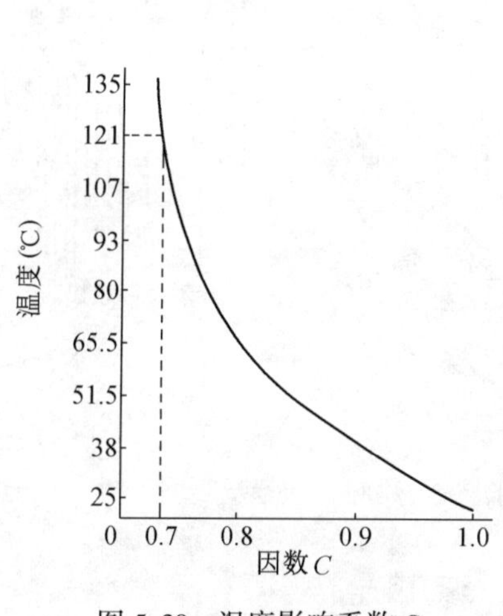

图 5.30　温度影响系数 C

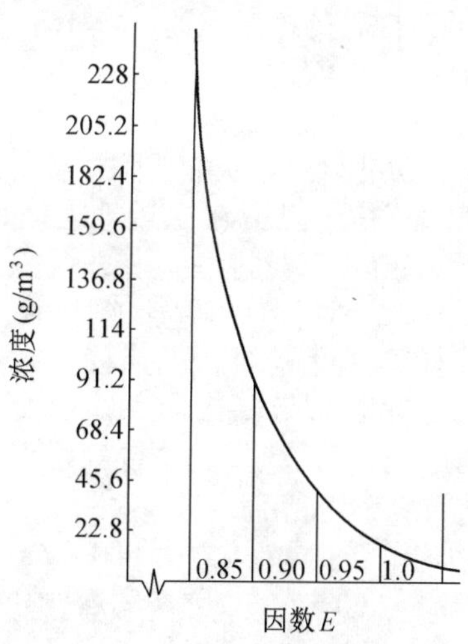

图 5.31　含尘浓度影响系数

除尘器采用分组清灰时，若除尘器分隔室较少，关闭一个分隔室后，会使其他分隔室滤料的过滤速度和阻力增大。采用逆气流清灰时，反吹空气还必须由正在工作的滤袋再过滤，这样也会使过滤风速增大。在设计和选用时，必须考虑这些因素。

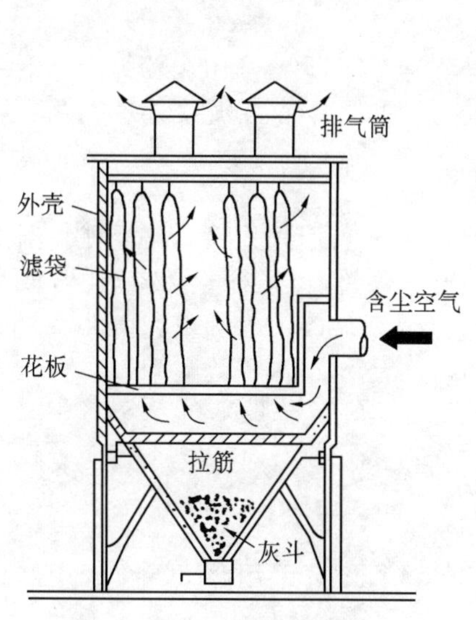

图 5.32　简易袋式除尘器

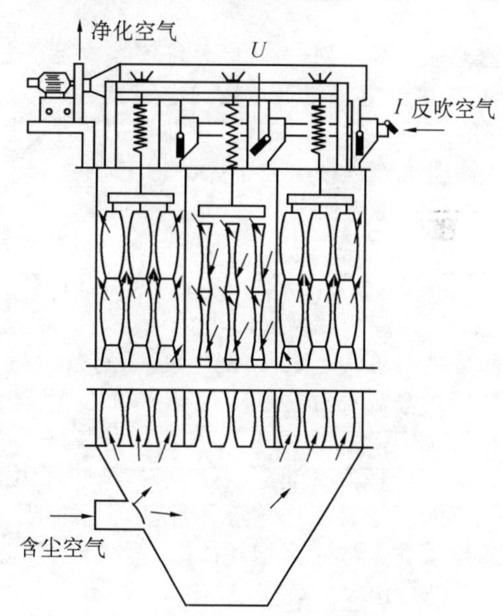

图 5.33　大气反吹清灰的袋式除尘器

3. 回转式逆气流反吹

图 5.34 是回转反吹袋式除尘器的示意图，反吹空气由风机供给。反吹空气经中心管送到设在滤袋上的旋臂内，电动机带动旋臂旋转，使所有滤袋都得到均匀反吹。每只滤袋的反吹时间约为 0.5 s，反吹的时间间隔约为 15 min 左右，反吹风机的风压约为 5 kPa 左右。在高温工况下(80～120 ℃)，推荐的过滤风速 $v_F = 0.8 \sim 1.2\ m^3/min \cdot m^2$；在低温工况

下(<80℃)推荐的过滤风速 $v_F = 1.5 \sim 2.5\ m^3/min \cdot m^2$。阻力约为 800 ~ 1400 Pa。

4. 脉冲喷吹袋式除尘器

图 5.35 是脉冲喷吹袋式除尘器的工作示意图,含尘空气通过滤袋时,粉尘阻留在滤袋外表面,净化后的气体经文丘里管从上部排出。每排滤袋上方设一根喷吹管,喷吹管上设有与每个滤袋相对应的喷嘴,喷吹管前端装设脉冲阀,通过程序控制机构控制脉冲阀的启闭。脉冲阀开启时,压缩空气从喷嘴高速喷出,带着比自身体积大 5 ~ 7 倍的诱导空气一起经文丘里管进入滤袋。滤袋急剧膨胀引起冲击振动,使附在滤袋外的粉尘脱落。

压缩空气的喷吹压力为 600 ~ 700 kPa,脉冲周期(喷吹的时间间隔)为 60 s 左右,脉冲宽度(喷吹一次的时间)为 0.1 ~ 0.2 s。采用脉冲喷吹袋式除尘器必须要有压缩空气源,因此使用上有一定局限性。目前常用的脉冲控制仪有无触点脉冲控制仪(采用晶体管逻辑电路和可控硅无触点开关组成)、气动脉冲控制仪和机械脉冲控制仪三种。

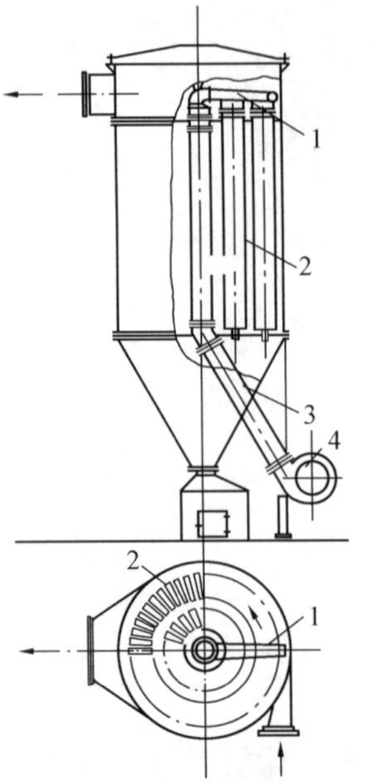

图 5.34　回转反吹袋式除尘器
1—旋臂;2—滤袋;3—灰斗;4—反吹风机

七、袋式除尘器的应用

袋式除尘器作为一种干式高效除尘器广泛应用于各工业部门,它比静电除尘器结构简单、投资省、运行稳定可靠,可回收高比电阻粉尘。与下一节介绍的文丘里除尘器相比,它能量消耗小,能回收干的粉尘,不存在泥浆处理问题。袋式除尘器适宜处理细小而干燥的粉尘。

使用袋式除尘器时应注意以下问题:

1. 由于滤料使用温度的限制,它不宜处理高温烟气。如需用袋式除尘器处理高温烟气,必须预冷却。通常采用的烟气冷却方式有直接喷雾蒸发冷却、表面换热器(用水或空气间接冷却)冷却、混入周围冷空气等。实际应用时,可根据具体情况确定。国外已有用不锈钢丝混编而成的滤料,使用温度超过 600 ~ 700℃。

2. 处理高温、高湿气体(如球磨机排气)时,为防止蒸气在滤袋上凝结,应对含尘空气进行加热(用电或蒸汽),并对除尘器保温。

3. 不宜处理含有油雾、凝结水和粘性粉尘的气体。

4. 不能用于有爆炸危险和带有火花的烟气。

5. 处理含尘浓度高的气体时,为减轻袋式除尘器负担,最好采用两级除尘。用低阻力除尘器进行预净化。

第八节　湿式除尘器

湿式除尘器是通过含尘气体与液滴式液膜、气泡相接触使尘粒从气流中分离的,也称洗涤式除尘器。湿式除尘器主要用于亲水性粉尘。它比干式除尘器除尘效率高,对于粒径小于或等于 0.1 μm 的粉尘分级效率很高。而且在除尘的同时,还能除掉部分有害气体。湿式除尘器比较适合在南方使用,对于高温、高湿及粘性大的粉尘都能很好的捕集。它的缺点是用物料不能干法回收,混浆处理比较困难,为了避免水系污染,有时要设置专

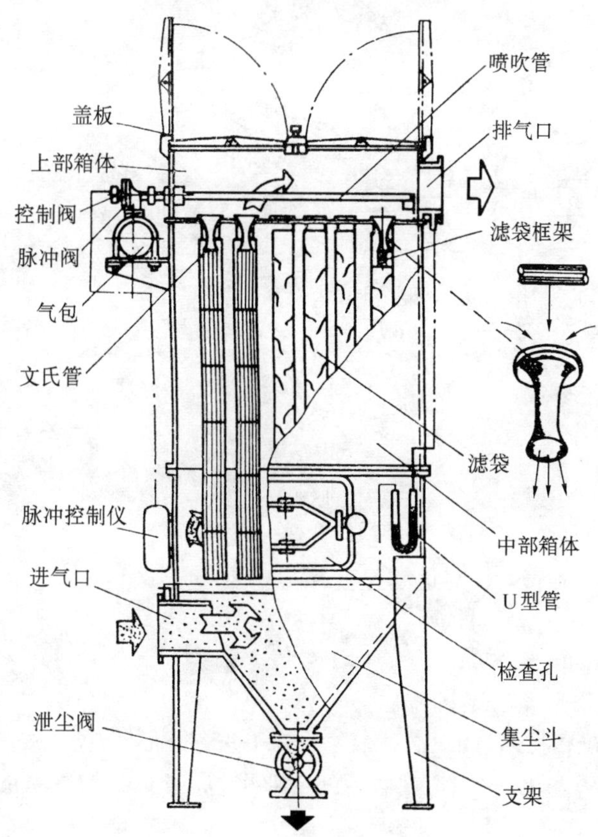

图 5.35　脉冲喷吹袋式除尘器

门的废水处理设备;高温烟气洗涤后,温度下降,会影响烟气在大气中的扩散。

一、湿式除尘器的除尘机理

1. 通过惯性碰撞、接触阻留,尘粒与液滴、液膜发生接触,使尘粒加湿、增重、凝聚;
2. 细小尘粒通过扩散与液滴、液膜接触;
3. 由于烟气增湿,尘粒的凝聚性增加;
4. 高温烟气中的水蒸汽冷却凝结时,要以尘粒为凝结核,形成一层液膜包围在尘粒表面,增强了粉尘的凝聚性。对疏水性粉尘能改善其可湿性。

粒径为 1～5 μm 的粉尘主要利用第一个机理,粒径在 1 μm 以下的粉尘主要利用后三个机理。目前常用的各种湿式除尘器主要利用尘粒与液滴、液膜的惯性碰撞进行除尘。下面对惯性碰撞及扩散的机理做简要分析:

1. 惯性碰撞

含尘气体在运动过程中与液滴相遇时,在液滴前 X_d 处,气流开始改变方向,绕着液滴流动。而惯性大的尘粒要继续保持原有的直线运动,见图 5.36。尘粒脱离流线后,由于空气的阻力,尘粒的惯性运动速度不断下降,从最初的 v_0 一直下降到等于零为止(或者和液滴发生碰撞为止)。如果尘粒从脱离流线到惯性运动结束,总共移动的直线距离为 X_s,当 $X_s/X_d>1$ 时,尘粒会和液滴发生碰撞,X_s/X_d 值愈大,碰撞愈强烈,除尘效果越好。

惯性碰撞数 N_i 是和 Re 数一样的一个准则数,反映惯性碰撞的特性。N_i 的数学表达

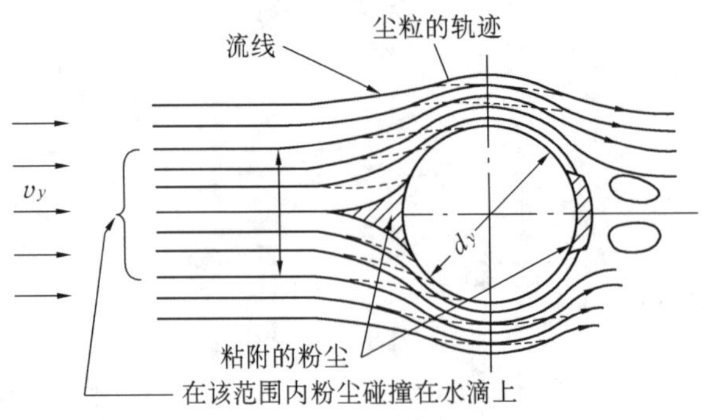

图 5.36　尘粒与液滴的惯性碰撞

式为

$$\frac{X_s}{d_y}=\frac{v_y d_c^2 \rho_c}{18\mu d_y}=N_i \tag{5.56}$$

式中　d_y——液滴直径,m;

v_y——尘粒与液滴的相对运动速度,m/s;

d_c——尘粒直径,m;

ρ_c——尘粒密度,Kg/m;

μ——空气的动力粘度,Pa·s。

N_i 数越大,说明尘粒和物体(如液滴、挡板、纤维)的碰撞机会越多,碰撞越强烈,因而惯性碰撞所造成的除尘效率也愈高,惯性碰撞除尘效率 η_t 与 N_i 数的关系可近似用下式表示

$$\eta_t=\frac{1}{1+\dfrac{0.65}{N_i}} \tag{5.57}$$

从上式可以看出,N_i 数越大,即尘粒粒径、尘粒密度、气液相对运动速度愈大,液滴直径越小,则惯性碰撞除尘效率 η_t 越高。

必须指出,并不是液滴直径 d_y 越小越好,d_y 过小,液滴容易随气流一起运动,减小了气流的相对运动速度。实验表明,液滴直径约为捕集粒径的 150 倍时,效果最好,过大或过小都会使除尘效率下降。气流的速度也不宜过高,以免阻力增加。

2. 扩散

从公式(5.57)可以看出,当 N_i 数在 0.05 以下时,$\eta_t \approx 0$。但是实际的除尘效率并不一定为零,这是因为尘粒向液体表面的扩散在起作用。粒径在 0.1 μm 左右时,扩散是尘粒运动的主要因素。扩散引起的尘粒转移与气体分子的扩散是相同的,扩散转移量与尘液接触面积、扩散系数、粉尘浓度成正比,与液体表面的液膜厚度成反比。粒径越大,扩散系数越小。另外扩散除尘效率是随液滴直径、气体粘度、气液相对运动速度的减小而增加的。在工业上单纯利用扩散机理的除尘装置是没有的,但是某些难以捕集的细小尘粒能在湿式除尘器或过滤式除尘器中捕集是与扩散、凝聚等机理有关的。当处理粉尘的粒径比较细小,在设计和选用湿式除尘器或过滤式除尘器时,应有意识的利用扩散机理。

二、湿式除尘器的结构形式

湿式除尘器的种类很多,但是按照气液接触方式,分为两大类。

(1) 尘粒随气流一起冲入液体内部,尘粒加湿后被液体捕集,它的作用是液体洗涤含

尘气体。属于这类的湿式除尘器有自激式除尘器、卧式旋风水膜除尘器、泡沫塔等。

(2) 用各种方式向气流中喷入水雾使尘粒与液滴、液膜发生碰撞。属于这类的湿式除尘器有文丘里除尘器、喷淋塔等。

1. 自激式除尘器

自激式除尘器内先要贮存一定量的水，它利用气流与液面的高速接触，激起大量水滴使尘粒从气流中分离，水浴除尘器、冲激式除尘器都属于这一类。

(1) 水浴除尘器(图 5.37)

含尘气流从喷头高速喷出，冲入水中时激起大量泡沫和水滴。大颗粒粉尘直接在水池内分离出来，细小的尘粒通过水层向上返时，与水滴碰撞，由于凝聚、增重而被捕集。

(2) 冲激式除尘器(图 5.38)

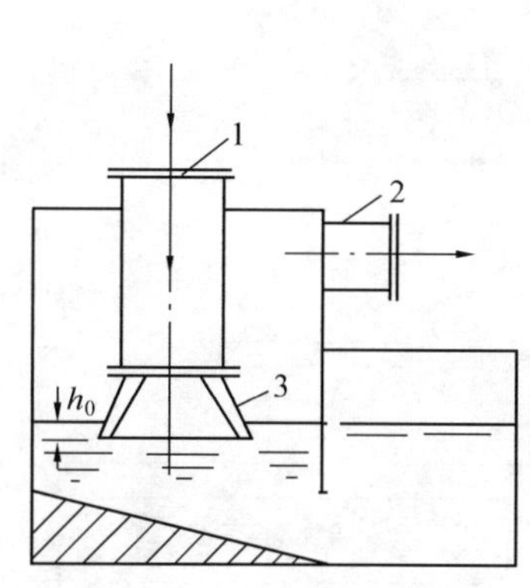

图 5.37　水浴除尘器

1—含尘气体进口；2—净化气体出口；3—喷头

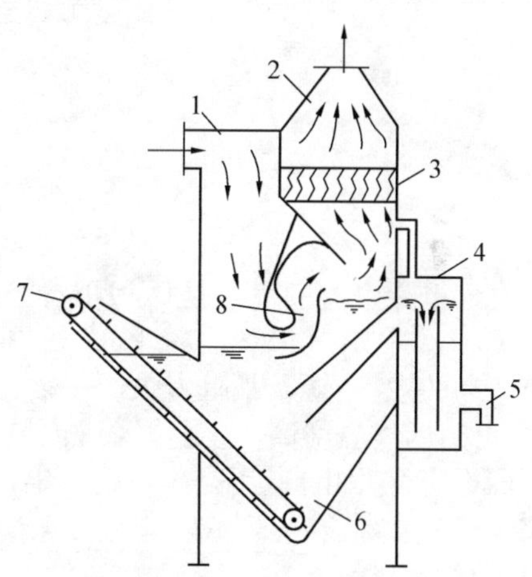

图 5.38　冲激式除尘器

1—进口；2—出口；3—挡水板；4—溢流箱；5—溢流口；6—泥浆斗；7—刮板运输机；8—S 型通道

含尘气体进入除尘器后碰到出口管外壁转弯向下，冲激到液面上，除掉一部分大颗粒粉尘。随后含尘气体高速通过 S 型通道，激起大量泡沫和水滴，含尘气体与泡沫、水滴充分接触混合，在惯性力和泡沫、水滴的洗涤作用下，粉尘被分离出来。净化后的气体从出口排出。

2. 卧式旋风水膜除尘器(图 5.39)

它由横卧的外筒和内筒构成，内、外筒之间设有导流叶片。含尘气体由进口沿切向进入，沿导流叶片作旋转运动。在气流作用下液体在外筒壁形成一层水膜，同时产生大量水滴。尘粒在离心力作用下甩向外筒壁，被外筒壁表面水膜粘附，除掉部分粉尘。还有一部分粉尘与液滴发生碰撞被捕集。经过多次旋转的反复作用，使绝大部分粉尘分离出来。净化后的气体从出口排出。

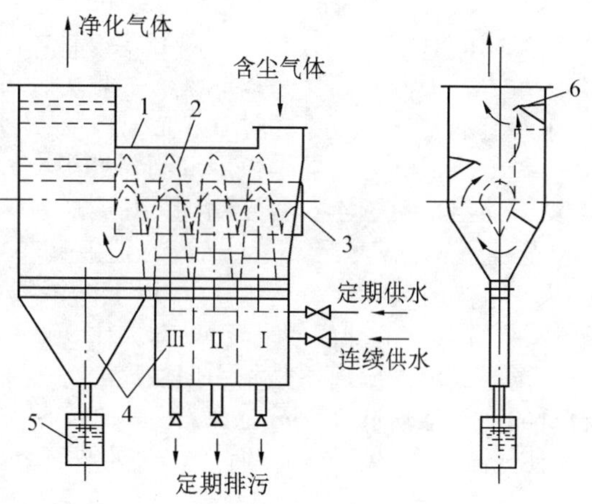

图 5.39　卧式旋风水膜除尘器

1—外筒；2—螺旋导流片；3—内筒；4—灰斗；5—溢流筒；6—檐式挡水板

3. 文丘里除尘器

粉尘的粒径较小时，要得到较高的 N_i 数必须制造较高的气液相对速度和非常细小的液滴。文丘里除尘器就是为了适应这个要求而发展起来的。

如图 5.40，含尘气体以 60 ~ 120 m/s 的高速通过喉管，在喉管处设有喷嘴，向气流进行供水。由于气液间有非常高的相对速度，液体被雾化成无数细小的液滴，液滴冲破尘粒周围的气膜使其加湿、增重。在运动过程中，通过碰撞尘粒还会凝聚增大，增重后的尘粒在分离器中与气流分离。

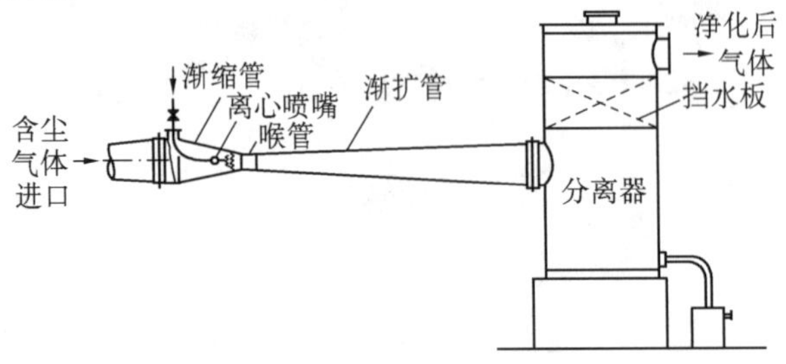

图 5.40　文丘里除尘器

文丘里除尘器的优点是体积小，构造简单，布置灵活。对 1 μm 以下的粉尘，文丘里除尘器具有较高的效率，缺点是阻力大。一般为 4 ~ 10 kPa。由于烟气温度高、含湿量大或比电阻过大等原因不宜采用电除尘器或袋式除尘器式，可用文丘里除尘器。

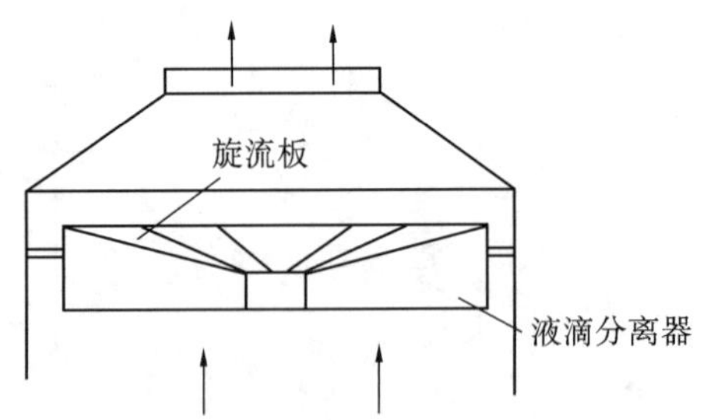

图 5.41　旋流式液滴分离器

三、液滴分离器

气流在洗涤器中接触液体后，带有大量水滴，如直接进入通风系统，会影响系统的正常使用，在洗涤器出口处必须设置液滴分离器。目前常用的有重力式、撞击式、离心式三种。

重力式液滴分离器是依靠液滴的重力使其从气流中分离的，它只能分离粗大的液滴，要求气流的上升速度不超过 0.3 m/s。

撞击式液滴分离器是依靠液滴与挡板或纱网的撞击使其从气流中分离的。挡板式是在洗涤器出口设置 4 ~ 6 折挡水板，气流通过挡水板时的风速应在 2 ~ 3 m/s 之间，小于 2 m/s 碰撞效率低，大于 3 m/s 气流会把液滴带走。挡水板排列不能过于紧密，以免堵塞。挡板式液滴分离器能分离 150 μm 以上的液滴。丝网式是在除尘器出口设置多层尼龙窗纱或钢丝网，它的分离效果较好，对大于 100 μm 的液滴，效率可达 99%。

离心式液滴分离器是利用惯性离心力使液滴分离的，它有两种形式，一种是利用气流自身的旋转运动造成气液分离，另一种是在洗涤器内设置固定的螺旋叶片，造成气流旋转，使气液分离，见图 5.41 所示。这种液滴分离器称为旋流式液滴分离器。

第六章　通风管道的设计计算

第一节　风道中的阻力

根据流体力学可知,流体在管道内流动,必然要克服阻力产生能量损失。空气在管道内流动有两种形式的阻力和损失,即沿程阻力与沿程损失,局部阻力与局部损失。

一、沿程损失

由于空气本身的粘滞性和管壁的粗糙度所引起的空气与管壁间的摩擦而产生的阻力称为摩擦阻力或沿程阻力,克服摩擦阻力而引起的能量损失称为沿程压力损失,简称沿程损失。

空气在横断面不变的管道内流动时,沿程损失可按下式计算

$$\Delta P_m = \lambda \frac{1}{4R_s} \cdot \frac{\rho v^2}{2} l \tag{6.1}$$

式中　ΔP_m——风道的沿程损失,Pa;

λ——摩擦阻力系数;

v——风道内空气的平均流速,m/s;

ρ——空气的密度,kg/m^3;

l——风道的长度,m;

R_s——风道的水力半径,m;

$$R_s = \frac{F}{P} \tag{6.2}$$

F——管道中充满流体部分的横断面积,m^2;

P——湿周,在通风系统中即为风管周长,m。

单位长度的摩擦阻力,也称比摩阻,为

$$R_m = \lambda \frac{1}{4R_s} \cdot \frac{\rho v^2}{2} \quad \text{Pa/m} \tag{6.3}$$

1. 圆形风管的沿程损失

对于圆形风管

$$R_s = \frac{F}{P} = \frac{\frac{\pi}{4} D^2}{\pi D} = \frac{D}{4}$$

式中　D——风管直径。

则圆形风管的沿程损失和单位长度沿程损失分别为

$$\Delta P_m = \lambda \frac{1}{D} \cdot \frac{\rho v^2}{2} l \quad \text{Pa} \tag{6.4}$$

$$R_m = \frac{\lambda}{D} \cdot \frac{\rho v^2}{2} \quad \text{Pa/m} \tag{6.5}$$

摩擦阻力系数 λ 与风管管壁的粗糙度和管内空气的流动状态有关,对大部分通风和空调系统中的风道,空气的流动处于紊流过渡区。在这一区域中 λ 用下式计算

$$\frac{1}{\sqrt{\lambda}} = -2\lg\left(\frac{K}{3.71D} + \frac{2.51}{Re\sqrt{\lambda}}\right) \tag{6.6}$$

式中 K——风管内壁的当量绝对粗糙度,mm;

Re——雷诺数。

$$Re = \frac{vD}{\gamma} \tag{6.7}$$

式中 γ——风管内流体(空气)的运动粘度,m^2/s。

在通风管道设计中,为了简化计算,可根据公式(6.5)和式(6.6)绘制的各种形式的线算图或计算表进行计算。附录6.1为风管单位长度沿程损失线算图,附录6.2为圆形风管计算表。只要知道风量、管径、比摩阻、流速四个参数中的任意两个,即可求出其余的两个参数。附录6.1和附录6.2的编制条件是:大气压力为101.3 kPa,温度为20 ℃,空气密度为1.2 kg/m^3,运动粘度为 15.06×10^{-6} m^2/s,管壁粗糙度 $K=0.15$ mm,当实际使用条件与上述条件不同时,应进行修正。

(1) 大气温度和大气压力的修正

$$R'_m = \varepsilon_t \varepsilon_B R_m \quad \text{Pa/m} \tag{6.8}$$

式中 R'_m——实际使用条件下的单位长度沿程损失,Pa/m;

ε_t——温度修正系数;

ε_B——大气压力修正系数;

R_m——线算图或表中查出的单位长度沿程损失,Pa/m。

$$\varepsilon_t = \left(\frac{273+20}{273+t}\right)^{0.825} \tag{6.9}$$

$$\varepsilon_B = \left(\frac{B}{101.3}\right)^{0.9} \tag{6.10}$$

式中 t——实际的空气温度,℃;

B——实际的大气压力,kPa。

ε_t 和 ε_B 也可直接由图6.1查得。

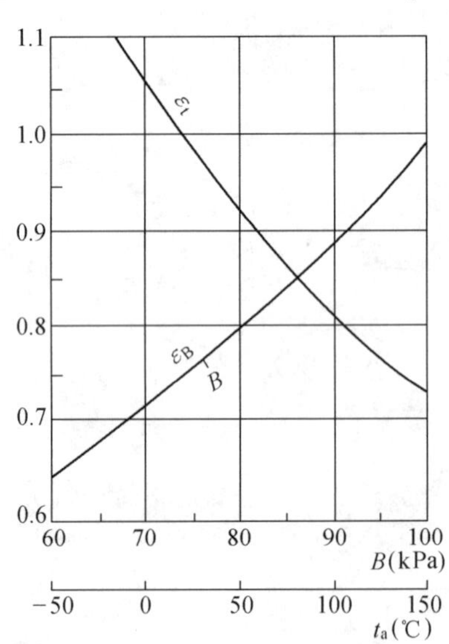

图6.1 温度和大气压力曲线

(2) 绝对粗糙度的修正

通风空调工程中常采用不同材料制成的风管,各种材料的绝对粗糙度见表6.1。

$$R'_m = \varepsilon_k R_m \tag{6.11}$$

ε_k——粗糙度修正系数。

$$\varepsilon_k = (Kv)^{0.25} \tag{6.12}$$

式中 v——管内空气流速,m/s。

【例6.1】 已知太原市某厂一通风系统采用钢板制圆形风道,风量 $L=1\ 000$ m^3/h,管内空气流速 $v=10$ m/s,空气温度 $t=80$ ℃,求风管的管径和单位长度的沿程损失。

解 由附录6.1查得:$D=200$ mm $R_m=6.8$ Pa/m,太原市大气压力:$B=91.9$ kPa

由图6.1查得:$\varepsilon_t=0.86$,$\varepsilon_B=0.92$

所以,$R_m=\varepsilon_t\varepsilon_B R_m=0.86\times0.92\times6.8=5.38$ Pa/m

表 6.1　各种材料的粗糙度 K

管道材料	K(mm)	管道材料	K(mm)
薄钢板和镀锌薄钢板	0.15～0.18	胶合板	1.0
塑料板	0.01～0.05	砖管道	3～6
矿渣石膏板	1.0	混凝土管道	1～3
矿渣混凝土板	1.5	木板	0.2～1.0

2. 矩形风管的沿程损失

风管阻力损失的计算图表是根据圆形风管绘制的。当风管截面为矩形时，需首先把矩形风管断面尺寸折算成相当于圆形风管的当量直径，再由此求出矩形风管的单位长度沿程损失。

当量直径就是与矩形风管有相同单位长度沿程损失的圆形风管直径，它分为流速当量直径和流量当量直径两种。

(1) 流速当量直径

假设某一圆形风管中的空气流速与矩形风管中的空气流速相等，且两风管的单位长度沿程损失相等，此时圆形风管的直径就称为该矩形风管的流速当量直径，以 D_v 表示圆形风管水力半径

$$R'_s = \frac{D}{4} \tag{6.13}$$

矩形风管水力半径

$$R''_s = \frac{F}{P} = \frac{ab}{2(a+b)} \tag{6.14}$$

式中　a、b——矩形风管的长度和宽度。

根据式(6.3)，当流速与比摩阻均相同时，水力半径必相等

则有

$$R'_s = R''_s \quad \frac{D}{4} = \frac{ab}{2(a+b)}$$

$$D = \frac{2ab}{a+b} = D_v \tag{6.15}$$

(2) 流量当量直径

假设某一圆形风管中的空气流量与矩形风管中的空气流量相等，且两风管的单位长度沿程损失也相等，此时圆形风管的直径就称为该矩形风管的流量当量直径，以 D_L 表示：

圆形风管流量

$$L = \frac{\pi}{4} D^2 v'$$

$$v' = \frac{4L}{\pi D^2}$$

$$R'_m = \frac{\lambda}{D_L} \cdot \frac{\rho\left(\frac{4L}{\pi D^2}\right)^2}{2}$$

矩形风管流量

$$L = abv''$$

$$v'' = \frac{L}{ab}$$

$$R''_m = \frac{\lambda}{4} \frac{1}{\frac{ab}{2(a+b)}} \frac{\rho(\frac{L}{ab})^2}{2}$$

令

$$R'_m = R''_m$$

则

$$D_L = 1.265\sqrt[5]{\frac{a^3 b^3}{a+b}} \tag{6.16}$$

必须说明，利用当量直径求矩形风管的沿程损失，要注意其对应关系：当采用流速当量直径时，必须采用矩形风管内的空气流速去查沿程损失；当采用流量当量直径时，必须用矩形风管中的空气流量去查单位管长沿程损失。这两种方法得出的矩形风管比摩阻是相等的。

为方便起见，附录 6.3 列出了标准尺寸的钢板矩形风管计算表。制表条件同附录 6.1、附录 6.2，这样即可直接查出对应矩形风管的单位管长沿程损失，但应注意表中的风量是按风道长边和短边的内边长得出的。

【例 6.2】 有一钢板制矩形风道，$K = 0.15$ mm，断面尺寸为 500×250 mm，流量为 2 700 m^3/h，空气温度为 50 ℃，求单位长度沿程损失。

解一 矩形风管内空气流速

$$v = \frac{L}{3\,600F} = \frac{2\,700}{3\,600 \times 0.5 \times 0.25} = 6 \text{ m/s}$$

流速当量直径

$$D_v = \frac{2ab}{a+b} = \frac{2 \times 0.5 \times 0.25}{0.5 + 0.25} = 0.33 \text{ m}$$

由 $v = 6$ m/s，$D_v = 330$ mm，查附录 6.1 得 $R_m = 1.2$ Pa/m

由图 6.1 查得 $t = 50$ ℃时，$\varepsilon_t = 0.92$

所以 $R'_m = \varepsilon_t R_m = 0.92 \times 1.2 = 1.1$ Pa/m

解二 流量当量直径

$$D_L = 1.265\sqrt[5]{\frac{a^3 b^3}{a+b}} = 1.265\sqrt[5]{\frac{0.5^3 \times 0.25^3}{0.5 + 0.25}} = 0.384 \text{ m}$$

由 $L = 2\,700$ m^3/h，$D_L = 384$ mm 查附录 6.1 得 $R_m = 1.2$ Pa/m

所以 $R'_m = \varepsilon_t \quad R_m = 0.92 \times 1.2 = 1.1$ Pa/m

解三 利用附录 6.3，查矩形风道 500×250 mm

当 $v = 6$ m/s 时，$L = 2\,660$ m^3/h，$R_m = 1.27$ Pa/m

当 $v = 6.5$ m/s 时，$L = 2\,881$ m^3/h，$R_m = 1.48$ Pa/m

由内插法求得：

当 $L = 2\,700$ m^3/h 时，$v = 6.09$ m/s，$R_m = 1.308$ Pa/m

则 $R'_m = \varepsilon_t R_m = 1.12 \times 0.92 = 1.2$ Pa/m

二、局部损失

风道中流动的空气，当其方向和断面大小发生变化或通过管件设备时，由于在边界急剧改变的区域出现旋涡区和流速的重新分布而产生的阻力称为局部阻力,克服局部阻力而引起的能量损失称为局部压力损失,简称局部损失。

局部损失按下式计算

$$\Delta P_j = \xi \frac{\rho v^2}{2} \quad \text{Pa} \tag{6.17}$$

式中　ΔP_j——局部损失,Pa;

ξ——局部阻力系数。

局部阻力系数通常用实验方法确定,附录 6.4 中列出了部分管件的局部阻力系数。在计算局部阻力时,一定要注意 ξ 值所对应的空气流速。

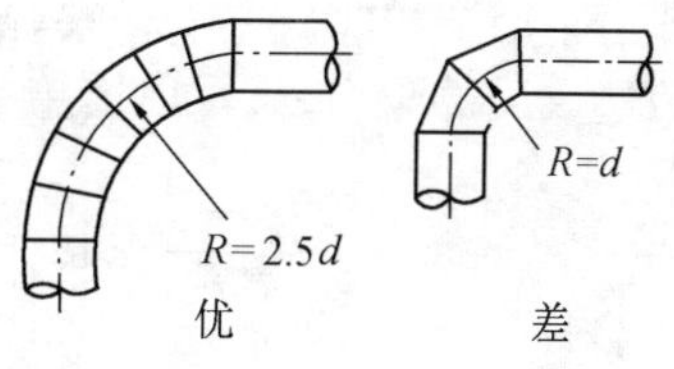

图 6.2　圆形风管弯头

在通风系统中,局部阻力所造成的能量损失占有很大的比例,甚至是主要的能量损失,为减小局部阻力,以利于节能,在设计中应尽量减小局部阻力。通常采用以下措施:

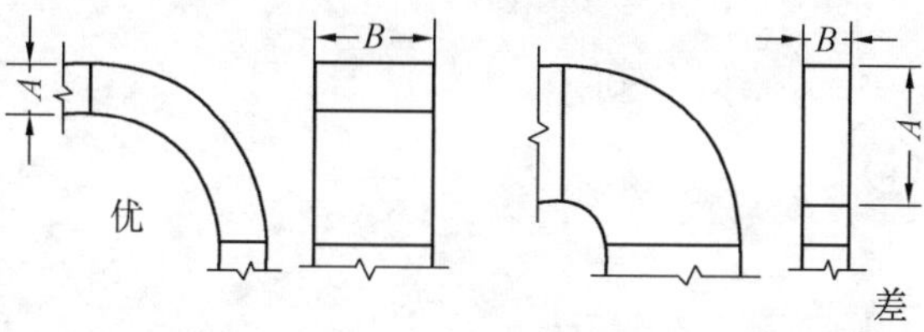

图 6.3　矩形风管弯头

1. 布置管道时,应力求管线短直,减少弯头。圆形风管弯头的曲率半径一般应大于(1~2)倍管径,见图 6.2。矩形风管弯头的长宽比愈大,阻力愈小,应优先采用,见图 6.3。必要时可在弯头内部设置导流叶片,见图 6.4,以减小阻力。应尽量采用转角小的弯头,用弧弯代替直角弯,如图 6.5 所示。

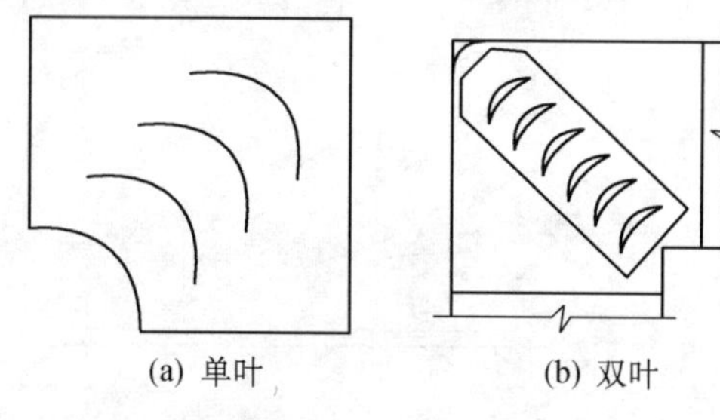

(a) 单叶　(b) 双叶

图 6.4　导流叶片

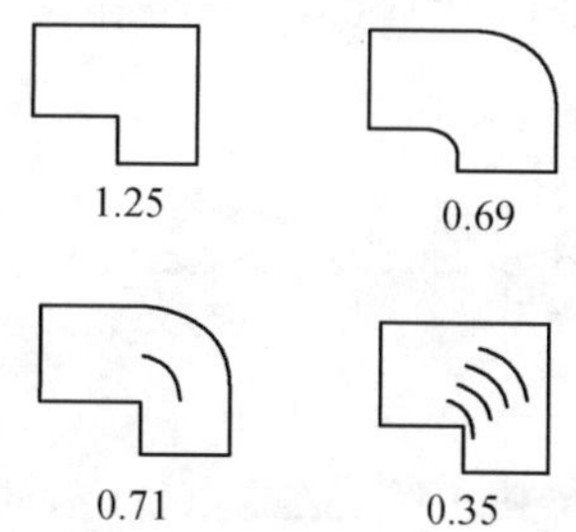

图 6.5　几种矩形弯头的局部阻力系数

2. 避免风管断面的突然变化,管道变径时,尽量利用渐扩、渐缩代替突扩、突缩。其中心角 α 最好在 8~10°,不超过 45°,如图 6.6。

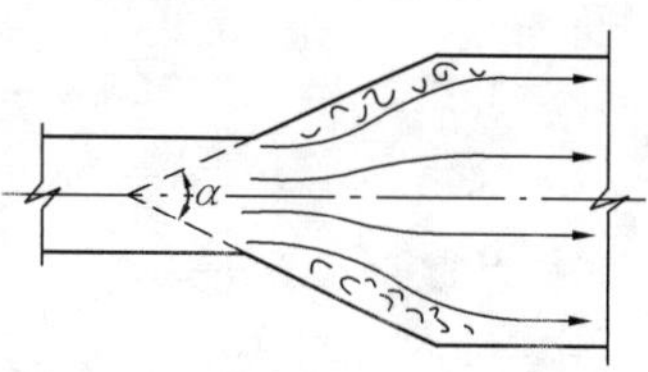

图 6.6　渐扩管内的空气流动

3. 管道和风机的连接要尽量避免在接管处产生局部涡流,如图 6.7 所示。

4. 三通的局部阻力大小与断面形状、两支管夹角、支管与总管的截面比有关,为减小三通的局部阻力,应尽量使支管与干管连接的夹角不超过 30°,如图 6.9 所示。当合流三通内直管的气流速度大于支管的气流速度时,会发生直管气流引射支管气流的作用,有时支管的局部阻力出现负值,同样直管的局部阻力也会出现负值,但不可能同时出现负值。为避免引射时的能量损失,减小局部阻力,如图 6.10,应使 $v_1 \approx v_2 \approx v_3$,即 $F_1 + F_2 = F_3$,以避免出现这种现象。

5. 风管的进、出口:气流流出时将流出前的能量全部损失掉,损失值等于出口动压,因此可采用渐扩管(扩压管)来降低出口动压损失。图 6.8 所示,空气进入风管会产生涡流而造成局部阻力,可采取措施减少涡流,降低其局部阻力。

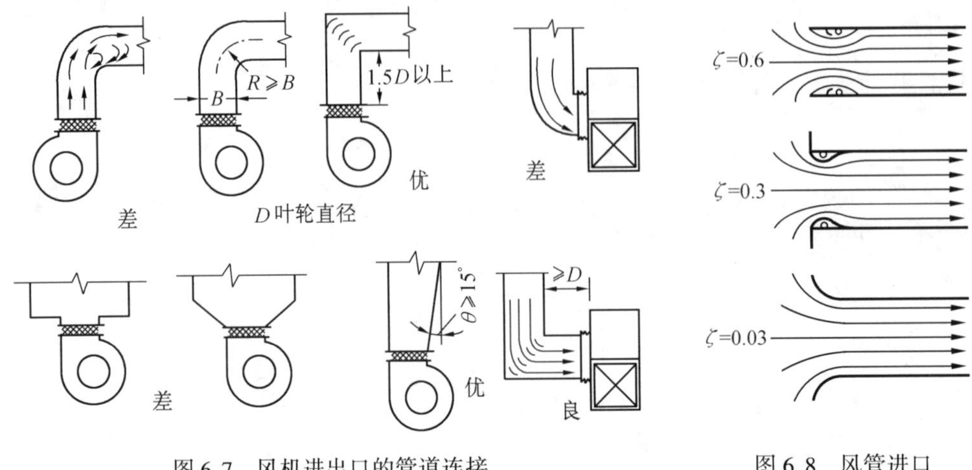

图 6.7　风机进出口的管道连接　　　　图 6.8　风管进口

三、总损失

总损失即为沿程损失与局部损失之和

$$\Delta P = \Delta P_{\mathrm{m}} + \Delta P_{\mathrm{j}} \tag{6.18}$$

式中　ΔP——管段总损失,Pa。

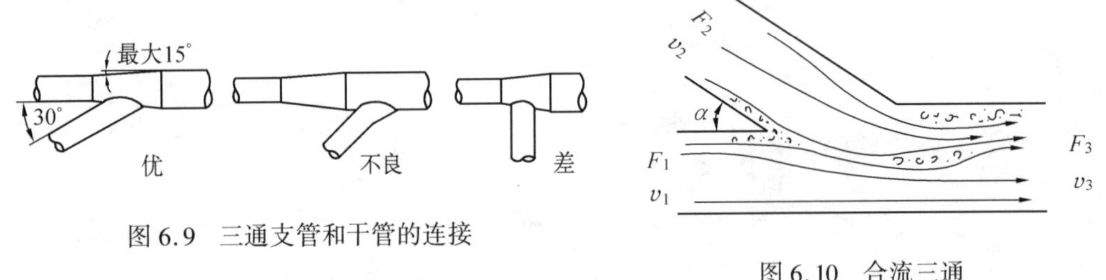

图 6.9　三通支管和干管的连接

图 6.10　合流三通

第二节　风道的水力计算

一、水力计算的任务

水力计算是通风系统设计计算的主要部分。它是在确定了系统的形式、设备布置、各送、排风点的位置及风管材料后进行的。

水力计算最主要的任务是确定系统中各管段的断面尺寸,计算阻力损失,选择风机。

二、水力计算的方法步骤

1. 水力计算方法

风管水力计算的方法主要有以下三种:

(1) 等压损法

该方法是以单位长度风道有相等的压力损失为前提条件,在已知总作用压力的情况下,将总压力值按干管长度平均分配给各部分,再根据各部分的风量确定风管断面尺寸,该法适用于风机压头已定及进行分支管路阻力平衡等场合。

(2) 假定流速法

该方法是以技术经济要求的空气流速作为控制指标,再根据风量来确定风管的断面尺寸和压力损失,目前常用此法进行水力计算。

(3) 静压复得法

该方法是利用风管分支处复得的静压来克服该管段的阻力,根据这一原则确定风管的断面尺寸,此法适用于高速风道的水力计算。

2. 水力计算步骤

现以假定流速法为例,说明水力计算的步骤:

(1) 绘制系统轴测示意图,并对各管段进行编号,标注长度和风量。通常把流量和断面尺寸不变的管段划为一个计算管段。

(2) 确定合理的气流速度

风管内的空气流速对系统有很大的影响。流速低,阻力小,动力消耗少,运行费用低,但是风管断面尺寸大,耗材料多,建造费用大。反之,流速高,风管段面尺寸小,建造费用低,但阻力大,运行费用会增加,另外还会加剧管道与设备的磨损。因此,必须经过技术经济分析来确定合理的流速,表 6.2、表 6.3、表 6.4 列出了不同情况下风管内空气流速范围。

表 6.2 工业管道中常用的空气流速(m/s)

<table>
<tr><th rowspan="2">建筑物类别</th><th rowspan="2">管道系统的部位</th><th colspan="3">风 速</th><th colspan="2" rowspan="2">靠近风机处的极限流速</th></tr>
<tr><th colspan="2">自然通风</th><th>机械通风</th></tr>
<tr><td rowspan="8">辅助建筑</td><td>吸入空气的百叶窗</td><td colspan="2">0 ~ 1.0</td><td>2 ~ 4</td><td colspan="2" rowspan="8">10 ~ 12</td></tr>
<tr><td>吸 风 道</td><td colspan="2">1 ~ 2</td><td>2 ~ 6</td></tr>
<tr><td>支管及垂直风道</td><td colspan="2">0.5 ~ 1.5</td><td>2 ~ 5</td></tr>
<tr><td>水平总风道</td><td colspan="2">0.5 ~ 1.0</td><td>5 ~ 8</td></tr>
<tr><td>近地面的进风口</td><td colspan="2">0.2 ~ 0.5</td><td>0.2 ~ 0.5</td></tr>
<tr><td>近顶棚的进风口</td><td colspan="2">0.5 ~ 1.0</td><td>1 ~ 2</td></tr>
<tr><td>近顶棚的排风口</td><td colspan="2">0.5 ~ 1.0</td><td>1 ~ 2</td></tr>
<tr><td>排 风 塔</td><td colspan="2">1 ~ 1.5</td><td>3 ~ 6</td></tr>
<tr><td rowspan="3">工业建筑</td><td>材料</td><td>总管</td><td>支管</td><td>室内进风口</td><td>室内回风口</td><td>新鲜空气入口</td></tr>
<tr><td>薄钢板</td><td>6 ~ 14</td><td>2 ~ 8</td><td>1.5 ~ 3.5</td><td>2.5 ~ 3.5</td><td>5.5 ~ 6.5</td></tr>
<tr><td>砖、矿渣、石棉水泥、矿渣混凝土</td><td>4 ~ 12</td><td>2 ~ 6</td><td>1.5 ~ 3.0</td><td>2.0 ~ 3.0</td><td>5 ~ 6</td></tr>
</table>

表 6.3 除尘风道空气流速(m/s)

灰尘性质	垂直管	水平管	灰尘性质	垂直管	水平管
粉状的粘土和砂	11	13	铁和钢(屑)	19	23
耐火泥	14	17	灰土、砂尘	16	18
重矿物灰尘	14	16	锯屑、刨屑	12	14
轻矿物灰尘	12	14	大块干木屑	14	15
干型砂	11	13	干微尘	8	10
煤 灰	10	12	染料灰尘	14~16	16~18
湿土(2%以下)	15	18	大块湿木屑	18	20
铁和铜(尘末)	13	15	谷物灰尘	10	12
棉絮	8	10	麻(短纤维灰尘、杂质)	8	12
水泥灰尘	8~12	18~22			

表 6.4 空调系统中的空气流速(m/s)

风速(m/s) 部位	低速风管						高速风管	
	推荐风速			最大风速			推荐	最大
	居住	公共	工业	居住	公共	工业	一般建筑	
新风入口	2.5	2.5	2.5	4.0	4.5	6	3	5
风机入口	3.5	4.0	5.0	4.5	5.0	7.0	8.5	16.5
风机出口	5~8	6.5~10	8~12	8.5	7.5~11	8.5~14	12.5	25
主 风 道	3.5~4.5	5~6.5	6~9	4~6	5.5~8	6.5~11	12.5	30
水平支风道	3.0	3.0~4.5	4~5	3.5~4.0	4.0~6.5	5~9	10	22.5
垂直支风道	2.5	3.0~3.5	4.0	3.25~4.0	4.0~6.0	5~8	10	22.5
送风口	1~2	1.5~3.5	3~4.0	2.0~3.0	3.0~5.0	3~5	4	—

(3) 由风量和流速确定最不利环路各管段风管断面尺寸,计算沿程损失、局部损失及总损失。计算时应首先从最不利环路开始,即从阻力最大的环路开始。确定风管断面尺寸时,应尽量采用通风管道的统一规格。见附录6.5。

(4) 其余并联环路的计算

为保证系统能按要求的流量进行分配,并联环路的阻力必须平衡。因受到风管断面尺寸的限制,对除尘系统各并联环路间的压损差值不宜超过10%,其他通风系统不宜超过15%。若超过时可通过调整管径或采用阀门来进行调节。调整后的管径可按下式确定

$$D' = D\left(\frac{\Delta P}{\Delta P'}\right)^{0.225} \quad \text{mm} \tag{6.19}$$

式中 D'——调整后的管径,mm;

D——原设计的管径,mm;

ΔP——原设计的支管阻力,Pa;

$\Delta P'$——要求达到的支管阻力,Pa。

需要指出的是,在设计阶段不把阻力平衡的问题解决,而一味的依靠阀门开度的调节,对多支管的系统平衡来说是很困难的,需反复调整测试。有时甚至无法达到预期风量分配,或出现再生噪声等问题。因此,我们一方面加强风管布置方案的合理性,减少阻力平衡的工作量,另一方面要重视在设计阶段阻力平衡问题的解决。

(5) 选择风机

考虑到设备、风管的漏风和阻力损失计算的不精确,选择风机的风量,风压应按下式考虑

$$L_f = K_L L \quad m^3/h \tag{6.20}$$

$$P_f = K_p \Delta P \quad Pa \tag{6.21}$$

式中　L_f——风机的风量，m^3/h；

L——系统总风量，m^3/h；

P_f——风机的风压，Pa；

ΔP——系统总阻力，Pa；

K_L——风量附加系数，除尘系统 $K_L = 1.1 \sim 1.5$；一般送排风系统 $K_L = 1.1$；

K_p——风压附加系数，除尘系统 $K_p = 1.15 \sim 1.20$；一般送排风系统 $K_p = 1.1 \sim 1.15$。

当风机在非标准状态下工作时，应对风机性能进行换算，在此不再详述，可参阅《流体力学及泵与风机》。

【例 6.3】　如图 6.11 所示的机械排风系统，全部采用钢板制作的圆形风管，输送含有有害气体的空气（$\rho = 1.2\ kg/m^3$），气体温度为常温，圆形伞形罩的扩张角为 60°，合流三通分支管夹角为 30°，带扩压管的伞形风帽 $h/D_0 = 0.5$，当地大气压力为 92 kPa，对该系统进行水力计算。

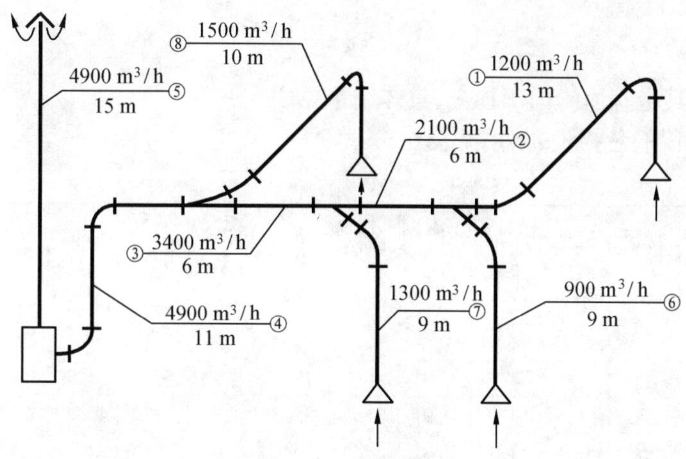

图 6.11　机械排风系统图

解　1. 对管段进行编号，标注长度和风量，如图示。

2. 确定各管段气流速度，查表 6.2 有：工业建筑机械通风对于干管 $v = 6 \sim 14$ m/s；对于支管 $v = 2 \sim 8$ m/s。

3. 确定最不利环路，本系统① ~ ⑤为最不利环路。

4. 根据各管段风量及流速，确定各管段的管径及比摩阻，计算沿程损失，应首先计算最不利环路，然后计算其余分支环路。

如管段①，根据 $L = 1\,200\ m^3/h$，$v = 6 \sim 14$ m/s

查附录 6.2 可得出管径 $D = 220$ mm，$v = 9$ m/s，$R_m = 4.5$ Pa/m

查图 6.1 有 $\varepsilon_B = 0.91$，则有 $R'_m = 0.91 \times 4.5 = 4.1$ Pa/m

$$\Delta P_m = R'_m l = 4.1 \times 13 = 53.3\ Pa$$

也可查附录 6.2 确定管径后，利用内插法求出：v、R_m。

同理可查出其余管段的管径、实际流速、比摩阻，计算出沿程损失，具体结果见表 6.5。

5. 计算各管段局部损失

如管段①，查附录 6.4 有：圆形伞形罩扩张角 60°，$\xi=0.09$，90°弯头 2 个，$\xi=0.15\times2=0.3$，合流三通直管段，见图 6.12。

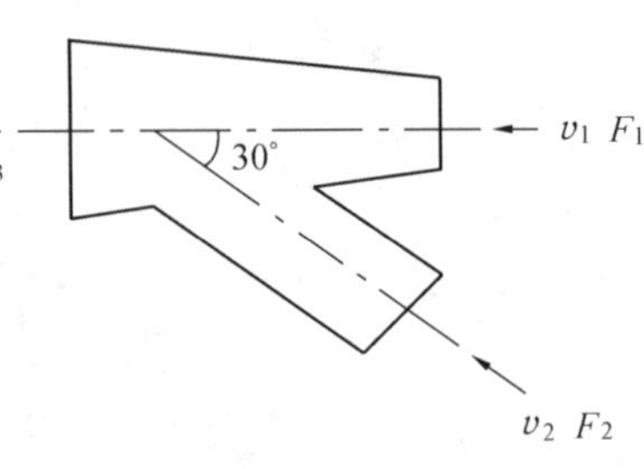

图 6.12　合流三通

$$\frac{L_2}{L_3}=\frac{900}{2\,100}=0.43$$

$$\frac{F_2}{F_3}=\left(\frac{200}{280}\right)^2=0.51$$

$$F_1=\frac{\pi}{4}(0.22)^2=0.038 \qquad F_2=\frac{\pi}{4}(0.2)^2=0.031$$

$$F_3=\frac{\pi}{4}(0.28)^2=0.062 \qquad F_1+F_2\approx F_3$$

$\alpha=30°$，查得 $\xi=0.76$，$\sum\xi=0.09+0.3+0.76=1.15$

其余各管段的局部阻力系数见表 6.6。

$$\Delta P_j=\sum\xi\frac{\rho v^2}{2}=1.15\times\frac{1.2\times9^2}{2}=55.89\ \text{Pa}$$

同理可得出其余管段的局部损失，具体结果见表 6.5。

6. 计算各管段的总损失，结果见表 6.5。

表 6.5　通风管道水力计算表

管段编号	流量 L/ m^3/h	管段长度 l/m	管径 D/ mm	流速 v/ m/s	比摩阻 R_m/ Pa/m	比摩阻修正系数 ε_B	实际比摩阻 R'_m/ Pa/m	动压 P_d/ Pa	局部阻力系数 ξ	沿程损失 ΔP_m/ Pa	局部损失 ΔP_j/ Pa	管段总损失 ΔP/ Pa	备　注
最不利环路													
1	1 200	13	220	9	4.5	0.91	4.1	48.6	1.15	53.3	55.89	109.2	
2	2 100	6	280	9.6	3.9	0.91	3.55	55.3	0.81	21.3	44.79	66.1	
3	3 400	6	360	9.4	2.7	0.91	2.46	53	1.08	14.76	57.24	72.0	
4	4 900	11	400	10.6	3	0.91	2.73	67.4	0.3	30.03	20.22	50.3	
5	4 900	15	400	10.6	3	0.91	2.73	67.4	0.6	40.95	40.44	81.4	
分支环路													
6	900	9	200	8	4.1	0.91	3.73	38.4	0.03	33.57	1.2	35.1	与①平衡
7	1 300	9	200	11.9	9.5	0.91	8.7	85	0.64	78.3	54.4	132.7	与①+②平衡
8	1 500	10	200	13.0	11	0.91	10	101.4	1.26	100	127.8	227.8	与①+②+③平衡
6	900	9	160	12.3	13	0.91	11.83	90.8	0.03	106.4	2.7	109.1	阻力平衡

表 6.6　各管段局部阻力系数统计表

管段	局部阻力名称、数量	ξ	管段	局部阻力名称、数量	ξ
1	圆形伞形罩(扩张角 60°)1 个	0.09	6	圆形伞形罩(扩张角 60°)1 个	0.09 × 2
	90° 弯头(r/d = 2.0)2 个	0.15 × 2		90° 弯头(r/d = 2.0)1 个	0.15 × 1
	合流三通直管段	0.76		合流三通分支段	− 0.21
		$\sum\xi = 1.15$			$\sum\xi = 0.03$
2	合流三通直管段	0.81	7	圆形伞形罩(扩张角 60°)1 个	0.09 × 1
3	合流三通直管段	1.08		90° 弯头(r/d = 2.0)1 个	0.15 × 1
4	90° 弯头(r/d = 2.0)2 个	0.15 × 2		合流三通分支段	0.4
	风机入口变径(忽略)	0.0			$\sum\xi = 0.64$
		$\sum\xi = 0.3$	8	圆形伞形罩(扩张角 60°)1 个	0.09 × 1
5	风机出口变径(忽略)	0.0		90° 弯头(r/d = 2.0)1 个	0.15 × 1
	带扩散管伞形风帽(h/D_0 = 0.5)1 个	0.6 × 1		合流三通分支段	0.9
				60° 弯头(r/d = 2.0)1 个	0.12
		$\sum\xi = 0.6$			$\sum\xi = 1.26$

7. 检查并联管路阻力损失的不平衡率

(1) 管段⑥和管段①

不平衡率为

$$\frac{\Delta P_1 - \Delta P_6}{\Delta P_1} \times 100\% = \frac{109.2 - 35.1}{109.2} \times 100\% = 67.9\% > 15\%$$

调整管径

$$D' = D\left(\frac{\Delta P}{\Delta P'}\right)^{0.225} = 200\left(\frac{35.1}{109.2}\right)^{0.225} = 155\ \text{mm}$$

取 $D' = 160$ mm

查附录 6.2,得

$$D = 160\ \text{mm},\ v = 12.3\ \text{m/s},\ R_m = 13\ \text{Pa/m}$$

$$R'_{\text{m}} = \varepsilon_{\text{B}} R_{\text{m}} = 0.91 \times 13 = 11.83\ \text{Pa/m}$$

$$F_1 + F_2 = 0.058\ \text{m}^2 \qquad F_3 = 0.062\ \text{m}^2$$

$$F_1 + F_2 \approx F_3$$

查附录 6.4,合流三通分支管阻力系数约为 −0.21, $\sum\xi = 0.03$(见表 6.6)。

阻力计算结果见表 6.5,$\Delta P = 109.1$ Pa

不平衡率为 $$\frac{\Delta P_1 - \Delta P_6}{\Delta P_1} = \frac{109.2 - 109.1}{109.2} = 0.1\% < 15\%$$

满足要求。

(2) 管段⑦与管段① + ②

不平衡率为

$$\frac{(\Delta P_1 + \Delta P_2) - \Delta P_7}{\Delta P_{1-2}} = \frac{175.3 - 132.7}{175.3} = 24.4\% > 15\%$$

若将管段⑦调至 $D_7 = 180$ mm,不平衡率仍然超过 15%,因此采用 $D_7 = 200$ mm,用阀门调节。

(3) 管段⑧与管段① + ② + ③

不平衡率

$$\frac{(\Delta P_1+\Delta P_2+\Delta P_3)-\Delta P_8}{(\Delta P_1+\Delta P_2+\Delta P_3)}=\frac{247.3-227.8}{247.3}=7.9\%<15\%$$

满足要求。

8. 计算系统总阻力

$$P=\sum(\Delta P_m+\Delta P_j)_{1-5}=379\ \text{Pa}$$

9. 选择风机

风机风量 $L_f=K_L L=1.1\times 4\ 900=5\ 390\ \text{m}^3/\text{h}$

风机风压 $P_f=K_p P=1.15\times 379=436\ \text{Pa}$，可根据 L_f、P_f 查风机样本选择风机，电动机。

第三节　均匀送风

在通风系统中，常以相同的出口速度，由风道侧壁的若干孔口或短管，均匀地把等量的空气送入室内，这种送风方式称为均匀送风。均匀送风可以使房间得到均匀的空气分布，且风道制作简单，节省材料，因此应用得比较广泛，在车间、候车室、影院、冷库等场所都可看到均匀送风管道。

均匀送风管道有两种形式，一种是送风管的断面逐渐减小而孔口面积相等；另一种是送风管道断面不变而孔口面积不相等。

一、基本原理

风管内流动的空气，具有动压和静压。空气本身的运动速度取决于平行风道轴线方向动压的大小，而作用于管壁的压力则是静压。

1. 空气通过侧孔的流速

若在风道侧壁开孔，由于孔口内外的静压差，空气就会沿垂直于管壁的方向从孔口流出，这种单纯由风道内外静压差所造成的空气流速为

$$v_j=\sqrt{\frac{2P_j}{\rho}}\quad \text{m/s} \tag{6.22}$$

式中　v_j——由静压差造成的空气流速，m/s；

P_j——风道内空气的静压，Pa。

在动压作用下，风道内的空气流速为

$$v_d=\sqrt{\frac{2P_d}{\rho}}\quad \text{m/s} \tag{6.23}$$

式中　v_d——由动压造成的空气流速，m/s；

P_d——风道内空气的动压，Pa。

因此，如图 6.13 所示，空气的实际流速是 v_j 和 v_d 的合成流速，它不仅取决于静压产生的流速和方向，还受管内流速的影响。孔口出流方向要发生偏斜。实际流速可用速度四边形表示为

$$v=\sqrt{v_j^2+v_d^2} \tag{6.24}$$

将式(6.22)和式(6.23)代入后可得

$$v=\sqrt{\frac{2}{\rho}(P_j+P_d)}=\sqrt{\frac{2P_q}{\rho}}\quad \text{m/s} \tag{6.25}$$

式中　P_q——风道内的全压，Pa。

空气实际流速与风道轴线的夹角 α 称为出流角，其正切为

$$\mathrm{tg}\,\alpha=\frac{v_j}{v_d}=\sqrt{\frac{P_j}{P_d}} \tag{6.26}$$

均匀送风管道的设计，应使出口气流方向尽量与管壁面垂直，即要求 α 角尽量大一些。通过侧孔风量和平均速度

$$L_0=3\,600\,\mu F_0' v=3\,600\,\mu F_0 v\sin\alpha=3\,600\,\mu F_0 v_j \quad \mathrm{m^3/h} \tag{6.27}$$

式中　μ——孔口的流量系数；

F_0——孔口面积，m^2；

F_0'——孔中在气流垂直方向上的投影面积，m^2。

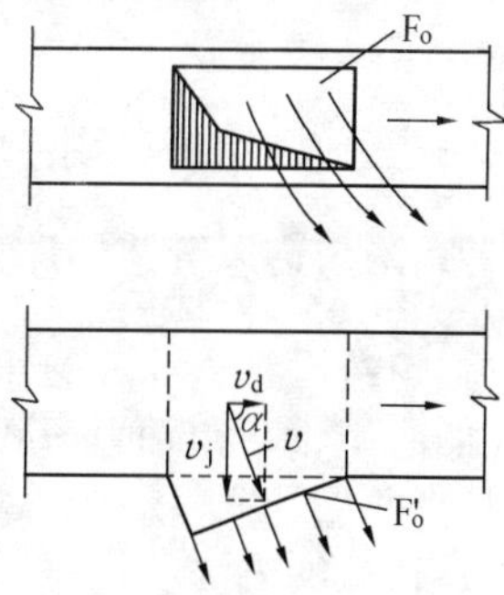

图 6.13　侧孔出流示意图

空气通过侧孔时的平均流速 v_0 为

$$v_0=\frac{L}{3\,600F}=\mu v_j \tag{6.28}$$

二、实现均匀送风的条件

由式(6.26)可看出，要使各等面积的侧孔送出的风量相等，就必须保证各侧孔的静压和流量系数均相等；要使出口气流尽量保持垂直，就要使出流角接近 90°：

1. 保持各侧孔静压相等

列出如图 6.14 所示风道断面 1、2 的能量方程式

$$P_{j1}+P_{d1}=P_{j2}+P_{d2}+\Delta P_{1-2} \tag{6.28}$$

要使两侧孔静压相等，就必须使

$$P_{d1}-P_{d2}=\Delta P_{1-2} \tag{6.29}$$

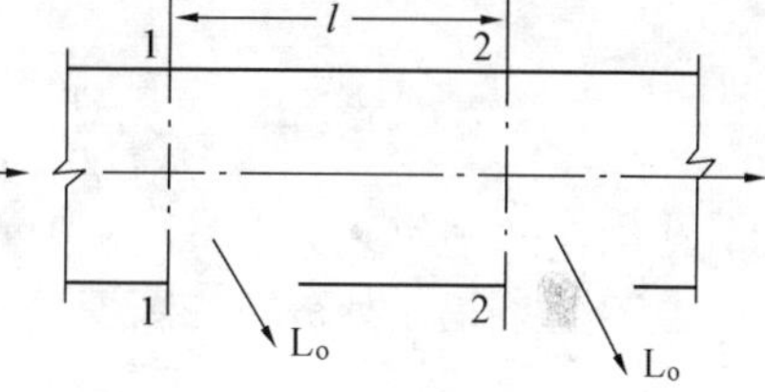

图 6.14　均匀送风管道侧孔示意图

由此可见，两侧孔间静压相等的条件是两侧孔间的动压降等于两侧孔间的阻力。

2. 保持各侧孔流量系数相等

流量系数 μ 与孔口形状、出流角 α 和孔口的相对流量 $\overline{L}_0$($\overline{L}_0=\frac{L_0}{L}$，即孔口送风量和孔口前风道内风量之比)等因素有关，它是由实验确定的。对于锐边的孔口，在 $\alpha\geqslant 60°$，$\overline{L}_0=0.1\sim0.5$ 范围内，为简化计算，可近似取 $\mu=0.6$。

3. 增大出流角

出流角 α 越大，出流方向越接近于垂直，均匀送风性能也越好。为此一般要求保持 $\alpha\geqslant 60°$，即 $\mathrm{tg}\,\alpha=\frac{v_j}{v_d}=\sqrt{\frac{P_j}{P_d}}\geqslant 1.73$，$\frac{P_j}{P_d}\geqslant 3.0$。如果需要使气流方向尽可能地垂直于风道轴线，可在孔口处加设导向叶片或把孔口改为短管。

三、侧孔送风时的局部阻力系数

通常，可以把侧孔看作是支管长度为零的三通。当空气从侧孔送出时，产生两种局部阻力，即直通部分的局部阻力和侧孔局部阻力。

直通部分的局部阻力系数可用下式计算

$$\xi = 0.35(\frac{L_0}{L})^2 \tag{6.30}$$

侧孔送风口的流量系数一般近似取为 $\mu = 0.6 \sim 0.65$，局部阻力系数取为 2.37。

四、均匀送风管道的计算

均匀送风管道计算的任务是在侧孔个数、间距及每个侧孔送风量确定的基础上，计算侧孔的面积、风管断面及管道的阻力。为简化计算，假定侧孔流量系数和摩擦系数均为常数，且把两侧孔间管段的平均动压以管段首端的动压来代替。下面通过例题说明均匀送风管道计算的方法和步骤。

【例 6.4】 如图 6.15 所示的薄钢板圆锥形侧孔均匀送风道。总送风量为 7 200 m^3/h，开设 6 个等面积的侧孔，孔间距为 1.5 m，试确定侧孔面积、各断面直径及风道总阻力损失。

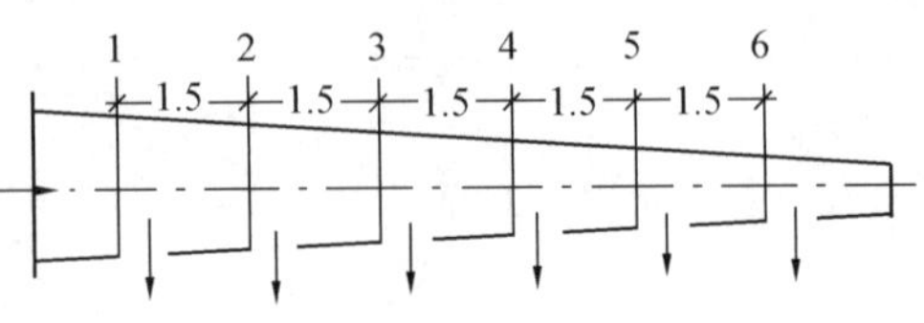

图 6.15　均匀送风管道

解　1. 计算静压速度 v_j 和侧孔面积

设侧孔平均流速 $v_0 = 4.5$ m/s，孔口流量系数 $\mu = 0.6$，则侧孔静压流速

$$v_j = \frac{v_0}{\mu} = \frac{4.5}{0.6} = 7.5 \text{ m/s}$$

侧孔面积

$$F_0 = \frac{L}{3\,600 \times v_0} = \frac{7\,200}{6 \times 3\,600 \times 4.5} = 0.074 \text{ m}^2$$

取侧孔的尺寸高 × 宽为：250 × 300 mm

2. 计算断面 1 处流速和断面尺寸

由 $\alpha \geqslant 60°$，即 $\frac{v_j}{v_d} \geqslant 1.73$ 的原则确定断面 1 处流速

$$v_d = \frac{v_j}{1.73} = \frac{7.5}{1.73} = 4.34 \text{ m/s}$$

取 $v_d = 4$ m/s，断面 1 动压

$$P_{d1} = \frac{\rho v_d^2}{2} = \frac{1.2 \times 4^2}{2} = 9.6 \text{ Pa}$$

断面 1 直径

$$D_1 = \sqrt{\frac{7\,200 \times 4}{3\,600 \times 4 \times 3.14}} = 0.8 \text{ m}$$

3. 计算管段 1 ~ 2 的阻力损失

由风量 $L = 6\,000$ m^3/h，近似以 $D_1 = 800$ mm 作为平均直径，查附录 6.1 得

$$R_{m1} = 0.14 \text{ Pa/m}$$

沿程损失

$$\Delta P_{m1} = R_{m1} l_1 = 0.14 \times 1.5 = 0.21 \text{ Pa}$$

空气流过侧孔直通部分的局部阻力系数

$$\xi = 0.35(\frac{L_0}{L})^2 = 0.35(\frac{1\,200}{7\,200})^2 = 0.01$$

局部损失

$$\Delta P_{j1}=\xi P_{d1}=0.01\times 9.6=0.096$$

管段 1~2 总损失

$$\Delta P_{1-2}=\Delta P_{m1}+\Delta P_{j1}=0.21+0.096=0.306\ \text{Pa}$$

4. 计算断面 2 处流速和断面尺寸

根据两侧孔间的动压降等于两侧孔间的阻力可得

$$P_{d2}=P_{d1}-\Delta P_{1-2}=9.6-0.306=9.294\ \text{Pa}$$

断面 2 流速

$$v_{d2}=\sqrt{\frac{2\times 9.294}{1.2}}=3.94\ \text{m/s}$$

断面 2 直径

$$D_2=\sqrt{\frac{6\,000\times 4}{3\,600\times 3.94\times 3.14}}=0.73\ \text{m}$$

5. 计算管段 2~3 的阻力

由风量 $L=4\,800\ \text{m}^3/\text{h}$，$D_2=730$ mm 查附录 6.1 得

$$R_{m2}=0.14\ \text{Pa/m}$$

沿程损失

$$\Delta P_{m2}=R_{m2}l_2=0.14\times 1.5=0.21\ \text{Pa}$$

局部损失

$$\xi=3.5\left(\frac{L_0}{L}\right)^2=0.35\times\left(\frac{1\,200}{6\,000}\right)^2=0.014$$

$$\Delta P_{j2}=\xi P_{d2}=0.014\times 9.294=0.13\ \text{Pa}$$

总损失

$$\Delta P_{2-3}=\Delta P_{m2}+\Delta P_{j2}=0.21+0.13=0.34\ \text{Pa}$$

6. 按上述步骤计算其余各断面尺寸，计算结果见表 6.7。

表 6.7　均匀送风风道计算表

段面编号	截面风量 $L/\text{m}^3/\text{h}$	静压 P_j /Pa	动压 P_d /Pa	流速 v_d/ m/s	管径 D/mm	管段编号	管段风量 $L/\text{m}^3/\text{h}$	管段长度 l/m	比摩阻 R_m/ Pa/m	$\frac{L_0}{L}$	局部阻力系数 ξ	沿程损失 ΔP_m/ Pa	局部损失 ΔP_j/ Pa	管段总损失 ΔP
1	7 200	33.75	9.6	4	800	1~2	6 000	1.5	0.14	0.167	0.01	0.21	0.096	0.306
2	6 000	33.75	9.294	3.94	734	2~3	4 800	1.5	0.14	0.2	0.014	0.21	0.13	0.34
3	4 800	33.75	8.954	3.86	663	3~4	3 600	1.5	0.15	0.25	0.022	0.225	0.197	0.422
4	3 600	33.75	8.532	3.77	580	4~5	2 400	1.5	0.14	0.333	0.039	0.21	0.333	0.543
5	2 400	33.75	7.989	3.65	482	5~6	1 200	1.5	0.1	0.5	0.088	0.15	0.703	0.853
6	1 200	33.75	7.136	3.45	350									

7. 计算风道总阻力

因风道最末端的全压为零，因此风道总阻力应为断面 1 处具有的全压，即

$$\Delta P=P_{q1}=P_{d1}+P_{j1}=33.75+9.6=43.35\ \text{Pa}$$

第四节　风道内的空气压力分布

空气在风道中流动时,由于风道内阻力和流速的变化,空气的压力也在不断地发生变化。下面通过图6.16所示的单风机通风系统风道内的压力分布图来定性分析风道内空气的压力分布。

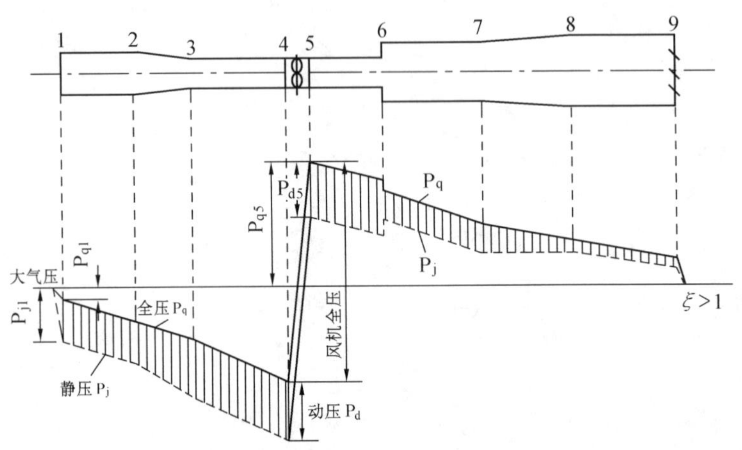

图6.16　风管压力分布示意图

压力分布图的绘制方法是取一坐标轴,将大气压力作为零点,标出各断面的全压和静压值,将各点的全压、静压分别连接起来,即可得出。图中全压和静压的差值即为动压。

系统停止工作时,通风机不运行,风道内空气处于静止状态,其中任一点的压力均等于大气压力,此时,整个系统的静压、动压和全压都等于零。

系统工作时,通风机投入运行,空气以一定的速度开始流动,此时,空气在风道中流动时所产生的能量损失由通风机的动力来克服。

从图中可以看出,在吸风口处的全压和静压均比大气压力低,在入口处一部分静压降转化为动压,另一部分用于克服入口处产生的局部阻力。

在断面不变的风道中,能量的损失是由摩擦阻力引起的,此时全压和静压的损失是相等的,如管段1~2、3~4、5~6、6~7和8~9。

在收缩段2~3,沿着空气的流动方向,全压值和静压值都减小了,减小值也不相等,但动压值相应增加了。

在扩张段7~8和突扩点6处,动压和全压都减小了,而静压则有所增加,即会产生所说的静压复得现象。

在出风口点9处,全压的损失与出风口形状和流动特性有关,由于出风口的局部阻力系数可大于1、等于1或小于1,所以全压和静压变化也会不一样。

在风机段4~5处可看出,风机的风压即是风机入口和出口处的全压差,等于风道的总阻力损失。

第五节　风道设计中的若干注意问题

一、系统划分

由于建筑物内不同的地点有不同的送排风要求,或面积较大、送排风点较多,无论是通风还是空调,都需分设多个系统。系统的划分应当本着运行维护方便,经济可靠为主要原则,通常系统既不宜过大,也不宜过小、过细。

1. 空气处理要求相同或接近、同一生产流程且运行班次和时间相同的,可划为一个系统。

2. 以下情况需单设排风系统;

(1) 两种或两种以上的有害物质混合后能引起燃烧、爆炸,或形成毒害更大、腐蚀性更强的混合物或化合物;

(2) 两种有害物质混合后易使蒸气凝结并积聚粉尘;

(3) 放散剧毒的房间和设备。

3. 对除尘系统还应考虑扬尘点的距离,粉尘是否回收,不同种粉尘是否可以混合回收,混合后的含尘气体是否有结露可能等因素来确定系统划分。

4. 排风量大的排风点位于风机附近,不宜和远处排风量小的排风点合为同一系统。

二、风道形状与材料

1. 形状:常用的有矩形和圆形两种断面,圆风管强度大、阻力小、节省材料、保温方便,但构件制作较困难,不易与建筑、结构配合。矩形风管在民用建筑、低速风管系统方面应用更多些。工程实际中有时会为节省空间、美观等原因而把宽长比作的很小,如宽长比1:8,甚至1:10以上,但宽长比过小,一方面增加了材料消耗,另一方面也会增加比摩阻,因此只要条件允许应控制在1:3以内。考虑到最大限度的利用板材,加强建筑安装的工厂化生产,在设计、施工中应尽量按附录6.5选用国家统一规格。

2. 材料:风管材料要求坚固耐用、表面光滑、防腐蚀性好、易于制造和安装,且不产生表面脱落等。常用的有普通薄钢板和镀锌薄钢板,通常的选用厚度为0.5~1.5 mm。硬聚氯乙烯板、胶合板、石膏板、玻璃钢等材料使用较少。目前国内也出现了保温材料与风管合一的风管形式,以及金属软管、橡胶管等安装快捷的风管材料。砖、混凝土等材料的风管主要用于与建筑配合的场合,多用于公共建筑。

三、风管的保温

当输送空气的过程中冷、热量损耗大,或防止风管穿越房间对室内空气参数产生影响及低温风管表面结露,都需对风管进行保温。保温材料主要有软木、聚苯乙烯泡沫塑料(通常为阻燃型)、超细玻璃棉、玻璃纤维保温板、聚氨酯泡沫塑料和蛭石板等,导热系数大都在0.12W/m·℃以内,保温风管的传热系数一般控制在1.84 W/m²·℃以内。

通常保温结构有四层:

(1) 防腐层:涂防腐漆或沥青;

(2) 保温层:粘贴、捆扎、用保温钉固定;

(3) 防潮层:包塑料布、油毛毡、铝箔或刷沥青,以防潮湿空气或水分进入保温层内,破坏保温层或在其内部结露,降低保温效果;

(4) 保护层:室内可用玻璃布、塑料布、木板、聚合板等作保护,室外管道应用镀锌铁皮或铁丝网水泥作保护。

四、风管布置

风管布置直接影响通风、空调系统的总体布置,与工艺、土建、电气、给排水、消防等专业关系密切,应相互配合、协调。

风管布置力求顺直,除尘风管应尽可能垂直或倾斜敷设,倾斜时与水平面夹角最好大于45°。如必须水平敷设或倾角小于30°时,应采取措施,如加大流速、设清洁口等。当输送含有蒸汽、雾滴的气体时,应有不小于0.005的坡度,并在风管的最低点和风机底部设水封泄液管,注意水封高度应满足各种运行情况的要求。

风管上应设必需的调节和测量装置(如阀门、压力表、温度计、测定孔和采样孔等)或预留安装测量装置的接口,且应设在便于操作和观察的地点。

第七章　自然通风与局部送风

第一节　自然通风的作用原理

如果建筑物外墙上的窗孔两侧由于热压和风压的作用而存在着压力差,则压力较高一侧的空气必定会通过窗孔流到压力较低的一侧。空气流过的阻力应等于两侧存在的压差,即

$$\Delta P = \xi \frac{\rho v^2}{2} \tag{7.1}$$

式中　ΔP——窗孔两侧的压力差,Pa;

v——空气通过窗孔的流速,m/s;

ξ——窗孔的局部阻力系数;

ρ——空气的密度,kg/m^3。

变换式(7.1)有

$$v = \sqrt{\frac{2\Delta P}{\xi\rho}} = \mu\sqrt{\frac{2\Delta P}{\rho}} \tag{7.2}$$

式中　μ——窗孔的流量系数,$\mu = \frac{1}{\sqrt{\xi}}$,其值的大小与窗孔的构造有关,一般 $\mu < 1$。

通过窗孔的空气量为

$$L = vF = \mu F\sqrt{\frac{2\Delta P}{\rho}} \quad \text{m}^3/\text{s} \tag{7.3}$$

$$G = L\rho = \mu F\sqrt{2\Delta P \cdot \rho} \quad \text{kg/s} \tag{7.4}$$

式中　F——窗孔的面积,m^2。

可见,当已知窗孔两侧的压力差、窗孔面积和窗的构造时,即可求出通过该窗孔的流量。实现自然通风的条件是窗孔两侧必须存在压差,它是影响自然通风量大小的主要因素。

一、热压作用下的自然通风

如图7.1所示,设某车间外墙上开有窗孔 a 和 b,两窗孔中心距为 h,假设室内外的空气温度和密度分别为 t_n、ρ_n 和 t_w、ρ_w,窗孔外的静压分别为 P_a、P_b,窗孔内的静压分别为 P'_a、P'_b。此时,窗孔 a 的内外压差 $\Delta P_a = P'_a - P_a$,窗孔 b 的内外压差为 $\Delta P_b = P'_b - P_b$,由流体静力学原理可知

$$P_a = P_b + gh\rho_w$$

$$P'_a = P'_b + gh\rho_n$$

因此

$$\Delta P_a = P'_a - P_a = P'_b - P_b - gh(\rho_w - \rho_n) = \Delta P_b - gh(\rho_w - \rho_n)$$

$$\Delta P_b = \Delta P_a + gh(\rho_w - \rho_n) \tag{7.5}$$

式中　ΔP_a、ΔP_b——窗孔 a 和 b 的内外压差,Pa;

h——两窗孔中心间距,m。

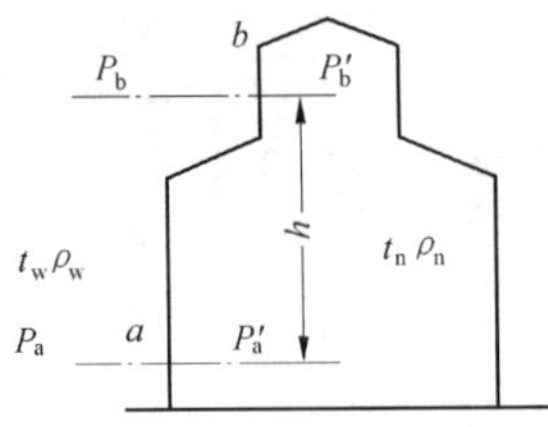

图 7.1　热压作用下的自然通风

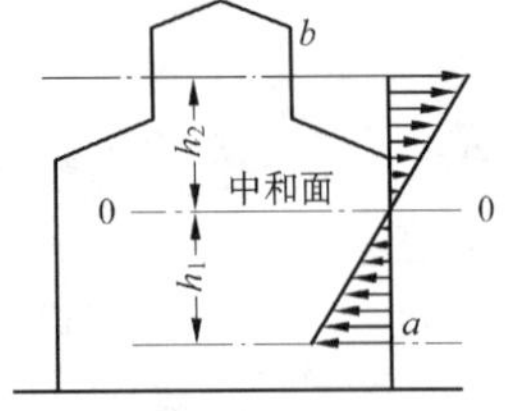

图 7.2　余压沿高度的变化

当 $t_n > t_w$ 时,$\rho_w > \rho_n$,下部窗孔两侧室外静压大于室内静压,上部窗孔则相反。此时,下部窗孔将进风,上部窗孔排风。反之,当 $t_n < t_w$ 时,$\rho_w < \rho_n$,下部窗孔排风,上部窗孔进风。下面我们仅讨论下进上排房间内的自然通风。

式(7.5)可变换为

$$\Delta P_b + (-\Delta P_a) = \Delta P_b + |\Delta P_a| = gh(\rho_w - \rho_n) \tag{7.6}$$

由上式可看出,进风窗孔和排风窗孔两侧压差的绝对值之和,与室内外空气的密度差和两窗孔的中心距成正比。通常将 $gh(\rho_w - \rho_n)$称为热压,它是流动的动力。若室内外空气没有温差或两窗孔间无高差,则不会产生热压作用下的自然通风。

室内某一点的压力和室外同标高未受建筑或其他物体扰动的空气压力的差值称为该点的余压。对仅有热压作用的自然通风,窗孔内外的压差,即为该窗孔的余压。

由式(7.5)可见,当室内外空气的温度一定时,上下两个窗孔的余压差与该两个窗孔的高差 h 成线性比例关系。因此,在热压作用下,余压沿车间高度的变化如图 7.2 所示。余压值从进风窗孔的负值增大到排风窗孔的正值。在 0 - 0 平面上,余压等于零,我们将这个平面称为中和面,在中和面上的窗孔是没有空气流动的。若将中和面作为基准面,则各窗孔的余压为:

窗孔 a　　$$P_{ya} = P_{y0} - h_1 g(\rho_w - \rho_n) = -h_1 g(\rho_w - \rho_n) \quad \text{Pa} \tag{7.7}$$

窗孔 b　　$$P_{yb} = P_{y0} + h_2 g(\rho_w - \rho_n) = h_2 g(\rho_w - \rho_n) \quad \text{Pa} \tag{7.8}$$

式中　P_{ya}、P_{yb}——窗孔 a、b 的余压,Pa;

P_{y0}——中和面的余压,$P_{y0} = 0$;

h_1、h_2——窗孔 a、b 至中和面的距离,m。

二、风压作用下的自然通风

室外气流经过建筑物时,自然流动状况要发生变化,将发生绕流。由于建筑物的阻挡,建筑物四周室外气流的压力将发生变化。如图 7.3 所示,迎风面气流受阻,动压降低、静压升高;侧面和背面由于产生涡流,使得静压降低。这种由于风的作用所造成的静压的升高或降低,我们称之为风压。静压升高,风压为正,形成正压;静压降低,风压为负,形成负压。风压为负值的区域称为空气动力阴影区。

建筑物四周的风压分布,与该建筑物的几何形状以及室外的风向有关。风向一定时,建筑物外围结构上各点的风压值可按下式计算

$$P_f = k\frac{\rho_w v_w^2}{2} \quad \text{Pa} \tag{7.9}$$

式中　k——空气动力系数,一般由实验确定;

v_w——室外空气流速，m/s；

ρ_w——室外空气密度，kg/m^3。

如果在建筑物外围结构上风压不同的两个部位开设窗孔，则处于 $k>0$ 的正压窗孔将进风，而处于 $k<0$ 的负压窗孔将排风。

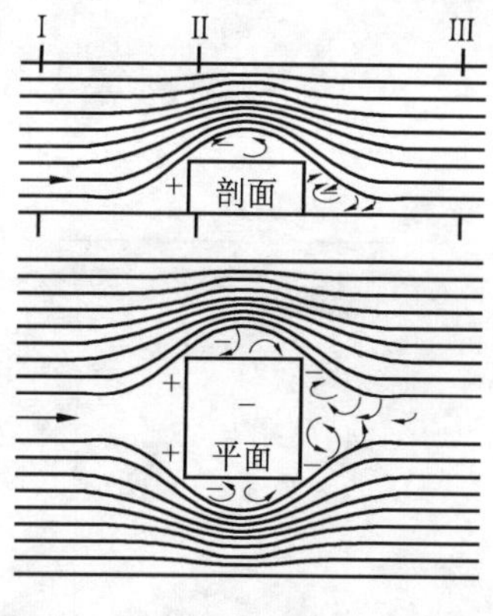

图 7.3　建筑物四周的风压分布

三、风压和热压同时作用下的自然通风

在热压和风压同时作用下，建筑物外围结构上各窗孔的内外压差等于热压、风压单独作用时窗孔内外压差之和，即窗孔的余压和室外风压之和，即

$$\Delta P_z = \Delta P_y + \Delta P_f \tag{7.10}$$

对于迎风面上的窗孔，有利于进风而不利于排风；对于背风面和侧面上窗孔，则有利于排风而不利于进风。由于室外风向和风速经常变化，而自然通风的风压作用完全由室外空气的流动产生，在没有风的情况下，室内的实际通风量会小于设计通风量，使通风效果达不到设计要求。因此采暖通风与空气调节设计规范中明确规定了在放散热量的生产厂房及辅助建筑物，其自然通风仅考虑热压作用，而不考虑风压作用，以保证通风效果。

第二节　自然通风的设计计算

自然通风设计的目的主要是为了消除房间余热，设计计算的任务是根据已确定的工艺条件和要求的工作区温度，计算所必须达到的通风换气量，确定进排风窗口的位置和面积。

设计的具体方法步骤如下：车间内部的温度分布和气流分布对自然通风有较大影响，内部温度和气流分布是比较复杂的，目前采用的自然通风计算方法是在一系列的简化条件下进行的，如认为通风过程是稳定的，空气流动不受任何障碍物的阻挡等。

一、计算车间通风换气量

$$G = \frac{Q}{c(t_p - t_j)} \quad \text{kg/s} \tag{7.11}$$

式中　Q——车间总余热量，kw；

c——空气比热，$c = 1.01$ kJ/kg·℃；

t_p——车间的排风温度，℃；

t_j——车间的进风温度，$t_j = t_w$，℃。

根据《采暖通风与空气调节设计规范》规定，夏季通风室外计算温度，应采用历年最热月 14 时的夏季月平均温度的平均值；冬季通风室外计算温度，应采用累年最冷月平均温度。

车间的排风温度：

① 对某些特定的车间可按排风温度与夏季通风计算温度差的允许值确定，对大多数车间要保证$(t_n - t_w) \leqslant 5$ ℃，$(t_p - t_w)$应不超过 10～12 ℃；

② 对于厂房高度不大于 15 m，室内散热较均匀，且散热量不大于 116 W/m^3 时，用温度梯度法进行计算

$$t_p = t_g + \Delta t_h(h-2) \tag{7.12}$$

式中　t_g——工作地点温度,℃;

Δt_h——温度梯度,℃/m,见表7.1;

h——排风天窗中心距地面高度,m。

表7.1　温度梯度 Δt_h(℃/m)

室内散热量(W/m³)	厂房高度/m										
	5	6	7	8	9	10	11	12	13	14	15
12~23	1.0	0.9	0.8	0.7	0.6	0.5	0.4	0.4	0.4	0.3	0.2
24~47	1.2	1.2	0.9	0.8	0.7	0.6	0.5	0.5	0.5	0.4	0.4
48~70	1.5	1.5	1.2	1.1	0.9	0.8	0.8	0.8	0.8	0.8	0.5
71~93		1.5	1.5	1.3	1.2	1.2	1.2	1.2	1.1	1.0	0.9
94~116				1.5	1.5	1.5	1.5	1.5	1.5	1.4	1.3

③ 对于有强热源的车间,空气温度沿高度方向的分布是比较复杂的,循环气流与从下部窗孔流入室内的室外气流混合后,一起进入工作区,如果车间的总散热量为 Q,直接散入工作区的那部分热量为 mQ,称为有效余热量,m 称为有效热量系数。

根据整个车间的热平衡,消除车间的余热所需的全面进风量

$$L=\frac{Q}{C(t_p-t_w)\rho_w\beta}\quad \mathrm{m^3/s} \tag{7.13}$$

根据工作区的热平衡,消除工作区的余热所需全面进风量

$$L'=\frac{mQ}{C(t_n-t_w)\rho_w\beta}\quad \mathrm{m^3/s} \tag{7.14}$$

式中,β 为进风有效系数,是考虑室外空气能否直接进入室内工作区。当进风口高度小于(或等于)2 m时,$\beta=1.0$。当进风口高度大于2 m时,$\beta<1$,可由图7.4确定。

由 $L=L'$,所以 $m=\dfrac{t_n-t_w}{t_p-t_w}$,即

$$t_p=t_w+\frac{t_n-t_w}{m} \tag{7.15}$$

式中　t_n——室内工作区温度,℃;

m——有效热量系数,$m=m_1\times m_2\times m_3$。

有效热量系数表明实际进入作业地带并影响该处温度的热量与车间总余热量的比值。它的大小主要取决于热源的集中程度和热源布置情况,m_1 是根据热源占地面积 f 和地板面积 F 之比值,按图7.5确定的系数;m_2 是根据热源高度,按表7.2确定的系数;m_3 是根据热源辐射散热量 Q_f 和总热量 Q 之比值,按表7.3确定的系数。

表7.2　m_2 值

热源高度(m)	≤2	4	6	8	10	12	≥14
m_2	1.0	0.85	0.75	0.65	0.60	0.55	0.5

表7.3　m_3 值

Q_f/Q	≤0.4	0.5	0.55	0.60	0.65	0.7
m_3	1.0	1.07	1.12	1.18	1.30	1.45

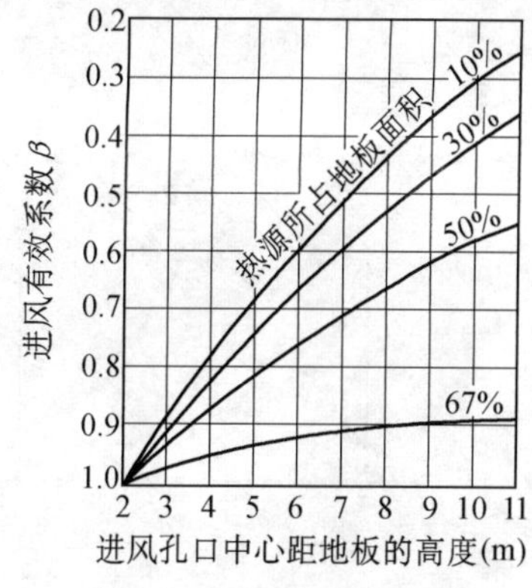

图 7.4　进风有效系数 β 值

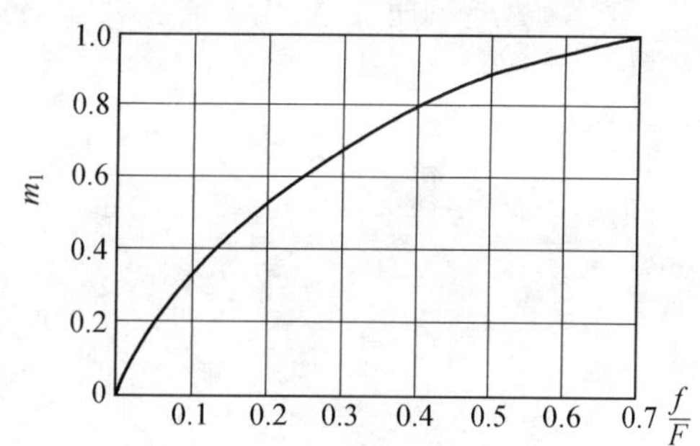

图 7.5　m_1 与 f/F 值的关系曲线

二、确定进、排风窗孔位置

三、计算各窗孔的内外压差

在计算窗孔内外压差时,先假定某一窗孔的余压或中和面的位置,再由式(7.7)计算其余各窗孔的余压。

四、分配各窗孔的进、排风量,计算各窗孔面积。

在热压作用下,进、排风窗孔的面积分别为

进风窗孔

$$F_a = \frac{G_a}{\mu_a \sqrt{2|\Delta P_a|\rho_w}} = \frac{G_a}{\mu_a \sqrt{2h_1 g(\rho_w - \rho_n)\rho_w}} \tag{7.16}$$

排风窗孔

$$F_b = \frac{G_b}{\mu_b \sqrt{2|\Delta P_b|\rho_p}} = \frac{G_b}{\mu_b \sqrt{2h_2 g(\rho_w - \rho_n)\rho_p}} \tag{7.17}$$

式中　G_a、G_b——窗孔 a、b 的流量,kg/s;

μ_a、μ_b——窗孔 a、b 的流量系数;

ρ_p——上部排风温度下的空气密度,kg/m³;

ρ_n——室内平均温度下空气密度,kg/m³;

ρ_w——室外空气的密度,kg/m³。

根据空气的平衡方程式 $G_a = G_b$,若假设 $\mu_a = \mu_b$,$\rho_w = \rho_p$,则上式可简化为

$$\left(\frac{F_a}{F_b}\right)^2 = \frac{h_2}{h_1} \tag{7.18}$$

由此可见,进、排风窗孔面积之比是随中和面位置的改变而变化的。最初假设的中和面位置不同,最后计算得出的各窗孔面积分配是不同的。热车间通常都是上部天窗排风,天窗造价高,因此中和面位置不宜选得太高,宜取在 $h/3$ 左右。

【例 7.1】　某车间如图 7.6 所示(非强热源车间),已知车间余热量 $Q = 300$ kW,$m = 0.6$,室外空气温度 $t_w = 30$ ℃,室内工作区温度 $t_n = 38$ ℃,$\mu_1 = \mu_3 = 0.5$,$\mu_2 = \mu_4 = 0.55$,若不考虑风压作用,计算所需各窗孔面积。

解　1. 计算通风换气量

排风温度

$$t_p = t_w + \frac{t_n - t_w}{m} = 30 + \frac{38 - 30}{0.6} = 43.3\ ℃$$

车间空气平均温度

$$t_{pj} = \frac{1}{2}(t_n + t_p) = \frac{1}{2}(38 + 43.3) = 40.65\ ℃$$

全面换气量

$$G = \frac{300}{C(t_p - t_w)} = \frac{300}{1.01(43.3 - 30)} = 22.33\ \text{kg/s}$$

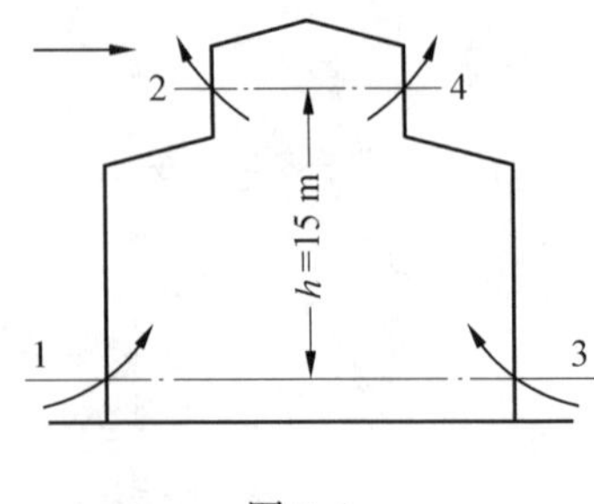

图 7.6

2. 确定窗孔位置及中和面位置，分配各窗孔进、排风量。

进、排风窗孔位置见图 7.6，设中和面位置在$\frac{2}{5}h$处，即

$$h_1 = \frac{2}{5}h = \frac{2}{5} \times 15 = 6\ \text{m}$$

$$h_2 = \frac{3}{5}h = \frac{3}{5} \times 15 = 9\ \text{m}$$

3. 计算各窗孔内外压差

根据 $t_p = 43.3\ ℃$，$t_{pj} = 40.65\ ℃$，$t_w = 30\ ℃$查得

$$\rho_p = 1.07\ \text{kg/m}^3 \quad \rho_{pj} = \rho_n = 1.08\ \text{kg/m}^3 \quad \rho_w = 1.13\ \text{kg/m}^3$$

$$\Delta P_1 = \Delta P_3 = -h_1 g(\rho_w - \rho_n) = -9.81 \times 6 \times (1.13 - 1.08) = -2.943\ \text{Pa}$$

$$\Delta P_2 = \Delta P_4 = h_2 g(\rho_w - \rho_n) = 9.81 \times 9 \times (1.13 - 1.08) = 4.415\ \text{Pa}$$

4. 计算各窗孔面积

由热平衡方程式

$$G_1 + G_3 = G_2 + G_4$$

令

$$G_1 = G_3, G_2 = G_4$$

则

$$F_1 = F_3 = \frac{G_1}{\mu_1\sqrt{2|\Delta P_1|\rho_w}} = \frac{22.33/2}{0.5 \times \sqrt{2 \times 2.94 \times 1.13}} = 9.95\ \text{m}^2$$

$$F_3 = F_4 = \frac{G_2}{\mu_2\sqrt{2|\Delta P_2|\rho_p}} = \frac{22.33/2}{0.55 \times \sqrt{2 \times 4.415 \times 1.07}} = 6.6\ \text{m}^2$$

第三节　避风天窗、屋顶通风器及风帽

一、避风天窗

在风力作用下，普通天窗迎风面的排风窗孔会发生倒灌现象，使房间气流组织受到破坏，不能满足室内卫生要求。因此当出现这种情况时应及时关闭迎风面天窗，只能依靠背风面的天窗进行排风，给管理上带来了麻烦。为使天窗能保持稳定的排风性能，不出现倒灌现象，需采取一定的措施，如在天窗上加装挡风板，以保证天窗的排风口在任何风向时

均处于负压区而顺利排风，这种天窗称之为避风天窗。

常用的避风天窗主要有以下几种：

1. 矩形天窗

如图 7.7 所示，挡风板高度为 1.1 ~ 1.5 倍的天窗高度，其下缘至屋顶设 100 ~ 300 mm 的间隙。这种天窗采光面积较大，窗孔多集中在中部，当热源集中在中间时热气流能迅速排除，但其造价高，结构复杂。

2. 下沉式天窗

这种天窗是利用屋架上下弦之间的空间，让屋面部分下沉而形成的。根据处理方法不同，又分为纵向下沉式（图 7.8）、横向下沉式（图 7.9）和天井式（图 7.10）。

下沉式天窗比矩形天窗降低厂房高度 2 ~ 5 m，节省挡风板和天窗架，但天窗高度受屋架的限制，排水也较困难。

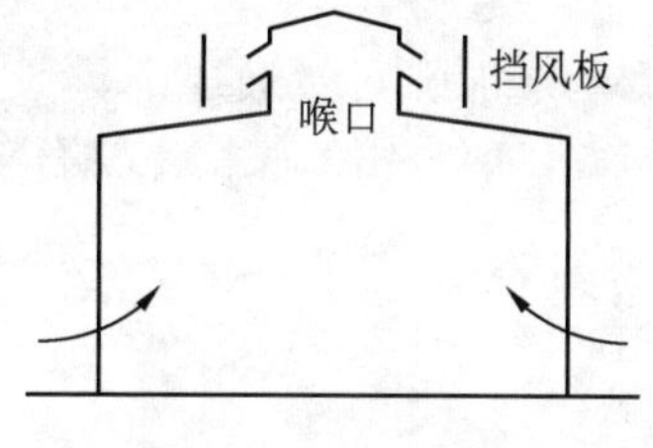

图 7.7　矩形避风天窗

1—挡风板；2—喉口

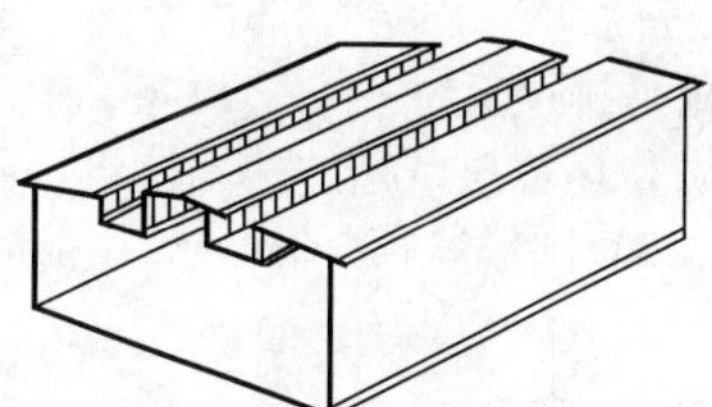

图 7.8　纵向下沉式天窗

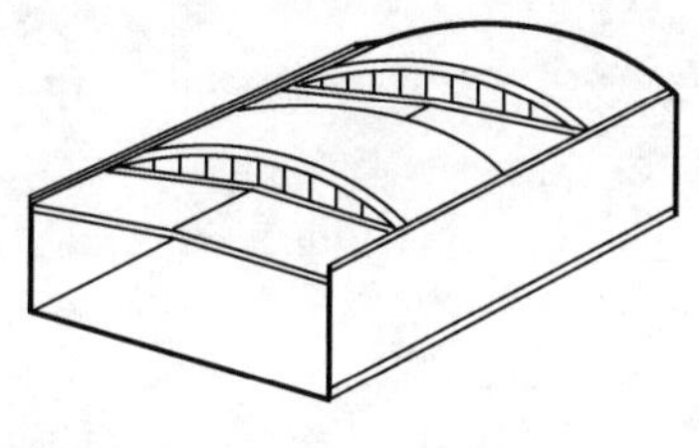

图 7.9　横向下沉式天窗

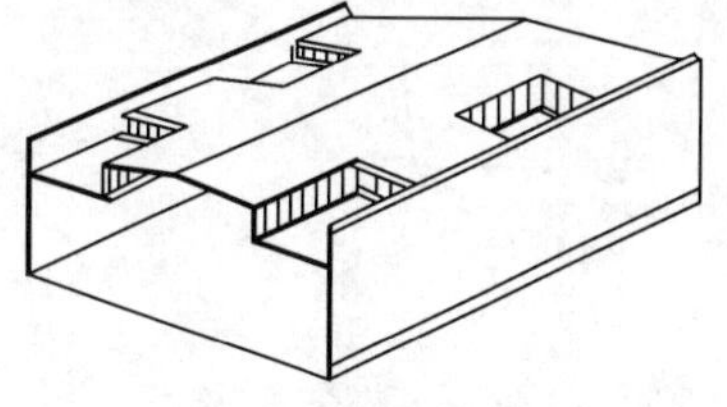

图 7.10　天井式天窗

3. 曲（折）线型天窗

这种天窗将矩形天窗的竖直板改成曲（折）线型结构见图 7.11，特点是阻力小，产生的负压大，排风能力强。

二、屋顶通风器

采用避风天窗使得建筑结构较复杂，安装也不太方便。另外由于风向的不定性，也很难保证不倒灌，为此可采用屋顶通风器解决以上问题，见图 7.12。它由外壳，防雨罩、喉口部分及蝶阀组成，用合金镀锌板制作，一般可在工厂加工制作。它的特点是在室外风速的作用下，不论风向如何变化，均可利用排气口处造成的负压排气，重量轻，安装方便，但价格高。

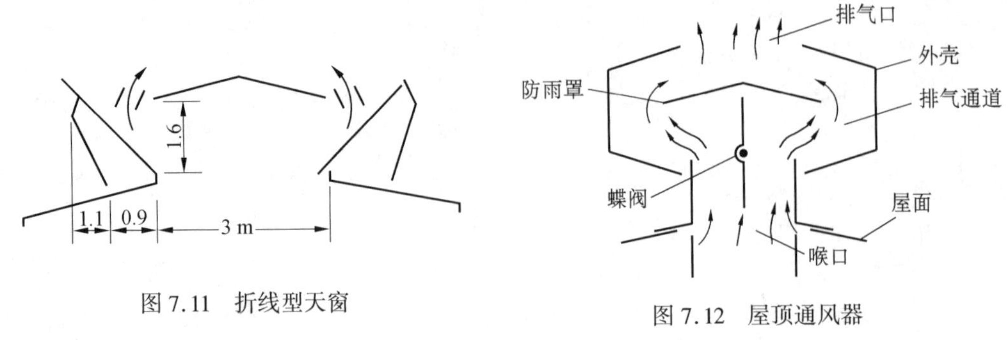

图 7.11 折线型天窗

图 7.12 屋顶通风器

三、风帽

风帽是排风系统的末端设备，它利用风力造成的负压来加强自然通风的排风能力。避风风帽是在普通风帽的外围增设一圈挡风板而制成的。目前常用的风帽主要有伞形风帽(图 7.13)、圆形风帽(图 7.14)和锥形风帽(图 7.15)。

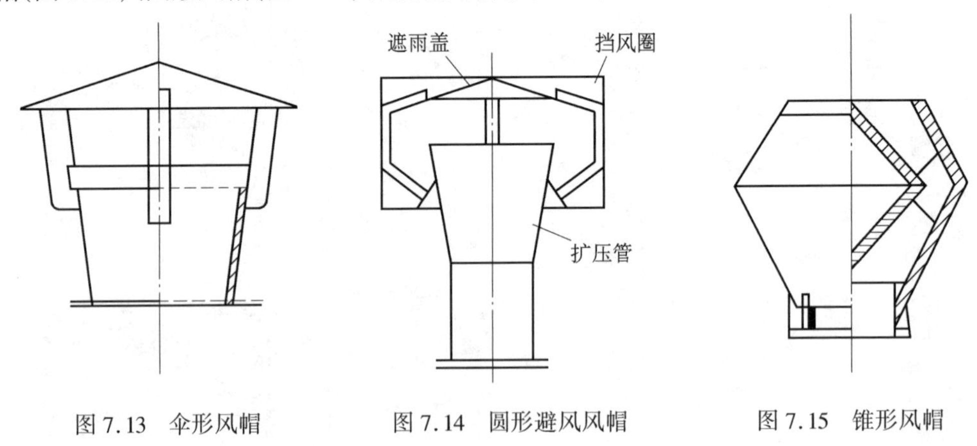

图 7.13 伞形风帽

图 7.14 圆形避风风帽

图 7.15 锥形风帽

第四节 局部送风

某些车间温度很高，既使采取了改革工艺、隔热、全面通风降温等措施，工作地点的空气温度仍然达不到卫生标准的要求，或者生产设备温度极高、余热量极大，使热辐射强度超过 350 w/m^2，这时应设置局部送风。在北方地区的冬季，要使高大的厂房中工作区的温度满足要求是很困难的，热损耗非常惊人，尤其是自动化程度较高、车间里工作人员较少，而工艺过程又不要求较高温度时，对车间的全部进行通风来保证工作区的温度要求显得劳而无功。在这种情况下，如果工作地点固定，采用局部送风就是一种经济有效的办法。

局部送风装置常用的有普通风扇、喷雾风扇、行车司机室、系统式局部送风装置等。

一、普通风扇

1. 适用范围

普通风扇适用于辐射强度小，空气温度 $t_n \leqslant 35$ ℃的车间。在这种场合使用风扇增加工作地点的风速,可帮助人体散热,但是当空气温度接近体表温度时,用风扇吹风不能再加强对流散热,而是加强人体的蒸发散热。人体的汗液蒸发过多,不仅影响劳动生产率,更对人体健康不利。当工作地点的空气温度超过 36.5 ℃ 时,使用风扇,通过对流人体不能散热而是得热。需要注意的另一点是产尘车间不宜用风扇,避免引起粉尘飞扬。通常工作地点的风速应符合下列规定:

轻作业　　2 ~ 4 m/s

中作业　　3 ~ 5 m/s

重作业　　5 ~ 7 m/s

在设置风扇时,还要注意吹风方向,避免"脑后风"。

2. 分类及特点

风扇的种类很多,如吊扇、台扇、落地式扇、墙壁式风扇等。构造简单、价格便宜、调节控制方便。

二、喷雾风扇

1. 适用范围

喷雾风扇只适用于温度高于 35 ℃、辐射强度大于 1 400 W/m^2,且细小雾滴对工艺过程无影响的中、重作业地点。

2. 构造及特点

图 7.16 是劳研型喷雾风扇的构造简图,包括一个轴流风机、一个甩水盘和供水管。该机成雾率稳定,雾量调节范围较大,雾滴直径均匀。风机与甩水盘同轴,盘上的水在惯性离心力作用下,沿切线方向甩出、形成的水滴随气流一起吹出。喷雾风扇不仅提高了工作地点的风速,水滴在空气中蒸发,吸收周围空气的热量,有一定的降温作用。另一方面未蒸发完的水滴落在人体表面后继续蒸发,也起到"人造汗"的作用。由于水滴过大不易蒸发,喷雾风扇吹出的水滴直径最好在 60 μm 下,最大不超过 100 μm。喷雾风扇的用水要求清洁,但对水源的压力无要求,通常用水量小于 50 kg/h。

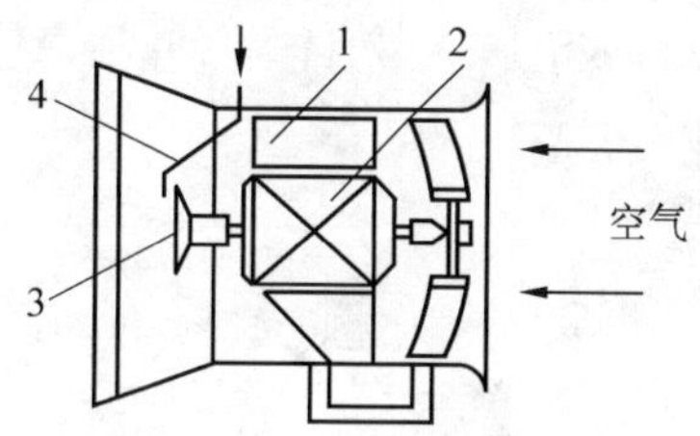

图 7.16　喷雾风扇

1—导风板;2—电动机;3—甩水盘;4—供水管

三、系统式局部送风

1. 适宜范围

系统式局部送风适用于工作地较为固定、辐射强度高、空气温度高,而工艺过程又不允许有水滴,或工作地点散发有害气体或粉尘不允许采用再循环空气的情况。

2. 组成及特点

在组成上,系统式局部送风与一般集中送风系统基本相同,只是送风口是用"喷头",而不是常用的送风口。将空气经过处理(通常是冷却),由风道送至工作地点附近,再经"喷头"送出,使工作人员包围在符合要求的空气中,如同"空气淋浴"一样。

最简单的"喷头"是渐扩管,只能向固定地点送风,其紊流系数为 0.09。图 7.17 是旋转式喷头,喷头出口设活动的导流叶片,喷头和风管之间是可转动的活动连接,因而可以向任意方向送风,送风距离也是在一定范围内可调的。这种喷头适用于工作地点不固定,或设计时工作地点难以确定的场合。旋转式送风口的紊流系数为 0.2。另一种是广泛应用于车、船舶、飞机和生产车间的球形可调式风口，也可以调整气流的喷射方向。

吹风气流应从人体前侧上方倾斜吹向人体的上部躯干（头、颈、胸），使人体的上部处于新鲜空气的包围之中，必要时也可由上至下垂直送风。送到人体的有效气流宽度宜采用1 m，对室内散热量小于23 W/m^{2}的轻作业可采用0.6 m。

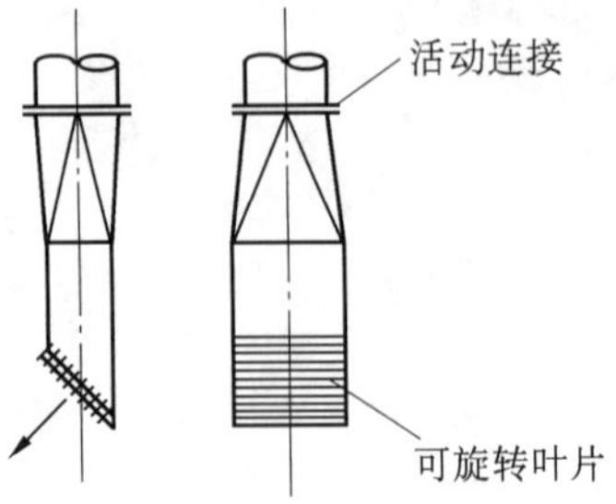

活动连接

可旋转叶片

图7.17　旋转式喷头

四、行车司机室

热车间的行车司机室位于车间上部、气温较高，在南方炎热地区夏季可达60 ℃，同时还有强烈的热辐射、粉尘和有毒气体，工作条件十分恶劣。为了给行车司机创造好的工作条件，司机室必须密闭隔热，同时用特制的小型局部送风装置向行车司机室送风。司机室所需冷风由冷风机组提供，由于冷凝器工作温度高，通常采用氟利昂R－142作为冷媒。在设置冷风机组后，行车司机室夏季可维持在30 ℃左右。TL－3型行车司机室冷风机组目前应用较广。

五、暖风机

主要应用于北方寒冷地区的厂房，向固定的工作地点送热风，通常由轴流风机、蒸汽盘管或电加热器、自垂百叶和壳体构成，经济实用，但运行维护工作量大。设计时要注意送风的温度最好在37℃以上，防止吹冷风的感觉出现。目前很多场合已被电辐射板代替。

第八章 民用建筑通风

进入20世纪末,随着我国经济建设的飞速发展,大量新建筑出现,其中绝大部分是民用建筑(宾馆、写字楼、住宅等),作为暖通技术人员经常接触到这些建筑的采暖、通风、空调、防火排烟等问题。民用建筑通风技术的研究和应用变得十分迫切和必要。

所谓通风,是利用自然或机械的方法向某些房间或空间送入室外空气,和由该房间或空间将室内空气排出的过程,送入的室外空气通常是经过处理的,也可以是不经处理的。通风的主要目的是用换气的方法来改善室内空气环境。

民用建筑通风可以全部或部分完成以下功能:

(1) 稀释室内污染物或异味;

(2) 排除室内各种污染物;

(3) 提供人们呼吸需要的和燃烧所需要的氧气;

(4) 消除污染物的同时,可在一定程度上消除室内的余热、余湿。

了解空气品质及其评价、室内空气污染物的产生和特点是我们获得良好空气环境的基础。

第一节 空气品质与室内空气污染物

与工业通风不同,民用建筑通风所研究的不仅是有害物浓度及其控制,还有室内空气环境多方面的综合性指标是否符合人们的需要。在过去的二十年中,长期生活和工作在现代化建筑物内的人们出现一些明显的病态反应,如眼睛发红、流鼻涕、嗓子痛、头痛、恶心、头晕、困倦嗜睡和皮肤瘙痒等,即所谓的病态建筑综合症(Sick Building Syndrome,简称SBS),大量调查分析表明,人们全天有80%以上的时间在室内度过,病态建筑综合症的问题主要是由室内空气品质(indoor air quality)不良而引起的。现在人们关心的不仅是热环境(温、湿度)的影响。而对室内空气品质、光线、噪声、环境视觉效果等诸多因素都给予广泛的关注。空气品质极其重要,它与身体健康有直接关系。

一、空气品质及其评价

最初室内空气品质几乎完全等价于一系列污染物浓度的指标。近年人们认识到这种纯客观的定义不能完全涵盖空气品质的内容。丹麦哥本哈根大学的P.O.Fanger提出:品质反映了满足人们要求的程度,如果人们对空气满意,就是高品质;反之就是低品质,即衡量室内空气品质的标准是人们的主观感受。

美国供暖、制冷、空调工程师学会的标准ASHRAE-62-1989R中首次提出了可接受的室内空气品质(acceptable indoor air quality)和感受到的可接受的室内空气品质(acceptable perceived indoor air quality)的概念。其中前者为空调房间中绝大多数人没有对室内空气表示不满意,并且空气中没有已知的污染物达到了可能对人体健康产生严重威胁的浓度。后者的定义是空调房间中绝大多数人没有因为气味或刺激性而表示不满。后者是达到可接受的室内空气品质的必要而非充分条件,由于某些气体,如氡等没有气味,对人也没有刺激作用,不被人感知,但对人危害很大,因而仅用感受到的室内空气品质是不够的,必须同时引入可接受的室内空气品质。这种定义涵盖了客观指标和人的主观感受两个方面的内容:

(1) 客观评价指标——污染物的浓度;

(2) 主观评价指标——人的感觉。

客观评价就是直接利用室内污染物指标来评价室内空气品质,即选择具有代表性的污染物作为评价指标,全面、公正地反映室内空气品质的状况。通常选用二氧化碳、一氧化碳、甲醛、可吸入性微粒、氮氧化物、二氧化硫、室内细菌总数,加上温度、相对湿度、风速、照度以及噪声共十二个指标来定量地反映室内环境质量。这些指标可以根据具体对象适当增减。

主观评价主要通过对室内人员的问询得到,即利用人体的感觉器官对环境进行描述和评价。主观评价引用国际通用的主观评价调查表结合个人背景资料,归纳为在室者、来访者对室内空气不接受率,对不佳空气的感受程度,在室者受环境影响而出现的症状及其程度等几个方面。

主、客观评价的方法利用人类极敏感的嗅觉器官和其他器官感受空气品质,解决了很多情况下仪器不能测定或难以测定室内空气品质综合作用的困难。如某一室内环境检测结果各种污染物浓度均未超过规定浓度,而处在该环境的人有 20% 以上对空气品质不满意,则该环境可定义为不满意的空气品质。

二、室内污染物的来源及危害

民用建筑中的空气污染不象工业建筑那么严重,但却存在多种污染源、导致空气品质下降。空气中对健康有害或令人讨厌的粒子、气体或蒸气称为污染物。

1. 室内污染物的主要来源:

(1) 人及其进行的活动;

(2) 建筑材料,尤其是现代技术的发展,各种各样的合成材料大量进入建筑物,包括建筑材料、装饰材料等;

(3) 设备,如复印机,甚至空气处理设备本身;

(4) 宠物;

(5) 家具、日用品,如清洗剂、发胶等;

(6) 室外空气带入的污染物,如 SO_2 等。

2. 室内污染物的有害因素

(1) 毒性;

(2) 放射性;

(3) 导致感冒、过敏、皮炎等的潜在因素;

(4) 产生令人讨厌的气味。

三、室内污染物的分类

按其在空气中的状态,可分为:

① 固体粒子;② 液体粒子;③ 气体或蒸气。包括:

1. 二氧化碳

(1) 来源:二氧化碳来源于人的新陈代谢和燃烧过程。人产生的二氧化碳量与代谢状况有关,一个标准人(体表面积 1.8m^2),其 CO_2 发生量为

$$q = 7.3 \times 10^{-5} \cdot M \quad l/s \cdot 人 \tag{8.1}$$

式中　M——代谢率，W/m^2。M 与人的活动状态有关，见表 8.1

表 8.1

活动状态	躺卧	坐着休息	坐着活动（办公）	站着休息	站着活动（轻劳动）	站着活动（家务、营业员）	中等活动（修车、钳类）
M(W/m^2)	46	58	70	70	93	116	165

(2) 危害：CO_2 本身无毒，但其浓度升高时，会使人呼吸加快、头痛，浓度太大时，会产生中毒症状，失去知觉、死亡，因此必须限制 CO_2 在空气中的含量，一般控制在 0.5% 以下。加拿大的标准为 0.35%(3 500 ppm)，世界卫生组织(WHO)建议控制值为 0.25%(2 500ppm)。

2. 一氧化碳(CO)

(1) 来源：① 炉灶的不完全燃烧；② 燃气热水器；③ 室内停车场汽车尾气，怠速时尾气排放量更大，如国产小汽车的平均 CO 排放量为 0.56 mg/s；④ 吸烟，一氧化碳释放量为 1.8 ~ 17 mg/支；⑤ 炭火锅等。

(2) 危害：一氧化碳与血液中血红蛋白的亲和力是氧气的 250 余倍，因此一氧化碳浓度过高会导致缺氧，窒息至死。一般规定其允许浓度不超过 35ppm(约 40mg/m^3)

3. 可吸入粒子

可吸入粒子在民用建筑中来源于衣物、鞋，步行时扬起的灰尘，吸烟排放的烟尘及室外空气中的悬浮粒子。可吸入粒子又分为可溶性粒子(可进入血液循环，运行全身)和难溶性粒子。(长期吸入沉积于体内使肺细胞及淋巴组织纤维化，形成所谓的"尘肺病"，如矽肺、石棉肺等)。可吸入粒子对人体的危害与粒子本身性质、粒径等有关，在第二章已述及。

4. 卷烟的烟气

烟气含有烟尘及燃烧中产生的气体，其成分由于品牌不同，测试环境与条件不同和吸烟速度的不同，而差异甚大，表 8.2 所列成分仅供参考。据统计全世界因吸烟死亡者在 300 万人/年以上，每天吸两包以上的烟民，约有 14% 患肺癌。

表 8.2

烟气成分	排放量 mg/支	危　　害
CO_2	10 ~ 60	略
CO	1.8 ~ 17	略
氮氧化物	0.01 ~ 0.6	NO_2 浓度较高时会引发肺炎或肺水肿
焦　油	0.5 ~ 3.5	焦油中已证明致癌的物质有十多种，引起支气管粘膜细胞增生变异，放发癌变
尼古丁	0.05 ~ 2.5	使气管中纤毛脱落，降低气管的自净能力，使进入肺泡的有毒物质的毒害作用加剧，并使心率加快诱发多种疾病
其　他	微量	略

5. 挥发性有机化合物 VOC(Volatile Organic Compounds)

室内空气中已证实的 VOC 有 250 余种，主要来源有：

(1) 人体本身自然散发 VOC，如丙酮、异戊二烯等；

(2) 建筑材料如水泥、油漆、墙板、地砖，及地毯、新家具等都释放混杂的有机化合物，如甲醛等；

(3) 为了节能，建筑物大量使用的绝热保温材料和密封材料也释放 VOC。VOC 是建筑内各种异味的主要根源，决定人们对空气新鲜度的感受，影响了对室内空气品质的可接受性。实验显示，当各种不同的挥发性有机化合物混合，并与臭氧产生化学作用，将对人体产生诸多严重的危害。

6. 其他

包括各种气味、砌体材料和土壤散发的氡等,会对人体产生危害或使人厌烦等不良后果。

四、提高室内空气品质的手段

1. 污染物的控制

(1) 对室外空气需进行清洁过滤处理。由于城市人口密度的增加,汽车拥有量的提高、生产和生活过程中污染物的排放,室外空气的某些指标已超过室内空气质量的控制指标。

(2) 建筑设计人员应尽量选择低挥发性的建筑材料、装饰材料;

(3) 对室内污染源,应消除、减少其污染物的排放量,或隔离室内污染源。如尽量减少吸烟,降低气雾剂、化妆品的使用量,对复印室进行隔离等。

2. 系统设计与运行

通风空调系统设计方面,需加强新风和回风的处理手段,加强气流组织的优化,提高通风效率,合理设计建筑物内房间与房间的气流运动,避免建筑物内部的交叉污染。系统运行时加强设备的保养与维护,防止微生物污染。据报道,2000 年 4 月澳大利亚墨尔本水族馆发生了空调系统吹出军团病菌的事件,造成 4 人死亡,99 人生病。通风空调系统既可以改善空气环境,也可以成为污染源。过滤器淋水室、表冷器、冷却塔等都可能滋生繁殖大量细菌和微生物,又被带入室内,造成室内空气品质恶化,因此必须重视设备的维护,定期清洁、消毒。

3. 设置必要的空气过滤设备

有些地方室外污染物的含量已超过标准,用这种空气送入室内来稀释有害物、污染物就不可能达到要求。例如室内悬浮微粒的浓度控制标准为 0.15 mg/m^3,而很多城市的大气含尘浓度都超过这个值,甚至超出数倍。若室内有部分空气参与送风,即设有回风,则必须对回风进行空气处理,以减少新风量。若回风不经过处理,而单纯依靠新风稀释,是非常不经济的。

4. 空气的离子化

人体吸入负离子对健康有益,尤其对脑力劳动的能力有明显改善,关于离子化的问题我们将在第十四章讨论。

综上所述,室内空气品质对人类的影响很大,直接关系到健康和劳动生产率。提高室内空气品质,解决病态建筑综合症等方面的研究正在进行,人们已经认识到室内空气品质问题解决的重要性和迫切性。

第二节　通风方式与通风效率

对民用建筑来说,通风是消除室内污染物,改善室内空气品质的一个既有效、经济又不可替代的手段。与工业通风相同,民用建筑通风按其作用范围可分为全面通风和局部通风,按空气流动的动力又可分为机械通风和自然通风。

一、通风方式

1. 全面通风

所谓全面通风是当有害物源不固定,或局部通风后有害物浓度仍超标时对整个房间进行的通风换气。按其作用机理不同,又分为:

(1) 稀释通风,又称混合通风,即送入比室内的污染物浓度低的空气与室内空气混合,以此降低室内污染物的浓度,使之满足卫生要求。

(2) 置换通风

置换通风系统最初始于北欧,目前在我国已有一些应用。在置换通风系统中,新鲜冷空气由房间底部以很低的速度(0.03~0.5 m/s)送入,送风温差仅为2~4℃。送入的新鲜空气因密度大而像水一样弥漫整个房间的底部,热源引起的热对流气流使室内产生垂直的温度梯度,气流缓慢上升,脱离工作区,将余热和污染物推向房间顶部,最后由设在天花板上或房间顶部的排风口直接排出。

室内空气近似呈活塞状流动,使污染物随空气流动从房间顶部排出,工作区基本处于送入空气中,即工作区污染物浓度约等于送入空气的浓度,这是置换通风与传统稀释全面通风的最大区别。显然置换通风的通风效果比稀释通风好得多。

2. 局部通风

局部通风是对房间局部区域进行通风以控制局部区域污染物的扩散,或在局部区域内获得较好的空气环境,即局部排风(如图8.1)和局部送风。

例如厨房炉灶的排风属于典型的局部排风。

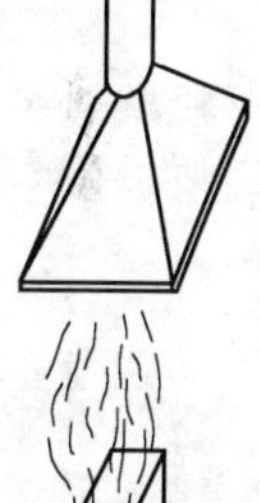

图8.1　局部排风示意图

二、全面通风量的确定

全面通风量的计算方法与计算公式同第三章,不再重复。当多种污染物同时放散时,如何确定全面通风量在民用建筑中尚无明确规定,可参照《工业企业设计卫生标准》中的规定确定送风量,即数种污染物的作用各不相同时,应分别计算消除各种有害物所需的送风量,取最大值;当数种污染物的作用相同或相互促进时,应分别计算所需风量,取和。

当有害物散发量无法计算时,全面通风量可按换气次数法计算,即 L = V·n,V为房间容积,n为换气次数,n值可根据建筑物形式和使用功能查有关资料确定。

三、通风效率和污染物捕捉效率

全面通风量的计算方法是建立在假设污染物与送入空气充分混合,室内污染物浓度均匀的基础上的,而实际情况是室内污染物浓度往往是不均匀的,送入空气通常有一部分没有与污染物混合、掺混而旁通至排风口,即只有部分新风真正稀释了室内产生的污染物(这也是取安全系数K的主要原因)。因此引入两个概念——通风效率、污染物捕捉效率。

1. 通风效率 E_v

设室内工作区污染物的浓度为 C,排风污染物浓度 C_p,送风污染物浓度 C_s,则

$$E_v = \frac{\text{进入工作区的空气量}}{\text{送入室内的空气量}} = \frac{\dfrac{x}{C - C_s}}{\dfrac{x}{C_p - C_s}} = \frac{C_p - C_s}{C - C_s} \tag{8.2}$$

$$L = \frac{x}{E_v(C - C_s)} \tag{8.3}$$

一般通风效率 $E_v < 1$,当通风量一定时,E_v 下降将会使工作区污染物浓度上升。通风效率值与气流组织、换气次数等有关(x 为污染物发生量)。

2. 污染物捕捉效率

实际上，如果污染源靠近排风口，部分污染物未送入空气混合而直接被排走，使参与混合的污染物量减少。因而，定义污染物捕捉率 η_c：

$$\eta_c = \frac{\text{直接排出的污染物量}}{\text{房间总污染物量}}$$

如果污染物全部被排风口直接排走，则 $\eta_c = 1$，对工作理想的局部排风罩 $\eta_c \approx 1$。如果考虑污染物捕捉效率的影响，则通风量为

$$L = \frac{(1-\eta_c)x}{E_v(C-C_s)} \tag{8.4}$$

显然，由于 η_c 的存在，使系统所需通风量减少。目前，有关 E_v 和 η_c 的研究开始不久，还不具备实际解决问题的条件，但可引导我们在工程实际中解决新风能否起到应有的稀释作用和如何更有效排除污染物的问题。

第三节　机械通风与自然通风

机械通风与自然通风在民用建筑中都是常见的通风形式，只不过机械通风系统是依靠风机提供空气流动所需的压力，而自然通风是依靠风压和热压的作用使空气流动的。

一、机械通风系统

包括机械进风系统和机械排风系统（全面），局部送风和局部排风系统。局部送风和局部排风系统与工业通风非常相近、不再赘述。在这里，我们只介绍机械送、排风系统在民用建筑中有何特点。

1. 机械进风系统

图 8.2 是机械进风系统示意图，由以下各部分组成：

(1) 新风口：引入新风的构件，通常采用固定百叶窗，以防止雨、雪、昆虫、树叶、柳絮等吸入系统。通常设在室外较清洁处，距离污染严重的地方（如锅炉房、厕所、厨房）至少 10 m 以上；新风口底部距室外地坪不宜低于 2 m，当布置在绿化地带时，不宜低于 1 m，若与排风口在一处，应使新风口位于主导风向的上侧，并尽量低于排风口。

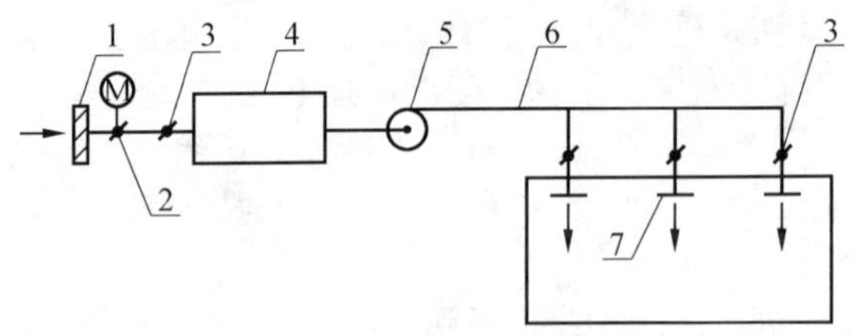

图 8.2　机械进风系统示意图

1—新风口；2—电动密闭阀；3—阀门；4—空气处理设备；5—风机；6—风管；7—送风口

(2) 密闭阀：在寒冷地区，密闭阀在系统停运时，防止侵入冷风而冻坏加热器或表冷器，如系统管理不善，经常会产生这类事故。通常密闭阀为电动启闭、与风机联锁，只起保温作用不起任何调节作用。

(3) 阀门：用于调节风量，使系统和房间风量符合设计要求，常用的是多叶对开风量调节阀。

(4) 空气处理设备:根据建筑物的需要进行送风的处理,包括初、中过滤,加热、冷却、去湿、加湿等功能段。功能段的选择应根据地域要求及温湿度要求等因素综合考虑。可按以下原则确定:

① 对于不采暖地区,如无温、湿度要求,可只设初效过滤,或初、中两级过滤;如室内对温湿度有要求,则可只设过滤,热湿处理由空调系统完成,或设过滤、加热、冷却、加湿、去湿等功能。

② 对于采暖地区,当只在冬季需要加热,而夏季无空调要求时,应设过滤、加热段;如全年均有温湿度要求,则可设置过滤、加热、冷却、加湿、去湿等功能,或只设过滤、加热功能,其他空气处理过程由空调系统承担。

(5) 风机:提供空气从新风口到室内流动的动力,包括所有构件及设备的局部阻力和沿程阻力,再附加房间可能维持的正压值。

(6) 风管:新风系统的风管材料宜用镀锌薄钢板,应避免使用可能产生二次污染的材料,如土建风道,有机或无机的玻璃钢风道(尤其是劣质的)。当输送的空气经冷却或加热处理时,应在管外进行保温。

(7) 送风口:送风口的设置位置、结构型式、出口风速对室内污染物的浓度场、温度场、速度场有直接影响。为了提高通风效率,宜尽量使新风直接送入工作区。同时,送风温度必须满足卫生标准的要求。

2. 机械排风系统

在民用建筑中,大型车库、商场、地下室、会议厅、浴室、厕所等房间大都设有全面机械排风系统,如图 8.3 所示。

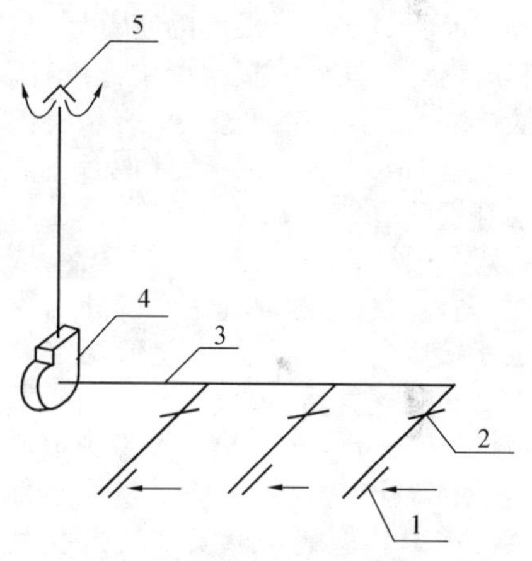

图 8.3　机械排风系统示意图

(1) 风口:最好设置于靠近污染源或污染物浓度最高处,可选格栅风口或百叶风口等。

(2) 阀门:略。

(3) 风道:可以选镀锌钢板、普通钢板(作防腐)、土建风道、玻璃钢风道等,如排风湿度较大或排风有腐蚀性时,宜采用土建风道或玻璃钢风道。

(4) 风机:略。

(5) 排风出口:设于外墙时通常采用百叶窗或自垂式百叶风口,设于屋顶则采用风帽。

二、自然通风

自然通风是一种不消耗动力就能获得较大风量的最经济的通风方法,如有可能应尽量利用。自然通风的作用原理,在第七章已述及,不再重复。需要说明的是自然通风的作用是复杂多变的,尤其是对高层建筑、对外形复杂的建筑来说更是这样,并不是在迎风面就会进风,背风面就一定会排风。

对于高层建筑来说,自然通风中的热压和风压的作用很大,在采暖负荷计算中要注意对冷风渗透耗热量和外门开启的冷风侵入耗热量的增加。另外由于热压、风压的存在,高层建筑的电梯井、楼梯间等会产生“烟囱效应”,这对防火排烟很不利。

在高层建筑密集处,建筑物互相影响,空气动力系数 K 的变化很大,室外空气流速和压力也会有很大变化,这一点已引起有关人员的重视。

第四节　置换通风

置换通风是二十世纪七十年代初从北欧发展起来的一种通风方式,由于困扰通风空调界的室内空气品质、病态建筑和空调能耗巨大等问题,置换通风可以较好的解决,因此这种通风方式在欧洲非常普遍,在我国也日益受到设计者的关注。与稀释通风相比,置换通风在工作区可以获得较好的空气品质、较高的热舒适性和通风效率。

一、置换通风的原理及特点

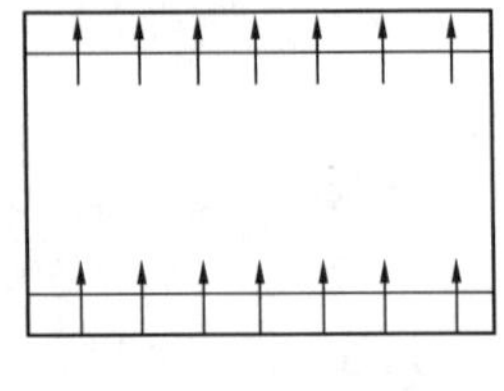

图 8.4　活塞流

置换通风是基于空气的密度差而形成热气流上升、冷气流下降的原理,从而在室内形成近似活塞流(图 8.4)的流动状态。置换通风的送风温度通常低于室内空气温度 2 ~ 4℃,以极低速度(0.5m/s 以下,一般为 0.25m/s 左右)从房间底部的送风口送出,由于其动量很低,不会对室内主导气流造成影响,像倒水一样在地面形成一层很薄的空气层,热源引起的热对流气流使室内产生温度梯度,置换通风的流态如图 8.5。最终使室内空气在流态上分成两个区:上部混合流动的高温空气区,下部单向流动的低温空气区。两个区域之间存在一个过渡区,或称界面,高度很小,然而温度梯度和污染物的浓度梯度却很大。由于在低温空气区内无大的空气流动,污染物的横向扩散速度很慢,从而直接被上升气流带到上部非人活动的高温空气区,最终被房间顶部的排风口排出。这就是低温空气区和高温空气区污染物浓度相差很大的主要原因。

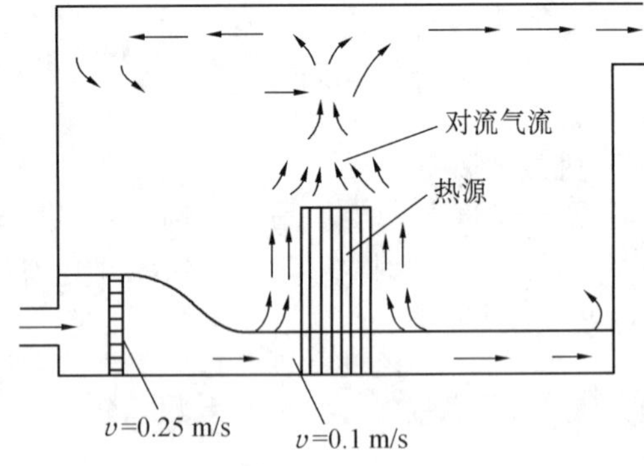

图 8.5　置换通风的流态

置换通风房间的热源有工作人员、办公设备、机器设备三大类。热源产生热上升气流如图 8.5 所示,站姿人员产生的热上升气流如图 8.6 所示。置换通风热力分层情况如图 8.7 所示,上部为紊流混合区,下部为单向流动清洁区。

置换通风与稀释通风的比较,见表 8.3。图 8.8 是置换通风与混合通风在温度、速度、污染物浓度分布的比较。

二、置换通风的设计参考

由于置换通风在我国尚属起步阶段,设计时宜参考国际标准和欧洲国家的数据和方法,并遵照《采暖通风与空气调节设计规范》(GB50019—2003)中的相关规定进行。

1. 置换通风的设置条件

(1) 污染源与热源共存;

(2) 房间高度不小于 2.4 m;

(3) 冷负荷小于 120 W/m^2。

2. 设计参数

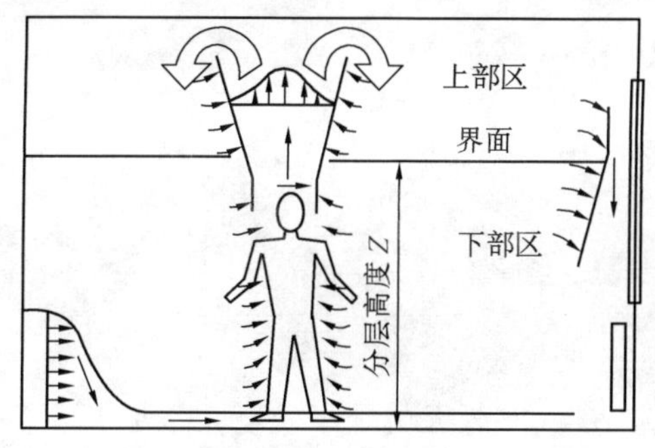

图 8.6　站姿人员产生的上升气流

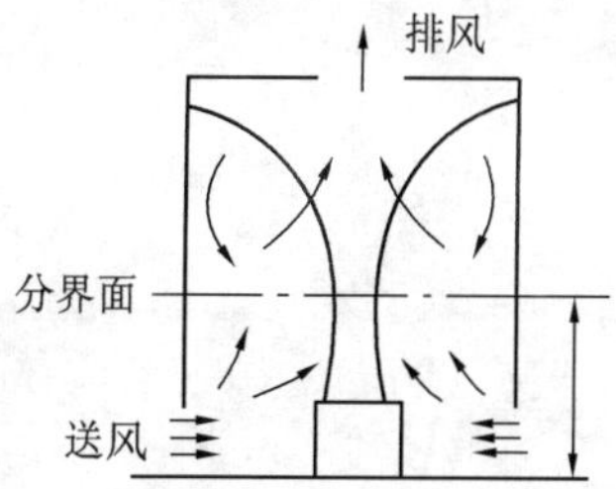

图 8.7　热分层示意图

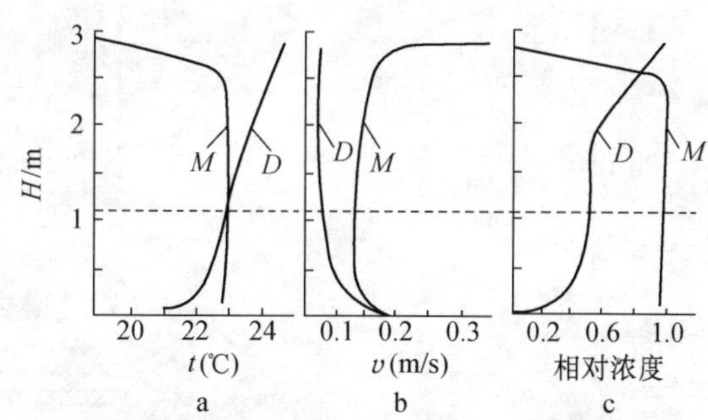

图 8.8　置换通风的温度、速度和相对浓度分布

注：曲线 D 表示置换通风，曲线 M 表示混合通风，相对浓度以房间平均浓度为基准，虚线表示坐姿时的分层高度为 $z = 1.1$ m

表 8.3　两种通风方式的比较

	稀释通风	置换通风
目标	全室温湿度均匀	工作区舒适性
动力	流体动力控制	浮力控制
机理	气流强烈掺混	气流扩散浮力提升
送风	大温差高风速	小温差低风速
气流组织	上送下回	下侧送上回
末端装置	风口紊流系数大 风口掺混性好	送风紊流小 风口扩散性好
流态	回流区为紊流区	送风区为层流区
分布	上下均匀	温度/浓度分层
效果 1	消除全室负荷	消除工作区负荷
效果 2	空气品质接近于回风	空气品质接近于送风

(1) 人员为坐姿时，头部与足部温差 $\Delta t \leqslant 2℃$；

(2) 人员为站姿时，头部与足部温差 $\Delta t \leqslant 3℃$；

(3) 送风量 Q

$$Q = (3\pi^2 B)^{1/3} \cdot (2\alpha)^{1/3} \cdot (z_s)^{5/3} \tag{8.5}$$

式中　Q——所求送风量，m^3/s；

B——$\dfrac{g\beta E}{\rho C_p}$

g——重力加速度,m/s^2;

E——热源热量,W;

C_p——空气的定压比热,J/(kg·℃);

β——空气的温度膨胀系数,m^3/℃;

ρ——空气密度,kg/m^3;

α——热对流卷吸系数(实验测定),1/m^3;

z_s——分界面高度,通常民用建筑中办公室、教室等人员处于坐姿,$z_s = 1.1$ m。如站姿时,$z_s = 1.8$ m。

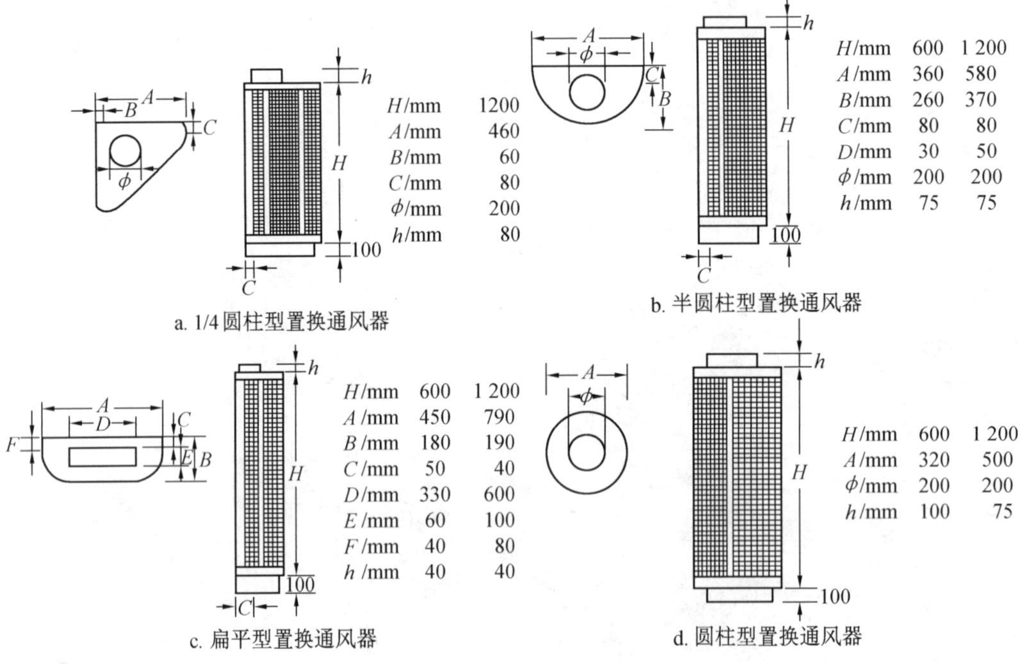

a. 1/4圆柱型置换通风器　b. 半圆柱型置换通风器　c. 扁平型置换通风器　d. 圆柱型置换通风器

图 8.9　置换通风器

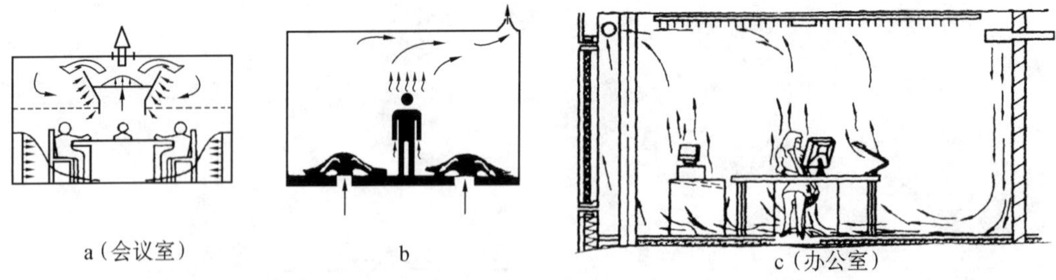

a(会议室)　b　c(办公室)

图 8.10　置换通风器的安装形式

3. 置换通风器的选型与布置

(1) 置换通风器的面风速,对工业建筑不宜大于 0.5 m/s,对民用建筑不宜大于 0.2 m/s。通常根据送风量和面风速确定置换通风器的数量。

(2) 置换通风和末端装置主要有圆柱型、半圆柱型、1/4 圆柱型、扁平型及壁型等,见

图 8.9。

(3) 置换通风器主要有落地安装(8.10(a)),地平安装(装于夹层地板下,如图 8.10(b)),架空安装(图 8.10(c))等三种安装布置形式。其布置原则如下:

① 置换通风置宜靠外墙或外窗布置,圆柱型置换通风器可布置在房间中部;

② 置换通风器附近不应有大的障碍物;

③ 冷负荷较高时,宜布置多个置换通风器;

④ 置换通风器布置应与室内空间协调。

第五节 空气平衡与热平衡

与工业建筑相同,民用建筑的通风也要考虑空气平衡和热平衡。有关平衡计算的方法与工业通风相同,下面介绍一下民用建筑通风的空气平衡与热平衡需要注意的几点。

一、空气平衡

无论空气平衡计算正确与否,房间进出空气量终会平衡,只是房间的压力会出现偏差。有时偏差大、造成很大的正压值或负压值,就会出现门开关困难等问题,甚至会使建筑物的通风效果变得很差,排风排不出、送风送不进、房间之间的空气流动无法控制,出现交叉污染等。例如某家宾馆的客房、走廊、大厅充满厨房的烟气、味道,这不一定是厨房排风系统本身的问题,更可能是空气平衡的问题。

在通风设计中,经常会碰到维持房间一定正压或负压的问题,如要求高的房间需维持 5~10 Pa 的正压,污染严重的房间如汽车库、厨房、吸烟室等通常要保持一定的负压。

1. 保持正压所需的风量

(1) 缝隙法

$$L_i = CA(\Delta P)^n \tag{8.6}$$

式中 L_i——通风房间的渗透风量,m^3/s;

C——流量系数,一般取 0.39~0.64;

A——房间缝隙面积,m^2;

ΔP——缝隙两侧的压差,Pa;

n——流动指数,在 0.5~1 之间,通常取 0.65;

ρ——空气密度,kg/m^3。

(2) 换气次数法

用缝隙法计算比较繁琐,因此可采用换气次数法来估算风量,对有窗的房间换气次数可取 1~1.5 次/h。

2. 保持负压的渗入风量

其计算方法与正压风量计算法相同。对厕所和卫生间通常只设排风、不设送风,为不使房间负压过大或影响排风量,应在门上或墙上装设百叶风口,风口面积按下式确定。

$$A = \varphi L_p \tag{8.7}$$

式中 A——风口迎风面积,m^2;

φ——系数,对于木百叶,$\varphi = 0.36$;对子其他百叶风口,$\varphi = (0.20 \sim 0.24)\sqrt{\xi}$,$\xi$ 为风口阻力系数;

L_p——房间排风量,m^3/s。

二、热平衡

对于空调房间必须计算房间得热与失热。对于非空调房间，如在非采暖地区可不考虑热平衡，在采暖地区夏季可不考虑热平衡，冬季必须考虑因通风造成的热量得失。

民用建筑热平衡计算的几点说明：

(1) 室内温度 t_n 应根据有关规范或卫生标准确定，若无明确规定，对人员长期停留的房间，t_n 应取不低于 18 ℃；对人员短暂停留的房间 t_n 取 12 ℃或 12 ℃以下，但不得低于5 ℃。

(2) 室外温度 t_w，一般可取冬季采暖室外计算温度，比较重要的房间可取冬季空调室外计算温度，对于一些人员停留时间短暂的房间可取冬季通风室外计算温度。当室外温度低于冬季通风室外计算温度时，可以减少通风量或降低室内温度。

(3) 室内的人员、灯光的散热随机性大，很难确定，可不计算，只有存在稳定的热源时，其散热量才予以考虑。如某些房间的人员，、灯光的启闭是非常稳定的，应予以考虑。

第六节 空气幕

空气幕是一种利用空气射流形成幕帘来隔断空气流动的设备，应用广泛。

在人员进出频繁的公共建筑和人员进出或运输工具进出较频繁的生产车间，外界冷气流或热气流的侵入量很大，加大了热负荷或冷负荷，增加了建筑能耗。另外还使临近大门的区域卫生条件不能满足要求。寒冷地区的建筑物在冬季时一层通常很冷、地面附近的空气温度非常低，尤其当门厅附近有楼梯间时(楼梯间在热压作用下，产生“烟囱效应”)门厅的温度更低，单纯在首层大量增加散热器的作法往往收效甚微，甚至适得其反。若在大门处设置空气幕，利用气幕来隔绝室内外空气的流动，既美观又有效，可显著提高门厅附近的热舒适性，降低热负荷。对任何建筑只要存在室内外温差，存在风压的作用，都会有外界空气的侵入。

当然，不仅是建筑物大门，很多地方都会用到空气幕，如生产车间可利用气幕进行局部隔断，防治有害物的扩散；大型超市会利用空气幕来封闭开敞式冷藏柜，既不影响取放货品，又可降低冷量损失。

空气幕的构造主要有风机和条缝形喷口，另外根据使用场合可能设有加热器或表冷器。各种空气幕均有工厂化定型生产，设计和安装日趋简化。

一、民用建筑常用空气幕的分类

1. 按送出气流温度的不同，空气幕可分为

(1) 热空气幕，内设空气加热器，空气经加热后送出，适于寒冷地区隔断大门的冷风侵入。按热源形式的不同又可分为：

① 蒸汽型热风幕；

② 热水型空气幕；

③ 电热型空气幕。

(2) 等温空气幕，空气未经处理直接送出，构造简单、体积小，适用范围广，用于非严寒地区隔断气味、昆虫或用于夏季空调建筑的大门。

(3) 冷空气幕，内设冷却器，空气经冷却处理后送出，主要用于炎热地区。

2. 按风机形式不同，可分为

(1) 贯流式空气幕，风压小，通常是无加热器的风幕，或电热风幕。

(2) 离心式空气幕,采用离心风机,有较大的风压,通常热风幕采用这种形式。

(3) 轴流式空气幕,其风压介于两者之间,使用较少。

3. 按吹风方向,可分为

(1) 侧送式,把条缝形吹风口设在大门的侧面,效果较好,但受安装范围限制,侧送式民用风幕很少。如图 8.11。

(2) 下送式,即气流由下部的地下风道送出,阻挡横向气流的效率很高,但易受到不同程度的遮蔽,而且容易把地面的灰尘吹起,因此在民用建筑中几乎没有应用。如图8.12所示。

(3) 上送式,即把条缝吹风口设在大门上方,送风气流由上而下,很常用,其挡风效率低于下送式空气幕,但其安装隐蔽,占用空间小,美观。见图 8.13。当门上框至顶棚高度较高(约 1.3 m以上),宜选用立式空气幕(图 8.14);当高度较低时,选用卧式空气幕(图 8.15)。

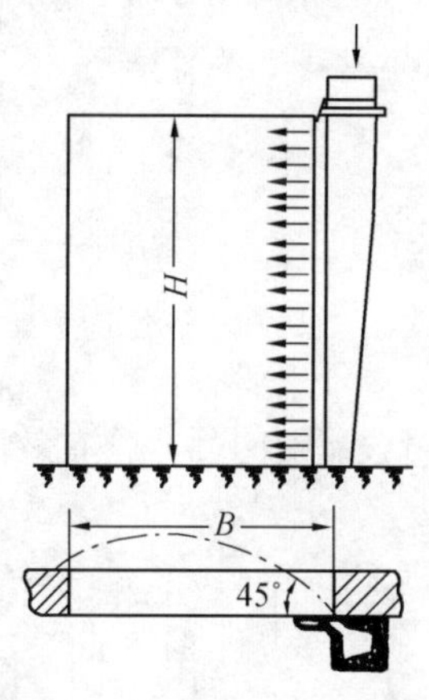

图 8.11　侧送式空气幕

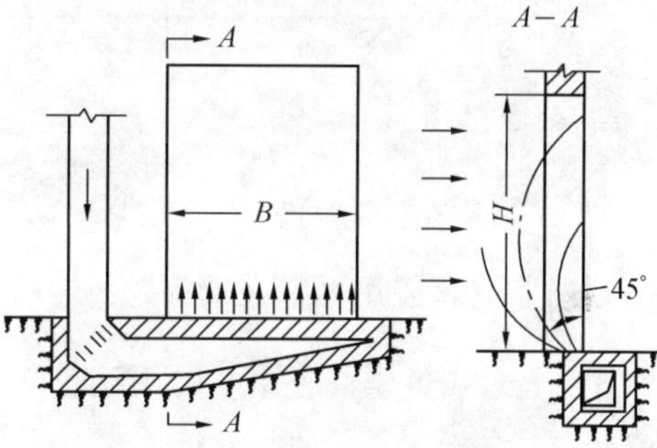

图 8.12　下送式空气幕

4. 从吹吸组合方式,可分为

(1) 单吹式,只有吹风口,不设回风口,射流射出后自由向室内外扩散;

(2) 吹吸式,一侧吹,一侧吸,用于防烟场所效果很好,吸气有排烟作用,吹风用室外空气。

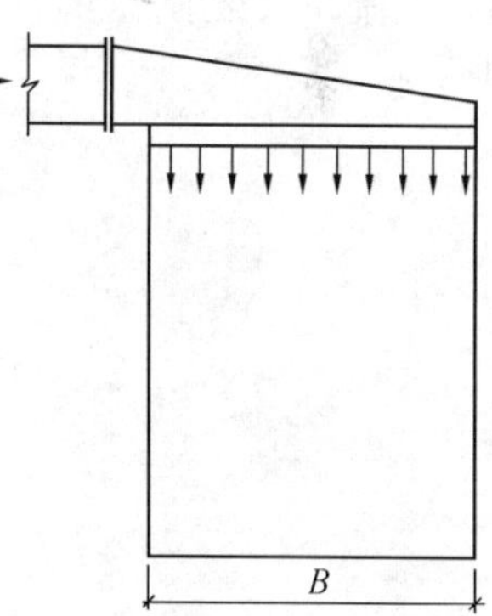

图 8.13　上送式空气幕

二、影响空气幕效果的主要因素

1. 风量　当大门的宽、高尺寸一定时,空气幕的风量愈大,隔离阻挡的效果愈好。

2. 风速　同等风量的情况下,在一定范围内,送出风速愈高,即风口愈窄,效果愈好。为不使人有不舒适的吹风感,对公共建筑的外门不宜大于 6 m/s。生产厂房外门不宜大于 8 m/s。

3. 出口角度　侧送时喷射角 α 一般取 45°;下送时,为了避免射流偏向地面,取 α = 30° ~ 40°;上送时为了使空气幕射流不易折弯、喷射角宜朝向热面,喷射角度范围0° ~ 30°,一般取 15°。

4. 对上送式热风幕,当以上三个因素均不变时,悬挂的高度愈小,则射流射程短,射流衰减小,阻挡室外空气进入的能力强,因此不能因为门上框至屋顶的距离充足而任意提高上送式热风幕的安装高度,这样会影响阻隔室外空气的效果。

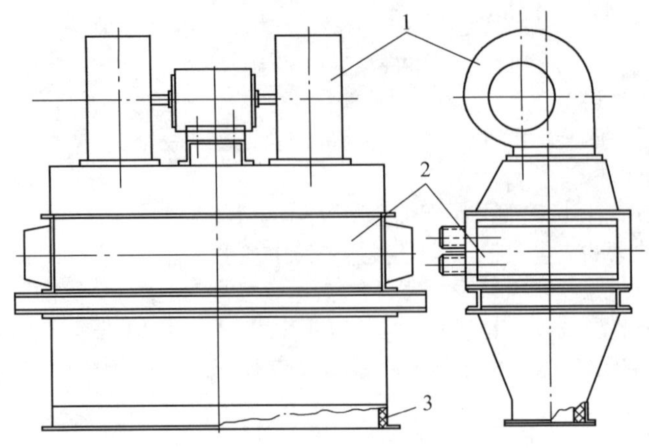

图 8.14　立式热风幕
1—风机;2—盘管;3—条缝喷口

三、目前空气幕应用中存在的问题

1. 国产上送式热风幕应用于民用建筑多为贯流式,风量设计偏小,难以有效阻挡冷风入侵;

2. 上送式空气幕角度都为 0°,如增大喷射角度,则可阻挡的冷风侵入速度必会提高;

3. 缺乏设计计算,空气幕的使用者少有进行设计计算的,往往直接选用,实际上空气幕应经设计计算确定,按室外气流和吹出射流的合成来确定射流角度、吹风量大小和送风温度。

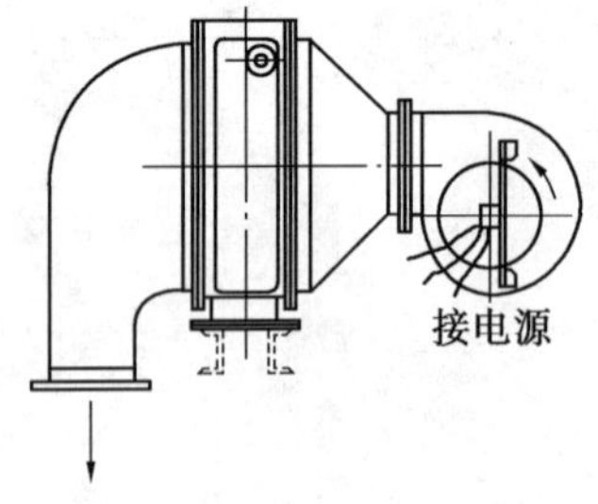

图 8.15　卧式热风幕

第九章　建筑防火排烟

建筑物火灾是多发的，对人民的生命财产是一种严重的威胁。火灾不仅导致巨大的经济损失和大量的人员伤亡，甚至对政治、文化造成巨大影响，产生无法弥补的损失。例如1971年韩国高达22层的“大然阁”酒店，二层公共部起火，火势沿非封闭楼梯间向上蔓延，将全部客房烧毁，死亡163人。1994年吉林博物馆发生火灾，烧毁了参展的最完整的一具恐龙化石骨架。1997年12月11日夜，哈尔滨市汇丰酒店发生火灾，造成31人死亡。新疆的克拉玛依，古城洛阳等地发生的火灾更是让人充分认识了火灾的危害。火灾中的一部分是可避免的，但总是会有火灾发生，那么如何减少火灾的发生，如何降低火灾的危害呢？

火灾过程大致可分为初起期、成长期、旺盛期和衰减期等四个阶段，通常建筑物设有相应的消防设施，如灭火器、消火栓系统，自动喷淋系统等，只要消防设计合理、设施维护较好，大多数情况下是可以在火灾初期将其扑灭的。火灾过程中的初起期和成长期是烟气产生的主要阶段，而烟气是造成人员伤亡的最大原因。据国外资料统计，火灾中由于烟气致死的人数占50%以上，很多时候多达70%，被烧死的人中，多数也是先烟气中毒，窒息晕倒而后被烧死的。也就是说，一方面要加强消防系统的作用，尽量将火灾消灭于初期；另一方面要减少烟气的危害，使人们在发生火灾时有疏散逃生的时间、通道和机会。避免烟气蔓延，这就需要一个防排烟系统来控制火灾发生时烟气的流动，及时将其排出，在建筑物内创造无烟（或烟气含量极低）的疏散通道或安全区，以确保人员安全疏散，并为救火人员创造条件。

我国颁布的设计防火规范主要有《建筑设计防火规范》GB50016—2006和1995年修订的《高层民用建筑设计防火规范》GB50045，另外还有一些适用范围较小的规范，如1997年颁布的《汽车库、修车库、停车场设计防火规范》等。关于普通民用建筑，其防排烟设计没有明文规定，一般只在发生火灾时，打开门窗自然排烟即可，特殊重要的场所可按《高层民用建筑设计防火规范》来设置。防火排烟的重点是高层建筑。高层建筑与普通建筑相比有许多不利因素，主要表现为：

(1) 建筑高度大，人员众多，发生火灾时人员疏散、灭火、救援均受到限制。据资料显示，一幢人员密集的20层大楼，其疏散时间为半小时，50层高楼的疏散时间为2小时，人员撤离的时间比火灾从发生、发展到失控的时间长得多。

(2) 高层建筑的火灾扩散蔓延的速度非常快。高层建筑内各种竖井（电梯井、楼梯间、垃圾井、管道井、电缆井等）数量多，自上而下贯穿整个建筑物，通风空调管道纵横交错，发生火灾时，烟火沿竖井、管道迅速扩散，浓烟严重影响人员疏散。

(3) 高层建筑承受风力大，热压作用明显，加剧火灾扩散、发展，且一旦发生火灾后会对下风向的其他建筑造成威胁。

(4) 高层建筑往往功能繁多，设备装饰、陈设多，存在大量火源和可燃物，其中很多材料燃烧会产生大量有毒气体。

(5) 高层建筑中有大量的公共厅堂，许多布置在建筑内部，人员密度大，一旦发生火警，普通电源被切断，且事故照明又未及时接通，就会引起恐慌，可能造成大量伤亡。

《高层民用建筑设计防火规范》规定十层及十层以上的居住建筑、建筑高度超过 24 m 的公共建筑即为高层建筑。高层建筑的特点决定了其设置防火排烟设施的重要性。建筑物的防排烟必须是通过综合措施来实现:

(1) 划分防火分区、防烟分区;

(2) 合理布置疏散通道;

(3) 建筑材料、装饰材料、管道材料等的非燃化,必须满足建筑耐火等级的要求;

(4) 采取合理的防、排烟措施进行烟气流动的控制等。

第一节　火灾烟气的成分和危害

一、烟气的成分

火灾发生时,燃烧可分为两个阶段:热分解过程和燃烧过程。火灾烟气是指火灾时各种物质在热分解和燃烧的作用下生成的产物与剩余空气的混合物,是悬浮的固态粒子、液态粒子和气体的混合物。

由于燃烧物质的不同、燃烧的条件千差万别,因而烟气的成分、浓度也不会相同。但建筑物中绝大部分材料都含有碳、氢等元素、燃烧的生成物主要是 CO_2、CO 及水蒸汽,如燃烧时缺氧,则会产生大量的 CO。另外,塑料等含有氯,燃烧会产生 Cl_2、HCl、$COCl_2$(光气)等;很多织物中含有氮,燃烧后会产生 HCN(氰化氢)、NH_3 等。

火灾时烟气发生量与材料性质、燃烧条件等有关,如玻璃钢的发烟量比木材大,且玻璃钢燃烧时,温度越高发烟量也越大。

二、烟气的危害性

1. 烟气的毒害性

烟气的产物可分为 CO_2、水蒸汽、SO_2 等完全燃烧产物和 CO、氰化物、酮类、醛类等不完全燃烧的有毒物质。燃烧会消耗大量氧气,导致空气中缺氧。研究表明当空气 CO_2 超过 20%或含氧量低于 6%,都会在短时间内使人死亡。氰化氢在空气中达到 270 ppm 时,就会致人死亡。烟气中众多的有害气体、有毒气体,如 H_2S、NH_3、Cl_2 等达到一定浓度后都会致人死亡。另外烟气中悬浮的微粒也会对人造成危害。

2. 烟气的遮光作用

烟气的存在会使光强度减弱,导致人的能见距离缩短。能见距离关系到火灾发生时人员的正确判断,直接影响疏散、救援和救火的进行。火灾中对于熟悉建筑物内部情况的人能见距离要求为最少 5 m,而对不熟悉建筑物内部情况的人,要求能见距离为不小于 30 m。能见距离取决于透过烟气的光强度,而光强度在光源强度一定时取决于烟气的光学浓度 Cl,实测中发现火灾时烟气的光学浓度约为 Cl = 25 ~ 30 1/m,而相应的对发光型光源的能见距离约为 0.2 ~ 0.4 m,对反光型光源的能见距离为 0.07 ~ 0.16 m,因此如对烟气不加控制,火灾中人们很难找到应急指示,找到正确的疏散通道。能见距离短,易使人产生恐慌,自救能力下降,造成局面混乱,逃生困难。

3. 烟气的高温危害

火灾初期(5 ~ 20 分钟)烟气温度能达到 250 ℃,随后空气量不足温度会有所下降,当燃烧至窗户爆裂或人为将窗户打开则燃烧骤然加剧,短时间温度可达 500℃。高温使火灾蔓延迅速,使金属材料强度降低,从而使建筑物倒塌。同时高温还会使人烧伤、昏迷等。

第二节　烟气的流动与控制原则

建筑物内设置防排烟系统不是为了稀释烟气的浓度，而是要使火灾区的烟气向室外流动，使烟气不侵入疏散通道或使通道中的烟气流向室外，即人为的控制烟气流动。只有掌握了烟气扩散、流动的规律，才可能设置合理的防排烟系统，使烟气按设计路线流向室外。

一、火灾烟气的流动规律

引起烟气流动的因素很多，如扩散、热膨胀、风力等，下面介绍主要因素：

1."烟囱效应"

"烟囱效应"指室内温度高于室外温度时，在热压的作用下，空气沿建筑物的竖井(如电梯井、楼梯间等)向上流动的现象。当室外温度高于室内温度时，空气在竖井内向下流动，称为"逆向烟囱效应"。当发生火灾时，烟气会在"烟囱效应"的作用下传播。"烟囱效应"对烟气的作用是比较复杂的，因着火点的不同、室内外温度和时间的变化烟气的流动也是不同的。烟气垂直方向的流动速度约为 3 ~ 4 m/s，无阻挡时 1 ~ 2 min 左右即可扩散到几十层的大楼的顶部。图 9.1 是当室内温度 t_n 高于室外温度 t_w，着火层在中和面以下，假定楼层间无其他渗漏时，火灾初期烟气的流动情况。烟气进入竖井后，竖井内空气温度上升，"烟囱效应"的抽吸作用增强，烟气竖直方向的流动速度也会提高。此时中和面以下，着火层以上的各层是相对无烟的。当着火层温度继续上升，窗户爆裂后，烟气自窗户逸出，则可能通过窗户进入这些楼层。此图的绘制忽略了风压的影响。

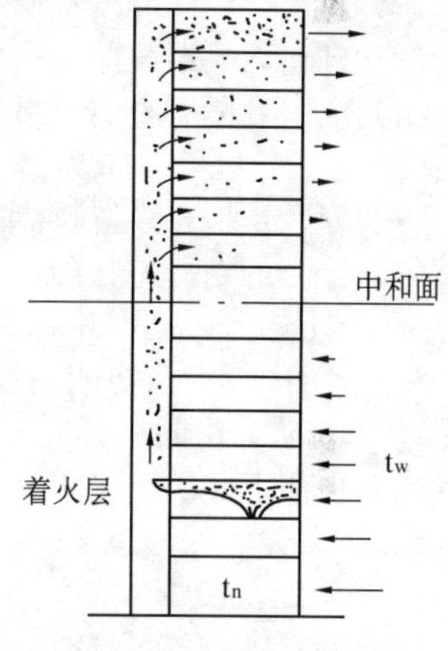

图 9.1　烟气流动示意图

2. 浮力作用

火灾发生后，温度升高，产生向上的浮力，烟气会沿天棚向四周扩散，扩散的速度约为 0.3 ~ 0.8 m/s。浮力作用是烟气水平方向流动的主要原因，同时也会使烟气通过缝隙孔洞向上层流动。

3. 热膨胀

着火房间由于温度较低的空气受热，体积膨胀而产生压力变化。若着火房间门窗敞开，可忽略不计，若着火房间为密闭房间，压力升高会使窗户爆裂。

4. 风力作用

由于风力的作用，建筑物表面的压力是不同的，通常迎风面为正压，如着火区在迎风面的房间，烟气会向背风侧房间流动。如着火房间在背风侧，则有向室外流动的趋势和可能。

5. 通风、空调系统

通风空调系统的管路是烟气传播的路径之一。当系统运行时，空气由新风口或室内回风口经空调机或通风机，通过风管送至房间。如有火灾发生就会通过这些系统传播蔓延。

建筑物火灾发生时烟气的流动是诸多因素共同作用下的结果，因而准确的描述烟气在各时刻的流动是相当困难的。了解烟气流动的各种因素的影响和烟气流动规律有助于防排烟系统的正确设计。

二、火灾烟气的控制原则

控制火灾烟气流动的主要措施有:

(1) 防火分区和防烟分区的划分;

(2) 加压送风防烟;

(3) 疏导排烟。

1. 防火分区和防烟分区

(1) 防火分区

在建筑设计中对建筑物进行防火分区的目的是防止发生火灾时火势蔓延,同时便于消防人员扑救,减少火灾损失。进行防火分区,即是把建筑物划分成若干防火单元,在两个防火分区之间,在水平方向应设防火墙、防火门和防火卷帘等进行隔断,垂直方向以耐火楼板等进行防火分隔。阻断火势的同时,当然也阻止了烟气扩散。通风空调系统应尽量减少跨越防火分区,必须穿越防火分区时,应在穿越防火墙时,加设防火阀。

防火分区的最大面积一般与建筑物的重要性、耐火等级、灭火设施的种类等因素有关,每个防火分区的面积不应超过以下规定:

一类建筑　1 000 m^2,二类建筑　1 500 m^2,地下室　500 m^2

设有自动灭火系统的防火分区,其最大允许建筑面积可相应增加一倍。

相关规定具体可查《高层民用建筑设计防火规范》。

(2) 防烟分区

防烟分区是指在设置排烟措施的过道、房间用隔墙或其它措施限制烟气流动的区域。

防烟分区的划分是在防火分区内进行的,是防火分区的细化。按照有效排烟的原则划分,单个防烟分区的面积越大,需要的排烟风量越多,效果不一定好。《高层民用建筑设计防火规范》中规定当房间高度 $<6\ m$ 时,防烟分区的建筑面积不宜超过 500 m^2。因此对于超过 500 m^2 的房间应分隔成几个防烟分区,分隔的方法除采用隔墙外,还可采用挡烟垂壁或从顶棚下突出不小于 0.5 m 的梁。防烟分区的前提是设置排烟措施,只有设了排烟措施,防烟分区才有意义。图 9.2 为某百货大楼防火防烟分区的示例。

2. 加压送风防烟

当火灾发生时,对房间送入一定量的室外空气,以保证房间具有一定压力或在门洞处造成一定流速,以避免烟气侵入,称为加压送风防烟。

图 9.3 表示保持房间一定的正压,使空气从门的缝隙和其他缝隙处流出,以防止烟气的侵入。

图 9.4 表示开门时,送入空气在门洞形成一定流速,以防止烟气侵入。

3. 疏导排烟

利用自然或机械作为动力,将烟气排至室外,称之为排烟。排烟的目的是排除着火区的烟气和热量,不使烟气气流侵入非着火区,以利于人员疏散和进行扑救。

(1) 自然排烟:利用烟气产生的浮力和热压进行排烟、通常利用可开启的窗户来实现。简单经济,但排烟效果不稳定,受着火点位置、烟气温度、开启窗口的大小、风力、风向等诸多因素的影响。

(2) 机械排烟:利用风机的负压排出烟气,排烟效果好,稳定可靠。需设置专用的排烟口、排烟管道和排烟风机,且需专用电源,投资较大。

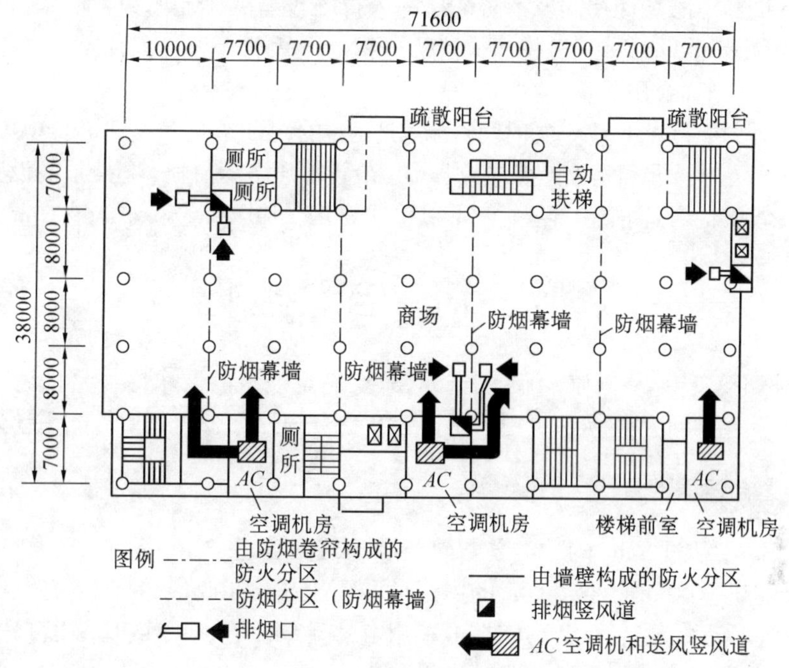

图 9.2　防火防烟分区

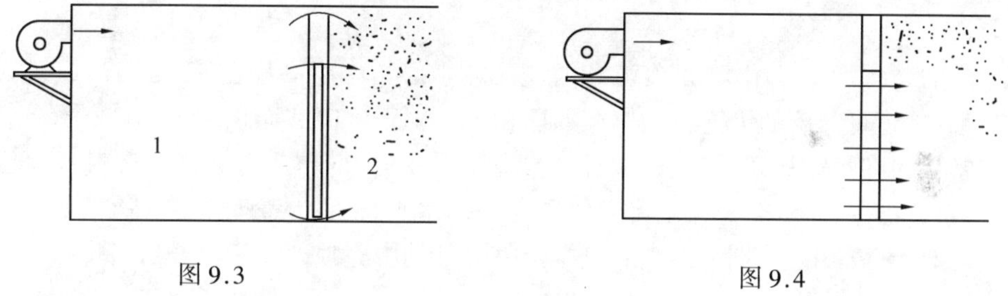

图 9.3　　　　　　图 9.4

三、建筑物中需设置防排烟的部位

普通民用建筑无规定，可依靠门、窗作自然排烟。对高层建筑规定：

1. 一类高层建筑和建筑高度超过 32 m 的二类高层建筑的下列部位，应设机械排烟设施：

(1) 无直接自然通风，且长度超过 20 m 的内走道或虽有直接自然通风，但长度超过 60 m 的内走道；

(2) 面积超过 100 m^2，且经常有人停留，或可燃物较多的地上无窗房间或设固定窗的房间；

(3) 各房间累计面积超过 200 m^2，或一个房间面积超过 50 m^2，且经常有人停留，或可燃物较多且无自然排烟条件的地下室；

(4) 净空高度超过 12 m，或不具备自然排烟条件的中庭。

2. 不具备自然排烟条件的防烟楼梯间及其前室、消防电梯前室或合用前室，应设加压送风防烟措施。防烟楼梯间及消防电梯的入口处设有一个小室，称前室。前室起防烟的作用，又可供不能同时进入楼梯间或消防电梯的人短暂停留。如前室为防烟楼梯间和消防电梯合用，则称合用前室。

3. 高层建筑一旦发生火灾，短时间内疏散是困难的，因此在建筑高度超过 100 m 的公共建筑中应设避难层，供人员暂避。避难层或避难区应设加压防烟措施。避难层的设置原则是自首层至第一个避难层或两个避难层之间不宜超过 15 层。加压风量为$\nless$30 $m^3/h\cdot m^2$。

第三节　自然排烟

自然排烟投资少，易操作，不占用空间，只要满足规范的要求应尽量采用。自然排烟通常由可开启窗实现。排烟窗可由烟感器控制，电讯号开启，也可由缆绳手动开启。

一、走道与房间的自然排烟

除建筑高度超过 50 m 的一类公共建筑和建筑高度超过 100 m 的居住建筑外的高层建筑中，长度超过 20 m 且小于 60m 的内走道和面积超过 100 m^2，且经常有人停留或可燃物较多的房间，有可开启窗或窗井时，可采用自然排烟。走道或房间采用自然排烟时，可开启外窗的面积不应小于走道或房间面积的 2%。

二、中庭自然排烟

中庭的防排烟比较困难，烟气流动的变化较多。当中庭高度小于 12 m 时，可以采用自然排烟，规定可开启的天窗或高侧窗的面积不应小于该中庭面积的 5%。

通常认为在火灾初期，烟气的温度不会很高，约 60℃左右，当烟气上升时，卷吸周围空气，被持续冷却，烟气会不再上升而停留在一定水平位置，从而向同一高度层的房间扩散。所以对于高的中庭，烟气无法靠自身浮力上升到中庭顶部通过可开启窗排出。

三、防烟楼梯间及其前室、消防电梯前室和合同前室的自然排烟

1. 除建筑高度超过 50 m 的一类公共建筑和建筑高度超过 100 m 的居住建筑外，靠外墙的防烟楼梯间及其前室和合用前室，宜采用自然排烟方式，如图 9.5 所示。如不满足自然排烟条件，应设加压送风防烟。

2. 当采用自然排烟时，靠外墙的防烟楼梯间每五层可开启外窗总面积之和不应小于 2 m^2；防烟楼梯间前室，消防电梯前室每层可开启外窗面积不应小于 2 m^2，合用前室不应小于每层 3 m^2。

3. 当前室或合用前室采用凹廊，阳台时，或前室内有两面外窗时，楼梯间如无自然排烟条件，也可不设防烟措施。如图 9.6、图 9.7 所示。

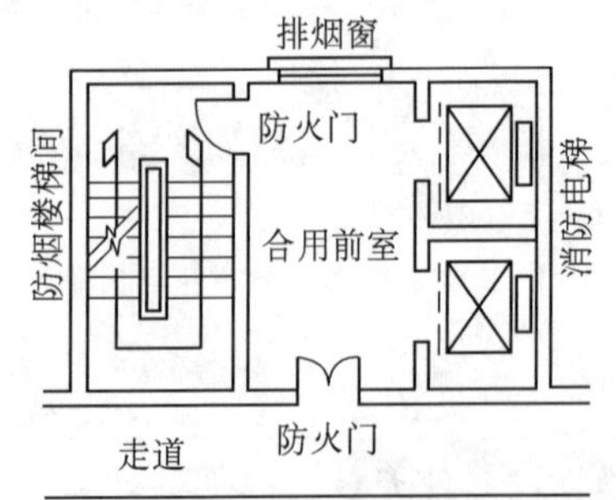

图 9.5　合用前室采用自然排烟

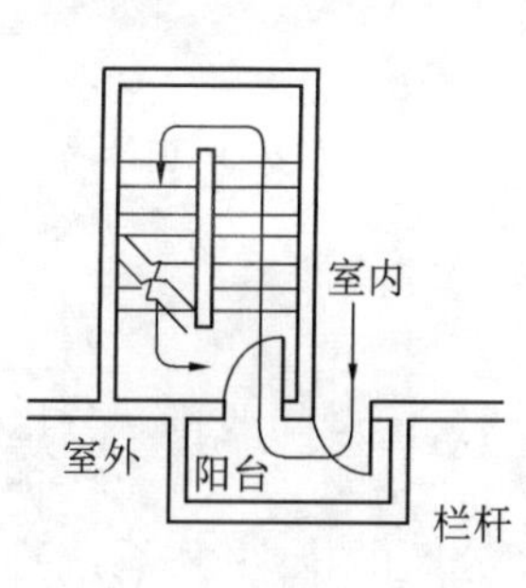

图 9.6　利用阳台排烟

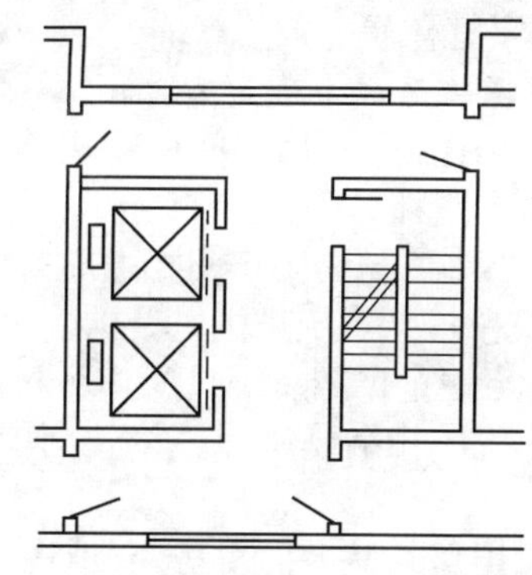

图 9.7　两面外窗的前室

第四节　机械排烟

机械排烟系统工作可靠、排烟效果好,当需要排烟的部位不满足自然排烟条件时,则应设机械排烟。

一、机械排烟系统排烟风量的计算

机械排烟风量按应设机械排烟部位(中庭除外)每平方地板面积不小于 60 m^3/h 确定,因此只要正确确定机械排烟部位的地板面积,就可计算所需的排烟风量。

1. 地板面积的确定

(1) 内走道:长度超过 20 m,且无自然排烟条件或长度超过 60 m 的内走道均应设机械排烟,排烟面积应为走道面积与无窗房间或设固定窗房间面积之和。

(2) 房间:面积超过 100 m^2,且经常有人停留或可燃物较多的无窗房间、设固定窗的房间应设机械排烟;除可自然排烟的房间外,单个房间面积超过 50 m^2,或各房间总面积超过 200 m^2 的经常有人停留或可燃物较多的地下室,应设机械排烟。

当防烟分区面积小于 500 m^2 时,排烟面积即为房间地面面积;当面积超过 500 m^2 时,且净高小于 6 m 时,应当用挡烟垂壁等将防烟分区划小,每个防烟分区的面积即为该防烟分区排烟风量的计算面积。

(3) 设机械排烟的前室或合用前室

部分防烟楼梯间及前室、或合用前室可以用自然排烟,而其他的防烟楼梯间及前室或合用前室采用机械排烟。如高层建筑的塔楼部分有自然排烟条件,而在裙房部分没有自然排烟条件,可在裙房部分的前室或合用前室设机械排烟,前室或合用前室的面积即为排烟计算面积。

2. 中庭排烟风量的计算

一类建筑或建筑高度超过 32 m 的二类建筑中高度超过 12 m 的中庭应设机械排烟。中庭排烟风量的计算方法因中庭内烟气流动和火灾发生情况的复杂和多变而有多种方法,各国标准和规定不同,尚未统一。我国的《高层民用建筑设计防火规范》中规定用换气次数法进行计算:

(1) 中庭体积 $>$ 17 000 m^3,按 $n=4$ 次/h 计算排烟量,最小排烟量不得小于 10.2×10^4 m^3/h;

(2) 中庭体积≤17 000 m^3,按 n = 6 次/h 计算排烟量。

中庭体积按以下规定计算:

(1) 当中庭与周围房间用防火墙,可自动关闭的防火门窗、防火卷帘分隔时,其所围体积即为中庭计算体积;

(2) 当中庭与周围房间相通时,计算体积应包括相通房间的体积。

3. 机械排烟系统排烟风量的确定原则

(1) 当一个排烟系统只为一个房间或防烟分区服务时,该房间或排烟分区的排烟风量即为系统的排烟风量,但系统最小风量不得小于 7 200 m^3/h;

(2) 当一个排烟系统负责几个房间或内走道或防烟分区的排烟时,系统排烟风量按该系统所担负的最大面积房间(或内走道,或防烟分区)的每 m^2 地板面积的排烟量为 120 m^3/h 确定。

【例 9.1】 如图 9.8 所示机械排烟系统,该系统所担负的排烟区域共 4 个,每个排烟区域的面积如图 9.8 所示,试确定系统排烟风量和各管段排烟风量。

【解】

管　段	计算排烟面积(m^2)	每 m^2 排烟风量(m^3/h)	排烟风量(m^3/h)
①	180	60	180 × 60 = 10 800
②	300	60	300 × 60 = 18 000
③	300	120	300 × 120 = 36 000
④	250	60	250 × 60 = 15 000
⑤	200	60	200 × 60 = 12 000
⑥	250	120	250 × 120 = 30 000
⑦	300	120	300 × 120 = 36 000
⑧	300	120	300 × 120 = 36 000

可知系统排烟风量为 36 000 m^3/h。

二、机械排烟的系统划分与布置

机械排烟系统的划分与布置应遵守可靠性和经济性的原则,考虑最佳排烟效果的要求。系统过大,则排烟口多、管路长、漏风量大、远端排烟效果差,管路布置可能出现困难,但设备少,总投资可能少一些;如系统小,则排烟口少、排烟效果好,可靠性强,但设备多,分散,投资高,维护管理不便。因此应仔细考虑、论证后确定排烟系统的方案。

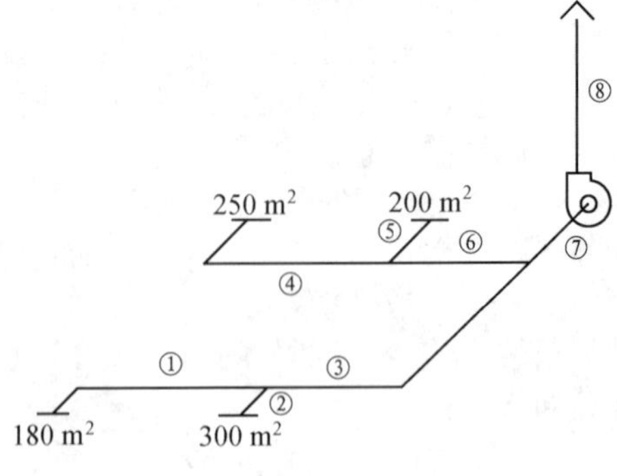

图 9.8　例 9.1 排烟系统

1. 前室或合用前室、内走道的机械排烟系统

(1) 前室或合用前室通常在各层的同一位置,所以常采用竖向布置,如图 9.9 所示,排烟设在前室邻近走道的顶部,排烟风机设于屋顶或顶层。排烟口为常闭状态,火警时电信号开启或手动开启,当排烟温度达到 280°时自动关闭。

(2) 内走道通常也在各层的同一位置因此也常采用竖向布置，但如走道太长，因每个排烟口的作用距离不超过 30 m，需设 2 个以上排烟口时，可以用一个水平支管连接，排烟口可采用普通金属风口(常开型)，并在水平支管处设排烟防火阀，见图 9.10。该阀应为常闭状态，火警发生时电讯号开启或手动开启，280 ℃时关闭并输出电讯号。如走道内无法安装水平风管，则可采用两个垂直系统。在风机的入口处应设排烟防火阀(常闭状态)，以防平时室外空气侵入系统，这一点在寒冷地区尤其重要，可防止冷风侵入风管内，造成风管外表面结露、结霜等现象。排烟风机出口处应设金属百叶窗，防止雨、雪、杂物侵入系统，造成腐蚀或故障。

2. 多个房间(或防烟分区)的排烟系统

通常采用水平布置，把各房间或防烟分区的排烟口用水平风管连接起来，再用竖向风道连接各层的水平风管形成一个排烟系统。当每层的房间或防烟分区很多时，系统过大或水平风管布置困难时，可分成若干系统。

三、排烟口的设置

通常排烟口的尺寸可按迎面风速确定，一般迎面风速不宜超过 10 m/s(排风风速愈高，排出气体中空气的比率愈大)。排烟口在一个排烟区内可设一个或多个，主要考虑排烟口的作用距离最高不大于 30 m，如图 9.11 所示。应综合考虑设置排烟口，最好设于防烟区的中心，以尽量减少其数量。

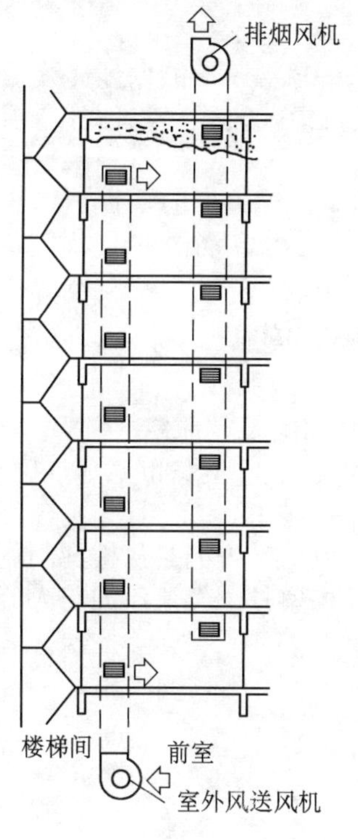

图 9.9　前室机械排烟

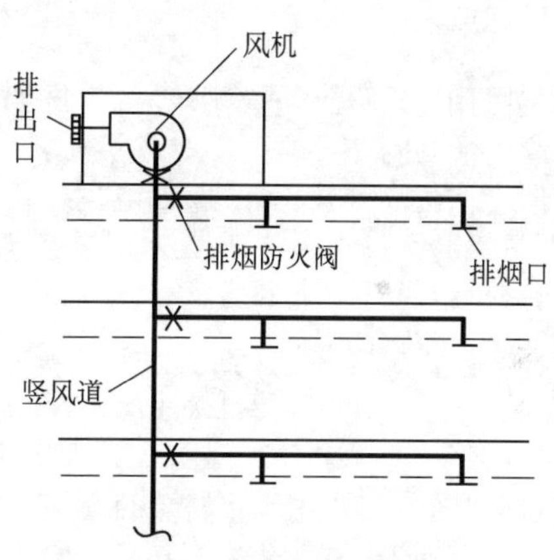

图 9.10　内走道机械排烟

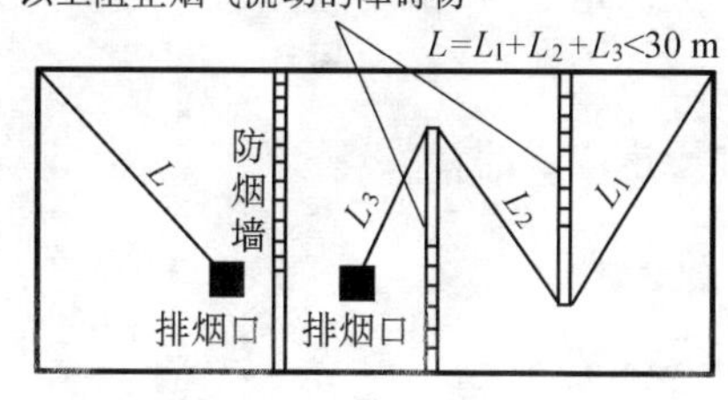

图 9.11　排烟口的作用距离

当系统只为一个房间或防烟分区排烟时，排烟口可采用普通金属常开型百叶风口。

如为多个排烟区域服务，则排烟口必须为常闭型，火警发生时，由电信号控制自动开启或手动开启，可手动复位，并具有 280 ℃自动关闭功能。

排烟口也可由普通金属百叶风口和常闭型排烟防火阀组合而成。走道内的排烟口宜选用条缝形，如图 9.12 所示，横贯走道的宽度，排烟效果好。

排烟口必须设在顶棚或靠近顶棚的墙上，且与附近安全出口沿走道方向相邻边缘之间的最小水平距离不应小于 1.5 m。设在顶棚上的排烟口，距可燃构件或可燃物的距离不应小于 1.00 m。

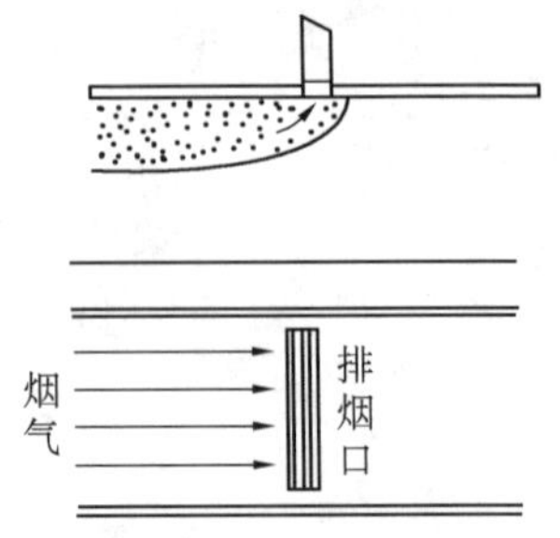

图 9.12　条缝形排烟口的设置

四、排烟风管

因为工作条件恶劣，排烟风管应有一定的耐火、绝热性能。目前我国规定排烟风管必须为不燃材料，对于竖风道通常采用混凝土或砖砌的土建风道，有较好的耐火性和绝热性；对于天棚内或室内的水平风管宜采用耐火板制作，不仅耐火，而且绝热性能好。目前通常使用普通钢板制作水平排烟管，钢板不燃，但耐火性和绝热性都很差，当排烟温度很高时，易引起风管外的可燃材料着火，因此天棚内的排烟风管最好用不燃的保温材料作保温。

五、排烟风机

《高层民用建筑设计防火规范》规定排烟风机在 280 ℃的风温下应能保证连续工作 30 min。通常选择电机外置的离心式风机。目前排烟专用风机中轴流式、斜流式、屋顶风机等都有，但均作耐高温技术处理，如电机外置、装设电机冷却装置等。

排烟风机通常设于屋顶或顶层，应有专用的排烟机房。排烟机房的围扩结构宜采用不燃材料。排出风管不宜太长，以防正压使烟气从不严密处溢出，甚至可能使火灾蔓延。

第五节　加压送风防烟

机械加压送风主要用于不符合自然排烟条件的防烟楼梯间及其前室、消防电梯前室及合用前室的防烟。另外在高层建筑的避难层也需设置机械加压送风，以防烟气侵入。

机械加压送风向防烟区送入室外空气，造成一定的正压，在楼梯间、前室或合用前室和走道中形成一个压力阶差，防止烟气侵入疏散通道，使空气流动方向是从楼梯间流向前室，由前室流向走道，再由走道流向室外或先流入房间再流向室外。气流流向与人流疏散方向相反，增加了疏散、援救与扑救的机会。

一、加压送风量的计算

1. 门洞送风法

$$L_v = (\sum A)v \qquad m^3/s \tag{9.1}$$

式中　L_v—— 维持开启门洞处一定的风速所需的送风量，m^3/s；

$\sum A$—— 所有门洞的面积，m^2；

v—— 门洞的平均风速，m/s。

门洞的平均风速值取 0.7 ~ 1.2 m/s。实际上由于着火点的位置、着火点的燃烧强度、着火的延续时间的不同，需要的门洞平均风速也会变化。各国的取值范围也不相同，如英国为0.5~0.7 m/s，澳大利亚为1.0 m/s。

2. 压差法

当防烟区门关闭时，保持一定压差所需风量

$$L_p = CA(2\Delta P/\rho)^n \tag{9.2}$$

式中　L_p——保持压差所需的送风量，m^3/s；

C——流量系数，取0.6~0.7；

A——总漏风面积，m^2；

ρ——空气密度，kg/m^3；

n——指数，0.5~1，通常取0.5；

ΔP——加压区与非加压区的压差，Pa。

也可按式(9.3)直接求解。

$$L_p = 0.827A(\Delta P)^{0.5} \times 3\,600 \quad m^3/h \tag{9.3}$$

式中，L_p、A、ΔP 同式(9.2)。

《高层民用建筑设计防火规范》规定 $\Delta P = 25 \sim 50$ Pa，楼梯间加压时取50 Pa，前室加压时取25 Pa。

总漏风面积为门、窗等处缝隙总和，缝隙宽度建议按表9.1选取。

表9.1　门窗缝隙宽度　（单位：mm）

疏散门	2~4	单层钢窗	0.66
电梯门	5~6	双层钢窗	0.46
单层木窗	0.67	铝合金推拉窗	0.32
双层木窗	0.47	铝合金平开窗	0.08

《民用建筑采暖通风设计技术措施》、《供暖通风设计手册》和《实用供热空调设计手册》分别给了多种加压送风防烟的计算方法，由于影响加压送风量的因素复杂，再加上使用公式时取值的不同，计算结果差别很大，因此《高层民用建筑设计防火规范》中给出不同情况下加压送风量的定值范围表。在选择合适的加压送风计算方法进行计算后，计算结果若高于该表的风量范围，则为最终加压送风量，否则加压送风量按定值范围表确定。

二、加压防烟的几个问题

1. 为使防烟楼梯间的压力保持均匀，应使楼梯间内加压送风口均匀分布，一般可分隔三层设一个加压送风口。

2. 楼梯间内正压过大，会使疏散人员开门困难。为防止楼梯间内压力过高，应设卸压装置：

① 设置余压阀，必要时可设置多个。

② 利用加压风机旁通泄压，通过设在楼梯间的静压传感器控制加压送风机的旁通风门，调节送风量。

3. 对于超高层建筑，由于热压过大，一个加压系统很难使楼梯井压力均匀，可将楼梯井分区(高、低区或多区)，在两区之间设密闭门，隔断“烟囱效应”。

4. 加压送风管不设防火阀，送风口平时关闭，并与加压风机联锁，发生火警后所有送风口均自动开启。

常用的防火排烟装置见表9.2。

表9.2 通风空调系统中常用的防火、排烟装置

类别	名称	性能和用途
防火类	防火调节阀 FVD	70℃温度熔断器自动关闭(防火),可输出联动讯号,用于通风空调系统风管内,防止火焰沿风管蔓延
	防火阀 FD	
	防烟防火阀 SFD	靠烟感器控制动作,用电讯号通过电磁铁关闭(防烟);还可用70℃温度熔断器自动关闭(防火),用于通风空调系统风管内,防止火焰沿风管蔓延
防烟类	加压送风口	靠烟感器控制动作,电讯号开启,也可手动(或远距离缆绳)开启;可设280℃温度熔断器重新关闭装置,输出动作电讯号,联动送风机开启。用于加压送风系统的风口,起赶烟、防烟作用
	余压阀	防止防烟超压,起卸压作用
排烟类	排烟阀	电讯号开启或手动开启;输出开启电讯号联动排烟机开启。用于排烟系统风管上
	排烟防火阀	电讯号开启,手动开启。280℃温度熔断器重新关闭,输出动作电讯号,用于排烟机吸入口处管道上
	排烟口	电讯号开启,也可用动(或远距离缆绳)开启;输出电讯号联动排烟机,用于排烟房间的顶棚和墙壁上,可设280℃温度熔断器重新关闭装置
	排烟窗	靠烟感器控制动作,电讯号开启,也可缆绳手动开启,用于自然排烟处的外墙上
分隔类	防火卷帘	划分防火分区,用于不能设置防火墙处,水幕保护
	挡烟垂壁	划分防烟区域,手动或自动控制

第十章 湿空气的物理性质和焓湿图

第一节 湿空气的物理性质和状态参数

一、湿空气的组成及物理性质

我们把环绕地球的空气层称为大气,大气是由干空气和一定量的水蒸汽混合而成的,因此常把大气称为湿空气。干空气是由氮、氧、氩、二氧化碳、氖、氦和其他一些微量气体组成的混合气体。干空气的多数成分比较稳定,只有少数成分随时间、地理位置、海拔高度等因素有少许变化。干空气中除了二氧化碳的含量有较大的变化外,其他气体的含量很稳定,但二氧化碳的含量非常少,对干空气性质的影响可以忽略不计,因此,可以将湿空气作为一个稳定的混合物来对待。

为了统一干空气的热工性质,便于热工计算,一般将海平面高度附近的清洁干空气作为标准,其组成见表 10.1 所示。

表 10.1 干空气的标准成分

成分气体(分子式)	成分体积百分比(%)	对于成分标准值的变化	分子量(C—12 标准)
氮(N_2)	78.084	—	28.013
氧(O_2)	20.9476	—	31.9988
氩(Ar)	0.934	—	39.934
二氧化碳(CO_2)	0.0314	*	44.00995
氖(Ne)	0.001818	—	21.183
氦(He)	0.000524	—	4.0026
氪(Kr)	0.000114	—	83.80
氙(Xe)	0.0000087	—	131.30
氢(H_2)	0.00005	?	2.01594
甲烷(CH_4)	0.00015	*	16.04303
氧化氮(N_2O)	0.00005	—	44.0128
臭氧(O_3) 夏	0 ~ 0.000007	*	47.9982
冬	0 ~ 0.000002	*	47.9982
二氧化硫(SO_2)	0 ~ 0.0001	*	64.0828
二氧化氮(NO_2)	0 ~ 0.000002	*	46.0055
氨(NH_4)	0 ~ 微量	*	17.03061
一氧化碳(CO)	0 ~ 微量	*	28.01055
碘(I_2)	0 ~ 0.000001	*	253.8088
氡(Rn)	6×10^{-13}	?	+

注: * 随时间和场所的不同,该成分对标准值有较大的变化; + 氡有放射性,由 Rn^{220} 和 Rn^{222} 两种同位素构成,因为同位素混合物的原子量变化,所以不作规定。(Rn^{220} 半衰期 54 s,Rn^{222} 半衰期 3.83 日)

湿空气中水蒸汽的含量很少,不稳定,常随季节、气候等各种条件而变化。由于空气中水蒸汽变化对空气的干燥和潮湿程度产生重要的影响,从而对人体的感觉、产品的质量等都有直接的影响。同时,空气中水蒸汽含量的变化又会使湿空气的物理性质随之发生变化。因此研究湿空气中水蒸汽含量的调节在空气调节中占有重要地位。

在地球表面的空气中,还有悬浮尘埃、烟雾、微生物以及废气、化学排放物等,它们不影响湿空气的物理性质,因而不作介绍。

二、湿空气的状态参数

通常用压力、温度、比容等参数来描述湿空气的状态,因此我们把这些能够描述湿空气状态特性的物理量称为湿空气的状态参数。

在热力学中,把常温常压下的干空气视为理想气体,而湿空气中的水蒸汽一般处于过热状态,加上水蒸汽的数量少,分压力很低,比容很大,也可近似地作为理想气体。所以,由干空气和水蒸汽组成的湿空气也具有理想气体特性,即可以用理想气体状态方程来表示湿空气的主要状态参数的相互关系:

$$P_g V = m_g R_g T \quad 或 \quad P_g v_g = R_g T \tag{10.1}$$

$$P_q V = m_q R_q T \quad 或 \quad P_q v_q = R_q T \tag{10.2}$$

式中　P_g、P_q——干空气、水蒸汽的分压力,Pa;

V——湿空气的总容积,m^3;

m_g、m_q——干空气及水蒸汽的质量,Kg;

T——湿空气的热力学温度,K;

R_g、R_q——干空气及水蒸汽的气体常数,J/(kg.K);

v_g、v_q——干空气及水蒸汽的比容,m^3/kg。

$$v_g = \frac{1}{\rho_g} = \frac{V}{m_g}, v_q = \frac{1}{\rho_q} = \frac{V}{m_q}$$

根据阿佛加德罗定律,在温度、压力相同的条件下,不同气体在同体积中所含分子数均相同,由此可知:

当 $P = 101325$ Pa, $T = 273.15$ K 时,1 kmol 气体分子的体积 V_m 都相等,由实验测得 V_m 为 22.4145 m^3/kmol,因此可得通用气体常数 R_0:

$$R_0 = \frac{101325 \times 22.4145}{273.15} = 8314.66 \quad J/(kmol \cdot K) \tag{10.3}$$

将 R_0 除以任何气体的分子量 M,就得到 1 kg 该气体的气体常数,那么干空气和水蒸汽的气体常数分别为:

$$R_g = \frac{8314.66}{28.97} = 287 \ J/(kg \cdot K)$$

$$R_q = \frac{8314.66}{18.02} = 461 \ J/(kg \cdot K)$$

1. 大气压力 B

地球表面单位面积上所受的空气层的压力叫作大气压力,常用 B 表示,它的单位以帕(Pa)或千帕(kPa)表示。

大气压力不是一个定值,它随着各地海拔高度的不同而不同,还随季节、气候的变化而略有不同,大气压力随海拔高度的变化如图 10.1

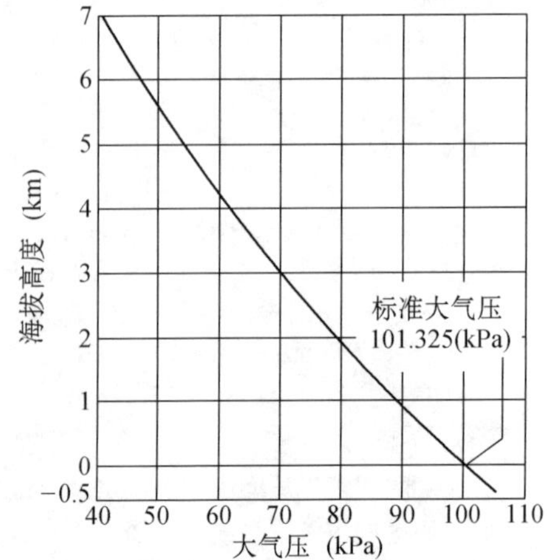

图 10.1　大气压与海拔高度的关系

所示。一般以北纬45度处海平面的全年平均大气压作为一个标准大气压或物理大气压，其数值为101325 Pa，或者760 mmHg，多种大气压力之间的换算见表10.2。由于空气的状态参数随大气压力不同而不同，因此在空调系统设计和运行中，一定要考虑当地的大气压力的大小，否则就会造成一定的误差。

表10.2　大气压力单位换算表

帕(Pa)	千帕(kPa)	巴(bar)	毫巴(mbar)	物理大气压(atm)	毫米汞柱(mmHg)
1	10^{-3}	10^{-5}	10^{-2}	9.86923×10^{-6}	7.50062×10^{-3}
10^3	1	10^{-2}	10	9.86923×10^{-3}	7.50062
10^5	10^2	1	10^3	9.86923×10^{-1}	7.50062×10^2
10^2	10^{-1}	10^{-3}	1	9.86923×10^{-4}	0.750062×10^{-1}
101325	101.325	1.01325	1013.25	1	760
133.332	0.133332	1.33332×10^{-3}	1.33332	1.31579×10^{-3}	1

2.水蒸汽分压力

湿空气中水蒸汽分压力是指水蒸汽独占湿空气的容积，并具有与湿空气相同的温度时所产生的压力。

湿空气是由干空气和水蒸汽组成，因此根据道尔顿定律，湿空气的压力应等于干空气与水蒸汽分压力之和，即

$$B=P_g+P_q \tag{10.4}$$

从气体分子运动的观点来看，分子数越多，气体压力越高，因此，水蒸汽分压力的大小反映了空气中水蒸汽含量的多少。

3.含湿量 d

含湿量是指对应于一千克干空气的湿空气中所含有的水蒸汽量，单位是kg/kg干。

$$d=\frac{G_q}{G_g}\quad \text{kg/kg·干} \tag{10.5}$$

式中　d——湿空气的含湿量，kg/kg·干；

G_q——湿空气中水蒸汽的质量，kg；

G_g——湿空气中干空气的质量，kg。

干空气和水蒸汽在常温常压下都可看作理想气体，因此都遵循理想气体状态方程式。根据公式(10.1)、(10.2)，公式(10.5)可以整理为：

$$d=0.622\frac{P_q}{P_g}\quad \text{kg/kg·干} \tag{10.6}$$

或

$$d=0.622\frac{P_q}{B-P_q}\quad \text{kg/kg·干} \tag{10.7}$$

4.相对湿度 φ

在一定的温度下，湿空气中的水蒸汽含量是有一定限度的，超过这个限度，多余的水蒸汽就会从湿空气中凝结出来。这种含有最大限度水蒸汽量的湿空气称为饱和空气，与之相对应的水蒸汽分压力和含湿量称为该温度下湿空气的饱和水蒸汽分压力 $P_{q.b}$ 和饱和含湿量 d_b。饱和水蒸汽分压力和饱和含湿量要随温度的变化而变化，如表10.3所示。

表 10.3　空气温度与饱和水蒸汽压力及饱和含湿量的关系

空气温度 t(℃)	饱和水蒸汽分压力 $P_{q.b}$(Pa)	饱和含湿量 d_b(g/kg·干)（$B=101325Pa$）
10	1225	7.63
20	2331	14.70
30	4232	27.20

由于含湿量只能反映空气中所含水蒸汽量的多少，而不能反映空气的吸湿能力，因此，我们引出另一种度量湿空气中水蒸汽含量的间接指标——相对湿度 φ。

相对湿度就是在某一温度下，空气的水蒸汽分压力与同温度下饱和湿空气的水蒸汽分压力的比值，即：

$$\varphi = \frac{P_q}{P_{q \cdot b}} \times 100\% \tag{10.8}$$

式中　φ——湿空气的相对湿度；

P_q——湿空气的水蒸汽分压力，Pa；

$P_{q.b}$——同温度下空气的饱和水蒸汽分压力，Pa。

由式(10.8)可知，相对湿度反映了湿空气中水蒸汽接近饱和含量的程度，即反映湿空气接近饱和的程度。φ 值小，说明湿空气接近饱和的程度小，空气干燥，吸收水蒸汽的能力强；φ 值大，说明湿空气接近饱和的程度大，空气潮湿，吸收水蒸汽的能力弱。当 φ 为零，空气为干空气；反之 φ 为 100%，空气为饱和空气。

相对湿度和含湿量都是表征湿空气湿度的参数，但两者的意义却不同：相对湿度反映湿空气接近饱和的程度，却不能表示水蒸汽的含量；含湿量可以表示水蒸汽的含量，但不能表示湿空气接近饱和的程度。

湿空气的相对湿度和含湿量的关系由式(10.7)、式(10.8)可导出，根据

$$d = 0.622\frac{\varphi P_{q \cdot b}}{B - \varphi P_{q \cdot b}} \tag{10.9}$$

$$d_b = 0.622\frac{P_{q \cdot b}}{B - P_{q \cdot b}}$$

d_b——饱和空气的含湿量，即饱和含湿量，kg/kg.干。

得
$$\frac{d}{d_b} = \frac{P_q(B - P_{q \cdot b})}{P_{q \cdot b}(B - P_q)}$$

即
$$\varphi = \frac{d}{d_b} \cdot \frac{(B - P_q)}{(B - P_{q \cdot b})} \times 100\% \tag{10.10}$$

式(10.10)中的 B 要比 P_q 和 $P_{q.b}$ 大得多，认为 $B—P_q \approx B—P_{q.b}$，只会造成 1 ~ 3% 的误差，因此相对湿度可近似表达为

$$\varphi = \frac{d}{d_b} \times 100\% \tag{10.11}$$

5. 湿空气的焓 i

在空调工程中，湿空气的状态经常发生变化，常需要确定湿空气状态变化过程中发生的热交换量。从工程热力学可知，在定压过程中，可用焓差来表示热交换量，即

$$G \cdot \Delta i = \Delta Q \tag{10.12}$$

在空调工程中，湿空气的压力变化一般很小，所以湿空气的状态变化可以近似于定压过程，因此能够用湿空气变化前后的焓差来计算空气的热量变化。

湿空气的焓是以 1 kg 干空气为计算基础。1 kg 干空气的焓和 d kg 水蒸汽的焓的总和，称为$(1+d)$kg 湿空气的焓。如取 0℃的干空气和 0℃的水的焓值为零，则湿空气的焓表达为

$$i = i_g + d \cdot i_q \quad \text{kJ/kg·干} \tag{10.13}$$

干空气的焓 i_g　　$i_g = c_{p \cdot g} t \quad$ kJ/kg. 干

水蒸汽的焓 i_q　　$i_q = c_{pq} t + 2\,500 \quad$ kJ/kg. 汽

式中　$c_{p.g}$——干空气的定压比热，在常温下 $c_{p.g} = 1.005$ kJ/(kg.K)，近似取 1 或 1.01 kJ/(kg.K)；

$c_{p.q}$——水蒸汽的定压比热，在常温下 $c_{p.q} = 1.84$ kJ/(kg.K)；

2 500——0℃的水的汽化潜热，kJ/kg。

则湿空气的焓为：

$$i = 1.01t + d(2\,500 + 1.84t) \quad \text{kJ/kg. 干} \tag{10.14}$$

或

$$i = (1.01 + 1.84d)t + 2\,500d \quad \text{kJ/kg. 干} \tag{10.15}$$

从式(10.15)可以看出，$(1.01+1.84d)t$ 是与温度有关的热量，称为“显热”；而 $2500d$ 是 0℃时 dkg 水的汽化热，它仅随含湿量的变化而变化，与温度无关，故称为“潜热”。由此可见，湿空气的焓将随温度和含湿量的变化而变化，当温度和含湿量升高时，焓值增加；反之，焓值降低。而在温度升高，含湿量减少时，由于 2 500 比 1.84 和 1.01 大得多，焓值不一定会增加。

6. 密度和比容

湿空气是由干空气和水蒸汽混合而成，而干空气和水蒸汽是均匀混合并占有相同的体积，因此，湿空气的密度等于干空气的密度和水蒸汽的密度之和，即

$$\rho = \rho_g + \rho_q = \frac{P_g}{R_g T} + \frac{P_q}{R_q T} = 0.003484\frac{B}{T} - 0.00134\frac{P_q}{T} \tag{10.16}$$

在标准条件下，干空气的密度为 1.205 kg/m³，而水蒸汽的密度取决于 P_q 的大小。由于 P_q 值相对于 P_g 值小，因此，湿空气的密度比干空气的密度小，在实际计算中，可近似取 $\rho = 1.2$ kg/m³。

【例 10.1】 已知当地大气压力 $B = 101\,325$ Pa，温度 $t = 20$ ℃，试计算(1)干空气的密度；(2)相对湿度为 80% 的湿空气密度。

解　(1)已知干空气的气体常数 $R_g = 287$ J/(kg.K)，干空气的压力为大气压力 B，所以

$$\rho_g = \frac{B}{287 \cdot T} = 0.00384\frac{B}{T} = 0.00384\frac{101325}{293} = 1.025 \text{ kg/m}^3$$

(2)由表 10.3 查得，20℃时的水蒸汽饱和压力为 $P_{q.b} = 2331$ Pa，代入式(10.16)得：

$$\rho = 0.003484\frac{B}{T} - 0.00134\frac{P_q}{T} = 0.003484\frac{B}{T} - 0.00134\frac{\varphi P_{q \cdot b}}{T}$$

$$= 0.003484\frac{101325}{293} - 0.00134\frac{0.8 \times 2331}{293} = 1.196 \text{ kg/m}^3$$

【例 10.2】 试计算在 30℃条件下，大气压力 B 为 101325 Pa，相对湿度为 60% 的湿空气的含湿量和焓值。

解　在 $B = 101325$ Pa 时，查表 10.3 得，$t = 30$℃的饱和水蒸汽分压力为 4231 Pa，按式(10.9)可得含湿量为：

$$d = 0.622\frac{\varphi P_{q \cdot b}}{B - \varphi P_{q \cdot b}} = 0.622\frac{0.6 \times 4231}{101325 - 0.6 \times 4231} = 0.016 \quad \text{kg/kg. 干}$$

湿空气的焓为：

$$i = 1.01t + d(2500 + 1.84t) = 1.01 \times 30 + 0.016 \times (2500 + 1.84 \times 30) = 71.18\ kJ/kg \cdot 干$$

第二节　湿空气的焓湿图

湿空气的状态参数可以通过上节介绍的公式来计算或查已经计算好的湿空气性质表(见附录 10.1)确定，但在空气调节工程中，为了避免繁琐的公式计算，同时又能直观地描述湿空气状态变化过程，常用线算图来表示湿空气的状态参数之间的关系。

这里主要介绍我国现在使用的焓湿图。

一、焓湿图

焓湿图是以焓 i 与含湿量 d 为纵横坐标绘制而成的，也常称 $i-d$ 图。湿空气的状态取决于 B、d、t 三个基本参数，因此应该有三个独立的坐标，但可以选定大气压力 B 为已知(在空气调节中，空气的状态变化可以认为是在一定的大气压力下进行的)，那么，就剩下 t 和 d 了，因为焓 i 与温度 t 有关，为了便于使用，用焓 i 代替温度 t。取焓 i 为纵坐标，含湿量 d 为横坐标，取 $t=0$ 和 $d=0$ 的干空气状态点为坐标原点，为使图全面展开、线条清晰，两坐标之间的夹角由常用的 90°扩展为等于或大于 135°。在实际使用中，为了避免图面过长，常把 d 坐标改为水平线(见附录 10.2)。

1. 等温线

等温线是根据公式 $i = 1.01t + d(2500 + 1.84t)$ 制作而成的。

由公式可知，当温度为常数时，i 和 d 成线性关系，因此只须给定两个值，即可确定一等温线，给定不同的温度就可得到一些对应的等温线。

公式中 $1.01t$ 为等温线在纵坐标上的截距，$(2\,500 + 1.84t)$ 为等温线的斜率。由于 t 值不同，等温线的斜率也就不同，因此，等温线不是一组平行的直线。但由于 $1.84t$ 远小于 2 500，所以等温线又近似看作是平行的(图 10.2)。

2. 等相对湿度线

根据公式 $d = 0.622\dfrac{\varphi P_{q \cdot b}}{B - \varphi P_{q \cdot b}}$ 可以绘制出等相对湿度线。在一定的大气压力 B 下，当相对湿度为常数时，含湿量 d 就取决于 $P_{q.b}$，而 $P_{q.b}$ 又是温度 t 的单值函数，其值可以从附录 10.1 或水蒸汽性质表中查出。因此，根据不同温度 t 值，可以求得对应的 d 值，从而可在 $i-d$ 图上得到由 (t, d) 确定的点，连接各点即成等相对湿度 φ 线。等 φ 线是一组发散形曲线。显然，$\varphi = 0\%$ 的等 φ 线是纵轴线，$\varphi = 100\%$ 的等 φ 线就是饱和湿度线。

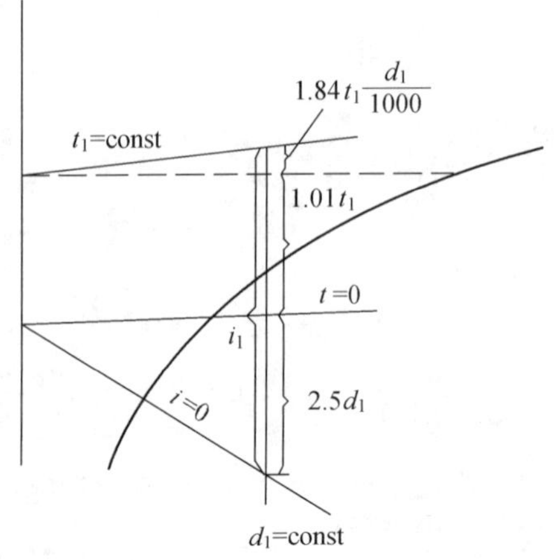

图 10.2　等温线在 $i-d$ 图上的确定

以 $\varphi = 100\%$ 线为界，该曲线上方为湿空气区(又称未饱和区)，水蒸汽处在过热状态，曲线下方为过饱和区，由于过饱和区的状态是不稳定的，常有凝结现象，所以此区又称为“结雾区”，在 $i-d$ 图上不表示出来。

3. 水蒸汽分压力线

根据公式可得 $d = 0.622\ \dfrac{\varphi P_{q \cdot b}}{B - \varphi P_{q \cdot b}}$ 可得

$$P_q = \frac{B \cdot d}{0.622 + d}$$

当大气压力 B 一定时,水蒸汽分压力 P_q 是含湿量 d 的单值函数,因此可在 d 轴的上方绘一条水平线,标上 d 对应的 P_q 值即可。

4. 热湿比线

在空气调节中,被处理的空气常常由一个状态 A 变为另一个状态 B,如果认为在整个过程中,湿空气的热、湿变化是同时、均匀发生的,那么,在 $i-d$ 图上连接状态点 A 到状态点 B 的直线就代表了湿空气的状态变化过程,如图 10.3 所示。为了说明湿空气状态变化前后的方向和特征,常用湿空气的焓变化与湿变化的比值来表示,称为热湿比 ε:

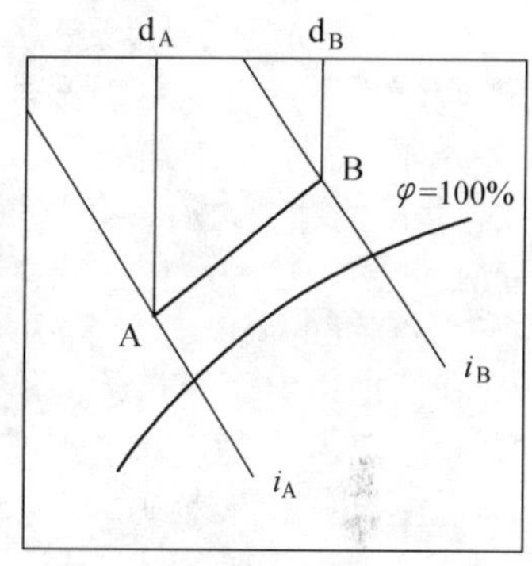

图 10.3　空气状态变化在在 $i-d$ 图上的表示

$$\varepsilon = \frac{i_B - i_A}{d_B - d_A} = \frac{\Delta i}{\Delta d} \quad \text{kJ/kg} \qquad (10.17)$$

如有 A 状态的湿空气,其热量 Q 变化(可正可负)和湿量 W 变化(可正可负)已知,则其热湿比应为

$$\varepsilon = \frac{\pm Q}{\pm W} \quad \text{kJ/kg} \qquad (10.18)$$

式中 Q 的单位为 kJ/h, W 的单位为 kg/h。热湿比的正负代表湿空气状态变化的方向。

在附录 10.2 的右下角示出不同 ε 值的等值线。如果 A 状态的湿空气的 ε 值已知,则可以过 A 点作平行于 ε 等值线的直线,这一直线就代表了 A 状态的湿空气在一定的热湿作用下的变化方向。

【例 10.3】　已知大气压力 B = 101 325 Pa,湿空气初参数为 t_A = 20℃, φ_A = 60%,当该状态的空气吸收 10 000 kJ/h 的热量和 2kg/h 的湿量后,相对湿度为 φ_B = 51%,试确定湿空气的终状态。

解　在大气压力为 101325 Pa 的 $i-d$ 图上,根据 t_A = 20℃ 和 φ_A = 60%,可以确定初始状态点 A(图 10.4)。

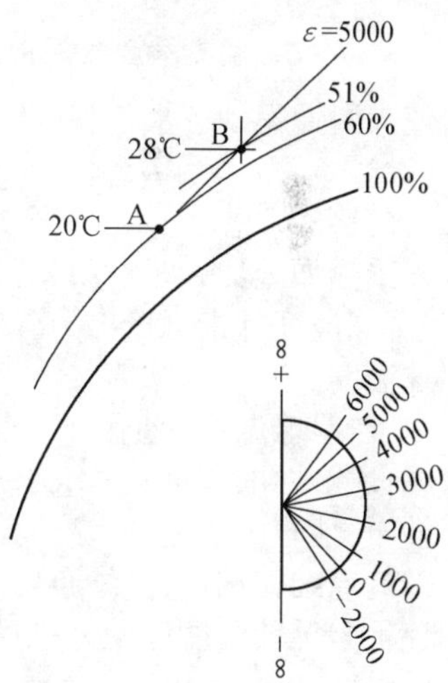

图 10.4　例题 10.3 示图

求热湿比:

$$\varepsilon = \frac{\pm Q}{\pm W} = \frac{10\ 000}{2} = 5\ 000 \text{ kJ/kg}$$

过 A 点作与等值线 ε = 5000 kJ/kg 的平行线,即为 A 状态变化的过程线,该线与 φ_B = 51% 等 φ 线交点即为湿空气的终状态 B,由图查得 B 点的状态参数为:

$$t_B = 28℃, d_B = 0.012 \text{ g/kg.干}, i_B = 59 \text{ kJ/ kg.干}。$$

5. 大气压力变化对 $i-d$ 图的影响

根据公式 $d = 0.622\ \dfrac{\varphi P_{q \cdot b}}{B - \varphi P_{q \cdot b}}$ 可知,当 φ = const, B 增大, d 则减少,反之 d 则增大,因此,绘制出的等 φ 线也不同,如图 10.5 所示。所以,对于不同的大气压力应采用与之相对

应的 $i-d$ 图，否则，所得的参数将会有误差。

但一般大气压力变化不大（B 变化小于 10^3 Pa 时），所得结果误差不大，因此在工程中允许采用同一张 $i-d$ 图来确定参数。

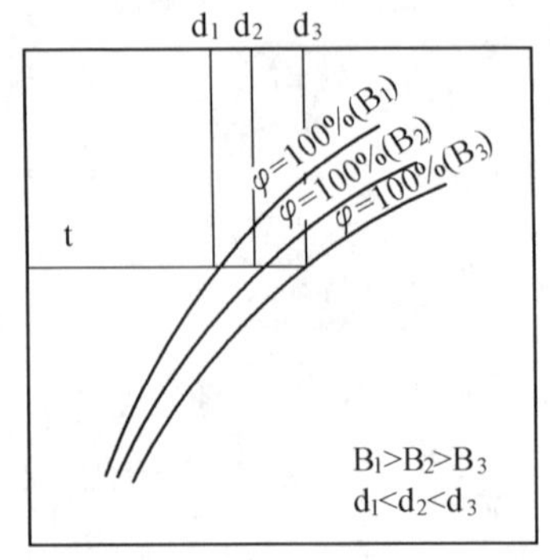

图 10.5　相对湿度线随大气压力变化图

二、湿球温度和露点温度

1. 湿球温度

(1)热力学湿球温度

假设有一理想绝热加湿器如图 10.6 所示，它的器壁与外界环境是完全绝热的。加湿器内装有温度恒定为 t_W 的水，状态为 P、t_1、d_1、i_1 湿空气进入加湿器，与水有充分的接触时间和接触面积，湿空气离开加湿器已经达到饱和状态，湿空气的温度等于水温。

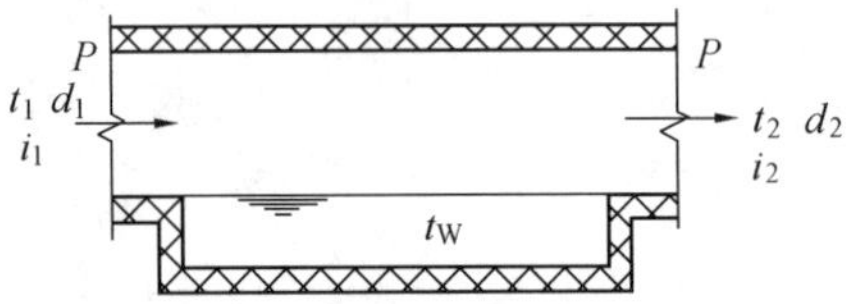

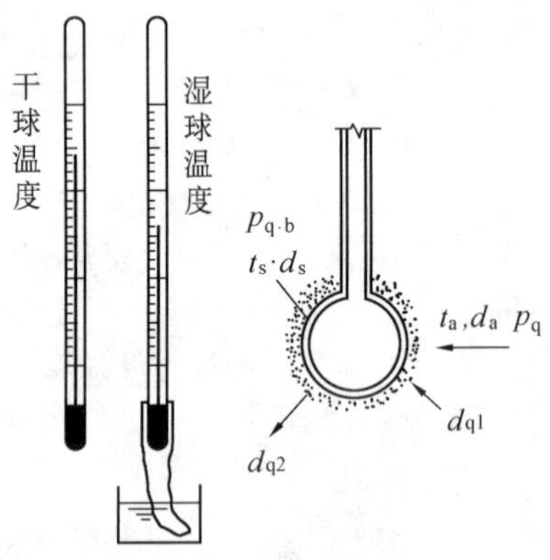

图 10.6　绝热加湿器

我们把在定压绝热条件下，空气与水直接接触达到稳定热湿平衡时的绝热饱和温度称为热力学湿球温度，也叫湿球温度。

在这个绝热加湿过程中，其稳定流动能量方程式为

$$i_1+(d_2-d_1)i_W=i_2 \qquad (10.19)$$

式中　i_W——液态水的焓，$i_W=4.19t_W$，kJ/kg。

可得

$$i_2-i_1=(d_2-d_1)\times 4.19t_W \qquad (10.20)$$

从式(10.19)(10.20)可见，虽然空气因提供水分蒸发所需的热量而温度下降，但它的焓值却因为得到了水蒸汽的汽化潜热和液体热而增加，焓值的增量等于蒸发的水分所具有的焓。

(2) 湿球温度

绝热加湿器并非实用装置，在实际应用中，一般用干、湿球温度计来测量出的湿球温度，近似代替热力学湿球温度。

干、湿球温度计是由两支温度计或其他感温元件组成，通常用的普通温度计。一只温度计的感温包裹上纱布，纱布的下端浸入盛有蒸馏水的容器中，在纱布纤维的毛细作用下，使纱布始终处于润湿状态，把此温度计称为湿球温度计。另一只未包纱布的温度计称为干球温度计(见图 10.7)。

图 10.7　干、湿球温度计

当空气的 $\varphi<100\%$ 时，湿纱布中的水分必然存在着蒸发现象。若水温高于空气的温度，水蒸发的热量首先取自水分本身，因此纱布的温度下降。不管原来水温多高，经过一段时间后，水温最终降至空气温度以下，这时，出现了空气要向水面传热，该传热量随着空气与水之间温差的加大而增多。当水温降至某一温度值时，空气向水面的传热量刚好补充水分蒸发所需的汽化潜热，此时，水温不再下降，达到稳定的状态。在这一稳定状态下，湿球温度计所读出的数就是湿球温度。若水温低于空气温度时，空气向水面的温差传热一方面供给水分蒸发所需的汽化热，另一方面供水温的升高。随着水温的升高，传热量减少，最终达到温

差传热与蒸发所需热量的平衡，水温稳定并等于空气的湿球温度。

在相对湿度不变的情况下，湿球温度计纱布上的水分蒸发可以认为是稳定，从而蒸发所需的热量也是一定的。当空气的相对湿度较小时，纱布上的水分蒸发快，所需的热量多，湿球水温下降得愈多，因而干、湿球温差大。反之，干、湿球温差小。当 $\varphi = 100\%$ 时，纱布上的水分就不再蒸发，干、湿球温度计读数就相等。由此可见，在一定的空气状态下，干、湿球温差值反映了该状态空气的相对湿度的大小。

如果忽略湿球与周围物体表面之辐射换热的影响，同时保持湿球表面周围的空气不滞留，热湿交换充分，则分析湿球表面的热湿交换情况可以看出：

湿球周围空气向湿球表面的温差传热量为

$$\mathrm{d}_{q1} = a(t - t'_s)df \tag{10.21}$$

式中　a——空气与湿球表面的换热系数，W/(m^2.℃)；

t——空气的干球温度，℃；

t_s'——湿球表面水的温度，℃；

df——湿球表面的面积，m^2

与温差传热同时进行的水的蒸发量为

$$dW = \beta(P'_{q\cdot b} - P_q)df\frac{B_0}{B} \tag{10.22}$$

式中　β——湿交换系数，kg/(m^2.s.Pa)；

$P'_{q.b}$——湿球表面水温下的饱和水蒸汽分压力，Pa;

P_q——周围空气的水蒸汽分压力，Pa;

B_0, B——标准大气压和当地实际大气压，Pa。

水分蒸发所需的汽化潜热量：

$$d_{q2} = dW \cdot r \tag{10.23}$$

当湿球与周围空气间的热湿交换达到稳定状态时，则湿球温度计的指示值将是定值，同时也说明空气传给湿球的热量必定等于湿球水分蒸发所需的热量，即

$$d_{q1} = d_{q2} \tag{10.24}$$

$$a(t - t'_s)df = \beta(P'_{q\cdot b} - P_q)df\frac{B_0}{B}r \tag{10.25}$$

在式(10.25)中的 t_s' 即为湿空气的湿球温度 t_s，湿球表面的 $P'_{q.b}$即为对应于 t_s 下的饱和空气层的水蒸汽分压力，记为 $P^*_{q.b}$。整理式(10.25)得

$$P_q = P^*_{q\cdot b} - A(t - t_s)B \tag{10.26}$$

式中 $A = a/(r.\beta.101325)$，由于 a、β 均与空气流过湿球表面的风速有关，因此 A 值应由实验确定或采用经验公式计算：

$$A = (65 + \frac{6.75}{v}) \times 10^{-5} \tag{10.27}$$

式中　v——空气流速，m/s，一般取 $v \geqslant 2.5$ m/s。

根据式(10.26)，可以用干、湿球温度差$(t - t_s)$来计算出湿空气中水蒸汽的分压力 P_q。干、湿球温度差值越大，水蒸汽分压力越小，当$(t - t_s) = 0$时，$P_q = P^*_{q.b}$，空气达到饱和。再由干球温度 t，查附录 10.1 或有关图表可得空气的饱和水蒸汽分压力 $P'_{q.b}$，再根据 $\varphi = \frac{P_q}{P_{q\cdot b}}$计算出空气的相对湿度。由此可见，干、湿球温度计读数差的大小，间接地反映了湿空气相对湿度的状况。

需要注意的是,水与空气的热湿交换与湿球周围的空气流速有很大的关系。即使在相同的空气条件下,空气流速不同,所测得的湿球温度也会出现差异。空气流速愈小,空气与水的热湿交换不充分,所测得的误差就大;空气流速愈大,空气与水的热湿交换愈充分,所测得的湿球温度愈准确。实验证明,当空气流速大于 2.5 m/s 时,空气流速对水与空气的热湿交换影响不大,湿球温度趋于稳定。因此,要用干、湿球温度计准确地反映湿空气的相对湿度,应使流经湿球的空气流速大于 2.5 m/s。在实际测量中,要求湿球周围的空气流速保持在 2.5 ~ 4.0 m/s。

(3) 湿球温度在 $i-d$ 图上的表示

当空气流经湿球时,湿球表面的水与空气存在热湿交换。该热湿交换过程根据热湿比的定义可以导出:

$$\varepsilon=\frac{i_2-i_1}{d_2-d_1}=4.19\ t_s \tag{10.28}$$

在 $i-d$ 图上,已知初始状态点 A,过 A 点作 $\varepsilon=4.19\ t_s$ 的热湿比线,与 $\varphi_B=100\%$ 的交点即可得到 A 点的湿球温度。因此,把 $\varepsilon=4.19t_s$ 线称为空气的等湿球温度线。当 $t_s=0℃$ 时,$\varepsilon=0$,此时,等湿球温度线与等焓线重合;当 $t_s>0℃$ 时,$\varepsilon>0$;$t_s<0℃$ 时,$\varepsilon<0$。所以,严格来说,等湿球温度线与等焓线并不重合,但在空气调节工程中,一般 $t_s\leqslant 30℃$,$\varepsilon=4.19\ t_s$ 的等温线与等焓线非常接近,可以近似认为等焓线即为等湿球温度线,如图 10.8 所示。

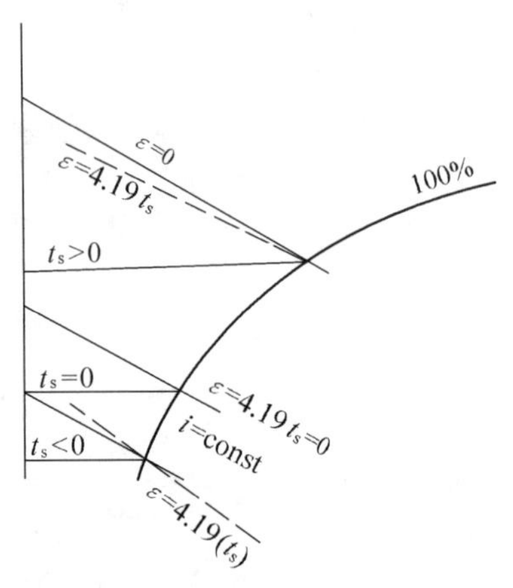

图 10.8 等湿球温度线

【例 10.4】 已知 $B=101325$ Pa,用通风式干、湿球温度计测得 $t=40℃$,$t_s=25℃$,试在 $i-d$ 图上确定该湿空气的状态(状态参数 i,d,φ)

解 在 $B=101325$ Pa 的 $i-d$ 图上,由 $t_s=25℃$ 和 $\varphi=100\%$ 的饱和线相交得到 B 点,过 B 点作等焓线与 $t=40℃$ 的等温线相交于 A 点。该点即是所求的湿空气的状态点(图 10.9),由 $i-d$ 图可知 $\varphi_A=30\%$,$i_A=76$ kJ/kg,$d_A=0.014$ kg/kg.干。

A 点实际上是近似的空气状态点。过 B 点作 $\varepsilon=4.19t_s=4.19\times 25=104.75$ 的热湿比线与 $t=40℃$ 的等温线相交于 A' 点,A' 点才是真正的状态点。由 $i-d$ 图可查得 $\varphi'_A=29.9\%$,$i'_A=75$ kJ/kg,$d'_A=0.0138$ kg/kg.干。

比较所得结果发现,两者之间的误差很小。在工程计算中为方便起见,用近似方法即可。

2. 露点温度

湿空气的露点温度定义是在含湿量不变的条件下,湿空气达到饱和时的温度。将未饱和的空气冷却,并且保持其含湿量不变,随着空气温度的降低,所对应的饱和含湿量也降低,而实际含湿量未变化,因此空气的相对湿度增大,当温度降低至 t_L 时,空气的相对湿度达到 100%,此时,空气的含湿量达到饱和,如再继续冷却,则会有凝结水出现。把 t_L 称为该状态空气的露点温度,即 A 状态湿空气的露点温度是由 A 沿等 d 线向下与 $\varphi=100\%$ 线交点的温度如图 10.10 所示。从图上可以看出,空气被冷却时,只要湿空气的温度大于或等于其露点温度,就不会结露。

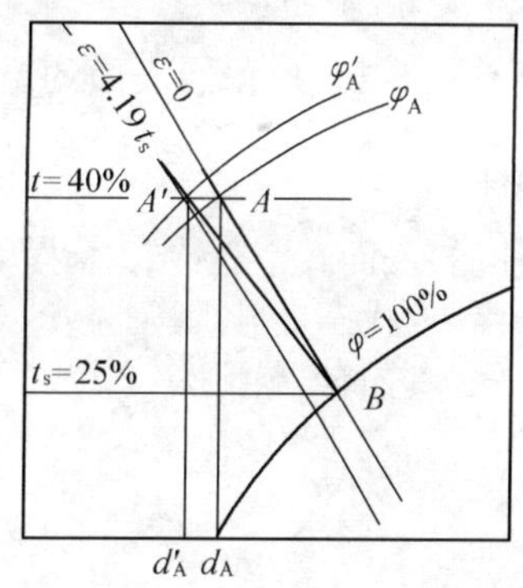

图 10.9　根据干、湿球温度确定空气状态

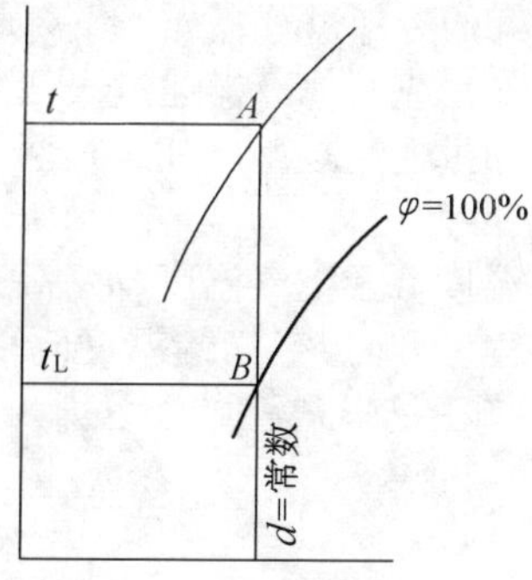

图 10.10　露点温度在 $i-d$ 图上的表示

第三节　空气的处理过程

在空气调节工程中，不仅要知道空气的状态，而且还要对空气进行处理，还要能表达湿空气的状态变化过程。

一、湿空气状态变化过程在 $i-d$ 图上的表示

1. 湿空气的加热过程

空气调节中常用表面式加热器或电加热器来处理空气，当空气通过加热器时，获得了热量，提高了温度，但含湿量没有变化，又称为干式加热过程或等湿加热过程。因此，空气状态变化是等湿、增焓、升温过程。在 $i-d$ 图上这一过程可表示为 $A \rightarrow B$ 的变化过程（见

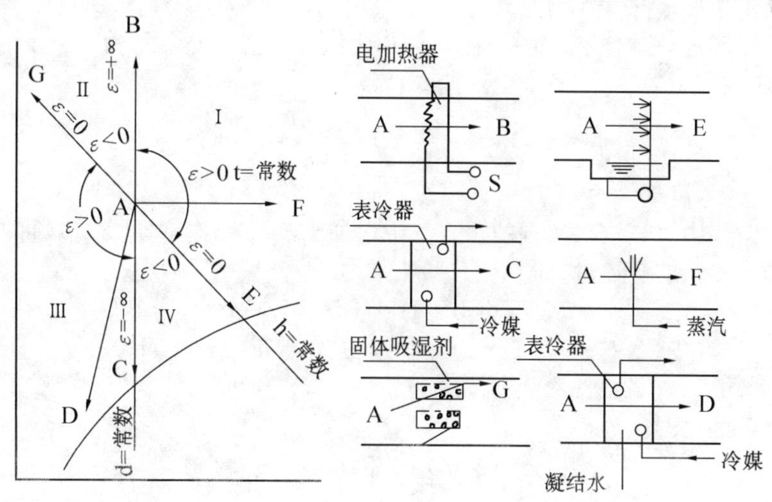

图 10.11　几种典型的湿空气状态变化过程

图 10.11）。它的热湿比为：

$$\varepsilon = \frac{\Delta i}{\Delta d} = \frac{i_B - i_A}{d_B - d_A} = \frac{i_B - i_A}{0} = \infty$$

2.湿空气的冷却过程

利用冷冻水或其他冷媒通过表面式冷却器对湿空气冷却，根据冷表面的温度高低可分为干式冷却过程和减湿冷却过程两类。

(1)干式冷却过程

用表面温度低于空气温度却又高于空气露点温度的表面式空气冷却器来处理空气的空气处理过程。此时，空气的温度降低，焓值减少。空气状态变化是等湿、减焓、降温过程，在 $i-d$ 图上这一过程可表示为 $A\rightarrow C$ 的变化过程。它的热湿比为：

$$\varepsilon=\frac{\Delta i}{\Delta d}=\frac{i_{C}-i_{A}}{d_{C}-d_{A}}=\frac{i_{C}-i_{A}}{0}=-\infty$$

(2)减湿冷却过程

减湿冷却过程是指用温度低于空气露点温度的表面式空气冷却器来处理空气的空气处理过程。空气中的水蒸汽将凝结为水，从而使空气减湿，空气的状态变化是减湿冷却或冷却干燥过程。在 $i-d$ 图上这一过程可表示为 $A\rightarrow D$ 的变化过程。它的热湿比为：

$$\varepsilon=\frac{\Delta i}{\Delta d}=\frac{i_{D}-i_{A}}{d_{D}-d_{A}}>0$$

3.等焓加湿过程

利用喷水室喷循环水处理空气时，水将吸收空气的热量蒸发形成水蒸汽进入空气，使空气在失去部分显热的同时，增加了含湿量，增加了潜热量，从而补偿了失去的显热量，使得空气的焓值基本不变，只是略增加了水带入的液体热，近似于等焓过程，因此称为等焓加湿过程。在 $i-d$ 图上这一过程可表示为 $A\rightarrow E$ 的变化过程。它的热湿比为：

$$\varepsilon=\frac{\Delta i}{\Delta d}=\frac{i_{E}-i_{A}}{d_{E}-d_{A}}=0$$

4.等焓减湿过程

利用固体吸湿剂干燥空气时，水蒸汽被吸湿剂吸附，空气的含湿量降低，而水蒸汽凝结时放出的汽化潜热使空气的温度升高，空气的焓值基本不变，只是略减少了水带走的液体热，其过程近似于等焓减湿过程，在 $i-d$ 图上这一过程可表示为 $A\rightarrow G$ 的变化过程。它的热湿比为：

$$\varepsilon=\frac{\Delta i}{\Delta d}=\frac{i_{G}-i_{A}}{d_{G}-d_{A}}=\frac{0}{d_{G}-d_{A}}=0$$

5.等温加湿过程

通过向空气中喷蒸汽来实现的。空气中增加水蒸汽后，焓值和含湿量将增加，焓的增量为加入的水蒸汽的全热量，即

$$\Delta i=\Delta \mathrm{d}(2\,500+1.84t_{q})\ \mathrm{kJ/kg}\cdot 干$$

Δd——每 kg 干空气增加的含湿量，kg/kg.干；

t_{q}——蒸汽的温度，℃。

这一过程的热湿比为：

$$\varepsilon=\frac{\Delta i}{\Delta d}=\frac{\Delta d(2\,500+1.84t_{q})}{\Delta d}=2\,500+1.84\ t_{q}$$

当蒸汽的温度为100℃时，则 $\varepsilon=2684$，该过程近似于沿等温线变化，因此，喷蒸汽可使湿空气实现等温加湿过程，在 $i-d$ 图上这一过程可表示为 $A\rightarrow F$ 的变化过程。

以上介绍了空气调节中常用的几种典型空气状态变化过程，从图 10.11 可以看出代表空气状态变化的四个典型过程的 $\varepsilon=\pm\infty$ 和 $\varepsilon=0$ 的两条线把 $i-d$ 图分为四个象限，

不同象限内湿空气状态变化的特征如表 10.4 所示。

表 10.4　$i-d$ 图上各象限内空气状态变化的特征

象限	热湿比 ε	状态参数变化趋势			过程特征
		i	d	t	
Ⅰ	ε>0	+	+	±	增焓增湿 喷蒸汽可近似实现等温过程
Ⅱ	ε<0	+	−	+	增焓,减湿,升温
Ⅲ	ε>0	−	−	±	减焓,减湿
Ⅳ	ε<0	−	+	−	减焓,增湿,降温

二、不同状态空气的混合在 $i-d$ 图上的确定

在空气调节中,常遇到不同状态的空气相互混合,因此,必须研究空气混合的计算规律。

假设状态为 i_A、d_A 的空气 G_A(kg/s)与状态为 i_B、d_B 的空气 G_B(kg/s)相混合,混合后的空气状态为 i_C、d_C,流量为 G_C(kg/s),根据热湿平衡原理有:

$$G_A i_A + G_B i_B = G_C i_C = (G_A + G_B) i_C \tag{10.29}$$

$$G_A d_A + G_B d_B = G_C d_C = (G_A + G_B) d_C \tag{10.30}$$

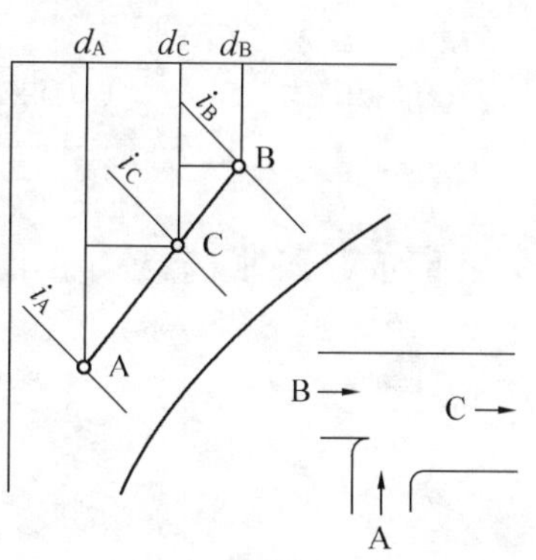

图 10.12　两种状态空气的混合

由式(10.29)及(10.30)可得

$$\frac{G_A}{G_B} = \frac{i_C - i_B}{i_A - i_C} = \frac{d_C - d_B}{d_A - d_C} \tag{10.31}$$

$$\frac{i_C - i_B}{d_C - d_B} = \frac{i_A - i_C}{d_A - d_C} \tag{10.32}$$

显然,在 $i-d$ 图上,$\frac{i_C - i_B}{d_C - d_B}$ 和 $\frac{i_A - i_C}{d_A - d_C}$ 分别是线段 $\overline{BC}$ 和 $\overline{CA}$ 的斜率,两线段的斜率相等并且有公共点,因此,A,C,B 在同一条直线上(如图 10.12),且有:

$$\frac{\overline{BC}}{\overline{CA}} = \frac{i_C - i_B}{i_A - i_C} = \frac{d_C - d_B}{d_A - d_C} = \frac{G_A}{G_B} \tag{10.33}$$

式(10.33)说明,混合点 C 将线段 $\overline{AB}$ 分成两段,两段的长度之比与参与混合的两种空气的质量成反比,混合点 C 靠近质量大的空气状态一端。

若混合点 C 处于“结雾区”,此时空气的状态是饱和空气加水雾,这是一种不稳定的状态。状态变化过程如图 10.13 所示。由于空气中的水蒸汽凝结后,带走了水的液体热,使得空气的焓值略有降低。混合点的焓值为:

$$i_C = i_D + 4.19\ t_D \Delta d \tag{10.34}$$

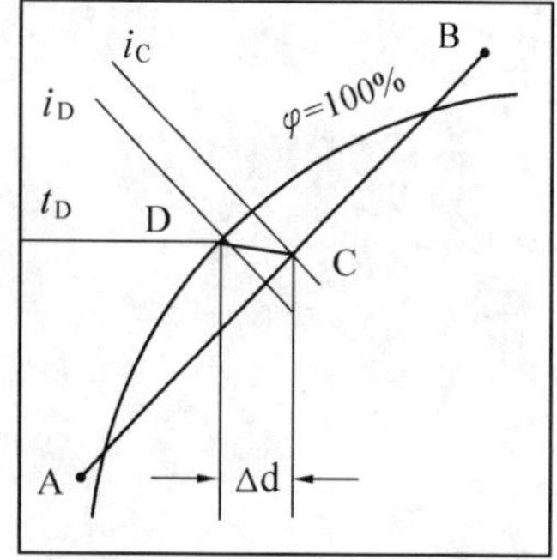

图 10.13　过饱和空气状态变化过程图

在式(10.34)中,由于 i_D,Δd,t_D 是三个相互关联的未知数,且 i_C 已知,可以通过试算的方法来确定 D 的状态。

【例 10.5】　已知大气压力 $B=101325$ Pa,$G_A = 1\,000$ kg/h,$t_A = 20$℃,$\varphi = 60\%$,$G_B = 250$ kg/h,$t_B = 35$℃,$\varphi = 80\%$,求混合后的空气状态。

解　1.在 $B = 101325$ Pa 的 $i-d$ 图上根据已知的 t、φ 描出状态点 A 和 B,并用直线相连(见图 10.14)

2. 设混合点为 C，根据公式(10.33)得

$$\frac{\overline{BC}}{\overline{CA}}=\frac{G_A}{G_B}=\frac{1\ 000}{250}=\frac{4}{1}$$

3. 将 $\overline{AB}$ 分成五等分，则 C 点位于靠近 A 状态的一等分处。查图得 $t_C=23.1℃$，$\varphi_C=73\%$，$i_C=56$ kJ/kg.干，$d_C=12.8$ g/kg.干。

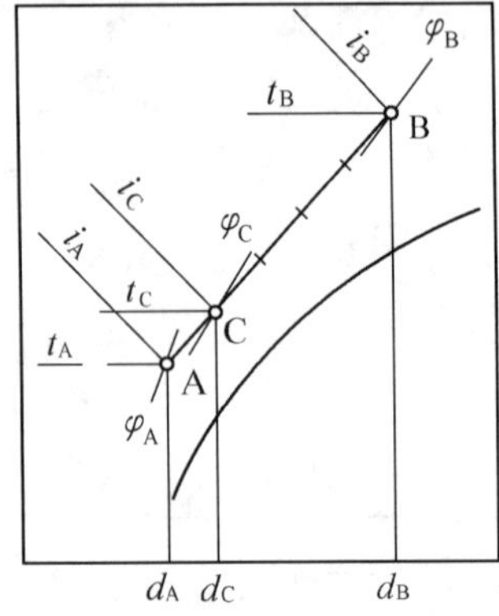

图 10.14　例 10.5 附图

也可通过计算来确定空气的参数：从图上查出 $i_A=42.54$ kJ/kg.干，$d_A=8.8$ g/kg.干；$i_B=109.44$ kJ/kg.干，$d_B=29.0$ g/kg.干，然后按式(10.29)(10.30)计算可得：

$$i_C=\frac{G_A i_A+G_B i_B}{G_B+G_A}=\frac{1\ 000\times 42.54+250\times 109.44}{1\ 000+250}=56\ \text{kJ/kg·干}$$

$$d_C=\frac{G_A d_A+G_B d_B}{G_B+G_A}=\frac{1\ 000\times 8.8+250\times 29}{1\ 000+250}=12.8\ \text{g/kg·干}$$

由此可见，两种方法确定的混合点 C 的结果相同。

第十一章　空调房间的负荷计算及送风量确定

空调房间的冷(热)、湿负荷是确定空调系统的送风量和空调设备容量的基本依据。

在室内外热、湿扰量的作用下,某一时刻进入一个恒温恒湿房间内的总热量和总湿量称为在该时刻的得热量和得湿量。当得热量为负值时称为耗(失)热量。在某一时刻为保持房间恒温恒湿,需向房间供应的冷量称为冷负荷;反之,为补偿房间失热而需向房间供应的热量称为热负荷;为维持室内相对湿度所需由房间除去或向房间增加的湿量称为湿负荷。

房间冷(热)、湿负荷的计算必须以室外气象参数和室内要求维持的空气参数为依据。

第一节　室内外空气的计算参数的选择

一、室内空气计算参数

空调房间室内温度、湿度通常用两组指标来规定:即温度湿度基数和空调精度。

室内温、湿度基数是指在空调区域内所需要保持的空气基准温度与基准湿度;空调精度是指在空调区域内,在要求的工件旁所设一个或数个测温(或测相对湿度)点上水银温度计(或相对湿度计)在要求的持续时间内,所示的空气温度(或相对湿度)偏离温(湿)度基数的最大偏差。例如,$t_N = 25 \pm 0.5$℃和$\varphi_N = 60 \pm 5\%$,表示室内空调温、湿度基数 $t_N = 25$℃,$\varphi_N = 60\%$,而空调精度$\triangle t_N = \pm 0.5$℃,$\triangle \varphi_N = \pm 5\%$。

空调系统根据所服务对象的不同,可分为舒适性空调和工艺性空调。舒适性空调是从人体舒适感的角度来确定室内温、湿度设计标准,一般不提空调精度要求;工艺性空调主要满足工艺过程对温、湿度基数的特殊要求,同时兼顾人体的卫生要求。

1. 人体热平衡方程和舒适感

人体靠摄取食物获得能量,在人体的新陈代谢过程中食物被分解氧化,同时释放出能量以维持生命,最终都转化为热能散发到体外。根据能量转换和守恒定律可得人体热平衡方程式:

$$S = M - R - C - E - W \tag{11.1}$$

式中　S——人体蓄热率,W/m^2;

M——人体能量代谢率,取决于人体的活动量的大小,W/m^2;

W——人体所作的机械功,W/m^2;

R——穿衣人体外表面与周围表面间的辐射换热量,W/m^2;

C——穿衣人体外表面与周围表面间的对流换热量 W/m^2;

E——汗液蒸发和呼出的水蒸汽所带走的热量,W/m^2。

公式(11.1)中的各项均是以人体单位表面积为计算基础的,并且各项在一定程度上与人体表面积成线性关系,这样就可以忽略人的体形、年龄、性别等的差别,使研究和计算简单方便。人体表面积的计算如下:

$$A = 0.61H + 0.0128W - 0.1529 \tag{11.2}$$

式中 A——人体表面积,m^2;

H——人的身高,m;

W——人的体重,kg。

在稳定的环境条件下,S 应该为零,这时,人体保持了能量平衡。如果周围环境温度(空气温度及围护结构、周围物体表面温度)提高,则人体的对流和辐射散热量将减少,为了保持热平衡,人体会运用自身的自动调节机能来加强汗腺的分泌。这样,由于排汗量和消耗在汗液蒸发上的热量的增加,在一定程度上会补偿人体对流和辐射散热的减少。当人体余热量难以全部散出时,余热量就会在体内蓄存起来,于是式(11.1)中 S 变为正值,导致体温上升,人体会感到很不舒服,体温增到 40℃时,出汗停止,如不采取措施,则体温将迅速上升,当体温上升到 43.5℃时,人即死亡。

汗的蒸发强度不仅与周围空气温度有关,而且和相对湿度、空气流动速度有关。

在一定温度下,空气相对湿度的大小,表示空气中水蒸汽含量接近饱和的程度。相对湿度愈高,空气中水蒸汽分压力愈大,人体汗液蒸发量则愈少。所以增加室内空气湿度,在高温时,会增加人体的热感;在低温时,由于空气潮湿增强了导热和辐射,会加剧人体的冷感。

周围空气的流动速度是影响人体对流散热和水分蒸发散热的主要因素之一,气流速度大时,由于提高了对流换热系数及湿交换系数,使对流散热和水分蒸发散热随之增强,亦即加剧了人体的冷感。

在冷的空气环境中,人体散热量增多。若人体比正常热平衡情况多散出 87 W 的热量时,则一个睡眠者将被冻醒,这时人体皮肤平均温度相当于下降了 2.8℃,人体会感到很不舒服,甚至会生病。

周围物体表面温度决定了人体辐射散热的强度。在同样的室内空气参数条件下,维护结构内表面温度高,人体增加热感,表面温度低则会增加冷感。

综上所述,人体舒适感与下列因素有关:

室内空气的温度、室内空气的相对湿度、人体附近的空气流速、围护结构内表面及其他物体表面温度。

人的舒适感除与上述四项因素有关外,还和人体的活动量、人体的衣着、生活习惯、年龄、性别有关。

(1)有效温度区和舒适区

美国供暖、制冷、空调工程师学会(ASHRAE)在 1977 年版手册基础篇中给出了新的等效温度,它的定义是:一个具有相同温度且 $\varphi = 50\%$ 的封闭黑体空间的温度,在此假想环境中人体的全热损失与实际环境相同。图 11.1 所示为 *ASHRAE* 舒适图,图中斜画的一组虚线即为等效温度线,它们的数值是在 $\varphi = 50\%$ 的相对湿度曲线上标注的,在该条虚线上的各点所表示的实际空气状态的干球温度和相对湿度都不同，但各点空气状态给人体的冷热感觉却相同，都相当于该虚线与 $\varphi = 50\%$ 的相对湿度曲线交点处的空气状态给人的感觉。

在图 11.1 中还画出了两块舒适区，一块是菱形面积，它是美国堪萨斯州大学通过实验所得出的；另一块有阴影的平行四边形面积是 ASHRAE 标准 55－74 所推荐的舒适区。两者的实验条件不同，前者适用于穿着 0.6～0.8 clo（clo 是衣服的热阻，1 clo = 0.155 m^2. K/W）服装坐着的人，后者适用于穿着 0.8～1.0 clo 服装但活动量稍大的人。两块舒适区重叠处则是推荐的室内空气设计条件。25℃的等效温度线正好通过重叠区的中心。

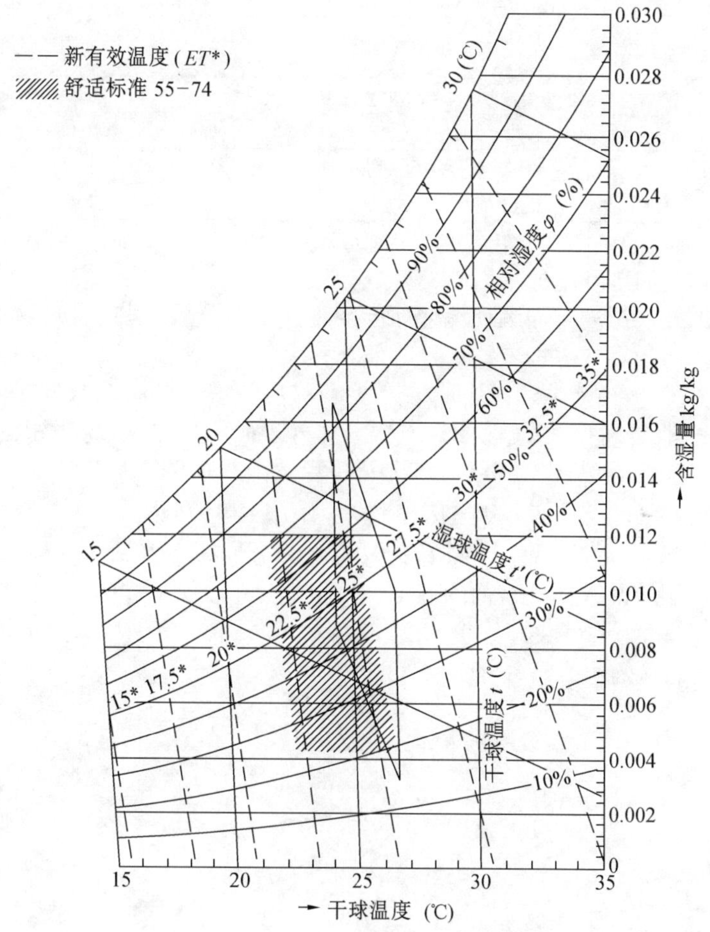

图 11.1　ASHRAE 舒适图（ASHRAE 手册，1977）

（2）人体热舒适方程和 PMV—PPD 指标①

在人体热平衡方程式（11.1）中，当人体蓄热 $S = 0$ 时

$$M - W - R - E - C = 0 \tag{11.3}$$

① PMV—Predicted Mean Vote（预期平均评价）
PPD—Predicted Percentage of Dissatisfied（预期不满意百分率）

其中各项分别为：

①人体的能量代谢率(M)

人体的能量代谢率(M)是人体通过新陈代谢作用将食物转化为能量的速率。人体的新陈代谢率与活动强度、环境温度、年龄、性别、进食后的时间长短等因素有关。成年男子的能量代谢率见表 11.1。

表 11.1 能量代谢率(ISO7730)

活动强度	能量代谢率	
	(W/m^2)	(met)
躺着	46	0.8
坐着休息	58	1.0
站着休息	70	1.2
坐着活动(办公室、住房、学校、实验室等)	70	1.2
站着活动(买东西、实验室、轻劳动)	93	1.6
站着活动(商店营业员、家务劳动、机械加工)	116	2.0
中等活动(重机械加工、修理汽车)	165	2.8

注：met(metabolic rate) = 某活动强度时能量代谢率/静坐时能量代谢率

②穿衣人体与周围环境的辐射热交换

穿衣人体的外表温度与周围环境壁面温度不相等时会发生热交换，这部分热交换遵循斯蒂芬—玻尔茨曼定律。

$$R = 3.96\times10^{-8}f_{cl}[(t_{cl}+273)^4-(\bar{t}_r+273)^4] \tag{11.4}$$

式中 f_{cl}——服装面积系数，表示穿衣服人体外表面积与裸体人表面积之比；

$$f_{cl}=\begin{cases}1.00+1.290I_{cl} & 当\ I_{cl}>0.078\ 时；\\ 1.00+0.645I_{cl} & 当\ I_{cl}\le 0.078\ 时；\end{cases} \tag{11.5}$$

I_{cl}——衣服热阻，$m^2.K/W$，夏季服装：0.08 $m^2.K/W$；工作服装：0.11 $m^2.K/W$；

t_{cl}——穿着服装的人体外表面的温度，℃；根据热平衡关系

$$t_{cl}=t_s-I_{cl}(R+C) \tag{11.6}$$

$\bar{t}_r$——房间的平均辐射温度，℃；

$$\bar{t}_r=\frac{\sum^{n}(F_n\tau_n)}{\sum^{n}F_n} \tag{11.7}$$

外墙或外窗

$$\tau_n=t_n-\frac{K_n}{\alpha_n}(t_n-t_w) \tag{11.8}$$

式中 F_n——房间围护结构各内表面积，m^2；

τ_n——房间围护结构各内表面温度，℃；

K_n、α_n——外墙或外窗的传热系数和放热系数，$W/m^2.K$。

③穿衣人体与周围环境的对流热交换

穿衣人体的表面与周围空气存在温差就有对流换热。

$$C=f_{cl}h_c(t_{cl}-t_a) \tag{11.9}$$

式中 h_c——对流换热系数，$W/m^2.K$；

$$h_c=\begin{cases}2.38(t_{cl}-t_a)^{0.25} & \text{当}\ 2.38(t_{cl}-t_a)^{0.25}>12.1\sqrt{v_a}\\ 12.1\sqrt{v_a} & \text{当}\ 2.38(t_{cl}-t_a)^{0.25}<12.1\sqrt{v_a}\end{cases}\tag{11.10}$$

式中　v_a——空气的流速，m/s；

t_a——人体周围空气温度，℃。

④人体蒸发散热量

人体的蒸发散热可分为呼吸散热和皮肤的蒸发散热。呼吸散热又可分为蒸发潜热和蒸发显热两部分，通常呼出的空气要比吸入的空气潮湿。

呼吸时的潜热散热量 E_{res}为：

$$E_{res}=1.72\times10^{-5}M(5867-P_a)\tag{11.11}$$

式中　P_a——吸入空气中的水蒸汽分压力，Pa。

呼吸时的显热散热量 L 为：

$$L=0.0014M(34-t_a)\tag{11.12}$$

式中　t_a——人体周围空气温度，℃。

皮肤蒸发散热可分为隐性出汗和明显的汗液蒸发。隐性出汗是指皮肤表面看上去是干燥的，没有明显的汗液造成的润湿情况，但仍有一部分水分通过皮肤表层直接蒸发到空气中去了。由隐性出汗形成的蒸发散热量 E_d 为：

$$E_d=3.054\times10^{-3}(254t_s-3335-P_a)\tag{11.13}$$

式中　t_s——人体平均皮肤温度，℃。

在舒适条件下，

$$t_s=35.7-0.028(M-W)\tag{11.14}$$

皮肤表面汗液蒸发造成的散热量 E_{sw}为：

$$E_{sw}=0.42(M-W-58.15)\tag{11.15}$$

这样人体总蒸发散热量 E 为：

$$E=L+E_d+E_{res}+E_{sw}\tag{11.16}$$

将式(11.4)至式(11.16)代入式(11.3)得热舒适方程：

$$\begin{aligned}&M-W-3.05\times10^{-3}\times[5733-6.99(M-W)-P_a]-0.42[(M-W)-58.15]-\\&1.72\times10^{-5}M(5867-P_a)-0.0014M\times(34-t_a)-3.96\times10^{-8}f_{cl}\times\\&[(t_{cl}+273)^4-(\bar{t}_r+273)^4]-f_{cl}h_c(t_{cl}-t_a)=0\end{aligned}\tag{11.17}$$

式中

$$\begin{aligned}t_{cl}=3.57-0.028(M-W)-I_{cl}\{&3.96\times10^{-8}f_{cl}\times\\&[t_{cl}+273)^4-(\bar{t}_r+273)^4]+f_{cl}h_c(t_{cl-t_a})\}\end{aligned}\tag{11.18}$$

热舒适方程是在稳定条件下，根据人体热平衡得出的，从式(11.17)和式(11.18)可以看出影响热舒适的一些变量：

人体活动量参数：M 和 W

服装热工性能参数：I_{cl}和 f_{cl}

环境参数：t_a、P_a、$\bar{t}_r$、h_c

其中人体在静坐时的机械功为零，对流换热系数 h_c 是风速的函数。因此热平衡方程实际上反映了人体处在热平衡状态时，六个影响人体热舒适变量 M、I_{cl}、$\overline{t_r}$、t_a、P_a、和 v_a 之间的定量关系。

热舒适感是作为一种人的主观感觉很难给出其确切的定义，由于人的个体差异，即使在大多数人满意的热舒适环境下总还有一部分人感觉不满意,因此,丹麦工业大学 P.O. Fanger 教授收集了来自美国和丹麦的 1396 名受试者的冷热感觉资料,在热舒适方程的基础上,建立了表征人体热反映(冷热感)的评价指标 PMV(PMV——预期平均评价):

$$\begin{aligned}PMV = &[0.303\exp(-0.036M)+0.028]\{M-W-3.05\times10^{-3}\times\\&[5733-6.99(M-W)-P_a]-0.42[(M-W)-58.15]-1.7\times10^{-5}M\\&(5867-P_a)-0.0014M\times(34-t_a)-3.96\times10^{-8}f_{cl}\times\\&[(t_{cl}+273)^4-(\bar{t}_r+273)^4]-f_{cl}h_c(t_{cl-t_a})\}\end{aligned} \tag{11.19}$$

PMV 的分度如表 11.2。

表 11.2 PMV 热感觉标尺

热感觉	热	暖	微暖	适中	微凉	凉	冷
PMV	+3	+2	+1	0	-1	-2	-3

PMV 指标代表了对同一环境绝大多数人的冷热感觉,因此可用 PMV 指标预测热环境人体的热反应。由于人与人之间生理上的差异,故用预期不满意百分率(PPD)指标来表示对热环境不满意的百分数。

PPD 和 PMV 之间的关系可用图 11.2 表示,在 PMV=0 处,PPD 为 5%,这意味着:即使室内环境为最佳热舒适状态,由于人的生理差别还有 5% 的人感到不满意,*ISO*7730 对 PMV—PPD 指标的推荐值为:PPD<10%,即 PMV 值 -0.5~+0.5 之间,相对于人群中允许有 10% 的人感觉不满意。

在实际应用中,丹麦有关公司已研制出了模拟人体散热机理可直接测得室内环境 PMV 和 PPD 指标的仪器,能方便地对房间热舒适性进行检测和评价。

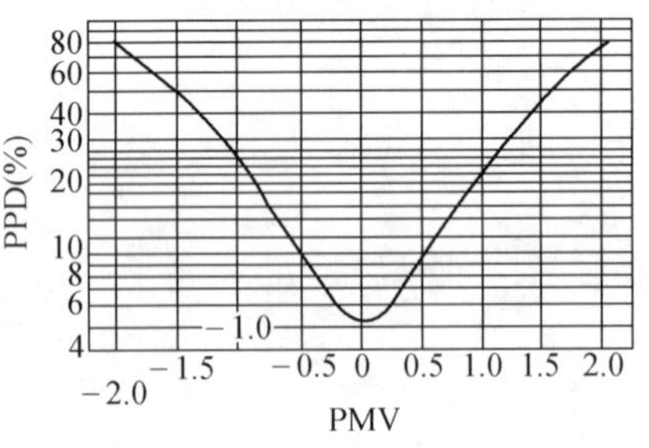

图 11.2 PPD 与 PMV 的关系

最后应指出:以上讨论,包括 PMV 指标,都是在稳定条件下利用热舒适方程导出的,而对于人们在不稳定情况下的多变环境,如由室外或由非空调房间进入空调房间,或由空调房间走出时,人的热感觉和散热量还有待进一步研究,动态环境下的热感觉指标也有待研究。

2. 室内空气温、湿度计算参数

室内空气温、湿度设计参数的确定,除了要考虑室内参数综合作用下的舒适度外,还应根据室外气温、经济条件和节能要求进行综合考虑。

对于舒适性空调,根据我国《采暖通风与空气调节设计规范》(GB50019—2003)中的规定,舒适性空调的室内计算参数如下:

夏季: 温度 应采用 22~28℃;
相对湿度 应采用 40%~65%;
风速 不应大于 0.3*m*/*s*;

冬季: 温度 应采用 18~24℃;
相对湿度 应采用 30%~60%;
风速 不应大于 0.2*m*/*s*。

对于工艺空调,室内温、湿度基数及允许波动范围,应根据工艺需要,并考虑必要的卫生条件来确定。

各种建筑物室内空气计算参数的具体规定见《采暖通风与空气调节设计规范》(GB50019—2003)。

二、室外空气计算参数

同室内计算参数一样,室外参数也是空调负荷计算的依据,也需要室外计算参数。

室外空气的干、湿球温度不仅随季节变化,而且在每一昼夜里也在不断变化着。

1. 室外空气温、湿度的变化规律

(1)室外空气温度的日变化

室外空气温度在一昼夜内的波动称为气温的日变化(或日较差)。室外气温的日变化是由于太阳对地球的辐射引起的,在白天,地球吸收了太阳的辐射热量而使靠近地面的气温升高,在下午二、三点达到全天最高值;到夜晚,地面不仅得不到太阳辐射热而且还要向大气层和太空放散热量,一般在凌晨四、五点气温最低。在一段时间内,可以认为气温的日变化是以 24 小时为周期的周期波动。但室外气温的日变化并非谐波,这是因为全天的最低温度到最高温度的时间与最高温度到下一个最低温度的时间并非完全相等。

图 11.3 是北京地区 1975 年夏季最热一天的气温日变化曲线。

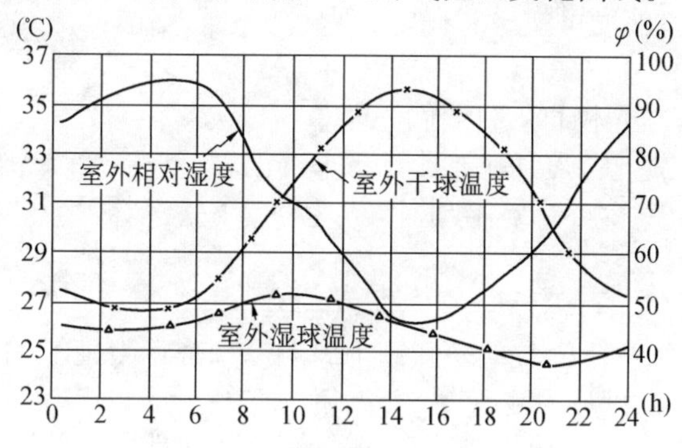

图 11.3　气温日变化曲线

(2)室外气温的季节性变化

室外气温的季节性变化也呈周期性的,全国各地的最热月份在七～八月,最冷月份在一月。图 11.4 给出了北京、西安、上海三地区 10 年(1961～1970 年)平均的月平均气温变化曲线。

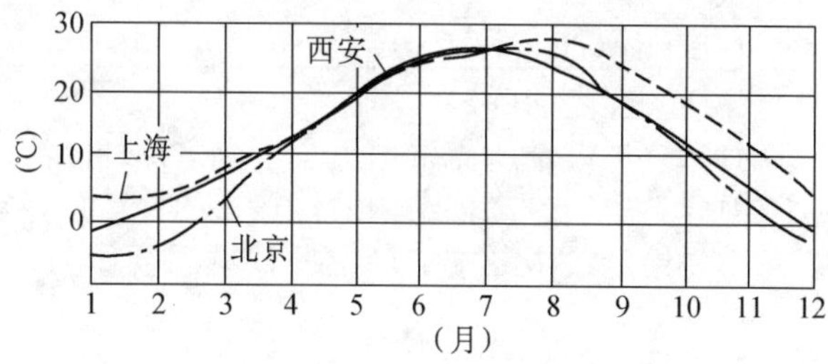

图 11.4　气温月变化曲线

(3)室外空气湿度的变化

空气的相对湿度取决于空气的干球温度和含湿量,而通常认为室外大气中全天的含湿量保持不变,因此,室外空气相对湿度的变化规律正好与干球温度的变化规律相反,即干球温度升高时,相对湿度变小;干球温度降低时,相对湿度则变大。如图 11.3 所示。从图中还可以看出湿球温度的变化规律与干球温度相似，只是峰值时间不同。

2. 夏季室外空气计算参数

室内空气的温、湿度参数是否能够保证，空调系统设备容量确定是否合理都与室外空气计算参数的取值有直接的关系，因此，必须合理确定室外空气计算参数。

空调系统的设计计算中所用的室外空气计算参数，并非是某一地区某一天的实际气象参数，而是应用科学方法从很长一段时间内的实际气象参数中整理出来的统计值，因此，用于计算的这一天实际上是抽象的一天，在空气调节中称之为设计日或标准天。

我国《采暖通风与空气调节设计规范》中规定的室外实际参数。

(1)夏季空调室外计算干、湿球温度

夏季空调室外计算干球温度采用历年平均不保证 50 h 的干球温度；夏季空调室外计算湿球温度采用历年平均不保证 50 h 的湿球温度。

(2)夏季空调室外计算日平均温度和逐时温度

夏季在计算通过围护结构的传热量时，采用的是不稳定的传热过程，因此必须知道设计日的室外平均温度和逐时温度。

夏季空调室外设计日平均温度采用历年平均不保证 5 天的日平均温度。

夏季设计日的逐时温度可按下式确定：

$$t_{sh} = t_{wp} + \beta \Delta t_r \tag{11.20}$$

式中　t_{sh}——夏季设计日的逐时温度，℃；

t_{wp}——夏季空气调节室外计算日平均温度，℃；主要城市的 t_{wp}见附录 11.1；

$\triangle t_r$——夏季室外计算平均日较差，应按下式计算：

$$\Delta t_r = \frac{t_{wg} - t_{wp}}{0.52} \tag{11.21}$$

式中　t_{wg}——夏季空气调节室外计算干球温度，℃，见附录 11.1；

β——室外温度逐时变化系数，见表 11.3。

表 11.3　室外温度逐时变化系数

时刻	1	2	3	4	5	6	7	8
β	—0.35	—0.38	—0.42	—0.45	—0.47	—0.41	—0.28	—0.12
时刻	9	10	11	12	13	14	15	16
β	0.03	0.16	0.29	0.40	0.48	0.52	0.51	0.43
时刻	17	18	19	20	21	22	23	24
β	0.39	0.28	0.14	0.00	—0.10	—0.17	—0.23	—0.26

3. 冬季空调室外计算温度、湿度的确定

由于空调系统冬季的加热、加湿量所需费用远小于夏季冷却除湿所耗的费用，而且室外气温的波动也比较小，因此冬季通过围护结构的传热量的计算按稳定传热方法，不考虑室外气温的波动，所以冬季只给定一个冬季空调室外计算温度作为计算新风负荷和计算围护结构传热的依据。

《采暖通风与空气调节设计规范》中规定冬季空调室外计算温度采用历年平均不保证一天的日平均温度，当冬季不使用空调设备送热风，而仅使用采暖设备时，计算围护结构的传热应采用采暖室外计算温度。

由于冬季室外空气含湿量远小于夏季，而且变化也很小，因此不给出湿球温度，只给出冬季室外计算相对湿度。《采暖通风与空气调节设计规范》中规定冬季空调室外计算相对湿度采用历年最冷月平均相对湿度。

第二节　太阳辐射热

太阳辐射热是地球上生物最大的天然能源，从空气调节的角度看，它有利于冬季的室内采暖，但在夏季它使室内产生大量余热，使空调冷负荷增加，因此，在进行室内冷负荷计算时，要掌握太阳辐射热对建筑物的热作用。

一、太阳及太阳辐射强度

1. 太阳及其与地球间各种角度

太阳是一个直径相当于地球110倍的高温气团，其表面温度约为6000 K，内部温度可高达2×10^7 K。太阳的能量，由氢聚变为氦的热核反应所产生的巨大能量维持着太阳的高温。太阳表面不断地以电磁波辐射方式向宇宙发射出巨大的热能，地球接受的太阳辐射能量约为1.7×10^{12} kW。

当太阳与地球之间的距离为年平均距离时，地球大气上界处垂直于太阳光线的单位面积的黑体表面在单位时间内吸收的太阳辐射能称为太阳常数，记为I_0，$I_0=1353$ W/m²。

由于地球被一层大气所包围，太阳辐射线到达大气层时，其能量的一部分在地球大气层被反射回宇宙空间，另一部分被大气层所吸收，剩下的1/3多一些才能到达地球表面。

透过大气到达地面的太阳辐射线中，一部分按原来直线辐射方向到达地面称为直射辐射，这部分辐射是具有方向性的，是太阳到达地面总辐射的主要部分；另一部分由于被各种气体分子、尘埃、冰晶、微小水珠等反射或折射，到达地球表面且无特定方向称为散射辐射，它没有方向性，特别是在晴天，它只占总辐射的一小部分。我们把直射辐射和散射辐射之总和称为太阳总辐射或简称太阳辐射。

(1)太阳与地球的各种角度

地球自转的轴线和它绕太阳公转的轨道平面始终保持一个固定的66.5°的倾斜角，而且自转轴总是指向大致相同的方向(北极星附近)。

①纬度(φ)

地球某地的纬度是指该点对赤道平面偏北或偏南的角位移，亦即是该点与地心连线与赤道平面的夹角。如图11.5所示。

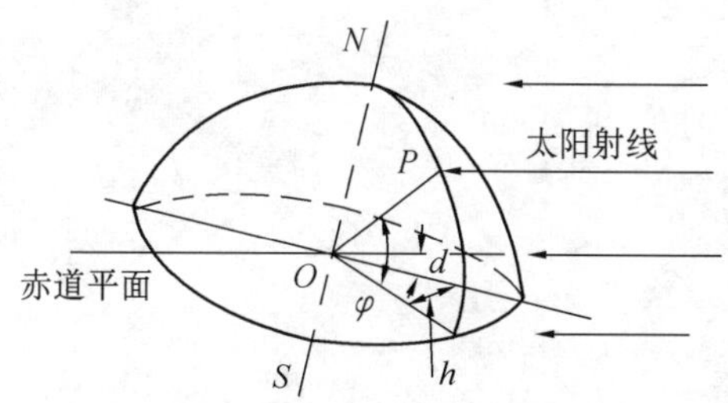

图11.5　太阳与地球间各种角度关系

②太阳赤纬(d)

太阳赤纬(d)是指太阳光线对地球赤道的角位移，亦即太阳与地球中心线和地球赤道平面的夹角。太阳赤纬(d)全年在$+23.5°\sim-23.5°$之间变化。

③太阳时角(h)

如图11.5所示，太阳时角(h)是指OP线在地球赤道平面上的投影与当地时间12点时日、地中心联线在赤道平面上的投影之间的夹角。当地时间 12 点时的时角为零，前、后每隔一小时，增加 360/24 = 15°。

④太阳高度角(β)

太阳高度角 β 是指太阳光线与该点地平面的夹角。见图 11.6 所示。

⑤太阳方位角(A)

太阳方位角 A 是指太阳光线在地平面上的投影与正南向的夹角，如图 11.6 所示。

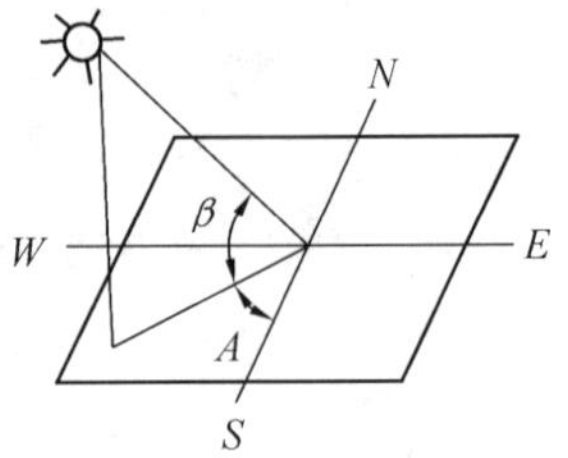

2. 太阳辐射强度

太阳辐射强度是指 1 m^2 黑体表面在太阳照射下所获得的热量值，单位为 W/m^2。

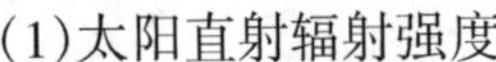

(1)太阳直射辐射强度

图 11.6　太阳高度角和方位角

太阳的直射辐射强度与太阳射线对地面的高度角和它通过大气层的路程以及大气透明度有关。太阳的高度角影响太阳射线穿越大气层的路程长度，高度角愈大，路程愈短，被大气层吸收、反射和折射的就少，则太阳的直射辐射强度大，反之，太阳的直射辐射强度小。

大气透明度是指当太阳位于天顶时(日射垂直地面时)到达地面的太阳辐射强度与太阳常数的比值，大气透明度愈大(接近 1)，大气愈清澈，太阳的直射辐射强度愈大，反之，太阳的直射辐射强度小。

在地球表面与太阳光线垂直平面上的太阳直射辐射强度(法线直射辐射强度)I_N

$$I_N = I_0 P^m \tag{11.22}$$

式中　P——大气透明度，附录 11.2 中给出了标准大气压下，大气质量 $m = 2$，太阳高度角 $\beta = 30°$的条件大气透明度，当地的大气透明度等级再用该地夏季大气压力进行修正，见附录 11.3；

m——大气质量，$m = 1/\sin\beta$。

(2)建筑物各表面所受到的太阳辐射

①直射辐射(见图 11.7)

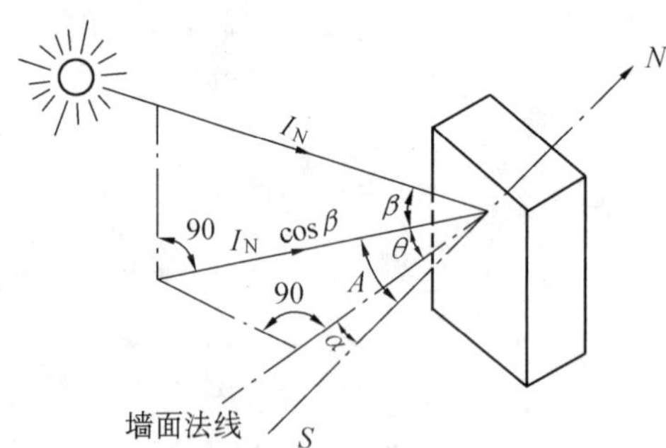

图 11.7　太阳射线与建筑物表面间所形成的各种角度

水平面上的直射辐射强度 $I_{S.Z}$

$$I_{S.Z} = I_N \sin\beta \tag{11.23}$$

垂直面上的直射辐射强度 $I_{C.Z}$

$$I_{C.Z} = I_N \cos\beta \cos\theta \tag{11.24}$$

式中　θ——日墙方位角，是太阳辐射线与墙面法线在水平面上投影的夹角，$\theta = A \pm \alpha$；

α——墙面方位角，是墙面法线在水平面上的投影与南向的夹角。

②散射辐射

水平面上的散射辐射强度 $I_{S.S}$

$$I_{S.S} = 0.5 I_0 \sin\beta \frac{1 - Pm}{1 - 1.4\ln P} \tag{11.25}$$

垂直面上的散射辐射强度 $I_{C.S}$

$$I_{C.S} = \frac{I_{S.S}}{2} \tag{11.26}$$

③太阳总辐射强度

水平面上的总辐射强度 I_S

$$I_S = I_{S.Z} + I_{S.S} \tag{11.27}$$

垂直面上的总辐射强度 I_C

$$I_C = I_{C.Z} + \frac{I_{C.Z} + I_D}{2} \tag{11.28}$$

式中　I_D——地面反射辐射强度，W/m^2。

附录 11.4 给出了北纬 40°夏季各朝向的太阳辐射强度。

太阳射线照射到不透明的围护结构表面时，一部分被反射，另一部分被吸收，二者的比例关系取决于围护结构外表面的粗糙度和颜色，表面愈粗糙，颜色愈深，则吸收的太阳辐射热愈多。

二、室外空气综合温度

在室外气温和太阳辐射的共同作用下，建筑物外表面上单位面积得到的热量为：

$$q = a_w(t_w - \tau_w) + \rho I - \varepsilon\Delta R = a_w\left[(t_w - \tau_w) + \frac{\rho I}{a_w} - \varepsilon\frac{\Delta R}{\alpha_w}\right]$$

式中　α_w——夏季围护结构外表面换热系数，W/m^2.℃；

t_w——室外空气计算温度，℃；

τ_w——围护结构外表面温度，℃；

ρ——围护结构外表面对太阳辐射的吸收率；

I——太阳直接辐射强度和散射辐射强度之和，W/m^2；

ε——围护结构外表面的长波辐射系数；

$\triangle R$——围护结构外表面向外界发射的长波辐射和由天空及周围向围护结构外表面的长波辐射之差，W/m^2。

对于垂直表面　$\triangle R = 0$

对于水平面　$\frac{\varepsilon\Delta R}{\alpha_w} = 3.5 \sim 4.0$℃

为了计算方便，将室外气温与太阳辐射对围护结构的作用用“综合温度”t_z 来表示，其意义是一个相当的室外温度，并非真实的空气温度。

$$t_z = t_w + \frac{\rho I}{\alpha_w} - \frac{\varepsilon\Delta R}{\alpha_w} \tag{11.29}$$

则

$$q = \alpha_w(t_z - \tau_w) \tag{11.30}$$

第三节　空调房间冷(热)、湿负荷的计算

一、得热量与冷负荷

房间的得热量是指在某一时刻由室外和室内热源散入房间的热量的总和。房间冷负荷是指在某一时刻为了维持某个稳定的室内基准温度需要从房间排出的热量或者是向房间供应的冷量。

房间的得热量通常包括以下几方面:

(1)传导得热:由室内、室外温差传热进入的热量;

(2)日射得热:太阳辐射经过窗玻璃时引起的得热;

(3)人员得热:由室内停留人员的人体散热引起的得热;

(4)灯光得热:由室内照明灯具引起的得热;

(5)设备得热:由室内发热设备引起的得热;

(6)渗透和新风得热:由室外进入室内的空气带入的热量。

在这些得热中,又可分为潜热和显热两类,而显热又包括对流热和辐射热两种成分。在瞬时得热中的潜热得热和显热得热中的对流成分会立即传给室内空气,构成瞬时冷负荷;而显热得热中的辐射成分(如经窗的瞬时日射得热及照明辐射得热等)被室内各种物体(围护结构和室内家具)所吸收和贮存,当这些蓄热体的表面温度高于室内空气温度时,它们又以对流方式将贮存的热量再次散发给空气,从而不能立即成为瞬时冷负荷。各种瞬时得热量中所含各种热量成分的百分比如表 11.4 所示。

表 11.4　各种瞬时得热量中所含的热量成分

得　热	辐射热 β_f(%)	对流热 β_d(%)	潜热(%)
太阳辐射热(无内遮阳)	100	0	0
太阳辐射热(有内遮阳)	58	42	0
荧光灯	50	50	0
白炽灯	80	20	0
人体	40	20	40
传导体	60	40	0
机械设备	20 ~ 80	80 ~ 20	0
渗透和通风	0	100	0

得热量转化为冷负荷的过程中,存在着衰减和延迟现象,不只是冷负荷的峰值低于得热量的峰值,而且还在时间上有滞后,如图 11.8 所示。这些衰减和滞后是由于建筑物的蓄热能力所决定的,图 11.9 所示为不同重量的围护结构的蓄热能力对冷负荷的影响。

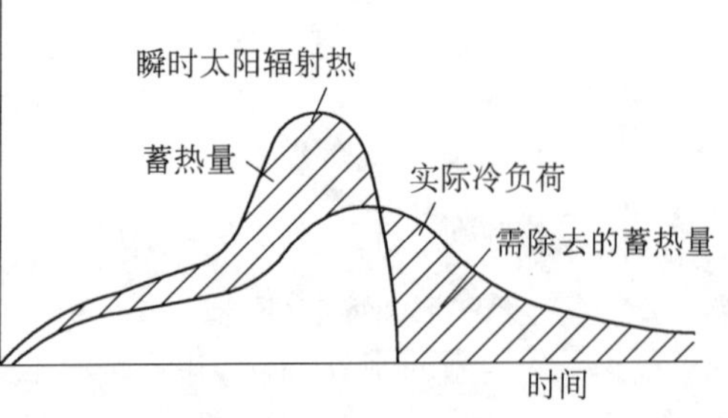

图 11.8　瞬时太阳辐射得热与房间实际冷负荷之间的关系

二、冷负荷系数法计算空调冷负荷

计算空调冷负荷的方法有两种:即冷负荷系数法和谐波反应法,冷负荷系数法是工

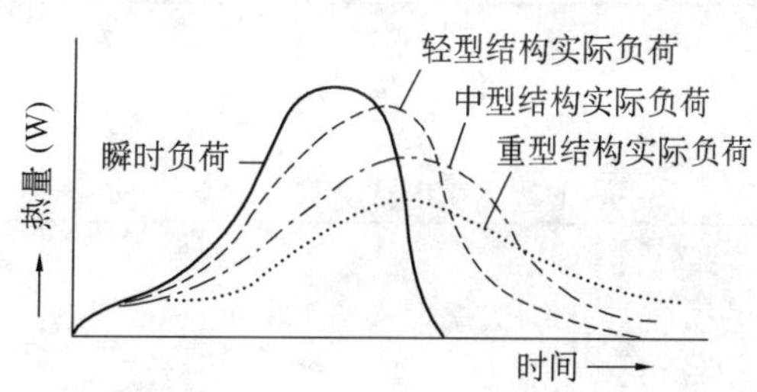

图 11.9　瞬时日射的得热与轻、中、重型建筑实际冷负荷的关系

程中计算空调冷负荷的一种简化计算法，下面介绍冷负荷系数法的计算方法。

1. 外墙和屋面瞬变传热引起的冷负荷

在日射和室外气温的综合作用下，外墙和屋面瞬变传热引起的空调冷负荷，可按下式计算：

$$CL = KF(t_1 - t_n) \tag{11.31}$$

式中　CL——外墙和屋面瞬变传热引起的逐时冷负荷，W；

F——外墙和屋面的面积，m^2；

K——外墙和屋面的传热系数，$W/m^2.℃$，根据外墙和屋面的不同构造和厚度分别在附录 11.5 中查出；

t_n——室内设计温度，℃；

t_1——外墙和屋面的冷负荷计算温度的逐时值，℃，根据外墙和屋面的不同类型在附录 11.6 中查出。

按照构造和建筑热物理特性不同，现将外墙和屋面分别划分为六种类型（Ⅰ～Ⅵ）。在设计选用时，先应在附录 11.5 中查出欲计算的外墙或屋面所属的类型，再在附录 11.6 中查出相应的 t_l 值，便可用式(11.31)进行冷负荷的逐时计算。

附录 11.6 中的 t_1 是在下列条件下编制的：

(1)北京市地区(北纬 39°48′)的气象参数数据为依据，以七月代表夏季，室外日平均温度为 29℃，室外最高温度为 33.5℃，日气温波幅 9.6℃；

(2)室外表面放热系数 $\alpha_w = 18.6\ W/m^2.K$；室内表面放热系数 $\alpha_n = 8.72\ W/m^2.K$

(3)围护结构外表面吸收系数 $\rho = 0.9$

与制表状态不相符的其他城市，做如下修正：

$$t'_1 = (t_1 + t_d)K_\alpha K_\rho \tag{11.32}$$

式中　t_d——地点修正系数，见附录 11.7；

K_α——外表面放热系数修正值，见表 11.5；

K_ρ——外表面吸收系数修正值，见表 11.6。

表 11.5　外表面放热系数修正值 K_α

$\alpha_w(W/m^2.K)$	14	16.3	18.6	20.9	23.3	25.6	27.9	30.2
K_α	1.06	1.03	1	0.98	0.97	0.95	0.94	0.93

表 11.6　吸收系数修正值 K_ρ

颜色	类　　别	
	外　墙	屋　面
浅　色	0.94	0.88
中　色	0.97	0.94

经修正后,相应的冷负荷计算式为:

$$CL = KF(t'_1 - t_n) \tag{11.33}$$

2.玻璃窗瞬变传热引起的冷负荷

在室内外温差作用下,玻璃窗瞬变传热引起的冷负荷,可按下式计算:

$$CL = KF(t_1 - t_n) \tag{11.34}$$

式中　CL——玻璃窗瞬变传热引起的逐时冷负荷,W;

t_1——玻璃窗的冷负荷计算温度的逐时值,℃,见表 11.7。

F——窗口的面积,m^2;

K——玻璃窗的传热系数,W/m^2.℃,根据单层窗玻璃和双层窗玻璃的不同情况可分别按附录 11.8 和附录 11.9 中查出,当窗框情况不同时,按表 11.8 修正;有内遮阳设施时,单层玻璃窗 K 应减小 25%,双层玻璃窗 K 应减小 15%;

t_n——室内设计温度,℃;

表 11.7　玻璃窗冷负荷计算温度 t_1

时刻	0	1	2	3	4	5	6	7
t_1	27.2	26.7	26.2	25.8	25.5	25.3	25.4	26.0
时刻	8	9	10	11	12	13	14	15
t_1	26.9	27.9	29.0	29.9	30.8	31.5	31.9	32.2
时刻	16	17	18	19	20	21	22	23
t_1	32.2	32.0	31.6	30.8	29.9	29.1	28.4	27.8

表 11.8　玻璃窗传热系数的修正值

窗框类型	单 层 窗	双 层 窗
全部玻璃	1.00	1.00
木窗框,80% 玻璃	0.90	0.95
木窗框,60% 玻璃	0.80	0.85
金属窗框,80% 玻璃	1.00	1.20

如计算地点不在北京市,则应按附录 11.10 对 t_1 值加上地点修正 t_d。

如外表面放热系数不是 $\alpha_w = 18.6$ W/m^2.K,则应用 K_α 修正 t_1。

3.玻璃窗日射得热引起的冷负荷

无外遮阳玻璃窗的日射得热引起的冷负荷,按下式计算:

$$CL = FC_s C_n D_{J \cdot max} C_{CL} \tag{11.35}$$

式中　F——窗玻璃的净面积,m^2,是将窗口面积乘以有效面积系数 C_a,见表 11.9;

C_S——窗玻璃的遮挡系数,见表 11.10;

C_n——窗内遮阳设施的遮阳系数,见表 11.11;

C_{CL}——冷负荷系数,以北纬 27°30′为界划为南、北两区,见附录 11.11;

$D_{J.max}$——日射得热因素的最大值,见表 11.12。

表 11.9　窗的有效面积系数 C_a

窗类型	单层钢窗	单层木窗	双层钢窗	双层木窗
C_a	0.85	0.70	0.75	0.60

表 11.10　窗玻璃的遮挡系数 C_s

玻璃类型	C_s 值
标准玻璃(3*mm*)	1.00
5 mm 厚普通玻璃	0.93
6 mm 厚普通玻璃	0.89
3 mm 厚吸热玻璃	0.96
5 mm 厚吸热玻璃	0.88
6 mm 厚吸热玻璃	0.83
双层 3 mm 厚普通玻璃	0.86
双层 5 mm 厚普通玻璃	0.78
双层 6 mm 厚普通玻璃	0.74

表 11.11　窗内遮阳设施的遮阳系数 C_n

内遮阳类型	颜　色	C_n
白布帘	浅色	0.50
浅蓝布帘	中间色	0.60
深黄、紫红、深绿布帘	深色	0.65
活动百叶窗	中间色	0.60

表 11.12　夏季各纬度带的日射得热因素最大值 $D_{J.max}$

纬度带＼朝向	*S*	*SE*	*E*	*NE*	*N*	*NW*	*W*	*SW*	水平
20°	130	311	541	465	130	465	541	311	876
25°	146	332	509	421	134	421	509	332	834
30°	174	374	539	415	115	415	539	374	833
35°	251	436	575	430	122	430	575	436	844
40°	302	477	599	442	114	442	599	477	842
45°	368	508	598	432	109	432	598	508	811
拉萨	174	462	727	592	133	593	727	462	991

4.隔墙、楼板等内围护结构传热形成的冷负荷

当空调房间与邻室的温差大于 3℃,可按下式计算通过隔墙、楼板等传热形成的冷负

荷：

$$CL = KF(t_{wp} + \Delta t_{ls} - t_n) \tag{11.36}$$

式中 CL——内围护结构传热形成的冷负荷，W；

K——内围护结构的传热系数，$W/m^2.K$；

F——内围护结构的面积，m^2；

Δt_{ls}——邻室计算平均温度与夏季空调室外计算日平均温度的差值，℃，见表11.13；

t_{wp}——夏季空调室外计算日平均温度，℃。

表 11.13 温差 Δt_{ls} 值

邻室散热量	Δt_{ls}(℃)
很少(如办公室和走廊)	0 ~ 2
< 23 W/m^3	3
23 ~ 116 W/m^3	5

5. 照明散热引起的冷负荷

照明设备散热量一般属于稳定得热，只要电压稳定，这一得热量是不随时间变化的。照明设备所散发的热量由辐射和对流两部分组成。荧光灯的辐射成分约占 50%，白炽灯的辐射约占 80%，照明散热的对流成分直接与室内空气换热成为瞬时冷负荷。其辐射成分则首先为室内围护结构和家具所吸收，并蓄存于其中，当它们因受热温度升高至高于室内空气温度后，才以对流方式与室内空气进行换热。因而，照明散热形成冷负荷的机理与日射透过窗玻璃形成冷负荷的机理是相同的。

根据照明灯具的类型及安装方式不同，其冷负荷计算式分别为：

荧光灯
$$CL = n_1 n_2 N C_{CL} \tag{11.37}$$

白炽灯
$$CL = N C_{CL} \tag{11.38}$$

式中 N——照明灯具所需功率，W；

n_1——镇流器消耗功率系数，当明装荧光灯的镇流器装设在空调房间内时取 $n_1 = 1.2$，当暗装荧光灯的镇流器装设在顶棚内内时取 $n_1 = 1.0$；

n_2——灯罩隔热系数，当荧光灯罩上部穿有小孔(下部为玻璃板)可利用自然通风散热于顶棚内时取 $n_2 = 0.5 \sim 0.6$；而荧光灯罩无通风孔者，则视顶棚内通风情况取 $n_2 = 0.6 \sim 0.8$；

C_{CL}——照明散热冷负荷系数，根据明装和暗装荧光灯及白炽灯，按照不同的空调设备运行时间和开灯时间及开灯后的小时数，由附录 11.12 查出。

对 C_{CL}的取值应注意下列几点：

(1)在房间中若开灯时间足够长，冷负荷和照明的散热量最终应是相等的，当照明为全天 24 小时使用时，应取 $C_{CL} = 1.0$；

(2)若空调系统仅在有人的时候才运行，可考虑取 $C_{CL} = 1.0$；

(3)若在全天 24 小时内室温不能保持恒定，如空调系统在下午下班之后关闭，则应取 $C_{CL} = 1.0$；

(4)当房间中一部分照明按一种时间表使用，而另一部分按另一种时间表使用时，则应分别加以处理。

6. 人体散热引起的冷负荷

人体的散热量与人体劳动强度、服装、室内环境、年龄等因素有关。在人体散发的总热量中，辐射成分占40%，对流成分占20%，其余40%则作为潜热成分散出。人体的潜热可以作为瞬时冷负荷。而在总显热散热中，对流散热也成为瞬时冷负荷。而辐射散热与照明散热情况类似，形成滞后冷负荷。

由于建筑物中的人群是由男子、女子和儿童组成，而成年女子和儿童的散热量低于成年男子。为了实际计算方便，以成年男子为基础，乘以考虑了不同建筑内各类人员组成比例的系数，成为群集系数。见表11.14所示。人体散热引起的冷负荷计算式为：

$$CL = \varphi n(q_s C_{CL} + q_r) \tag{11.39}$$

式中　q_s——不同室温和劳动性质时成年男子显热散热量，W/人，见附录11.13；

q_r——成年男子潜热散热量，W/人，见附录11.13；

n——室内全部人数，人；

φ——群集系数，见表11.14；

C_{CL}——人体显热散热冷负荷系数，见附录11.14，这一系数取决于人员在室内停留的时间及由进入室内时刻算起至计算时刻的时间。

表11.14　某些工作场所的群集系数

工作场所	群集系数	工作场所	群集系数
影剧院	0.89	百货商店	0.89
图书馆	0.96	纺织厂	0.90
旅馆	0.93	铸造车间	1.0
体育馆	0.92	炼钢车间	1.0

对于如电影院、剧院、会堂等人员密集的场所，由于人体对围护结构和室内家具的辐射换热量相应减少，可以取 $C_{CL}=1.0$，若在全天24小时内室温不能保持恒定时，可以取 $C_{CL}=1.0$。

7. 设备散热引起的冷负荷

空调房间的设备、用具及其他散热表面所散发的热量包括显热和潜热两部分。对既散发显热又散发潜热的设备或用具等，其潜热散热量即作为瞬时冷负荷。而其显热散热量也包括对流散热和辐射散热，它与照明和人体的显热散热一样，对流散热形成瞬时冷负荷，辐射散热形成滞后冷负荷。

设备和用具散热引起的冷负荷按下式计算：

$$CL = Q_s C_{CL} + Q_r \tag{11.40}$$

式中　Q_s——设备和用具的显热散热量，W；

Q_r——设备和用具的潜热散热量，W；

C_{CL}——设备和用具的显热散热冷负荷系数，由附录11.15和附录11.16查出，如果空调系统不连续运行，则 $C_{CL}=1.0$。

8. 人体和设备的散湿量

(1)人体的散湿量

$$W = \varphi n w \quad g/h \tag{11.41}$$

式中　W——人体散湿量，g/h；

w——每个成年男子的散湿量，g/h. 人，见附录 11.13；

n——室内总人数，人；

φ——群集系数，见表 11.14。

(2)敞开水面的散湿量

$$W=\beta(P_{q\cdot b}-P_q)F\frac{B}{B'} \tag{11.42}$$

式中　W——敞开水面的散湿量，kg/h；

F——蒸发面积，m^2；

$P_{q.b}$——相应于水表面温度下的饱和空气的水蒸汽分压力，Pa；

P_q——室内空气中的水蒸汽分压力，Pa；

B——标准大气压力，Pa；

B'——当地大气压力，Pa；

β——蒸发系数，$kg/m^2.h.Pa$

蒸发系数 β 按下式确定：

$$\beta=(\alpha+0.00013v) \tag{11.43}$$

式中　v——蒸发表面的空气流速，m/s；

α——水蒸汽扩散系数，$kg/m^2.h.Pa$。周围空气温度为 15 ~ 30℃时，在不同水温下的扩散系数，见表 11.15 所示。

表 11.15　水蒸汽扩散系数

水温(℃)	<30	40	50	60	70	80	90	100
α	0.00017	0.00021	0.00025	0.00028	0.0003	0.00035	0.00038	0.00045

三、空调冷负荷的估算指标

1. 计算式估算法

把空调冷负荷分为外围护结构和室内人员两部分，把整个建筑物看成一个大空间，按各朝向计算其冷负荷，再加上每个在室内人员按 116.3 W 计算全部人员散热量，然后将该结果乘以新风负荷系数 1.5，即为估算建筑物的总负荷。

$$Q=(Q_W+116.3n)\times 1.5 \quad W \tag{11.44}$$

式中　Q——建筑物空调系统总冷负荷，W；

Q_W——整个建筑物围护的总冷负荷，W；

n——室内总人数。

2. 单位面积冷负荷指标法

空调系统冷负荷的估算可按下表来估算，也可参见有关的手册。

建筑物		冷负荷 W/m²		逗留者 m²/人	照明 W/m²	送风量 l/sm²
		显冷负荷	总冷负荷			
办公室	中部区	65	95	10	60	5
	周边	110	160	10	60	6
	个人办公室	160	240	15	60	8
	会议室	185	270	3	60	9
学校	教室	130	190	2.5	40	9
	图书馆	130	190	6	30	9
	自助餐厅	150	260	1.5	30	10
公寓	高层,南向	110	160	10	20	10
	高层,北向	80	130	10	20	9
戏院、大会堂		110	260	1	20	12
实验室		150	230	10	50	10
图书馆、博物馆		95	150	10	40	8
医院	手术室	110	380	6	20	8
	公共场所	50	150	10	30	8
卫生所、诊所		130	200	10	40	10
理发室、美容院		110	200	4	50	10
百货商店	地下	150	250	1.5	40	12
	中间层	130	225	2	60	10
	上层	110	200	3	40	8
药店		110	210	3	30	10
零售店		110	160	2.5	40	10
精品店		110	160	5	30	10
酒吧		130	260	2	15	10
餐厅		110	320	2	17	12
饭店	房间	80	130	10	15	7
	公共场所	110	160	10	15	8
工厂	装配室	150	260	3.5	45	9
	轻工业	160	260	15	30	10

【例 11.1】 位于天津市一四层的办公楼,外墙为内外抹灰 370 砖墙,试计算第三层南向一房间的夏季空调冷负荷和湿负荷。

外墙为浅色墙面,面积 20 m²,南向窗为 3 mm 普通单层钢窗,窗口面积为 3m²,内挂浅兰色布帘,室内温度 $t_n = 25℃$,邻室包括走廊均为全天空调,室内压力稍高于室外大气压力,室内有 6 人,40 W 荧光灯 4 支,暗装,灯罩上有通风小孔,可散热到顶棚,开灯时间为上午 8 点到下午 6 点(包括中午午休 1 小时)。

解　1.外墙瞬变传热引起的冷负荷

查附录 11.5 得,370 mm 内外抹灰实心砖墙属于Ⅱ类,传热系数 $K=1.50\ W/m^2.K$,由附录 11.6 查得南向逐时冷负荷温度 t_l 值,查附录 11.7,天津地区修正系数为 $t_d=-0.4℃$,$\alpha_w=23.3\ W/m^2.K$,$\alpha_n=8.72\ W/m^2.K$,查表 11.5 得外表面放热修正值 $K_\alpha=0.97$,查表 11.6 得外表面吸收系数修正值 $K_P=0.94$。利用下式计算逐时冷负荷:

$$t'_1=(t_1+t_d)K_\alpha K_\rho$$

$$CL=KF[(t_1+t_d)K_\alpha K_\rho-t_n]$$

计算结果列入表 11.16

表 11.16 外墙瞬变传热引起的冷负荷

时间	7	8	9	10	11	12	
t_1(℃)	35.0	34.6	34.2	33.9	33.5	33.2	
t'_1(℃)	31.5	31.2	30.8	30.5	30.2	29.9	
CL(W)	195.0	186.0	174.0	165.0	156.0	147.0	
时间	13	14	15	16	17		
t_1(℃)	32.9	32.8	32.9	33.1	33.4		
t'_1(℃)	29.6	29.5	29.6	29.8	30.1		
CL(W)	137.7	135.0	138.0	144.0	153.0		

2.玻璃窗瞬变传热引起的冷负荷

查附录 11.8 得窗户的传热系数 $K=6.34\ W/m^2.K$,查表 11.8 得钢窗传热系数修正值为 1,因用浅色布帘,K 减少 25%,查附录 11.10 得天津地区修正系数 $t_d=0℃$,查表 11.5 得外表面放热修正值 $K_\alpha=0.97$,由表 11.7 得玻璃窗逐时冷负荷计算温度 t_1。

$$t'_1=(t_1+t_d)K_\alpha$$

$$CL=KF[(t_1+t_d)K_\alpha-t_n]$$

计算结果列入表 11.17

表 11.17 玻璃窗瞬变传热引起的冷负荷

时间	7	8	9	10	11	12	
t_1(℃)	26.0	26.9	27.9	29.0	29.9	30.8	
t'_1(℃)	25.2	26.1	27.1	28.1	29.0	29.9	
CL(W)	2.9	15.7	30.0	44.3	57.1	70.0	
时间	13	14	15	16	17		
t_1(℃)	31.5	31.9	32.2	32.2	32.0		
t'_1(℃)	30.6	30.9	31.2	31.2	31.0		
CL(W)	80.0	84.3	88.5	88.5	85.7		

3.玻璃窗日射得热引起的冷负荷

查表 11.9 得窗有效面积系数 $C_a=0.85$,由表 11.10 和 11.11 查得玻璃遮阳系数 $C_s=1$,内遮阳系数 $C_n=0.6$,由天津纬度为 39°06′,属于 40°纬度带,查表 11.12 得南向 $D_{Jmax}=302\ W/m^2$,查附录 11.11 得冷负荷系数 C_{CL}。

$$CL=FC_sC_nD_{J\cdot max}C_{CL}$$

计算结果列入表 11.18。

表 11.18　玻璃窗日射得热引起的冷负荷

时间	7	8	9	10	11	12	
C_{CL}	0.18	0.26	0.4	0.58	0.72	0.84	
$CL(W)$	83.2	120.1	184.8	268.0	332.7	388.1	
时间	13	14	15	16	17		
C_{CL}	0.8	0.62	0.45	0.32	0.24		
$CL(W)$	369.6	286.5	207.9	147.9	110.9		

4. 照明、人体散热引起的冷负荷

镇流器的消耗功率系数 $n_1=1$，灯罩隔热系数 $n_2=0.6$，查附录 11.12 得照明冷负荷系数 C_{CL}，注意按开灯后的小时数查取，照明散热引起的冷负荷按下式计算。

$$CL=n_1 n_2 N C_{CL}$$

根据室温 $t_n=25$℃，极轻活动，查附录 11.13 得 $q_s=65.1$ W/人，$q_r=68.6$ W/人，$w=102$ g/h.人，查表 11.14 得群集系数为 0.93。查附录 11.14 得冷负荷系数 C_{CL}，注意按进入室内后的小时数查取，人体散热引起的冷负荷按下式计算。

$$CL=\varphi n(q_s C_{CL}+q_r)$$

计算结果见表 11.19

表 11.19　照明、人体散热引起的冷负荷

时间	7	8	9	10	11	12	
照明 C_{CL}	0.11	0.34	0.55	0.61	0.65	0.68	
照明 $CL(W)$	10.6	32.6	52.8	58.6	62.4	65.3	
人体 C_{CL}	0.07	0.06	0.53	0.62	0.69	0.74	
人体 $CL(W)$	408.2	404.6	575.3	608.0	633.5	641.6	
时间	13	14	15	16	17		
照明 C_{CL}	0.71	0.74	0.77	0.79	0.81		
照明 $CL(W)$	68.2	71.0	73.9	75.8	77.8		
人体 CL	0.77	0.80	0.83	0.85	0.87		
人体 $CL(W)$	662.5	673.4	984.3	691.6	698.9		

各分项冷负荷汇总见表 11.20

表 11.20 各分项冷负荷汇总

时间	7	8	9	10	11	12
外墙 CL(W)	195.0	186.0	174.0	165.0	156.0	147.0
窗传热 CL(W)	2.9	15.7	30.0	44.3	57.1	70.0
窗日射 CL(W)	83.2	120.1	184.8	268.0	332.7	388.1
照明 CL(W)	10.6	32.6	52.8	58.6	62.4	65.3
人体 CL(W)	408.2	404.6	575.3	608.0	633.5	641.6
$\sum CL$	699.9	759	1017	1144	1242	1322
时间	13	14	15	16	17	
外墙 CL(W)	137.7	135.0	138.0	144.0	153.0	
窗传热 CL(W)	80.0	84.3	88.5	88.5	85.7	
窗日射 CL(W)	369.6	286.5	207.9	147.9	110.9	
照明 CL(W)	68.2	71.0	73.9	75.8	77.8	
人体 CL(W)	662.5	673.4	984.3	691.6	698.9	
$\sum CL$	1318	1250	1193	1148	1126	

由表 11.20 可以看出,最大冷负荷值出现在 12:00,其值为 1322 W

第四节 空调房间送风状态及送风量的确定

一、送入房间的空气的状态变化过程

图 11.10 表示一个空调房间送风示意图。房间的室内状态点为 $N(i_N,d_N)$,室内冷负荷(室内余热量)为 $Q(W)$,湿负荷(余湿量)为 W(kg/s),送入房间的空气状态点为 $O(i_o,d_o)$,送风量为 G(kg/s),当送入空气吸收房间的余热和余湿后,由状态 $O(i_o,d_o)$变为状态 $N(i_N,d_N)$,而排除房间,从而保证了室内空气状态点为 $N(i_N,d_N)$。

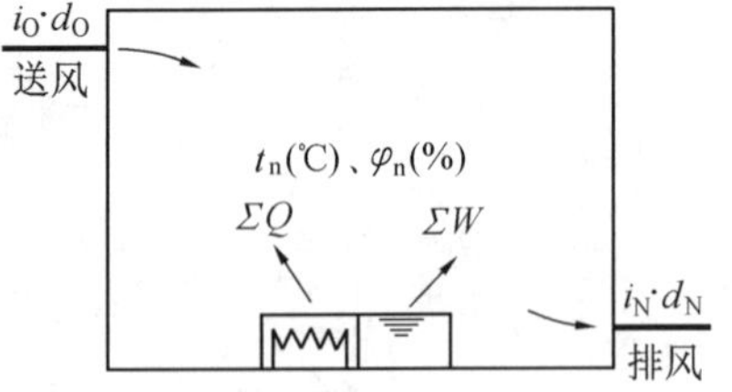

图 11.10 空调房间送风

根据热平衡得 $$Gi_o + Q = Gi_N \tag{11.45}$$

根据湿平衡得 $$Gd_0 + W = Gd_N \tag{11.46}$$

将上述两式整理后,有:

$$i_N - i_0 = \frac{Q}{G} \tag{11.47}$$

$$d_N - d_0 = \frac{W}{G} \tag{11.48}$$

由于送入的空气吸收房间的余热和余湿,其状态由 $O(i_o,d_o)$变为状态 $N(i_N,d_N)$,将式(11.47)和式(11.48)相除,即得送入空气由 O 点变位 N 点的状态变化过程的热湿比 ε

$$\varepsilon = \frac{Q}{W} = \frac{i_N - i_O}{d_N - d_o}$$

这样,在 $i-d$ 图上可以通过 N 点,根据 ε 值画出一条状态变化过程线,送风空气的状态点即位于该线上,也就是说,只要送风状态点位于该热湿比线上,那么将一定质量,具有这种状态的空气送入房间,就能同时吸收余热和余湿,从而保证室内要求的状态 $N(i_N,$

d_N)。

二、夏季送风状态点及送风量的确定

由于 Q 和 W 均已知，室内状态点 N 在 $i-d$ 图上的位置也已确定，因而只要经过 N 点作出 ε 过程线，即可在该过程线上确定送风状态 O 点，根据下式可以算出送风量。

$$G=\frac{Q}{i_N-i_o}=\frac{W}{d_N-d_o} \tag{11.49}$$

从图 11.11 可以看出，凡是位于 N 点以下的处于 ε 过程线上的点均可作为送风状态点，送风状态点 O 距 N 点越近，送风量越大，所需要的设备和初投资越大，反之，送风量则越小，所需要的设备和初投资也小，但送风量小，送风温度就低，可能使人感受冷气流的作用，而且室内温度和湿度的分布的均匀性和稳定性将受到影响。在实际应用中，一般根据送风温差（即 t_N-t_O）来确定送风状态点 O，送风温差的选取见表 11.21。表中的换气次数是指房间送风量（m^3/h）和房间体积（m^3）的比值，它是空调工程中常用的衡量送风量的指标。按送风温差确定的送风量折合的换气次数大于表中推荐的换气次数，才符合要求。

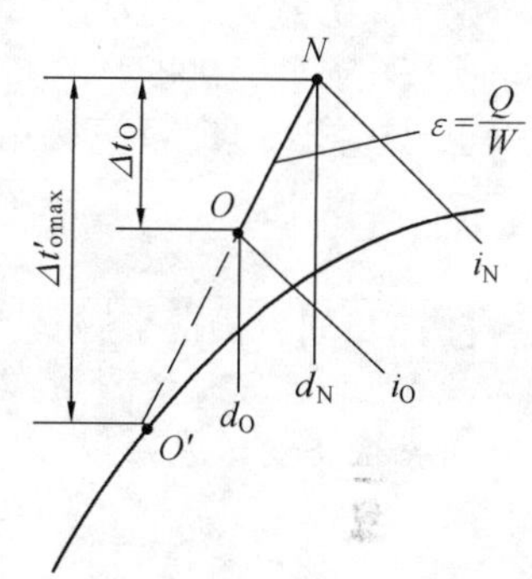

图 11.11　送风空气的状态变化过程

表 11.21　送风温差与换气次数

室温允许波动范围	送风温差（℃）	换气次数（次/h）
±0.1～0.2℃	2～3	150～20
±0.5℃	3～6	>8
±1.0℃	6～10	≥5
> ±1℃	人工冷源：≤15	
	天然冷源：可能的最大值	

三、冬季送风状态与送风量的确定

在冬季，由于通过围护结构的温差传热一般是由内向外传的，因此室内余热量常比夏季小得多，还可能变为负值而成为热负荷；而余湿量冬夏一般相同，因此，冬季房间的热湿比常小于夏季，也有可能为负值，所以空调送风温度 t_O' 往往接近或高于室温 t_N。

因为冬季送热风的送风温差可比夏季送冷风时的送风温差大，所以冬季送风量可比夏季小。对于全年固定送风量的系统，冬季的送风量与夏季相同，可以根据式(11.47)或式(11.48)确定冬季送风状态点；对于全年变风量的系统，冬季的送风温差可取得大一些，以减少送风量，从而减少空调系统的能耗，提高空调系统的经济性。但是，减少送风量是有限的，它必须满足最少换气次数的要求，而且送风温度一般不宜高于 45℃。

【例 11.2】　某空调房间总余热量 $\sum Q=3314W$，总余湿量 $\sum W=0.264g/s$，要求室内全年维持空气状态参数为 $t_N=22\pm1℃$，$\varphi_N=55\pm5\%$，当地大气压为 $101325Pa$，房间体积 $150m^3$，求送风状态和送风量。

解

(1)求热湿比　$\varepsilon=\dfrac{Q}{W}=\dfrac{3314}{0.264}=12553$

(2)在 $i-d$ 图上（图 11.12）确定室内空气状态点 N，通过 N 点作 $\varepsilon=12600$ 的过程线，

查表 11.21 取送风温差△$t_O=8℃$，则送风温度 $t_O=22-8=14℃$。从而得出：

$i_O=36\ \text{kJ/kg}\qquad i_N=46\ \text{kJ/kg}\qquad d_O=8.6\ \text{g/kg}\qquad d_N=9.3\ \text{g/kg}$

(3)计算送风量

按消除余热：$$G=\frac{Q}{i_N-i_O}=\frac{3314}{46-36}=0.33\ \text{kg/s}$$

按消除余湿：$$G=\frac{W}{d_N-d_O}=\frac{0.264}{9.3-8.6}=0.33\ \text{kg/s}$$

则 $L=0.33\times3600/1.2=990\ \text{m}^3/\text{h}$

换气次数 $n=990/150=6.6$ 次/h，符合要求。

也可以按式 11.50 直接用送风温差和余热中的显热部分来计算送风量，其误差不大。

$$G=\frac{Q_x}{1.01(t_n-t_0)}\tag{11.50}$$

【例 11.3】 仍按上题基本条件，如果冬季余热量 $Q=—1.105$ kW，余湿量 $W=0.264$ g/s，试确定冬季送风状态及送风量。

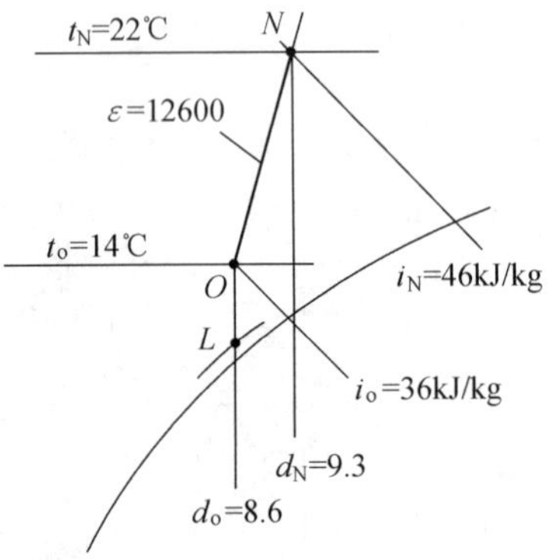

解

(1)求冬季热湿比 $\varepsilon=\dfrac{-1.105}{\dfrac{0.264}{1000}}=-4185$

(2)全年送风量不变，计算送风参数。

由于冬夏室内散湿量相同，根据式(11.48)可知，冬季送风的含湿量与夏季相同，即

$$d_0=d'_0=8.6\ \text{g/kg}$$

在 $i-d$ 图上过 N 点作 $\varepsilon=-4190$ 的过程线，该线与 $d'_0=8.6$ g/kg 的等含湿量线的交点即为冬季送风状态点 O'。

图 11.12 例 11.2

$$i'_0=49.35\ \text{kJ/kg}\qquad t_0'=28.5℃$$

另一种解法是，全年送风量不变且送风量已知，送风参数可以计算得出，即：

$$i_0'=i_N-\frac{Q}{G}=46+\frac{1.105}{0.33}=49.35\ \text{kJ/kg}$$

将 $i_0'=49.35$ kJ/kg 和 $d_0'=8.6$ g/kg 代入式 $i'_o=1.01t'_o+(2\,500+1.84t'_o)d'_o/1\,000$，可得 $t_0'=28.5℃$

如果希望冬季减少送风量，提高送风温度，例如送风温度 $t_0''=36℃$，则 $t_0''=36℃$ 的等温线与 $\varepsilon=-4190$ 的过程线的交点 O'' 即为新的送风状态点。

$$i_0''=54.9\ \text{kJ/kg}\qquad d_0''=7.2\ \text{g/kg}$$

$$G=\frac{-1.105}{46-54.9}=0.125\ \text{kg/s}=450\ \text{kg/h}$$

四、新风量的确定

为了保证空调房间的空气品质，必须向空调房间送入一定的室外新鲜空气，然而，新风量的多少将直接影响空调系统的能耗，使用的新风量愈少，系统就愈经济。但系统的新风量不能无限制地减少，确定新风量考虑下面三个因素：

1.卫生要求

在人们长期停留的空调房间内,室内空气品质的好坏直接关系到人的健康。这是因为要维持人体的新陈代谢,人总是不断地吸入氧气,呼出二氧化碳,在新风量不足时,就不能供给人体足够的氧气,因而影响了人体的健康。表 11.22 给出了人体在不同状态下呼出的二氧化碳量,表 11.23 规定了各种场合下室内二氧化碳的允许浓度。在一般农村和城市,室外空气中二氧化碳含量为 0.5 ~ 0.75 g/kg(0.33 ~ 0.5 L/m³)。

表 11.22　人体在不同状态下的二氧化碳呼出量

工作状态	CO_2 呼出量(L/h.人)	CO_2 呼出量(g/h.人)
安静时	13	19.5
极轻的工作	22	33
轻劳动	30	45
中等劳动	46	69
重劳动	74	111

表 11.23　二氧化碳的允许浓度

房间性质	CO_2 的允许浓度	
	L/m³	g/kg
人长期停留的地方	1.0	1.5
儿童和病人停留的地方	0.7	1.0
人周期性停留的地方(机关)	1.25	1.75
人短期停留的地方	2.0	3.0

在实际工程中,空调系统的新风量可按规范规定:民用建筑最小新风量按表 11.24 确定,生产厂房应按保证每人不小于 30 m³/h 的新风量确定。

表 11.24　民用舒适性空调最小新风量(m³/h)

空调类型	不吸烟				少量吸烟		大量吸烟
	一般病房	体育馆	影剧院 百货商场	办公室	餐厅	高级客房	会议室
每人最小新风量	17.0	8.0	8.5	25.0	20.0	30.0	50.0

2. 补充局部排风量

空调房间内有排风柜等局部排风装置时,为了不使车间和房间产生负压,在系统中必须提供相应的新风量来补充排风量。

3. 保持空调房间的正压要求

为了防止外界环境空气(室外或相邻的空调要求较低的房间)渗入空调房间,干扰空调房间温湿度均匀性或破坏室内洁净度,需要在空调系统中用一定量的新风来保持房间的正压(即室内空气压力大于室外环境压力)。一般情况下,室内正压值 $\triangle H$ 在 5 ~ 10 Pa 即可满足要求,过大的正压不但没有必要,而且还降低了系统运行的经济性。

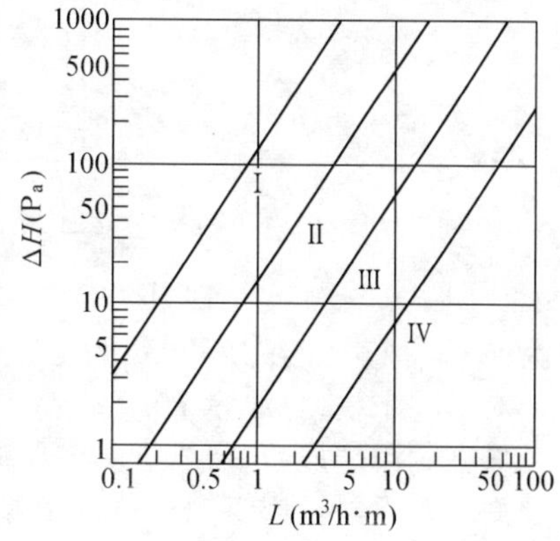

图 11.13　内外压差作用下,每米窗缝的渗透风量

不同窗缝结构情况下内外压差为 $\triangle H$ 时,经窗缝的渗透风量,可参考图 11.13 确定,由此可以确定保持室内正压所需要的补充新鲜空气量。

在大多数实际工程中,按照上述方法计算出的新风量过小,不足总风量的10%时,为了确保室内空气的卫生和安全,也应按照总风量的10%的最小新风量计算。

五、室内空气的平衡

图11.14表示空调系统的平衡关系,从图中可以看出:当把系统中的送、回风口调节

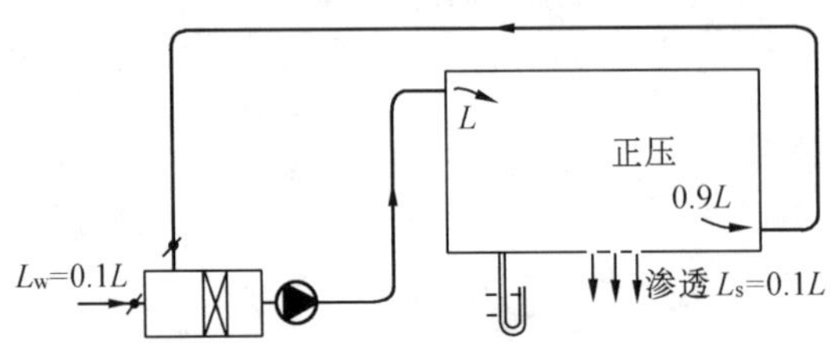

图11.14 空调系统空气平衡的关系图

阀调节到使送风量 L 大于从房间的回风量($0.9L$)时,房间即呈正压状态,而送、回风量差 L_S 通过门窗的不严密处(包括门窗的开启)或从排风孔渗出,则:

对空调房间来说:$L = L_x + L_s$

对整个系统来说:$L_S = L_w$

必须指出,在冬夏室外设计计算参数下规定的最小新风量百分数,是出于经济和节能方面考虑的最小新风量。多数情况下,在春、秋过渡季节中,可以提高新风比例,从而利用新风所具有的冷量或热量以节约系统的运行费用。为了保持室内恒定的压力和调节新风量,必须进一步讨论空调系统中的空气平衡问题。

对于全年新风量可变的系统,在室内要求正压并借助门窗缝隙渗透排风的情况下,空气平衡关系如图11.15所示,设房间总风量为 L,门窗的渗透风量为 L_S,进空调箱的回风

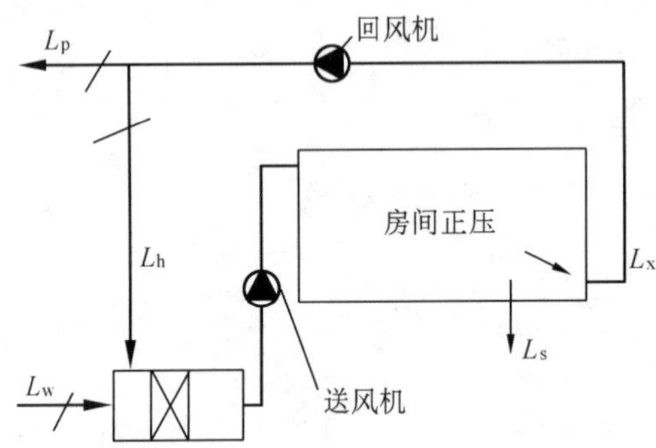

图11.15 全年新风量变化时的空气平衡关系图

量为 L_h,新风量为 L_W,排风量为 L_p,则:

对房间来说,总风量 $L = L_h + L_p + L_s = L_x + L_s$

对空调箱来说,总送风量 $L = L_h + L_w$

当过渡季节采用较额定新风比大的新风量,而要求室内恒定正压时,则在上两式中必然要求 $L_x > L_h$,即 $L_w > L_s$。而 $L_x—L_h = L_p$,L_p 即系统要求的机械排风量。通常在回风管路上装回风机和排风机进行排风(图11.15),根据新风量的多少来调节排风量,这就可能保持室内恒定的正压(如果不设回风机,则像图11.14那样,室内正压随新风多少而变化),这种系统称为双风机系统。

第十二章　空气调节系统

第一节　空气调节系统的分类

空气调节系统一般应包括:冷(热)源设备、冷(热)媒输送设备、空气处理设备、空气分配装置、冷(热)媒输送管道、空气输配管道、自动控制装置等。这些组成部分可根据建筑物形式和空调空间的要求组成不同的空气调节系统。在工程中,应根据建筑物的用途和性质、热湿负荷特点、温湿度调节与控制的要求、空调机房的面积和位置、初投资和运行费用等许多方面的因素选定适合的空调系统,因此,首先要研究一下空调系统的分类。

一、按空气处理设备的设置情况分类

1. 集中式空调系统

这种系统的所有空气处理设备(包括冷却器、加热器、过滤器、加湿器和风机等)均设置在一个集中的空调机房内,处理后的空气经风道输送到各空调房间。集中式空调系统又可分为单风管系统、双风管系统和变风量系统。

集中式空调系统处理空气量大,有集中的冷源和热源,运行可靠,便于管理和维修,但机房占地面积较大。

2. 半集中式空调系统

这种系统除了设有集中空调机房外,还设有分散在空调房间内的空气处理装置。半集中式空气调节系统按末端装置的形式又可分为末端再热式系统、风机盘管系统和诱导器系统。

3. 全分散空调系统

全分散空调系统又称为局部空调系统或局部机组。该系统的特点是将冷(热)源、空气处理设备和空气输送装置都集中设置在一个空调机内。可以按照需要,灵活、方便地布置在各个不同的空调房间或邻室内。全分散空调系统不需要集中的空气处理机房。常用的有单元式空调器系统、窗式空调器系统和分体式空调器系统。

二、按负担室内负荷所用的介质来分类

1. 全空气系统

全空气空调系统是指空调房间的室内负荷全部由经过处理的空气来负担的空气调节系统。见图 12.1a 所示,在室内热湿负荷为正值的场合,用低于室内空气焓值的空气送入房间,吸收余热余湿后排出房间。由于空气的比热小,用于吸收室内余热的空气量很大,因而这种系统的风管截面大,占用建筑空间较多。

2. 全水系统

指空调房间的热湿负荷全由水作为冷热介质来负担的空气调节系统,见图 12.1b 所示。由于水的比热比空气大得多,在相同条件下只需较小的水量,从而使输送管道占用的

建筑空间较小。但这种系统不能解决空调房间的通风换气问题，通常情况不单独使用。

3.空气—水系统

由空气和水共同负担空调房间的热湿负荷的空调系统称为空气一水系统。如图 12.1c 所示，这种系统有效地解决了全空气系统占用建筑空间大和全水系统中空调房间通风换气的问题。

4.冷剂系统

将制冷系统的蒸发器直接置于空调房间内来吸收余热和余湿的空调系统称为冷剂系统，见图 12.1*d*。这种系统的优点在于冷热源利用率高，占用建筑空间少，布置灵活，可根据不同的空调要求自由选择制冷和供热。通常用于分散安装的局部空调机组。

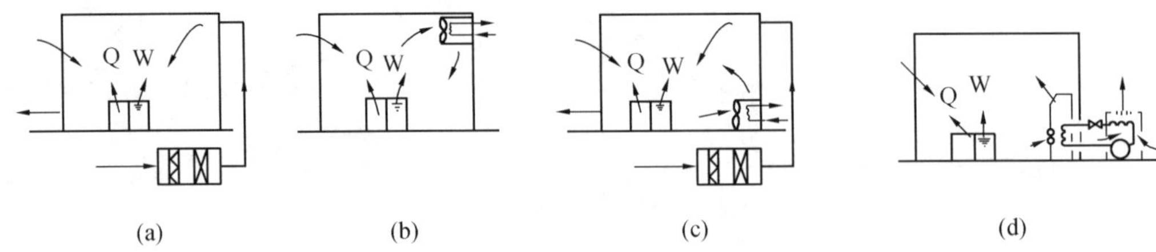

图 12.1　按负担室内负荷所用介质的种类对空调系统分类示意图
(a)全空气系统；(b)全水系统；(c)空气—水系统；(d)冷剂系统

三、根据集中式空调系统处理的空气来源分类

1.封闭式系统

它所处理的空气全部来自空调房间，没有室外新风补充，因此房间和空气处理设备之间形成了一个封闭环路(图 12.2a)。封闭式系统用于封闭空间且无法(或不需要)采用室

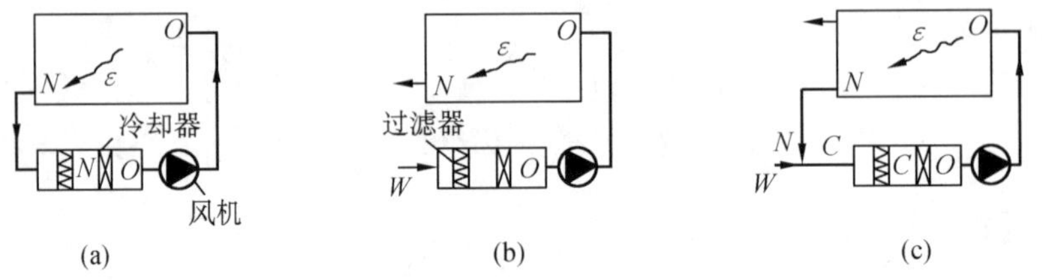

图 12.2　按处理空气的来源不同对空调系统分类示意图
(a)封闭式；(b)直流式；(c)混合式

外空气的场合。这种系统冷、热量消耗最少，但卫生效果差。当室内有人长期停留时，必须考虑换气。这种系统应用于战时的地下蔽护所等战备工程以及很少有人进入的仓库。

2.直流式系统

它所处理的空气全部来自室外，室外空气经处理后送入室内，然后全部排至室外(图 12.2b)。这种系统适用于不允许采用回风的场合，如放射性实验室以及散发大量有害物的车间等。为了回收排出空气的热量和冷量来预处理室外新风，可在系统中设置热回收装置。

3.混合式系统

封闭式系统不能满足卫生要求，直流式系统在经济上不合理。因而两者在使用时均有很大的局限性。对于大多数场合，往往需要综合这两者的利弊，采用混合一部分回风的系统，见图 12.2c。这种系统既能满足卫生要求，又经济合理，故应用最广。

四、按风道中空气流速分类

1. 高速空调系统

高速空调系统主风道中的流速可达 20~30 m/s,由于风速大,风道断面可以减少许多,故可用于层高受限,布置风道困难的建筑物中。

2. 低速空调系统

低速空调系统风道中的流速一般不超过 8~12 m/s,风道断面较大,需要占较大的建筑空间。

第二节　普通集中式空调系统

普通集中式空调系统是低速、单风道集中式空调系统,属于典型的全空气系统。这种空调的服务面积大,处理空气多,常用于工厂、公共建筑(体育场馆、剧场、商场)等有较大空间可设置风管的场合。

普通集中式空调系统通常采用混合式系统形式,即处理的空气一部分来自室外新风,另一部分来自室内的回风。根据新风、回风混合过程的不同,工程中常见的有两种形式:一种是室外新风和回风在进入表面式冷却器前混合,称为一次回风式;另一种是室外新风和回风在表面式冷却器前混合,经过表面式冷却器处理后再与另一股回风混合,称为二次回风式。

一、一次回风式系统

1. 夏季工况

根据第十一章所介绍的送风状态和送风量的确定方法,可在 $i-d$ 图上标出室内状态点 N(图 12.3b),过 N 点作室内热湿比线。根据选定的送风温差$\triangle t_0$,画出 t_0 线,该线与 ε 线的交点 O 即为送风状态点。为了获得 O 点状态的空气,常将室内外空气的混合点

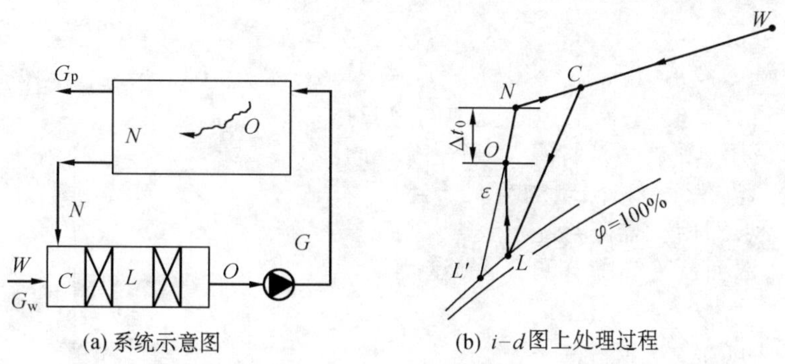

(a) 系统示意图　(b) $i-d$图上处理过程

图 12.3　一次回风系统

C 状态的空气经表面式冷却器冷却减湿到 L 点(L 点称为机器露点,一般位于 $\varphi=90\%\sim95\%$ 线上),再从 L 点加热到 O 点,然后进入房间,吸收房间的余热余湿后变为室内空气状态点 N,一部分空气被排到室外,另一部分空气返回到空调箱与新风混合,整个处理过程可以写成:

$$\begin{matrix} W \\ \quad \searrow \\ \quad \nearrow \\ N \end{matrix} \xrightarrow{\text{混合}} C \xrightarrow{\text{冷却减湿}} L \xrightarrow{\text{加热}} O \xrightarrow{\varepsilon} N$$

按 $i-d$ 图上空气混合的比例关系：

$\dfrac{\overline{NC}}{\overline{NW}}=\dfrac{G_W}{G}$，而$\dfrac{G_W}{G}$即为新风百分比 m%，从而确定了状态点 C 的位置。

根据 $i-d$ 图上的分析，为了把 Gkg/s 的空气 C 点冷却减湿到 L 点，所需要配置制冷设备的冷却能力，就是该设备夏季处理空气所需要的冷量：

$$Q_0=G(i_C-i_L)\quad \text{kW} \tag{12.1}$$

在采用喷水室或水冷式表面冷却器时，该冷量是由冷水机组的冷冻水或天然冷源提供的，而对于采用直接蒸发式冷却器来看，是直接由制冷机的冷剂提供的。

从空气处理过程来看，该“冷量”是由以下几个方面组成：

(1)风量为 G，参数为 O 的空气被送入室内后，吸收室内的余热余湿，变化到状态点 N，该部分热量即为室内冷负荷：

$$Q_1=G(i_N-i_O)\quad \text{kW}$$

(2)新风冷负荷：新风 G_W 进入系统时焓为 i_W，排出时为 i_N，这部分冷量称为新风冷负荷，其值为：

$$Q_2=G_W(i_W-i_N)\quad \text{kW}$$

(3)再热负荷：为了减小送风温差，在空气经过处理后对空气进行加热，其值为：

$$Q_3=G(i_O-i_L)\quad \text{kW}$$

再热负荷抵消了一部分冷源提供的冷量，是一种能量浪费。

上述三部分冷量之和就是系统所需要的冷量，即 $Q_0=Q_1+Q_2+Q_3$，可以写成为：

$$Q_0=G(i_N-i_O)+G_W(i_W-i_N)+G(i_O-i_L)\quad \text{kW} \tag{12.2}$$

由于在一次回风系统的混合过程中$\dfrac{G_W}{G}=\dfrac{i_C-i_N}{i_W-i_N}$，即 $G_W(i_W-i_N)=G(i_C-i_N)$，代入式(12.2)中可得：

$$Q_0=G(i_N-i_O)+G(i_C-i_N)+G(i_O-i_L)=G(i_C-i_L)\quad \text{kW}$$

从上式可以看出，一次回风系统中的冷量用 $i-d$ 图计算或用热平衡方法计算，两者是统一的。

对于送风温差无严格限制的空调场合，若采用最大温差送风，即用机器露点空气送风，则不需要消耗再热量，因而制冷负荷亦可下降，这是设计时应该考虑的。

2.冬季工况

设冬季室内空气状态与夏季相同。在冬季，室外空气状态将移至 $i-d$ 图左下方(图 12.4)。室内热湿比 ε' 因房间有建筑散热而减小(也有可能为负值)。假设室内余湿量为 W(kg/s)，同时，一般工程中冬季往往采用与夏季相等的风量，则送风状态点 O 的含湿量 d_o 为：

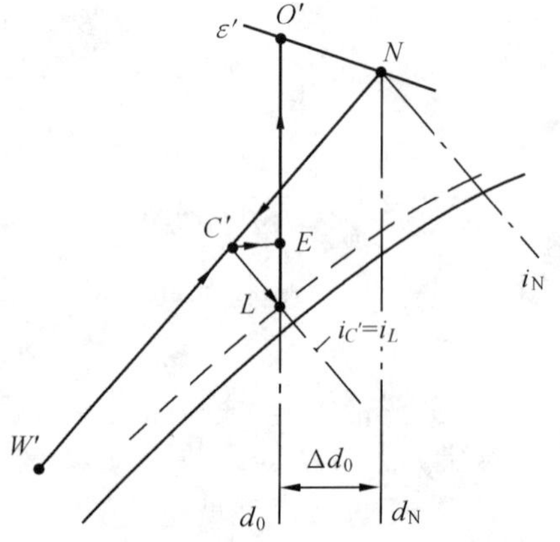

图 12.4　一次回风系统冬季处理过程

$$\Delta d_O = d_N - d_o = \frac{W}{G}$$

$$d_O = d_N - \frac{W}{G}$$

因此，冬季送风点就是 ε' 与 d_o 线的交点 O'，这时的送风温差与夏季不同。若冬夏的室内余湿量不变，则 d_o 线与 $\varphi = 90\%$ 线的交点 L 将与夏季相同，如果把 i_L 线与 $\overline{NW'}$ 线的交点 C' 作为冬季的混合点，则可以看出：从 C' 到 L 的过程可以通过绝热加湿的方法达到，这时如果 $\dfrac{\overline{C'N}}{\overline{W'N}} \times 100\% \geqslant$ 新风百分比 $m\%$，那么这个方案完全可行。处理过程为：

$$\left.\begin{matrix} W' \\ N \end{matrix}\right\rangle \xrightarrow{\text{混合}} C' \xrightarrow{\text{绝热加湿}} L \xrightarrow{\text{加热}} O' \xrightarrow{\varepsilon'} N$$

上述处理方案中除用绝热加湿的方法增加含湿量外，还可以采用喷蒸汽的方法，即从 C' 处理到 E 点（等温加湿），然后加热到 O' 点，这两种方法的实际消耗的热能是相同的。

当采用绝热加湿的方案时，对于新风量较大的工程，或者按最小新风比而室外设计参数很低的场合，都有可能使混合点 C' 的焓值 i'_C 低于 i_L，这种情况下就需要对新风进行预热处理，使预热后的新风和回风的混合点落在 i_L 的等焓线上（图 12.5）。预热后空气状态点的确定：

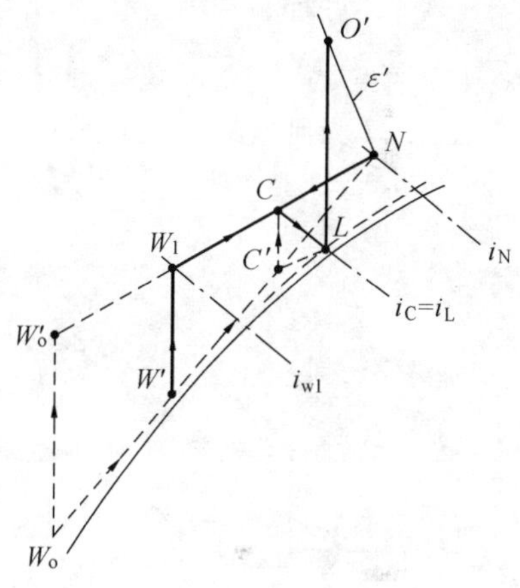

图 12.5　确定装置预热器的条件

$$\frac{G_W}{G} = \frac{\overline{CN}}{\overline{W_1 N}} = \frac{i_N - i_C}{i_N - i_{W1}}$$

因为 $i_C = i_L$，则有

$$i_{W1} = i_N - \frac{G(i_N - i_L)}{G_W} = i_N - \frac{i_N - i_L}{m\%} \quad \text{kJ/kg} \tag{12.3}$$

W_1 状态空气焓值 i_{W1} 就是预热后空气应该达到的焓值。由此可以计算出空气预热器的容量，并确定加热器的型号。

【例 12.1】　室内要求参数 $t_N = 25℃$，$\varphi_N = 60\%$（$i_N = 55.5$ kJ/kg）；室外参数 $t_W = 35℃$，$i_W = 93.8$ kJ/kg；新风比为 15%，已知室内余热量 $Q = 7.54$ kW，余湿量很小可以忽略不计，送风温差 $\triangle t_O = 5℃$，采用水冷式表面冷却器，试求夏季空调设计工况下所需冷量。

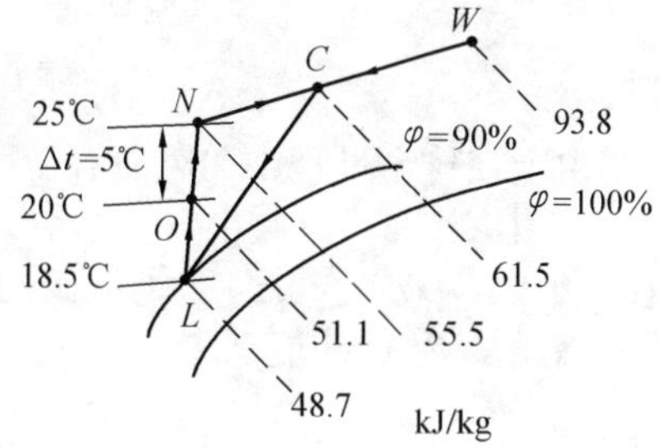

图 12.6　例 12.1 用图

解

（1）计算室内热湿比：

$$\varepsilon = \frac{Q}{W} = \frac{7.54}{0} = \infty$$

（2）确定送风状态点：过 N 点作 $\varepsilon = \infty$ 的直线和设定的 $\varphi_N = 90\%$ 的曲线相交得 L 点（如图 12.6）：$t_L = 18.5℃$，$i_L = 48.7$ kJ/kg。取 $\triangle t_O = 5℃$，得送风状态点 O：$t_O = 20℃$，$i_O = 51.1$ kJ/kg。

(3)求送风量:$G=\frac{Q}{i_N-i_O}=\frac{7.54}{55.5-51.1}=1.714$ kg/s(6169 kg/h)

(4)由新风比 0.15(即 $G_W=0.15G$)和混合空气的比例关系可直接确定混合点 C 的位置:$i_C=61.25$ kJ/kg

(5)空调系统所需冷量

$$Q_O=G(i_C-i_L)=1.714\times(61.25-48.7)=21.5\ \text{kW}$$

(6)冷量分析

$$Q_1=7.54\ \text{kW}$$

$$Q_2=G_W(i_W-i_N)=1.714\times0.15\times(93.8-55.5)=9.85\ \text{kW}$$

$$Q_3=G(i_O-i_L)=1.714\times(51.1-48.7)=4.11\ \text{kW}$$

$Q_O=Q_1+Q_2+Q_3=7.54+9.85+4.11=21.5$ kW,与前述计算一致。

二、二次回风式系统

1.夏季工况

图 12.7 为典型的二次回风式系统的夏季处理过程,(b)中虚线表示一次回风式系统过程,其过程为:

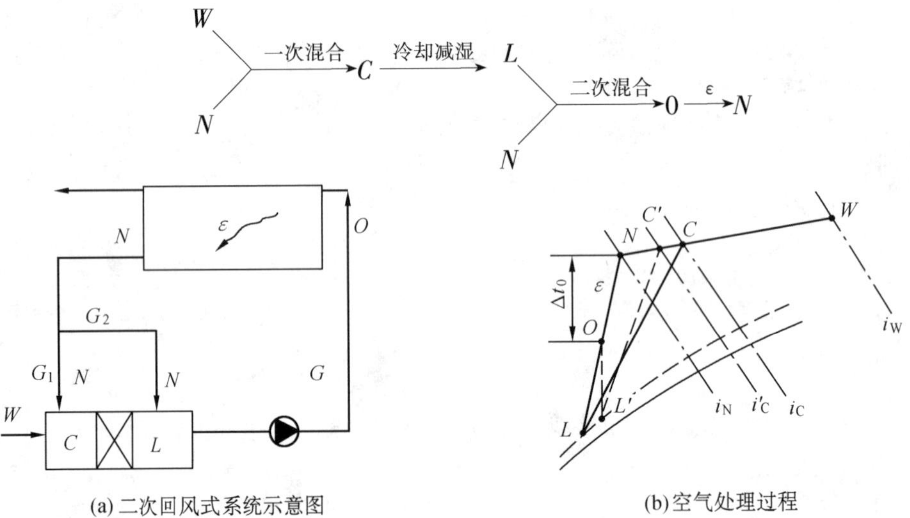

图 12.7 二次回风式系统的空气处理过程

由于在这个过程中回风混合了两次,所以称为“二次回风”。

由图 12.7b 可以看出,O 点是由 N 与 L 状态的空气混合而得到的,故这三点必在一条直线上,因此第二次混合的风量比例很容易确定,然而第一次混合点 C 必须先确定表冷器处理风量 G_L 后才能确定:

$$G_L=\frac{\overline{ON}}{\overline{NL}}\times G=\frac{i_N-i_O}{i_N-i_L}\times G=\frac{Q}{i_N-i_L}\quad \text{kg/s} \tag{12.4}$$

则一次回风量 $G_1=G_L-G_W$,这样 C 点的位置可由混合空气焓 i_C 与 NW 线的交点所确定:

$$i_C=\frac{G_1 i_N+G_W i_W}{G_1+G_W}\quad \text{kJ/kg} \tag{12.5}$$

从 C 点到 L 点的连线便是空气经过表冷器的冷却减湿过程，它所消耗的冷量为：

$$Q = G_L(i_C - i_L) \quad \text{kW} \tag{12.6}$$

如果分析二次回风式系统的冷量，可以证明它同样是由室内冷负荷和新风冷负荷构成的，在相同的条件下，二次回风式系统比一次回风式系统节省了“再热负荷”，但所需机器露点温度较低，制冷机效率有所下降。

2. 冬季工况

(1)绝热加湿处理

假定冬夏室内空气参数和风量相同，二次回风的混合比例不变，则机器露点与夏季相同。

对于冬夏余湿相同的空调房间，虽然冬季建筑围护结构耗热使 $\varepsilon' < \varepsilon$，但其送风点 O' 仍然在 d_O 线上，可以通过加热使 $O \to O'$ 点，而 O 点就是原来的二次混合点。为了将空气处理到 L 点，仍采用预热(或不预热)、混合、绝热加湿等方法(见图 12.8)：

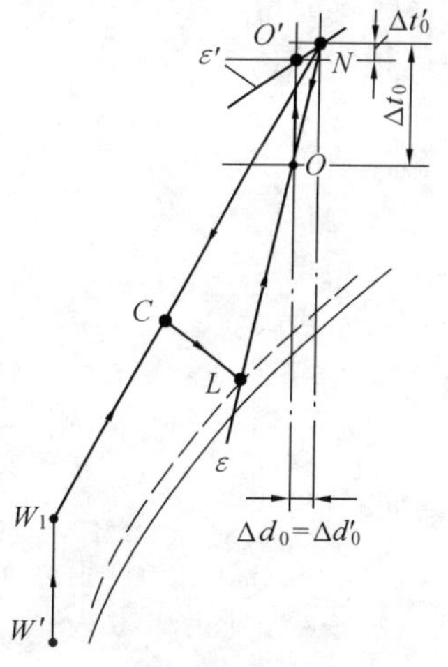

图 12.8　绝热加热处理过程

$W' \xrightarrow{\text{预热}} W_1$

W_1、N $\xrightarrow{\text{一次混合}}$ C $\xrightarrow{\text{绝热加湿}}$ L

L、N $\xrightarrow{\text{二次混合}}$ O $\xrightarrow{\text{加热}}$ O' $\xrightarrow{\varepsilon'}$ N

要判断室外新风是否需要预热，可以根据一次混合点焓值 i_C 是否低于 i_L 来确定，还可以根据推导出一个满足要求的室外空气焓值 i_{W1} 来判断。

从 $i-d$ 图上的一次混合过程看，设所求的 i_{W1} 值能满足最小新风比而混合点 C 正好在 i_L 线上时，则

$$\frac{i_N - i_L}{i_N - i_{W1}} = \frac{G_W}{G_1 + G_W}(\text{其中 } i_L = i_C) \tag{12.7}$$

又从第二次混合的过程可知：

$$(G_1 + G_W)(i_N - i_L) = G(i_N - i_O) \tag{12.8}$$

将式(12.8)代入式(12.7)得：

$$i_{W1} = i_N - \frac{G(i_N - i_O)}{G_W} = i_N - \frac{i_N - i_O}{m\%} \quad \text{kJ/kg} \tag{12.9}$$

若 $i_{W'} < i_{W1}$，则需要预热，预热量为：

$$Q = G_W(i_{W1} - i_{W'}) \quad \text{kW} \tag{12.10}$$

(2)冬季用蒸汽加湿的二次回风方案的处理过程的确定

如果仅将绝热加湿改为喷蒸汽加湿，其他过程不变，处理过程见图 12.9 所示，即：

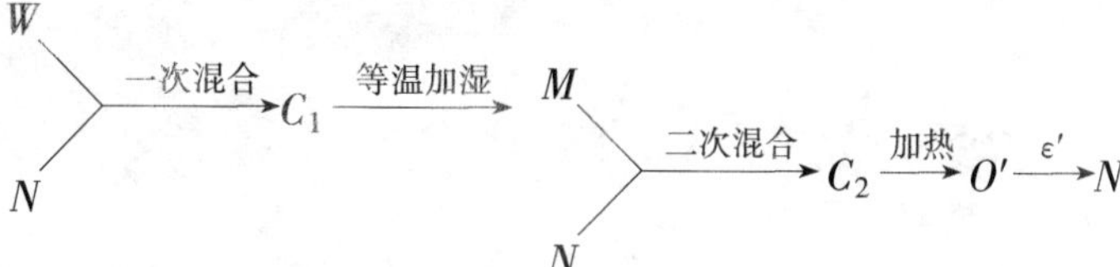

在室内产湿量不变和送风量不变的情况下，冬季的送风含湿量差 $\triangle d_O$ 与夏季相同，

即送风点为 d_0 线与 ε' 的交点 O'，二次混合点 C_2 也应该在 d_0 线上。此外，当二次混合比不变时，经一次混合并加湿后的空气应在夏季的 d_L 线上，由三角形△NML 与△NC_2O 相似，据此，可以确定加湿后空气的状态点 M：

①用与夏季相同的一次回风混合比确定冬季一次混合点 C_1；

②过混合点 C_1 作等温线与 d_L 线相交于 M 点，则 M 点就是冬季经喷蒸汽加湿后空气的状态点，同时可以看出：$\frac{\overline{NC_2}}{\overline{C_2M}}=\frac{\overline{NO}}{\overline{OL}}=$ 二次混合比

从以上分析可知，当室外参数较高时，一次混合点的 d_{C1} 一般也较大，在 $d_{C1}<d_L$ 的范围内，都需要进行不同程度的加湿。

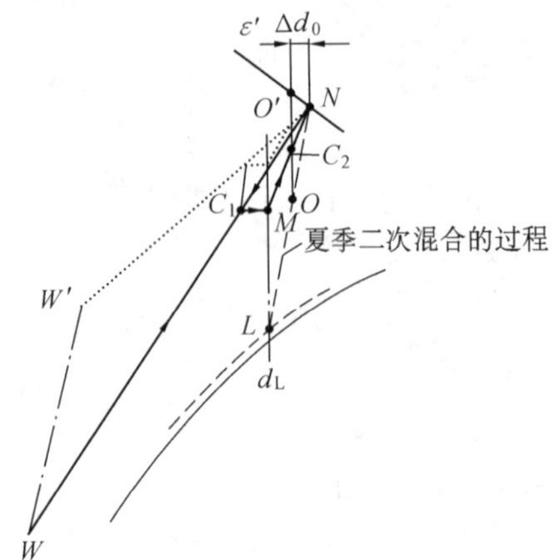

图 12.9 喷蒸汽处理过程

以上对一次回风系统和二次回风系统的冬夏季设计工况进行了分析，可以看出：前者处理流程简单，操作管理方便，故对可以直接用机器露点送风的场合都应采用。当送风温差有限制时，为了夏季节省再热量可采用二次回风系统。但因二次回风系统的处理流程复杂，给运行管理带来了不便。

【例 12.2】 某地一厂房需要安装空调系统，条件如下：

(1)室外计算条件为：

夏季：$t=35℃$，$t_S=28.9℃$，$\varphi=63\%$，$i=93.8$ kJ/kg；

冬季：$t=-4℃$，$t_S=-6.6℃$，$\varphi=40\%$，$i=-1.1$ kJ/kg；

大气压力 $B=101325$ Pa

(2)室内空气参数为：$t_N=25\pm1℃$，$\varphi_N=60\%$（$d_N=11.9$ g/kg，$i_N=55.5$ kJ/kg）

(3)按建筑、人、工艺设备及照明等资料算得夏季、冬季的室内热湿负荷为：

夏季：$Q=20.5$ kW，$W=0.0024$ kg/s

冬季：$Q=-4.5$ kW，$W=0.0024$ kg/s

(4)车间内有局部排气设备，排风量为 0.417 m^3/s（1500 m^3/h）

要求采用二次回风系统（用喷水室处理空气），试确定空调方案并计算空调设备容量。

解

1. 夏季空气处理方案

(1)计算室内的热湿比：

$$\varepsilon=\frac{Q}{W}=\frac{20.5}{0.0024}=8542$$

在相应大气压力的 $i-d$ 图上，过 N 点作 $\varepsilon=8542$ 线，与 $\varphi=95\%$ 的曲线相交得 L 点（如图 12.10）：$t_L=15.1℃$，$i_L=41.0$ kJ/kg。根据工艺要求取△$t_O=7℃$，得送风状态点 O：$t_O=18℃$，$i_O=45.2$ kJ/kg。$d_O=10.8$ g/kg。

(2)计算送风量：

按余热量计算：$G=\frac{Q}{i_N-i_O}=\frac{20.5}{55.5-45.2}=1.99$ kg/s(7164 kg/h)

(3)计算通过喷水室的风量 G_L：

$$G_L=\frac{Q}{i_N-i_L}=\frac{20.5}{55.5-41.0}=1.414\text{ kg/s(5090 kg/h)}$$

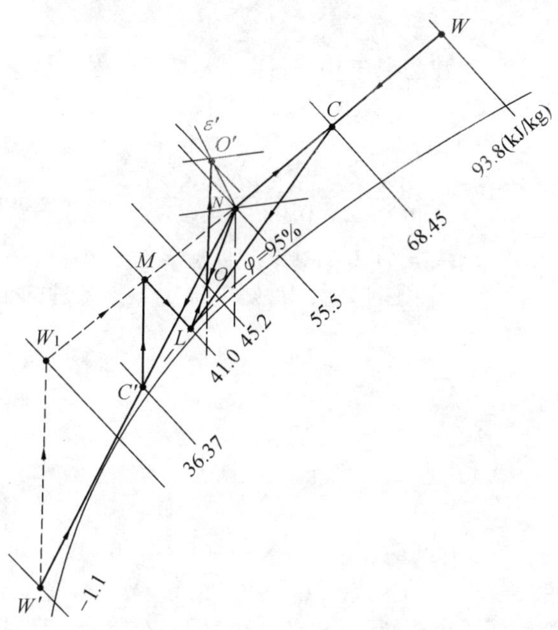

图 12.10　例 12.2 用图

(4)计算二次回风量 G_2：

$$G_2 = G - G_L = 1.99 - 1.414 = 0.576\ \text{kg/s}(2074\ \text{kg/h})$$

(5)确定新风量 G_W：

由于室内有局部排风，补充排风所需的新风量所占风量的百分数为：

$$\frac{G_W}{G} \times 100\% = \frac{0.417 \times 1.146}{1.99} \times 100\% = 24\%$$

式中 1.146 是 35℃空气的密度。

所算得的新风比已满足一般卫生要求，同时应注意当新风量根据排风量确定时，车间内并未考虑保持正压。

(6)一次回风量 G_1

$$G_1 = G_L - G_W = 1.414 - 0.417 \times 1.146 = 0.936\ \text{kg/s}$$

(7)确定一次回风混合点 C：

$$i_C = \frac{G_1 i_N + G_W i_W}{G_1 + G_W} = \frac{0.936 \times 55.5 + 0.478 \times 93.8}{0.936 + 0.478} = 68.45\ \text{kJ/kg}$$

i_C 线与 $\overline{NW}$ 的交点 C 就是一次回风混合点。

(8)计算冷量：从 $i-d$ 图上看，空气冷却减湿过程的冷量为：

$$Q = G_L(i_C - i_L) = 1.414(68.45 - 41.0) = 38.81\ \text{kW}$$

2. 冬季处理方案

(1)冬季室内热湿比 ε' 和送风状态点 O' 的确定：

$$\varepsilon' = \frac{Q}{W} = \frac{-4.5}{0.0024} = -1875$$

当冬、夏采用相同风量和室内发湿量相同时，冬、夏的送风含湿量 d_O 应相同，即：

$$d'_O = d_O = d_N - \frac{W \times 1000}{G} = 11.9 - \frac{0.0024 \times 1000}{1.99} = 10.69\ \text{g/kg}$$

则送风点为 $d_O = 10.69$ g/kg 线与 $\varepsilon' = -1875$ 线的交点 O'，可得 $i_O' = 58.2$ kJ/kg，t_O'

$=30.2℃$。

(2)由于 N、O、L 点的参数与夏季相同,即一次混合过程与夏季相同。因此可按夏季相同的一次回风混合比求出冬季一次回风混合点位置 C':

按混合过程计算 C' 点焓值:

$$i_C' = \frac{G_1 i_N + G_W i_W}{G_1 + G_W} = \frac{0.936 \times 55.5 + 0.478 \times (-1.1)}{0.936 + 0.478} = 36.37\ \text{kJ/kg}$$

由于 $i_C' = 36.37\ \text{kJ/kg} < i_L = 41.0\ \text{kJ/kg}$,所以应设置预热器。

(3)过 C' 点作等 d_C' 线与 i_L 线的交点 M,则可确定冬季处理的全过程。

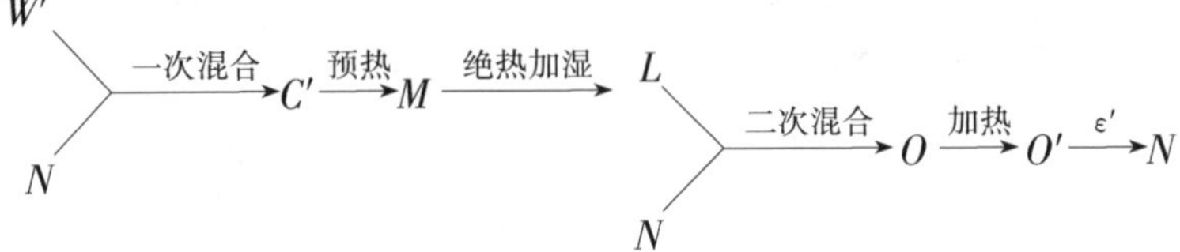

(4)加热量:

一次混合后的预热量:$Q_1 = G_L(i_M - i'_C) = 1.414(41.0 - 36.37) = 6.55\ \text{kW}$

二次混合后的再热量:$Q_2 = G(i'_O - i_O) = 1.99(58.2 - 45.2) = 25.87\ \text{kW}$

所以冬季所需的总加热量:$Q = Q_1 + Q_2 = 6.552 + 25.87 = 32.422\ \text{kW}$

三、集中空调系统的划分和分区处理方法

1.系统划分

按照集中空调系统所服务的建筑物使用要求,往往需要划分成几个系统,尤其在风量大,使用要求不一的场合更有必要。通常可根据下列原则进行系统划分:

(1)室内参数(温、湿度基数和精度)相同或相近以及室内热湿比相近的房间可合并在一起,这样空气处理和控制要求比较一致,容易满足要求。

(2)朝向、层次等位置相邻的房间宜结合在一起,这样风道管路布置和安装较为合理,同时也便于管理。

(3)工作班次和运行时间相同的房间采用同一系统,有利于运行管理,而对个别要求24小时运行或间歇运行的房间可单独配置空调机组。

(4)对室内洁净度等级或噪声级别不同的房间,为了考虑空气过滤系统和消声要求,宜按各自的级别设计,这对节约投资和经济运行都有好处。

(5)产生有害气体的房间不宜与其他房间合用一个系统。

(6)根据防火要求,空调系统的分区应与建筑防火分区对应。

2.分区处理方法

虽然在系统划分时已尽量将室内参数、热湿比相同的房间合用一个系统,但仍然不可避免地会遇到以下这些情况:

(1)对于室内空气状态点 N 要求相同,但各房间热湿比 ε 不同,若采用一个处理系统,而又要求不同送风温差,这时可采用同一机器露点而分室加热的方法。

例如图12.11所示的空调系统为甲、乙两个房间送风,夏季热湿比线分别为 ε_1、ε_2($\varepsilon_1 > \varepsilon_2$),可先根据甲室的 ε_1 和 $\triangle t_{O1}$ 得送风点 O_1,并求出送风量 G_1,同时还可确定露点 L。由于采用同一露点,所以乙室的送风点 O_2 即 d_L 与 ε_2 的交点,送风温差为 $\triangle t_{O2}$,因而可确定 G_2。系统的总风量为两者之和。从 L 点到 O_1、O_2 靠加热达到,如结合冬季要求,则除了在空调箱内设置加热器外,在分支管上另设调节加热器。

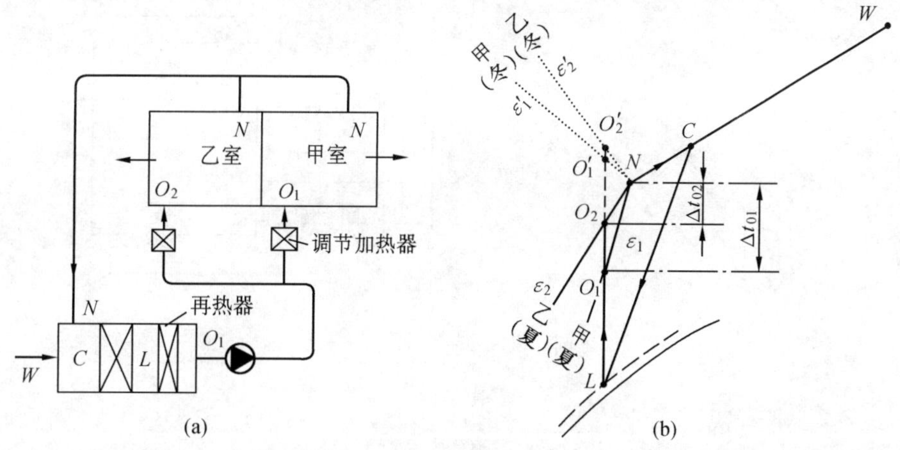

图 12.11　用分室加热方法满足两个房间的送风要求

这种方法的缺点在于乙室用了相同的露点,使送风温差$\triangle t_{02}$较小,因而只能采用较大的送风量。

(2)要求室内温度相同,相对湿度允许有偏差,而室内热湿比线各不相同,但为了处理方便需采用相同的$\triangle t_0$和相同的露点 L。

根据这个前提,设计任务就是对室内相对湿度 φ_N 的偏差进行校核。首先对两个房间用相同的$\triangle t_0$并根据不同的送风点 O_1、O_2 算出各室的风量。如果甲室为主要房间,则可用与 O_1 对应的露点 L_1 加热送风,这时乙室 φ_N 必有偏差,如偏差在允许的范围内即可。对于两房间有相同重要性时,则可取 L_1、L_2 之中间值 L 作为露点(见图 12.12),其结果两个房间的 φ_N 均有较小偏差。如偏差在允许的范围内,则既经济又合理。

(3)当要求各室参数 N 相同,温湿度不希望有偏差,又$\triangle t_0$均要求相同,势必要求各室采用不同的送风含湿量 d_0,这时可采用图 12.13 的方案,即用集中处理新风、分散回风、分室加热(或冷却)的处理方法。在工程实践中,它用于多层多室的建筑物而采用分区控制的空调系统,国外又称这种空调方式为“分区(层)空调方式”。

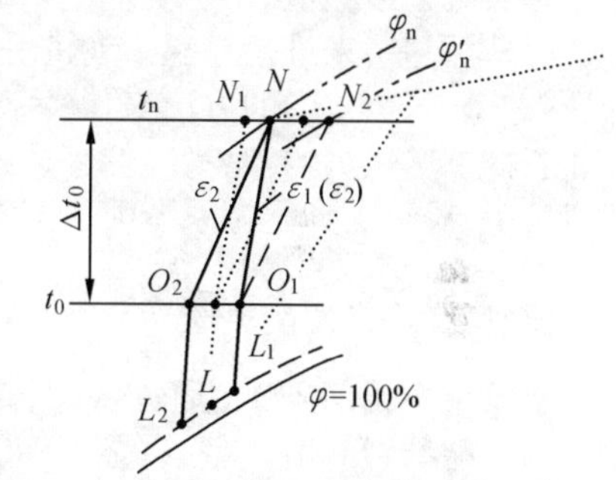

图 12.12　两个房间室内 φ_N 偏差时可用相同的送风温差

在以上几种系统方案的处理过程分析中,为了简化问题,没有在 $i-d$ 图上反应出空气经风道的传热温升(夏季)或温降(冬季),以及由风机功率的转化而引起的温升(通常冬季风道内的风机转化热产生的温升和管壁温降相抵消,而夏季二者均成为不利因素而相互叠加)。但是对于管道长、管内风速高,因而风机压头大的系统——高速风道系统,这种温度的变化必须考虑并且把它反应在 $i-d$ 图的处理过程中。风机温升和管道温升的具体计算,可参考相关文献。

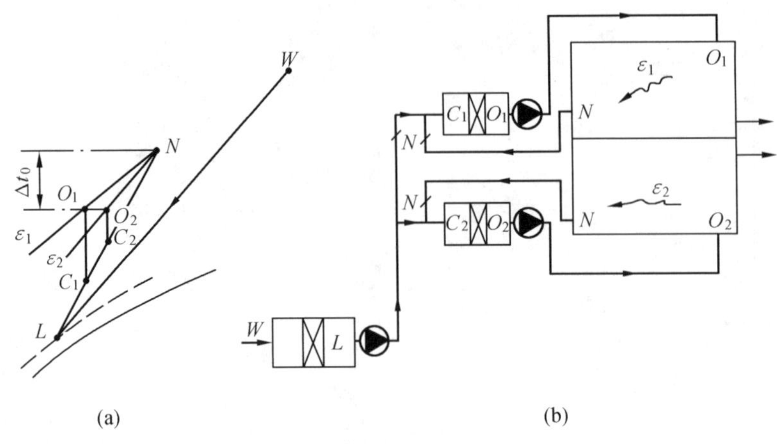

图 12.13　分区空调方式

第三节　变风量空调系统

普通集中式空调系统的送风量是全年不变的,并且按房间最大热湿负荷确定送风量,称为定风量系统(CAV)。实际上房间热湿负荷不可能经常处于最大值,而是在全年的大部分时间低于最大值。当室内负荷减少时定风量系统是靠调节再热量以提高送风温度(减少送风温差)来维持室温不变的。这样既浪费热量又浪费冷量。如果采用减少送风量(保持送风参数不变)的方法来保持室温不变,则不仅节约了提高送风温度所需要的热量,而且还由于送风量的减少,降低了风机功率以及制冷机的制冷量。这种系统的运行费用相当经济,对于大型空调系统尤为显著。

一、变风量空调系统末端装置

变风量系统(*VAV*)是通过特殊的送风装置来实现的,这种送风装置称为“末端装置”。常用的末端装置有节流型、诱导型和旁通型三种。对变风量系统末端装置的基本要求是:能够根据室温自动调节风量;当多个风口相邻时,应防止调节其中一个风口而引起管道内静压变化,使其他风口的风量发生变化;应避免风口节流后影响室内气流分布。

1. 节流型末端装置

典型的节流型末端装置如图 12.14 所示,常用的有文氏管型变风量风口和条缝变风量风口两种。文氏管型变风量风口阀体呈圆筒形,中间收缩似文氏管的形状。内部具有弹簧的锥体构件就是风量调节机构,它具有两个独立的动作部分:一部分是“变风量机构”,即随室内负荷的变化由室内恒温调节器的信号控制锥体位置,改变锥体与管道之间的开口面积,从而调节风量;另一部分是“定风量机构”,即依靠锥体构件内弹簧的补偿作用来平衡上游风管内静压的变化,使风口的风量保持不变。

条缝变风量风口的性能比文氏管型变风量风口更优越,风口呈条缝形,并可以多个串联在一起,与建筑配合形成条缝型送风,送风气流可形成贴附于顶棚的射流并具有良好的诱导室内气流的特性。此外风口本身就是静压箱,可内贴吸声材料,也可均匀的静压出风。这种装置由室内感温元件所控制的弹性元件——皮囊来变化风口流通部分的截面积,以达到调节风量的目的;另外根据静压箱压力通过调节器也能控制弹性皮囊的伸胀和收缩来起定风量作用。图 12.15 所示为节流型变风量系统的工作原理图。

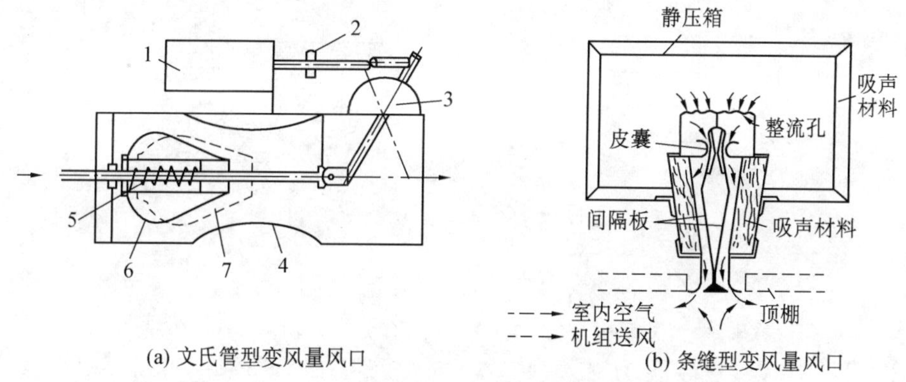

(a) 文氏管型变风量风口　(b) 条缝型变风量风口

图 12.14　典型节流型末端装置

1—执行机构;2—限位器;3—刻度盘;4—文氏管;5—压力补偿弹簧;6—锥体;7—定流量控制和压力补偿时的位置

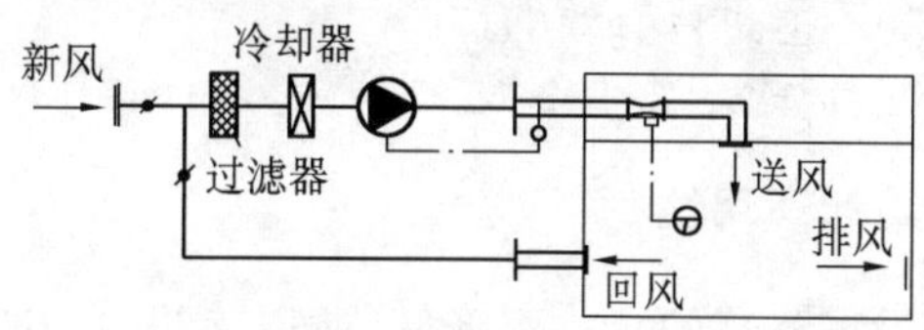

图 12.15　节流型变风量系统工作原理图

2. 旁通型末端装置

当室内负荷减小时,通过送风口的分流装置来减少送入室内的空气量,而其余部分旁通至回风管再循环。其系统原理如图 12.16 所示,送入房间内的空气量是可变的,但风机的风量不变。图中所示的末端装置是机械型旁通型风口,旁通风口和送风口上设有动作相反的风阀,并与电动(或气动)执行机构相连接,且受室内恒温器控制。

旁通型末端装置的特点是:

(1)即使负荷变化,风道内静压大致不变化,亦不会增加噪声,风机不需要调节。

(2)当室内负荷减少时,不必增加再热量(与定风量系统比较),但风机动力没有节约且需要增设回风道。

(3)大容量的装置采用旁通型时经济性不强,它适合于小型的并采用直接蒸发式冷却器的空调装置。

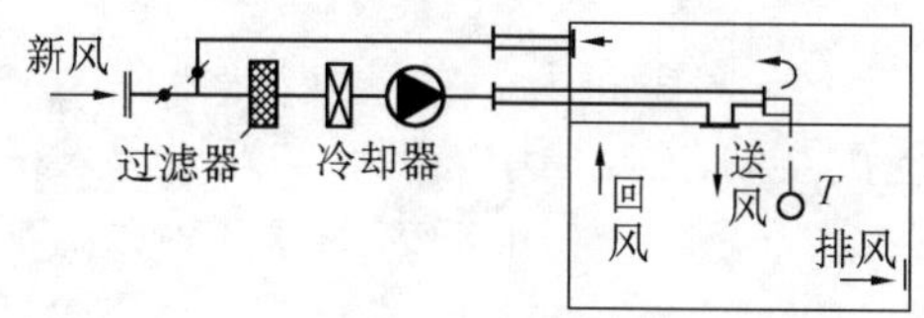

图 12.16　旁通型变风量系统工作原理图

3. 诱导型末端装置

常用的是顶棚内诱导型风口,其作用是用一次风高速诱导由室内进入顶棚内的二次风,经过混合后送入室内。当室内冷负荷最大时,二次风侧阀门全关,随着负荷减少,打开二次风门,以改变一次风和二次风的混合比来提高送风温度。见图 12.17 所示。

其主要特点有:

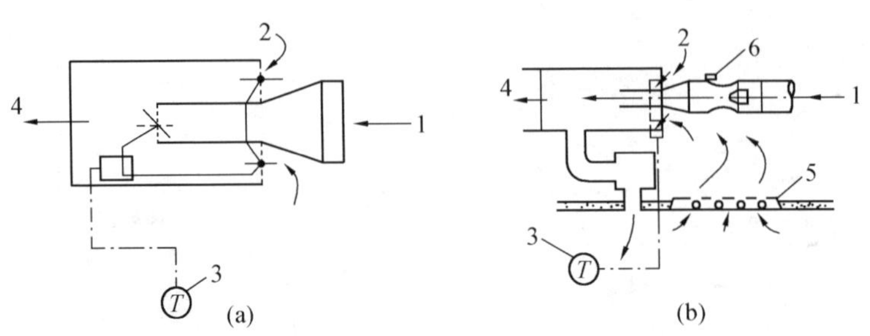

图 12.17　诱导型变风量末端装置

1—一次风;2—二次风;3—室内感温元件;4—混合空气;5—灯罩;6—定风量装置

(1)由于一次风温度较低,所需要风量少,同时采用高速,所以风管断面积小,然而要达到诱导作用必须提高风机压头。

(2)可利用室内热量,特别是照明热量,故适用于高照度的办公大楼等场合。

(3)室内空气(二次风)不能进行有效的过滤。

(4)即使负荷减少,房间风量变化也不大,对气流分布的影响较节流型末端装置小。

二、变风量系统的特点和适用性

1.运行经济,由于风量随负荷的减小而降低,所以冷量、风机功率能接近建筑物空调负荷的实际需要,在过渡季节也可以尽量利用室外新风冷量。

2.各个房间的室内温度可以个别调节,每个房间的风量调节直接受装在室内的恒温器控制。

3.具有一般低速集中空调系统的优点,如可以进行较好的空气过滤、消声等,便于集中管理。

4.不像其他系统那样,始终能保持室内换气次数、气流分布和新风量,当风量过低而影响气流分布时,则只能以末端再热来代替进一步减少风量。

在高层和大型建筑物中的内区,由于没有多变的建筑传热、太阳辐射等负荷。室内全年或多或少有余热,全年需要送冷风,用变风量系统比较合适。但在建筑物的外区有时仍可用定风量系统或空气—水系统等,以满足冬季和夏季内区和外区的不同要求。

第四节　风机盘管系统

风机盘管空调系统在每个空调房间内设有风机盘管(FC)机组。风机盘管既是空气处理输送设备,又是末端装置,再加上经集中处理后的新风送入房间,由两者结合运行,因此属于半集中式空调系统。这种系统在目前的大多数办公楼、商用建筑及小型别墅中较多地采用。

一、风机盘管系统的构造、分类和特点

风机盘管机组是由冷热盘管(一般 2~4 排铜管串片式)和风机(多采用前向多翼离心式风机或贯流风机)组成。室内空气直接通过机组内部盘管进行热湿处理。风机的电机多采用单相电容调速低噪音电机。与风机盘管机组相连接的有冷、热水管路和凝结水管路。

风机盘管机组可分为立式、卧式和卡式(图 12.18)等。可按室内安装位置选定,同时

根据装潢要求做成明装或暗装。

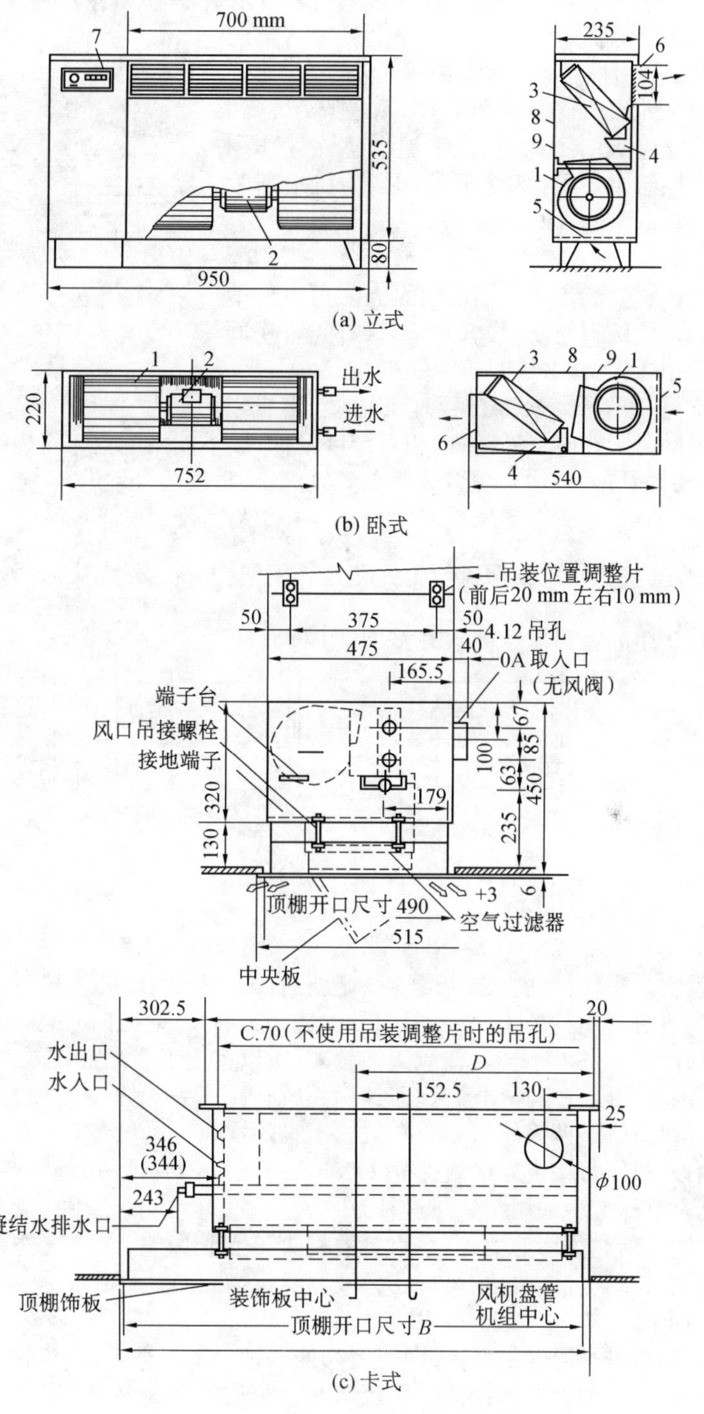

图 12.18　风机盘管的构造

1—风机;2—电机;3—盘管;4—凝水盘;5—循环风进口及过滤器;6—出风格栅;7—控制器;8—吸声材料;9—箱体

风机盘管机组系统一般采用风量调节(一般为三速控制),也可以进行水量调节。具有水量调节的双水管风机盘管系统在盘管进水或出水管路上装有水量调节阀,并由室温控制器控制,使室内温度得以自动调节。如图 12.19 所示。它由感温元件、双位调节器和小型电动三通分流阀门所构成,在室温敏感元件作用下通过调节器控制水量阀(双位调节阀),向机组断续供水而达到调节室温的目的。

风机盘管的优点是:布置灵活,容易与装潢工程配合;各房间可以独立调节室温,当房间无人时可方便地关机而不影响其他房间的使用,有利于节约能量;房间之间空气互不相通;系统占用建筑空间少。

图 12.19 风机盘管系统的室温控制

它的缺点是:布置分散,维护管理不方便;当机组没有新风系统同时工作时,冬季室内相对湿度偏低,故不能用于全年室内湿度有要求的地方;空气的过滤效果差;必须采用高效低噪音风机;通常仅适合于进深小于 6 m 的房间;水系统复杂,容易漏水;盘管冷热兼用时,容易结垢,不易清洗。

二、风机盘管机组系统新风供给方式和设计原则

风机盘管机组的新风供给方式有多种(图 12.20)

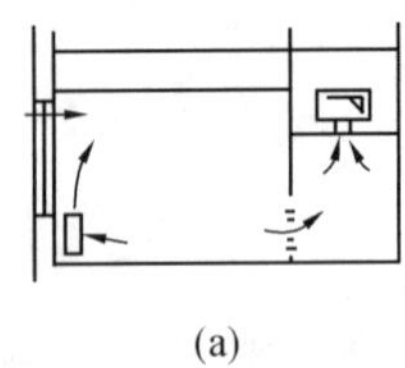
(a)

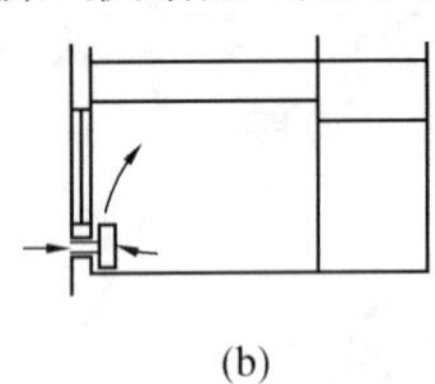
(b)

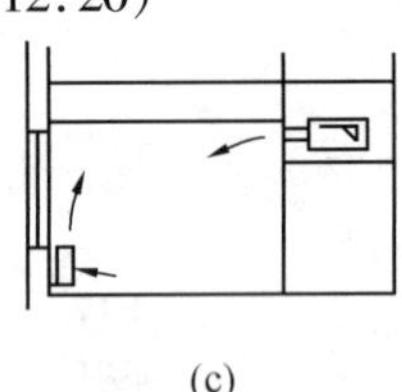
(c)

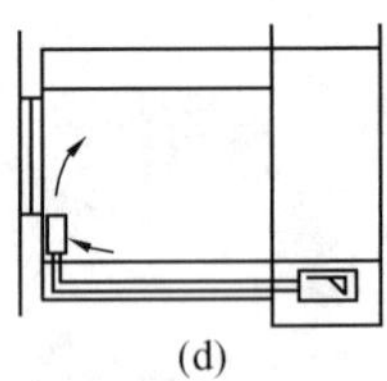
(d)

图 12.20 风机盘管系统的新风供给方式

(a) 室外渗入新风;(b) 新风从外墙洞口引入;

(c) 独立的新风系统(上部送入);(d) 独立的新风系统送入风机盘管机组

1.靠渗入室外空气(室内机械排风)补充新风(图 12.20a),机组基本上处理再循环空气。这种方案投资和运行费用经济,但因靠渗透补充新风,受风向、热压等影响,新风量无法控制,且室外大气污染严重时,新风清洁度差,所以室内卫生条件较差;且受无组织的渗透风影响,室内温湿度分布不均匀,因而这种系统适用于室内人少的场合,特别适用于旧建筑物增设风机盘管空调系统且布置新风管困难的情况。

2.墙洞引入新风直接进入机组(图 12.20b),新风口作成可调节型,冬、夏按最小新风量运行,过渡季节尽量多采用新风。这种方式投资省,节约建筑空间,虽然新风得到比较好的保证,但随着新风负荷的变化,室内参数将直接受到影响,因而这种系统适用于室内参数要求不高的建筑物。而且新风口还会破坏建筑物立面,增加室内污染和噪音,所以要求高的地方也不宜采用。

3.由独立的新风系统提供新风,即把新风处理到一定的参数,由风管系统送入各个房间(图 12.20c、d)。这种方案既提高了系统的调节和运行的灵活性,且进入风机盘管的供水温度可适当调节,水管的结露现象可得到改善。这种系统目前被广泛采用。

国外在大型办公楼设计中,在周边区采用风机盘管机组时,新风的补给常由内区系统提供。

具有独立新风系统的风机盘管机组的夏季处理过程有下列两种：

(1)新风处理到室内空气焓值,不承担室内负荷(图 12.21)

①确定新风处理状态：

根据室内空气 i_N 线、新风处理后的机器露点相对湿度和风机温升△t 即可确定新风处理后的机器露点 L 及温升后的 K 点；

②确定总风量和风机盘管风量

过 N 点作 ε 线按最大送风温差与 $\varphi = 90\%$ 线相交,即为送风点 O,因为风机盘管机组系统大多用于舒适性空调,一般不受送风温差限制,故可采用较低的送风温度。房间的送风量 $G = \dfrac{\sum Q}{i_N - i_0}$,连接 K、O 两点并延长到 M 点,使

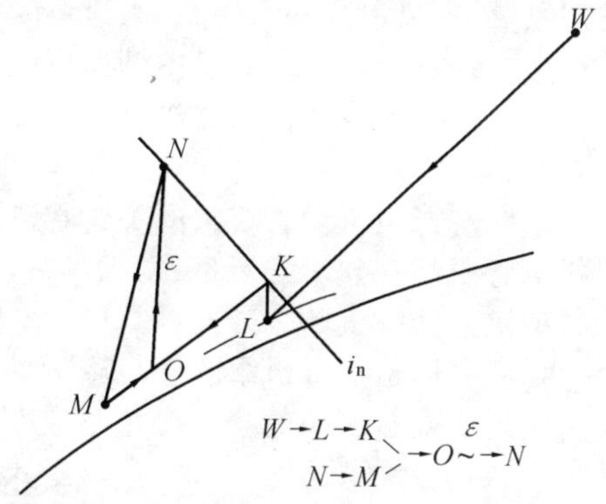

图 12.21　新风不承担室内负荷的风机盘管机组系统空气处理过程

$$\overline{OM} = \overline{KO}\frac{G_W}{G_F}$$

式中　G_W——新风量,kg/s;

G_F——风机盘管风量,kg/s;

故房间总送风量 $G = G_W + G_F$,M 点即风机盘管机组的出风状态点,为了使新风与风机盘管机组出风有较良好的混合效果,应使新风口紧靠风机盘管机组的出风口。

(2)新风处理后的焓值低于室内空气焓值,承担部分室内负荷(图 12.22)

这种系统让新风承担围护结构传热的渐变负荷与室内的潜热负荷,而由风机盘管承担照明、日射、人体等瞬变显热负荷。风机盘管机组可按干工况运行。但新风处理的焓差较大(≥40 kJ/kg)。我国采用较少。

①过 N 点作 ε 线,并由送风温差确定送风状态点 O,则风量 G 可得。当 G_W 已定时,G_F 亦可确定。

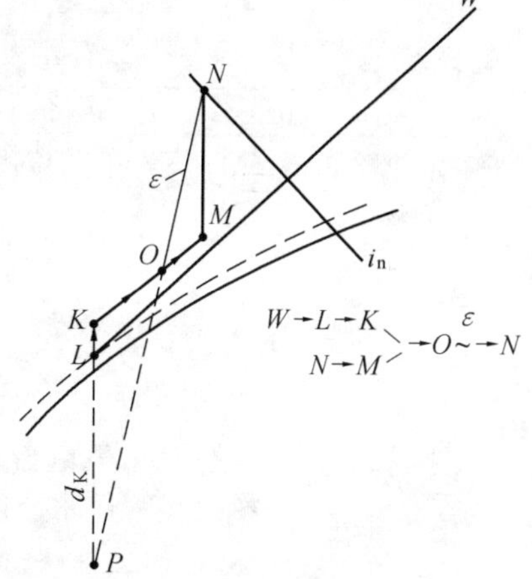

图 12.22　新风承担部分室内负荷的风机盘管机组系统空气处理过程

②作 $\overline{NO}$ 延长线至 P 点,使 $\overline{OP} = \dfrac{G_F}{G_W}\cdot\overline{NO}$,则得 P 点。

③由 d_P 线与机器露点相对湿度线得 L 点,考虑新风风机温升可确定实际的 K 点,将 $\overline{KO}$ 延长与 d_N 线相交得 M 点,M 即风机盘管要求的出口状态点。

三、风机盘管机组系统的选择

在设计风机盘管系统时,首先根据使用要求及建筑情况,选定风机盘管的型式及系统布置方式,然后确定新风供给方式和水管系统类型。风机盘管机组选择计算的目的是在

已知风量、进风参数和水初温、水流量的条件下,确定满足所需要的空气出口参数和冷量的机组。选机组容量最好以中档运行的能力为准,可以有一定的安全度。

风机盘管在夏季提供的冷量(图 12.21、图 12.22)为:

$$Q = G_F(i_N - i_M) \quad \text{kW}$$

因此选择风机盘管机组的关键在于如何实现从 $N \to M$ 的处理过程,即检查所选定的风机盘管机组在要求的风量、送风参数和水初温、水流量的条件下,能否满足冷量和出风参数要求。实际上是表冷器计算(在第十三章介绍)的一种。

1.利用风机盘管机组的全热冷量焓效率和显热冷量选用风机盘管机组

(1)风机盘管机组的全热冷量焓效率的定义式和实验式为:

$$\varepsilon_i = \frac{i_N - i_M}{i_N - i_{W1}} = A \cdot W^x / v_a^y \tag{12.11}$$

则全热冷量为:

$$Q_T = G_F \varepsilon_i (i_N - i_{W1}) = G_F A \frac{W^X}{v_a^y}(i_N - i_{W1}) \tag{12.12}$$

式中 i_N、i_M——分别为风机盘管前后的空气焓值,kJ/kg;

i_{W1}——相应于进水温度的饱和空气焓值,kJ/kg;

W——风机盘管的水量,kg/s;

v_a——风机盘管的迎面风速,m/s;

A、x、y——风机盘管的实验系数(见表 12.1)。

表 12.1 部分风机盘管实验数据

盘管排数	A	x	y	B	g	h
二排铜管铝片	0.611	0.391	0.422	0.577	0.320	0.364
三排铜管铝片	0.0345	0.426	0.453	0.115	0.246	0.311

(2)显热冷量效率的定义和实验式为:

$$\varepsilon_S = \frac{t_N - t_M}{t_N - t_{W1}} = BW^g / v_a^h \tag{12.13}$$

则显热冷量为:

$$Q_S = G_F \varepsilon_S (t_N - t_{W1}) C = G_F B \frac{W^g}{v_a^h} \times (t_N - t_{W1}) C \tag{12.14}$$

式中 t_N、t_M——分别为风机盘管前后的空气干球温度,℃;

t_{W1}——风机盘管进水温度,℃;

C——空气比热,kJ/(kg℃);

B、g、h——风机盘管的实验系数(见表 12.1)。

2.风机盘管机组变工况的冷量计算

通过一定的方法可以把风机盘管机组额定工况下所提供的冷量换算成非标准工况下的冷量。例如风量一定(在某档风量下),任何工况(水量、进口湿球温度及进水温度)下的冷量 Q' 可用下式确定:

$$Q' = Q\left(\frac{t'_{S1} - t'_{W1}}{t_{S1} - t_{W1}}\right)\left(\frac{W'}{W}\right)^n \times e^m(t'_{S1} - t_{S1}) \times e^p(t'_{W1} - t_{W1}) \tag{12.15}$$

式中 t_{S1}、t_{W1}、W——分别表示额定工况下进口湿球温度、进水温度、水量;

t'_{S1}、t'_{W1}、W'——分别表示任一工况下进口湿球温度、进水温度、水量;

n、m、p——系数,$n = 0.284$(二排)、0.426(三排)、$m = 0.02$、$p = 0.0167$。

当风机盘管其他工况不变而仅风量变化时,则可按下式计算:

$$Q' = Q\left(\frac{G'}{G}\right)^{u} \tag{12.16}$$

式中　u——系数,可取0.57。

故当风量比为0.6时,冷量比为0.75;风量比为0.8时,冷量比为0.88。

四、风机盘管水系统

风机盘管的水系统按供回水管的根数可分为双水管系统、三水管系统和四水管系统三种。对于具有供、回水管各一根的风机盘管水系统,称为双水管系统,冬季供热水,夏季供冷水,工作原理和机械循环热水采暖系统相似。这种系统形式简单,投资省,但对于要求全年空调且建筑物内负荷差别较大的场合,如在过渡季节中有的房间需要供冷,有的房间需要供热时,则不能满足使用要求。在这种情况下,可以采用三水管系统(两根冷热水进水管、共用一根回水管),即在盘管进口处设有程序控制的三通阀,由室内恒温器控制,根据需要提供冷水或热水(但不能同时通过),这种系统能很好满足使用要求,但由于有混合损失,能量消耗大。更为完善的系统是四水管系统,这种系统有两种作法:一种是在三水管基础上加一根回水管;另一种作法是把盘管分成冷却和加热两组,使水系统完全独立。采用四管系统,初投资较高,但运行很经济,因为大多可由建筑物内部热源的热泵提供热量,而对调节室温具有较好的效果。四管系统一般在舒适性要求很高的建筑物内采用。图12.23是四管系统的两种连接方法。

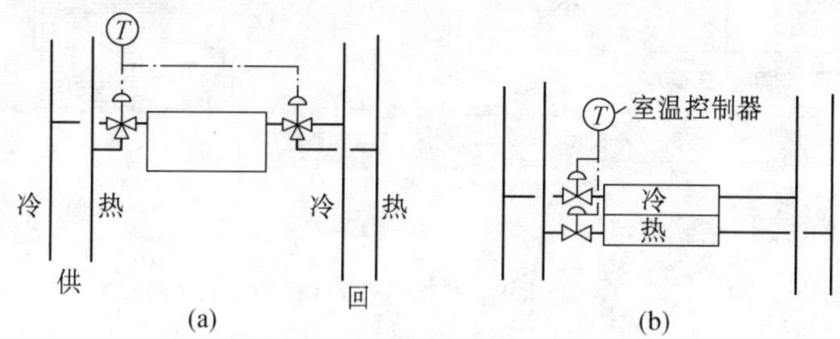

图12.23　四水管系统及其连接方式

风机盘管机组系统的水管设计与采暖管路有许多相同之处,例如,管路同样要考虑必要的坡度,设置放气装置,以排除管路内的空气,防止产生气堵;系统应设置膨胀水箱(开放式和闭式);大多数风机盘管机组系统中应设置凝结水管(干工况除外)。采暖管路的设计方法大多可用于风机盘管机组系统的水管设计之中,参见《供热工程》等相关书目。

第五节　局部空调机组

在一些建筑物中,如果只是少数房间有空调要求,这些房间又很分散,或者各房间负荷变化规律有很多不同,显然用集中式或半集中式空调系统是不适宜的,因此采用分散式空调系统——局部空调机组是适用的。

局部空调机组实际上是一个小型空调系统,采用直接蒸发或冷媒冷却方式,它结构紧凑,安装方便,使用灵活,是空调工程中常用的设备。小容量空调设备作为家电产品大批量生产。

一、构造类型

1.按容量大小分

(1)窗式:容量小,冷量在 7 kW 以下,风量在 0.33 m^3/s(1200 m^3/h)以下,属小型空调机。一般安装在窗台上,蒸发器朝向室内,冷凝器朝向室外。如图 12.24 所示。

(2)挂壁机和吊装机:容量小,冷量在 13 kW 以下,风量在 0.33 m^3/s(1 200 m^3/h)以下,如图 12.25 所示。

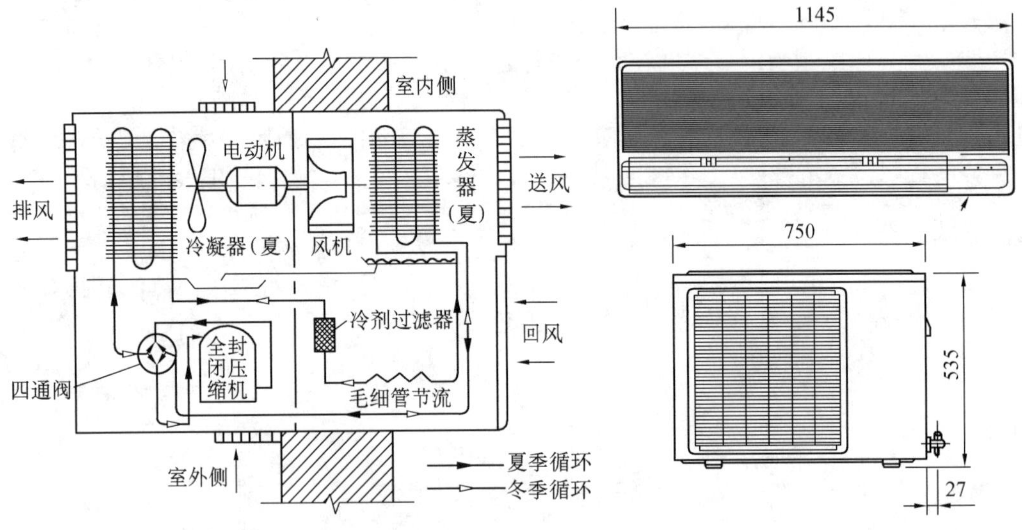

图 12.24　窗式空调机　　图 12.25　挂壁机和吊装机

(3)立柜式:容量较大,冷量在 70 kW 以下,风量在 5.55 m^3/s(20 000 m^3/h)以下。立柜式空调机组通常落地安装,机组可以放在室外。如图 12.26 所示。

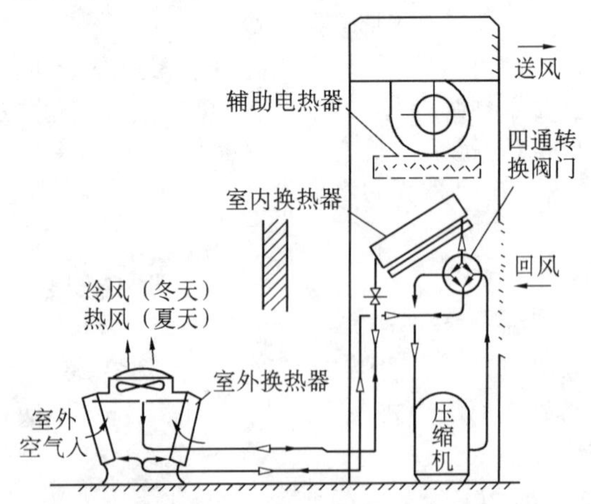

图 12.26　风冷式空调机组(冷凝器分开安装,热泵式)

2.按制冷设备冷凝器的冷却方式分

(1)水冷式:容量较大的机组,其冷凝器采用水冷式,用户必须具备冷却水源,一般用于水源充足的地区，为了节约用水，大多数采用循环水。

(2)风冷式：容量较小的机组，如窗式空调，其冷凝器部分在室外，借助风机用室外空气冷却冷凝器。容量较大的机组也可将风冷冷凝器独立放在室外。风冷式空调机不需要冷却塔和冷却水泵，不受水源条件的限制，在任何地区都可以使用。

3. 按供热方式分

(1)普通式：冬季用电加热器供暖。

(2)热泵式：冬季仍用制冷机工作，借助四通阀的转换，使制冷剂逆向循环，把原蒸发器当作冷凝器、原冷凝器作为蒸发器，空气流过冷凝器被加热作为采暖用。

4. 按机组的整体性来分

(1)整体机：将空气处理部分、制冷部分和电控系统的控制部分等安装在一个罩壳内形成一个整体。结构紧凑，操作灵活，但噪声振动较大。

(2)分体式：把蒸发器和室内风机作为室内侧机组，把制冷系统的蒸发器之外的其他部分置于室外，称为室外机组。两者用冷剂管道相连接。可使室内的噪声降低。在目前的产品中也有用一台室外机与多台室内机相匹配。由于传感器、配管技术和机电一体化的发展，分体式机组的形式可有多种多样。

二、空调机组的性能和应用

1. 空调机组的能效比(*EER*)

空调机组的能耗指标可用能效比来评价

$$\text{能效比}=\frac{\text{机组名义工况下制冷量}(W)}{\text{整机的功率消耗}(W)}$$

机组的名义工况(又称额定工况)制冷量是指国家标准规定的进风湿球温度、风冷冷凝器进口空气的干球温度等检验工况下测得的制冷量。随着产品质量和性能的提高，目前 *EER* 值一般在 2.5～3.2 之间。

2. 空调机组的选定

空调机组的选定应考虑以下几个方面：

(1)确定空调房间的室内参数，计算热、湿负荷，确定新风量。

(2)根据用户的实际条件与要求、空调房间的总冷负荷(包括新风负荷)和空气在 $i-d$ 图上实际处理过程的要求，查用机组的特性曲线和性能表(不同进风湿球温度和不同冷凝器进水温度或进风干球温度下的制冷量)，使冷量和出风温度符合工程的设计要求。不能只根据机组的名义工况来选择机组。

3. 空调机组的应用

空调机组的开发和应用应满足人们生产和生活不断发展的需要，力求产品的多样化、系列化、机组结构优化和控制自动化。

从目前来看，空调机组的应用大致有以下几种：

(1)个别方式：作为典型的局部地点使用。在建筑物内个别房间设置，彼此独立工作，相互没有影响。住宅建筑中多采用这种空调方式。

(2)多台合用方式：对于较大的空间，使用多台空调机联合工作。这种空调方式可以接风管，也可以不接风管，只要使空调空间内空气分布均匀，噪声水平低，满足温湿度要求即可。常使用的场合有：会议室、食堂、电影院、车间等。

(3)集中化使用方式：为有效利用空调机组的冷热量，提高运转水平，在建筑物内大量使用时，由个别方式发展为集中系统方式。

第六节 单元式空调系统

单元式空调并不是一个新生事物,在欧美发达国家已经应用了几十年,由于在很多场所与集中式系统相比具有更多的适用性和优点,因此在空调市场上占有相当大的比例。改革开放以来我国的经济建设取得了非常大的成就,尤其是城市建设方面,许许多多的新建筑呈现在我们面前,如写字楼、娱乐场所、超市、快餐厅、大面积的住宅和别墅等。在这些场所,空调不再是奢侈的享受,而是提高生产率及生活质量的手段。通常这些场所由于使用功能、使用时间、使用者的不同,人们希望有一种空调系统,它能提供舒适的环境、少占用空间、易于独立计取费用、控制和维护方便。单元式空调系统恰好满足这些要求。

一、单元式空调的特点

1.一般情况不必设置专用机房,节省宝贵的空间;

2.可按功能分区、使用者的不同进行空调机组的选型和系统设计,管理方便,计费容易;

3.多为冷剂系统,可以方便的实现热泵循环,对非严寒地区可满足冬季供暖的需要,由于热泵循环是应用室外低品位能源,因而非常节能;

4.日常维护工作量少,且开停方便、简单。如加设必要的自控手段,易实现自动控制,并可与楼宇自控系统配套;

5.工程费用低,安装快捷等。

二、单元式空调的分类

1.按照冷凝器的冷却方式,可分为:

(1)风冷式,大多数单元式空调采用风冷式冷凝器,设备数量少,结构简单,维护工作量少。对干旱缺水地区非常适用;

(2)水冷式,通常系统较大、气候较温暖的地区常用。

2.按空气冷却方式,可分为:

(1)直接蒸发式,即用制冷剂作为冷媒,将蒸发器作为表面冷却器;

(2)以冷冻水为冷媒,用表面式冷却器处理空气。.

3.按冷剂流量,可分为:

(1)定流量系统,如多数风冷直接蒸发式空调系统的制冷剂流量是固定的,即常说的 *CRV* 空调系统;

(2)变流量系统,如日本大金工业株式会社的变频 *VRV* 空调系统等。

4.按照机组安装位置,可分为:

(1)屋顶安装;

(2)庭院安装;

(3)挂壁安装等。

5.按压缩机和蒸发器的相对位置,可分为:

(1)整体式,如屋顶空调、水冷柜机等;

(2)分体式,如直接蒸发式系统的压缩机、冷凝器通常设在室外,而蒸发器设在室内,或北方严寒地区若采用风冷冷水机时为了减少维护工作量,可能也把蒸发器设在室内(防止冬季换热器中的水冻结而损坏换热器)。

6. 按供热方式，可分为：

(1)电热式，用电加热器对送风进行加热；

(2)热媒式，用蒸汽或热水加热器对送风进行加热；

(3)热泵式，通过四通换向阀，实现冷凝器与蒸发器功能的转换而实现供热。

三、屋顶式空调机组

1. 屋顶式空调机组的特点：

(1)屋顶式空调机组是一种单元整体式、自带冷源、风冷、安装于室外的大、中型空调设备，其制冷、送风、加热、空气净化、电气控制等组装于卧式箱体之中，可安装于屋顶或室外地坪；

(2)机组考虑了防雨雪措施，不需搭建机房；

(3)机组可根据用户需要带有加热和加湿功能，加热可为电加热或蒸汽加热，加湿可为电加湿和干蒸汽加湿；

(4)屋顶式空调机组一般分为两段(压缩、冷凝为一段，其他为一段)运到现场，用螺栓连接组装，四周距墙 $2m$ 以上。只要与室内的送风管、回风管连接，空调系统就可以运行了，不需要其他设备。实际上我们可以把屋顶式空调机组作为一个大的可连接风管的窗式空调来理解；

(5)机组内运动部件已设减震装置，与地座用螺栓压紧即可。

(6)屋顶式空调机组易于管理，不占用室内面积和空间；

(7)屋顶式空调机组可以方便的实现全新风运行，在候车厅、超市等场所非常适用。屋顶式空调机组也有恒温恒湿型的。

2. 屋顶式空调机组的构成：

屋顶式空调机组的生产厂家很多，如美国 *TRANE*(特灵)公司、北京冷冻机厂、广东吉荣公司等，但构成相似。通常压缩机、冷凝器和控制系统等组成一段，另一段根据需要由送风段、加热器、蒸发器、初中过滤器、新风口、回风口、送风口等构成，见图 12.27。

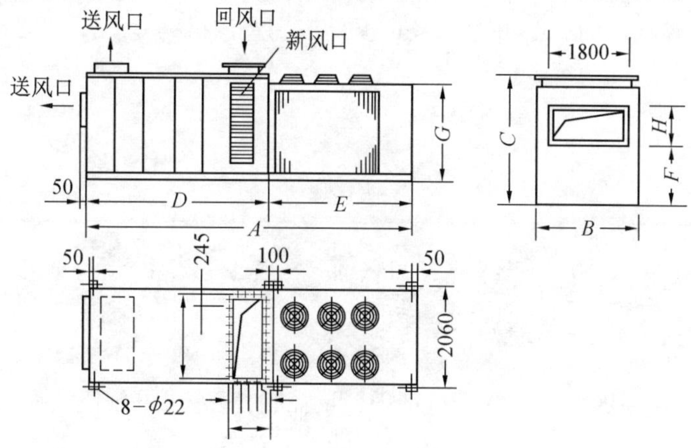

图 12.27

新风口、回风口、送风口的接口方向可以有很多组合，如新风口可以在机组一端，也可以在机组侧面；如新风口在侧面，则新风口一侧为机组正立面，送风口可有右上式、左上式、右下式、左下式、水平右式、水平左式等出口方式。

四、风冷冷水机组

几乎所有的空调厂家都生产风冷冷水机组。近几年人们对生活质量和工作环境的要求越来越高,原设计没有集中式空调的建筑物开始大量安装空调。风冷冷水机组不需机房,可以设置在屋顶、室外地坪等处,经济性显著,而且对用户来说舒适性和中央空调相同,作为冷源可与新风机组、冷风机组、风机盘管配合满足各种场合的需要。非寒冷地区可以实现冬季供热。

目前风冷冷水机组的压缩机主要有活塞式、螺杆式和涡旋式,冷量范围和适用条件很广。由于采用风冷冷凝器,与水冷相比可减少一套冷却水系统,包括冷却塔、冷却水泵等。只要连接合适的空调机组、风机盘管,选配一台或一组冷冻水泵和必要的阀件、配件,空调系统就可以运行了。风冷冷水机组作为冷源,布置灵活,控制方便,而且由于是冷水作冷媒,不象直接蒸发式系统用制冷剂作冷媒服务输送距离受到限制。

通常机组样本提供的制冷能力是在标准工况(进水 12℃,出水 7℃,环境温度 35℃)下测得的数据,制热能力是在进水 40℃、出水 45℃、环境干球温度 7℃、环境湿球温度 6℃的进风状态下的数据,因此在选择风冷冷水机组时应注意设计工况是否与之一致,如不同应考虑修正。不论机组是否标配冷冻水泵,都应该进行水系统的水力计算,正确确定所需扬程和流量,选择合适的水泵。不能一味的考虑安全度,认为大些是应该的,其实这样不仅增加能耗,且会降低水泵的寿命。

风冷冷水机组应用防振软管与冷冻水管道连接。

五、变频控制 *VRV* 系统

VRV 系统的主要特点是冷媒末端的变流量控制,压缩机的变频控制。其特点为:

1. 灵活性。采用变频技术一台室外机可以并联 30 台不同型式和容量的室内机,有单冷、热泵和可在同一系统中同时供暖和供冷的热回收型等三种类型。各房间拥有独立的空气调节控制 *VRV* 系统,使用方便。如图 12.28 所示。一个系统最大容量约 84 kW,室外机和室内机的冷媒管单向长度可达 125 m,室外机和室内机高差最高可达 50 m(室外机在室内机上方)。

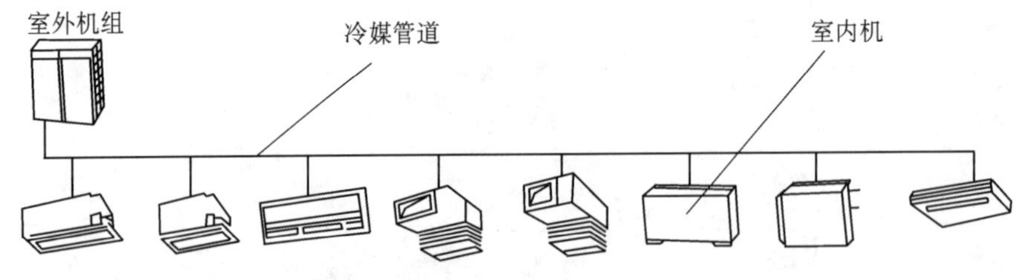

图 12.28

2. 运行费用低,各区域能独立进行精确容量控制,室外机可调整负荷运转。
3. 安装时间短,并可安装一部分,运行一部分。
4. 自动诊查故障。
5. 初投资高。

六、风冷直接蒸发式风管机组

以下简称风管机,这种机组一般采用分体的型式,即包括室外机和室内机两部分。室外机主要包括压缩机、冷凝器、风机和其他附件与控制装置，室内机主要包括蒸发器和风机，两者之间用铜管连接。由于没有水系统，日常维护工作量很小，初投资较少，维修简单，适用范围广，尤其适合北方寒冷地区和干旱地区。

风管机的冷量范围从几千瓦到一百千瓦左右，一台室外机可以对应一台室内机，也可以对应数台室内机，图 12.29 是风管机的系统形式。室内机的机外余压从 50*Pa* 到 300*Pa* 左右。对于冷量较大的机组，其室外机内的压缩机为活塞式或涡旋式，活塞式压缩机输送冷媒的距离较长，但噪声较大，适用于室外机和室内机间距离较长或冬季室外温度较低而又需要热泵供热的情况。涡旋式压缩机运行平稳、噪声较低、故障较少，但输送冷媒的距离较小。冷量较小的机组通常采用滚动转子压缩机。

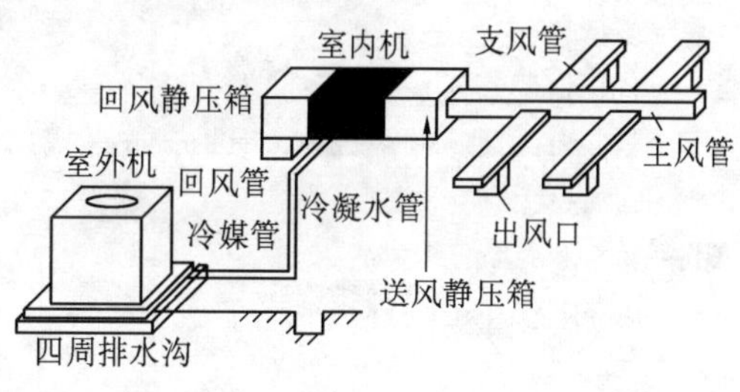

图 12.29

选用风管机时要注意冷量是随室内机与室外机间距离的增加而减少的，即冷媒输送距离的增加会使机组冷量产生衰减。

七、大容量的直接蒸发式空调系统

大容量的直接蒸发式空调系统是由多台风冷直接蒸发式风管机和组合式空调机组组合而成，即将多个冷凝器布置在组合空调机组中，替换原来的表面式冷却器。冷量的调节依靠风管机的启停数量来实现。

此系统不需要制冷机房和水系统，节省投资、运行维护费用低，且可实现普通集中式空调系统的所有功能。加设三级过滤可满足净化空调的要求。适用于缺水地区或系统较大且功能要求较高的情况。

八、应用单元式空调需注意的几点

1. 机组冷量的衰减；

2. 单元式空调的种类、形式很多，因此要根据具体情况确定合适的机组；

3. 设计时蒸发器的迎面风速不宜太高，宜控制在 2.5m/s 以内，避免造成“飞水”的发生。否则必须在蒸发器后设挡水板。

4. 选择电加热时，应注意电加热器前后各 0.8m 内的保温材料应选不燃材料。

第十三章　空气热湿处理

第一节　空气热湿处理设备的类型

在空调系统中,为满足房间的温、湿度要求,通常使用一些可对空气进行热湿处理的设备,这些设备总的来说可归结为两大类:空气和处理介质直接接触式及空气和处理介质间接接触式。

由 $i-d$ 图分析可知,在空调系统中,为达到同一状态点,可以有不同的空气处理途径。以全新风空气处理系统为例,一般夏季需对空气进行冷却减湿处理,冬季需对空气进行加热加湿处理(一般地说,空调房间在冬夏两季需要的送风状态不同,这里为了说明问题,而作为相同状态点对待)。假设夏季室外空气状态点为 W,而冬季室外空气状态点为 W',若分别要处理到送风状态点 O 时,如何处理到状态点 O,则可能有图 13.1 的各种不同的空气处理途径,这些空气的处理途径是由一些简单的空气处理过程组合而成。不同的空气处理过程,将由不同的空气热湿处理设备完成。表 13.1 列出了这些处理途径和设备。

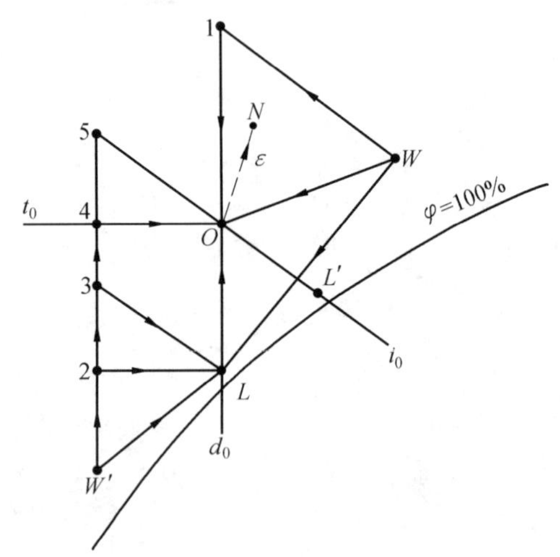

图 13.1　空气处理途径

表 13.1　空气处理的不同途径和设备

季　节	空气处理途径	空气处理设备
夏季	(1) $W \to L \to O$	喷水室喷冷水(或用表面冷却器)冷却减湿→加热器再热
	(2) $W \to 1 \to O$	固体吸湿剂减湿→表面冷却器等湿冷却
	(3) $W \to O$	液体吸湿剂减湿冷却
冬季	(1) $W' \to 2 \to L \to O$	加热器预热→喷蒸汽加湿→加热器再热
	(2) $W' \to 3 \to L \to O$	加热器预热→喷水室绝热加湿→加热器再热
	(3) $W' \to 4 \to O$	加热器预热→喷蒸汽加湿
	(4) $W' \to L \to O$	喷水室喷热水加热加湿→加热器再热
	(5) $W' \to 5 \to L'$ ⟩→ O 5	加热器预热→一部分经喷水室绝热加湿→与另一部分未加湿的空气混合

至于究竟采用何种途径,须结合各种空气处理设备的特点,经分析比较后确定。空气处理方案应满足经济、有效的原则。

空气的热、湿处理设备种类繁多,构造多样,大多是使空气与其他介质进行热、湿交换的设备。作为与空气进行热、湿交换的介质有:水、水蒸汽、冰、各种盐类及其水溶液、制冷剂及其他物质。空气和介质间的热湿交换有直接接触式(包括喷水室、蒸汽加湿器、局部补充加湿装置以及使用液体吸湿剂的装置)和间接接触式(包括光管式和肋管式空气加热器及空气冷却器等)两种形式。相应地有两类不同的设备。

第一类热湿交换设备的特点是,与空气进行热湿交换的介质直接与空气接触,通常是使被处理的空气流过热湿交换介质的表面,通过含有热湿交换介质的填料层或将热湿交换介质喷洒到空气中去,形成具有各种分散度液滴的空间,使液滴与流过的空气直接接触。

第二类热湿交换设备的特点是,与空气进行热湿交换的介质不与空气直接接触,两者之间的热湿交换是通过分隔壁面进行的。根据热湿交换介质的温度不同,壁面的空气侧可能产生水膜(湿表面),也可能不产生水膜(干表面)。分隔壁面有平表面和带肋表面两种。

第二节　用喷水室处理空气

一、空气与水直接接触时的热湿交换原理

空气与水直接接触时,根据水温不同,可能仅发生显热交换,也可能既有显热交换又有潜热交换,即同时伴有质交换(湿交换)。

如图 13.2 所示,当空气与敞开水面或水滴表面接触时,由于水分子作不规则运动的结果,在贴近水表面处存在一个温度等于水表面温度的饱和空气边界层,而且边界层的水蒸汽分压力取决于水表面温度。空气和水之间的热湿交换和远离边界的空气(主体空气)与边界内饱和空气间温差的大小有关。

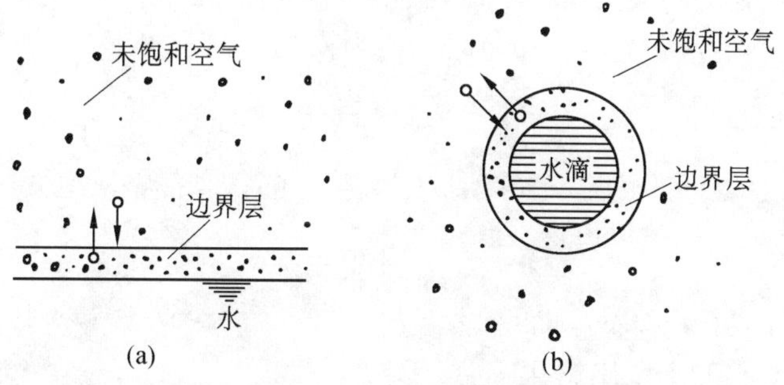

图 13.2　空气与水的热、湿交换
(a) 敞开的水面;(b) 飞溅的水滴

如果边界层内空气温度高于主体空气温度,则由边界层向周围空气传热;反之,则由主体空气向边界层传热。

如果边界层内水蒸汽分压力大于主体空气的水蒸汽分压力,则水蒸汽分子将由边界层向主体空气迁移;反之,则水蒸汽分子将由主体空气向边界层迁移。所谓“蒸发”与“凝结”现象就是这种水蒸汽分子迁移的结果。

如上所述,温差是热交换的推动力,而水蒸汽压力差是湿(质)交换的推动力。

质交换有两种基本形式:分子扩散和紊流扩散,其作用分别类似于热交换中的导热和对流作用。在紊流流体中,除有层流底层中的分子扩散外,还有主流中因紊流脉动而引起

的紊流扩散,此两者的共同作用称为对流质交换,它的机理与对流热交换相类似。以空气掠过水表面为例,水蒸汽先以分子扩散的方式进入水表面上的空气层底层(即饱和空气边界层),然后再以紊流扩散的方式和主体空气混合,形成对流交换。由此可见,质交换和热交换的机理相似。

当空气和水在一微元面积 d_F(m^2)上接触时,空气温度变化为 dt(℃),含湿量变化为 δd(kg/kg),显热交换量为:

$$dQ_x = Gc_p\mathrm{d}t = a(t - t_b)dF \quad W \tag{13.1}$$

式中　G——与水接触的空气量,kg/s;

α——空气与水表面间显热交换系数,W/(m^2.℃);

t、t_b——主体空气和边界层空气温度,℃。

湿交换量将是:

$$dW = G\delta d = \beta(P_q - P_{q\cdot b})dF \quad \mathrm{kg/s} \tag{13.2}$$

式中　β——空气与水表面间按水蒸汽分压力差计算的湿交换系数,kg/(N.s);

P_q、$P_{q.b}$——主体空气和边界层空气水蒸汽分压力,Pa。

由于水蒸汽分压力差在比较小的温度范围内可以用具有不同湿交换系数的含湿量差代替,故湿交换量也可以写成:

$$dW = \sigma(d - d_b)dF \quad \mathrm{kg/s} \tag{13.3}$$

式中　σ——空气与水表面间按含湿量差计算的湿交换系数,kg/(m^2.s);

d、d_b——主体空气与边界层空气的含湿量,kg/kg 干空气。

潜热交换量将是:

$$dQ_q = rdW = r\sigma(d - d_b)dF \quad W \tag{13.4}$$

式中　r——温度为 t_b 时水的汽化潜热,J/kg。

因为总热交换量 $dQ_z = dQ_x + dQ_q$,于是,可以写成:

$$dQ_z = [r\sigma(d - d_b) + a(t - t_b)]dF \quad W \tag{13.5}$$

通常把总热交换量和显热交换量之比称为换热扩大系数 ξ,即

$$\xi = \frac{dQ_z}{dQ_x} \tag{13.6}$$

由于空气与水之间的热湿交换,所以空气与水的状态都将发生变化。从水侧看,若水温变化 dt_w,则总热交换量也可以写成:

$$dQ_z = Wcdt_w \tag{13.7}$$

式中　W——与空气接触的水量,kg/s;

c——水的定压比热,kJ/(kg.℃)

在稳定工况下,空气与水之间热交换量总是平衡的,即

$$dQ_x + dQ_q = Wcdt_w \tag{13.8}$$

所谓稳定工况是指在换热过程中,换热设备内任何一点的热力学状态参数都不随时间变化的工况。严格地说,空调设备中的换热都不是稳定工况。然而考虑到影响空调设备热质交换的许多因素变化(如室外空气参数的变化,工质的变化等)比空调设备本身过程进行得更缓慢,所以在解决工程问题时可以将空调设备中的热湿交换过程看成稳定工况。

在稳定工况下,可将热交换系数和湿交换系数看成沿整个热交换面是不变的,并等于其平均值。这样,如能将式(13.1)、(13.4)、(13.5)沿整个接触面积分,即可求出 Q_x、Q_q 及 Q_z。但在实际条件下接触面积有时很难确定。以空调工程中常用的喷水室为例,水的表

面积为尺寸不同的所有水滴表面积之和，其大小与喷嘴构造、喷水压力等许多因素有关，因此难于计算。然而，利用统计学的方法分析喷水室中水滴直径和其分布情况，得出某一平均直径下的水滴总数是可能的。

二、空气与水直接接触时的状态变化过程

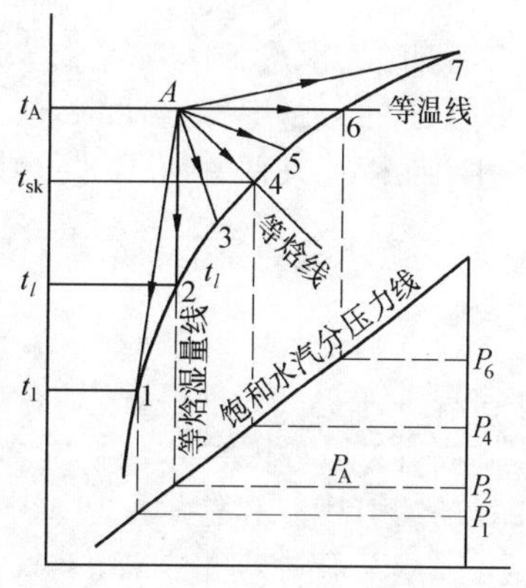

图 13.3　空气和水直接接触时的状态变化过程

空气和水直接接触时，水表面形成的饱和空气边界层和主体空气之间通过分子扩散与紊流扩散，使边界层的饱和空气与主流空气不断混掺，从而使主流空气状态变化发生变化。因此，空气和水的热湿交换过程可以视为主体空气和边界层空气不断混合的过程。

为分析方便起见，假定与空气接触的水量无限大，接触的时间无限长，即在所谓假想条件下，全部空气都能达到具有水温的饱和状态点。也就是说，此时空气的终状态点将位于 $i-d$ 图的饱和曲线上，且空气终温等于水温。与空气接触的水温不同，空气的状态变化也将不同。所以，在上述假想条件下，随着水温的不同可以得到图 13.3 所示的七种典型的空气状态变化过程。表 13.2 列举了这七种典型过程的特点（t_A、t_s、t_l 为空气的干球温度、湿球温度和露点温度，t_w 为水温）。

表 13.2　空气与水直接接触时的各种过程的特点

过程线	水温特点	t 或 Q_x	d 或 Q_q	i 或 Q_z	过程名称
A—1	$t_W < t_l$	减	减	减	减湿冷却
A—2	$t_W = t_l$	减	不变	减	等湿冷却
A—3	$t_l < t_W < t_S$	减	增	减	减焓加湿
A—4	$t_W = t_S$	减	增	不变	等焓加湿
A—5	$t_S < t_W < t_A$	减	增	增	增焓加湿
A—6	$t_W = t_A$	不变	增	增	等温加湿
A—7	$t_W > t_A$	增	增	增	增温加湿

在以上七种过程中，A—2 过程是空气增湿和减湿的分界线，A—4 过程是空气增焓和减焓的分界线，而 A—6 过程是空气升温和降温的分界线。根据热交换理论，空气状态的变化是与水表面饱和空气层和主体空气的干球温度及水蒸汽分压力的相对大小有关。

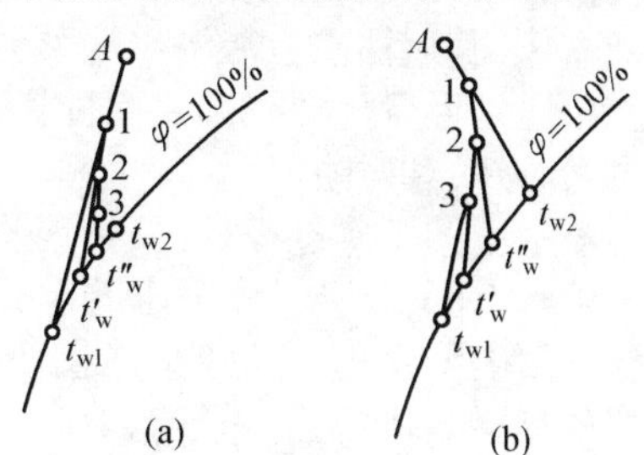

图 13.4　空气与水直接接触时空气状态变化的理想过程

然而，当空气和水直接接触时空气状态的变化过程是一个复杂的过程。空气的最终状态不仅与水温有关，而且与空气和水的流动形式有关。以水初温低于空气露点温度，且水和空气的流动方向相同为例（图 13.4a），在开始阶段，状态 A 的空气与具有初温 t_{W1} 的水接触，一小部分空气达到饱和状态，且温度等于 t_{W1}。这一小部分空气与其余空气混合达到状态点 1，点 1 位于点 A 与点 t_{W1} 的连线上。在第二个阶段，水温已升高至 t_W'，此时具有点 1 状态的空气与温度为 t_W' 的水接触，又有一小部分空气达到饱和。这一小部分空气与其余空气混合达到状态 2，点 2 位于点 1 和点 t_W' 的连线

上。由此类推,最终得到一条表示空气状态变化的曲线。在热湿交换充分完善的条件下,空气状态变化的终点将在饱和曲线上,且其温度等于水的终温。对于空气和水流动方向相反的情况,空气状态如图 13.4b 所示。

实际上空气和水直接接触时,接触时间也是有限的,因此,空气状态的实际变化过程既不是直线,也难于达到与水终温(顺流)或初温(逆流)相等的饱和状态。然而在工程中人们关心的只是空气处理的结果,而并不关心空气状态变化轨迹,所以在已知空气终状态时可用连接空气初、终状态点的直线来表示空气状态的变化过程。

三、喷水室的类型和结构

在空调工程中,用喷水室处理空气的方法得到了普遍应用。喷水室的主要优点是能够实现多种空气处理过程,具有一定的空气净化能力,消耗金属少和容易加工,但对水质要求高,占地面积大,水泵耗能多等缺点,故在民用建筑中不再采用,但在以调节湿度为主要目的的纺织厂和卷烟厂空调中仍有大量应用。

喷水室有卧式和立式,单级和双级,低速和高速之分。

图 13.5 是应用比较广泛的单级、卧式、低速喷水室,它由喷嘴与喷嘴排管、挡水板、底

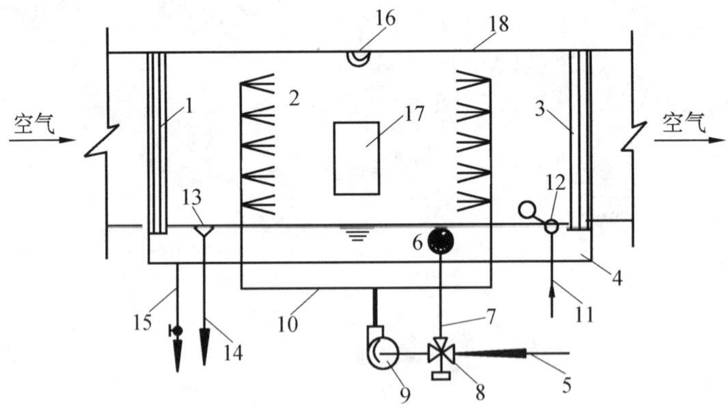

图 13.5 喷水室的构造

1—前挡水板;2—喷水排管;3—后挡水板;4—底池;5—冷水管;
6—滤水器;7—循环水管;8—三通调节阀;9—水泵;
10—供水管;11—补水管;12—浮球阀;13—溢水器;14—溢水管;
15—泄水管;16—防水灯;17—检查门;18—外壳;

池与附属管道和喷水室外壳等组成。前挡水板有挡住飞溅出来的水滴和使进风均匀流动的双重作用,后挡水板能将空气中夹带的水滴分离出来,以减少喷水室的“过水量”。在喷水室中通常设置一至三排喷嘴排管,最多四排。喷水的方向根据与空气流动相同与否分为顺喷、逆喷和对喷。

喷水室的工作过程是:被处理的空气以一定的速度(一般为 2 ~ 3m/s)经过前挡水板进入喷水空间,与喷嘴中喷出的水滴相接触进行热湿交换,空气的温度、相对湿度和含湿量等都发生了变化,然后经后挡水板分离所带的水滴后流出。从喷嘴喷出的水滴完成与空气的热湿交换后,落入底池中。

底池的作用是收集喷淋水。池中的滤水器和循环水管以及三通调节阀组成了循环水系统。

循环水系统有四种管道,它们是:

1. 循环水管:底池通过过滤器与循环管相连,使落到底池的水能重复使用。滤水器的

作用是清除水中杂物，以免喷嘴堵塞。

2. 溢水管：底池通过溢水管相连，以排除水池中维持一定水位后多余的水。在溢水管的喇叭口上有水封罩可将喷水室内、外空气隔绝，防止喷水室内产生异味。

3. 补水管：当用循环水对空气进行绝热加湿时，底池中的水量将逐渐减少，泄漏等原因也可能引起水位降低。为了保持底池水面高度一定，且略低于溢水口，需设补水管并经浮球阀自动补水。

4. 泄水管：为了检修、清洗和防冻等目的，在底池的底部需设泄水管，以便在需要泄水时，将池内的水全部泄至下水道。

喷嘴是喷水室的最重要部件。在我国空调工程中一般采用 Y—1 型离心喷嘴。此外，在我国还出现了 BTL—1 型、PY—1 型、FL 型、KFT 型、ZK 型、JN 型等喷嘴。它们的喷水性能较 Y—1 型喷嘴有所提高。由于 Y—1 型喷嘴的数据比较完整，下面介绍 Y—1 喷嘴。

Y—1 型离心喷嘴的构造见图 13.6，喷嘴的材料常用铜、尼龙和塑料等。Y—1 型离心喷嘴的喷水压力一般取 98 ~ 294 kPa，压力小于 49 kPa 时喷出的水散不开，热湿处理的效果差。

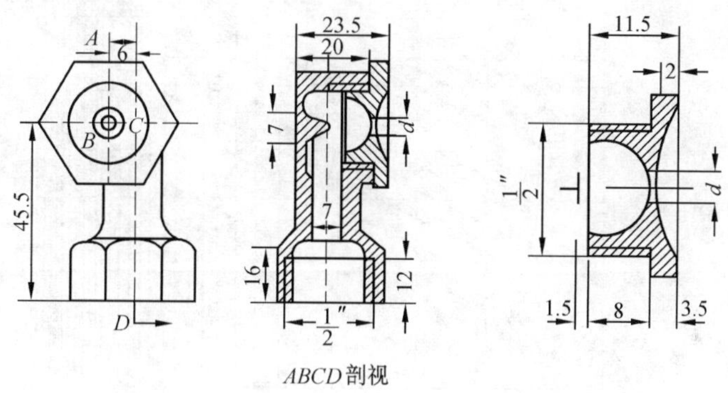

图 13.6　Y－1 型离心式喷嘴

根据喷嘴喷出水滴大小可分为细喷、中喷、粗喷三种。

细喷：喷嘴孔径 $d_0 = 2.0 \sim 2.5$ mm，喷嘴前压力 $P_0 = 245$ kPa(表压)，可以得到细喷。喷出的水滴小，温度升高较快，容易蒸发，一般用于对空气加湿处理，但孔径过小，容易堵塞，对水质要求较高。

中喷：喷嘴孔径 $d_0 = 2.5 \sim 3.5$ mm，喷嘴前压力 $P_0 = 197$ kPa(表压)左右，可以得到中喷。

粗喷：喷嘴孔径 $d_0 = 4.0 \sim 5.5$ mm，喷嘴前压力 $P_0 = 98 \sim 147$ kPa(表压)左右，可以得到粗喷。水滴较大，与空气接触面积小，蒸发较慢。一般用于对空气冷却干燥处理。由于这种喷嘴既对可以空气进行冷却干燥，又可以加湿，喷嘴也不易堵塞，所以在常年运行的空调系统中应用十分普遍。

图 13.7 为 Y—1 型离心式喷嘴的性能，图 13.8 为 BTL—1 型双螺旋离心式喷嘴的性能。图中 d 表示孔径。

喷水室的挡水板是由多个直立的折板叠合而成。板材一般用 0.75 ~ 1.0 mm 厚镀锌钢板，也可采用玻璃板和塑料板。其构造见图 13.9 所示。

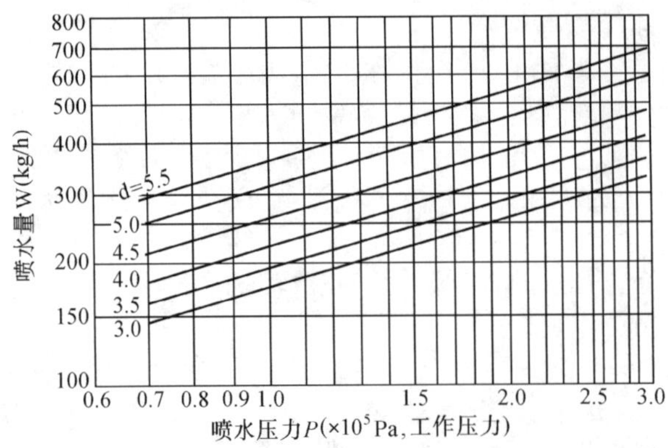

图 13.7　Y－1 型离心式喷嘴的喷水性能

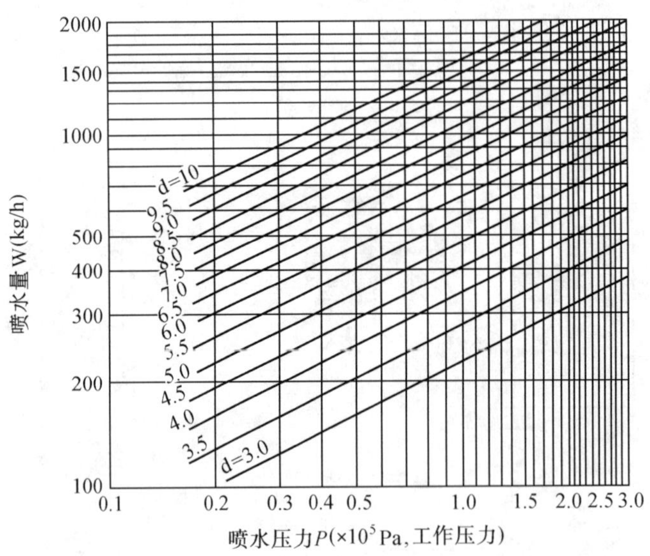

图 13.8　BTL－1 型双螺旋离心式喷嘴的喷水性能

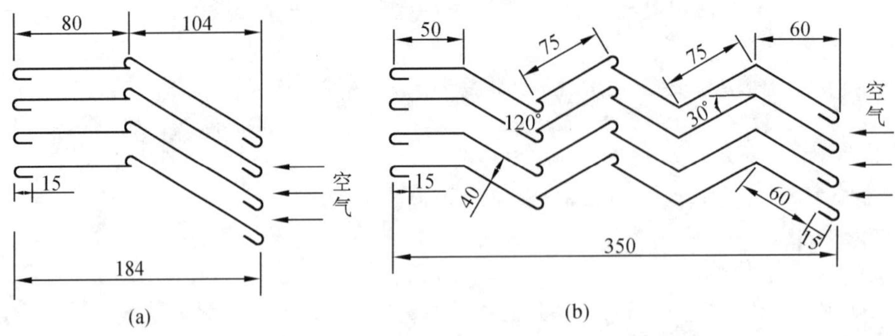

图 13.9　挡水板的构造

(a) 前挡水板;(b) 后挡水板;

四、喷水室的热工计算方法

喷水室热工计算主要分两类:一类基于热质交换系数,第二类基于热交换效率。

在第一类计算方法中,通常是根据实验数据确定与喷淋室结构特性、空气质量流速、喷水系数、喷嘴前水压等有关的热、质交换系数。由于空气和水接触的真实面积难以确定,所以也有人按一个假定表面——喷淋室横断面积来整理热质交换系数。

第二类方法的特点是使用两个热交换效率、一个平衡式。但是,根据使用的热交换效率形式不同,具体做法上又有一些差别。下面主要介绍这类方法。重点介绍利用热交换效率 E 和 E' 的喷淋室热工计算方法。

1.喷淋室的热交换效率 E 和 E'

前面介绍的喷水室对空气的处理过程是在两个假设条件下得出的,即:喷水量为无限大;空气与水接触充分,且接触时间为无限长。但实际的喷水室中喷水量不是无限大,空气与水接触时间也不是无限长,这样空气实际的变化过程,并不是前面讲的各条直线那样,因此引进热交换效率。

E 和 E' 表示喷水室的实际处理过程与喷水量有限但接触时间充分的理想处理过程的接近程度。

(1)全热交换效率 E

对常用的冷却减湿过程,如图 13.10 所示,当空气与有限水量接触时,在理想条件下,空气状态由点 1 变化到点 3,水温将由 t_{W1}变化到 t_3。在实际条件下,空气状态只能达到点 2,水终温也只能达到点 4 的 t_{W2}。

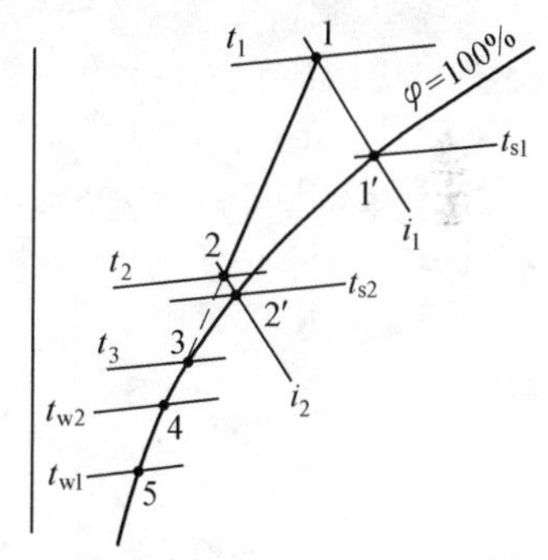

图 13.10　冷却干燥过程空气与水的状态变化

喷水室的全热效率 E(也叫第一热交换效率或热交换效率系数)是同时考虑空气和水的状态变化的。如果把空气状态变化的过程沿等焓线投影到饱和曲线上,并近似地将这一段饱和曲线看成直线,则喷淋室的全热交换效率可以表示为:

$$E=\frac{\overline{1'2'}+\overline{45}}{\overline{1'5}}=\frac{(t_{S1}-t_{S2})+(t_{W2}-t_{W1})}{t_{S1}-t_{W1}}=1-\frac{t_{S2}-t_{W2}}{t_{S1}-t_{W1}}\qquad(13.9)$$

由此可见,当 $t_{S2}=t_{W2}$时,即空气终状态在饱和线上的投影与水的终状态重合时,$E=1$,t_{S2}与 t_{W2}的差距愈大,说明热湿交换愈不充分,因而 E 值愈小。

不难证明,式(13.9)除绝热加湿过程外,也适合于喷水室的其他各处理过程。对于绝热加湿过程(图 13.11),空气的初、终状态的湿球温度等于水温,喷淋室的全热效率 E 可用下式来表示:

$$E=\frac{\overline{12}}{\overline{13}}=\frac{t_1-t_2}{t_1-t_{S1}}=1-\frac{t_2-t_{S1}}{t_1-t_{S1}}\qquad(13.10)$$

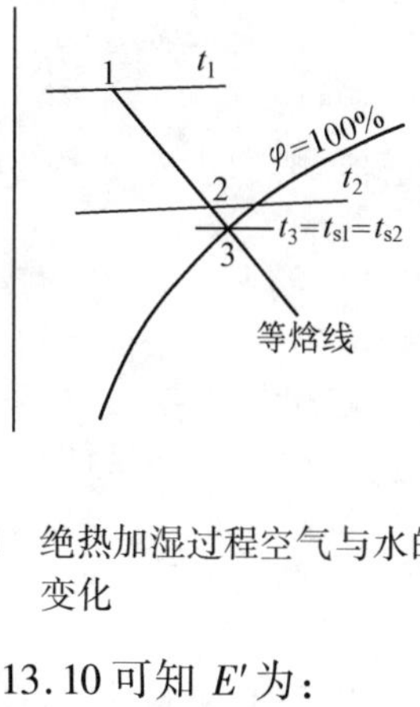

图 13.11　绝热加湿过程空气与水的状态变化

(2)通用热交换效率 E'

喷水室的通用热交换效率 E'(也叫第二热交换效率或接触系数)只考虑空气状态的变化。因此,根据图 13.10 可知 E' 为:

$$E' = \frac{\overline{12}}{\overline{13}} = \frac{t_1 - t_2}{t_1 - t_3} \tag{13.11}$$

若把图 13.10 中 i_1 与 i_3 之间一段饱和曲线近似地看成直线，则有：

$$E' = \frac{\overline{12}}{\overline{13}} = 1 - \frac{\overline{22'}}{\overline{11'}} = 1 - \frac{t_2 - t_{S2}}{t_1 - t_{S1}} \tag{13.12}$$

可以证明，式(13.12)适用于喷水室的各种处理过程，包括绝热加湿过程。

2.影响喷水室热交换效果的因素

影响喷水室热交换效果的因素很多，诸如空气的质量流速、喷嘴的型号与布置密度、喷嘴孔径与喷嘴前水压、空气与水的接触时间、空气与水滴的运动方向以及空气和水的初、终温度。但是，对一定的空气处理过程而言，可将主要的影响因素归纳为以下四个方面：

(1)空气质量流速的影响

喷水室内热、湿交换首先取决于与水接触的空气流动状态。然而在空气流动过程中，随着温度的变化其流速也将发生变化。为了引进能反应空气流动状态的稳定因素，采用空气质量流速 $v\rho$(单位时间内通过单位喷水室横断面积的空气质量，v 为空气流速 m/s，ρ 为空气密度 kg/m³)。实验证明：增大 $v\rho$ 可使喷水室的全热交换效率和通用热交换效率变大，并且在风量一定的情况下可缩小喷水室的断面尺寸，从而减少其占地面积。但 $v\rho$ 过大也会引起挡水板过水量及喷水室阻力的增加。所以常用的 $v\rho$ 范围是 2.5 ~ 3.5 kg/(m².s)

$$v\rho = \frac{G}{3\,600 f} \quad \text{kg/(m}^2\cdot\text{s)} \tag{13.13}$$

式中　G——通过喷水室的空气量，kg/h；

f——喷水室的横断面积，m²。

(2)喷水系数 μ 的影响

喷水量的大小常以处理每 *kg* 空气所用的水量，即喷水系数来表示。实践证明，在一定范围内加大喷水系数可增大全热交换效率和通用热交换效率。此外，对不同的空气处理过程采用的喷水系数也应不同。喷水系数的具体数据由喷水室热工计算确定。

$$\mu = \frac{W}{G} \quad \text{kg(水)/kg(空气)} \tag{13.14}$$

(3)喷水室结构特性的影响

喷水室的结构特性主要是指喷嘴排数、喷嘴密度、排管间距、喷嘴型式、喷嘴孔径和喷水方向等，它们对喷水室的热交换效果均有影响。

①喷嘴排数：以各种减焓处理过程为例，实验证明单排喷嘴的热交换效果比双排的差，而三排喷嘴的热交换效果和双排的差不多。因此，三排喷嘴并不比双排喷嘴在热工性能方面有多大优越性，所以工程上多数采用双排喷嘴。只有当喷水系数较大，如用双排喷嘴，须用较高的水压时，才改用三排喷嘴。

②喷嘴密度：每 1 m² 喷水室断面上布置的单排喷嘴个数叫喷嘴密度。实验证明，喷嘴密度过大，水苗相互叠加，不能充分发挥各自的作用。喷嘴密度过小时，则因水苗不能覆盖整个喷水室断面，致使部分空气旁通而过，引起热交换效果的降低。对采用 Y—1 型喷嘴的喷水室，一般取喷嘴密度 n = 13 ~ 24 个/(m². 排)为宜。当需要较大的喷水系数时，通常靠保持喷嘴密度不变，提高喷嘴前水压的办法来解决。但是喷嘴前的水压也不宜大于 0.25 MPa(工作压力)。为防止水压过大，此时则以增加喷嘴排数为宜。

③喷水方向：实验证明，在单排喷嘴的喷水室中，逆喷比顺喷热交换效果好。在双排

的喷水室中,对喷比两排均逆喷效果更好。显然,这是因为单排逆喷和双排对喷时水苗能更好地覆盖喷水室断面的缘故。如果采用三排喷嘴的喷水室,则以采用一顺两逆的喷水方式为好。

④排管间距:实验证明,对于使用 Y—1 型喷嘴的喷水室而言,无论是顺喷还是逆喷,排管间距均可采用 600 mm。加大排管间距对增加热交换效果并无益处。所以,从节约占地面积考虑,排管间距以取 600 mm 为宜。

⑤喷嘴孔径:实验证明,在其他条件相同时,喷嘴孔径小则喷出水滴细,增加了与空气的接触面积,所以热交换效果好。但是孔径小容易堵塞,需要的喷嘴数量多,而且对冷却干燥过程不利。所以,在实际工作中应优先采用孔径较大的喷嘴。

从上面的分析可以看出,影响喷水室的热交换效果的因素是极其复杂的,不能用纯数学方法确定全热交换效率和通用热交换效率,而只能用实验方法得到。

对一定的空气处理过程而言,结构参数一定的喷水室,其两个热交换效率只取决于 μ 及 $v\rho$,所以可将实验数据整理成 E 或 E' 与 μ 及 $v\rho$ 有关系的图表,也可以将 E 或 E' 整理成以下形式的实验公式:

$$E = A(v\rho)^m\mu^n \tag{13.15}$$

$$E' = A'(v\rho)^{m'}\mu^{n'} \tag{13.16}$$

式中 A、A'、m、n'、m'、n 均为实验的系数或指数,它们因喷水室结构参数及空气处理过程不同而不同。部分喷水室两个效率实验公式的系数和指数见附录 13.1。

3. 计算方法与步骤

对结构一定的喷水室而言,如果空气处理过程的要求一定,其热工计算的任务是使下列条件得到满足:

(1)该喷水室能达到的 E 应等于空气处理过程需要的 E;

(2)空气处理过程需要的 E' 应等于该喷水室能达到的 E';

(3)空气放出(或吸收)的热量应等于该喷水室中水吸收(放出)的热量。

上述三个条件可以用下面三个方程来表示

$$E = 1 - \frac{t_{S2} - t_{W2}}{t_{S1} - t_{W1}} = A(v\rho)^m\mu^n \tag{13.17}$$

$$E' = 1 - \frac{t_2 - t_{S2}}{t_1 - t_{S1}} = A'(v\rho)^{m'}\mu^{n'} \tag{13.18}$$

$$Q = G(i_1 - i_2) = Wc(t_{W2} - t_{W1}) \tag{13.19}$$

式(13.19)也可以写成:

$$i_1 - i_2 = \mu c(t_{W2} - t_{W1}) \tag{13.20}$$

为了计算方便,有时还利用焓差与湿球温度差的关系。在 $t_S = 0 \sim 20℃$ 的范围内,由于利用 $\Delta i = 2.86\Delta t_S$ 计算误差不大,因此有:

$$4.19\mu\Delta t_W = 2.86\Delta t_S \tag{13.21}$$

或

$$\Delta t_S = 1.46\mu\Delta t_W \tag{13.22}$$

其设计计算过程见表 13.3。

表 13.3　喷水室设计计算

计算步骤	计算内容	计算公式
1	已知条件：空气量和空气初、终状态参数 求解：喷水量、水的初、终温度和喷水室结构	
2	通用热交换效率 E'	$E' = 1 - \dfrac{t_2 - t_{S2}}{t_1 - t_{s1}}$
3	E' 的经验公式	1. 选用喷水室结构，计算 $v\rho$ 2. $E' = A'(v\rho)^{m'}\mu^{n'}$
4	求 μ 值	通用热交换效率 E' 和其经验公式相等，求出 μ 值
5	求喷水量	$W = G\mu$
6	全热交换效率 E	$E = 1 - \dfrac{t_{S2} - t_{W2}}{t_{S1} - t_{W1}}$
7	E 的经验公式	$E = A(v\rho)^m\mu^n$
8	热平衡方程式	$i_1 - i_2 = \mu c(t_{W2} - t_{W1})$
9	水的初、终温度 t_{W1}、t_{W2}	联立求解，得 t_{W1}、t_{W2}

【例 13.1】 已知需处理的空气量 G 为 30200 kg/h；当地大气压为 101325 Pa；空气的初参数为：

$$t_1 = 30℃, t_{S1} = 22℃, i_1 = 64.5 \text{ kJ/kg}$$

需要处理的空气的终参数为：

$$t_2 = 16℃, t_{S2} = 15℃, i_2 = 41.8 \text{ kJ/kg}$$

求喷水量 W、喷嘴前水压 P、水的初温 t_{W1}、终温 t_{W2}、冷冻水量 W_1 及循环水量 W_x。

解

(1)参考附录 13.1 选用喷水室结构：双排对喷，Y—1 型离心式喷嘴，$d_0 = 5$ mm，$n = 13$ 个/(m².排)，取 $v\rho = 2.8$ kg/m².s

(2)列出热工计算方程式

根据图 13.12 和附录 13.1 可得：

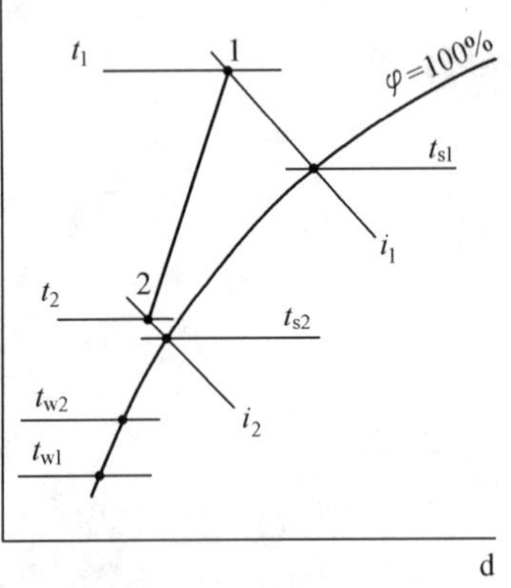

图 13.12　例 13.1 附图

$$\begin{cases} 1 - \dfrac{t_{S2} - t_{W2}}{t_{S1} - t_{W1}} = 0.745\,(v\rho)^{0.07}\mu^{0.265} \\ 1 - \dfrac{t_2 - t_{S2}}{t_1 - t_{S1}} = 0.755(v\rho)^{0.12}\mu^{0.27} \\ i_1 - i_2 = \mu c(t_{W2} - t_{W1}) \end{cases}$$

把已知数代入方程式得：

$$\begin{cases} 1 - \dfrac{15 - t_{W2}}{22 - t_{W1}} = 0.745\,(2.8)^{0.07}\mu^{0.265} \\ 1 - \dfrac{16 - 15}{30 - 22} = 0.755(2.8)^{0.12}\mu^{0.27} \\ 64.5 - 41.8 = \mu \times 4.19(t_{W2} - t_{W1}) \end{cases}$$

经简化可得

$$\begin{cases}1-\dfrac{15-t_{W2}}{22-t_{W1}}=0.801\ \mu^{0.265}\\0.85\mu^{0.27}=0.875\\5.42=\mu(t_{W2}-t_{W1})\end{cases}$$

(3)联立求解,得

$$\mu=1.09;t_{W1}=7.39℃;t_{W2}=12.36℃$$

(4)总喷水量为:

$$W=\mu\times G=1.09\times30200=32918\ \text{kg/h}$$

(5)求喷嘴前水压

根据已知条件,可求出喷水室断面积为:

$$f=\frac{G}{v\rho\times3600}=\frac{30200}{2.8\times3600}=2.996\ \text{m}^2$$

两排喷嘴的总喷嘴数为:

$$N=2nf=2\times13\times2.996=78\ \text{个}$$

根据计算所得的总喷水量 W,可知每个喷嘴的喷水量为:

$$\frac{W}{N}=\frac{32918}{78}=422\ \text{kg/h}$$

根据每个喷嘴的喷水量 422 kg/h 及喷嘴孔径 $d_O=5$ mm,查图 13.7 可得喷嘴前所需水压为 0.17 MPa(工作压力)。

(6)求冷冻水及循环水量

根据前面的计算已知 $t_{W1}=7.39℃$,冷冻水初温 $t_1=5℃$,由热平衡方程式可得

$$W_1=\frac{G(i_1-i_2)}{C(t_{W2}-t_1)}=\frac{30200(64.5-41.8)}{4.19(12.36-5)}=22230\ \text{kg/h}$$

同时可得需要的循环水量为:

$$W_x=W-W_1=32918-22230=10688\ \text{kg/h}$$

对于全年都使用的喷水室,一般只对夏季进行热工计算,冬季就取夏季的喷水系数,如有必要也可以按冬季的条件进行校核计算,以检查冬季经过处理后空气的终参数是否满足设计要求。必要时,冬夏两季可采用不同的喷水系数,选择两个不同的水泵以节约运行费。

4.喷水温度和喷水量的调整

在喷水室的设计计算中,只能求出一个固定的水初温,如果能够提供的冷水温度稍高,则可在一定范围内通过调整水量来改变水温。

研究表明,在新的水温条件下,所需喷水系数大小,可以利用下面关系式求得:

$$\frac{\mu}{\mu'}=\frac{t_{l1}-t'_{W1}}{t_{l1}-t_{W1}}\tag{13.23}$$

式中　t_{w1}、μ——第一次计算时的喷水初温和喷水系数;

t_{w1}'、μ'——新的喷水初温和喷水系数;

t_{l1}——被处理空气的露点温度。

【例 13.2】　在例 13.1 中已知 G 为 30200 kg/h; $t_1=30℃$, $t_{S1}=22℃$, $i_1=64.5$ kJ/kg, $t_2=16℃$, $t_{S2}=15℃$, $i_2=41.8$ kJ/kg,并通过计算得 $\mu=1.09$, $t_{W1}=7.39℃$, $W=32918$ kg/h,试将喷水温度改成 9℃进行校核性计算。

解

(1)求新水温下的喷水系数

查 $i-d$ 图得 $t_{l1}=18.5℃$,则

$$\mu'=\mu\frac{t_{l1}-t_{W1}}{t_{l1}-t'_{W1}}=\frac{1.09\times(18.5-7.39)}{18.5-9}=1.27$$

(2)校核空气的终状态和水温

将新的 $\mu'=1.27$ 和 $t_{w1}'=9℃$ 和其他数据代入热工计算方程式

$$\begin{cases}1-\dfrac{t_{S2}-t_{W2}}{22-9}=0.745\ (2.8)^{0.07}1.27^{0.265}\\ 1-\dfrac{t_2-t_{S2}}{30-22}=0.755(2.8)^{0.12}1.27^{0.27}\\ 2.86(22-t_{S2})=1.27\times4.19(t_{W2}-9)\end{cases}$$

经过简化得

$$\begin{cases}t_{S2}-t_{W2}=1.911\\ t_2-t_{S2}=0.712\\ 1.86t_{W2}+t_{S2}=38.745\end{cases}$$

联立求解得

$$t_2=15.5℃;t_{S2}=14.8℃,t_{W2}=12.9℃$$

可见所得空气终参数与例 13.1 要求的差别不大。

五、双级喷水室的热工特性

采用天然冷源时(如用深井水),为了节省水量,获得较大的水温升,充分发挥水的冷却作用,或者被处理的空气的焓降较大,使用单级喷水室难以满足要求时,可用双级喷水室。

典型的双级喷水室是风路与水路串联的喷水室(如图 13.13),即空气先进入Ⅰ级喷水室再进入Ⅱ级喷水室,而冷水是先进入Ⅱ级喷水室,然后再由Ⅱ级喷水室底池抽出,供给Ⅰ级喷水室。这样,就能保证空气在两级喷水室中均能得到较大的焓降,同时通过两级喷水室后可以得到较大的水温升。在各级喷水室里空气状态和水温变化情况示于图 13.13 的下部和图 13.14。

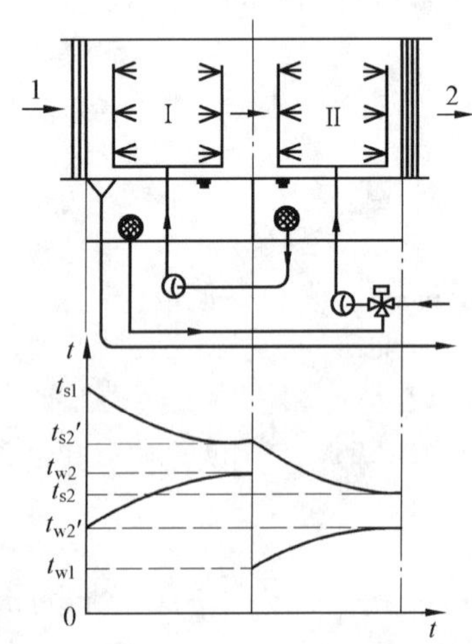

图 13.13　双级喷水室原理图

双级喷水室与单级喷水室相比,其优点是:

1. 空气与喷淋水接触两次,热湿交换好,被处理空气的温降、焓降较大,且空气的终状态一般可达到饱和。

2. Ⅰ级喷水室的空气温降大于Ⅱ级,而Ⅱ级喷水室的空气减湿量大于Ⅰ级。

3. 由于水与空气呈逆流流动,且接触两次,所以水温提高的较多,甚至可能高于空气终状态的湿球温度,即可能出现 $t_{w2}>t_{s2}$的情况。

关于双级喷水室的热工计算,和单级喷水室基本相同。由于双级喷水室的水是重复

使用的，所以两级的喷水系数相同。而且在热工计算时可以作为一个喷水室看待，确定相应的 E、E' 值，不必求两级喷水室中间的空气参数。

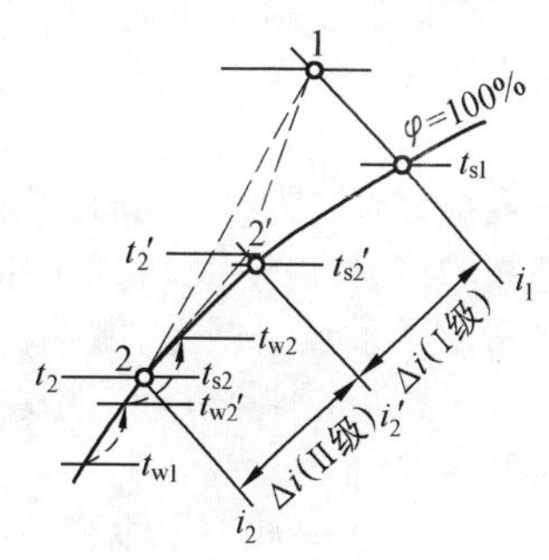

图 13.14　双级喷水室中空气与水的状态变化

六、喷水室的阻力计算

空气流经喷水室的阻力 $\triangle H$ 由前后挡水板阻力 $\triangle H_d$、喷嘴管排阻力 $\triangle H_p$ 和水苗阻力 $\triangle H_w$ 三部分组成，即

$$\Delta H = \Delta H_d + \Delta H_p + \Delta H_w \tag{13.24}$$

挡水板的阻力可用下式计算：

$$\Delta H_d = \sum \xi_d \frac{\rho v_d^2}{2} \quad \text{Pa} \tag{13.25}$$

式中　$\sum \xi_d$——前、后挡水板局部阻力系数之和，其数值取决于挡水板的结构；

v_d——挡水板空气迎面风速，由于挡水板有边框，v_d 比喷水室断面风速 v 大，一般可取 $v_d = (1.1 \sim 1.3)v$。

喷嘴排管的阻力可按下式计算：

$$\Delta H_p = 0.1 z \frac{\rho v^2}{2} \quad \text{Pa} \tag{13.26}$$

式中　z——喷嘴管排数目；

v——喷水室断面风速，m/s。

水苗阻力用下式计算：

$$\Delta H_W = 1180\ b\mu P \quad \text{Pa} \tag{13.27}$$

式中　μ——喷水系数；

P——喷嘴前水压，MPa(工作压力)；

b——系数，取决于空气和水的运动方向及管排数。一般可取：单排顺喷时 $b = —0.22$，单排逆喷时 $b = 0.13$，双排对喷时 $b = 0.075$。

对于定型喷水室，其阻力已由实验数据整理成曲线或图表，根据喷水室的工作条件可查取。

第三节　用表面式换热器处理空气

在空调工程中广泛应用的冷却、加热盘管统称为表面式换热器，可分为空气加热器和表面式冷却器两类。空气加热器以热水或蒸汽为热媒，表面式冷却器简称表冷器，以冷冻水或制冷剂作为冷媒。表面式换热器具有构造简单、占地少、水质要求不高、水系统阻力小等优点，已成为常用空气处理设备。

一、表面式换热器的构造与安装

1. 表面式换热器的构造

表面式换热器有光管式和肋管式两种。光管式表面式换热器传热效率低，故很少应用。肋管式表面式换热器由管子和肋片构成，见图 13.15 所示。为了使表面式换热器性能稳定，应力求使管子与肋片间接触紧密，减少接触热阻，并保证长久使用后不会松动。

根据加工方法不同，肋片管又可分为绕片管、串片管和轧片管(图 13.16)。

将金属带用绕片机紧紧地缠绕在管子上，可以制成皱褶式绕片管(图 13.16(a))，皱褶的存在既增加了肋片与管道间的接触面积，又增加了空气流过时的扰动性，因而能提高传热系数。但是，皱褶的存在也增加了空气阻力，而且容易积灰，不便清理。用绕片管可以组装成绕片式换热器，例如国产的 SRZ 型，GL—Ⅱ型及 UⅡ型等表面式换热器。有的绕片管不带皱褶，它们是用延展性更好的铝带绕成的(图 13.16(b))。

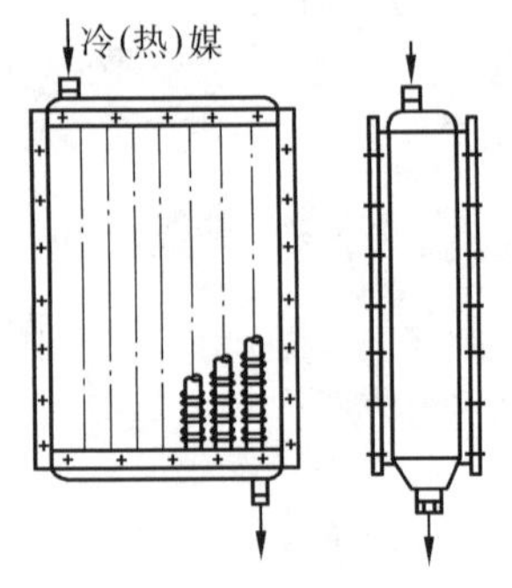

图 13.15　肋片式表面式换热器

在肋片上事先冲好相应的孔，然后再将肋片与管束串在一起，可以加工成串片管(图 13.16(c))。用轧片机在光滑的铜管或铝管外壁上直接轧出肋片，可制成肋片管(图 13.16(d))，由此种肋片管可以组成轧片管换热器，如国产 KL 型、PB 型换热器。

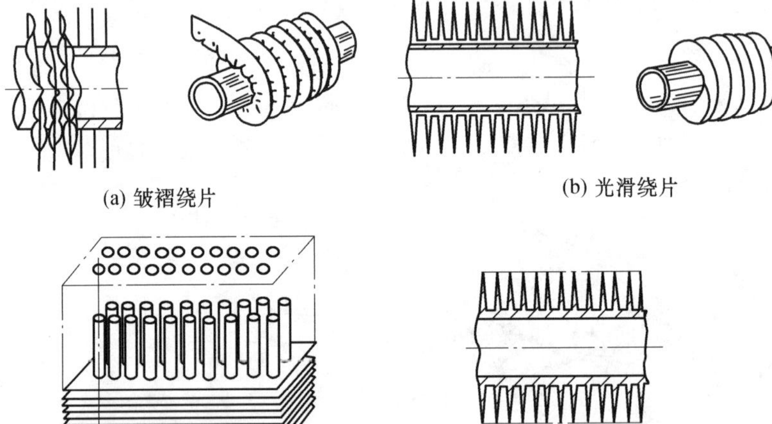

(a) 皱褶绕片　(b) 光滑绕片　(c) 串片　(d) 轧片

图 13.16　表面式换热器的肋片形式

为了进一步提高传热性能，增加气流的扰动性以提高外表面换热系数，近年来换热器的片型有了很大发展，出现了二次翻边片、波纹型片、条缝型片和波形冲缝片等。

2. 表面式换热器的布置与安装

表面式换热器可以垂直安装，也可以水平安装或倾斜安装。但是，以蒸汽为热媒的空气加热器最好不要水平安装，以免聚集凝结水而影响传热性能。

按空气流动方向来说，加热器可以并联，也可以串联或者既有并联又有串联。到底采用什么样的组合方式，应根据空气量的多少和需要的换热量大小来确定。一般是处理空气量多时采用并联，需要空气温升大时采用串联，当空气量较大，温升要求较高时可以采用并、串联组合方式。

加热器的热媒管道也有串联和并联之分，不过在蒸汽作为热媒时，各台加热器的蒸汽管道只能并联，而以热水作为热媒时，水管的串联、并联均可。通常的做法是相对于空气来说并联的加热器，其热媒管道也应并联，串联的加热器其热媒管道也应串联。管道串联可以增加水流速，有利于水力工况的稳定和提高传热系数，但是系统阻力有所增加。

垂直安装的表冷器必须使肋片处于垂直位置，否则将因肋片上部积水增加空气阻力和降低传热效率，同时垂直肋片有利于水滴及时滴下，保证表冷器良好的工作状态。

由于表冷器工作时，表面常有凝结水产生，所以表冷器的下部应安装滴水盘和泄水管，当两个表冷器叠放时，在两个表冷器间应装设中间滴水盘和泄水管，泄水管应设满足压力变化要求的水封，以防吸入空气。

按空气流动方向来说，表冷器可以并联，也可以串联。通常，当通过空气量多时，宜采用并联；要求空气温降大时应串联。并联的表冷器，供水管路也应并联，串联的表冷器，供水管也应串联。

如果表面式换热器是冷热两用，则热媒以用65℃以下的热水为宜，以免因管内壁积垢过多而影响表面式换热器的出力。

为了使冷、热媒和空气间有较大的传热温差，最好让热媒与空气之间按逆流或交叉型流动，即水管进口和空气出口应在同一侧。为了便于使用和维修，冷、热媒管路上应设阀门、压力表和温度计。在蒸汽加热器的蒸汽管路上还要设蒸汽调节阀门和疏水器。为了保证表面式换热器正常工作，在水系统的最高点应设排空气装置，而在最低点应设泄水和排污用阀门。

二、表面式换热器的热湿交换过程的特点

表面式换热器的热湿交换是在主体空气与紧贴换热器外表面的边界层空气之间的温差和水蒸汽分压力差作用下进行的。可以认为边界层空气的温度等于换热器的表面温度。当边界层空气温度高于主体空气温度时(空气加热器)，将发生等湿加热过程；当边界层空气温度低于主体空气温度，但高于其露点温度时，将发生等湿冷却过程或称干冷过程(干工况)；当边界层空气温度低于主体空气露点温度时，将发生减湿冷却过程或称湿冷过程(湿工况)。

在等湿加热和冷却过程中，主体空气和边界层空气之间只有温差，并无水蒸汽分压力差，所以只有显热交换；而在减湿冷却过程中，由于边界层空气与主体空气之间不但存在温差，也存在水蒸汽分压力差，所以通过换热器表面不但有显热交换，也有伴随湿交换的潜热交换。由此可知，在湿工况下的表冷器比干工况下有更大的热交换能力。对此，通常用换热扩大系数 ξ 来表示因存在湿交换而增大了的换热量。平均的 ξ 值可表示为：

$$\xi = \frac{i - i_b}{c_p(t - t_b)} \tag{13.28}$$

式中　t、i——通过表冷器空气的温度和焓；

t_b、i_b——表冷器表面饱和空气层的温度和焓；

c_p——空气的定压比热，1.01 kJ/kg·℃。

由于 ξ 的大小直接反映了凝结水析出了多少，所以又称 ξ 为析湿系数。显然，干工况下，$\xi = 1$，湿工况，$\xi > 1$。

对于只有显热传递的过程，换热器的换热量可以写成：

$$Q = KF\Delta t_m \tag{13.29}$$

式中　K——传热系数，W/(m²·℃)；

F——传热面积；m²；

$\triangle t_m$——对数平均温差，℃。

当换热器的尺寸及交换介质的温度给定时，从式(13.29)可以看出，对传热能力起决定作用的是 K 值，对于在空调工程中常采用的肋管式换热器，如果不考虑其他附加热阻，

其 K 值为：

$$K=\left[\frac{1}{\alpha_W\phi_0}+\frac{\tau\delta}{\lambda}+\frac{\tau}{\alpha_n}\right]^{-1}\quad W/(m^2\cdot ℃) \tag{13.30}$$

式中 α_n、α_W——内、外表面热交换系数，W/(m²·℃)；

ϕ_0——肋表面全效率；

δ——管壁厚度，m；

λ——管壁导热系数，W/(m·℃)；

τ——肋化系数，$\tau=F_w/F_n$；

F_n、F_w——单位管长肋管内、外表面积，m²。

对于减湿冷却过程，由于外表面产生了凝结水，可认为外表面换热系数比只有显热传递时增加了 ξ 倍。因此，减湿冷却过程的传热系数 K_s 按下式计算：

$$K_S=\left[\frac{1}{\xi\alpha_W\phi_0}+\frac{\tau\delta}{\lambda}+\frac{\tau}{\alpha_n}\right]^{-1} \tag{13.31}$$

由式(13.30)及式(13.31)可见，当表面式换热器的结构型式一定时，等湿冷却和加热过程的 K 值只与内、外表面热交换系数 α_n 及 α_W 有关，而减湿冷却过程的 K_S 值除与 α_n 及 α_W 有关外，还与过程的析湿系数 ξ 有关。由于 α_n 与 α_W 一般是水与空气流动状况的函数，因此，在实际工作中往往把表面式换热器的传热系数整理成以下形式的经验公式：

对干工况
$$K=\left[\frac{1}{Av_y^m}+\frac{1}{Bw^n}\right]^{-1} \tag{13.32}$$

对湿工况
$$K_S=\left[\frac{1}{A\xi^P v_y^m}+\frac{1}{Bw^n}\right]^{-1} \tag{13.33}$$

式中 v_y——空气迎面风速，m/s；

w——表冷器管内水流速，m/s；

A、B、P、m、n——由实验得出的系数和指数；

ξ——过程平均析湿系数。

因此，对于被处理空气的初状态为 t_1、i_1，终状态为 t_2、i_2(未达到饱和状态)的减湿冷却过程，ξ 值也可按下式计算：

$$\xi=\frac{i_1-i_2}{c_p(t_1-t_2)} \tag{13.34}$$

对于用水做热媒的空气加热器，传热系数 K 也常整理成下列形式：

$$K=A'(v\rho)^{m'}w^{n'} \tag{13.35}$$

对于用蒸汽做热媒的空气加热器，由于可以不考虑蒸汽流速的影响，将传热系数 K 整理成下列形式：

$$K=A''(v\rho)^{m''} \tag{13.36}$$

以上两式中的 A'、A''、m'、m''、n' 均为由试验得出的系数和指数。

部分国产表冷器及空气加热器的传热系数试验公式见附录 13.2 和附录 13.3。

三、表面式换热器的热工计算

1. 表面式冷却器的热工计算

在空调系统中，表冷器主要是用来对空气进行冷却减湿处理的，由于空气的温度和含湿量都发生变化，所以热工计算比较复杂，下面只介绍基于热交换效率的计算方法。

(1)表面式冷却器的热交换效率

①热交换效率

表冷器的热交换效率同时考虑空气和水的状态变化，可用下式表示（图 13.17）：

$$\varepsilon_1 = \frac{t_1 - t_2}{t_1 - t_{w1}} \tag{13.37}$$

式中 t_1、t_2——处理前、后空气的干球温度，℃

t_{W1}——冷水初温，℃。

由式（13.37）可知，当 t_2 减小时说明热湿交换较充分，空气温度降低越多，所以 ε_1 值较大。另一方面当冷水温度较低时，与空气的温差较大，热交换也较彻底，ε_1 值也大。将式（13.37）的分子、分母同乘以 Gc_p 时，即分子为 $Gc_p(t_1 - t_2)$，表示空气实际的冷却放热量，而分母 $Gc_p(t_1 - t_{w1})$ 即为空气在理想情况下的放热量，所以 ε_1 反映了空气和水热交换的效率。

水冷式表冷器的热交换效率 ε_1 的大小取决于传热系数 K_S、空气量 G、水量 W、传热面积 F、析湿系数 ξ、空气比热 c_p 及水比热 c。一般把各项和 ε_1 的关系绘制成线算图，如图 13.18 所示。图中 ε_1 为热交换效率，γ 为两流体的水当量比，即 $\gamma = \frac{\xi G c_p}{W c}$，$\beta$ 为传热单元数，$\beta = \frac{K_S F}{\xi G c_p}$。根据 γ 和 β 可以从图中查出热交换效率系数 ε_1。热交换效率系数 ε_1 也可由公式计算得出：

$$\varepsilon_1 = \frac{1 - \exp[-\beta(1-\gamma)]}{1 - \gamma\exp[-\beta(1-\gamma)]} \tag{13.38}$$

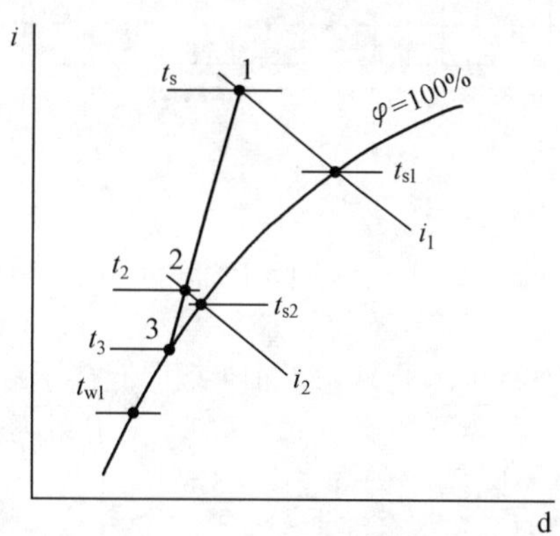

图 13.17 表冷器处理空气的各个参数

②接触系数 ε_2

接触系数 ε_2 的定义与喷水室的通用热交换效率完全相同。

$$\varepsilon_2 = \frac{\overline{12}}{\overline{13}} = \frac{t_1 - t_2}{t_1 - t_3} = \frac{i_1 - i_2}{i_1 - i_3} = \frac{d_1 - d_2}{d_1 - d_3} \tag{13.39}$$

也可以将式（13.39）表示为：

$$\varepsilon_2 = 1 - \frac{t_2 - t_{S2}}{t_1 - t_{S1}} \tag{13.40}$$

对于结构特性一定的表冷器来说，空气在水冷式表冷器内所能达到的接触系数 ε_2 的大小取决于表冷器的排数 N 和迎面风速 v_y 的值，部分国产表冷器的 ε_2 值可由附录 13.4 查得。

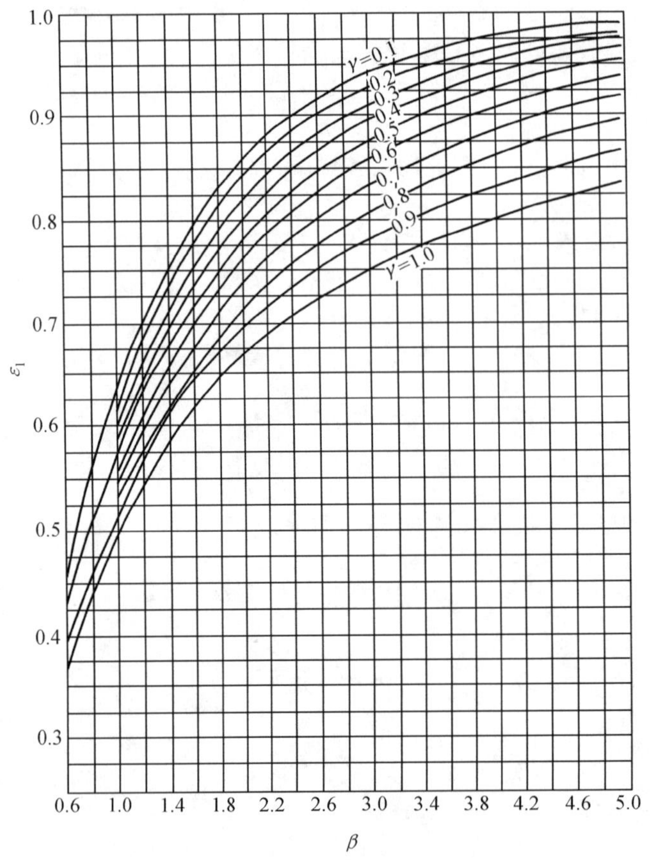

图 13.18　水冷式表冷器的 ε_1 值线算图

虽然增加排数和降低迎面风速都能增加表冷器的 ε_2 值,但是排数的增加也将使空气阻力增加,而排数过多时,后面几排还因为冷水与空气之间温差过小而减弱传热作用,所以排数不宜过多,一般不超过 8 排。此外,迎面风速过低会引起冷却器尺寸和初投资的增加,过高除了会降低 ε_2 值外,也会增加空气阻力,并且可能由空气把冷凝水带进送风系统而影响送风参数。一般迎面风速最好取 $v_y = 2 \sim 3$ m/s。

由于表冷器在实际使用时,内外表面要结垢和积灰,实际的接触系数比附录 13.4 中查得的略小,所以应乘以修正系数 α 加以修正。即:

$$\varepsilon'_2 = \alpha\varepsilon_2 \tag{13.41}$$

式中　ε_2'——实际表冷器的接触系数;

ε_2——干净表冷器的接触系数;

α——修正系数,若表冷器只做冷却时,取 $\alpha = 0.9$;若冷热两用,取 $\alpha = 0.8$。

(2)表冷器的热工计算方法和步骤

表冷器的热工计算方法和喷水室的热工计算方法相似。具体见表 13.4。

表 13.4　表冷器的热工计算

计算步骤	计算内容	计算公式和图表
1	已知条件:空气量、空气初参数、空气终参数、冷水量或冷水初温 求解参数:冷却面积(表冷器型号、台数、排数)、冷水初温、冷水终温、冷量	
2	接触系数	$\varepsilon_2 = 1 - \dfrac{t_2 - t_{S2}}{t_1 - t_{S1}}$
3	表冷器排数	根据所需 ε_2 值和 v_y 的大小,选定冷却器排数
4	表冷器型号和参数	1. 选定 v_y,求出迎风面积 F_y', $F_y' = G/(v_y\rho)$ 2. 按 F_y' 和选定的冷却器排数,查样本,选定冷却器型号,串并联台数、冷却器传热面积,迎风面积、通水截面积 f_W。 3. 计算实际迎风面积,$v_y = G/(F_y\rho)$。
5	校核接触系数 ε_2	实际的校核接触系数 ε_2 与计算值对比,若相差较大,则重新选定型号
6	析湿系数	$\xi = \dfrac{i_1 - i_2}{c_p(t_1 - t_2)}$
7	传热系数 K 值	$K = \left[\dfrac{1}{A\xi^p V_y^m} + \dfrac{1}{Bw^n}\right]^{-1}$ 式中水的流速 $w = 0.5 \sim 1.8$ m/s
8	冷冻水量 W	$W = f_W \times w \times 10^3$ kg/s 其中,f_W 表示冷冻水流通截面积,m^2
9	热交换效率	1. 计算传热单元数:$\beta = \dfrac{K_S F}{\xi G c_p}$ 2. 计算水当量比:$\gamma = \dfrac{\xi G c_p}{Wc}$ 3. 计算热交换效率:查图 13.18 或 $\varepsilon = \dfrac{1 - \exp[-\beta(1-\gamma)]}{1 - \gamma\exp[-\beta(1-\gamma)]}$
10	计算水初温,终温 t_{W1}、t_{W2}	1. $t_{W1} = t_1 - \dfrac{t_1 - t_2}{\varepsilon_1}$ 2. $t_{W2} = t_{W1} + \dfrac{G(i_1 - i_2)}{Wc}$

表冷器的校核计算的计算步骤见表 13.5。

表 13.5 表冷器的校核计算

计算步骤	计算内容	计算公式
1	已知条件:表冷器的型号、冷却面积、处理空气量、空气的初状态、冷水的流量、冷水的初温 求解参数:空气终状态、水的终状态	
2	迎面风速 v_y 和水流速 w	1.根据表冷器型号查出迎风面积 F_y、每排散热面积 F_d、和通水面积 f_w。 2.计算迎面风速:$v_y=G/(F_y\cdot\rho)$ 3.计算水流速:$w=W/(f_w\times10^3)$
3	表冷器能提供的接触系数 ε_2'	根据迎面风速 v_y、排数 N 确定表冷器能提供的接触系数 ε_2'
4	确定空气的终状态	1.先假定空气的终状态干球温度 t_2: $t_2=t_{w1}+(4\sim6)$℃ 2.计算空气湿球温度 t_{s2}:$t_{s2}=t_2-(t_1-t_{S1})(1-\varepsilon_2)$℃ 3.查 $i-d$ 图,得 i_2
5	析湿系数	$\xi=\dfrac{i_1-i_2}{c_p(t_1-t_2)}$
6	传热系数 K	$K=\left[\dfrac{1}{A\xi^P v_y^m}+\dfrac{1}{Bw^n}\right]^{-1}$
7	表冷器能达到的热交换效率系数 ε_1'	1.计算传热单元数:$\beta=\dfrac{K_S F}{\xi G c_p}$。 2.计算水当量比:$\gamma=\dfrac{\xi G c_p}{Wc}$ 3.计算热交换效率:查图 13.18 或 $\varepsilon'_1=\dfrac{1-\exp[-\beta(1-\gamma)]}{1-\gamma\exp[1-\beta(1-\gamma)]}$
8	计算需要的热交换效率	$\varepsilon_1=\dfrac{t_1-t_2}{t_1-t_{w1}}$
9	比较 ε_1 与 ε'_1 的大小	$\lvert\varepsilon_1-\varepsilon'_1\rvert<\delta$ 一般取 $\delta=0.01$
10	计算冷量 Q 和水终温 t_{w2}	$Q=G(i_1-i_2)$ $t_{w2}=t_{w1}+\dfrac{G(i_1-i_2)}{Wc}$

【例 13.3】 已知被处理的空气量为 30 000 kg/h(8.33 kg/s),当地大气压力为 101325 Pa,空气的初参数为 $t_1=25.6$℃、$i_1=50.9$ kJ/kg、$t_{s1}=18$℃;空气的终参数为 $t_2=11$℃、$i_2=30.7$ kJ/kg、$t_{s2}=10.6$℃、$\varphi=95\%$。试选择 *JW* 型表冷器,并确定水温水量。JW 型表冷器的技术参数见附录 13.5 所示。

解 (1)计算需要的接触系数 ε_2,确定表冷器的排数。

如图 13.19 所示,则

$$\varepsilon_2=1-\frac{t_2-t_{S2}}{t_1-t_{S1}}=1-\frac{11-10.6}{25.6-18}=0.947$$

查附录 13.4 可知,在常用的 v_y 范围内,JW 型 8 排表冷器能满足要求,所以选用 8 排。

(2)确定表冷器的型号

先确定一个 v'_y,算出所需冷却器的迎风面积 F'_y,再根据 F'_y 选择合适的冷却器型号及并联台数,并算出实际的 v_y 值。

先假定 $v'_y = 2.5$ m/s,根据 $F'_y = \dfrac{G}{v'_y\rho}$,可得

$$F'_y = \frac{G}{v'_y\rho} = \frac{8.33}{2.5\times1.2} = 2.78\ \text{m}^2$$

根据 $F'_y = 2.78$ m^2,查附录 13.5 可以选用 JW30—4 型表面冷却器一台,其 $F_y = 2.57$ m^2,所以实际的 v_y 为:

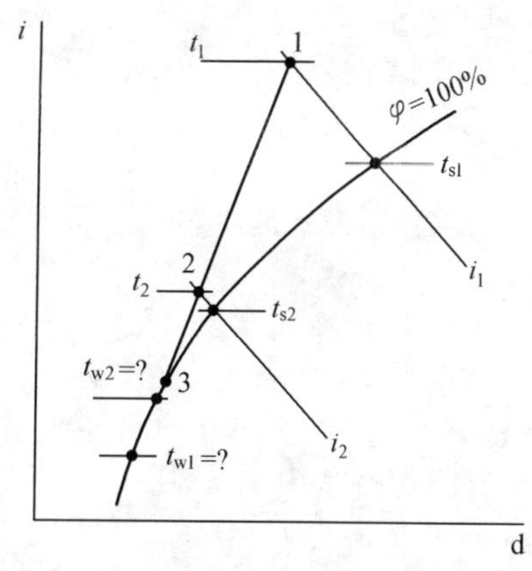

图 13.19　例 13.3 附图

$$v_y = \frac{G}{F_y\rho} = \frac{8.33}{2.57\times1.2} = 2.7\ \text{m/s}$$

再查附录 13.4 可知,在 $v_y = 2.7$ m/s 时,8 排 JW 型表冷器实际的 $\varepsilon_2 = 0.950$,与需要的 $\varepsilon_2 = 0.947$ 差别不大,故可继续计算,如果二者差别较大,则应改选别的型号表冷器或在设计允许范围内调整空气的一个终参数。变成已知冷却面积及一个空气终参数求解另一个空气终参数的计算类型。

由附录 13.5 可知,所选表冷器的每排传热面积 $F_d = 33.4$ m^2,通水截面积 $f_w = 0.00553$ m^2。

(3)求析湿系数

$$\xi = \frac{i_1 - i_2}{c_p(t_1 - t_2)} = \frac{50.9 - 30.7}{1.01\times(25.6 - 11)} = 1.37$$

(4)求传热系数

由于题中未给出水初温和水量,缺少一个已知条件,故采用假定水流速的办法补充一个已知条件。

假定水流速 $w = 1.2$ m/s,根据附录 13.2 中的相应公式可以算出传热系数为:

$$K_S = \left[\frac{1}{35.5\ v_y^{0.58}\xi^{1.0}} + \frac{1}{353.6w^{0.8}}\right]^{-1} = \left[\frac{1}{35.5\times2.7^{0.58}\times1.37} + \frac{1}{353.6\times1.2^{0.8}}\right]^{-1} =$$
$$71.42\quad \text{W/(m}^2\cdot℃)$$

(5)求冷水量

$$W = f_w w\times10^3 = 0.00553\times1.2\times10^3 = 6.64\ \text{kg/s}$$

(6)求表面冷却器能达到的 ε_1

先求传热单元数和水当量比

$$\beta = \frac{K_S F}{\xi G c_p} = \frac{71.48\times33.4\times8}{1.37\times8.33\times1.01\times10^3} = 1.65$$

$$\gamma = \frac{\xi G c_p}{Wc} = \frac{1.37\times8.33\times1.01\times10^3}{6.64\times4.19\times10^3} = 0.42$$

根据 β 及 γ 值查图 13.18 得 $\varepsilon_1 = 0.74$,或通过计算得:

$$\varepsilon_1 = \frac{1 - \exp[-\beta(1-\gamma)]}{1 - \gamma\exp[-\beta(1-\gamma)]} = \frac{1 - e^{-1.65(1-0.42)}}{1 - 0.42e^{-1.65(1-0.42)}} = 0.734$$

两者差别不大。

(7)求水的初温

$$t_{W1} = t_1 - \frac{t_1 - t_2}{\varepsilon_1} = 25.6 - \frac{25.6 - 11}{0.74} = 5.9℃$$

(8)求冷量及水的终温

$$Q = G(i_1 - i_2) = 8.33(50.9 - 30.7) = 168.3 \text{ kW}$$

$$t_{W2} = t_{W1} + \frac{G(i_1 - i_2)}{Wc} = 5.9 + \frac{8.33(50.9 - 30.7)}{6.64 \times 4.19} = 11.95℃$$

【例 13.4】 已知被处理的空气量为 20 000 kg/h(5.56 kg/s),当地大气压力为 101325 Pa,空气的初参数为 $t_1 = 30℃$、$i_1 = 61$ kJ/kg、$t_{s1} = 21℃$,冷水量为 $W = 25\ 000$ kg/h(6.94 kg/s),冷水初温为 $t_{W1} = 5℃$,试求用 JW20—4 型 6 排表冷器处理空气所能达到的空气的终状态和水的终温。

解 (1)求表冷器迎面风速及水流速

由附录 13.5 可知,JW20—4 型表面冷却器的迎风面积 $F_y = 1.87\ m^2$,每排散热面积 $F_d = 24.05\ m^2$,通水断面积 $f_w = 0.00407\ m^2$,所以

$$v_y = \frac{G}{F_y \rho} = \frac{5.56}{1.87 \times 1.2} = 2.48 \text{ m/s}$$

$$w = \frac{W}{f_w \times 10^3} = \frac{6.94}{0.00407 \times 10^3} = 1.71 \text{ m/s}$$

(2)求表冷器可提供的 ε_2

根据附录 13.4,当 $v_y = 2.48$ m/s, $N = 6$ 排时, $\varepsilon_2 = 0.889$

(3)假定 $t_2 = 12.5℃$,则

$$t_{S2} = t_2 - (t_1 - t_{S1})(1 - \varepsilon_2) = 12.5 - (30 - 21)(1 - 0.889) = 11.5℃$$

查 $i - d$ 图得,当 $t_2 = 12.5℃$, $t_{s2} = 11.5℃$时, $i_2 = 32.8$ kJ/kg

(4)求析湿系数

$$\xi = \frac{i_1 - i_2}{c_p(t_1 - t_2)} = \frac{61 - 32.8}{1.01(30 - 12.5)} = 1.595$$

(5)求传热系数

根据附录 13.2 查得 JW20—4 型 6 排表冷器的传热系数为:

$$K_S = \left[\frac{1}{41.5 v_y^{0.52} \xi^{0.12}} + \frac{1}{352.6 w^{0.8}}\right]^{-1}$$

$$= \left[\frac{1}{41.5 \times 2.48^{0.52} 1.595^{1.02}} + \frac{1}{325.6 \times 1.71^{0.8}}\right]^{-1}$$

$$= 88.24 \quad W/(m^2 \cdot ℃)$$

(6)求表冷器能达到的 ε_1'

传热单元数: $\beta = \frac{K_S F}{\xi G c_p} = \frac{92.29 \times 24.5 \times 6}{1.595 \times 5.56 \times 1.01 \times 10^3} = 1.42$

水当量比:

$$\gamma = \frac{\xi G c_p}{Wc} = \frac{1.595 \times 5.56 \times 1.01 \times 10^3}{6.94 \times 4.19 \times 10^3} = 0.31$$

根据 β 及 γ 值查图 13.18 得 $\varepsilon_1' = 0.71$

(7)求需要的 ε_1 并与上面求得的 ε_1' 比较

$$\varepsilon_1=\frac{t_1-t_2}{t_1-t_{w1}}=\frac{30-12.5}{30-5}=0.7$$

取 $\delta=0.01$，若 $|\varepsilon_1-\varepsilon'_1|\leqslant 0.01$，证明所设 $t_2=12.5$℃合适，否则重设 t_2 再算。$|\varepsilon_1-\varepsilon'_1|=|0.7-0.71|=0.01$，证明所设 $t_2=12.5$℃合适。得到空气的终参数为：$t_2=12.5$℃、$i_2=32.8$ kJ/kg、$t_{s2}=11.5$℃。

(8)求冷量及水终温

$$Q=G(i_1-i_2)=5.56(61-32.8)=156.79\quad \text{kW}$$

$$t_{W2}=t_{W1}+\frac{G(i_1-i_2)}{Wc}=5+\frac{5.56(61-32.8)}{6.94\times 4.19}=10.4\quad ℃$$

2. 空气加热器的计算

空气加热器的热媒宜采用热水或蒸汽。当某些房间的温湿度需要单独进行控制，且安装和选用热水或蒸汽加热装置有困难时或不经济时，室温调节加热器可采用电加热器。对于工艺性空调系统，当室温允许波动范围小于 ±1.0℃时，室温调节加热器应采用电加热器。

空气加热器的计算原则是让加热器的供热量等于加热空气所需要的热量。计算方法有平均温差法和热交换效率法两种。一般的设计性计算常用平均温差法，表冷器做加热器使用时常用效率法。

(1)平均温差法的计算方法和步骤见表 13.6。

表 13.6　加热器的平均温差计算方法

计算步骤	计算内容	计算公式
1	已知条件：空气的流量、空气初温 t_1、空气的终温 t_2 求解参数：加热器的面积、台数	
2	初选加热器的型号	1. 假定空气的质量流量 $(v\rho)'$，一般 $(v\rho)'$ 取 8 kg/(m²·s)左右 2. 计算加热器的有效面积：$f'=\frac{G}{(v\rho)'}$ 3. 根据算出的 f' 查附录 13.6 得加热器的型号、有效截面积 f、每台加热器的面积 F_d 和需要并联的台数 n。 4. 初算实际的空气质量流量：$v\rho=\frac{G}{f}$
3	求加热器的的传热系数	根据加热器的型号从附录 13.3 中查出加热器的传热公式
4	计算传热面积和台数	1. 计算加热空气需要的热量：$Q=Gc_p(t_1-t_2)$ 2. 计算需要的加热面积：$F=\frac{Q}{K\Delta t_p}$， 当热媒为热水时：$\Delta t_p=\frac{t_{w1}+t_{w2}}{2}-\frac{t_1+t_2}{2}$ 当热媒为蒸汽时：$\Delta t_p=t_q-\frac{t_1+t_2}{2}$（$t_q$ 为蒸汽的温度） 3. 计算需要的加热器的台数 $N=\frac{F}{F_d}$，取整 4. 计算总的加热面积：$F_z=NF_d$
5	检查安全系数	面积富裕度 $\frac{F_Z-F}{F}=1.1\sim 1.2$

(2)热交换效率法的计算方法(见表 13.7)

空气加热器的计算只用一个干球温度效率 E,它的定义为

$$E=\frac{t_2-t_1}{t_{w1}-t_1} \tag{13.42}$$

式中 t_1、t_2——空气初、终温度,℃;

t_{W1}——热水的初温,℃。

干球温度效率 E 也可以由 β、γ 值按图 13.18 来确定,但 $\beta=\frac{KF}{Gc_p}$,$\gamma=\frac{Gc_p}{Wc}$,这里的 K 是表冷器做加热器用时的传热系数。

表 13.7 热交换效率法的计算方法和步骤

计算步骤	计算内容	计算公式
1	已知条件:空气的流量、空气初温 t_1、空气的终温 t_2 求解参数:加热器的面积、台数	
2	计算传热系数 K	根据迎面风速 v_y 和水流速 w 求传热系数
3	水的流量	$W=f_w w\times 10^3$
4	计算热交换效率 E	$\beta=\frac{KF}{Gc_p}$,$\gamma=\frac{Gc_p}{Wc}$查图 13.18
5	求水初温	$t_{w1}=\frac{t_2-t_1}{E}+t_1$
6	加热量	$Q=Gc_p(t_2-t_1)$
7	水的终温	$t_{w2}=t_{w1}+\frac{Q}{Wc}$

四、表面式换热器的阻力计算

1.表面冷却器的阻力

表冷器的阻力分为空气侧阻力和水侧阻力两种。目前这两种阻力大多采用经验公式计算,但由于表冷器有干、湿工况之分,而且湿工况的空气阻力$\triangle H_S$比干工况$\triangle H_g$大,并与析湿系数有关,所以应区分干工况和湿工况的空气阻力计算公式。

部分表冷器的阻力计算公式见附录 13.2

2.空气加热器的阻力计算

加热器的空气阻力与加热器型式、构造和空气流速有关。对于一定结构特性的空气加热器而言,空气阻力可由实验公式求出:

$$\Delta H=B(v\rho)^p \quad \text{Pa} \tag{13.43}$$

式中 B、p——实验的系数和指数。

如果热媒是蒸汽,则依靠加热器前保持一定的剩余压力(不小于 0.03 MPa 工作压力)来克服蒸汽流经加热器时的阻力,不必另行计算。如果热媒为热水,其阻力可按实验公式计算:

$$\Delta h=Cw^q \quad \text{kPa} \tag{13.44}$$

式中 C、q——实验的系数和指数。

部分加热器的阻力见附录 13.3。

第四节　空气的其他热湿处理设备

在空调系统中，除了利用喷水室和表面式换热器对空气进行热湿处理外，还采用下列一些加热和加湿的方法。

一、用电加热器加热空气

电加热器是让电流通过电阻丝发热来加热空气的设备。它具有结构紧凑、加热均匀、热量稳定、控制方便等优点。但是由于电加热器利用的是高品位能源，所以只适宜一部分空调机和小型空调系统中使用。在有恒温精度要求的大型空调系统中，也常用电加热器控制局部加热量或作末级加热器使用。

常用的电加热器有：裸线式、管式和 *PTC* 电加热器等。

1. 裸线式电热器（见图 13.20）是由裸露在气流中的电阻丝构成。通常做成抽屉式以便维修。裸线式电加热器的优点在于热惰性小，加热迅速，结构简单，但电阻丝容易烧断，安全性差。

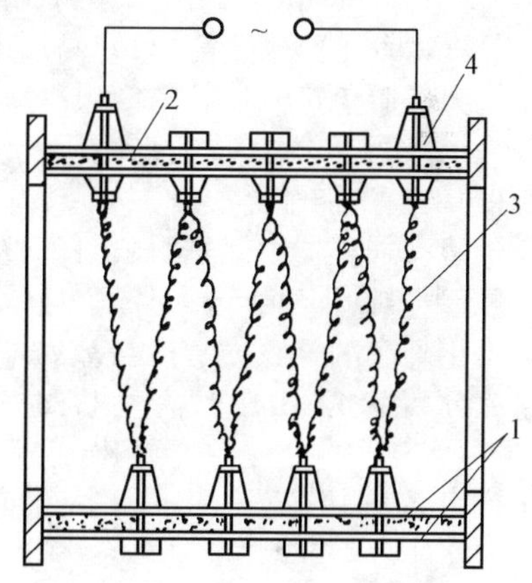

图 13.20　裸线式电加热器
1—钢板；2—隔热层；
3—电阻丝；4—瓷绝缘子；

采用裸线式电加热器时，必须满足下列要求：

(1)电加热器宜设在风管中，尽量不要放在空调器中。

(2)电加热器应与送风机连锁。

(3)安装电加热器的金属风管应有良好的接地。

(4)电加热器前后各 0.8 m 范围内的风管，其保温材料均应采用绝缘的非燃烧材料。

(5)安装电加热器的风管与前后风管连接法兰中间应采用绝缘材料的衬垫，同时也不要让连接螺栓传电。

(6)暗装在吊顶内风管上的电加热器，在相对于电加热器位置处的吊顶上开设检修孔。

(7)在电加热器后的风管中应安装超温保护装置。

2. 管式电加热器（图 13.21）是由管状电热元件组成。其优点是加热均匀，热量稳定，使用安全，缺点是热惰性大，结构复杂。

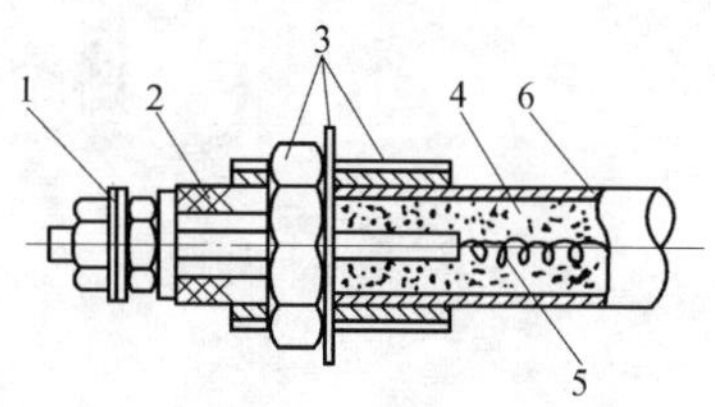

图 13.21　管式电加热器
1—接线端子；2—瓷绝缘子；3—紧固装置；
4—绝缘材料；5—电阻丝；6—金属套管；

3. PTC 电加热器采用半导体陶瓷加热元件，最高温度为 240℃，无明火，是比较安全的电加热器。

二、空气的加湿处理

可以在空气处理室（空调箱）或送风管道内对送入房间内的空气进行集中加湿，也可以在空调房间内部对空气进行局部补充加湿。

空气的加湿方法有多种:喷水加湿、喷蒸汽加湿、电加湿、超声波加湿、远红外线加湿等。利用外热源使水变成蒸汽和空气的混合过程在 $i-d$ 图上表现为等温加湿过程,而水吸收空气本身的热量变成蒸汽使空气加湿的过程在 $i-d$ 图上表现为绝热加湿过程或等焓加湿过程。

1.等温加湿

(1)蒸汽喷管和干蒸汽加湿器

蒸汽喷管是最简单的加湿装置。它由直径略大于供汽管的管段组成,管段上开许多小孔。蒸汽在管内压力的作用下由小孔中喷出,小孔的数目和孔径大小应由需要的加湿量大小来决定。

每个小孔喷出的蒸汽量为

$$g = 0.594 f(1+p)^{0.97} \quad \text{kg/h} \tag{13.45}$$

式中　f——每个喷孔的面积,m^2;

p——蒸汽的工作压力,0.1 MPa。

蒸汽喷管虽然构造简单,容易加工,但喷出的蒸汽中带有凝结水滴,影响加湿效果的控制。为了避免蒸汽喷管内产生冷凝水和蒸汽管网内的凝结水流进喷管,可在喷管外面加上一个保温套管,做成所谓的干蒸汽喷管,此时的蒸汽喷孔孔径可大些。

(2)干蒸汽加湿器

干蒸汽加湿器由干蒸汽喷管、分离室、干燥室和电动或气动调节阀组成。图 13.22 所示,蒸汽由蒸汽进口 1 进入外套 2 内,它对喷管内蒸汽起加热、保温、防止蒸汽凝结的作用。由于外套的外表面直接与被处理的空气接触,所以外套内将产生少量凝结水并随蒸汽进入分离室 4。由于分离室断面大,使蒸汽减速,再加上惯性作用及分离挡板 3 的阻挡,冷凝水被拦截下来。分离出凝结水的蒸汽经由分离室顶端的调节阀孔 5 减压后,再进入干燥室 6,残留在蒸汽中的水滴在干燥室中汽化,最后从小孔 8 喷出。

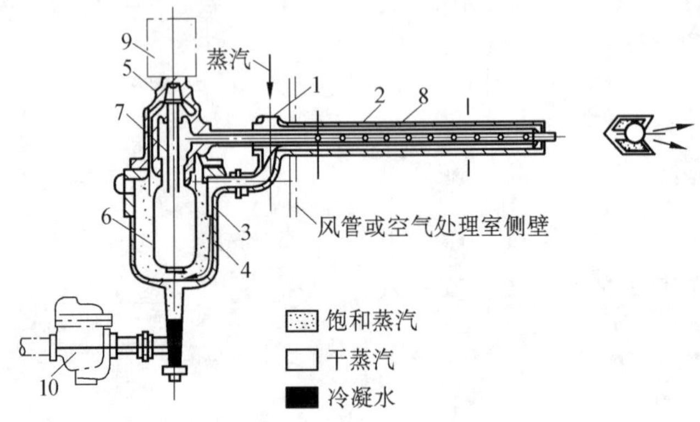

图 13.22　干蒸汽加湿器

1—接管;2—外套;3—挡板;4—分离室;5—阀孔;
6—干燥室;7—消声腔;8—喷管;9—电动或气动执行机构;10—疏水器;

(3)电热式加湿器

电热式加湿器是将管状电热元件置于水槽中内制成的(图 13.23)。元件通电后加热水槽中的水,使之汽化。补水靠浮球阀自动调节,以免发生缺水烧毁现象。这种加湿器的加湿能力取决于水温和水表面积。可用敞开水槽表面散湿量的公式计算。

(4)电极式加湿器

电极式加湿器的构造见图 13.24 所示。它是利用三根铜棒或不锈钢棒插入盛水的容器中做电极。将电极与三相电源接通之后，就有电流在水中通过从而把水加热成蒸汽。

由于水位越高，导电面积越大，通过的电流也越强，发热量也越大。所以产生的蒸汽量多少可以用水位高低来调节。

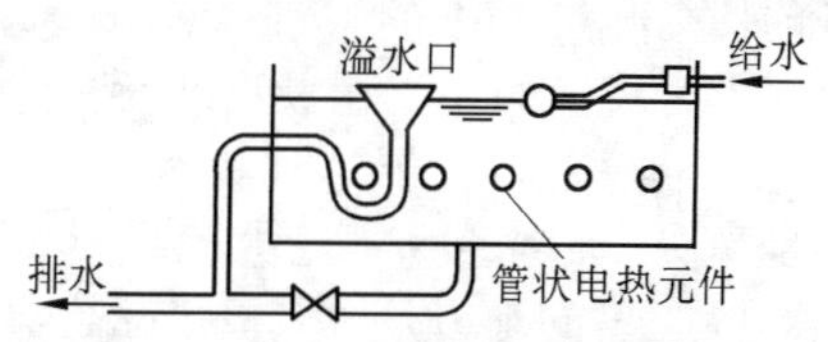

图 13.23　电热式加湿器

2. 等焓加湿

直接向空调房间空气中喷水的加湿装置有：压缩空气喷雾器、电动喷雾机、超声波加湿器。压缩空气喷雾器是用压力为 0.03 MP(工作压力)左右的压缩空气将水喷到空气去，压缩喷雾器可分为固定式和移动式两种。电动喷雾机由风机、电动机和给水装置组成。这两种加湿装置在空调系统中很少使用，故不做详细介绍。

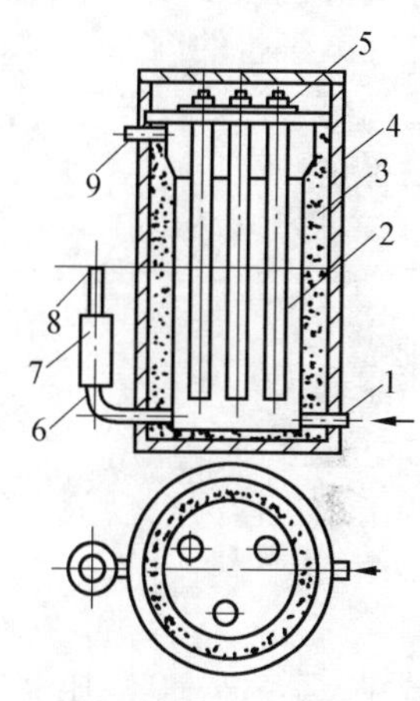

图 13.24　电极式加湿器

1—进水管；2—电极；3—保温层；4—外壳；5—接线柱；6—溢水管；7—橡皮短管；8—溢水嘴；9—蒸汽管。

利用高频电力从水中向水面发射具有一定强度的、波长相当于红外线的超声波，在这种超声波的作用下，水表面将产生直径为几个微米的细微粒子，这些细微粒子吸收空气热量蒸发为水蒸气，从而对空气进行加湿，这就是超声波加湿器的工作原理。超声波加湿器的主要优点是产生的水滴较细，运行安静可靠。但容易在墙壁和设备表面上留下白点，要求对水进行软化处理。超声波加湿器在空调系统中也有采用。

三、空气的减湿处理

1. 冷冻减湿机

冷冻减湿机(除湿机)是由冷冻机和风机等组成的除湿装置，其工作原理见图 13.25

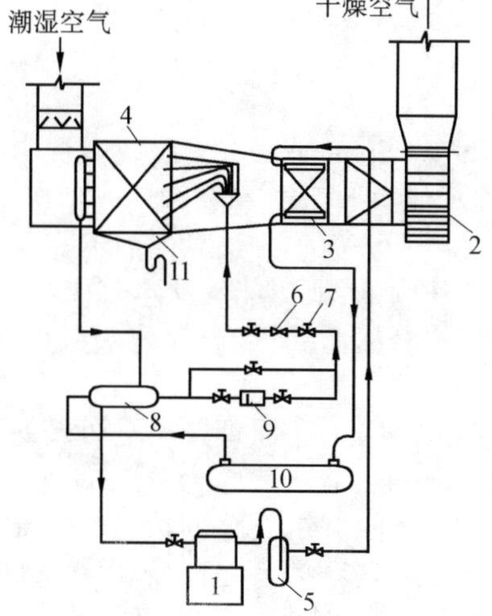

图 13.25　冷冻减湿机原理图

1—压缩机；2—送风机；3—冷凝器；4—蒸发器；5—油分离器；6、7—节流装置；8—热交换器；9—过滤器；10—贮液器；11—集水器；

所示,,减湿过程中的空气状态变化见图 13.26 所示。需要减湿的空气由状态 1,经过蒸发器后达到状态 2,再经过冷凝器达到状态 3,所以经过后得到的是高温、干燥的空气。由此可见,在既需要减湿又需要加热的地方使用冷冻减湿机比较合适。相反,在室内产湿量大、产热量也大的地方,最好不采用冷冻减湿机。

冷冻减湿机的制冷量为:

$$Q_0 = G(i_1 - i_2) \quad \text{kW} \tag{13.46}$$

除湿量:$W = G(d_1 - d_2)$ kg/s (13.47)

由式(13.46)和(13.47)可得:

$W = \dfrac{Q}{\varepsilon}$式中 ε——过程线 1-2 的角系数。

冷凝器的排热量为:

$$Q = G(i_3 - i_2) \quad \text{kW} \tag{13.48}$$

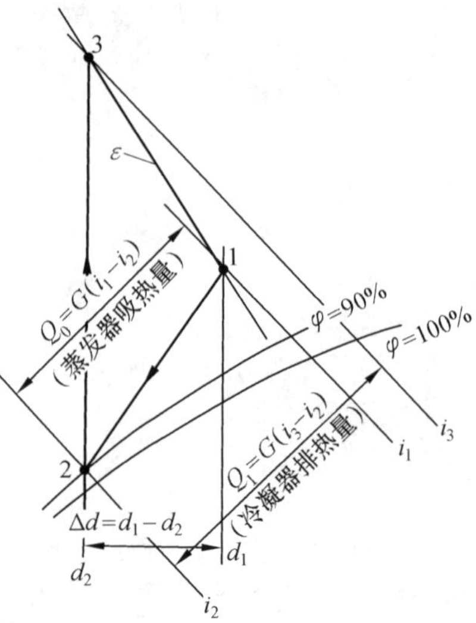

图 13.26 冷冻减湿机中的空气状态变化

为了求出冷凝器后的空气状态,可建立制冷系统热平衡式:

$$G(i_3 - i_2) = G(i_1 - i_2) + N_i \quad \text{kW} \tag{13.49}$$

式中 N_i——制冷压缩机输入功率,kW。

由此可得:

$$i_3 = i_1 + \frac{N_i}{G} \tag{13.50}$$

蒸发器后空气的相对湿度一般可按 95% 计算,蒸发器后空气的含湿量为:

$$d_2 = d_1 - \frac{W}{G} \tag{13.51}$$

冷冻除湿机的优点是使用方便,效果可靠,缺点是使用条件受到一定的限制,运行费用较高。

2. 溴化锂转轮除湿机

溴化锂转轮除湿机利用一种特制的吸湿纸来吸收空气中的水分。吸湿纸是以玻璃纤维为载体,将溴化锂等吸湿剂和保护加强剂等液体均匀地吸附在滤纸上烘干而成。存在于吸湿纸里的溴化锂的晶体吸收水分后生成结晶体而不变成水溶液。常温时吸湿纸上水蒸汽分压力比空气中水蒸汽分压力低,所以能够从空气中吸收水蒸汽;而高温时吸湿纸表面水蒸汽分压力比空气中水蒸汽分压力高,所以又将吸收的水蒸汽释放出来。如此反复达到除湿的目的。

图 13.27 是溴化锂转轮除湿机的工作原理图。这种转轮除湿机是由吸湿转轮、传动机构、外壳、风机、再生加热器(电加热器或热媒为蒸汽的空气加热器)等组成。转轮是由交替放置的平吸湿纸和压成波纹的吸湿纸卷绕而成。在转轮上形成了许多蜂窝状通道,因而也形成了相当大的吸湿面积。转轮的转速非常缓慢,潮湿空气由转轮的 3/4 部分进入干燥区,再生空气从转轮的另一侧 1/4 部分进入再生区。

溴化锂转轮除湿机吸湿能力强,维护管理方便,是一种较为理想的吸湿机。在空调系统种应用广泛。

3. 固体吸湿

固体吸附剂本身具有大量的孔隙,因此具有极大的孔隙内表面积。

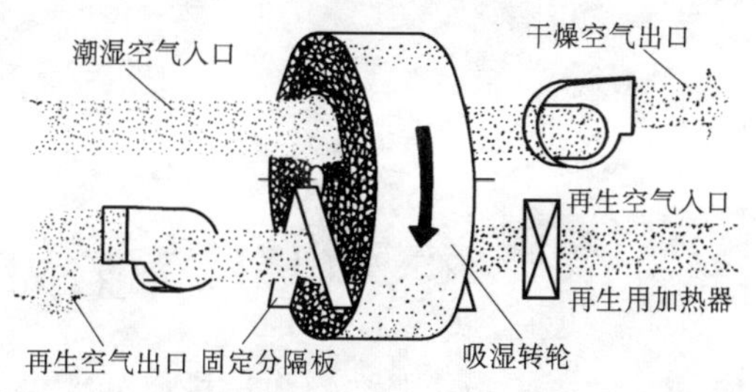

图 13.27　溴化锂转轮除湿机工作原理图

固体吸附剂各孔隙内的水表面呈凹面。曲率半径小的凹面上水蒸汽分压力比平液面上水蒸汽分压力低，当被处理空气通过吸附材料层时，空气的水蒸汽分压力比凹面上水蒸汽分压力高，则空气中水蒸汽就向吸附剂凹面迁移，由气态变为液态并释放出汽化潜热。

在空调工程中广泛采用的固体吸附剂是硅胶(SiO_2)。

硅胶是用无机酸处理水玻璃时得到的玻璃状颗粒物质，它无毒、无臭、无腐蚀性，不溶于水。硅胶的粒径通常为 2~5 mm，密度为 640~700 kg/m^3。1 kg 硅胶的孔隙面积可达 40 万平方米，孔隙容积为其总容积的 70%，吸湿能力可达其质量的 30%。

硅胶有原色和变色之分，原色硅胶在吸湿过程中不变色，而变色硅胶(如氯化钴)本身是蓝色，吸湿后原色由蓝变红逐渐失去吸湿能力。变色硅胶的价格高，除少量使用外，通常是利用它做原色硅胶吸湿程度的指示剂。

硅胶失去吸湿能力后，可以加热再生，再生后的硅胶仍可重新使用。如果硅胶长时间停留在参数不变的空气中，则将达到某一平衡状态。这一状态下，硅胶的含湿量不再变化，称之为硅胶平衡含湿量 d_S，单位为 g/kg 干硅胶。硅胶平衡含湿量 d_S 与空气温度和空气含湿量 d 的关系如图 13.28 所示，它反映了硅胶吸湿能力的极限。

在使用硅胶或其他固体吸附剂时，都不应该达到吸湿能力的极限状态。这是因为吸附剂是沿空气流动方向逐层达到饱和，不可能所有材料层都达到最大吸湿能力。

采用固体吸附剂干燥空气，可使空气含湿量变得很低。但干燥过程中释放出来的吸附热又加热了空气。所以对需要干燥又需要加热空气的地方最宜采用。

在 $i-d$ 图上表示使用固体吸附剂处理空气的状态变化过程如图 13.29 所示。

空调系统中也采用液体吸湿剂进行减湿，不再详述。

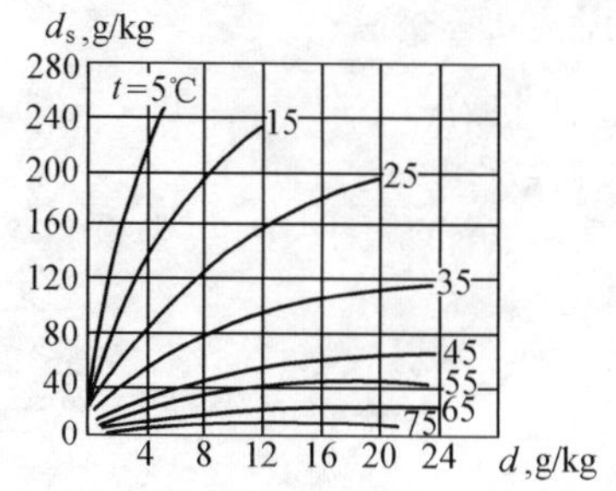

图 13.28　硅胶平衡含湿量 d_S 与空气温度和空气含湿量 d 的关系

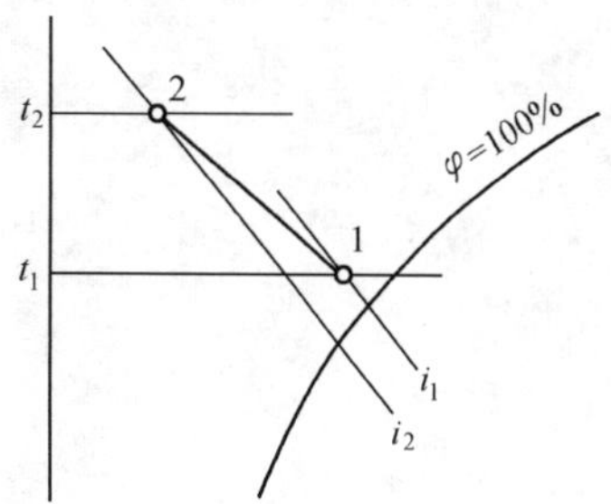

图 13.29　吸附过程的 $i-d$ 图

第十四章　空气的净化处理

空气的净化处理包括向室内或某些特定空间内送排风的滤尘、滤菌净化和除臭等处理。对于大多数以温、湿度要求为主的空调系统，设置一道粗效过滤器，将大颗粒的灰尘滤掉即可。有些场所有一定的洁净度的要求，但无确定的洁净度指标，这时可以设置两道过滤器，即加设一道中效过滤器便可满足要求。另有一些场所有明确的洁净度的要求，或兼有细菌控制要求，这些场所所设的空调称为洁净空调或净化空调。

所谓洁净室，一般指对空气的洁净度、温度、湿度、静压等项参数根据需要实行控制的密闭性较好的空间，该空间的各项参数满足“洁净室级别”的规定。洁净室的应用非常广泛，如医院中的无菌手术室、配剂中心，药厂的制药车间、生物制剂 GMP 实验室，光电元件生产车间及实验室，感光胶片涂布车间，精密仪器的生产车间和使用场所，纯净水、矿泉水、食品的包装间等。

空气中的尘粒、细菌不仅对人体的健康不利，影响生产工艺过程的进行，影响室内壁面、家具和设备的清洁，同时还会使一些空气处理设备的处理效果恶化。如加热器、冷却器的表面积尘会影响传热效果，冷凝水盘中细菌的滋生可能导致室内空气品质变坏。此外，有些场所还需对空气进行除臭和离子化等处理。如果室内产生一些污染物，空调还要负担空气质量的控制，起通风系统的作用，消除或排出污染物。空气中悬浮微粒浓度的控制主要依靠过滤器来实现。

第一节　室内空气的净化标准和滤尘机理

空气的净化处理是指除去空气中的污染物质，确保空调房间或空间空气洁净度要求的空气处理方法。空气中悬浮污染物包括粉尘、烟雾、微生物和花粉等，根据生产和生活的要求，通常将空气净化分为三类：一般净化、中等净化和超净净化。

一、空气的含尘浓度表示

1.质量浓度，单位体积空气中含有灰尘的质量（kg/m^3）；

2.计数浓度，单位体积空气中含有灰尘的颗粒数（粒/m^3 或粒/l）；

3.粒径颗粒浓度，单位体积空气中含有的某一粒径范围内的灰尘颗粒数（粒/m^3 或粒/l）。

二、一般净化

对室内含尘浓度无具体要求，只对进气进行一般净化处理，大多数以温湿度要求为主的民用与工业建筑均属此类。

三、中等净化

对空气中悬浮微粒的质量浓度有一定的要求，如我国对大型公共建筑物内空气中悬浮微粒的质量浓度一般要求不大于0.15mg/m³。

四、超净净化

对空气中悬浮微粒的粒径和质量浓度均有严格要求，按我国现行的洁净厂房设计规范和美国现行的联邦标准209E，推荐按表14.1进行洁净级别的划分。

表14.1　洁净级别的划分

级别名称		粒径 $d_p(\mu m)$									
		0.1		0.2		0.3		0.5		5	
		单位体积粒子数									
SI	英制	m^3	ft^3	m^3	ft^3	m^3	ft^3	m^3	ft^3	m^3	ft^3
M1		350	9.91	75.7	2.14	30.9	0.875	10	0.283	–	–
M1.5	1	1240	35.0	265	7.5	106	3.0	35.3	1.0	–	–
M2		3500	99.1	757	21.4	309	8.75	100	2.83	–	–
M2.5	10	12400	350	2650	75.0	1060	30.0	353	10.0	–	–
M3		35000	991	7570	214	3090	87.5	1000	28.3	–	–
M3.5	100	–	–	26500	750	10800	300	3530	100	–	–
M4		–	–	75700	2140	30900	875	1000	283	–	–
M4.5	1000	–	–	–	–	–	–	35300	1000	247	7.0
M5		–	–	–	–	–	–	100000	2830	618	17.5
M5.5	10000	–	–	–	–	–	–	353000	10000	2470	70.0
M6	100000	–	–	–	–	–	–	1000000	28300	6180	175

五、空气过滤器的滤尘机理

空气中悬浮微粒的运动形式主要有直线运动、在流动空气中的曲线运动、布朗运动和带电粒子在电场中的运动。空气过滤器按滤尘机理可分为粘性填料过滤器、干式纤维过滤器和静电过滤器，滤尘机理归纳为以下几点：

1.粘性填料过滤器的填料上浸有粘性油，当含尘空气流流经填料时，沿填料的空隙进行多次曲折运动，尘粒在惯性的作用下偏离气流运动方向，被粘性油粘住捕获。大颗粒的尘粒也依靠筛滤作用。

2.干式纤维过滤器主要依靠以下机理滤尘：接触阻留、惯性撞击、分子扩散作用、静电作用、重力作用等。

3.静电过滤器通常采用双区电场结构，正极放电。在第一区使空气电离，尘粒荷电；在第二区(集尘区)带电尘粒在电场力的作用下分离出来。静电过滤器的效率随电场强度的增加和处理风量的减少而提高。

第二节　空气过滤器

一、空气过滤器的性能指标

1. 过滤效率和穿透率

(1) 过滤效率是衡量过滤器捕获尘粒能力的一个特性指标，指在额定风量下，过滤器捕获的灰尘量与过滤器前进入过滤器的灰尘量之比的百分数。如果认为空气过滤器前后空气量相同,则过滤效率为过滤器前后空气含尘浓度之差与过滤器前空气含尘浓度之比的百分数。

$$\eta = \frac{VC_1 - VC_2}{VC_1} \times 100\% = \frac{C_1 - C_2}{C_1} \times 100\%$$
$$= (1 - \frac{C_2}{C_1}) \times 100\% \quad (14.1)$$

式中 C_1, C_2——分别为空气过滤器前、后的空气含尘浓度;

V——过滤器的处理风量。

净化空调中通常需要将不同类型的空气过滤器串联使用,一般净化为二级过滤,如图 14.1,超净净化为三级过滤。两道过滤器的总过滤效率为

$$\eta = 1 - (1 - \eta_1)(1 - \eta_2) \quad (14.2)$$

三道过滤器串联的总过滤效率为

$$\eta = 1 - (1 - \eta_1)(1 - \eta_2)(1 - \eta_3) \quad (14.3)$$

式中 η_1、η_2、η_3——为初效、中效、高效过滤器的过滤效率。

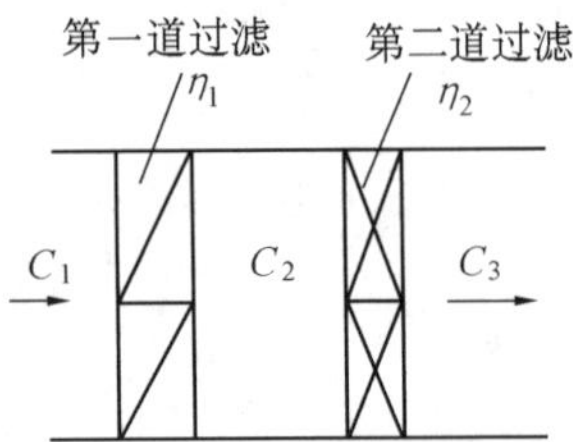

图 14.1 过滤器串联使用

(2) 过滤效率的测量方法

① 质量法,适用于初效过滤器,即用人工尘流经过过滤器,根据喂尘量,过滤器捕集量等计算其质量效率。

② 比色法,通常用于测定中效过滤器,在过滤器前后用滤纸或滤膜采样,然后将滤纸在一定光源下照射,用光电管比色计测出过滤器前后滤纸的透光度。由于在灰尘的成分、大小和分布等相同的条件下,积尘量与透光度成一定的比例关系,因而测出透光度可直接得出过滤效率。

③ 钠焰法,适用于中高效过滤器的效率测量。把氯化钠的固体尘在氢焰中燃烧,产生一种橙黄色的火焰,通过光电光焰光度计来测定出过滤器前后氯化钠粒子的浓度,求出过滤效率。

④ 油雾法,用于高效和亚高效过滤器的效率测定。特点是将透平油的液态油雾作为人工尘源,其粒径分布接近于单分散相,粒径接近 0.3 μm,粒子群的总散射光强与粒子浓度成正比,因此可通过光电浊度计测算出过滤器前后的浓度,求出过滤效率。

⑤ 粒子计数法,用于高效过滤器的测定。尘源可采用人工尘或大气尘,人工尘通常为 DOP(邻苯二甲酸二辛酯)雾。当含尘气流通过强光照射的测试区时,每一个尘粒产生一次光散射,形成一个光脉冲信号,信号的大小又反映粒子的大小,因此采用这种方法既可测出粒子数,又能测出粒子的大小和效率。在净化空调测试中洁净空间的检测以及局部净化设备的检测中,以激光为光源的粒子计数器较为常用。

尘源不同,测试方法和仪器不同,得到的测试结果可能大不相同,所以空气过滤器的效率值必须注明所用人工尘源的种类和测试仪器及方法。

(3) 穿透率 K 是指过滤后空气的含尘浓度 C_2 与过滤前空气含尘浓度 C_1 之比的百分数,即

$$K = \frac{C_2}{C_1} \times 100\% = 1 - \eta \quad (14.4)$$

穿透率能明确的反映出过滤器后空气含尘量的多少,明确表示空气过滤器之后和排气净化处理后的空气含尘浓度的大小。

2. 过滤器的迎面风速和滤速

迎面风速是指过滤器迎风断面上通过气流的速度 u_0，一般以 m/s 表示，即

$$u_0 = Q/F \tag{14.7}$$

式中　Q——风量，m^3/s；

F——过滤器断面积(迎风面积)，m^2。

滤速是指滤料面积上气流通过的速度 u，一般以 cm/s 或 $L/(cm^2 \cdot min)$ 表示，即

$$u = \frac{Q}{f} \tag{14.8}$$

式中　f——滤料净面积。

当空气过滤器的结构一定时，迎面风速和滤速反映了过滤器的额定风量，如已知所需处理的风量，可以确定所需过滤器的数量。

3. 过滤器容尘量

当过滤器的阻力在额定风量下达到终阻力时，过滤器所容纳的尘粒质量称为该过滤器的容尘量。

4. 过滤器的阻力

过滤器的阻力随着沾尘量的增加而增大。过滤器未沾尘时的阻力称为初阻力，把需要更换或清洗时的阻力称为终阻力，终阻力值经综合考虑确定，通常用初阻力的两倍作为终阻力。在进行阻力计算时，采用终阻力，依此选择风机才能保证系统正常运行。

过滤器的阻力一般包括滤料阻力和结构阻力，结构阻力指框架、分隔片及保护面层等形成的阻力。过滤器的阻力一般为实验测定，对新过滤器的阻力可用如下方法确定：

(1) 以迎面风速 u_0 为变量，按式 14.5 计算。

$$\Delta P = Au_0 + Bu_0^m \tag{14.5}$$

式中　A, B, m——经验系数或指数。

Au_0 代表滤料阻力，Bu_0^m 代表结构阻力。

(2) 以气溶胶通过滤料的流速 u 为变量时，按式 14.6 计算。

$$\Delta P = \alpha u^n \tag{14.6}$$

式中　α——经验系数，对国产过滤器 α 为 3 ~ 10；

n——经验指数，对国产过滤器 n 为 1 ~ 2。

过滤器的阻力随 u 和 u_0 的增大而增加，且过滤效率随滤速的增大而降低，因此迎面同速 u_0 和滤速 u 有一个适宜的数值，相应的高效过滤器的初阻力不大于 200 Pa。

二、空气过滤器的分类

空气过滤器按过滤效率可分为粗效(又称初效)、中效、高中效、亚高效、高效过滤器，见表 14.2。

表 14.2　常用过滤器的性能表

过滤器类型	有效捕集粒径（μm）	适应的含尘浓度[①]	过滤效率（%）			压力损失（Pa）	容尘量（g/m^2）	备　注
			质量法	比色法	DOP 法			
初效过滤器	>5	中~大	70~90	15~40	5~10	30~200	500~2000	滤速以 m/s 计
中效过滤器	>1	中	90~96	50~80	15~50	80~250	300~800	滤速以 dm/s 计
亚高效过滤器	<1	小	>99	80~95	50~90	150~350	70~250	滤速以 cm/s 计
高效过滤器	≥0.5	小	不适用	不适用	95~99.99（一般指≥99.97%）	250~490	50~70	
超高效过滤器	≥0.1	小	不适用	不适用	≥99.999	150~350	30~50	过滤器迎面风速不大于 1 m/s
静电集尘器	<1	小	>99	80~95	60~95	80~100	60~75	

① 含尘浓度大指 0.4~7 mg/m^3，中 0.1~0.6 mg/m^3，小 0.3 mg/m^3 以下。

三、常用空气过滤器

1. 初效过滤器

初效过滤器的滤材多采用玻璃纤维、人造纤维、金属网、粗孔聚氨酯泡沫塑料等，常用的型式有浸油金属网格过滤器（见图 14.2）、干式玻璃纤维填充式过滤器、YP 型抽屉式及

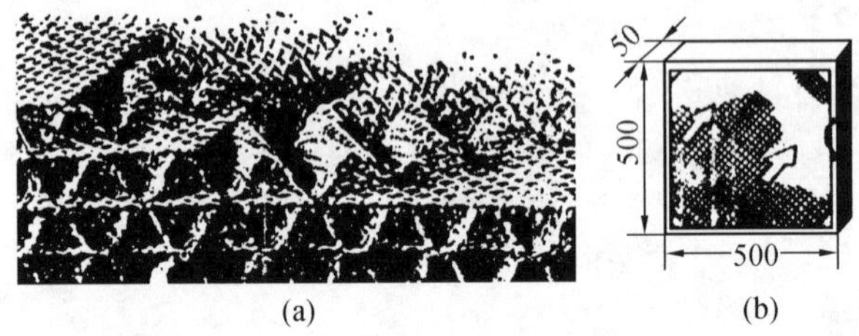

图 14.2　金属网式初效过滤器

M 型袋式泡沫塑料过滤器（见图 14.3）、ZTK-1 型（人字形）及 TJ-3 型（平板型）自动卷绕式过滤器（化纤或涤纶无纺布为滤料）。其中前两种过滤器为了便于更换一般做成块状（平板状），安装形式见图 14.4。自动卷绕式初效过滤器见图 14.5a。自动移动式金属网、板初效过滤器见图 14.5b 和图 14.5c 所示，由于自带油槽可自行清洗灰尘，因而可连续工作，只需定期清理油槽内的积垢即可。

2. 中效过滤器

中效过滤器的主要滤料是超细玻璃纤维、人造纤维（涤纶、丙轮、腈纶等）合成的密细无纺布和中细孔聚乙烯泡沫塑料等，可以做成平板式（图 14.6a）、V 型过滤器（图 14.6b）和多 V 型过滤器，也可以做成袋式和抽屉式。泡沫塑料和无纺布为滤料时可清洗后多次使用，玻璃纤维过滤器则需更换。

3. 高效过滤器

高效过滤器又可分为亚高效、高效（0.3μm）和超高效过滤器（0.1 μm），滤料为超细玻璃纤维滤纸，合成纤维滤纸和超细石棉纤维滤纸。滤纸的孔隙非常小，且允许的滤速很低

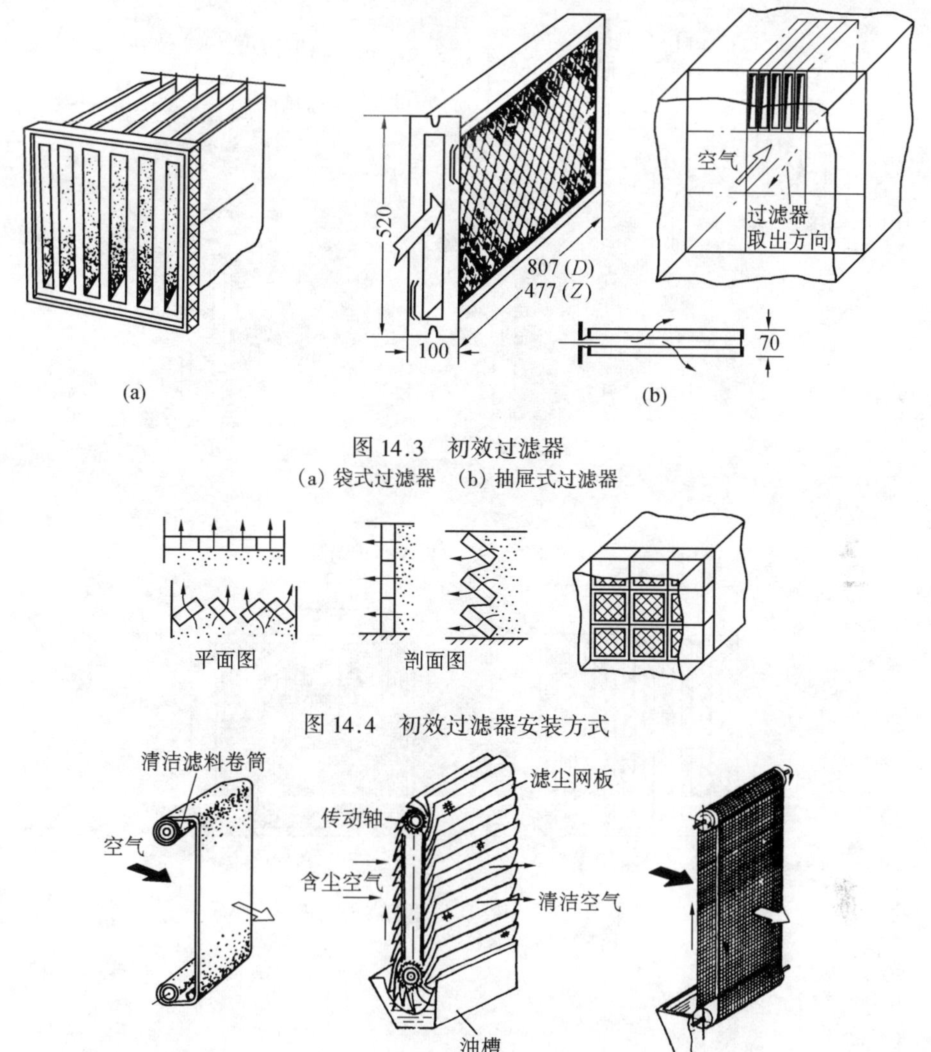

图 14.3　初效过滤器
(a) 袋式过滤器　(b) 抽屉式过滤器

图 14.4　初效过滤器安装方式

图 14.5　自动移动式初效过滤器

(以 0.01 m/s 计),以增强筛滤作用和扩散作用,因而在一定的风量下需要很大的过滤面积。在制作过滤器时需将滤纸折返多次,通常其过滤面积为迎风面积的 60 余倍以上,折叠后的滤纸用分隔片(波纹形)分隔见图 14.7a。另有一种较常用的无分隔片的高效过滤器(见图 14.7b),厚度较小,依靠在滤料正反面一定间隔处贴线或涂胶来保持滤纸间隙,便于含尘气流通过。高效过滤器阻力约 200 ~ 300 Pa 左右。

4. 静电过滤器

由电过滤器、高压发生器、控制盒及清洗系统等组成,属于高中效或亚高效过滤器,空气阻力较低,积尘后阻力变化小。

5. 喷水式玻璃丝盒过滤器

如图 14.8 所示,特点是在除去空气中一般尘粒的同时,还能除去可溶于水的有害气体,并可与空气的热湿处理的相结合。对环境污染严重的地区用其处理新风较为适宜。

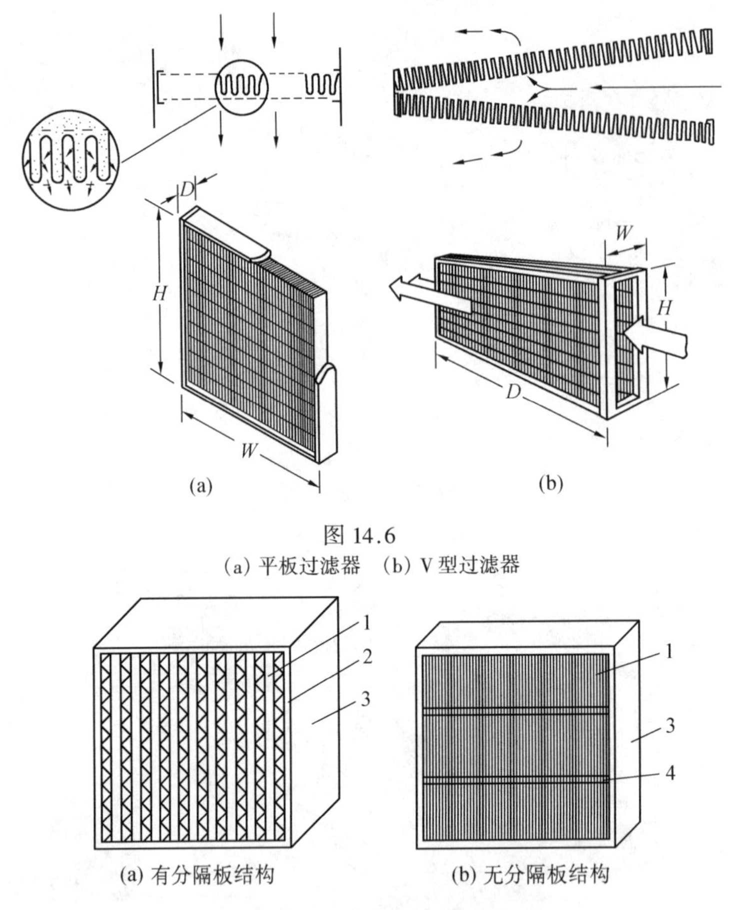

图 14.6

(a) 平板过滤器 (b) V 型过滤器

图 14.7 高效空气过滤器外观图

1—滤纸;2—分隔板;3—外壳;4—贴线或涂胶

四、空气过滤器的设置

1. 一般净化要求的空调系统,选用一道粗效过滤器,将大颗粒尘粒滤掉即可;

2. 对于有中等净化要求的空调系统,可设粗、中两道过滤器;

3. 有超净化要求的空调系统,则至少设置三道过滤器,为防止送风中带油,此时不宜选用浸油式初、中效过滤器;

4. 对中等净化和超净化系统,为了延长下道过滤器的使用寿命,必须设置相应的预过滤;

5. 为了防止污染空气进入系统,中效过滤器应设置在系统的正压段。为防止管道对送入洁净空气的再污染,高效过滤器应设置在系统的末端(送风口),并应十分严密,以保证室内的洁净度。

6. 各空气过滤器均按额定风量或低于额定风量选用。如低于额定风量选定数量,投资会有所增加,但增长了过滤器的清洗和更换的周期和减少系统阻力的增长速率,有利于系统风量的稳定。

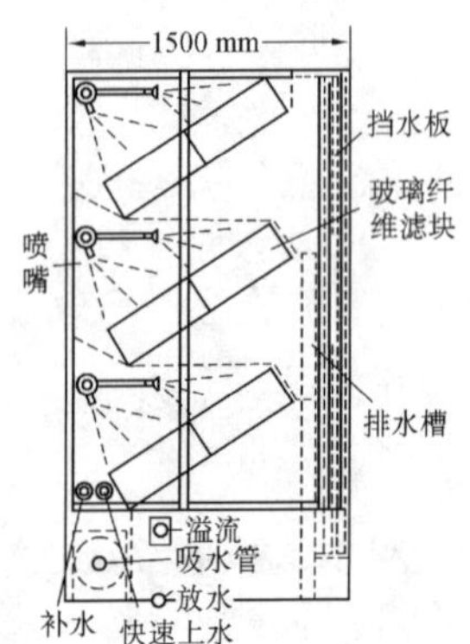

图 14.8 喷水式玻璃丝盒过滤器

7. 需要说明的另一点是高效过滤器有很多适用要求,如耐高温、耐高湿等,因此在选用时应注意,不能只考虑过滤效率。由于各净化厂的规格、名称无统一标准,所以要注意型号表示中各项的实际意义。

第三节　净化空调系统

净化空调系统既要完成普通空调系统的任务,即对空调房间的温湿度控制,更要实现对空调房间洁净度的控制。满足洁净度的要求常常是净化空调系统设计的主导方面,系统的设置型式不同于一般空调系统的设计。

一、空气净化处理方式

1. 原设有空调系统的车间要增设净化措施

建筑装修、水、电等均需采取相应措施,空气处理可采用在原空调系统中增加过滤设备和提高风压、风量的措施,或根据不同需要采用分散处理的办法来满足工艺对洁净度的要求,如增设洁净工作台(如图 14.9a)或空气自净器、室内增设装配式或固定式洁净小室(如图 14.9b)等。

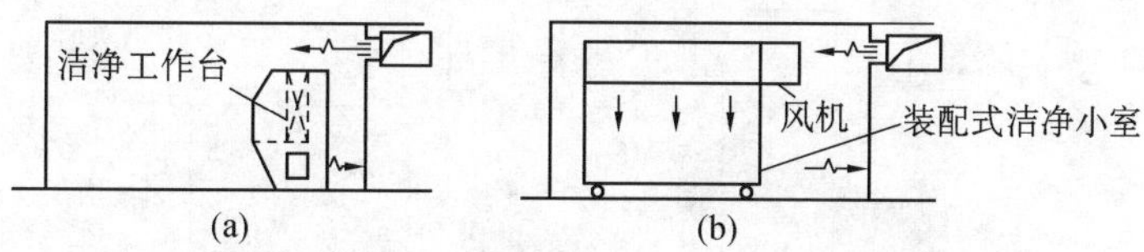

图 14.9　原设有空调系统的车间增设净化措施
(a) 增设洁净工作台　(b) 增设装配或洁净小室

2. 原未设空调系统的车间要增设净化措施

除建筑装修、水电等方面采取相应措施外,空气处理可采用增设集中式净化空调系统的办法,或采用带空调机组的分散净化处理的方法,如采用净化空调器(见图 14.10a),室内增设带有装配式洁净小室和空调器(见图 14.10b)。

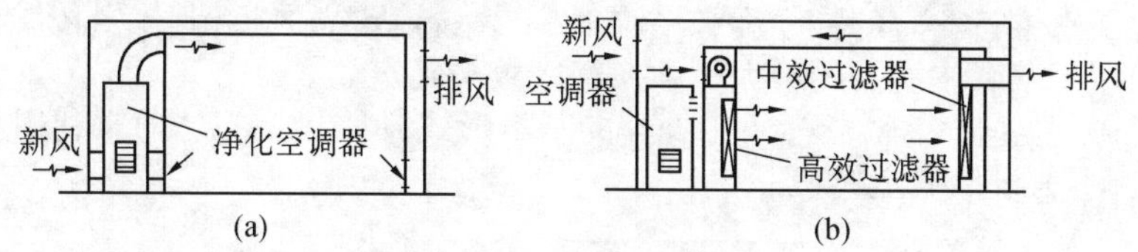

图 14.10　原未设空调系统的车间增设净化措施的几种方式
(a) 增设净化空调器　(b) 增设装配式洁净室

3. 新建洁净室

通常为便于管理,保证净化空调系统的正常运行,一般采用集中式空气净化机组。对大面积的车间,也可采用多个净化空气系统,新风经集中处理后送到各净化空气系统。

二、集中式净化空调系统的基本型式

1. 单风机系统(如图 14.11)

两台以上风机串联使用效率低于单台风机单独使用时的效率,且单风机系统节约占地面积和初投资,因此多数空调系统采用单风机形式。若系统阻力较大,为便于系统运行调节和降低系统噪声等,在技术经济比较后认为合理时,可增设回风机。当回风含尘浓度

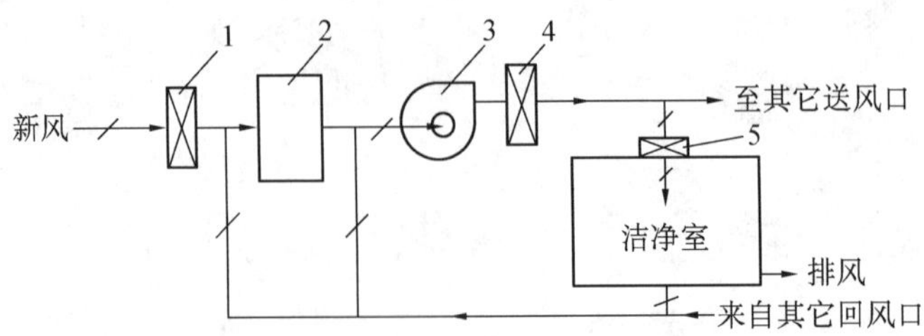

图 14.11　单风机净化空调系统的基本形式

1—粗效过滤器;2—湿温度处理室;3—风机;4—中效过滤器;5—高效过滤器

较高或有大粒径灰尘、纤维等时,要在回风口设粗效过滤器或中效过滤器。为防止系统停止运行后室外污染空气由新风口经回风道进入洁净室,一般在新风入口管段上设电动密闭阀,并与风机联锁。

2. 设有值班风机系统的基本形式,见图 14.12。对于间歇运行的洁净室,系统停止运行后,室外污染空气将通过围护结构缝隙和由新风口经回风道渗入洁净室内。若洁净室不工作时也要求维持一定的洁净度和温湿度,要设置值班送风机,其风量按维持室内预定正压值和温湿度三者中所需的最大一项换气次数来确定。

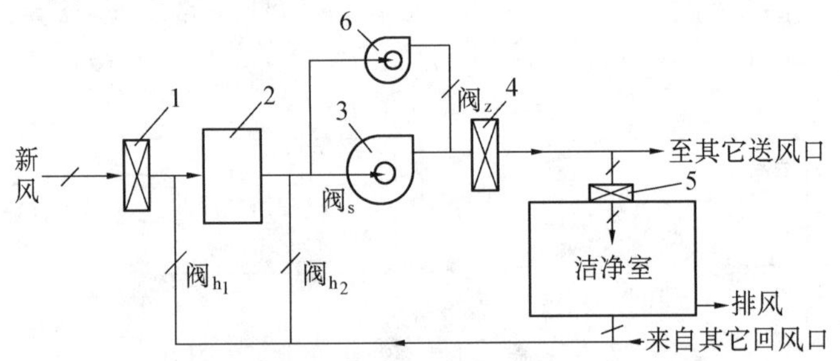

图 14.12　设有值班风机的净化空调系统的基本形式

(正常运行时,阀 h_1、阀 h_2 阀 s 找开,阀 z 关闭;下班后大风机停止运行,值班风机运行,阀 z 打开,阀 h_1,阀 h_2、阀 s 关闭)

1—粗效过滤器;2—湿温度处理室;3—正常运行风机;

4—中效过滤器;5—高效过滤器;6—值班风机;

3. 多个净化空调系统、新风集中处理的基本形式,见图 14.13。通常利用新风机兼作值班送风机,不另设值班送风机。

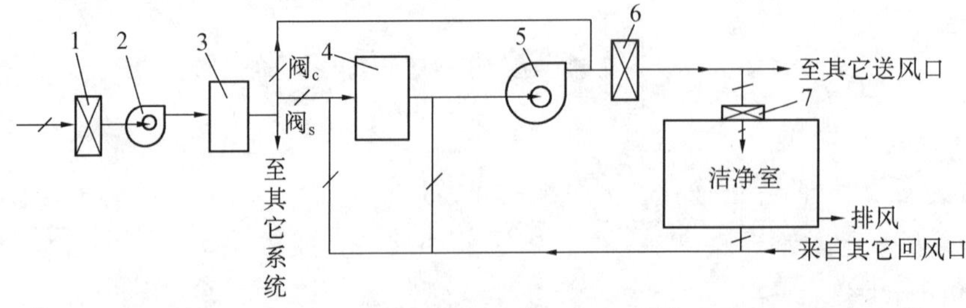

图 14.13　多个净化空调系统新风集中处理的基本形式(洁净室停止工作时,打开阀 c,关闭阀 s,仅新风机组运行,起值班风机作用)

1—粗效过滤器;2—新风风机;3—新风温湿度处理室;

4—混合风温湿度处理室;5—送风机;6—中效过滤器;7—高效过滤器

4. 空气处理机内风机与循环风机分设,(见图 14.14)。适用于洁净等级为 100 级以上的洁净室,这种超净洁净室的通风量很大,换气次数可达 500 次/h,因此单设循环风机。

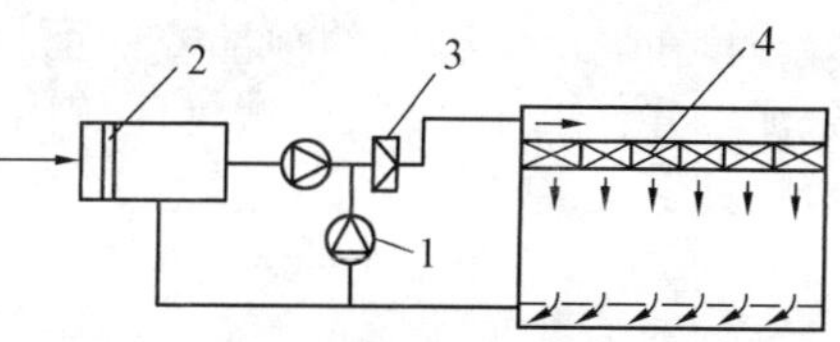

图 14.14　垂直平行流洁净室系统型式
1—循环风机;2—初效过滤器;
3—中效过滤器;4—高效过滤器

三、气流组织

普通空调系统通常采用紊流度较大的气流组织形式,以期增强空调房间内送风与室内空气的掺混作用,有利于温度场的均匀。而净化空调系统的气流组织要求紊流度小,以避免或减少尘粒、细菌对工艺过程的污染。一般遵循以下几点原则:尽量减少涡流,以避免将工作区以外的尘粒带入工作区;工作区的气流速度应满足空气洁净度和人体健康的要求,并应使工作区气流流向单一;防止尘粒的二次飞扬,减少其对工艺过程的污染机会;为了稀释降低空气的含尘浓度,要有足够的通风换气量。

洁净室的净化标准不同,需采用的气流组织形式也不同,主要有乱流和平行流(层流)两类:

1. 乱流型式

适用于洁净等级在 1 000 ~ 100 000 级的洁净室,送回风方式一般采用顶送下回。送风口经常采用带扩散板(或无扩散板)高效过滤器风口或局部孔板风口,若洁净度要求不高,也可采用上侧送风下回风的方式。

乱流型洁净室构造简单、施工方便,投资和运行费用较小,应用较广泛。

2. 平行流(层流)型式

适用于洁净等级在 100 级以上的洁净室。平行流型式有垂直平行流(见图 14.15)和

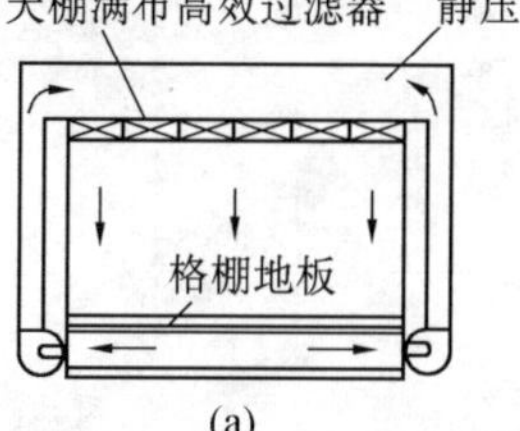

(a)

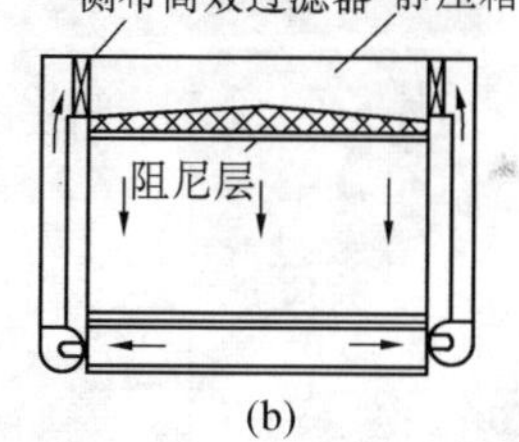

(b)

图 14.15　垂直平行流

水平平行流(见图 14.16),主要特点是在洁净室顶棚或送风侧墙上满布高效过滤器,送入气流充满整个房间断面,流线几乎平行,气流流动为“活塞流”。其自净时间,即自系统启动开始,至室内含尘浓度达到稳定值所需的时间,约为 1 ~ 2 分钟。与垂直平行流相比,水平平行流由于气流方向与尘粒的重力沉降方向不一致,因而需要较高的断面流速,沿着气流的运动方向洁净度逐渐降低,在布置送排风方向时应注意与工艺要求一致。

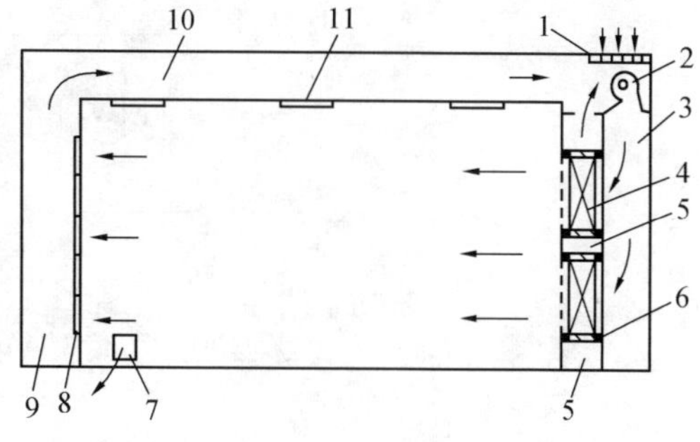

图 14.16　水平单向流洁净室负压密封构造示意图
1—新风过滤器;2—风机;3—送风静压箱;
4—高效过滤器;5—负压腔;6—密封垫;
7—余压阀;8—回风过滤器;
9—回风箱;10—回风夹层;11—灯具

洁净室气流组织型式和送风量可参考表 14.3。

当工艺仅要求在某局部区域达到高洁净度时,气流组织设计要结合工艺特点,将送风

口布置在局部工作区的顶部或侧面,使洁净气流首先流经并笼罩工作区,以满足区域内高洁净度的要求。如图 14.17 所示。乱流洁净室设置洁净工作台时,其位置一般放在工作区气流的上风侧,以提高室内的洁净度。单向流(平行流)洁净室一般不设洁净工作台。

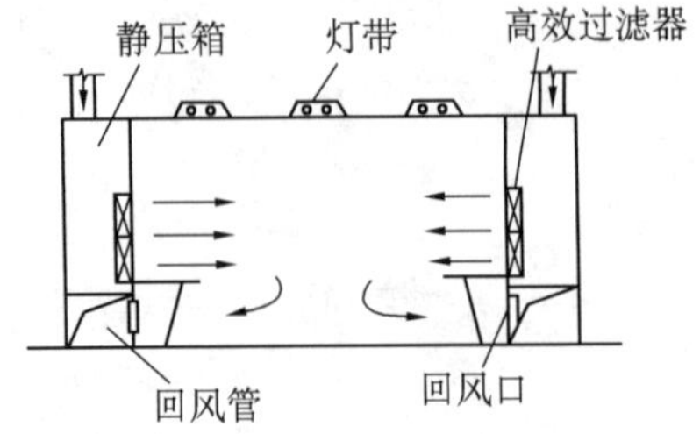

图 14.17 局部区域净化(侧点)

表 14.3 气流组织和送风量

洁净度等级	气流组织型式			送风量		送风口风速(m/s)	回风口风速(m/s)
	气流流型	送风主要方式	回风主要方式	房间断面风速(m/s)	换气次数(次/时)		
100 级	垂直平行流	1. 顶棚满布高效过滤器顶送(高效过滤器占顶棚面积≥60%) 2. 侧布高效过滤器,顶棚设全孔板或阻尼层送风	1. 格栅地面回风(满布或均匀局部布置) 2. 相对两侧墙下部均匀布置回风口	≥0.25	-	孔板孔口 3~5	不大于 2
	水平平行流	1. 送风墙满布高效过滤器水平送风 2. 送风墙局部布置高效过滤器水平送风(高效过滤器占送风墙面积≥40%)	1. 回风墙满布回风口 2. 回风墙局部布置回风口	≥0.35	-		不大于 1.5
1000 级	乱流	1.孔板顶送 2. 条形布置高效过滤器顶送 3. 间隔布置带扩散板高效过滤器顶送	1. 相对两侧墙下部均匀布置回风口 2. 洁净室面积较大时,可采取地面均匀布置回风口	-	≥50	孔板孔口 3~5	1. 洁净室内回风口不大于 2 2. 走廊内回风口不大于 4
10,000 级	乱流	1. 局部孔板顶送 2. 带扩散板高效过滤器顶送 3. 上侧墙送风	1. 单侧墙下部布置回风口 2. 走廊集中或均匀回风	-	≥25	1. 孔板孔口 3~5 2. 侧送风口 (1) 贴附射流 2~5 (2) 非贴附射流同侧墙下部回风 1.5~2.5, 对侧墙下部回风 1.0~1.5	1. 洁净室内回风口不大于 2 2. 走廊内回风口不大于 4

续　表

100,000级	乱　流	1. 带扩散板高效过滤器顶送 2. 上侧墙送风	1. 单侧墙下部布置回风口 2. 走廊集中或均匀回风	-	≥15	侧送风口 (1)贴附射流 2~5 (2)非贴附射流同侧墙下部回风 1.5~2.5，对侧墙下部回风 1.0~1.5	同 10,000级

四、洁净室的正压和新风量的确定

为防止周围空气的渗入,洁净室内必须保持一定的正压。正压大些,有利于防止洁净室外空气的渗入,但会造成新风量增大,缩短高效过滤器的使用寿命,且会使房间门开启困难,因此正压值一般保持在 10~20 Pa。正压值会随系统运行时间的推移而变化(间歇运行,过滤器的阻力变化等因素),因而必须采取措施使其维持在规定值。常用的措施有:(1) 回风口装空气阻尼层(通常为 5~8 mm 厚泡沫塑料、尼龙无纺布等制作);(2) 洁净室下风侧墙上安装余压阀;(3) 安装差压式电动风量调节阀。

净化空调系统的新风量应尽量减少,但洁净室内应保证一定的新风量,其数值应取下列风量的最大值:

1. 乱流洁净室总送风量的 10%,平行流洁净室总送风量的 2%;
2. 补偿室内排风和保持室内正压值所需的新风量;
3. 保证室内每人每小时的新风量不小于 40 m^3。

对于全年运行的净化空调系统,宜使新风量全年固定。

五、净化送风装置和局部净化设备

1. 净化送风装置

(1) 净化空调器　净化空调器是装有中、高效过滤器的空调机组,体积较小,使用简便灵活,可与装配式洁净室配套使用,也可单独使用。

(2) 过滤器送风口　过滤器送风口是净化系统的末端装置,是将空气过滤器和送风口做成一体,由过滤器、箱体和扩散孔板或网(栅)组成。由于是工厂化生产,便于做到过滤器密封,现场安装也很方便。如图 14.18 所示。

高效过滤器安装最基本的要求是密封,现场安装形式采用卡片压紧或角钢框式压紧(垫密封垫圈)。对于高等级(超过 1 000 级以上)的洁净室通常采用液槽密封或负压密封。液槽密封是将带刀架的高效过滤器置于装有密封液的槽中,利用密封液(不挥发、无毒、无味、粘着力强的脂状物)的液深来实现密封。所谓负压密封是在送风通路上末级过滤器与静压箱和框架的接缝的外周边处于负压状态。若有渗漏,只能洁净室外漏,而不会渗入室内。参见图 14.16。

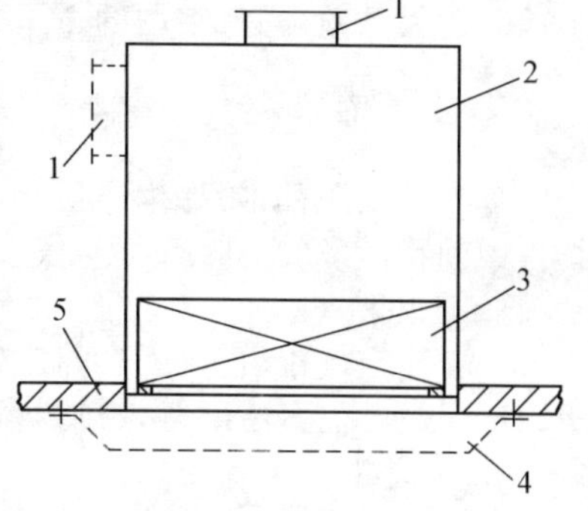

图 14.18　过滤器送风口
1—进风口;2—箱体;3—过滤器;4—扩散孔板;5—顶棚

2. 局部净化设备

局部净化设备是在特定的局部空间造成洁净空气环境的装置,包括洁净工作台、洁净层流罩、空气自净器等,种类很多。

另外,为了防止污染空气随人员材料进入洁净室和进行人身净化等目的,洁净室通常还设有若干空气吹淋室、气闸室和传递窗等设备,不再详述。

第四节　空气品质的若干控制

前已述及空调房间的空气品质对人体健康和劳动生产率的影响。空调系统本身对空气品质的影响很大,冷却塔、冷凝水盘、过滤器等都易滋生霉菌、LP 杆菌(军团菌)等,如果忽视空调系统的维护和管理,很容易使空调系统本身变成污染源,诸多的研究报告指出将近 80%的病态建筑物与不良的维护管理有关。洁净室中的一部分有无菌要求,如生物洁净室,不但要使含尘浓度满足要求,还要使微生物的浮菌量和沉降量达到要求。生物洁净室设计要做好除菌、灭菌及维持无菌状态等方面的工作。

一、空气的灭菌

1. 过滤法　空气过滤器过滤的对象是生物粒子,不是单体微生物,因此过滤除菌是十分有效的手段。细菌单体的大小约在 0.5～5 μm,病毒约在 0.003～0.5 μm,它们不是以单体存在,可近似把其看成 1～5 μm 的微粒,且大多数附着在空气中的尘粒上,实验证明高效过滤器对生物微粒的过滤效率高于对非生物微粒的过滤效率。例如超细玻璃纤维纸高效过滤器,用 DOP 法测定,其穿透率为 0.01%,而细菌(1.0 μm)的穿透率为 0.0001%,对病毒(0.03 μm)的穿透率为 0.0036%。因此通过高效空气过滤器的空气基本上是无菌的。同时,被捕集下来的细菌缺乏生存条件,也无法存活。

2. 物理清毒法　包括加热消毒法和紫外线照射法等。加热空气至 250～300℃,细菌会死亡,但运行费用过高,因而加热消毒法应用很少。紫外线具有杀菌的能力,常把紫外线灯泡放在待消毒的房间内,无人时直接进行照射杀菌。照射的强度和时间,根据空气的污染程度和细菌类别而定。由于直接照射紫外线室内不能有人,因此对病房(尤其是重病房)、换药室、生物实验室的无菌操作室、门诊大厅等处用紫外线直接照射很不方便。这时可采用屏蔽式循环风紫外线消毒器,可以有效屏蔽紫外线,室内人员不需迴避和防护。此消毒器有落地式或吊挂式等型式,利用风机将室内空气抽吸进入无臭氧紫外灯组成的辐射区杀菌后又送入室内,循环往复,使室内细菌浓度维持在很低的水平。

3. 化学消毒　即利用杀菌剂直接在室内或送风管道中喷射灭菌,有刺激性气味,对人体健康不利。此外对管道及建筑材料有所损伤,对金属和密封垫等引起腐蚀和老化。杀菌剂的灭菌效果好,常用的杀菌剂有氧化乙烯、甲醛等。

二、空气的除臭

臭味的来源很多,如生产过程或产品散发的臭味,人体散发的臭味,烟雾的刺激味,动物房中动物散发的臭味等。空气调节常用的除臭方法有通风法、洗涤法和吸附法。

1. 通风法

将臭味空气排出,以无臭味空气送入室内来冲淡或替换有臭味的空气。如民用建筑中厨房、吸烟室、卫生间等设排风设施,避免臭味进入其它房间。

2. 洗涤法

在空调系统采用喷水室对空气进行热湿处理时,不仅可除去部分尘粒,也可除去有臭味的气体和微粒。

3. 吸附法

用活性碳吸附器消除臭味很有效。活性碳内部有极小的非封闭孔隙,一克活性碳的有效接触面积就高达 1 000 m^2,具有很强的吸附能力,其吸附量约为其本身质量的 1/6 ~ 1/5,表 14.4 列出活性碳在标准条件(一标准大气压,20℃)下对部分有害气体或蒸气的吸附性能。

表 14.4　活性炭吸附性能表

物质名称	吸附保持量*(%)	物质名称	吸附保持量*(%)
二氧化硫(SO_2)	10	吡啶(C_5H_5N)	
氯气(Cl_2)	15	(烟草燃烧产生)	25
二硫化碳(CS_2)	15	丁基酸($C_5H_{10}O_2$)	
苯(C_6H_6)	24	(汗、体臭)	35
臭氧(O_3)	能还原为 O_2	烹调臭味	约 30
		浴厕臭味	约 30

* 吸附保持量是指被吸附物质的保持量与活性炭质量之比(%)(20℃,101235 Pa 时)

活性碳吸附量在接近和达到吸附保持量时,其吸附能力下降直至失效,这时需更换或使其再生。每 1 000 m^3/h 风量所需活性碳量约 10 ~ 18 kg,平均再生周期约 1 ~ 2 年。

活性碳可以装在不同形状的多孔或网状容器内形成吸附器。为防止活性炭吸附器被灰尘堵塞,应在其前设过滤器加以保护。图 14.19 是折叠形(W 形)和筒形的吸附器结构。

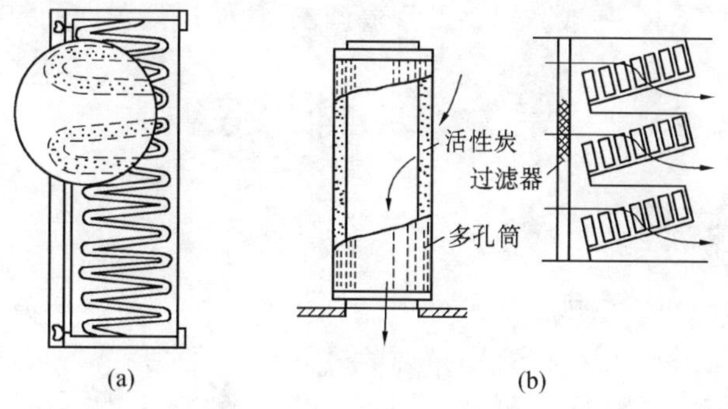

图 14.19　活性炭过滤器
(a) W 型;(b) 圆筒形

三、空气的离子化

外部空间的宇宙射线和地球上的放射性物质可使空气中的中性分子失出一个外层电子并与接近的另一中性分子结合形成基本负离子。失去一个外层电子的分子则成为基本正离子。基本正离子或负离子与某些中性分子结合形成轻离子(一般为 10 ~ 20 个 H_2O、O_x、NO_x 等分子的组合体),带正电荷的轻离子称为正离子,带负电荷的称为负离子。单位体积内正离子或负离子的个数称为离子浓度,通常在洁净的山区离子浓度可达 2 000 个/cm^3 以上,在农村可达 1 000 ~ 1 500 个/cm^3,而在城市则只有 200 ~ 400 个/cm^3。

研究表明负离子对人体生理健康有良好的作用,包括可降低血压,抑制哮喘,对神经系统有镇静作用并有利于消除疲劳等。空调系统对空气中的轻离子有重要影响,在空气经过过滤器、金属管道等部件时,轻离子浓度会大为降低;而用喷雾室外理空气时,轻离子浓度会明显提高,水在雾化时所产生的雾电效应会产生轻离子。

为了增加室内空气中的负离子浓度,可采用人工产生负离子的方法,如利用电晕放电、紫外线照射或利用放射性物质使空气电离。常用的方法是电晕放电,人工负离子发生器的原理类似于静电过滤器,但不使负离子被吸引中和,而通过离子流或专设风扇使空气中的负离子增加。同时负离子发生器不应产生大量臭氧(O_3),以免臭氧浓度过大危及人体健康。

第十五章　空调房间的气流组织

气流组织,就是在空调房间内合理地布置送风口和回风口,使得经过处理后的空气由送风口送入室内后,在扩散与混合的过程中,均匀地消除室内余热和余湿,从而使工作区形成比较均匀而稳定的温度、湿度、气流速度和洁净度,以满足生产工艺和人体舒适的要求。

空调房间气流组织的不同,房间得到的空调效果也不同。

影响气流组织的因素很多,如送风口和回风口的位置、型式、大小、数量;送入室内气流的温度和速度;房间的型式和大小,室内工艺设备的布置等都直接影响气流组织,而且往往相互联系相互制约,再加上实际工程中具体条件的多样性,因此在气流组织的设计上,光靠理论计算是不够的,一般尚要借助现场调试,才能达到预期的效果。

第一节　概述

一、送风射流的流动规律

空气经过孔口或喷嘴向周围气体的外射流动称为射流。由流体力学可知,根据流态不同,射流可分为层流射流和紊流射流;按射流过程中是否受周界表面的限制分为自由射流和受限射流;根据射流与周围流体的温度是否相同可分为等温射流与非等温射流;按喷嘴型式不同,射流分为集中射流(由圆形、方形和矩形风口出流的射流)、扁射流(边长比大于 10 的扁长风口出流的射流)和扇形射流(呈扇形导流径向扩散出流的射流)。在空调工程中常见的射流多属于紊流非等温受限射流。

1. 自由射流

空气自喷嘴喷射到比射流体积大得多的房间中,射流可不受限制地扩大,此射流称为自由射流。当射流的出口温度与周围静止空气温度相同,称为等温射流;当射流的出口温度与周围静止空气温度不相同,称为非等温射流。

(1)等温自由射流

图 15.1 所示为等温自由圆断面射流。我们把射流轴心速度保持不变的一段长度称为起始段,其后称为主体段。起始段的长度取决于喷嘴的型式和大小,一般比较短,空调中主要是应用主体段。

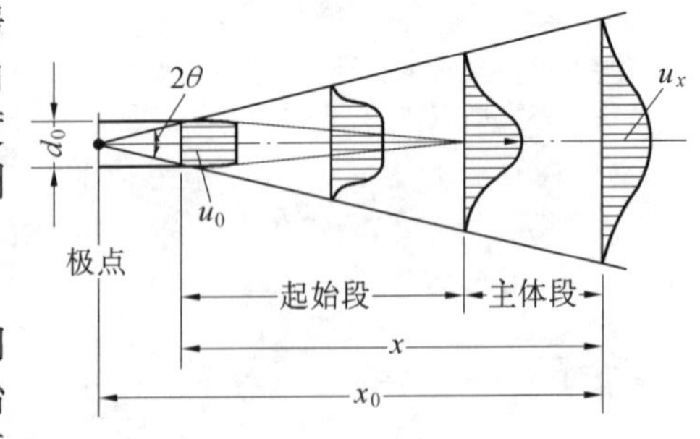

图 15.1　自由射流示意图

根据流体力学可知,紊流自由射流的特性可归纳如下:

①当出口速度为 u_0 的射流喷入静止的空气中,由于紊流射流的卷吸作用,使周围气体不断的被卷进射流范围内,因此射流的范围愈来愈大。射流的边界面是圆锥面,圆锥的

顶点称为极点,圆锥的半顶角 θ 称为射流的极角(图 15.1)。

射流的极角为

$$tg\theta = \alpha\varphi \tag{15.1}$$

式中　θ——射流极角,为整个扩张角的一半。圆形喷嘴 $\theta = 14°30'$;

α——紊流系数,可参考表 15.1 中的实验数据。它决定于喷嘴的结构及空气经喷口时所受扰动的大小。如扰动越大,空气射出后与周围空气发生的卷吸作用越强烈,扩张角也越大,所以 a 值就越大;

φ——射流喷口的形状系数。圆断面射流 $\varphi = 3.4$,条缝射流 $\varphi = 2.44$。

表 15.1　喷嘴紊流系数 α 值

喷嘴型式		紊流系数 α
圆射流	收缩极好的喷嘴	0.066
	圆管	0.076
	扩散角为 8～12℃的扩散管	0.09
	矩形短管	0.1
	带可动导叶的喷口	0.2
	活动百叶风口	0.16
平面射流	收缩极好的扁平喷口	0.108
	平壁上带锐缘的条缝	0.115
	圆边口带导叶的风管纵向缝	0.155

②由于射流的卷吸作用,周围空气不断地被卷进射流范围内,因此射流的流量沿射程不断增加。

③射流起始段内维持出口速度的射流核心逐渐缩小,主体段内轴心速度随着射程增大而逐渐缩小。

射流主体段轴心速度的衰减规律计算公式为:

$$\frac{u_x}{u_0} = \frac{0.48}{\frac{\alpha x}{d_0} + 0.145} \tag{15.2}$$

式中　u_x——以风口为起点,到射流计算断面距离为 x 处的轴心速度,m/s;

u_0——射流出口的平均速度,m/s;

d_0——送风口直径,m;

α———送风口的紊流系数;

x——由风口至计算断面的距离,m。

或忽略由极点至风口的一段距离,在主体计算时直接用

$$\frac{u_x}{u_0} \approx \frac{0.48}{\frac{\alpha x}{d_0}} \tag{15.3}$$

以风口出流面积 F_0 表示为:

$$\frac{u_x}{u_0} \approx \frac{m\sqrt{F_0}}{x} \tag{15.4}$$

式中,$m = \frac{1.13 \times 0.48}{\alpha}$与射流衰减特性有关的常数,见表 15.2。

表 15.2 送风口的形式、特征和适用范围

送风口类型	送风口名称	形式	气流类型及调节性能	适用范围	*m*	*n*
侧送风口	格栅送风口	叶片固定或可调节两种,不带风量调节阀	1. 属圆射流 2. 根据需要可上下调节叶片倾角 3. 不能调节风量	要求不高的一般空调工程	6.0	4.2
	单层百叶送风口	叶片横装 *H* 型,竖装 V 型,均带对开风量调节阀	1. 属圆射流 2. 根据需要调节叶片角度 3. 能调节风量	用于一般精度的空调工程	4.5	3.2
	双层百叶送风口	有 HV 和 VH 两种,均可带调节阀,也可配装可调导流片	1. 属圆射流 2. 根据需要调节外层叶片角度 3. 能调节风量	用于公共建筑的舒适性空调,以及精度较高的工艺性空调	3.4	2.4
	条缝形百叶送风口	长宽比大于 10,叶片横装可调的格栅风口,或装调节阀的百叶风口	1. 属平面射流 2. 依需要调节叶片角度 3. 可调节风量	可作风机盘管出风口,也可用于一般空调工程	2.5	2.0
散流器	圆形(方形)直片式散流器	扩散圈为三层锥形面,拆装方便,可与风阀配套调节风量	1. 扩散圈在上一档为下送流型,下一档为平送贴附流型 2. 可调节风量	用于公共建筑的舒适性空调和工艺性空调	1.35	1.1
	圆盘型散流器	圆盘为倒蘑菇形,拆装方便,可与风阀配套调节风量	1. 圆盘在上一档为下送流型,下一档为平送贴附流型 2. 可调节风量	用于公共建筑的舒适性空调和工艺性空调	1.35	1.1
	流线型散流器	散流器及扩散圈呈流线形,可调风量	气流呈下送流形,采用密集布置	用于净化空调		
	方(矩)形散流器	可做成 1—4 种不同送风方向,可与阀配装	1. 平送贴附流型 2. 可调节风量	用于公共建筑的舒适性空调		
	条缝形(线形)散流器	长宽比很大,叶片单向倾斜为一面送风,双向倾斜为二面送风	气流呈平送贴附流型	用于公共建筑的舒适性空调		
喷射式送风口	圆形喷口	出口带较小收缩角度	属圆射流,不能调节风量	用于公共建筑和高大厂房的一般空调	7.7	5.8
	矩形喷口	出口渐缩,与送风干管流量调节板配合使用	属圆射流,可调节风量	用于公共建筑和高大厂房的一般空调	6.8	4.8
	圆形旋转风口	较短的圆柱喷口与旋转球体相连接	属圆射流,可调节风量和气流方向	用于空调和通风岗位送风		

续　表

送风口类型	送风口名称	形　式	气流类型及调节性能	适用范围	m	n
无芯管旋流送风口	圆柱形旋流风口	由风口壳体和无芯管起旋器组装而成,带风量调节阀	向下吹出流型	用于公共建筑和工业厂房的一般空调		
	旋流吸顶散流器		可调成吹出流型和贴附流型			
	旋流凸缘散流器		可调成吹出流型、冷风散流器和热风贴附流型			
条形送风口	活叶条形散流器	长宽比很大,在槽内采用两个可调叶片控制气流方向	1. 可调成平送贴附或垂直下送流型。可使气流一侧或两侧送出 2. 能关闭送风口	用于公共建筑的舒适性空调		
扩散孔板送风口	扩散孔板风口	由铝合金孔板与高效过滤器组成高效过滤器风口	乱流流型	用于乱流洁净室的末端送风装置,或净化系统的送风口		

对于方形或矩形风口(风口的长边与短边比不超过3),空气射流断面很快地从矩形发展为圆形,所以式(15.4)同样适用。但当矩形风口长边与短边比超过10时,则应按扁射流计算,即

$$\frac{u_x}{u_0} = m\sqrt{\frac{b_0}{x}} \tag{15.5}$$

式中　b_0——扁口的高度,m。

④随着射程的增大,射流断面逐渐增大,同时射流流速逐渐减小,断面流速分布曲线逐渐扁平。对射流而言,$u_x < 0.25$ m/s可视为“静止空气”或称自由流动空气。

⑤由于射流中各点的静压强均相等,所以我们任取一段射流隔离体,其外力之和恒等于零。根据动量方程式,单位时间内通过射流各断面的动量应该相等。

(2)非等温自由射流

非等温射流是射流出口温度与室内空气温度不相同的射流,当送风温度低于室内温度时称为“冷射流”;高于室内温度时称为“热射流”。由于温差的存在.射流的密度与室内空气的密度不同,造成了水平射流轴线的弯曲。热射流的轴线将往上翘,冷射流的轴线则往下弯曲,见图15.2所示。在空调工程中,温差射流的温差一般较小,可以认为整个射流轨迹仍然对称于轴线,也就是说,整个射流随轴线一起弯曲。

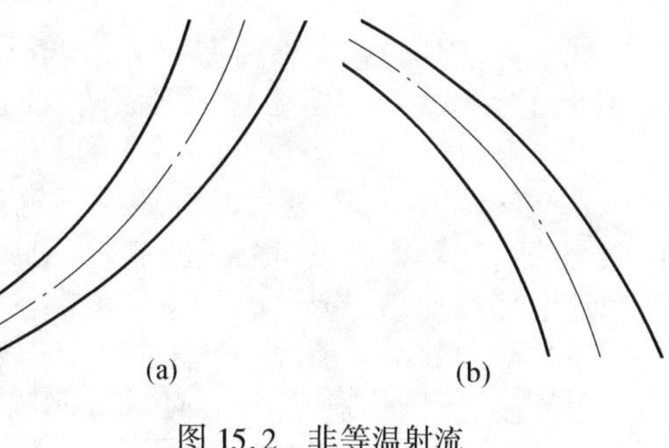

图15.2　非等温射流
a—热射流;b—冷射流

①轴心温差计算公式

非等温射流进入室内后,射流边界与周围空气之间不仅要进行动量交换,而且要进行热量交换。因此,射流随着离开出口距离的增大,其轴心温度也在变化。轴心温差计算公式为:

$$\frac{\Delta T_x}{\Delta T_0} = 0.73\,\frac{u_x}{u_0} \tag{15.6}$$

$$\frac{\Delta T_x}{\Delta T_0} = 0.73\,\frac{u_x}{u_0} = \frac{0.73m\sqrt{F_0}}{x} = \frac{n\sqrt{F_0}}{x} \tag{15.7}$$

式中　$\triangle T_x$——主体段内射程 x 处轴心温度与周围空气温度之差,K;

$\triangle T_0$——射流出口温度与周围空气温度之差,K;

n——$n = 0.73m$,代表温度衰减的系数,见表 15.2。

在非等温射流中,射流截面中的温度分布与速度分布具有相似性。但热量交换比动量交换快,即射流温度的扩散角大于速度的扩散角,因而温度的衰减较速度快,且有下式成立:

$$\frac{\Delta T_x}{\Delta T_0} = 0.73\,\frac{u_x}{u_0} \tag{15.8}$$

②阿基米德数 Ar

对于非等温自由射流,由于射流与周围空气的密度不同,在浮力与重力不平衡的条件下,射流将发生变形,即水平射出(或与水平面成一定角度射出)的射流轴线将发生弯曲,其判别依据为阿基米德数 Ar:

$$Ar = \frac{gd_0(T_0 - T_n)}{u_0^2 T_n} \tag{15.9}$$

式中　T_0——射流出口温度,K;

T_n——房间空气温度,K;

g——重力加速度,m/s^2。

显然当 $Ar > 0$ 时为热射流,$Ar < 0$ 为冷射流,而当 $|Ar| < 0.001$ 时,则可忽略射流弯曲按等温射流计算。如 $|Ar| > 0.001$ 时,射流轴心轨迹的计算公式为:

$$\frac{y_1}{d_0} = \frac{x_1}{d_0}\mathrm{tg}\beta + Ar\left(\frac{x_i}{d_0\cos\beta}\right)^2\left(0.51\,\frac{ax_i}{d_0\cos\beta} + 0.35\right) \tag{15.10}$$

式中各符号的意义见图 15.3。由式(15.10)可见,Ar 数的正负和大小决定了射流弯曲的方向和程度。

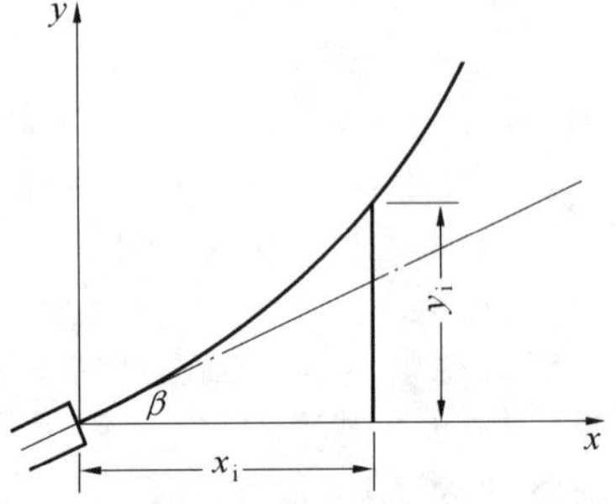

图 15.3　非等温射流轨迹计算图

2.受限射流

在空气调节中,还经常遇到送风气流流动受到壁面限制的情况。如送风口贴近顶棚时,射流在顶棚处不能卷吸空气,因而流速大、静压小,而射流下部流速小、静压大,使得气流贴附于顶棚流动,这样的射流称为贴附射流(图 15.4)。由于壁面处不可能混合静止空气,也就是卷吸量减少了,贴附射流轴心速度的衰减比自由射流慢,所以贴附射流的射程比自由射流更长。贴附射流截面的最大速度在靠近壁面处。若射流为冷射流时,气流下弯,贴附长度将受影响。

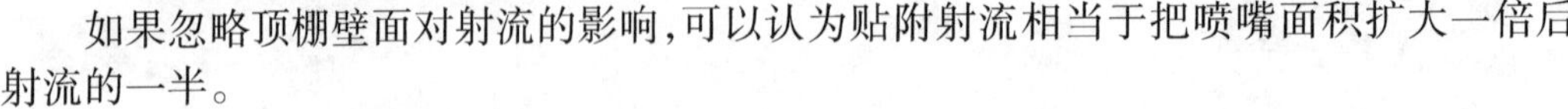

如果忽略顶棚壁面对射流的影响,可以认为贴附射流相当于把喷嘴面积扩大一倍后射流的一半。

对于集中贴附射流:

$$\frac{u_x}{u_0} = \frac{m\sqrt{2F_0}}{x} \tag{15.11}$$

对于贴附扁射流:

$$\frac{u_x}{u_0}=m\sqrt{\frac{2b_0}{x}} \tag{15.12}$$

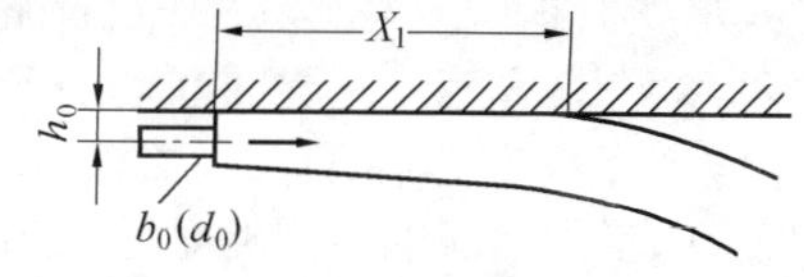

由此可见,贴附射流轴心速度的衰减比自由射流慢,因而达到同样轴心速度的衰减程度需要更长的距离。

射流几何特性系数 Z 是考虑非等温射流的浮力(或重力)作用而在形式上相当于一个线形长度的特征量。对于集中射流和扇形射流(边长比大于10的扁长风口出流的射流称扁射流或平面流,径向扩散出流的射流称扇形射流)为:

$$z=5.45m'u_0\sqrt[4]{\frac{F_0}{(n'\Delta T_0)^2}} \tag{15.13}$$

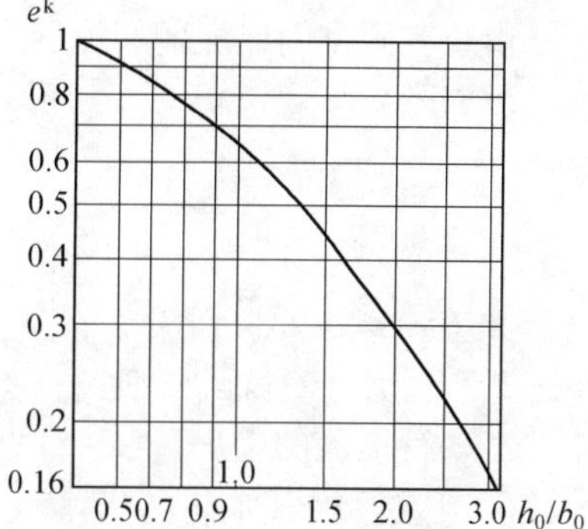

图 15.4　贴附冷射流的贴附长度

对于扁射流:

$$z=9.6\sqrt[3]{b_0\frac{(m'u_0)^4}{(n'\Delta T_0)^2}} \tag{15.14}$$

式中　$m'=\sqrt{2}m$;$n'=\sqrt{2}n$

则其贴附长度为

集中射流:
$$x_l=0.5ze^k \tag{15.15}$$

扇形射流:
$$x_l=0.4ze^k \tag{15.16}$$

式中　$k=0.35-0.62\dfrac{h_0}{\sqrt{F_0}}$或 $k=0.35-0.7\dfrac{h_0}{b_0}$(扁射流,$b_0=1.13\sqrt{F_0}$)。可直接查图 15.4 得 e^k。贴附长度的计算也可以根据本章第三节中介绍的利用图表的方法来进行计算。

除贴附射流外,空调房间四周的围护结构可能对射流扩散构成限制,出现与自由射流完全不同的射流,这种射流称为"有限射流"或"有限空间射流"。图 15.5 为有限空间内贴附与非贴附两种受限射流的运动情况。当喷口处于空间高度的一半($h=0.5H$)时,则形成完整的对称流,射流区呈橄榄形,回流在射流区的四周;当喷口位于空间高度的上部($h>0.7H$)时,则出现贴附的有限空间射流,它相当于完整的对称流的一半。

如果以贴附射流为基础,将无因次距离定为:

$$\bar{x}=\frac{ax_0}{\sqrt{F_n}} \tag{15.17}$$

则对于全射流即为:

$$\bar{x}=\frac{ax_0}{\sqrt{0.5F_n}} \tag{15.18}$$

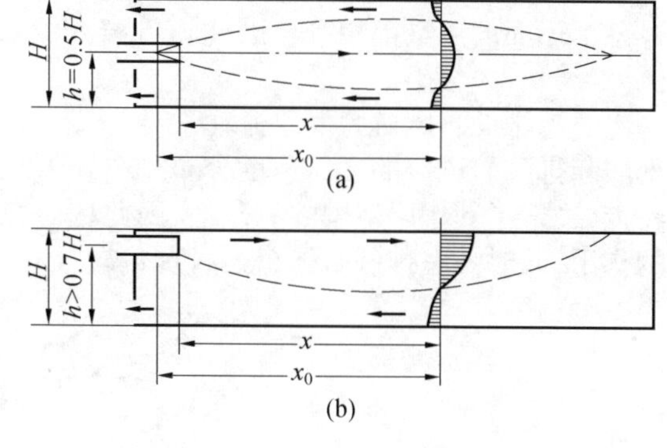

图 15.5　有限空间射流流动

以上两式中,x_0 是由极点至计算断面的距离;F_n 是垂直于射流的空间断面面积。

实验结果表明,当 $\bar{x}\leqslant0.1$ 时,射流的扩散规律与自由射流相同,并称 $\bar{x}\approx0.1$ 为第一临界断面。当 $\bar{x}>0.1$ 时,射流扩散受限,射流断面与流量增加变缓,动量不再守恒,并且

到 $\bar{x}\approx0.2$ 时射流流量最大，射流断面在稍后处亦达最大，称 $\bar{x}\approx0.2$ 为第二临界断面。同时，不难看出，在第二临界断面处回流的平均流速也达到最大值。在第二临界断面以后，射流空气逐步改变流向，参与回流，使射流流量、面积和动量不断减小，直至消失。

有限空间射流的压力场是不均匀的，各断面的静压随射程而增加。一般认为当射流断面面积达到空间断面面积的 1/5 时，射流受限，成为有限空间射流。

由于有限空间射流的回流区一般也是工作区，控制回流区的风速具有实际意义。回流区最大平均风速（u_h）的计算式为：

$$\frac{u_h}{u_0}=\frac{m}{C\sqrt{\frac{F_n}{F_0}}} \tag{15.19}$$

式中　F_0——风口出流面积，m^2；

C——与风口型式有关的系数，对集中射流取 10.5。

3. 平行射流的叠加

当两股平行射流在同一高度上且距离比较近时，射流的发展互相影响。在汇合之前，每股射流独立发展。汇合之后，射流边界相交、互相干扰并重叠，逐渐形成一股总射流（见图 15.6）。总射流的轴心速度逐渐增大，直至最大，然后再逐渐衰减直至趋近于零。

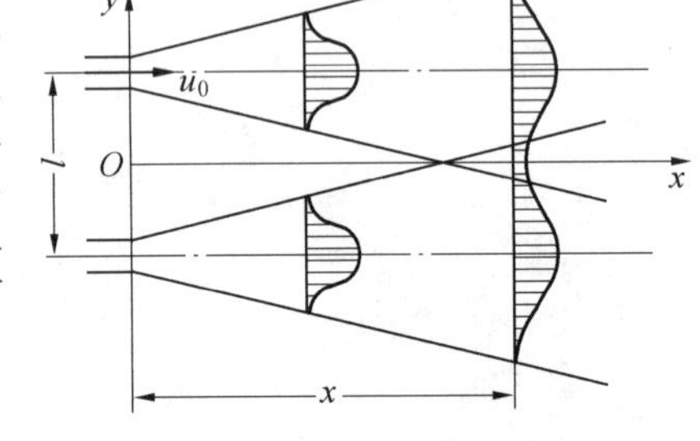

图 15.6　平行射流的叠加

其 x 断面上的速度为：

$$u_x=\frac{mu_0\sqrt{F_0}}{x}\sqrt{1+e^{-\left(\frac{l}{cx}\right)^2}} \tag{15.20}$$

式中　c——实验常数，可取 $c=0.082$；

l——两射流的中心距，m。

二、排（回）风口的气流流动

1. 点汇的气流流动

由流体力学可知，对于一个点汇，其流场中的等速面是以汇点为中心的等球面，而且通过各个球面的流量都相等。因此随着离开汇点的距离增加，流速呈二次方衰减（式 4.2）。

2. 实际排（回）风口的气流流动

实际排（回）风口的气流速度分布见图 4.10，速度衰减很快。排（回）风口速度衰减快的特点，决定了其作用范围的有限性，因此在研究空间内气流分布时，主要考虑送风口射流的作用，同时考虑排（回）风口的合理位置，以便达到预定的气流分布模式。

第二节　送、回风口的型式

一、送风口的型式

送风口的型式及其紊流系数的大小，对射流的扩散及气流流型的形成有直接影响。送风口的型式有多种，通常要根据房间的特点、对流型的要求和房间内部装修等加以选择。常用的送风口的型式、特征及适用范围见表 15.2 所示。

1. 侧送风口

在房间内横向送出的风口叫侧送风口。常用的侧送风口型式见表 15.3 所示。工程上用得最多的是百叶风口;百叶风口中的百叶可做成活动可调的,既能调风量,也能调送风方向。百叶风口常用的有单层百叶风口(叶片横装的可调仰角或俯角,叶片竖装的可调节水平扩散角)和双层百叶风口(外层叶片横装,内层叶片竖装;外层叶片竖装,内层叶片横装)。除了百叶风口外,还有格栅送风口和条缝送风口,风口应与建筑装饰很好地配合。

表 15.3　常用侧送风口型式

风　口　图　式	射流特性及应用范围
	(a) 格栅送风口 叶片或空花图案的格栅,用于一般空调工程
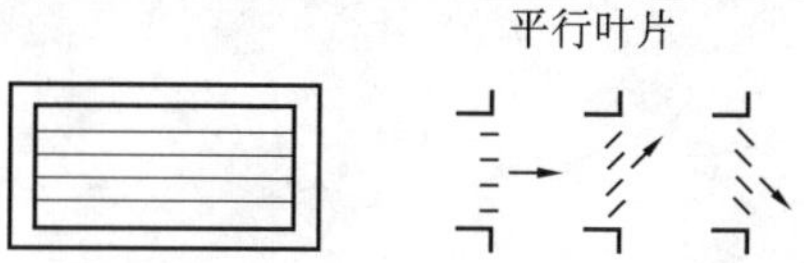 平行叶片	(b) 单层百叶送风口 叶片可活动,可根据冷、热射流调节送风的上下倾角,用于一般空调工程
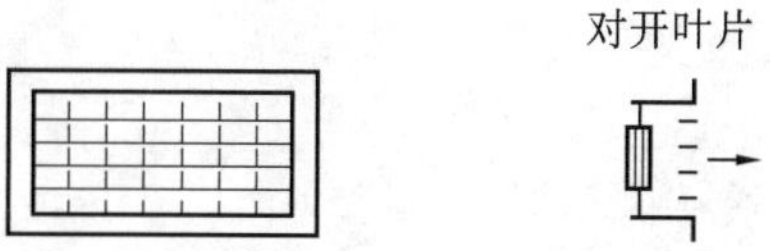 对开叶片	(c) 双层百叶送风口 叶片可活动,内层对开叶片用以调节风量,用于较高精度空调工程
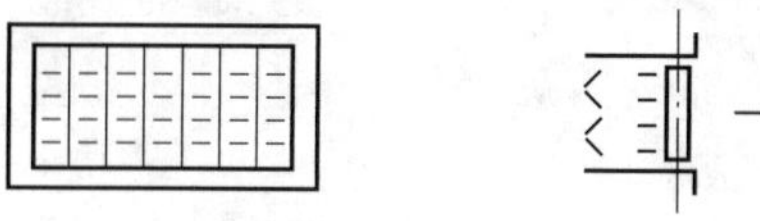	(d) 三层百叶送风口 叶片可活动,有对开叶片可调风量,又有水平、垂直叶片可调上下倾角和射流扩散角,用于高精度空调工程
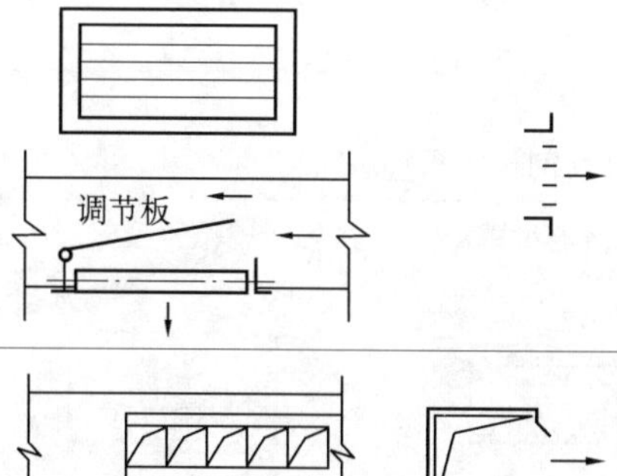 调节板	(e) 带调节板活动百叶送风口 通过调节板调整风量,用于较高精度空调工程
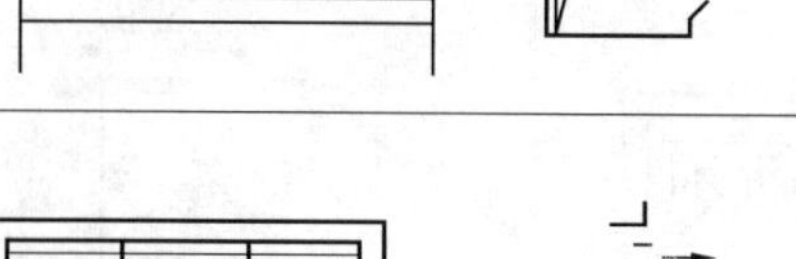	(f) 带出口隔板的条缝形风口 常设于工业车间的截面变化均匀送风管道上,用于一般精度的空调工程
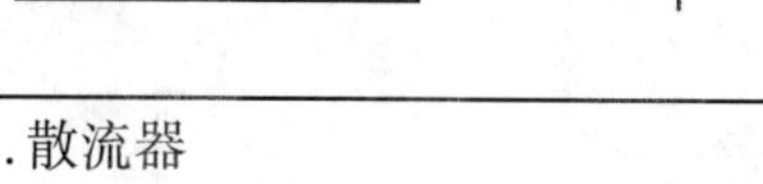	(g) 条缝形送风口 常配合静压箱(兼作吸音箱)使用,可作为风机盘管、诱导器的出风口,适用于一般精度的民用建筑空调工程

2. 散流器

散流器是装在天花板上的一种由上向下送风的风口,射流沿表面呈辐射状流动。散流器的外形有圆形、方形和矩形的;按气流扩散方向有单向的和多向的;按气流流型可分为垂直下送和平送贴附散流器。表 15.4 是常见散流器的型式，表 15.5 是矩形或方形散流器的型式及其在房间内的布置示意图。

表 15.4 常用散流器型式

风口图式	风口名称及气流流型
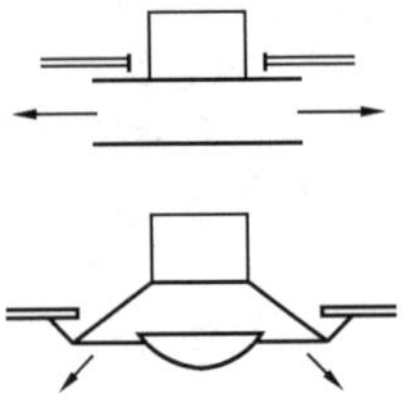	(a) 盘式散流器 属平送流型，用于层高较低的房间，档板上可贴吸声材料，能起消声作用
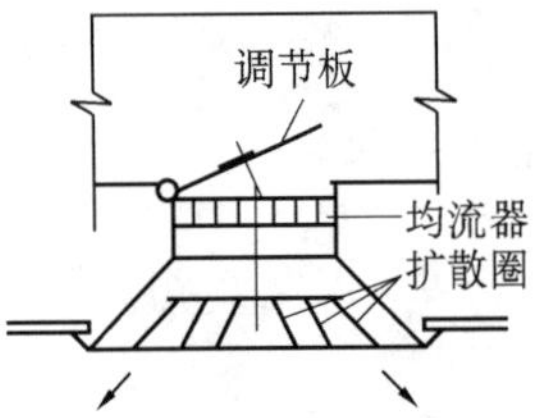 调节板 均流器 扩散圈	(b) 直片式散流器 平送流型或下送流型（降低扩散圈在散流器中的相对位置时可得到平送流型，反之则可得下送流型）
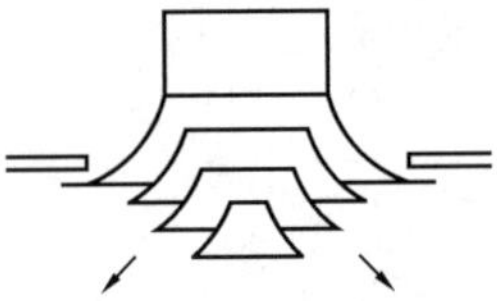	(c) 流线型散流器 属下送流型，适用于净化空调工程
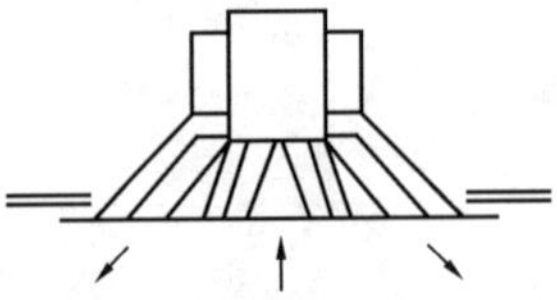	(d) 送吸式散流器 属平送流型，可将送、回风口结合在一起

表 15.5 矩形散流器及其在房间内的布置示意

散流器型式	在房间内位置及气流方向	散流器型式	在房间内位置及气流方向
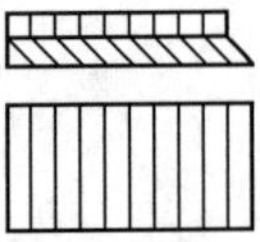	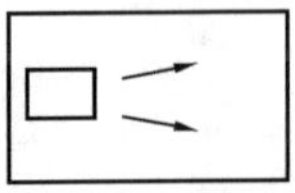	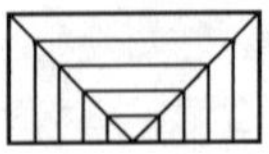	
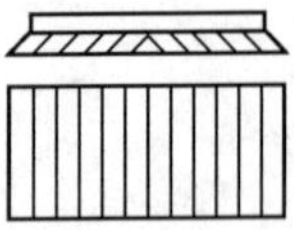	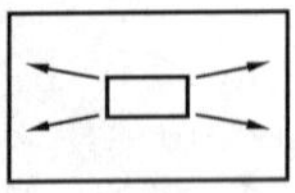	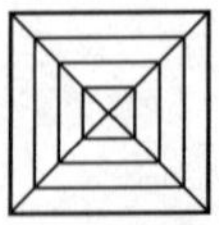	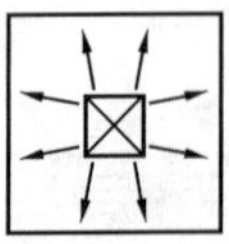
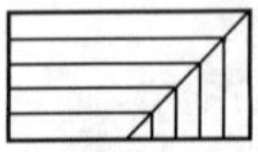	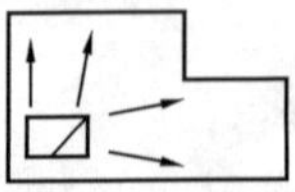	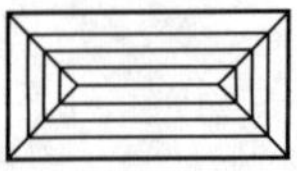	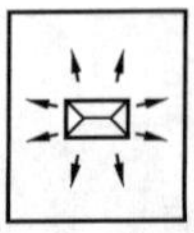

3. 孔板送风口

孔板送风是利用顶棚上面的空间为送风静压箱(或另外安装静压箱),空气在箱内静压作用下通过在金属板上开设的大量孔径为 4 ~ 10 mm 的小孔,大面积地向室内送风方式。根据孔板在顶棚上的布置形式不同,可分为全面孔板(孔板面积与顶棚面积之比大于、等于 50%)和局部孔板(孔板面积与顶棚面积之比小于 50%)。全面孔板是指在空调房间的整个顶棚上(除布置照明灯具所占面积外),均匀布置送风孔板(见图15.8);局部孔板是指在顶棚的中间或两侧,布置成带型、矩形和方形,以及按不同的格式交叉排列的孔板。

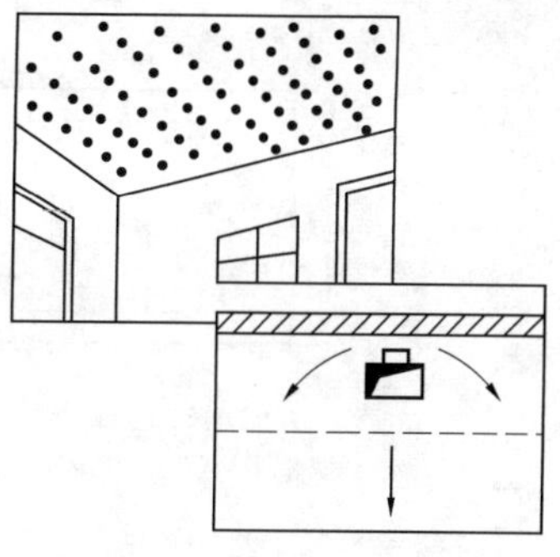

图 15.8　孔板送风口

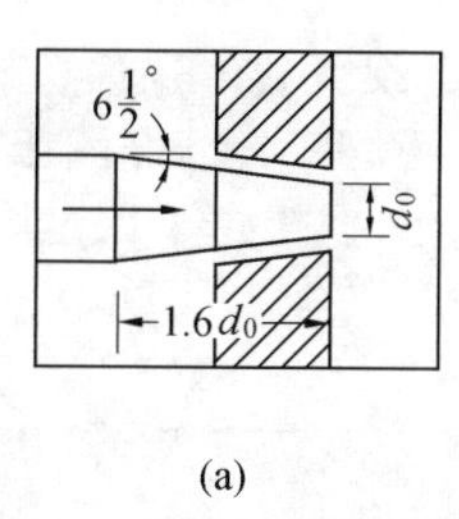

(a)

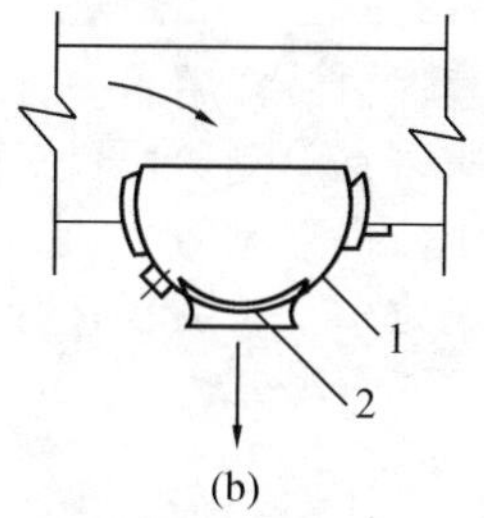

(b)

图 15.9　喷射式送风口

1—圆形喷口;2—球形转动风口

4. 喷射式送风口

对于大型体育馆、礼堂、剧院和通用大厅等建筑常采用喷射式送风口。图 15.9 所示为圆型喷口,该喷口有较小的收缩角度,并且无叶片遮挡,因此喷口的噪声低、紊流系数小、射程长。为了提高喷射送风口的使用灵活性,可以作成图 15.9(b)所示的既能调方向又能调风量的喷口型式。

5. 旋流送风口

旋流送风口由出口格栅、集尘箱和旋流叶片组成,如图 15.10所示。空调送风经旋流叶片切向进入集尘箱,形成旋转气流由格栅送出。送风气流与室内空气混合好,速度衰减快。格栅和集尘箱可以随时取出清扫。这种送风口适用于电子计算机房的地面送风。

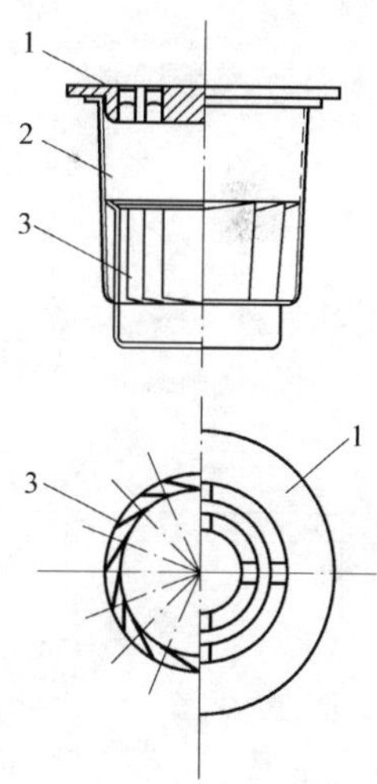

图 15.10　旋流式风口

1—出风格栅;2—集尘箱;3—旋流叶片

二、回风口型式

由于回风口附近气流速度衰减很快,对室内气流组织的影响很小,因而构造简单,类型也不多。最简单的是矩形网式回风口(见图 15.11)、蓖板式回风口(见图 15.12)。此外如格栅、百叶风口、条缝风口等,均可当回风口用。

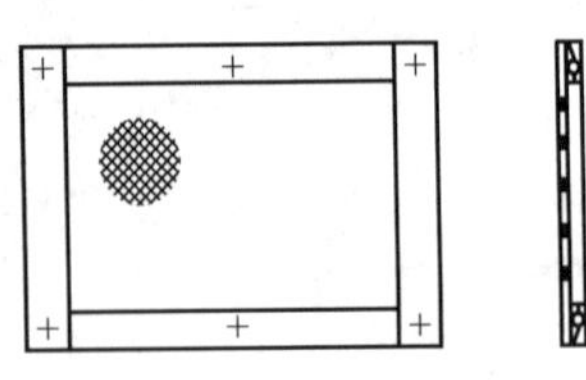

图 15.11　矩形网式回风口

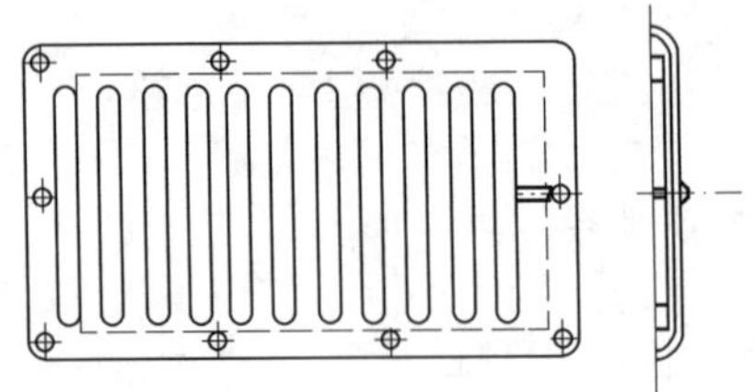

图 15.12　活动蓖板式回风口

三、气流组织的型式

按照送、回风口型式、布置位置及气流方向，一般可分为以下四种型式。

1. 侧面送风

侧面送风是空调工程中最常用的一种气流组织方式。送风口布置在房间的侧墙上，空气横向送出。侧面送风有单侧送风(图 15.13)和双侧送风(图 15.14)两种。单侧送风适用于层高不太高的小面积空调房间，它有上送下回、上送下回走廊回风和上送上回等气流组织型式。双侧送风适用于长度较长、面积较大的空调房间，它有双侧内送下回、双侧外送上回和双侧内送上回等型式。

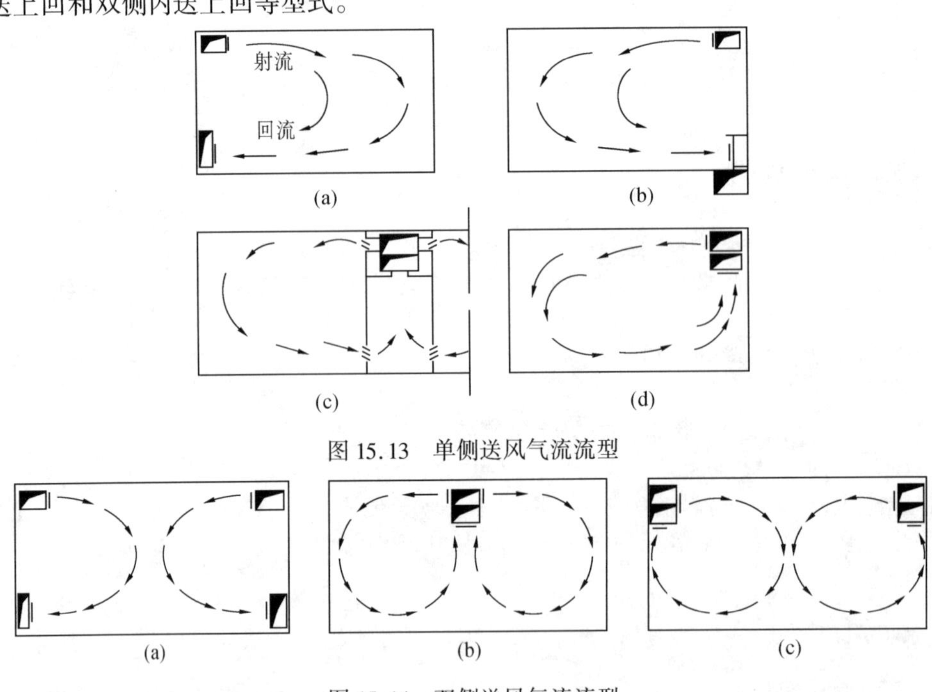

图 15.13　单侧送风气流流型

图 15.14　双侧送风气流流型

a—双侧内送下回；b—双侧外送上回；c—双侧内送上回

侧送风口宜贴顶布置形成贴附射流，工作区处于回流区，回风口宜设在送风口的同侧。送风出口风速一般为 2 ~ 5 m/s，送风口位置高时取较大值。冬季向房间送热风时，应将百叶送风口外层的横向叶片调成俯角，以便克服气流上浮的影响。

由于侧送风在射流到达工作区之前，已与房间空气进行了比较充分的混合，速度场和温度场都趋于均匀和稳定，因此能保证工作区气流速度和温度的均匀性。此外，侧送侧回的射流射程比较长，射流充分衰减，故可加大送风温差。

2.散流器送风

散流器送风有平送下部回风、下送下部回风、上送上回的送回两用散流器等气流组织形式,其气流流型如图15.15所示。

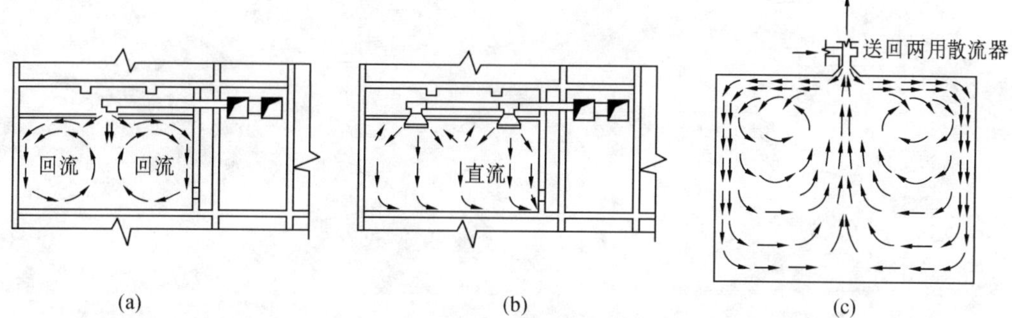

图15.15　散流器送风气流流型

a—平送下部回风;b—下送下部回风;c—送回两用散流器上送上回

散流器平送风是空气经散流器呈辐射状射出,形成沿顶棚的贴附射流。由于其作用范围大、扩散快,因而能与室内空气充分混合,工作区处于回流区,温度场和速度场都很均匀,可用于一般空调或有一定精度要求的恒温空调。

散流器下送时,为了不使灰尘随气流扬起而污染工作区,要求在工作区保持下送直流流型。下送时送风射流以扩散角 $\theta = 20° \sim 30°$射出,在离风口一段距离后汇合,汇合后速度进一步均匀化。通常可采用线性散流器在顶棚上密集布置来达到。它适用于有较高净化要求的空调工程。

送回两用散流器的上部设有小静压箱,分别与送风道和回风道相连接。送风射流沿顶棚形成贴附射流,工作区处于回流区。回风则由散流器上的中心管排出。

散流器送风一般需要设置吊顶或技术夹层。与侧送相比,投资较高、顶棚上风道布置较复杂。散流器平送应对称布置,其轴线与侧墙距离不小于1m为宜,散流器出口风速为2~5m/s。

3.孔板送风

孔板送风的流型分为单向流和不稳定流型。主要有以下三种:

(1)全面孔板单向流流型(图15.16*a*)

当全面孔板的孔口出流速度 $u_o > 3$ m/s,送风温差(送冷风)$\Delta t_0 \geqslant 3$℃,单位面积送风量大于60 $m^3/(m^2.h)$时,一般会在孔板下方形成单向流型。全面孔板送风适用于有较高净化要求的空调工程。

(2)全面孔板不稳定流型(图15.16b)

当全面孔板的孔口出流速度 u_0 和送风温差 Δt_0 均较小时,孔板下方将形成不稳定流型。不稳定流由于送风气流与室内气流充分混合,工作区内区域温差很小,适用于高精度和要求气流速度较低的空调工程。

(3)局部孔板不稳定流(图15.16C)

局部孔板的下方一般为不稳定流,而在两旁则形成回旋气流。这种流型适用于工艺布置分布在部分区域内或有局部热源的空调房间,以及仅在局部地区要求较高的空调精度和较小气流速度的空调工程。

孔板送风需设置吊顶或技术夹层,静压箱的高度一般不小于0.3*m*,孔口风速一般为2~5 m/s。除用于净化和恒温空调外,在某些层高较低或净空较小的公共建筑中也获得

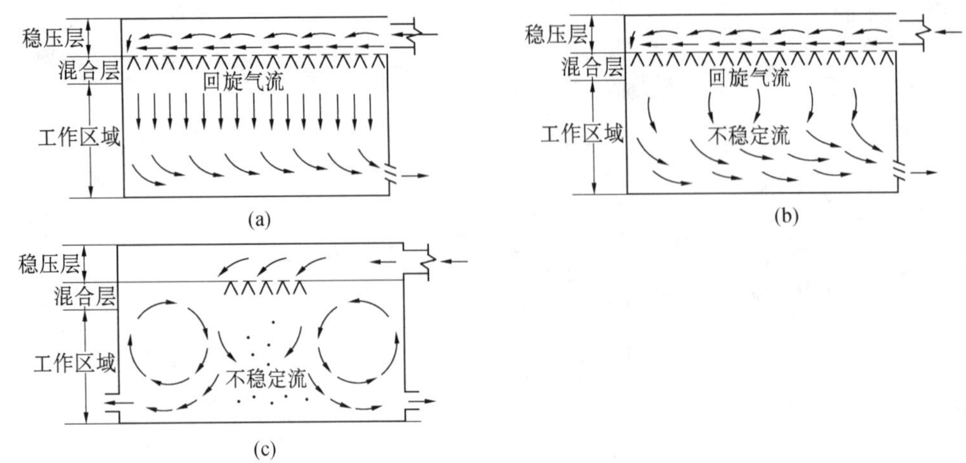

图 15.16　孔板送风气流流型

a—全面孔板下送直流；b—全面孔板不稳定流；c—局部孔板下不稳定流

广泛的应用。

4.喷口送风

喷口送风是将送、回风口布置在同侧，上送下回，空气以较高的速度、较大的风量集中地由少数几个喷口射出，射流流至一定路程后折回，使工作区处于回流之中，如图 15.17 所示。

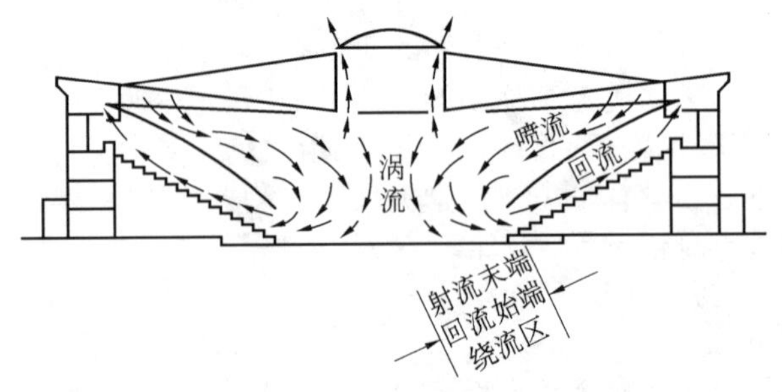

图 15.17　喷口送风气流流型

喷口送风的送风速度高、射程长，沿途诱导大量室内空气，致使射流流量增至送风量的 3～5 倍，并带动室内空气进行强烈的混合，保证了大面积工作区中新鲜空气、温度场和速度场的均匀。同时由于工作区为回流区，因而能满足一般舒适要求。该方式的送风口数量少、系统简单、投资较省，因此适用于空间较大的公共建筑（例如：会堂、剧场、体育馆等）和高大厂房的一般空调工程。

对高大公共建筑，喷口送风口高度一般为 6～10 m，送风温差宜取 8～12 ℃，喷口直径宜取 0.2～0.8 m，出口风速为 4～10 m/s。对于工作区有一定斜度的建筑物，喷口与水平面保持一个向下倾角 β，送冷风时 $\beta=0°\sim12°$，送热风时 $\beta>15°$。

虽然回风口对气流流型和区域温差影响较小，但却对局部地区有影响。通常回风口宜邻近局部热源，不宜设在射流区和人员经常停留的地点。侧送时，回风口宜设在送风口的同侧；采用散流器和孔板下送时，回风口宜设在下部。对于室温允许波动范围≥1℃，且室内参数相同或相似的多房间空调系统，可采用走廊回风（见图 15.18 所示），此时各房间与走廊的隔墙或门的下部，应开设百叶式风口。走廊断面风速应小于 0.25 m/s。走廊通向室外的门应设套门或门斗,且应保持严密。回风口在房间上部时,吸风速度为 4~5 m/s;在房间的下部,靠近操作位置时吸风速度为 1.5~2.0 m/s,不靠近操作位置吸风速度为 3.0~4.0 m/s;用于走廊回风时为 1.0~1.5 m/s。

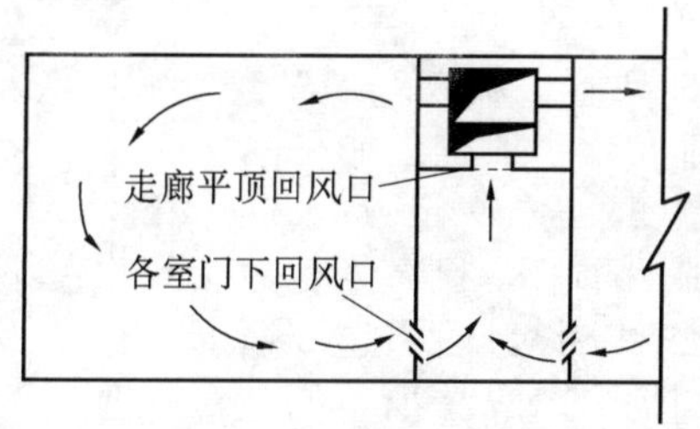

图 15.18　走廊回风示意图

另外根据送、回口的布置不同又可分为:上送下回,上送上回,下送下回和中送风四种。见图 15.19 所示。

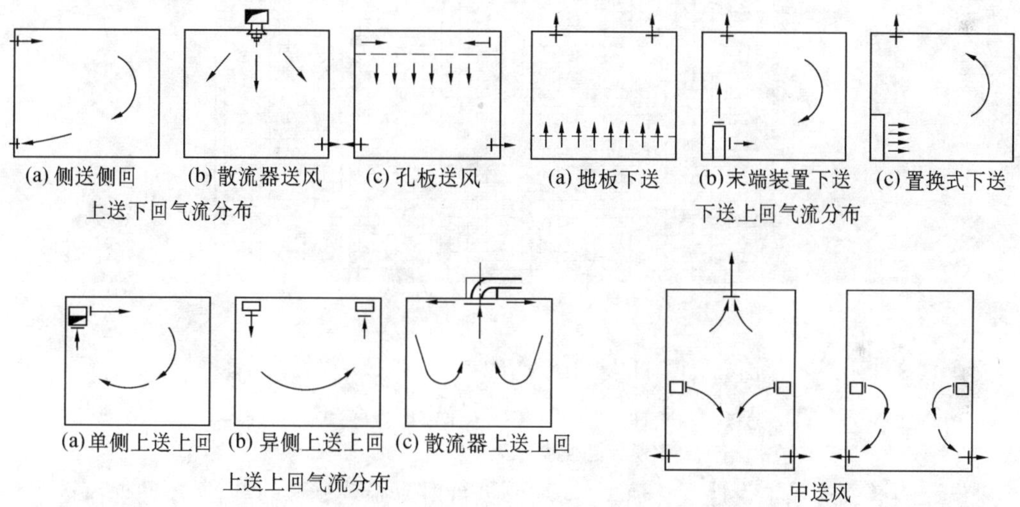

图 15.19　空调空间的气流分布形式

综上所述,空调房间的气流组织方式有很多种,在实际使用中,应根据人的舒适要求、生产工艺过程对空气环境的要求及工艺特点和建筑条件选择合适的气流组织方式。

第三节　气流组织的计算与评价指标

一、气流组织的计算

气流组织的计算就是根据房间工作区对空气参数的设计要求,选择和设计合适的气流流型,确定送回风口型式、尺寸及其布置,计算送风参数。下面介绍几种常用的气流组织计算方法。

1. 侧送风的计算

侧送方式的气流流型,常采用贴附射流。在整个房间截面内形成一个大的回旋气流,也就是使射流有足够的射程(x)能够送到对面墙(对于双侧内送方式,要求能送到房间的一半),整个工作区为回流区,应避免射流中途进入工作区,以利于送风温差和风速充分衰减,工作区达到较均匀的温度场和速度场。为了加强贴附,避免射流中途下落,送风口应尽量接近平顶或设置向上倾斜 15°～20°角的导流片。

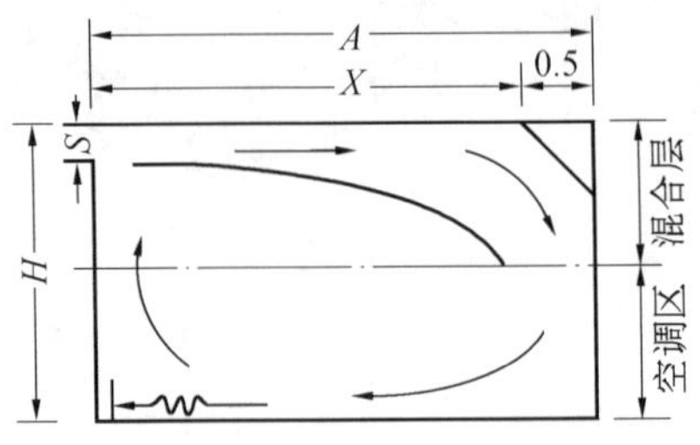

图 15.20　侧送贴附射流流型

贴附射流(见图 15.20)的射程(x)主要取决于阿基米德数 Ar。为了使射流在整个射程中能贴附于顶棚,就需控制阿基米德数 Ar 小于一定数值,一般当 $Ar \leqslant 0.0097$ 时,就能贴附于顶棚。阿基米德数 Ar 与贴附长度的关系见图 15.21,设计时需选取适宜的 Δt_0、v_0、d_0 等,使 Ar 数小于图 15.21 所得的数值。

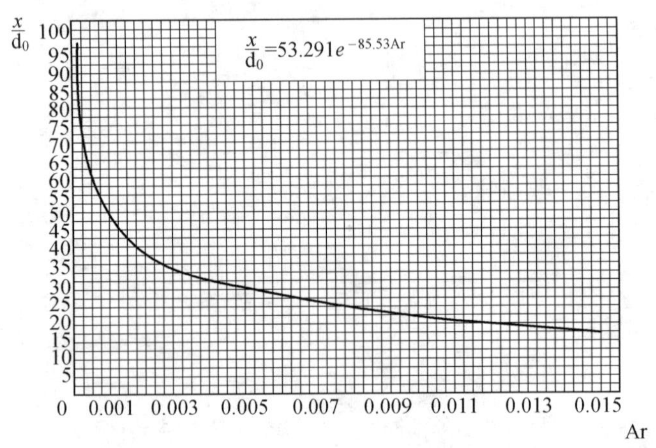

图 15.21　相对于射程 $\frac{x}{d_0}$ 和阿基米德数 Ar 关系图

[系采用三层百叶送风口(相似于国家标准图 T202—3),在恒温试验室所得的实验结果]

设计侧送方式除了设计气流流型外,还要进行射流温差衰减的计算,要使射流进入工作区时,其轴心温度与室内温度之差 Δt_x 小于要求的室温允许波动范围。

射流温差的衰减与送风口紊流系数 α、射流自由度 $\frac{\sqrt{F}}{d_0}$(F 是每个送风口所管辖的房间横截面面积)等因素有关。对于室温允许波动范围大于或等于上 1℃ 的舒适性空调房间,可忽略上述影响查图 15.22 所示的曲线。

为了使侧送射流不直接进入工作区,需要一定的射流混合高度,因此空调房间的最小高度为:

$$H = h + s + 0.07x + 0.3 \quad \text{m} \tag{15.22}$$

式中　h——工艺要求的工作区高度,m;

s——送风口下缘到顶棚的距离,m;

$0.07x$——射流向下扩展的距离,取扩散角 $\theta = 4°$,则 $\mathrm{tg}\theta = 0.07$;

0.3——安全系数。

侧送风的计算步骤为:

(1)选取送风温差 $\Delta t_0 = t_n - t_0$,一般可选取 6～10℃,根据已知室内余热量,确定总送风量 L_0。

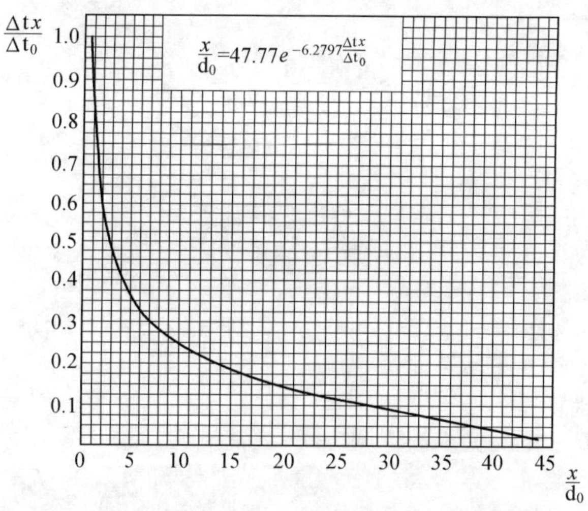

图 15.22　非等温受限射流轴心温差衰减曲线

(2)根据要求的室温允许波动范围查图 15.22,求出 x/d_0。一般舒适性空调室温允许波动 $\Delta t_x \geqslant 1$℃。

(3)选取送风速度 u_0,计算每个送风口的送风量 L_0,一般取 $v_0 = 2 \sim 5$ m/s。

(4)根据总风量 L 和每个送风口的送风量 L_0,计算送风口个数 N,取整数后,再重新计算送风口的速度。

(5)贴附长度校核计算。按公式(15.9)计算 Ar,查图 15.21 求得射程 x,使其大于或等于要求的贴附长度。如果不符合,则重新假设 Δt_0、u_0 进行计算,直至满足要求为止。

【例 15.1】　某客房尺寸 $A = 5.5$ m, $B = 3.6$ m, $H = 3.2$ m,室内的显热冷负荷 $Q_x = 5690$ kJ/h,室温要求 26° ± 1℃。

【解】

(1)选取送风温差 $\Delta t_0 = 6$℃,确定总送风量 L。

$$L = \frac{Q_x}{\rho c_p \Delta t_0} = \frac{5690}{1.2 \times 1.01 \times 6} = 782\ \text{m}^3/\text{h}$$

(2)取 $\Delta t_x = 1$℃

$$\frac{\Delta t_x}{\Delta t_0} = \frac{1}{6} = 0.167$$

查图 15.22 得, $x/d_0 = 17$

(3)取 $u_0 = 3$ m/s,计算每个送风口送风量 L_0。

$$d_0 = \frac{x}{17} = \frac{5}{17} = 0.29\ \text{m}$$

送风口有效面积人 $f_0 = \pi d_0^2/4 = 0.066\ \text{m}^2$,对于国产可调式双层百叶风口的有效面积系数 $k = 0.72$,选送风口尺寸 130 × 700 mm,其有效面积约为 0.066 m²。

$$L_0 = 3\,600\, f_0 u_0 = 3\,600 \times 0.066 \times 3 = 712.8\ \text{m}^3/\text{h}$$

(4)计算送风口个数

$$n = \frac{L}{L_0} = \frac{782}{712.8} = 1.09\ \text{个,取 1 个}$$

$$u = \frac{782}{3600 \times \frac{\pi}{4} \times 0.29^2} = 3.29\ \text{m/s}$$

(5)校核贴附长度

$$Ar=\frac{gd_0(T_0-T_n)}{u_0^2(t_n+273)}=\frac{9.81\times0.29\times6}{3.29^2\times299}=0.00527<0.0097$$

查图 15.21 得$\frac{x}{d_0}=25$

$$x=25\times0.229=7.25\ \text{m}$$

要求贴附长度为 5 m,实际可达 7.25 m,满足要求。

(6)校核房间高度

$$H=h+s+0.07x+0.3=2+0.3+0.07\times(5.5-1)+0.3=2.92\ \text{m}$$

房间高为 3.2 m,满足要求。

2.散流器平送计算

在室温有允许波动范围要求的空调房间,通常应先考虑平送流型。盘形散流器或扩散角 $\theta>40℃$ 的方形、圆形直片式散流器均能形成平送流型。

根据房间的大小,可设置一个或多个散流器,多个散流器宜对称布置。布置散流器时,散流器之间的间距以及散流器中心离墙距离的选择,一方面应使射流有足够的射程,另一方面又要使射流扩散好。圆型或方型散流器相应送风面积的长宽比控制在 1:1.5 以内。送风的水平射程与垂直射程 h_x 之比宜保持在 0.5~1.5 之间。散流器中心线和侧墙的距离,一般不小于 1m。

对于散流器平送的流型如图 15.23 所示。

平送射流散流器在距离送风口较远处($R-R_0$ 接近 R 时)的轴心速度衰减可按下式计算:

$$\frac{u_x}{u_0}=\frac{C}{\sqrt{2}\frac{R}{R_0}}\tag{15.23}$$

令 $C_k=\frac{C}{\sqrt{2}}$,则

$$\frac{u_x}{u_0}=\frac{C_k}{\frac{R}{R_0}}\tag{15.24}$$

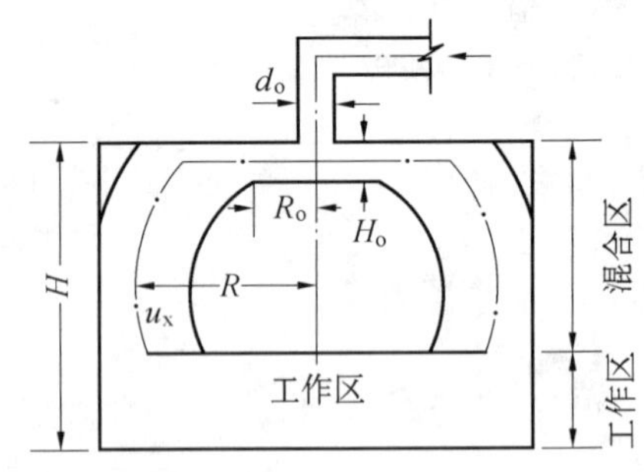

图 15.23　散流器平送流型

轴心温差衰减近似地取:

$$\frac{\Delta t_x}{\Delta t_0}\approx\frac{u_x}{u_0}\tag{15.25}$$

式中　u_x——流程在 R 处的射流轴心速度,m/s;

u_0——散流器喉部风速,m/s;

d_o——散流器喉部直径,m;

R_0——圆盘的半径,m,可取 $R_0=1.3$ m;

R——水平射程,沿射流轴心线由送风口到射流速度为 u_x 的距离,m,可用下式计算:

当房间高度 $H\leqslant3$ m 时,$R=0.5l$

当房间高度 $H>3$ m 时,$R=0.5l+(H-3)$　　(15.26)

l——散流器中心线之间的间距,m,散流器离墙距离为 0.5 l,若间距或离墙在两个方向不等时,应取平均数;

Δt_x——射流轴心温度与室内温度之差℃;

Δt_0——送风温度与室内温度之差,℃

C、C_K——扩散系数,与散流器的型式有关,可由实验确定。

根据实验,对于盘形散流器,$C_K=0.7$,而对于圆形、方形直片式散流器,$C_K=0.5$。

为了便于计算,制成散流器的性能表(见附录15.1、附录15.2),制表条件如下:

(1)附录15.1表中圆盘直径 $D_0=2d_0$,圆盘和顶棚间距 $H_0=\frac{1}{2}d_0$;

(2)射流末端轴心速度为0.2~0.4 m/s;

(3)房间的高度 $H\leqslant 3$ m,如果 $H>3$ m,流程 R 应按公式(15.26)计算;

(4)$\frac{\Delta t_x}{\Delta t_0}$和$\frac{u_x}{u_0}$按公式15.23、15.24计算;

(5)表中 L_0 为每个散流器的送风量,l_0 为每 m^2 空调面积的单位送风量。

设计时,应根据散流器的流程,从表中选择单位送风量比较接近的散流器,确定喉部直径 d_0 和喉部风速 u_0。u_0 一般宜在2~5 m/s之间;对商场、旅馆的公共部位,餐厅等,最大风速允许在6~7.5 m/s。冬季需要送热风时,u_0 宜取较大值。

【例 15.2】 某空调房间,其房间尺寸为6×3.6×3 m,室内最大冷负荷为0.08 kW/m²,室温要求20±1℃,相对湿度50%,原有1 m高的计算夹层,采用盘式散流器,取送风温差 $\Delta t_0=6$℃,试求各参数。

【解】

(1)计算单位面积的送风量

$$l_0=\frac{3\,600Q}{\rho c_p\Delta t_0}=\frac{3\,600\times 0.08}{1.2\times 1.01\times 6}=39.6\ m^3/(m^2\cdot h)$$

(2)根据房间面积6×3.6 m,因此选择两个盘形散流器。

散流器间距 m　$l=(3+3.6)/2=3.3$ m

由于 $H=3$ m, $R=0.5\ l=0.5\times 3.3=1.65$ m

(3)由流程 R 和单位面积送风量 l_0 查附录15.1得:$u_0=3$ m/s, $d_0=250$ mm,

$$\frac{\Delta t_x}{\Delta t_0}=\frac{u_x}{u_0}=0.09$$

$$D_0=2d_0=500\ mm$$

(4)$u_x=3\times 0.09=0.27$ m/s

$\Delta t_x=6\times 0.09=0.54$ ℃

满足要求。

3.喷口送风的设计计算

喷口送风常应用在高大建筑的一般空调工程,图15.24为喷口送风流型图。

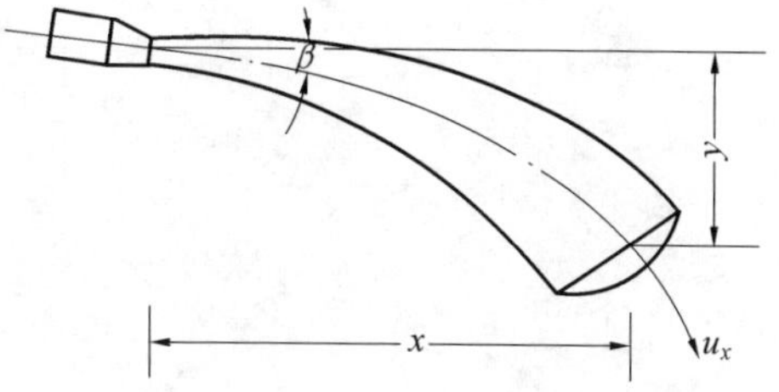

图15.24　喷口送风气流流型示意

设计喷口送风的任务是根据所需的射程、落差及工作区流速,确定喷口直径、送风速度及喷口数目。设计计算步骤如下:

(1)确定射程和射流落差

射程 x 是指沿喷口的中心轴线从喷口至射流断面平均流速为0.2 m/s截面的水平距离。此后射流返回形成回流。

落差 y 是指喷口中心标高与射流末端的轴心标高之差。射流末端轴心标高希望与工作区上界齐平,因此落差与喷口高度有关,一般喷口高度取为5~7 m。

(2)确定工作区流速 u_p

因工作区处于回流区,所以工作区流速即为回流区流速。为使计算简便,采用射流末端平均速度代替回流平均速度。取射流末端平均速度 u_p。近似等于轴心速度 u_x 的一半,即:

$$u_p = 0.5\ u_x \tag{15.27}$$

大空间喷口送风的射流规律与自由射流规律基本相同,故射流末端轴心速度 u_x 可按公式(15.2)计算。

(3)确定送风温差,计算送风量 L

喷口送风的送风温差通常取 6 ~ 12℃,因送风温差大,$|Ar|$大,射流弯曲不可忽视,其弯曲程度用相对落差 y/d_0 表示,可按式(15.10)计算。

(4)喷口出流速度 u_0 和喷口直径 d_0

u_0 太小不能满足高速喷口长射程的要求,u_0 太大会在喷口处产生较大噪声,因此,宜取 $u_0 = 4 \sim 10$ m/s,最大风速不应超过 12 m/s。为保证轴心速度衰减,限制喷口直径 d_0 在 0.2 ~ 0.8 m/s 之间。

由于喷口直径和送风速度均为未知数,通常先假定一个 d_0,由计算 Ar 公式求出 u_0,若 $u_0 < 10$ m/s,而且将 u_0 代入式(15.2)中得出 u_x,再代入式(15.27)中,若算得 $u_0 < 0.5$ m/s,即可认为满足要求。否则重新假定 d_0,重复上述步骤,直到满足要求为止。

(5)计算喷口的数目 n

每个喷口的送风量为:

$$L_0 = 3\ 600 u_0 \frac{\pi d_0^2}{4} \tag{15.28}$$

所需的喷口数目为:

$$n = \frac{L}{L_0} \tag{15.29}$$

【例 15.3】 已知房间尺寸长 $A = 30$ m,宽 $B = 24$ m,高 $H = 7$ m,室内要求夏季温度为 28℃,室内显热冷负荷 $Q_x = 231\ 280$ kJ/h,采用安装在 6 m 高的圆喷口对喷、下回风方式,保证工作区空调的要求(图 15.25),试进行喷口送风设计计算。

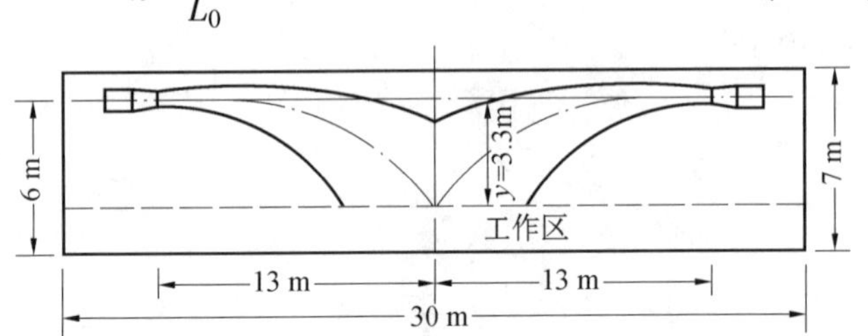

图 15.25　例题 15.3 图

【解】

(1)确定射程 x 和落差 y

射程长 $x = 13$ m;

确定工作区的高度为 2.7 m,落差 $y = 6 - 2.7 = 3.3$ m。

(2)确定送风温差 Δt_0,计算送风量 L

先取送风温差 $\Delta t_0 = 8$℃,则送风量 L 为:

$$L = \frac{Q_x}{c\rho\Delta t_0} = \frac{231280}{1.01 \times 1.2 \times 8} = 23853\ \text{m}^3/\text{h}$$

取整,$L = 24\ 000$ m³/h,一侧总风量为 12 000 m³/h。

(3)确定送风速度 u_0

设定 $d_0 = 260$ mm,取 $\beta = 0$,$\alpha = 0.076$

则相对落差 $y/d_0 = 3.3/0.26 = 12.69$,相对射程 $x/d_0 = 13/0.26 = 50$。

(4)计算 Ar

由式(15.10)得

$$Ar = \frac{y/d_0}{(x/d_0)^2\left(0.51\dfrac{ax}{d_0}+0.35\right)} = \frac{12.69}{50^2\left(0.51\times\dfrac{0.076\times 13}{0.26}+0.35\right)} = 0.00215$$

(5)求 u_0

$$u_0 = \sqrt{\frac{gd_0\Delta t_0}{ArT_n}} = \sqrt{\frac{9.81\times 0.26\times 8}{0.00215\times 301}} = 5.62\ \text{m/s}$$

(6)计算射流末端轴心风速和射流平均风速

由公式(15.2)得:

$$u_x = u_0\times\frac{0.48}{\dfrac{ax}{d_0}+0.147} = 5.62\times\frac{0.42}{\dfrac{0.076\times 13}{0.26}+0.47} = 0.68\ \text{m/s}$$

由公式(15.27)得

$$u_p = 0.5u_x = 0.5\times 0.68 = 0.34\ \text{m/s}$$

$$u_0 = 5.62 < 10\ \text{m/s}$$

$$u_p = 0.34 < 0.5\ \text{m/s}$$

均满足要求

(7)计算喷嘴数目

$$n = \frac{L}{3\,600\ u_0\dfrac{\pi d_0^2}{4}} = \frac{12\,000}{3\,600\times 5.62\times\dfrac{\pi}{4}\times 0.26^2} = 11.2\ \text{个}$$

取整 $n = 11$ 个,则两个共需要 22 个。

二、气流组织的评价指标

在保证空间使用功能的条件下,不同的气流分布方式将涉及整个空调系统的耗能和初投资。因此需要对不同的气流组织方案的性能进行科学的评价。

1.不均匀系数

当工作区有 n 个测点,分别测得各点的温度和速度,计算其算术平均值为:

$$\left.\begin{aligned}\bar{t} &= \frac{\sum t_i}{n}\\ \bar{u} &= \frac{\sum u_i}{n}\end{aligned}\right\}\tag{15.30}$$

工作区的空气温度和速度的均方根偏差为:

$$\begin{aligned}\sigma_t &= \sqrt{\frac{\sum(t_i-\bar{t})^2}{n}}\\ \sigma_u &= \sqrt{\frac{\sum(u_i-\bar{u})^2}{n}}\end{aligned}\tag{15.31}$$

式中　n——工作区内测点数;

t_i、u_i——各测点的温度和速度;

$\bar{t}$,$\bar{u}$——所有测点温度和速度的算术平均值。

温度和速度的均方根偏差 σ_t、σ_u 与平均温度 $\bar{t}$ 和平均速度 $\bar{u}$ 的比值,即为温度不均匀系数 R_t 和速度不均匀系数 R_u,即

$$R_t = \frac{\sigma_t}{\bar{t}}$$
$$R_u = \frac{\sigma_u}{\bar{u}} \tag{15.32}$$

显然 R_t、R_u 愈小,则气流分布的均匀性愈好。

2.空气分布特性指标(Air Diffusion Performance Index)

空气分布特性指标(ADPI)定义为满足规定风速和温度要求的测点数与总测点数之比。对舒适性空调而言,相对湿度在较大范围内(30% ~ 70%)对人体舒适性影响较小,可主要考虑空气温度与风速对人体的综合作用。根据实验结果,有效温度差与室内风速之间存在下列关系:

$$\Delta ET = (t_i - t_n) - 7.66(u_i - 0.15) \tag{15.33}$$

式中　ΔET——有效温度差;

t_i、t_n——工作区某点的空气温度(假定壁面温度等于空气温度)和给定的室内温度,℃;

u_i——工作区某点的空气流速,m/s。

当 $\Delta ET = -1.7 \sim +1.1$ 之间多数人感到舒适。因此,空气分布特性指标(ADPI)则应为

$$\text{ADPI} = \frac{-1.7 < \Delta ET < 1.1 \text{ 的测点数}}{\text{总测点数}} \times 100\% \tag{15.34}$$

在一般情况下,应使 ADPI≥80%。

3.能量利用系数 η

气流组织方案也直接影响空调系统的能耗量。为评价气流分布方式的能量利用的优劣程度,即用投入能量利用系数 η 来表示,即

$$\eta = \frac{t_p - t_0}{t_n - t_0} \tag{15.35}$$

式中　t_p——排风温度,℃;

t_0——送风温度,℃;

t_n——工作区空气平均温度,℃。

通常,送风量是根据排风温度等于工作区设计温度进行计算的。实际上房间内的温度并不是处处均匀相等的,因此,排风口设置在不同部位,就会有不同的排风温度,能量利用系数也不相同。

从式(15.35)可以看出:

当 $t_p = t_n$ 时,$\eta = 1.0$,表明送风经热交换吸收余热量后达到室内温度,并进而排出室外。

当 $t_p > t_n$ 时,$\eta > 1.0$,表明送风吸收部分余热达到室内温度,且能控制工作区的温度,而排风温度可以高于室内温度,经济性好。

当 $t_p < t_n$ 时,$\eta < 1.0$,表明投入的能量没有得到完全利用,往往是由于短路而未能发挥送入风量的排热作用,经济性很差。

值得指出的是,下送上排方式的 η 值大于 1,这种方式的投入能量利用系数大于 1,所以受到重视并在一些国家内广泛应用。

第十六章　空调冷源设备与水系统

第一节　冷水机组

集中式和半集中式空调系统最常用的冷源是冷水机组，冷水机组是包含全套制冷设备的制备冷冻水或冷盐水的制冷机组。

一、冷水机组的分类

目前冷水机组多以氟利昂为工质，代替了过去的以氨为工质的现场组装式制冷机组。各种冷水机组均在设备制造厂完整组装，具有结构紧凑、占地面积小，自动化程度高，安装方便，维护管理简单等优点。

1．按冷水机组的驱动动力可分为两大类，一类是电力驱动的冷水机组，另一类是热力驱动的冷水机组，又称吸收式冷水机组。

2．按冷凝器的冷却方式可分为水冷式和风冷式冷水机组，通常容量较大的冷水机组多采用水冷式冷凝器。

3．电驱动冷水机组按压缩机型式又可分为：活塞式（模块式）、涡旋式、螺杆式和离心式冷水机组。

4．吸收式冷水机组可分为蒸汽或热水式吸收式冷水机组和直燃式吸收式冷水机组（燃油或燃气）。

不同型式冷水机组的制冷量范围、使用工质及性能系数参见表16.1。

表16.1　不同型式冷水机组的制冷量范围、使用工质及性能系数

制冷机种类		制冷剂	单机制冷量（kW）	性能系数（COP）
压缩式制冷机	活塞式（模块式）	R22、R134a（R12）	52～1060	3.75～4.16
	涡旋式	R22	< 210	4.00～4.35
	螺杆式	R22、(R12)	352～3870	4.50～5.56
	离心式	R123、(R11)	352～3870	4.76～5.90
		R134a、(R12)	250～28150	
		R22	1060～35200	
吸收式	蒸气、热水式	NH_3/H_2O	< 210	> 0.6
		H_2O/LiBr（双效）	240～5279	1.00～1.23
	直燃式	H_2O/LiBr（双效）	240～3480	1.00～1.33

注：性能系数（COP）——实际的制冷量/输入能量。

二、电驱动冷水机组

1．活塞式冷水机组

活塞式冷水机组是问世最早的机型,具有热效率高、适用多种制冷剂,制造容易、价格较低等优点,缺点是结构较复杂,易损件多、检修周期短,输气不连续、排气压力有脉动,设备振动、噪声较大。

活塞式冷水机组由活塞式制冷压缩机、卧式壳管式冷凝器、热力膨胀阀和干式蒸发器等组成,根据压缩机台数的不同,可分为单机头(一台压缩机)和多机头(两台以上压缩机)两种。活塞式冷水机组还可分为整机型和模块化冷水机组。模块化机组体积小、冷量范围大、调节性好、自动化程度高、运输安装方便,适于改造工程。

2.涡旋式冷水机组

采用涡旋式压缩机,比活塞式压缩机减少 60%运动部件,排气压力稳定,运行平稳,寿命长,故障率低,但单机冷量小于 210 kW,通常采用风冷冷却方式。适用中小型空调系统。

3.螺杆式冷水机组

由螺杆式制冷压缩机、冷凝器、蒸发器、热力膨胀阀、油分离器、自控元件等组成。螺杆式冷水机组单机制冷量较大,压缩比高,结构简单,零部件为活塞式的 1/10,运转非常平稳,机组安装时可以不装地脚螺栓,直接放在具有足够强度的水平地面上。能量可在 15%～100%范围内实现无级调节。

4.离心式冷水机组

由离心式制冷压缩机(高速叶轮、扩压器、进口导叶、传动轴和微电脑控制等构成)、蒸发器、冷凝器、节流机构和调节机构等组成。压缩机与增速器、电动机之间的连接可分为开启式和封闭式两种。常用制冷剂有 R22、R410a、R123、R407C 和 R134a 等。

离心式制冷压缩机单机容量大,适于大型空调系统。与活塞式相比工作可靠、维修周期长,运转平稳,转动小,对基础没有特殊要求。冷量可在 30%～100%范围内作无级调节。采用两级、三级压缩时可提高效率 10%～20%,同时可改善低负荷时的喘振现象。

三、吸收式冷水机组

吸收式冷水机组是利用二元溶液在不同压力和温度下能释放和吸收制冷剂的原理进行制冷循环的。通常以水作为制冷剂,以溴化锂一水溶液作为吸收剂,依靠热能实现制冷剂的热力循环。

直燃式双效吸收式制冷机除将高压发生器改为直燃发生器外,其他部分与蒸汽双效吸收式制冷机相同,可分为标准型、空调型、单冷型三类。标准型可分别或同时实现三种功能:采暖、制冷、卫生热水。空调型可分别或同时实现制冷、采暖两种功能。单冷型通常只能制冷。

吸收式冷水机组是一种节电机组,如果是利用余热、余汽或废热、废汽(0.05 MPa 以上)作为动力,则是一种节能机组。

四、冷水机组的选择确定

1.选择制冷机组时,台数不宜过多,一般不考虑备用,应与空气调节负荷变化情况及运行调节要求相适应。

2.制冷量为 580～1 750 kW 的制冷机房,当选用活塞式或螺杆式制冷机时,其台数不宜少于两台;大型制冷机房,当选用制冷量大于或等于 1 160 kW 的一台或多台离心式冷水机时,宜同时设置一台或两台制冷量较小的离心式、活塞式或螺杆式的制冷机。

3.冷水机组一般以选用 2—4 台为宜,中小型规模的制冷机房宜选用 2 台,较大型可选用3台,特大型可选用4台,一般不设备用。

4. 选用电力驱动的冷水机组时,当单机制冷量 $Q_e > 1160$ kW时,宜选用离心式;$Q_e =$ 580～1 160 kW时,宜选用离心式或螺杆式;$Q_e < 580$ kW时,宜选用活塞式或涡旋式。

5. 对有合适热源的情况,尤其是有余热或废热、废汽的场所,或电力缺乏的场所,宜采用蒸汽或热水式吸收式冷水机组。

第二节　蓄冷设备

空调系统中绝大多数消耗的是电能,随着我国工业化进程的继续和人民生活水平的日益提高,使电力供应一直处于紧缺状态,这一点在华东、华北、华南地区显得尤为突出。在夏季,空调用电和工业用电都很集中,使供电形势更加紧张。因此很多电力紧张地区已开始实施分时电价,即峰谷电价不同,使低谷电价只相当于高峰电价的1/5～1/2。在这种情况下推广空调蓄冷技术是非常合适的,既缓和了供电紧张的状况、又使空调用户的运行费用降低。

空调蓄冷技术自90年代开始在我国的应用迅速推广,深圳、北京、上海等地均有多项应用。

一、蓄冷系统的类型

空调蓄冷系统是用夜间非峰值电力将空调系统所需冷量全部或部分存于水、冰或其他介质中,在有空调负荷的用电高峰时释放出来。

根据蓄冷介质的不同,可分为冰蓄冷系统、水蓄冷系统和共晶盐蓄冷系统。各蓄冷介质的比较见表16.2。水蓄冷靠水温度降低来实现蓄冷,一般冷冻水温降宜采用6～10℃,而冰蓄冷系统是利用水的相变实现蓄冷,因此冰蓄冷设备比水蓄冷设备小得多,较为常用。目前已有利用消防水池或消防水箱进行水蓄冷的研究,但还不够成熟,应用受多方面因素的限制。

表16.2　蓄冷介质的比较

项目＼介质	水	冰	共晶盐
蓄能方式	显热	显热＋潜热	潜热
相变温度	–	0℃	4～10℃
蓄冷型式	12℃→4℃水	12℃→0℃冰	8℃液体→8℃固体
每1 000 kW所需容量(m^3)	102	24.2	34.1

二、冰蓄冷系统

冰蓄冷系统根据负担冷负荷的不同,可分为部分蓄冰和全部蓄冰系统。部分蓄冰系统是指在夜间非峰值时刻用制冷设备运转制冰,蓄存部分冷量,白天同时使用制冷机与夜间蓄冷量来供应空调所需冷量。全部蓄冰系统白天运行时不用制冷机,所有的空调负荷完全由冰蓄存的冷量供给,所需的冰蓄冷设备容量和体积较大。

常用系统、部分蓄冰系统、全部蓄冰系统配用的冷水机组容量由小至大排列为:部分蓄冰系统、全部蓄冰系统、常规系统。

蓄冰型式很多,约有二十多种。常用的有以下系统:

1. 冰盘管式系统　以压缩冷凝机组作为制冷设备,利用制冷剂在钢制或铜制盘管内直接蒸发吸热使管表面结冰。当供冷时,将空调水系统的回水引入蓄冰槽,使冰融化,再送至空调系统,形成供冷循环。优点是管路简单,效率高,成本低,但结冰的厚度不易控制,制冷剂易泄漏。

2. 完全结冰式系统

以乙二醇冷水机组作为制冷设备,乙二醇水溶液通过塑料管将储水槽内的水完全冻结。由于储水槽中水可以完全冻结,固此所需槽体积小,系统造价低。

3. 冰球式系统

以乙二醇冷水机组作为制冷设备,从冷水机组出来的乙二醇水溶液流过冰球间隙,使冰球内的水溶液冻结成冰。冰球式系统结构简单,可靠性高,换热性能好,成为冰蓄冷系统的发展方向。

4. 冰晶系统

将低浓度盐溶液冷却到冰点下,使之产生很多颗粒极小的冰晶体,冰晶体水溶液直接供空调系统使用。冰晶式系统可实现动态制冰,冰晶可直接用水泵输送,能量调节灵活,效率高。

此外,蓄冷系统还有共晶盐系统和制冷机系统等。

三、蓄冷空调系统的特点和适用场合

1. 优点

(1) 采用蓄冷技术后,可减少制冷机组的容量,节省电力增容费和电力设备费用;

(2) 可减少制冷机启闭次数,减少故障机会;

(3) 蓄冰式系统在供冷时,冷冻水的温度很低,冷却速度快,除湿能力大,容易满足较低相对湿度场合的空调要求。

(4) 平衡了电力系统供电的峰谷值,使电力系统运行更经济,若峰谷差价较大时,可降低空调系统的运行费用。

2. 缺点

(1) 占用空间大。

(2) 蓄冷系统由于增加了设备和管路系统,使系统复杂,设计、安装、运行管理难度增大。

(3) 蓄冷空调系统存在能量损耗,不一定能节省能源,甚至比常规空调系统消耗更多的能源。

3. 适用场合

(1) 体育馆、展览馆、影剧院等空调运行时间短,负荷大的公共建筑。

(2) 空调运行负荷大,非运行时间为电力非峰值时间的场所,如写字楼、百货商场。

(3) 负荷变化大,需要减少高峰负荷用电,平衡峰谷用电负荷的场所,如工业厂房。

同时,采用蓄冷技术从经济上考虑必须在峰谷电价比超过 2:1 时才可行。

第三节　空调冷冻水系统

空调系统通常设有集中冷冻站(制冷机房)来制备冷冻水,以水为载冷剂的冷冻站内,冷冻水供应系统是中央空调系统的一个重要组成部分。一般中小型冷冻站的冷冻水系统按回水方式可分为开式系统和闭式系统两种。大型企业或高层建筑中的集中空调用冷冻站,由于其供应冷水的距离远、高差大、系统多,以及参数要求不同等特点,冷冻水系统较

为复杂多样,如一次环路供水系统,一、二次环路供水系统,冷冻水分区供水系统等。

一、开式系统和闭式系统

1. 开式系统(见图16.1)

一般为重力式回水系统,当空调机房和冷冻站有一定高差且距离较近时,回水借重力自流回冷冻站,使用壳管式蒸发器的开式回水系统,设置回水池。当采用立式蒸发器时,由于冷水箱有一定的贮水容积,可以不另设回水池。重力回水式系统结构简单,不设置回水泵,且可利用回水池,调节方便,工作稳定。缺点是水泵扬程要增加将冷冻水送至用冷设备高度的位能,电耗较大。

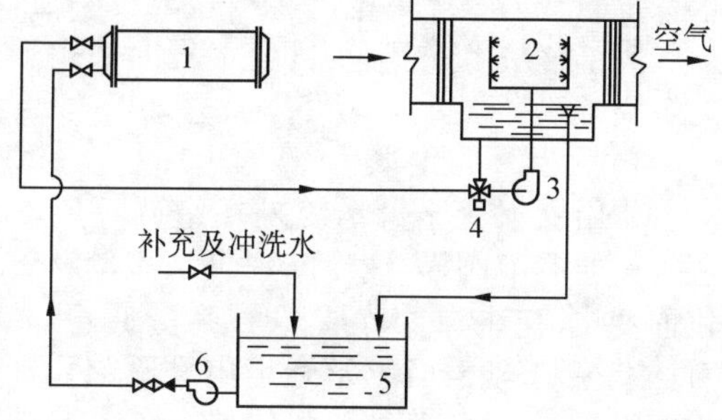

图16.1 使用壳管式蒸发器的重力式回水系统

1—壳管式蒸发器;2—空调淋水室;3—淋水泵;4—三通阀;5—回水池;6—冷冻水泵

2. 闭式系统

为压力式回水系统,目前空调设备常用表面冷却器冷却空气,闭式系统见图16.2所示,该系统只有膨胀箱通大气,所以系统的腐蚀性小,由于系统简单,冷损失较小,且不受地形的限制。由于在系统的最高点设置膨胀箱,整个系统充满了水,冷冻水泵的扬程仅需克服系统的流动摩擦阻力,因而冷冻水泵的功率消耗较小。膨胀箱的底部标高至少比系统管道的最高点高出 1.5 m;补给水量通常按系统水容积的0.5%~1%考虑。膨胀箱的接管应尽可能靠近循环泵的进口,以免泵吸入口内液体汽化造成气蚀。

二、定水量系统和变水量系统

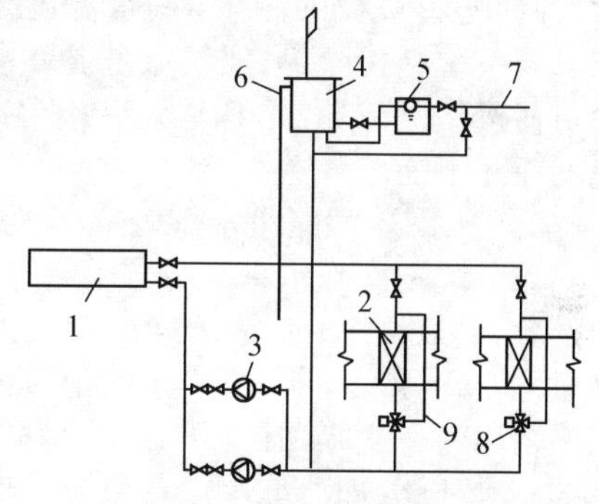

图16.2 闭式冷冻水系统

1—冷水机组中的蒸发器;2—表面式冷却器;3—冷冻水循环泵;4—膨胀箱;5—自动补水水箱;6—溢流管;7—自来水水管;8—三通阀;9—旁通管

冷冻水系统也可分为定水量系统及变水量系统。定水量系统通过改变供回水温差来满足负荷的变化,系统的水流量始终不变;变水量系统通过改变水流量来满足负荷的变化。

在定水量系统中,表冷器、风机盘管采用三通阀进行调节。当负荷减小时,一部分冷冻水与负荷成比例地流经表冷器或风机盘管,另一部分从三通阀旁通,以保证供冷量与负荷相适应。采用三通阀定水量调节时,水泵的耗能较大,因为系统处于低负荷状态下运行的时间较长,而低负荷运行时,水泵仍按设计流量运行。

在变水量系统中,表冷器采用二通调节阀进行调节。当负荷减小时,调节阀关小,通过空调机的水流量按比例减少,从而使房间参数保持在设计值范围内。风机盘管常用二通阀进行停、开双位控制。当负荷减小时,变水量系统中水泵的耗能也相应减少。

定水量系统中水泵的流量是根据各空调房间设计工况下的总负荷确定的。确定变水量系统水泵的流量时,应考虑负荷系数和同时使用系数,按瞬时建筑物总设计负荷确定。

三、一次环路供水系统与一、二次环路供水系统

采用变水量系统会产生一些新问题,如:

① 当流经冷水机组的蒸发器流量减小时，导致蒸发器的传热系数变小，蒸发温度下降，制冷系数降低，甚至会使冷水机组不能安全运行；同时，变水量系统还会造成冷水机组运行不稳定。

② 由于冷冻水系统必须按空调负荷的要求来改变冷冻水流量，这样随着流量的减少会引起冷冻水系统的水力工况不稳定。

为了解决上述问题，目前工程上采用下述两种的解决方法：

1. 一次环路供水系统

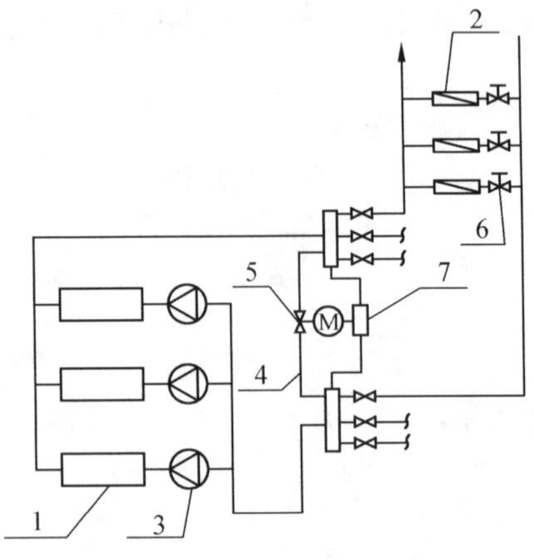

图 16.3　一次环路供水(单级泵)
1—冷水机组；2—空调机组；3—冷冻水泵；4—旁通管；5—电动调节阀；6—二通调节阀；7—压差控制器

常用供水变流量系统是在空调等用冷设备处装设二通调节阀，为使冷冻水供水流量随着负荷变化而变化，在供、回水管之间设有旁通管，在管上设有压差控制的稳压阀(双通道电动阀门)，即冷源侧为定流量，负荷侧为变流量的单级泵系统，见图 16.3。当冷负荷下降，供、回水管水压超过设定值时，便自动启动稳压阀，使部分冷水经旁通管回到冷水机组，使冷水机组的水流量不减少。由于冷水机组与泵一一对应，亦即随着负荷的减少(供水温度下降)而减少运行台数。该系统结构简单，但缺点是循环水泵的功率不能随供冷负荷按比例减少，尤其是只有一台冷水机组工作时，水泵的能耗不能减少。

2. 一、二次环路供水系统

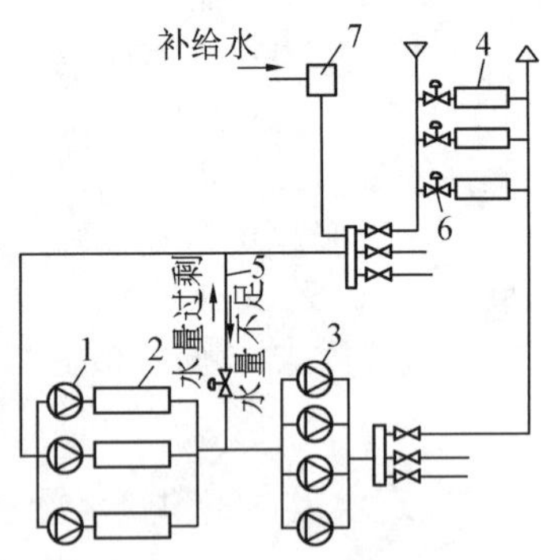

图 16.4　一、二次环路水系统图
1—一次泵；2—冷水机组；3—二次泵；4—风机盘管、空调器；5—旁通管；6—二通调节阀；7—膨胀箱

该系统把冷冻水系统分成冷冻水制备和冷冻水输送两部分，设双级泵，如图 16.4 所示。为使通过冷水机组的水量不变，一般采用一机一泵的配置方式。与冷水机组对应的泵称为一次泵，并与供、水干管的旁通管构成一定流量的一次环路，即冷冻水制备系统。连接所有负荷点的泵称为二次泵。二次泵可以并联运行，向分区各用户供冷冻水，也可以根据各分区不同的压力损失，设计成独立环路的分区供水系统，参见图 16.5。用冷设备管路系统与旁通管构成二次环路，即为冷冻水输运系统。该系统完全根据负荷需要，通过改变水泵的台数或水泵的转速来调节二次环路中的循环水量。该系统可降低供冷系统的电耗。

3. 高层建筑空调冷冻水分区供应系统

高层建筑内的冷冻水大都采用闭式系统，这样对管道和设备的承压能力的要求非常高。为此，冷冻水系统一般都以承压情况作为设计考虑的出发点。当系统静压超过设备承压能力时，则在高区应另设独立的闭式系统。

高层建筑的低层部分包括裙楼、裙房。其公共服务性用房的空调系统大都具有间歇性使用的特点，一般在考虑垂直分区时，把低层与上部标准层作为分区的界线。

应根据具体建筑物群体的组成特点，从节能、便于管理出发，对不同高度分成多组供水系统。图 16.6 为某大厦分区示意图。

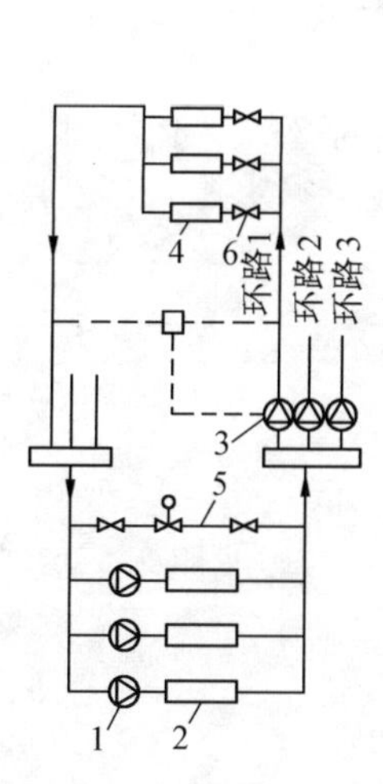

16.5　二次泵分区供水系统

1—一次泵;2—冷水机组;
3—二次泵;4—风机盘管空调器;
5—旁通管;6—二通调节阀

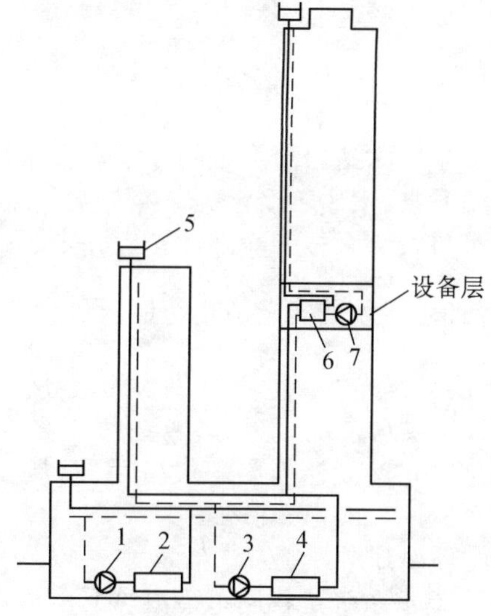

图 16.6　某大厦冷冻水分区示意

1—低区冷冻水泵;2—低区冷水机组;
3—高区冷冻水泵;4—高区冷水机组;
5—膨胀水箱;6—换热器;7—二次冷冻水泵

四、冷冻循环泵

1. 一次泵的选择

(1) 泵的流量应等于冷水机组蒸发器的额定流量,并附加 10%的余量。

(2) 泵的扬程为克服一次环路的阻力损失,其中包括一次环路的管道阻力和设备阻力,并附加 10%的余量。一般离心式冷水机组的蒸发器阻力约为 0.08~0.1 MPa;活塞式或螺杆式冷水机组的阻力约为 0.05 MPa。

(3) 一次泵的数量与冷水机组台数相同。

2. 二次泵的选择

(1) 泵的流量按分区夏季最大计算冷负荷确定

$$G = 1.1 \times \frac{3\,600Q}{C\Delta t} \tag{16.1}$$

式中　G——分区环路总流量,kg/h;

Q——分区环路的计算冷负荷,kW;

Δt——冷冻水供回水温差,一般取 5~6℃;

C——冷冻水比热容,kJ/(kg·℃)。

二次泵的单泵容量应根据该环路最频繁出现的几种部分负荷来确定,并考虑水泵并联运行的修正值。如选择台数为大于 3 台时,一般不设备用泵。

(2) 二次泵的扬程应能克服所负担分区的二次环路中最不利的用冷设备、管道、阀门附件等总阻力要求。并应考虑到管道中如装有自动控制阀时应另加 0.05 MPa 的阻力。水泵的扬程应有 10%的余量。

当系统投入运行后,应经常检查水泵运行状态与实际运行负荷是否正常,即检查实际运行电流值与额定电流值的差异;水泵运转的振动和噪声是否有异常等。

第四节　冷却水系统

冷却水是冷冻站内制冷机的冷凝器和压缩机的冷却机的冷却用水，在正常工作时，使用后仅水温升高，水质不受污染。冷却水的供应系统，一般根据水源、水质、水温、水量及气候条件等进行综合技术经济比较后确定。

一、冷却水系统分类及适用范围

1. 按供水方式可分为直流供水和循环供水两种。

(1) 直流供水系统

冷却水经过冷凝器等用水设备后，直接排入河道或下水道，或用于厂区综合用水管道。

(2) 循环冷却水系统

循环冷却水系统是将通过冷凝器后的温度较高的冷却水，经过降温处理后，再送入冷凝器循环使用的冷却系统。按通风方式可分为：

① 自然通风冷却循环系统，是用冷却塔或冷却喷水池等构筑物使冷却水降温后再送入冷凝器的循环冷却系统。

② 机械通风冷却循环系统是采用机械通风冷却塔或喷射式冷却塔使冷却水降温后再送入冷凝器的循环冷却系统。

2. 适用范围

(1) 当地面水源水量充足，如江、河、湖泊的水温、水质适合，且大型冷冻站用水量较大，采用循环冷却水耗资较大时，可采用河水直排冷却系统。

(2) 当地下水资源丰富，地下水水温较低(一般在 13 ~ 20℃)，可考虑水的综合利用，采用直流供水系统利用水的冷量后，送入全厂管网，作为生产、生活用水。

(3) 自然通风冷却循环系统适用于当地气候条件适宜的小型冷冻机组。

(4) 机械通风冷却循环系统适用于气温高、湿度大，自然通风塔不能达到冷却效果的情况。

由于冷却水流量、温度、压力等参数直接影响到制冷机组的运行工况，尤其在当前空调工程中大量采用自控程度较高的各种冷水机组，因此，运行稳定可控的机械通风冷却循环系统被广泛地采用。

二、冷却水系统设备的设置

1. 冷却塔的设置

(1) 冷冻站为单层建筑时，冷却塔可根据总体布置的要求，设置在室外地面或屋面上，由冷却塔塔体下部存水，直接用自来水补水至冷却塔，系统需设加药装置进行水处理，该流程运行管理方便。一般单层建筑冷冻站冷却水循环流程见图 16.7 所示。

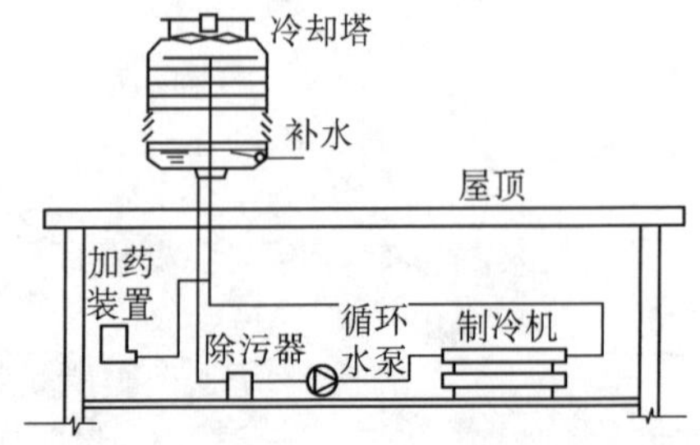

图 16.7　单层建筑冷却水循环流程

冷却塔和制冷机组一般为单台配置，便于管理。

(2) 当冷冻站设置在多层建筑或高层建筑的低层或地下室时，冷却塔通常设置在建筑物相对应的屋顶上。根据工程情况可分别设置单机配套相互独立的冷却水循环系统，或设置共用冷却水箱、加药装置及供、回水母管的冷却循环系统，如图 16.8 所示。

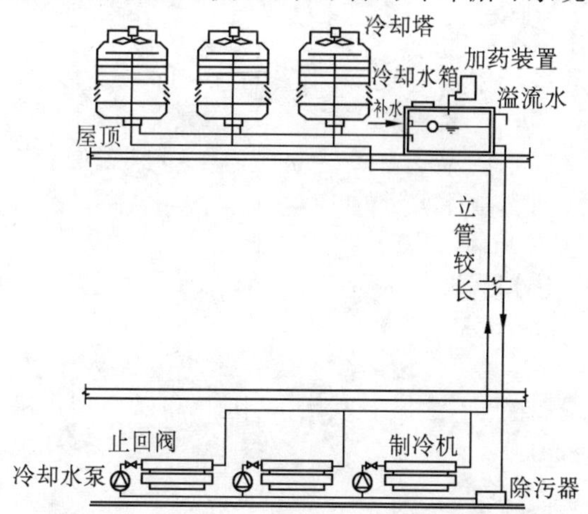

图 16.8　共用冷却水箱和供回水管的冷却水循环系统

2. 冷却水箱的设置

(1) 冷却水箱的功能是增加系统水容量，使冷却水循环泵能稳定工作，保证水泵入水口不发生气蚀现象。冷却塔在间断运行时，为了使填料表面首先湿润，并使水层保持正常运行时的水层厚度，而后流向冷却塔底盘水箱，达到动态平衡，冷却塔水盘及冷却水箱的有效容积应能满足冷却塔部件由基本干燥到润湿成正常运转情况所附着的全部水量的要求。

据有关试验数据介绍，一般逆流式填料玻璃钢冷却塔在短期内由干燥状态到正常运转，所需附着水量约为标准小时循环水量的 1.2%。

(2) 冷却水箱配管的要求

冷却水箱内如设浮球阀进行自动补水，则补水水位应是系统的最低水位，而不是最高水位，否则，将导致冷却水系统每次停止运行时会有大量溢流造成浪费。其配管尺寸形式见图 16.9。

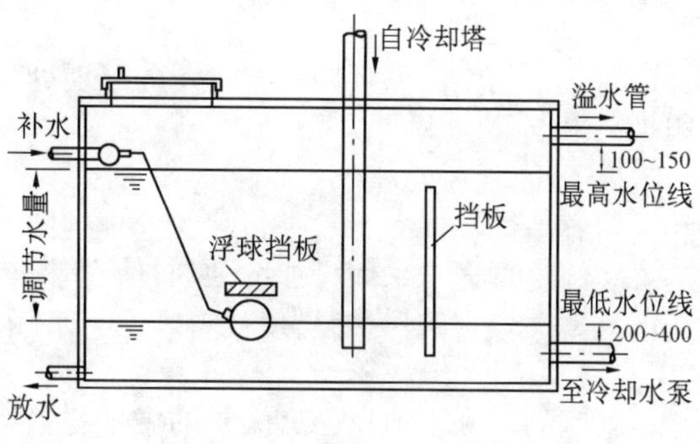

图 16.9　冷却水箱的配管形式

3. 冷却水循环系统设备

冷却水循环系统的主要设备包括冷却水泵和冷却塔等，应根据制冷机设备所需的流量、系统阻力、温差等参数要求，确定水泵和冷却塔规格、性能和台数。

(1) 冷却水泵的选择要点与冷冻水泵相似，应考虑节能、低噪声、占地少、安全可靠、振动小、维修方便等因素，择优确定。

(2) 冷却水泵一般不设备用泵，必要时可置备用部件，以应急需。

(3) 冷却塔布置在室外，其噪音对周围环境会产生一定影响，应根据国家规范《城市区域环境噪声标准》(GB3096—1993)的要求，合理确定冷却塔的噪声要求，如一般型、低噪声型或超低噪声型。

4. 加药装置可选择成套设备，主要包括玻璃钢溶药槽、电动搅拌器、柱塞阀及电控箱等。

三、冷却水补充水量与水质控制

1. 冷却水补充水量的计算

在机械通风冷却水循环系统中，各种水量损失的总和即系统必须的补水量。

(1) 蒸发损失

冷却水的蒸发损失与冷却水的温降有关，一般当温降为5℃时，蒸发损失为循环水量的0.93%；当温降为8℃时，则为循环水量的1.48%。

(2) 飘逸损失

由于机械通风的冷却塔出口风速较大，会带走部分水量。国产质量较好的冷却塔飘逸损失约为循环水量的0.3%～0.35%。

(3) 排污损失

由于循环水中矿物成分、杂质等浓度不断增加，因此需对冷却水进行排污和补水。通常排污损失量为循环水量的0.3～1%。

(4) 其它损失

包括在正常情况下循环泵的轴封漏水，以及个别阀门、设备密封不严引起的漏渗，以及当前述设备停止运转时冷却水外溢损失等。

综上所述，一般采用低噪声逆流式冷却塔，使用在离心式冷水机组的补水率约为1.53%，对溴化理吸收式制冷机的补水率约为2.08%。如果概略估算，制冷系统补水率为2－3%。

2. 水质控制

由于在开式冷却塔循环水系统中，水与大气不断的接触，进行热质交换，使循环水的二氧化碳消失，溶解氧增高，$CaCO_3$结晶析出形成沉淀，溶解固体浓缩，使某些类型的水质形成腐蚀性，微生物滋生繁衍，大气中的尘埃不断混入水中形成泥垢等等现象，从而直接影响到制冷机的正常运行和损坏冷却设备和管道附件，因此必须进行水质控制。

(1) 循环冷却水水质稳定处理

① 阻垢处理

对于结垢型的循环冷却水常用的阻垢处理方法有静电场阻垢处理、电子水处理、投放阻垢分散剂等。

② 缓蚀阻垢处理

对腐蚀性循环冷却水进行缓蚀处理的同时应进行阻垢处理，才能达到缓蚀阻垢的目的。缓蚀处理通常采用投加缓蚀剂，使设备表面形成一层抗腐蚀、不影响热交换、不易剥落的既薄又致密的保护膜，使设备表面与水隔开，抑制腐蚀作用的发生。

(2) 杀菌、灭藻

在冷却塔和水池里会有大量的微生物繁衍，因此，无论是药剂阻垢处理还是缓蚀阻垢处理都应进行杀菌、灭藻处理

杀菌灭藻药剂有液氯、次氯酸钠、二氧化氯、臭氧、硫酸铜等。在循环冷却水杀菌灭藻处理中，用得较多是液氯、次氯酸钠和二氧化氯。一般循环冷却水的加氯浓度控制在2－4 mg/L；余氯控制在0.5－1 mg/L。

(3) 去除泥沙悬浮物

循环冷却水常用过滤法去除水中的泥沙、飘尘等悬浮物，如用过滤器、滤池等进行过滤。

四、常用冷却塔

冷却塔一般用玻璃钢制作,类型有;

(1) 逆流式冷却塔。根据结构不同分为通用型、节能低噪音型和节能超低噪音型。

(2) 横流式冷却塔。根据水量大小,设置多组风机,噪音较低。

(3) 喷射式冷却塔。不采用风机而依靠循环泵的扬程,经过设在冷却塔内的喷嘴使水雾化与周围空气换热而冷却,噪声较低。

应根据具体情况,进行技术经济比较来确定冷却塔。表 16.3 列出逆流、横流及喷射式三种冷却塔性能比较及适用条件。

表 16.3　逆流、横流、喷射式冷却塔性能比较及适用条件

项　目	逆流式冷却塔	横流式冷却塔	喷射冷却塔
效　率	冷却水与空气逆流接触,热交换效率高	水量、容积散质系数 β_{xv} 相同,填料容积要比逆流塔大 15 ~ 20%	喷嘴喷射水雾的同时,把空气导入塔内,水和空气剧烈接触,在 $\Delta t_{小}$, $t_2-\tau$ 大时效率高,反之则较差
配水设备	对气流有阻力,配水系统维修不便	对气流无阻力影响,维护检修方便	喷嘴将气流导入塔内,使气流流畅,配水设备检修方便
风阻	水气逆向流动,风阻较大,为降低进风口阻力降,往往提高进风口高度以减小进风速度	比逆流塔低,进风口高,即为淋水装置高,故进风风速低	由于无填料、无淋水装置,故进风风速大,阻力低
塔高度	塔总高度较高	填料高度接近塔高,收水器不占高度,塔总高低	由于塔上部无风机,无配水装置,收水器不占高度,塔总高最低
占地面积	淋水面积同塔面积,占地面积小	平面面积较大	平面面积大
湿热空气回流	比横流塔小	由于塔身低,风机排气回流影响大	由于塔身低,有一定的回流
冷却水温差	$\Delta t = t_1 - t_2$ 可大于 5℃ (t_1—进口温度 t_2—出口温度)	Δt 可大于 5℃	$\Delta t = 4 \sim 5$℃
冷却幅高	$t_2 - \tau$ 可小于 5℃	$t_2 - \tau$ 可小于 5℃	$t_2 - \tau \geqslant 5$℃
气象参数	大气温度 τ 可大于 27℃	τ 可大于 27℃	$\tau < 27$℃
冷却水进水压力	要求 0.1 MPa	可≤0.05 MPa	要求 0.1 ~ 0.2 MPa
噪声	超低噪声型可达 55 dB(A)	低噪声型可达 60 dB(A)	可达 60 dB(A)以下

第五节　空调水系统的水力计算

空调水系统水力计算的任务是确定水系统管路的管径,计算阻力损失,并选出冷却水泵、冷冻水泵,补水泵等。

一、管径的确定

当管材选定后,由于水流量已知,只要按照推荐流速确定流速就可确定水管管径。推荐流速范围参见表16.4。亦可按表16.7根据流量确定管径。管径与流速关系如式16.2。

表16.4　管内水流速推荐值

管道种类	水泵吸水管	水泵出水管	主干管	立　管	支　管	冷却水管
流速(m/s)	1.2~2.1	2.4~3.6	1.2~4.5	0.9~3.0	1.5~3.0	1.0~2.4

$$d=\sqrt{\frac{4W}{\pi\omega}}\quad \mathrm{m} \tag{16.2}$$

式中　W——水流量,m^3/s;

ω——水流速,m/s。

二、流动阻力的计算

流动阻力 ΔP(Pa)包括沿程阻力和局部阻力,即

$$\Delta P=RL+Z \tag{16.3}$$

式中　R——单位长度管路的摩擦阻力,Pa/m;

L——管路长度,m;

Z——局部阻力,Pa。

$$Z=\zeta\frac{\rho\omega^2}{2}\quad \mathrm{Pa}$$

R 值可根据管材查取图16.10、图16.11确定。局部阻力系统(ζ)参见表16.5、表16.6确定。工程中也可简化计算,由表16.7直接查出管径和单位长度阻力损失进行概算。

三、设备阻力

冷水机组、冷却塔、过滤器等设备阻力可由产品样本或相关手册中查取。

水系统的阀门优先选择蝶阀。

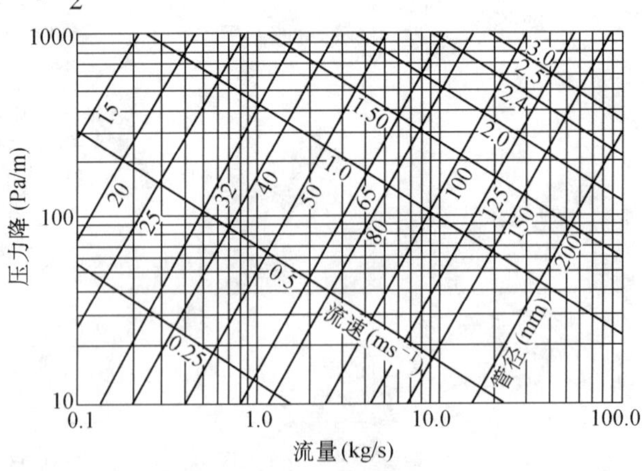

图16.10　水管比摩阻的确定(钢管)

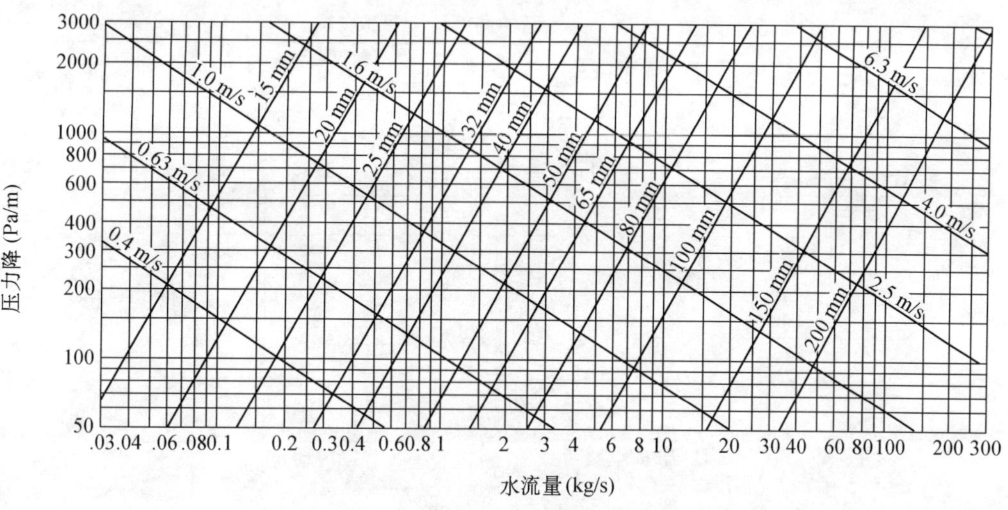

图 16.11　水管比摩阻线算图(塑料管)

表 16.5　阀门及管件的局部阻力系数 ζ

<table>
<tr><th>序号</th><th colspan="2">名　称</th><th>局部阻力系数 ζ</th></tr>
<tr><td rowspan="3">1</td><td rowspan="3">截止阀</td><td>普通型</td><td>4.3～6.1</td></tr>
<tr><td>斜柄型</td><td>2.5</td></tr>
<tr><td>直通型</td><td>0.6</td></tr>
<tr><td rowspan="2">2</td><td rowspan="2">止回阀</td><td>升降式</td><td>7.5</td></tr>
<tr><td>旋启式</td><td><table><tr><td>DN</td><td>150</td><td>200</td><td>250</td><td>300</td></tr><tr><td>ζ</td><td>6.5</td><td>5.5</td><td>4.5</td><td>3.5</td></tr></table></td></tr>
<tr><td>3</td><td colspan="2">蝶　阀</td><td>0.1～0.3</td></tr>
<tr><td>4</td><td colspan="2">闸　阀</td><td><table><tr><td>DN</td><td>15</td><td>20～50</td><td>80</td><td>100</td><td>150</td><td>200～250</td><td>300～450</td></tr><tr><td>ζ</td><td>1.5</td><td>0.5</td><td>0.4</td><td>0.2</td><td>0.1</td><td>0.08</td><td>0.07</td></tr></table></td></tr>
<tr><td>5</td><td colspan="2">旋塞阀</td><td>0.05</td></tr>
<tr><td rowspan="2">6</td><td rowspan="2">变径管</td><td>缩　小</td><td>0.10</td></tr>
<tr><td>扩　大</td><td>0.30</td></tr>
<tr><td rowspan="2">7</td><td rowspan="2">普通弯头</td><td>90°</td><td>0.30</td></tr>
<tr><td>45°</td><td>0.15</td></tr>
<tr><td>8</td><td>焊接弯头</td><td>90°
45°</td><td><table><tr><td>DN</td><td>80</td><td>100</td><td>150</td><td>200</td><td>250</td></tr><tr><td>ζ</td><td>0.51</td><td>0.63</td><td>0.72</td><td>0.87</td><td>0.78</td></tr><tr><td>ζ</td><td>0.26</td><td>0.32</td><td>0.36</td><td>0.36</td><td>0.44</td></tr></table></td></tr>
<tr><td>9</td><td colspan="2">弯管(煨弯)90°
(R-曲率半径;d-管径)</td><td><table><tr><td>$\frac{d}{R}$</td><td>0.5</td><td>1.0</td><td>1.5</td><td>2.0</td><td>3.0</td><td>4.0</td><td>5.0</td></tr><tr><td>ζ</td><td>1.2</td><td>0.8</td><td>0.6</td><td>0.48</td><td>0.36</td><td>0.30</td><td>0.29</td></tr></table></td></tr>
<tr><td rowspan="2">10</td><td rowspan="2">水箱接管</td><td>进水口</td><td>1.0</td></tr>
<tr><td>出水口</td><td>0.5</td></tr>
<tr><td rowspan="2">11</td><td rowspan="2">滤水网</td><td>有底阀</td><td><table><tr><td>DN</td><td>40</td><td>50</td><td>80</td><td>100</td><td>150</td><td>200</td><td>250</td><td>300</td></tr><tr><td>ζ</td><td>12</td><td>10</td><td>8.5</td><td>7</td><td>6</td><td>5.2</td><td>4.4</td><td>3.7</td></tr></table></td></tr>
<tr><td>无底阀</td><td>2～3</td></tr>
<tr><td>12</td><td>水泵入口</td><td colspan="2">1.0</td></tr>
</table>

表 16.6　三通的局部阻力系数 ζ

图　　示	流向	局部阻力系数 ζ	图　　示	流　向	局部阻力系数 ζ
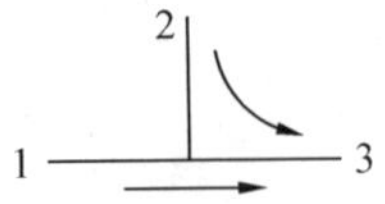	2→3	1.5	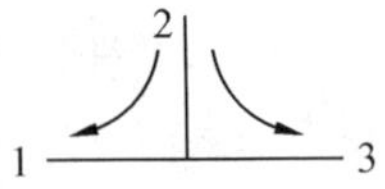	$2\to\frac{1}{3}$	1.5
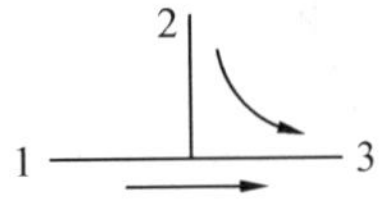	1→3	0.1	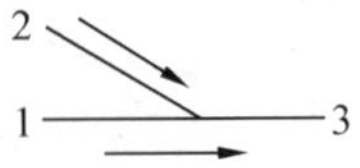	2→3	0.5
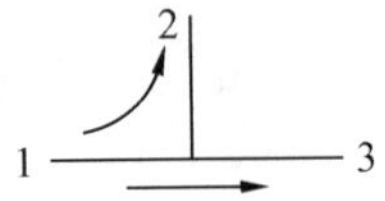	1→2	1.5	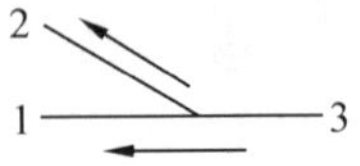	3→2	1.0
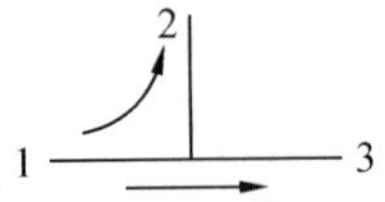	1→3	0.1	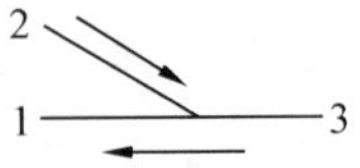	2→1	3.0
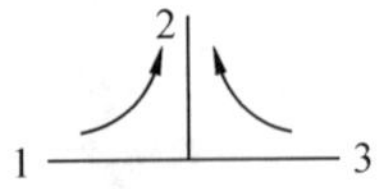	$\frac{1}{3}\to 2$	3.0	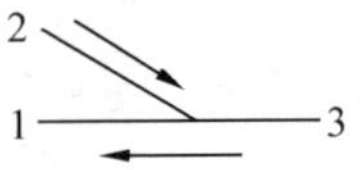	3→1	0.1

表 16.7　水系统的管径和单位长度阻力损失

钢管管径 (mm)	闭式水系统		开式水系统	
	流量(m^3/h)	m 水柱/100m	流量(m^3/h)	m 水柱/100m
15	0 ~ 0.5	0 ~ 0.5	0 ~ 4	–
20	0.5 ~ 1	2 ~ 4	–	–
25	1 ~ 2	1.7 ~ 4	0 ~ 1.3	0 ~ 4
32	2 ~ 4	1.2 ~ 4	1.3 ~ 2	1.2 ~ 4
40	4 ~ 6	2.0 ~ 4	2 ~ 4	1.5 ~ 4
50	6 ~ 11	1.3 ~ 4	4 ~ 8	1.5 ~ 4
65	11 ~ 18	2 ~ 4	8 ~ 14	1.2 ~ 4
80	18 ~ 32	1.5 ~ 4	14 ~ 22	1.8 ~ 4
100	32 ~ 65	1.25 ~ 4	22 ~ 45	1.0 ~ 4
125	65 ~ 115	1.5 ~ 4	45 ~ 82	1.3 ~ 4
150	115 ~ 185	1.25 ~ 4	82 ~ 130	1.6 ~ 4
200	185 ~ 380	1 ~ 4	130 ~ 200	1.0 ~ 2.3
250	380 ~ 560	1.25 ~ 2.75	200 ~ 340	0.8 ~ 2
300	560 ~ 820	1.25 ~ 2.25	340 ~ 470	0.8 ~ 1.6
350	820 ~ 950	1.25 ~ 2	470 ~ 610	1.0 ~ 1.5
400	950 ~ 1 250	1 ~ 1.75	610 ~ 750	0.8 ~ 1.2
450	1 250 ~ 1 590	0.9 ~ 1.5	750 ~ 1 000	0.6 ~ 1.2
500	1 590 ~ 2 000	0.8 ~ 1.25	1 000 ~ 1 230	0.7 ~ 1.0

第十七章　空调系统的消声与防振

第一节　噪声与噪声源

对于声音强度大而又嘈杂刺耳或者对某项工作来说是不需要或有妨碍的声音，统称为噪声。噪声的发生源很多，就工业噪声来说，主要有空气动力噪声、机械噪声、电磁性噪声等。通风与空气调节工程中主要的噪声源有通风机、制冷机、机械通风冷却塔、水泵等，这些噪声源以不同途径将噪声传入室内，如通过风道、各种建筑结构等。当空调房间内噪声要求比较高时，通风空调系统必须考虑消声与转动设备的防振。

一、噪声的物理量度

1. 声强与声压

物体振动使周围空气分子交替产生密集和稀疏状，并向外传播而形成波动，波动传到人耳，人就感觉到声音。声音是一种波，频率范围很宽，频率即为物体每秒振动的次数。人耳能够感知的声音频率范围为 20～20 000 Hz，一般把 300 Hz 以下的声音称为低频声；300～1 000 Hz 的声音称为中频声；1 000 Hz 以上的声音称为高频声。人耳最敏感的频率为 1 000 Hz。

声音的强弱用声强来描述，通常用 I 表示。某一点的声强是指在该点垂直于声音传播方向的单位面积上单位时间内通过的声能。引起人耳产生听觉的声强的最低限叫“可闻阈”，为 10^{-12} W/m²。人耳能够忍受的最大声强约为 1 W/m²，称为“痛阈”。

声音传播时，空气产生振动引起疏密变化，在原来的大气压强上叠加了一个变化的压强，称为声压，用 P 表示，单位为 μbar(微巴)，即 dyn/cm²(达因/厘米²)。

对于球面声波和平面声波，某一点的声强与该点声压的平方成正比。可闻阈对应的声压约为 2.0×10^{-5} Pa，即 0.0002 μbar。

2. 声强级与声压级

可闻阈与痛阈间的声强相差 10^{-12}倍，计算表达很不便，且声音强弱是相对的，所以改用对数标度。国际上规定选用 $I_0=10^{-12}$ W/m² 作为参考标准，某一声波的声强为 I，则取比值 I/I_0 的常用对数来计算该声波声强的级别，称为“声强级”。为了选定合乎实际使用的单位大小，规定

$$\text{声强级}\qquad L_I = 10\ \lg\frac{I}{I_0}\quad \text{dB} \tag{17.1}$$

声强级单位 dB，称分贝，可闻阈的声强级为 0dB，震耳的炮声 $I=10^2$ W/m²，对应的声强级为 $L_I=10\ \lg(10^2/10^{-12})=10lg10^{14}=140$ dB。

声强的测量较为困难，因此实际上是利用声强与声压的平方成正比的关系，测出声压，用声压表示声音强弱的级别，即

$$\text{声压级}\qquad L_p = 10\ \lg\left(\frac{P}{P_0}\right)^2 = 20\lg\frac{P}{P_0}\quad \text{dB} \tag{17.2}$$

通常选用 0.0002 μbar 作为比较标准的参考声压 P_0，这与前述声强级规定的参考声强是一致的。

3. 声功率和声功率级

声源在单位时间内以声波的形式辐射出的总能量称声功率，以 W 表示，单位为 W。声功率表示声源发射能量的大小，同样用"级"来表示，采用如下的表达式：

$$\text{声功率级} \qquad L_W = 10\ \lg \frac{W}{W_0} \quad \text{dB} \tag{17.3}$$

其中 W_0 为声功率的参考标准，其值为 10^{-12}W。

4. 声波的叠加

量度声波的声压级、声强级或声功率级都是以对数为标度的，因此当有多个声源共存时，其合成的声级应按对数法则进行计算。

当 n 个不同的声压级叠加时，可用下式计算

$$\sum L_p = 10\ \lg(10^{0.1L_{p1}} + 10^{0.1L_{p2}} + \cdots + 10^{0.1L_{pn}}) \quad \text{dB} \tag{17.4}$$

式中 $\sum L_p$——n 个声压级叠加的总和，dB；

$L_{p1}, L_{p2} \cdots L_{pn}$——分别为声源 1，2，…，n 的声压级，dB。

当有 M 个相同的声压级叠加时，则总声压级为

$$\sum L_p = 10\ \lg(M \times 10^{0.1L_p}) = 10\ \lg M + L_p \quad \text{dB} \tag{17.5}$$

显然，两个声源的声压级相同，则叠加后仅比单个声源的声压级大 3 dB。为了方便起见，可根据两个声源的声压级之差 $D(D = L_{p1} - L_{p2})$来查取图 17.1 得到附加值，叠加后的声压级即为 L_{p1}与附加值之和。

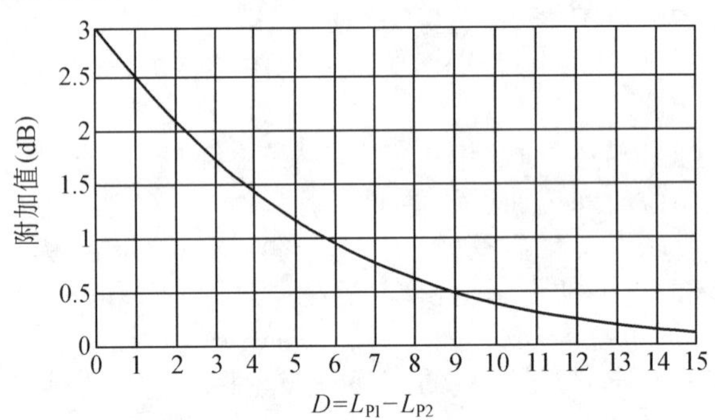

图 17.1 两个不同声压级叠加的附加值

二、噪声的频谱

噪声并不是具有某一特定频率的纯音，而是由很多不同频率的声音所组成的。人耳可闻的频率范围是 20～20 000 Hz，相差 1 000 倍，为了方便人们把可闻范围划分为几个有限的频段，称频程或频带。每个频程都有其频率范围和中心频率。在通风空调的消声计算中用的是倍频程，倍频程是指中心频率(f_c)成倍增加的频程。通用的倍频程中心频率为 31.5、63、125、250、500、1 000、2 000、4 000、8 000、16 000 Hz。若上、下限频率分别为 f_1 和 f_2，则有

$$f_c = \sqrt{f_1 f_2} \qquad\qquad f_1 = 2f_2$$

$$f_c = \sqrt{2f_2 \cdot f_2} = \sqrt{2} \cdot f_2$$

由于一般通风空调噪声控制的现场测试中，只用 63～8 000 Hz 八个倍频程就足够了，

其包括的频程见表 17.1,这就是常说的八倍频程。

表 17.1　8 倍频程频率范围和中心频率

中心频率(Hz)	63	125	250	500	1 000	2 000	4 000	8 000
频率范围(Hz)	45 ~ 90	90 ~ 180	180 ~ 355	355 ~ 710	710 ~ 1 400	1 400 ~ 2 800	2 800 ~ 5 600	5 600 ~ 11 200

频谱是表示组成噪声的各频程声压级的图。图 17.2 为某空调器的噪声频谱。频谱图清楚的表明该噪声的组成和性质,为噪声控制提供依据。

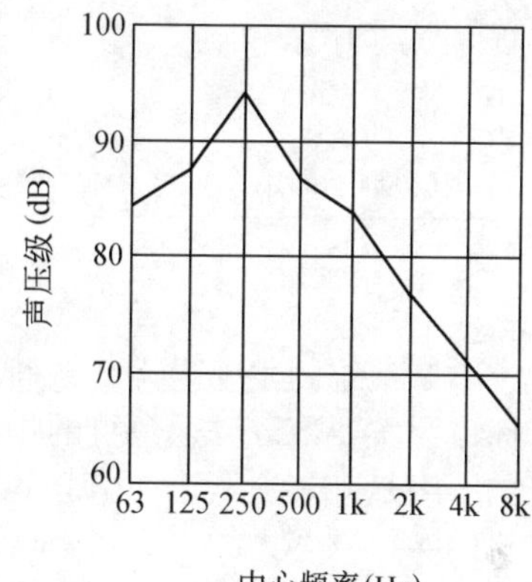

图 17.2　某空调器噪声的频谱图

三、噪声的主观评价及室内噪声标准

人耳对声音的感受不仅和声压有关,而且和频率有关。如频率为 500 Hz 和 1 000 Hz 的声音,声压级同为 70 dB,而我们却感觉 1 000 Hz 的声音大些。所以引入一个与频率有关的响度级,单位为 Phon(方)。

响度级是取 1 000 Hz 的纯音为基准声音,若某噪声听起来与该纯音一样响,则该噪声的响度级(Phon 值)就等于这个纯音的声压级(dB)值。例如某噪声听起来与声压级 80 dB,频率为 1 000 Hz 的基准音同样响,则该噪声的响度级就是 80 Phon。响度级是声音响度的主观感受。通过大量试验,得到了各个可闻范围的纯音的响度级,也就是如图 17.3 所示的等响曲线。从图 17.3 可以看出,人耳对 2 000 ~ 5 000 的高频声最敏感,对低频声不敏感。在声学测量中为模拟人耳的感觉特性,通常采用最贴近的声级计上的 A 计权网络(共 A、B、C 三种计权网络)测得的声级来代表噪声的大小,称 A 声级,记作 dB(A)。

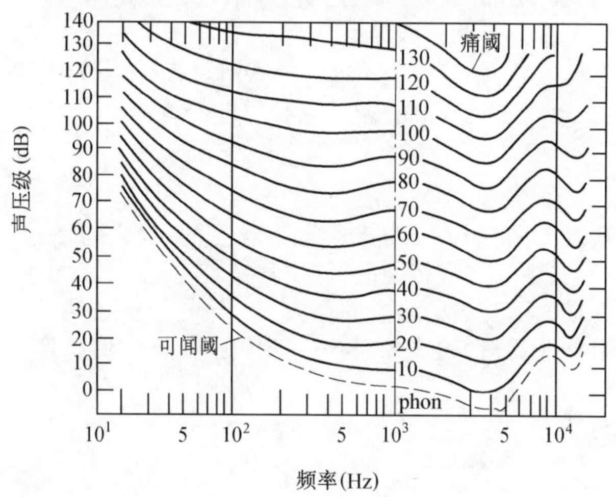

图 17.3　等响曲线

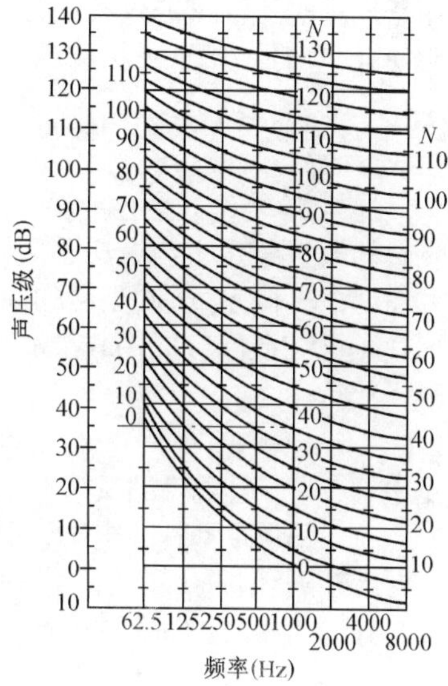

图 17.4　噪声评价曲线(*NR* 曲线)

房间内允许的噪声称为室内噪声标准。基于人耳的感受特性和各种类型的消声器对不同频率噪声的降低效果不同(一般对低频声的消声效果较差),应给出不同频带允许噪声值,因而采用国际标准组织提出的噪声评价曲线(N)作标准,如图 17.4。噪声评价曲线号数 N 与声级计 A

档读数 L_A 之间的关系为 $N = L_A - 5$。某些建筑物的室内噪声标准参见表 17.2。

表 17.2 室内允许噪声标准(dB)

建筑物性质	噪声评价曲线 N 号	声级计 A 档读数(L_A)
电台、电视台的播音室	20 ~ 30	25 ~ 35
剧场、音乐厅、会议室	20 ~ 30	25 ~ 35
体育馆	40 ~ 50	45 ~ 55
车间(根据不同用途)	45 ~ 70	50 ~ 75

四、噪声源

空调系统的主要噪声源是通风机。压缩机和冷却塔的噪声由于其通常距空调房间较远而成为次要部分。通风机的噪声的产生与许多因素有关,如叶片型式、风量、风压等,风机的噪声是叶片上紊流而引起的宽频带的气流噪声以及叶片的旋转噪声。通常空调所用风机的噪声频率大约在 200 ~ 800 Hz,即主要噪声处于低频范围。

通风空调的噪声源还有由于风管内气流压力变化引起钢板的振动而产生的噪声。当气流遇到障碍物(阀门、风口、弯头等)时,产生的噪声较大。在高速风管中不能忽视这种噪声,但在低速空调系统中,由于管内风速的确定已考虑声学因素可以不予计算。

声源的噪声在空气输送的过程中存在自然衰减的作用,只有自然衰减后不能满足要求时才考虑装设消声器。有的实际工程,为了提高消声设计的安全度、可靠度,也可不考虑噪声的自然衰减。

第二节 空调系统中噪声的自然衰减

风管输送空气的过程中噪声有各种衰减,如果管内风速过高或管件设计不合理,则可能使噪声增强,产生再生噪声。对于噪声要求较高的空调系统必须进行消声设计。

一、风机声功率级的修正

通风机噪声随着不同系列或同系列不同型号、不同转数而变化。同系列、同型号、同转数的风机噪声也会有所不同。同一系列中,转数相同的风机,其噪声随型号(尺寸)的变大而变大。同系列、同型号的风机,其噪声随转数的增高而增大。

风机制造厂应提供其产品的声学特性资料,如缺少,要进行实测或按下式估算其声功率级:

$$L_W = 5 + 10\lg L + 20\lg H \quad \text{dB} \tag{17.6}$$

式中 L——通风机的风量,m^3/h;

H——通风机的全压,Pa。

已知通风机的声功率级后,可查表 17.3 得到通风机各频带声功率级修正值 Δb,按下式计算通风机各频带声功率级。

$$L_{Wb} = L_W + \Delta b \quad \text{dB} \tag{17.7}$$

表 17.3　通风机各频带声功率级修正

通风机类型	中心频率(Hz)								备　注
	63	125	250	500	1 000	2 000	4 000	8 000	
	Δb(dB)								
离心风机叶片前倾	-2	-7	-12	-17	-22	-27	-32	-37	11-74 型 9-57 型
离心风机叶片后倾	-5	-6	-7	-12	-17	-22	-26	-33	4-72 型 T4-72 型 4-79 型
轴流风机	-9	-8	-7	-7	-8	-10	-14	-18	

实际上风机的噪声值还与风机的工况有关系，风机在低效率下工作，产生的噪声会增大。

二、噪声在风管内的自然衰减

1. 直管的噪声衰减

可按表 17.4 查得衰减值，如风管粘贴有保温材料时低频噪声的减声量可增加一倍。

2. 弯头的噪声衰减

表 17.4　金属直管道的噪声自然衰减量　(dB/m)

风管形状及尺寸(m)		倍频程衰减量(dB)				
		63	125	250	500	>1 000
矩形管	0.075~0.2	0.6	0.6	0.45	0.3	0.3
	0.2~0.4	0.6	0.6	0.45	0.3	0.2
	0.4~0.8	0.6	0.6	0.30	0.15	0.15
	0.8~1.6	0.45	0.3	0.15	0.10	0.06
圆形管	0.075~0.2	0.1	0.1	0.15	0.15	0.3
	0.2~0.4	0.06	0.1	0.10	0.15	0.2
	0.4~0.8	0.03	0.06	0.06	0.10	0.15
	0.8~1.6	0.03	0.03	0.03	0.06	0.06

可采用表 17.5 查得。噪声经过弯头时，由于声波传播方向的改变而产生衰减。

表 17.5　弯头的自然衰减量

衰减量 dB ／ 中心频率(Hz) ／ 风管宽度或直径(m)		125	250	500	1 000	2 000	4 000	8 000
方　形 (无导流片、无内衬)	0.125	—	—	—	6	8	4	3
	0.250	—	—	6	8	4	3	3
	0.500	—	6	8	4	3	3	3
	1.000	6	8	4	3	3	3	3
圆　形	0.125~0.25	—	—	—	1	2	3	3
	0.28~0.50	—	—	1	2	3	3	3
	0.53~1.00	—	1	2	3	3	3	3
	1.05~2.00	1	2	3	3	3	3	3

3. 分支管(三通)的噪声的自然衰减

当管道设有分支时,声能基本上按比例地分配给各个支管,自主管到任一支管的三通噪声衰减量可查图17.5,或按式 17.8 计算。

$$\Delta L = 10\lg(\frac{F}{F_0}) \quad \text{dB} \tag{17.8}$$

式中　F——每个分支管面积,m^2;

F_0——分支管总面积,m^2。

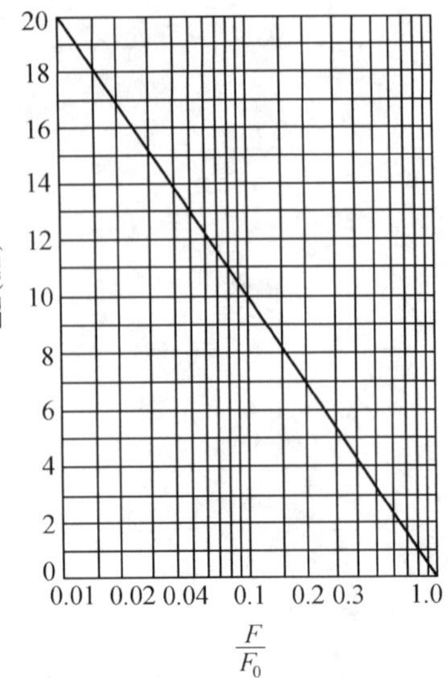

图 17.5　分支管的自然衰减值

4. 变径管的噪声衰减

管道断面积突然扩大或缩小,导致噪声朝传播的相反方向反射而产生衰减。可按 m(膨胀比)值查图 17.6 得到衰减值 ΔL。$m = F_2/F_1$,F_1、F_2 为沿气流方向两断面的面积。

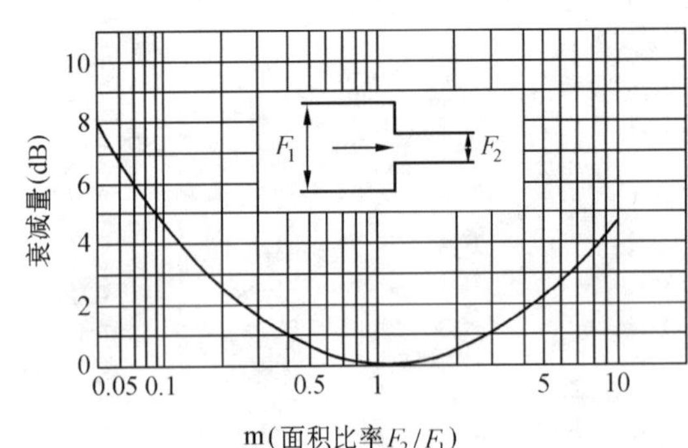

图 17.6　变径管的噪声衰减量

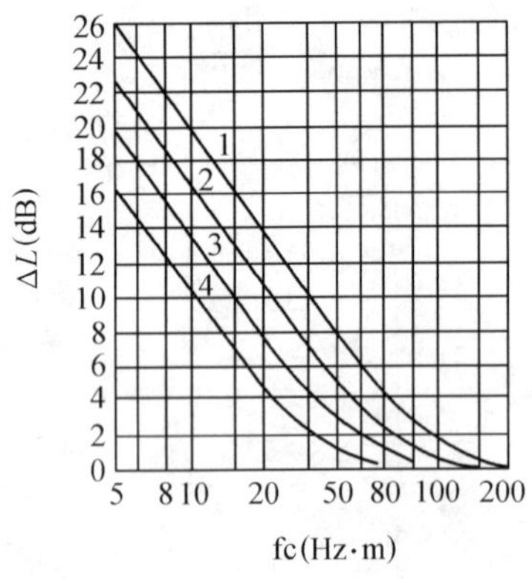

图 17.7　风管端部反射损失 ΔL 值

5. 风口反射的噪声自然衰减

风口处反射的噪声自然衰减量可由图 17.7 查得。图中 1、2、3、4 曲线对应图 17.8 中风口的位置。图中

f——噪声的频率,Hz;

C——风口尺寸特性。

矩形风口　$C = \sqrt{a \cdot h}$(a,h 为风口的宽度和高度,m)

圆形风口　$C = D$　(D 为风口直径,m)

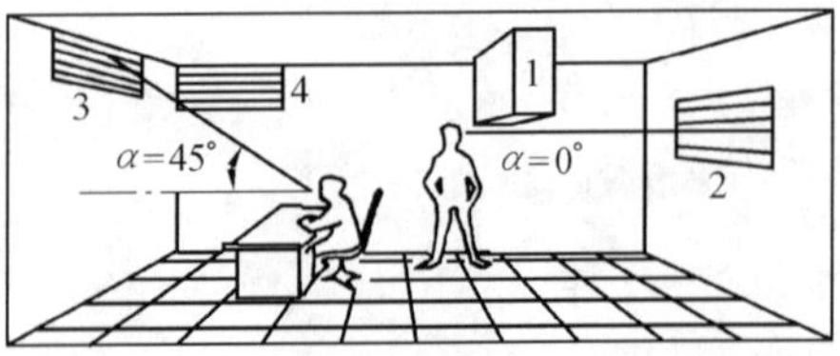

图 17.8　出风口与测点的关系图

三、空气进入室内噪声的衰减

通过风机声功率级的确定和自然衰减量的计算,可算得从风口进入室内的声功率级,但室内允许标准是以声压级为基准的。进入室内的声音对人耳造成的感觉,即室内测量点的声压级,与人耳(或测点)离声源(风口)的

距离以及声音辐射出来的角度和方向等有关。此外，室内壁面、屋顶、家具设备等也具有一定的吸声能力，声音进入房间后再一次产生衰减。

风口的声功率级 L_W 与室内的声压级 L_P 之间的关系：

$$L_W = L_P + \Delta L \tag{17.9}$$

式中 ΔL 值既反映了声功率级与声压级的转换，又反映室内噪声的衰减，具体数值可按下式计算

$$\Delta L = 10\ \lg\left(\frac{Q}{4\pi r^2} + \frac{4}{\mathrm{R}}\right) \tag{17.10}$$

式中　Q——声源与测点（人耳）间的方向因素，主要取决于声源与测点间的夹角，见图 17.8，并与频率及风口长边尺寸的乘积有关。Q 值可查表 17.6 确定；

r——声源与测点的距离，m；

R——房间常数（m^2），由房间大小和吸声能力 $\bar{\alpha}$ 所决定。R 值可由图 17.9 查得，$\bar{\alpha}$ 值由室内吸声面积和平均吸声系数决定，见表 17.7。通常 $\bar{\alpha} = 0.1 \sim 0.15$。

ΔL 也可由图 17.10 查得。

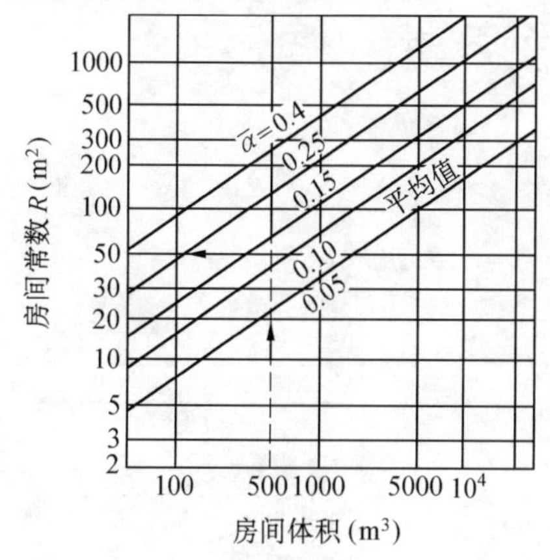

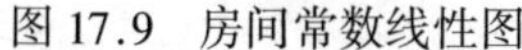

图 17.9　房间常数线性图

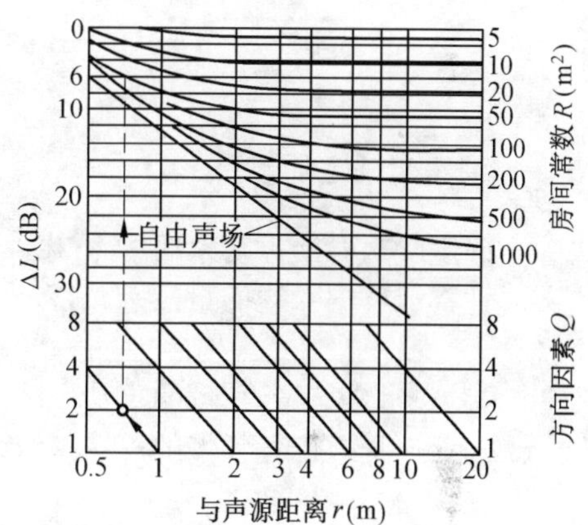

图 17.10　风口噪声进入室内的衰减

表 17.6　用于确定 ΔL 的方向因素 Q 值

频率 × 长边(Hz·m)	10	20	30	50	75	100	200	300	500	1 000	2 000	4 000
$\theta = 0°$	2	2.2	2.5	3.1	3.6	4.1	6	6.5	7	8	8.5	8.5
$\theta = 45°$	2	2	2	2.1	2.3	2.5	3	3.3	3.5	3.8	4	4

表 17.7　房间吸声能力（平均吸声系数 $\bar{\alpha}$）

房 间 名 称	吸声系数 $\bar{\alpha}$
广播电台、音乐厅	0.4
宴会厅等	0.3
办公室、会议室	0.15 ~ 0.20
剧场、展览馆等	0.1
体育馆等	0.05

四、空调系统在不同噪声标准下的允许气流速度

以上风管内噪声衰减的前提是风管内流速满足低速风管的要求，如流速很高会产生

再生噪声。

有消声要求和空调系统在不同噪声标准下的气流速度允许值见表 17.8。

表 17.8　空调系统不同噪声标准的气流速度允许值

噪声标准要求值		管道内气流速度的允许值/($m \cdot s^{-1}$)		
NC 或 NR 评价曲线	L_A(dBA)	主风道	支风道	房间出风口
15	20	4.0	2.5	1.5
20	25	4.5	3.5	2.0
25	30	5.0	4.5	2.5
30	35	6.5	5.5	3.3
35	40	7.5	6.0	4.0
40	45	9.0	7.0	5.0

第三节　消声器消声量的确定

一、消声量确定的步骤

1. 确定噪声源的声功率级(L_W)并进行各频带声功率级的修正(L'_W)。

2. 计算风管内噪声的自然衰减,按下式计算送风口的声功率级。

$$L''_W = L'_W - (\Delta L_{W1} + \Delta L_{W2} + \cdots + \Delta L_{Wn}) \tag{17.11}$$

式中　L''_W——送风口各频带的声功率级,dB;

L'_W——噪声源各频带的声功率级,dB;

$\Delta L_{W1}, \Delta L_{W2}, \cdots, \Delta L_{Wn}$——噪声在风管内的各项衰减量,dB。可根据第二节所述方法确定。

3. 计算房间的噪声衰减量

即进行风口声功率级(L''_W)与室内测点的声压级(L_P)的转换,参照公式(17.9)。

4. 根据室内允许噪声标准(NR 曲线号)查图 17.4 确定各频带允许声压级 L'_p。

5. 计算消声器各频带消声量

$$\Delta L_p = L_p - L'_p \quad \text{dB}$$

6. 选用合适的消声器。

上述声学计算可用图 17.11 来表示声源、管路衰减、消声器消声量、室内噪声衰减以及室内允许噪声标准等的相互关系。

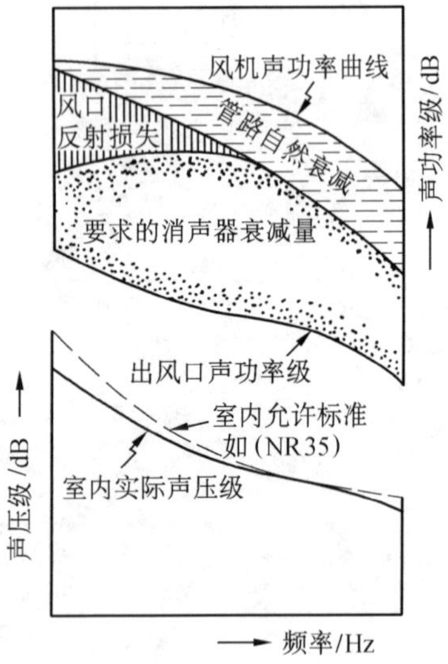

风机声功率曲线
风口反射损失
管路自然衰减
要求的消声器衰减量
声功率级/dB
出风口声功率级
室内允许标准如(NR35)
室内实际声压级
声压级/dB
频率/Hz

图 17.11　空调系统消声计算关系图

二、消声计算示例

【例 17.1】　已知:如图 17.12 所示空调系统,室内容积 500 m^3,送风量为 5 000 m^3/h,

风机的功率级为 95 dB,风机为前向型叶片,室内允许噪声为 NR35 号曲线,房间吸声能力一般,吸声系数 $\bar{\alpha}=0.13$。风机出口至送风口的管长为 10 m;人耳距离风口约 1 m,角度为 45°;风口尺寸 600 × 300 mm,设在侧墙顶部。

计算所要求的消声量。

【解】 由 $\bar{\alpha}=0.13$,房间体积 = 500 m³ 查图 17.9,得 $R=50\ m^2$。其他计算步骤见表 17.9。

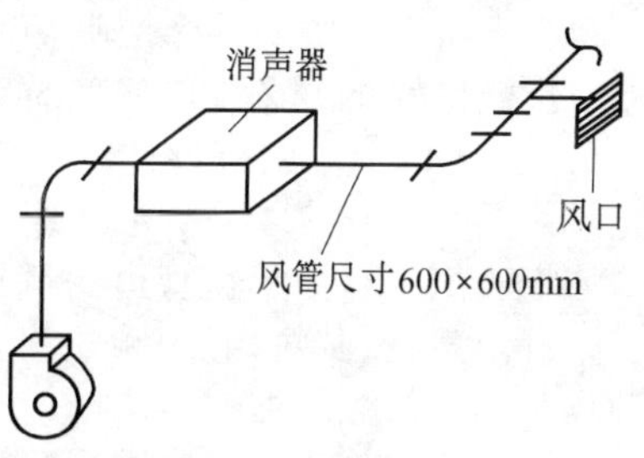

图 17.12　例 17.1 用图

表 17.9　消声计算程序表

序号	计算内容 \ dB 值 \ 中心频率 Hz	63	125	250	500	1 000	2 000	4 000	8 000	备注
1	风机总声功率级	95	95	95	95	95	95	95	95	
2	风机各频带修正值	−2	−7	−12	−17	−22	−27	−32	−37	查表 17.3
3	风机频带声功率级	93	88	83	78	73	68	63	58	(1)+(2)
4	直管的自然衰减量	−6	−6	−3	−1.5	−1.5	−1.5	−1.5	−1.5	查表 17.4, $L=10$ m
5	弯头的自然衰减量(2)	–	–	−12	−16	−8	−6	−6	−6	查表 17.5
6	三通的自然衰减	−3	−3	−3	−3	−3	−3	−3	−3	查图 17.5,设 $F/F_0=0.5$
7	风口反射损失	−6	−1	–	–	–	–	–	–	查图 17.7
8	风管自然衰减总和	−15	−10	−18	−20.5	−12.5	−10.5	−10.5	−10.5	(4)+(5)+(6)+(7)
9	风口处的声功率级	78	78	65	57.5	60.5	57.5	52.5	47.5	(3)+(8)
10	确定方向因素 Q	2	2.3	2.7	3.3	3.5	4	4	4	查表 17.6
11	房间衰减量	−6	−6	−5	−5	−4	−4	−4	−4	查图 17.10
12	室内声压级	72	72	60	52.5	56.5	53.5	48.5	43.5	(9)+(11)
13	室内容许标准声压级	64	53	45	39	35	32	30	28	图 17.4,NR35
14	消声器应负担的消声量	8	19	15	13.5	21.5	21.5	18.5	15.5	(12)−(13)

第四节　消声器

空调系统的噪声控制,应首先在系统设计时考虑降低系统噪声,如合理选择风机类型,使风机的正常工作点接近其最高效率;风道内的流速控制;转动设备的防振隔声;风管管件的合理布置等。当计算了管路的自然衰减后仍不满足噪声要求时,则应在管路中或空调箱内设置消声器。

消声器根据不同的消声原理可分为阻性、抗性、共振型和复合型四种类型的消声器。

一、阻性消声器

阻性消声器是利用吸声材料的吸声作用而消声的。吸声材料能够把入射的声能的一部分吸收,一部分反射,另一部分声能透过吸声材料继续传播。吸声材料大多是疏松或多孔的,如玻璃棉、泡沫塑料、矿渣棉、毛毡、石棉绒、微孔吸声砖、木丝板、甘蔗板等,其主要特点是具有贯穿材料的许许多多的细孔,即所谓开孔结构。当声波进入孔隙,引起孔隙中的空气和材料产生微小的振动,由于摩擦和粘滞阻力,使相当一部分声能转化为热能被吸收掉。

吸声材料的吸声性能用吸声系数 α 来表示，α 是被吸收的声能与入射声能的比值。吸声性能良好的材料，如玻璃棉、矿渣棉等，厚度在 4 cm 以上时，高频的吸声系数在 0.85～0.90以上。中等性能的吸声材料，如石棉、微孔吸声砖等，厚度在 4 cm 以上时，高频吸声系数在 0.6 以上。木丝板、甘蔗板的吸声系数在 0.5 以下。

把吸声材料固定在管道内壁或壳体内，就构成了阻性消声器，其对高、中频噪声消声效果好，对低频噪声消声效果较差。

常用的阻性消声器有以下几种：

1. 管式消声器

适用于较小的风道，直径一般不大于 400 mm，仅在管壁内周贴上一层吸声材料（管衬）即可。对低频噪声的消声性能较差。消声量参见有关手册。

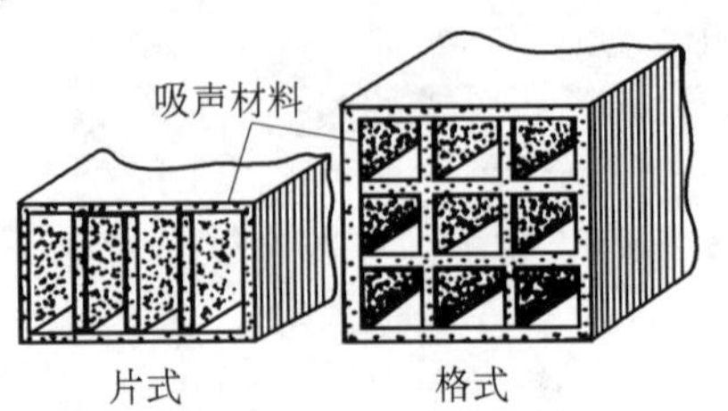

图 17.13　片式和格式消声器

2. 片式、格式消声器（图 17.13）

当管道断面较大时采用，对中、高频噪声的吸声性能好，阻力不大。片式消声器应用广泛，构造简单。格式消声器要保证有效断面不小于风道断面，因而体积较大，单位通道大约在 200×200 mm 左右。应注意消声器内的空气流速不宜过高，以防气流产生湍流噪声而使消声失效，而且增加空气阻力。片式消声器的间距一般取 100～200 mm，片材厚度取 100 mm 左右。

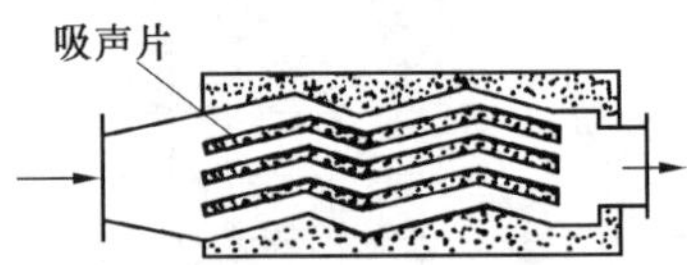

图 17.14　折板式消声器

3. 折板式、声流式消声器

将片式消声器的吸声片改成曲折式，就成为折板式消声器，如图 17.14 所示。声波在消声器内往复多次反射，增加了与吸声材料接触的机会，提高了高频消声的效果。折板式消声器一般以两端“不透光”为原则。

为了使消声器既具有良好的消声效果，又有较小的空气阻力，可将吸声片横截面改成正弦波状或近似正弦波状，即声流式消声器，见图 17.15。

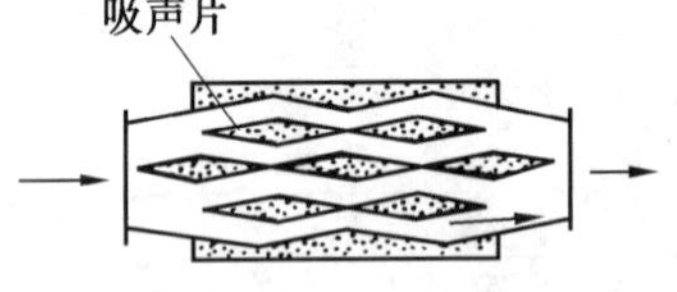

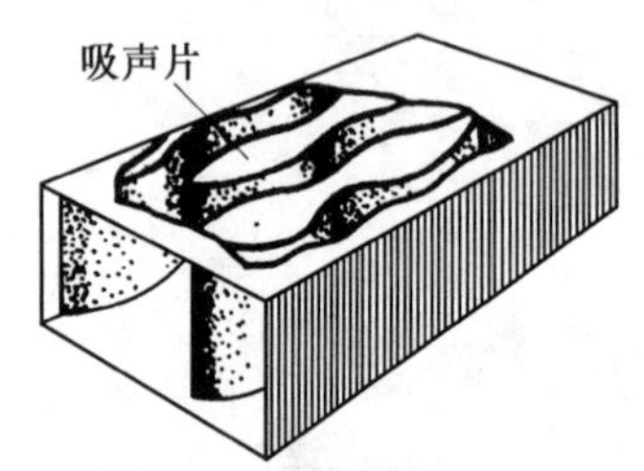

图 17.15　声流式消声器

二、抗性消声器

又称膨胀型消声器，见图 17.16。利用管道截面的突变，将声波向声源方向反射回去，采用小室与管道的组合实现。抗性消声器对低频噪声有一定的效果，但一般要求管截面变化 4 倍以上（甚至 10 倍），因此常受到机房空间的限制。

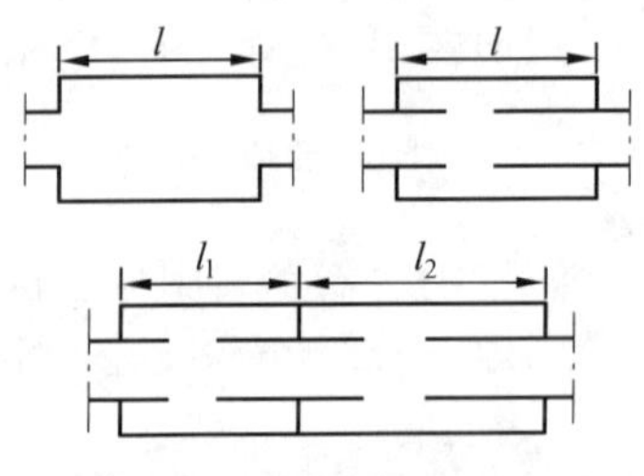

图 17.16　抗性消声器

三、共振型消声器

如图 17.17 所示，共振型消声器主要包括穿孔板和共振腔，穿孔板小孔孔颈处的空气柱和空腔内的空气构成一个共振吸声结构，其固有频率由孔颈 d、孔颈厚 l 和腔深 D 所决定。当外界噪声的频率和此共振吸声结构的固有频率相同时，引起小孔孔颈处空

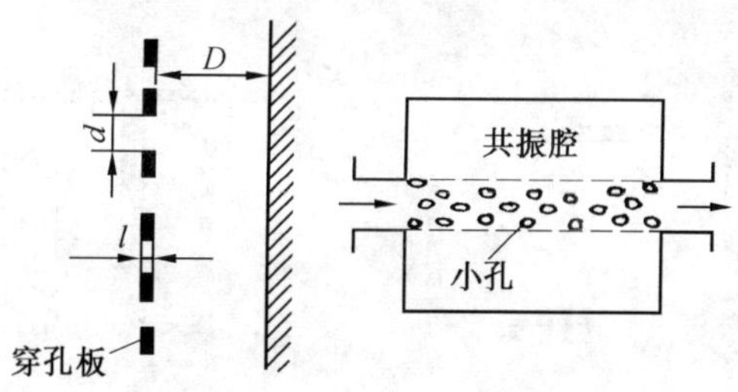

图 17.17　共振型消声器

气柱的强烈共振，空气柱与颈壁剧烈摩擦，消耗了声能，达到消声效果。共振型消声器消声的有效频率很窄，一般用以消除低频噪声。

四、复合型消声器

又称宽频带消声器，集中阻性和共振型或膨胀型消声器的优点，在低频到高频范围内均有良好的消声效果，见图 17.18。试验表明，复合型消声器的低频消声性能有所改善，如 1.2 m 长的复合型消声器的低频消声量可达 10～20 dB。对于不能使用纤维吸声材料的空调系统（如净化空调工程），用金属（铝等）结构的微穿孔板消声器可获得良好的效果。

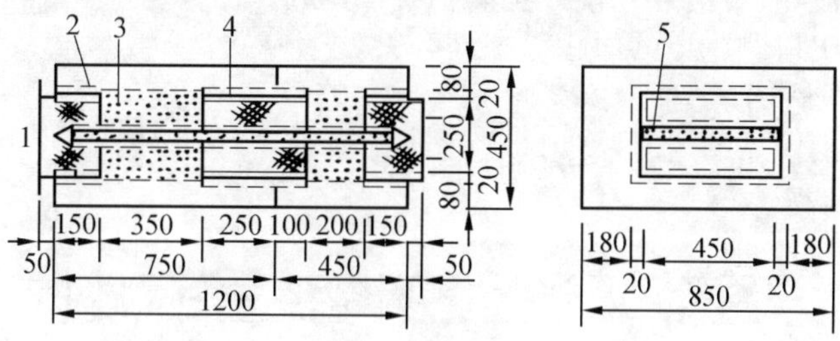

图 17.18　复合型消声器结构示意图

1—外包玻璃布；2—膨胀室；3—0.5 mm 厚钢板（ϕ8 孔，30%）；
4—木框外包玻璃布；5—内填玻璃棉

五、其他类型消声器

1. 消声弯头

（1）弯头内贴吸声材料，内缘做成圆弧，外缘粘贴吸声材料的长度不应小于弯头宽度的 4 倍，见图 17.19(a)。

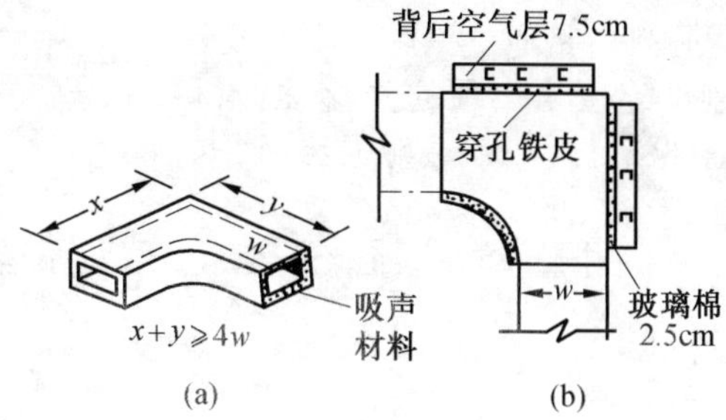

图 17.19　消声弯头

（2）如图 17.19(b)所示，共振型消声弯头外缘采用穿孔板、吸声材料和空腔。

2. 室式消声器

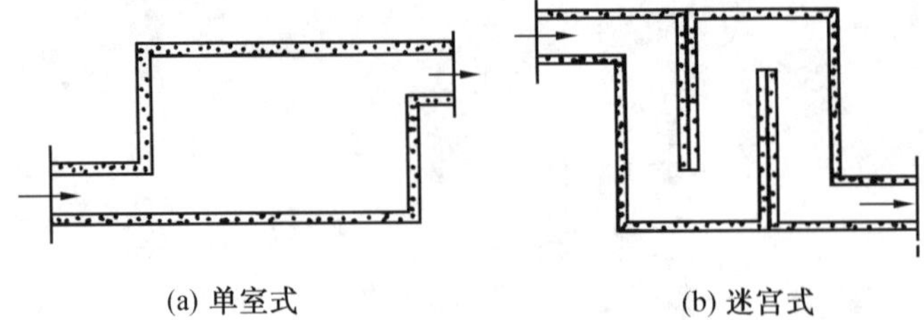

(a) 单室式　　(b) 迷宫式

图 17.20　室式消声器

如图 17.20 所示,在大容积的箱室内表面上粘贴吸声材料,并错开气流的进出口位置,也可加吸声挡板将气流通道改变。室式消声器的消声原理兼有阻性和抗性消声器的特点,消声频程较宽,安装维修方便,但阻力大,占空间大,多利用土建结构实现。

3. 消声静压箱(图 17.21)

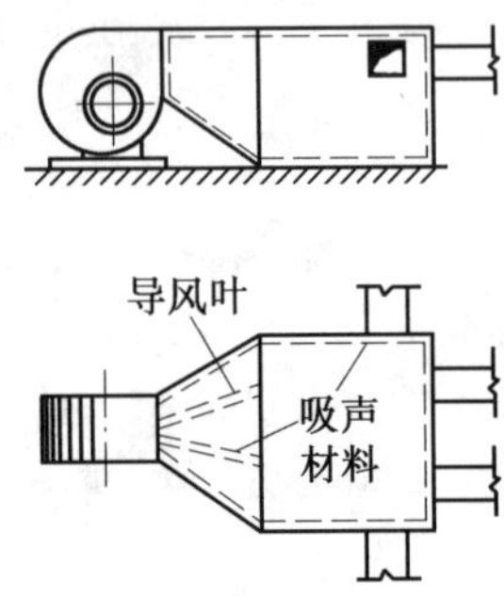

图 17.21　消声静压箱的应用

风机出口或空气分布器前设置内贴吸声材料的静压箱,既可稳定气流,又可消声。消声量与材料的吸声能力、箱内面积和出口侧风道的面积等因素有关。

经过消声处理后的风管不应暴露在噪声大的空间,以免噪声穿透消声后的风管。

第五节　通风空调装置的减振

通风空调系统中的通风机、水泵、制冷压缩机是产生振动的振源,有的属于旋转运动机器,如通风机;有的属于往复运动机器,如活塞式制冷压缩机。这些机器由于运动部件的质量在运动时会产生惯性力,从而产生振动。机器振动又传至支承结构(如楼板或基础)或管道,这些振动有时会影响人的身体健康,或影响生产和产品质量,甚至还会危及支承结构的安全。振动以弹性波的形式沿房屋结构传到其他房间,又以噪声的形式出现,称为固体声。

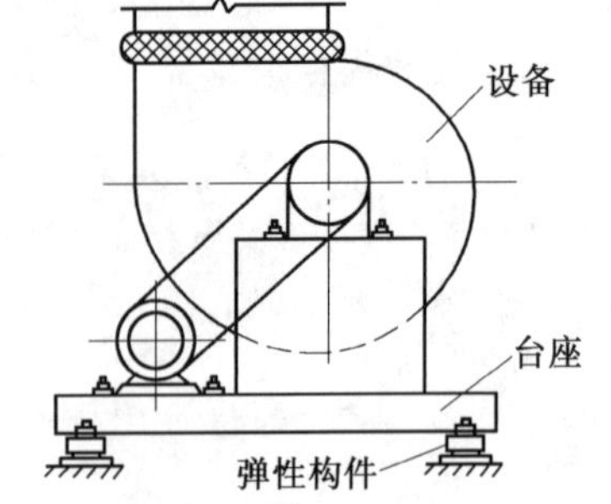

图 17.22　积极减振示意图

削弱机器振动的不利影响,是通过消除机器与支承结构、机器与管道等的刚性连接来实现的,即在振源和支承结构之间安装弹性避振构件(如弹簧减振器、软木、橡皮等),在振源和管道间采用柔性连接,这种方法称为积极减振法,见图 17.22。对怕振的精密设备、仪表等采取减振措施,以防止外界振动对它们的影响,这种方法称为消极减振法。

一、振动传递率

通常用振动传递率 T 表示隔振效果,它表示振动作用于机组的总力中有多少经过隔

振系统传给支承结构,即

$$T = F/F_0 = \frac{1}{(f/f_0)^2 - 1} \tag{17.12}$$

式中　F——通过减振系统传给支承结构的传递力;

F_0——振源振动的干扰力;

f——振源的振动频率,Hz;

f_0——弹性减振支座的固有频率(自然频率),Hz。

T 与 f/f_0 关系见图 17.23。从图 17.23 和式 17.12 可以看出:

1. 当 $f/f_0 < 1$ 时,则 $T > 1$,这时干扰力全部通过减振器传给支承结构,减振系统不起减振作用;

2. 当 $f/f_0 = 1$ 时,T 趋于无穷大,系统发生共振,机组传给支承结构的力会有很大的增加;

3. 当 $f/f_0 > \sqrt{2}$时,$T < 1$,这时减振器才起减振作用。f/f_0 值越大,T 越小,隔振效果越好。

实际上,f/f_0 越大,造价越高,提高减振效果的速率减低,因此在工程上 f/f_0 取 3 左右。在设计减振系统时,应根据工程性质确定其减振标准,即确定减振传递率 T。减振标准可参考表 17.10。

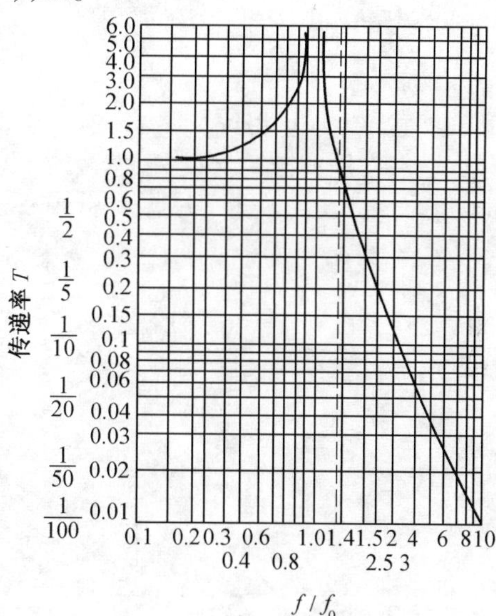

图 17.23　减振传递曲线

表 17.10　减振参考标准

允许传递率 T(%)	隔振评价	使　用　地　点
<5	极好	压缩机装在播音室的楼板上
5~10	很好	通风机组装在楼层,其下层为办公室、图书馆、病房等或其他要求严格减振的房间
10~20	好	通风机组装在广播电台、办公室、图书馆、病房一类的安静房间附近
20~40	较好	通风机组装在地下室,而周围为除上述以外的一般房间
40~50	不良	设备装在远离使用地点时,或一般工业车间

振动传递率 T 越小,不仅减振效果好,而且对消声也越有利。如果 $T = 0.1$,振源辐射的噪声的声压级就会降低约 20 dB。

二、减振材料及减振器的选择计算

1. 减振弹性材料的静压变形值 δ

振源不振动时减振材料被压缩的高度称静态变形值,它与减振支座的固有频率 f_0 的关系为

$$f_0 = \frac{5}{\sqrt{\delta}} \quad \text{Hz}$$

即
$$\delta = \frac{25}{f_0^2} \quad \text{cm}$$

由于 $f = \frac{n}{60}$(n 为振源的转速,r/min),代入式 17.12 可得

$$T = \frac{9 \times 10^4}{\delta \cdot n^2}$$

即 $\delta = \frac{9 \times 10^4}{T \cdot n^2}$,若 T 用百分数表示,则有

$$\delta = \frac{9 \times 10^4}{T\% \cdot n^2} \quad \text{cm} \tag{17.13}$$

按式 17.13 可得线算图 17.24。在要求的振动传递率 T 相同时,n 越低,则所需的 δ 越大。在常用的减振材料中,弹簧的 δ 值较大,橡皮和软木较小,因而当 $n > 1\ 200$ r/min 时,宜采用橡皮或软木等减振材料或减振器;当 $n < 1\ 200$ r/min 时,宜采用弹簧减振器。

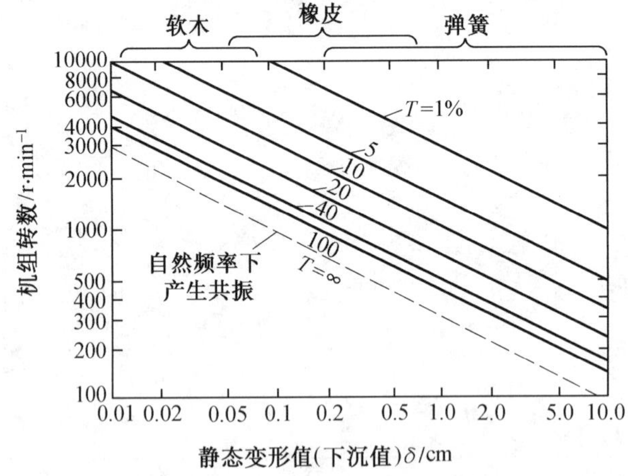

图 17.24 减振基础计算曲线

2. 减振基座的尺寸

(1) 减振基座的厚度 h

$$h = \delta \frac{E}{\sigma} \quad \text{cm} \tag{17.14}$$

式中 δ——减振基座的静态变形量,cm;

E——减振材料的动态弹性系数,N/cm^2,一般为静态的 5~20 倍,按表 17.11 选用;

σ——减振材料的允许荷载,N/cm^2,按表 17.11 确定。

(2) 减振材料断面积 F

$$F = \frac{\sum G \times 9.8}{\sigma Z} \quad \text{cm}^2 \tag{17.15}$$

式中 $\sum G$——设备和基础板的总质量,kg;

Z——减振垫座的个数。

表 17.11　若干减振材料的 E 和 σ 值

材料名称	允许荷载 σ /(kg·cm^2)	动态弹性系数 E /(kg·cm^2)	E/σ
软橡皮	0.8	50	63
中等硬度橡皮	3.0~4.0	200~250	75
天然软木	1.5~2.0	30~40	20
软木屑板	0.6~1.0	60	60~100
海绵橡胶	0.3	30	100
孔板状橡胶	0.8~1.0	40~50	50
压制的硬毛毡	1.4	90	64

【例 17.2】　一台空调机组总重量 1 060 kg,风机转速 $n = 1\ 230$ r/min,允许传递率 $T = 12.5\%$,设计天然软木隔振基座。

【解】　(1) 由图 17.23 查得,当 $T = 0.125$ 时 $f/f_0 = 3$,即

$$f_0 = \frac{1\ 230/60}{3} = 7\ \text{Hz}$$

(2) 由图 17.24 查得,当 $n = 1\ 230$ r/min,$T = 12.5\%$,要求静态变形值 $\delta = 0.5$ cm。

(3) 查表 17.11 得天然软木的 E/σ 为 20,代入式(17.14),得

$$h = \delta\frac{E}{\sigma} = 0.5 \times 20 = 10\ \text{cm}$$

(4) 减振材料断面积 F 按式(17.15)计算,取 4 个垫座,σ 值由表 17.11 查得为 1.75(平均值),所以

$$F = \frac{\sum G \times 9.8}{\sigma \cdot Z} = \frac{1\ 060 \times 9.8}{1.75 \times 4} \approx 148\ \text{cm}^2$$

取每个垫座断面尺寸为 15×10 cm,厚度为 10 cm。

三、常用减振器(图 17.25)

除橡皮减振垫、软木等减振材料外,常用减振器还有弹簧减振器、橡胶减振器等。

1. 弹簧减振器

由单个或数个相同尺寸的弹簧和铸铁(或塑料)护罩组成,用于机组座地安装及吊装。固有频率低,静态压缩量大,承载能力大,减振效果好,性能稳定,应用广泛,但价格较贵。

2. 橡胶减振器

采用经硫化处理的耐油丁腈橡胶作为减振弹性体,粘结在内外金属环上受剪切力作用。具有较低的固有频率和足够的阻尼,安装更换方便,减振效果良好,且价格低廉。

有关产品目录和设计手册提供了必要的参数,当已知机组重量和静态压缩量后便可选定减振器。

3. 金属弹簧与橡胶组合减振器(图 17.26)

当采用橡胶剪切减振器满足不了减振要求,而采用金属弹簧减振又阻尼不足时,可以采用组合减振器,有并联和串联两种形式。

四、其他防振措施

1. 当设备采取了减振措施后,设备本身的振动会显著增强,对刚性连接的设备、管道非常不利,如压缩机、水泵等,可能导致管道破裂或设备损坏,必要时可适当增加减振基础的重量。

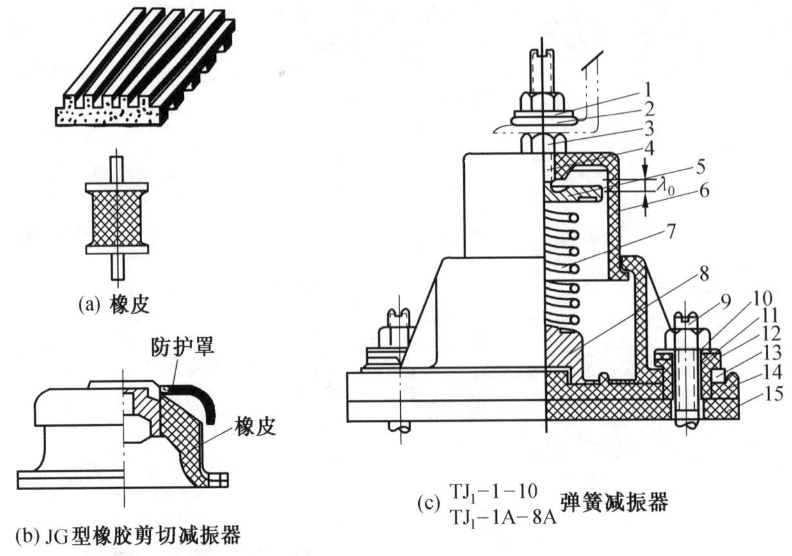

图 17.25　常用减振器

1—弹簧垫圈;2—斜垫圈;3—螺母;4—螺栓;5—定位板;6—上外罩;7—弹簧;8—垫块;9—地脚螺栓;10—垫圈;11—橡胶垫圈;12—胶木螺栓;13—下外罩;14—底盘;15—橡胶垫板

2. 压缩机、水泵等的进出口管路均应设隔振软管,风机进出口应采用柔性接管(如帆布短管等)。

3. 为防止风道和水管等传递振动,可在管道吊卡、穿墙处作防振处理。

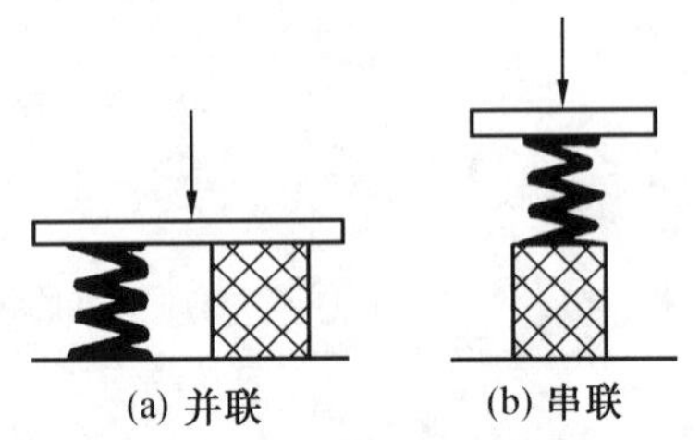

图 17.26　金属弹簧与橡胶组合减振器

第十八章　空调系统的运行调节和节能

空调系统的空气处理方案和处理设备的容量是在室外空气处于冬夏设计参数以及室内负荷为最不利的时候确定的。然而，从全年看，室外空气参数处于设计计算条件的情况只占一小部分，绝大多数时间随着春、夏、秋、冬作季节性的变化；其次空调房间内的余热、余湿负荷也在不断变化。此时，空调系统若不作相应的调节，将会使室内空气参数发生相应的变化或波动，不能满足设计的要求，而且还浪费空调设备的冷量和热量。因此在空调系统的设计和运行时，必须考虑在室外气象条件和室内负荷变化时如何对系统进行调节。

空调房间一般允许温、湿度有一定的波动范围，可根据室内空气参数的上下限值在 i - d 图上作出近似菱形的四边形波动区，如图 18.1 所示。只要室内空气参数在该波动区内，就可以认为满足要求。我们在实际运行调节中应充分利用允许的参数波动范围节能运行。

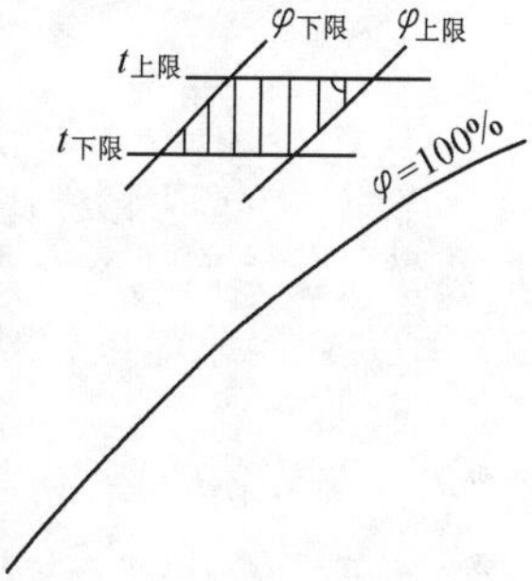

图 18.1　室内空气参数的允许波动区

第一节　定风量空调系统的运行调节

一、室内负荷变化时的调节

空调房间的余热负荷 Q、余湿负荷 W 随着室内工作情况和室外气象参数的变化而不断地变化，因而需要对空调系统进行相应的调节，来适应室内负荷的变化，以确保室内空气参数在允许的波动范围内。

1. 定露点和变露点的调节方法

(1) Q 变化，W 不变(定露点调节)

这种情况在舒适性空调系统中是普遍存在的，围护结构热负荷随室外气象条件变化而变化，而室内的产湿(人员波动)比较稳定。此时室内的热湿的线 ε 变为ε′，若以固定露点送风，则室内空气状态由 N 变化为N'，见图 18.2。如果 N' 在室内空气参数允许波动范围以内，则不需调节。反之，可用再热的方法将室内空气状态由 N' 调节到N''，见图 18.3。

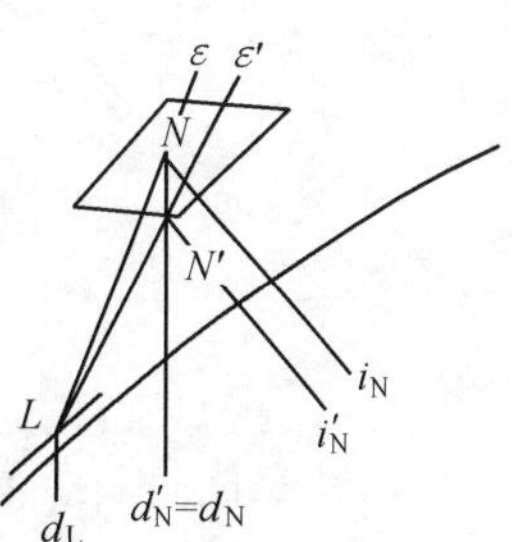

图 18.2　室内空气状态变化

(2) Q 和 W 都变化(变露点调节)

当 Q 和 W 都发生变化时，室内的热湿比线 ε 可能发生变化，变化的 ε′可能大于、小于或等于 ε。若送风状态不变，室内空气状态变化为 N'，见图 18.4，可依以下的方法进行调节。

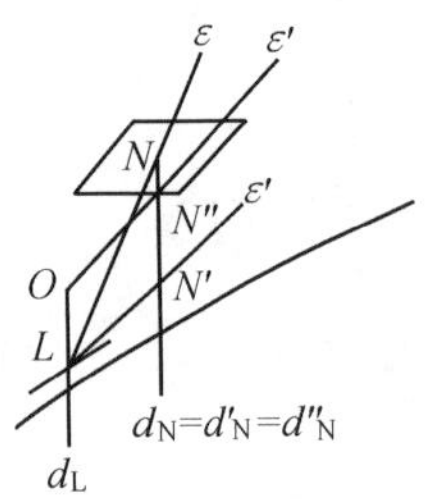

图 18.3　再热调节法

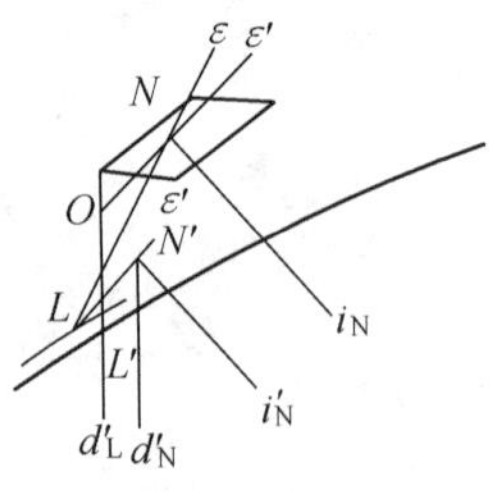

图 18.4　室内空气状态变化

① 调节预加热器加热量

冬季，当新风混合比不变时，可调节预加热器的加热量，将新、回风混合点 C 状态的空气，由原来加热到 M 点改变到 M' 点，然后绝热加湿到 L' 点，见图 18.5。

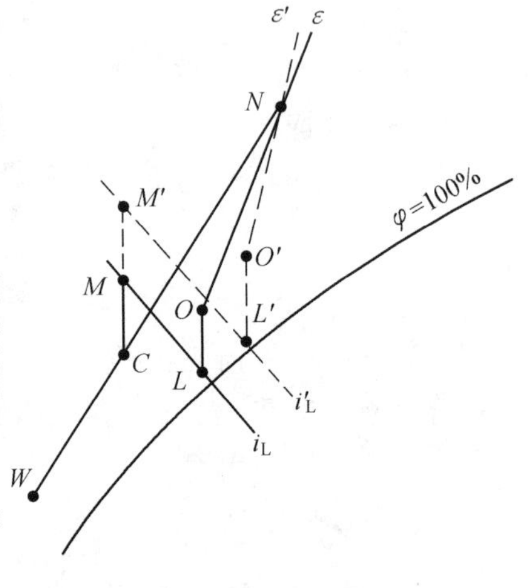

图 18.5　改变预热器加热量的变露点法

② 调节新、回风混合比

当室外空气温度较高，不需要预加热器时，可调新、回混合比，使混合点的位置由原来的 C 状态改变为位于新机器露点 L' 的等焓线上，然后绝热加湿到 L'，见图 18.6。

③ 调节冷冻水温度

在空气处理过程中，可调节表冷器进水温度，将空气处理到所需要的新露点状态。

2. 调节一、二次回风比（夏季）

对于带有二次回风的空调系统，可以采用调节一、二次回风比的调节方法。当室内负荷变化时，可不同程度地利用回风的热量来代替再热量，以达到为满足室内空气状态要求的新送风状态。

如图 18.7 所示，在设计工况时，空气调节过程为

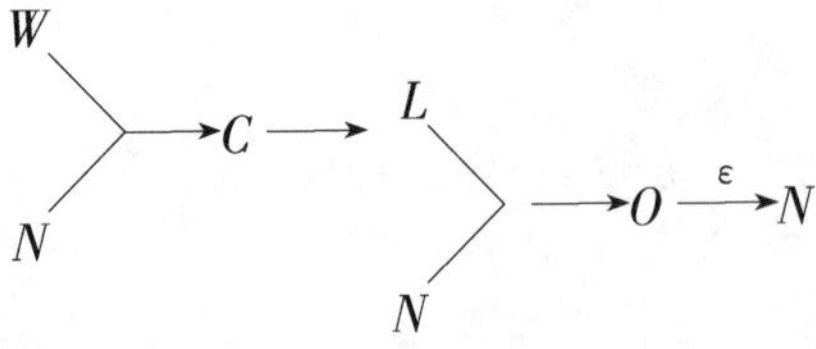

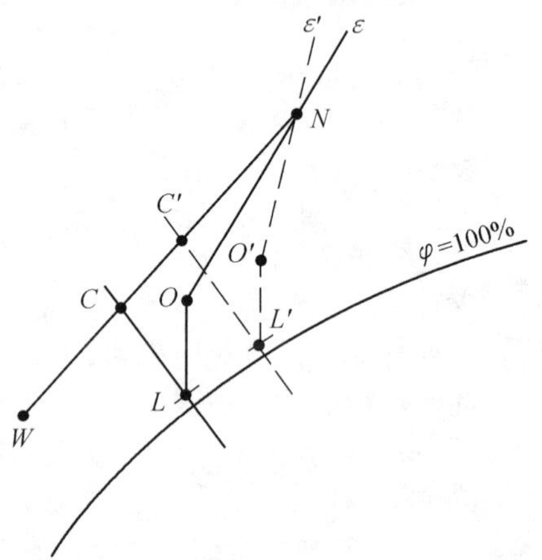

图 18.6　改变新、回风比的变露点法

当室内余热量减少时（为简单起见，假定室内仅有余热量变化而余湿量不变），则室内热湿比由 ε 变为 ε'，这时可调节一、二次回风联动阀门，在总风量保持不变的情况下，改变一、二次回风比，使一次回风量减小，二次回风量增大，送风状态点就从 O 点提高到 O' 点，然后送入室内达到 N'。空气调节过程为

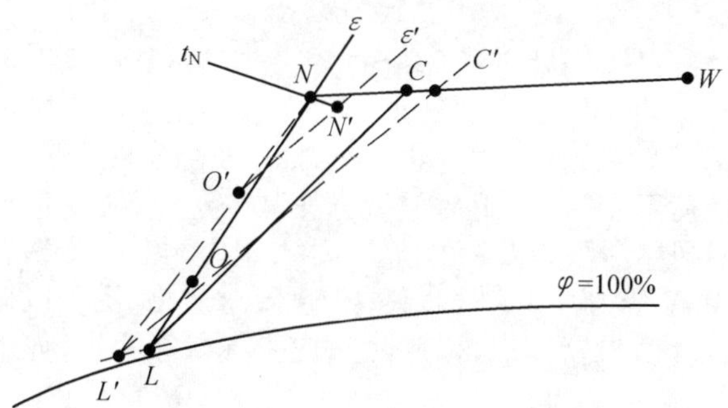

图 18.7　调节一、二次回风比(不改变露点)

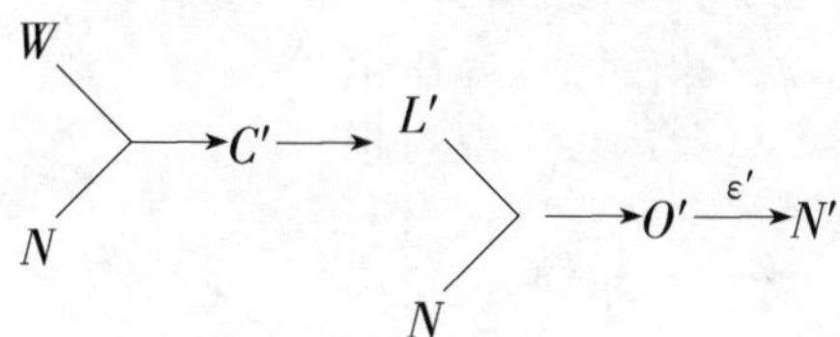

图 18.7 中机器露点所以由 L 变成 L',是由于通过喷水室(或表面式冷却器)的风量减少的缘故。

对于有余湿的房间,由于二次回风不经喷水室(或表冷器)处理,故会使室内的相对湿度偏高,当 N' 点超出室内相对湿度允许范围时,则可以在调节二次回风量的同时,调节喷水室喷水温度或进表冷器的冷水温度以降低机器露点,使送风状态的含湿量降低,以满足室内状态的要求(N' 在室内温湿度允许范围内或 N 点恒定)。如图 18.8 所示,设计工况时空气调节过程为

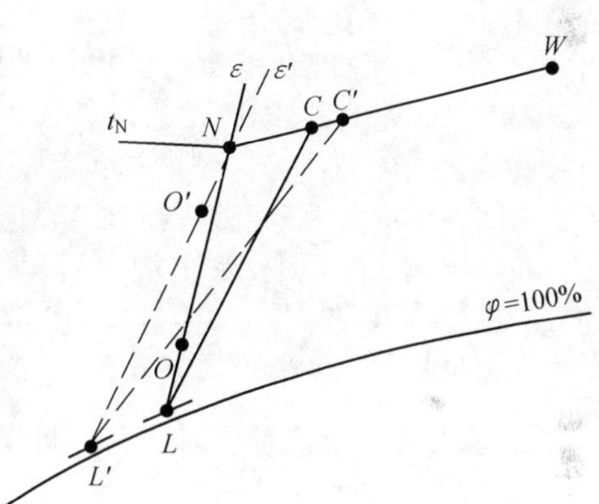

图 18.8　调节一、二次回风比(改变露点)

W、N → C → L、N → O $\xrightarrow{\varepsilon}$ N'

冷负荷减少时空气调节过程为

W、N → C' → L'、N → O' $\xrightarrow{\varepsilon'}$ N

同理,当室内余热量和余湿量均变化时,同样可调节二次回风量和机器露点以保证所需的室内空气参数。由于调节一、二次回风比的方法可以省去再热量,因此,该方法得到广泛的应用。

3. 风量调节

当室内负荷减少时，可采用减少送风量的方法进行调节。但送风量不能无限制地减少，必须保证房间的最小换气次数。在使用变风量风机时，可节省风机运行费用，且能避免再热。如图18.9所示，当房间显热负荷减少，而湿负荷不变时，如用变风量方法减少送风量，使室温不变，则送入室内的总风量吸收余湿量的能力下降，室内相对湿度稍有增加（室内空气状态由 N 变为 N'）。如果室内湿度要求严格，则可以调节表冷器的进水温度，降低机器露点，以满足室内空气状态要求，如图18.9中虚线所示。

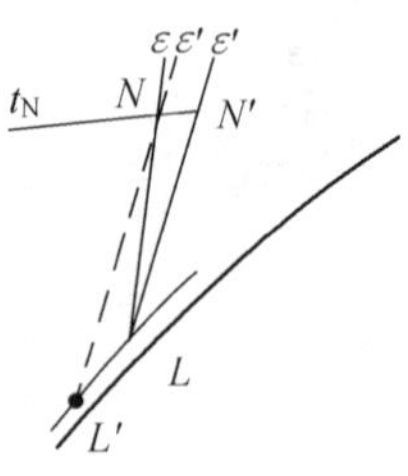

图 18.9 调节送风量

4. 多房间空调系统的调节

前述的调节方法只针对一个房间而言，如果一个空调系统为多个负荷不相同（热湿比也不同）的房间服务，则设计工况和运行工况可根据实际需要灵活考虑。如一个空调系统中有三个房间，它们的室内空气参数要求相同，但房间负荷不同，热湿比线分别为 ε_1、ε_2 和 ε_3（图18.10），并且各房间取相等的送风温差。如果 ε_1、ε_2 和 ε_3 相差太大，则可以把其中一个主要房间的送风状态（L_2）作为系统的送风状态。其他两个房间的室内参数分别为 N_1 和 N_3，它们虽然偏离了 N，但仍在室内允许的范围内。

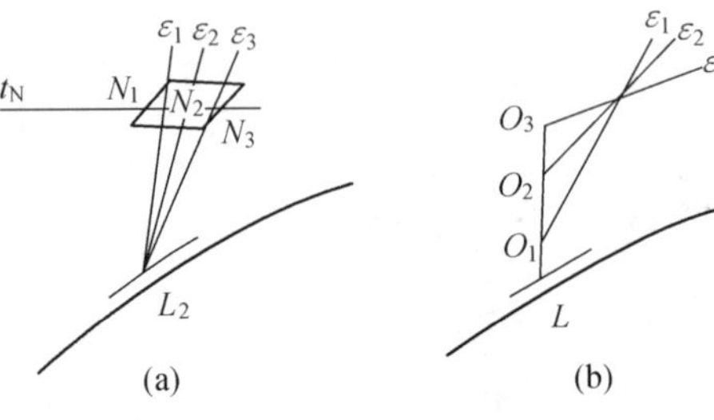

图 18.10 多房间的运行调节

(a) 同一送风状态；(b) 不同送风状态

在系统调节过程中，当各房间负荷发生变化时，可采用定露点或改变局部房间再热量的方法进行调节（图 18.10(b)），使房间满足参数要求。如果采用该法满足不了要求，就必须在系统划分上采取措施。

二、室外空气状态变化时的运行调节

室外空气状态的变化，主要从两个方面影响室内空气状态：一方面当空气处理设备不作相应调节时，会引起送风参数变化，从而造成室内空气状态波动；另一方面，如果房间有外围护结构，室外空气状态的变化引起建筑物传热量的变化，从而引起室内负荷的变化，最终导致室内空气状态的波动。这两种变化的任何一种都会影响空调房间的室内状态。本节在假定室内负荷不变的前提下，讨论室外空气状态变化时保证送风状态的全年运行调节方法。

室外空气状态在一年中波动的范围很大。根据当地的有关气象资料，可得到室外空气状态的全年变化范围。如果在 $i-d$ 图上对全年各时刻出现的干、湿球温度状态点在该图上的分布进行统计，算出这些点全年出现的频率值，就可得到一张焓频图，这些点的边界线称为室外气象包络线，见图 18.11。

空调系统确定后，可将焓频图分成若干气象区（空调工况区），对应每个空调工况区采取不同的运行调节方法。空调工况区的划分原则是在保证室内温湿度要求的前提下，使运行经济简便，调节设备可靠；同时应考虑各分区在一年中出现的累计小时数，以便减少不必要的分区，每一个空调工况区均应使空气处理按经济的运行方式进行，在相邻空调工况间可自动切换。

各工况区最佳运行工况的确定，主要考虑以下原则：

(1) 条件许可时，不同季节尽量采用不同的室内设定参数，以及充分利用室内被调参

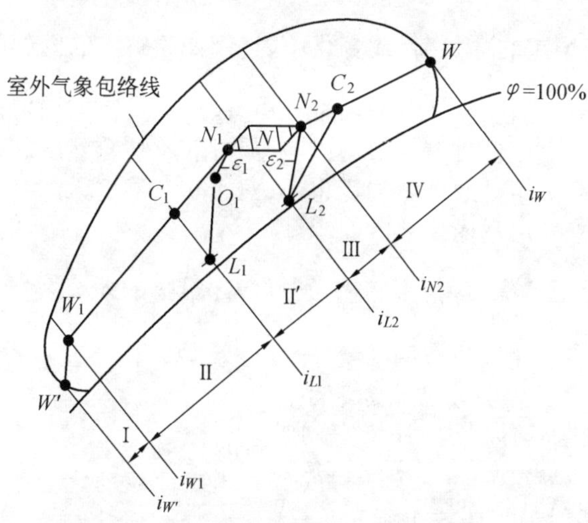

图 18.11　一次回风空调系统全年空调工况分区

数的允许波动范围,以推迟用冷(或用热)的时间。

(2) 尽量避免冷热量抵消的现象。

(3) 在冬、夏季应充分利用室内回风,保持最小新风量,以节省冷量或热量的消耗。

(4) 在过渡季应加大新风量以充分利用室外空气的自然调节能力,并设法尽量推迟使用制冷机的时间。

对于不同的全年气候变化情况、不同的空调系统和设备(如直流式、一次回风、二次回风系统及喷水室、表面冷却器等)、不同的室内参数要求(如恒温恒湿或舒适性空调等)以及不同的控制方法(如露点控制或无露点控制等),可以有各种不同的分区方法和相应最佳运行工况。

第二节　变风量系统的运行调节

变风量空调系统有其突出的优点:当室内热湿负荷减少时,送风量可以随之减少。而送风参数可以保持恒定。这样不仅可以节省风机耗能,而且可以节约空调送风的冷量和热量。

在变风量系统中,必须配备变风量风机,否则系统风量变化,将会引起风机运行的不稳定,形成喘振甚至造成系统的颤动。变风量风机有多种,变速风机改变风机的转速可以使风量与负荷成正比变化,目前大多采用变极电机或可控硅串级调速。比较先进的变风量风机有自动控制的、在出口装有蜗形阀的风机,自动改变风机叶轮有效宽度的变风量风机,以及变频式通风机。

当室内负荷变化时,变风量空调主要依靠末端风量的变化进行调节。由于送风量随着室内显热余热量减少而减少,因而送风的除湿能力也相应降低,当室内余湿量不变时,就会使室内空气相对湿度增高,这是应加以注意的。

变风量空调系统的露点温度和送风温度的控制方法与定风量空调系统相同。

变风量空调系统有以下三种全年运行调节方法:

一、全年各房间有恒定的冷负荷,或变化小时(例如建筑物的内部区)

可以采用无末端再热的变风量空调系统,全年送冷风。由室内恒温器调节送风量,风量随冷负荷的减少而减少。在过渡季节可以充分利用新风“自然冷却”。由于冷负荷变化小,因此送风量变化小,则相对湿度增加量也小,对于相对湿度无严格要求的房间,易于通过这种运行调节方法来满足室内参数的要求。

二、全年各房间无恒定冷负荷,且变化大时(如建筑物的外部区)

可采用有末端再热的变风量空调系统,全年送冷风。由于室内冷负荷变化大,因此,当室内送风量随冷负荷的减小并已减至最小值时,就不可能再通过减小送风量来补偿室内继续减少的冷负荷,此时,就需要使用末端再热器加热空气,向室内补充热量来保持室温不变,见图 18.12。所谓的最小送风量是这样确定的:为避免因风量过少而造成室内换气量不足,新风量过少、温度分布不均匀和相对温度过高所需的最小送风量。该最小送风量一般不小于 4 次换气次数的风量。

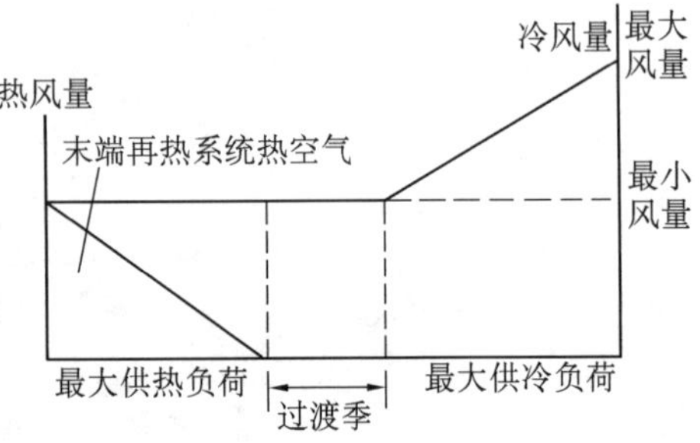

图 18.12 末端再热变风量系统运行调节工况

三、各房间夏季有冷负荷,冬季有热负荷

图 18.13 所示为一个用于供冷、供热季节转换的变风量系统的调节工况。夏季运行时,随着冷负荷的不断减少,逐渐减少送风量,

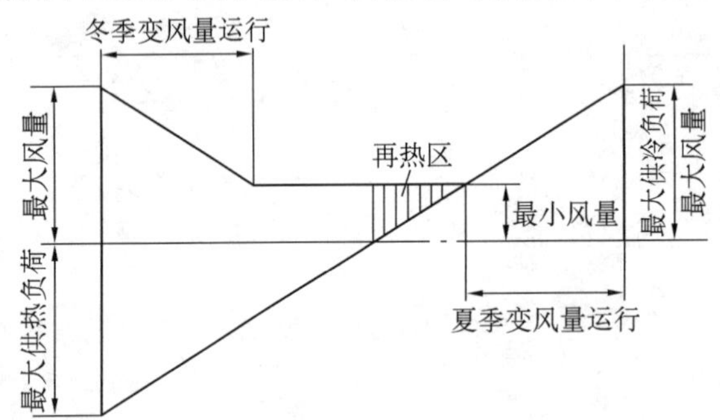

图 18.13 季节转换变风量系统的全年运行调节

当达到最小送风量时,风量不再减少,而利用末端再热以补偿室温的降低。随着季节的变换,系统从送冷风转为送热风,开始仍以最小送风量供热,但需根据室外气温的变化不断改变送风温度,即采用定风量变温度的调节方法。当供热负荷继续增加时,再改为增加风量的调节方法。

大型建筑物中,周边区常设单独供热系统。该供热系统一般承担围护结构的供热损失,可以用定风量变温系统、诱导器系统、风机盘管系统或暖气系统,风温或水温根据室外空气温度进行调节。内部区可能由于灯光、人体和设备的散热量,由变风量系统全年送冷风。

第三节　集中式空调系统的自动控制

当空调系统的空调精度要求较高、室内负荷变化较大、精度要求虽不高但系统规模大且空调房间多及在多工况节能运行时,均应考虑采用自动控制的运行调节。

实现空调系统调节自动化,不但可以提高调节质量,降低冷、热量的消耗,节约能量,同时还可以减轻劳动强度,减少运行管理人员,提高劳动生产率和技术管理水平。空调系统自动化程度也是反映空调技术先进性的一个重要方面。因此,随着自动调节技术和电子技术的发展,空调系统的自动调节必将得到更广泛的应用。

一、空调自动控制系统的基本组成

自动控制就是根据调节参数(也叫被调量,如室温、相对湿度等)的实际值与给定值(如设计要求的室内基本参数)的偏差(偏差的产生是由于干扰所引起的),用自动控制系统(由不同的调节环节所组成)来控制各参数的偏差值,使之处于允许的波动范围内。

自动控制系统的主要组成部件有:敏感元件、调节器、执行机构和调节机构。

1. 敏感元件(又称传感器)

敏感元件是用来感受被调参数(如温度、相对湿度等)的大小,并输出信号给调节器的部件。按被调参数的不同,可以分为温度敏感元件(如电接点水银温度计、铂电阻温度计等)、湿度敏感元件(如氯化锂湿度计等)和压差敏感元件等。

2. 调节器(又称命令机构)

调节器是用来接受敏感元件输出的信号并与给定值进行比较,然后将测出的偏差经运算放大为输出信号,以驱动执行机构的部件。按被调参数的不同,有温度调节器、湿度调节器、压力调节器;按调节规律(调节器的输出信号与输入偏差信号之间关系)的不同,有位式调节器、比例调节器、比例积分调节器和比例积分微分调节器等。有的调节器与敏感元件组合成一体,例如用于室温位式调节的可调电接点水银温度计。

3. 执行机构

执行机构是用来接受调节器的输出信号以驱动调节机构的部件,如电加热器的接触器、电磁阀的电磁铁、电动阀门的电动机等。

4. 调节机构

调节机构是受执行机构的驱动,直接起调节作用的部件。如调节热量的电加热器、调节风量的阀门等。有时,调节机构与执行机构组合成一体,称为执行调节机构,如电磁阀、电动二(三)通阀和电动调节风阀等。

图 18.14 所示的方框图表明了自动控制系统各部件之间及部件与调节对象之间的关系。当调节对象受到干扰后,调节参数偏离给定值(即基准参数)而产生偏差,于是使自动

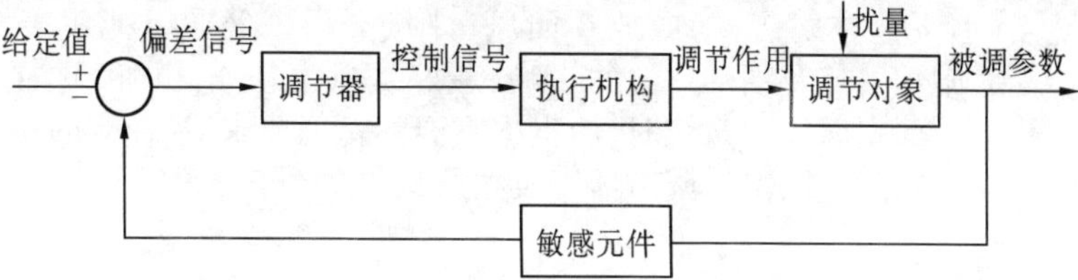

图 18.14　自动调节系统方框图

控制系统的部件依次动作,并通过调节机构对调节对象的干扰量进行调节,使调节参数的偏差得到纠正,调节参数恢复到给定值。

为了使空调房间内的空气参数(温度和湿度)能维持在允许的波动范围内,应根据具体情况设置由不同的调节环节(如加热器加热量控制、露点控制、室温控制以及室内的相对湿度控制等)所组成的自动控制系统。室温控制和室内相对湿度控制是空调自动控制中的两个重要环节。

二、室温控制

室温控制是将温度敏感元件直接放在空调房间内,当室温由于室内外负荷的变化而偏离给定值时,敏感元件即发出信号,控制相应的调节机构,使送风温度随扰量的变化而变化,使室温满足要求。

改变送风温度的方法有:调节加热器的加热量和调节新、回风混合比或一、二次回风比等。调节热媒为热水和蒸汽的空气加热器的加热量来控制室温,主要用于一般空调精度的空调系统;而对温度要求较高的系统,则采用电加热器对室温进行微调(精调)。

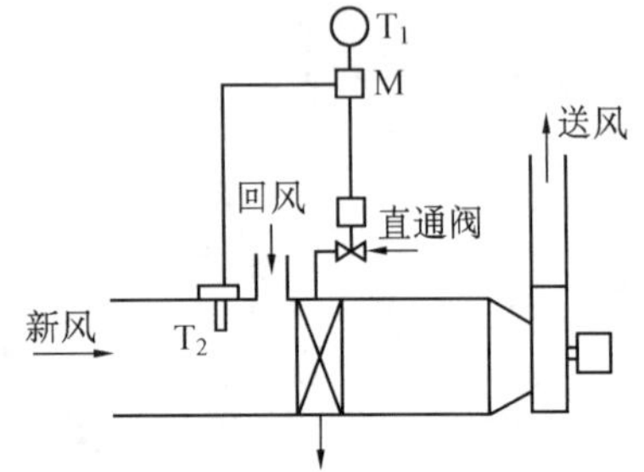

图 18.15　室外温度补偿控制

为了提高室温的控制质量,可以采用室外空气温度补偿控制和送风温度补偿控制。

1. 室外空气温度补偿控制

对不要求固定室温的工业和民用空调系统,为增强人们的舒适感和节省能量,可随着室外空气温度的变化采用全年不固定室温的控制方法。要实现室温给定值的这种相应变化,其控制原理如图 18.15 所示,图中 T_1 和 T_2 分别为室内和室外温度敏感元件。由于冬、夏季补偿要求不同,所以可分设冬、夏两个调节器,由转换开关进行季节切换。

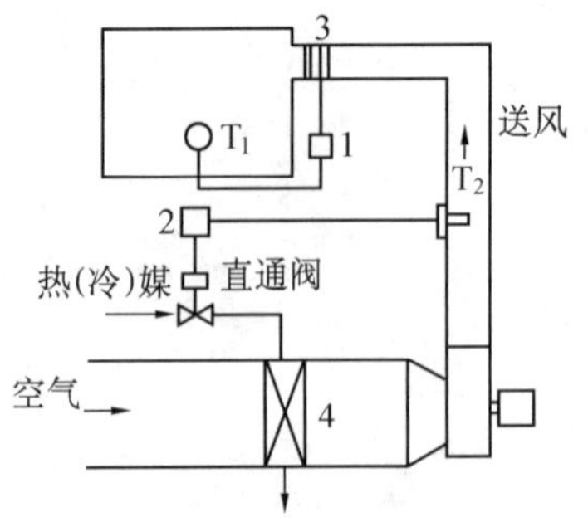

图 18.16　送风温度补偿控制

2. 送风温度补偿控制

为了提高室温控制精度,克服室外气温、新风量变化以及冷、热媒温度波动等因素对送风温度的干扰,可采用送风温度补偿调节。如图 18.16 所示,在送风管道上设置温度敏感元件 T_2,通过调节器 2 调节加热器 4 的加热量来恒定送风温度,当室内温度的控制精度要求更高时,可在空调房间的送风口前设置电加热器 3,由室内温度敏感元件 T_1 通过调节器 1 直接控制电加热器的加热量进行精调。

为保证室温控制的效果,必须正确地放置温度敏感元件。敏感元件应放在工作区内气流流动的地点(但不能在射流区)或放在回风口附近(因该处通常能代表全室平均气温),并且不能受太阳辐射热及局部热源的影响,最好是自由悬挂,也可以挂在内墙上,但与墙之间须隔热。设计室温控制系统时,应根据室温的精度要求、被控制的调节机构和设备形式,合理地选配敏感元件、温度调节器以及执行机构的组合形式。

三、室内相对湿度控制

室内相对湿度控制,有两种方法:

1. 定露点间接控制法

当室内余湿量不变或变化不大时,采用控制机器露点温度恒定的方法,就能控制室内相对湿度。

控制机器露点温度的方法有:

(1) 调解新、回风联动阀门,该法用于冬季和过渡季。当喷水室采用循环水喷淋时,如图 18.17 所示,在喷水室挡水板后设置干球温度敏感元件 T_L,根据露点温度的给定值,由执行机构 M 调节新、回、排风联动阀门。

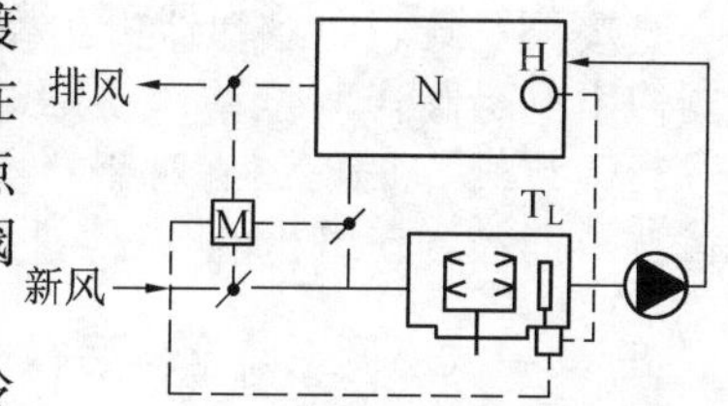

图 18.17　机器露点温度控制新风和回风混合阀门

(2) 调节喷水室喷水温度,该法用于夏季和使用冷冻水的过渡季。如图 18.18 所示,在喷水室挡水板后设置干球敏感元件 T_L,根据给定露点温度值,调节喷水三通阀,以改变喷水温度来控制露点温度。

为了提高调节质量,可增设一个湿度敏感元件 H,根据室内相对温度的变化修正 T_L 的给定值。

2. 变露点或无露点直接控制法

直接控制法是在室内直接设置相对湿度敏感元件,根据室内相对湿度偏差,调节空调系统中相应的调节机构(如喷水三通阀,新、回风联动阀门,喷蒸汽加湿的蒸气阀等),以补偿室内负荷的变化,达到恒定室内相对湿度的目的。适用于室内产湿量变化较大或室内相对湿度要求严格的场合。

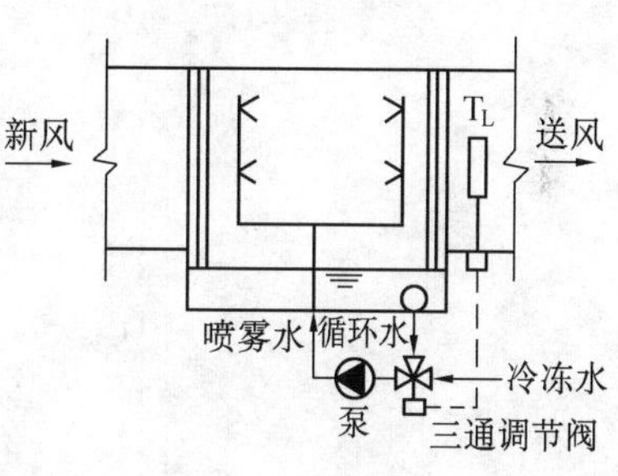

图 18.18　机器露点温度控制喷水室喷水温度

四、表面冷却器的控制方法

1. 水冷式表冷器

水冷式表面冷却器通常采用三通阀进行调节,有下面两种调节方法:

(1) 冷水进水温度不变,调节进水量

如图 18.19 所示,由室内敏感元件 T 通过调节器、三通阀,改变流入表面冷却器的水流量。这种调节方法应用广泛。

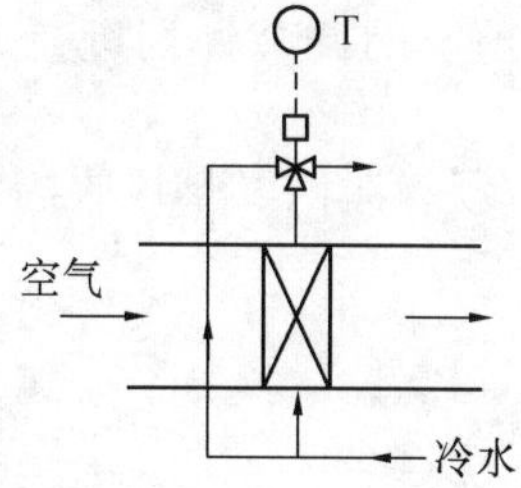

图 18.19　冷水进水温度不变调节进水流量的水冷式盘管控制

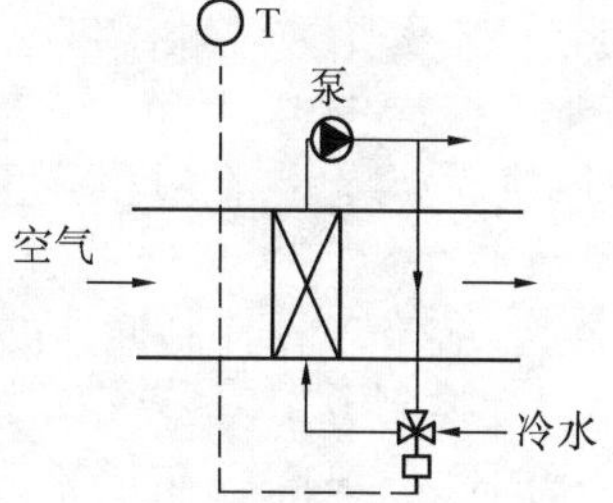

图 18.20　冷水流量不变调节进水温度的水冷式盘管控制

(2) 冷水流量不变,调节进水温度

如图 18.20 所示,由室内敏感元件 T 通过调节器调节三通阀,改变冷水和回水的混合比例,调节进水温度。由于出口装有水泵,故冷却器的水流量保持不变,不太经济。这种调节方法调节性能较好,一般仅适用于高精度温度控制。

2. 直接蒸发式冷却器

直接蒸发式表面冷却器可由室内温度敏感元件 T 通过调节器使用电磁阀作双位动作(开或闭)改变蒸发面积或冷剂量来进行调节,见图 18.21。对于小空调系统(例如空调机组)可通过调节器控制压缩机的开、停进行调节,不控制冷剂流量。

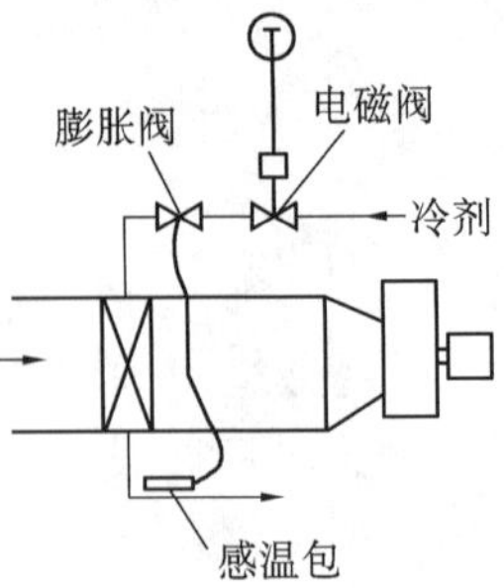

图 18.21 直接蒸发式冷却盘管控制

五、集中式空调系统全年运行自动控制举例

图 18.22 所示为一次回风空调自动控制系统示意图,用变露点“直接控制”室内相对湿度,控制元件和调节内容如下:

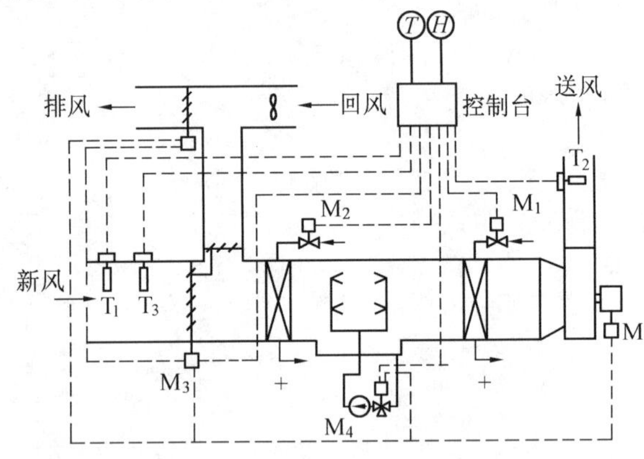

图 18.22 一次回风空调自控系统示意图

1. 控制系统组成

(1) T、H:室内温度、湿度敏感元件;

(2) T_1:室外新风温度补偿敏感元件,根据新风温度的变化可改变室内温度敏感元件 T 的给定值;

(3) T_2:送风温度补偿敏感元件;

(4) T_3:室外空气焓或湿球温度敏感元件,可根据预定的调节计划进行调节阶段(季节)的转换;

(5) M:风机联动装置,在风机停止时,喷水室水泵、新风阀门和排风阀门将关闭,而回风阀门将开启;

(6) 控制台:装有各种控制回路的调节器等设备。

2. 全年自动控制方案(冬夏季室内参数要求相同)

(1) 第一阶段,新风阀门在最小开度(保持最小新风量),一次回风阀门在最大开度(总风量不变),排风阀门在最小开度。室温控制由敏感元件 T 和 T_2 发出信号,通过调节器使 M_1 动作,调节再热器的再热量;湿度控制由湿度敏感元件 H 发出信号,通过调节器使 M_2 动作,调节一次加热器的加热量,直接控制室内相对湿度。

(2) 第二阶段,室温控制仍由敏感元件 T 和 T_2 调节再热器的再热量;湿度控制由湿度敏感元件 H 将调节过程从调节一次加热自动转换到新、回风混合阀门的联动调节,通过调节器使 M_3 动作,开大新风阀门,关小回风阀门(总风量不变),同时相应开大排风阀门，直接控制室内相对湿度。

(3) 第三阶段，随着室外空气状态继续升高，新风越用越多，一直到新风阀全开、一次回风阀全关时，调节过程进入第三阶段。这时湿度敏感元件自动地从调节新、回风混合阀门转换到调节喷水室三通阀门，开始启用制冷机来对空气进行冷却加湿或冷却减湿处理。这时，通过调节器使 M_4 动作，自动调节冷水和循环水的混合比，以改变喷水温度来满足室内相对湿度的要求。室温控制仍由敏感元件 T 和 T_2 调节再热器的再热量来实现。

(4) 第四阶段，当室外空气的焓大于室内空气的焓时，继续采用 100% 新风已不如采用回风经济，通过调节器，使 M_3 动作，使新风阀门又回到最小开度，保持最小的新风量。湿度敏感元件仍通过调节器使 M_4 动作，控制喷水室三通阀门，调节喷水温度，以控制室内相对湿度。室温控制仍由敏感元件 T 和 T_2 调节再热器的再热量来实现。

空调系统的自动控制技术随着电子技术和控制元件的发展，将不断改进：一方面将从减少人工操作出发，实现全自动的季节转换；另一方面从更精确地考虑室内热湿负荷和室外气象条件等因素的变化出发，利用电子计算机进行控制，使每个季节都能在最佳工况下工作，以达到最大限度地节约能量的目的。随着自动控制技术和控制元件的发展，特别是微电脑软件技术的发展，使得电脑控制空调可适应各种各样空调系统控制的需要，并可根据不同室内热湿负荷、不同室外温湿度变化条件，以及不同室内温湿度参数条件进行多工况的判别和转换，实现全年自动的节能控制。

第四节　风机盘管系统的运行调节

半集中式空调系统包括风机盘管系统和诱导器系统，因后者实际应用很少，且全年运行调节方法类同于风机盘管系统，故不作介绍。

一、风机盘管机组的局部调节

为了适应室内瞬变负荷的变化，常用如下三种局部调节方法(手动或自动)：

1. 水量调节

如图 18.23(a)所示，当室内负荷减少时，调节三通(或直通)调节阀以减少进入盘管的水量，使 L 上移至 L_1。负荷调节范围为 100% ~ 75%。因为送风的含湿量增大，故使室内相对湿度有所提高。

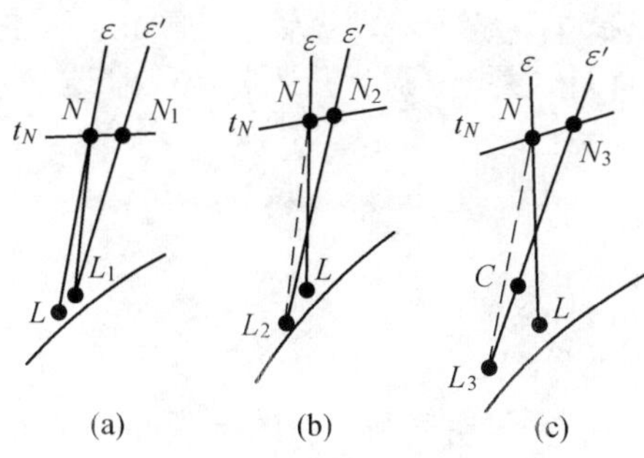

图 18.23　风机盘管的调节方式

(a) 水量调节；(b) 风量调节；(c) 旁通风门调节

2. 风量调节

如图 18.23(b)所示,设计负荷时 $N \longrightarrow L \stackrel{\varepsilon}{\longrightarrow} N$,负荷减小时,常分高、中、低三挡调节风机转速以改变通过盘管的风量,也有采用无级调节风机转速的。风量下降,L 点移至 L_2。这种方法室内相对湿度变化不大,但风量下降对室内气流分布不利,影响温度、风速在室内的均匀性、稳定性。负荷范围通常为 100%、85%、70%。

3. 旁通风门调节

如图 18.23(c)所示,当负荷减少时,打开旁通风门,流经盘管的风量减少,使 L 移至 L_3,空气调节过程为

$$N_3 \longrightarrow \left.\begin{matrix} L_3 \\ N_3 \end{matrix}\right\rangle \longrightarrow C \stackrel{\varepsilon'}{\longrightarrow} N_3$$

调节过程中,相对湿度和气流分布均很稳定,负荷调节范围大,为 100% ~ 20%。旁通风门调节的调节性能好,但风机功率不能降低,所以用于室内参数控制要求高的房间。

二、风机盘管系统的全年运行调节

风机盘管空调系统就取用新风的方式来分,有就地取用新风(如墙洞引入新风)系统和独立新风系统。就地取用新风系统,其冷热负荷全部由通入盘管的冷热水来承担;而对独立新风系统来说,根据负担室内负荷的方式一般可分:

(1) 新风处理到室内焓值,不承担室内负荷。

(2) 新风处理后的焓值低于室内焓值,承担部分室内负荷。

(3) 新风系统只承担围护结构传热负荷,盘管承担其他瞬时负荷。

下面,重点讨论第二、第三种方式,分析其全年运行调节的方法。

1. 负荷性质和调节方法

一般可把室内负荷分为瞬变负荷和渐变负荷。

瞬变负荷是指室内照明、设备和人员散热和太阳辐射热(随房间朝向,是否受邻室阴影遮挡,天空有无云的遮挡等影响而发生变化)等。这些瞬时发生的变化,使各个房间产生大小不一的瞬时负荷,它可以靠风机盘管中的盘管来承担。可根据室内恒温调节器调节水温和水量(三通调节阀或直通调节阀)。

渐变负荷是指通过围护结构(外墙、外门、窗、屋顶)的室内外温差传热,这部分热负荷的变化对所有房间来说都是大致相同的。虽然室外空气温度在几天内也有不规则的变化,但对室内影响较小,该负荷主要随季节发生较大的变化。这种对所有房间都比较一致的、缓慢的传热负荷变化,可以依靠集中调节新风的温度来适应,也就是由新风承担该部分负荷。热平衡式为

$$A\rho c_{\mathrm{p}}(t_{\mathrm{N}} - t_1) = T(t_{\mathrm{W}} - t_{\mathrm{N}}) \tag{18.1}$$

式中 A——新风量,$\mathrm{m^3/h}$;

ρ——空气密度,$\mathrm{kg/m^3}$;

c_{p}——空气比热,kJ/(kg·℃);

$t_{\mathrm{W}}, t_{\mathrm{N}}, t_1$——室外空气、室内空气和新风的温度,℃;

T——所有的围护结构(外墙、外门、窗、屋顶)每 1℃室内外温差的传热量,W/℃,根据传热公式有

$$T = \sum KF \tag{18.2}$$

式中　K——各围护结构的传热系数，W/(m²·℃)；

F——各围护结构的传热面积，m²。

A、T 值对于每个房间来说是一定值，故 t_W 的变化应通过改变 t_1 来适应。在实际情况下，瞬变显热冷负荷总是存在的（如室内总是有人，这样保持所需温度才有意义），所以所有房间总是至少存在一个平均的最小显热负荷。在室外温度低于室内温度时，温差传热由里向外，该不变的负荷是减少新风升温程度和节约热能的有利因素。如果由盘管来承担这一负荷，就会消耗盘管的冷量，又需要提高新风温度从而多耗热量，显然是浪费。假设这部分负荷相当于某一温差 m（一般取 5℃）的围护结构传热量（即 mT），并且由新风来负担，则式(18.1)可改写为

$$A\rho c_p(t_N - t_1) = T(t_W - t_N) + mT$$

$$t_1 = t_N - \frac{1}{\frac{A}{T}\rho c_p}(t_W - t_N + m) \tag{18.3}$$

由上式可知，新风温度 t_1 和室外空气温度 t_w 之间存在线性关系。也就是说，对应于不同的 A/T 值可以用不同斜率的直线来表示 t_1 和 t_w 之间的关系。

2. A/T 比和系统分区的关系

从式(18.3)可知，对于同一个系统，要进行集中的新风再热量调节，必须建立在每个房间都有相同 A/T 值的基础上。对于一个建筑物的所有房间而言，A/T 值不是完全一样的，那么不同 A/T 的房间随室外温度的变化要求新风升温的规律也不一样。为了解决这一矛盾，可以采用两种方案：一是把 A/T 不同的房间统一在它们中最大的 A/T 值上，也就是加大 A/T 值比较小的房间的 A 值，对于这些房间，加大新风量会使室内温度偏低；二是把 A/T 值相近的房间（如同一朝向）划为一个区，每一区设置一个分区再热器，一个系统可以按几个分区来调节不同的新风温度，这对节省风量和冷量是有利的。

3. 双水管风机盘管系统的运行调节

双水管系统在同一时间内只能供应所有盘管同一温度的水（冷水或热水），随着室内负荷的减少，风机盘管系统的全年运行调节有两种情况。

(1) 不转换的运行调节

对于夏季运行，不转换系统采用冷的新风和冷水。随着室外温度的降低，只是集中调节再热量来逐渐提高新风温度，而全年始终供应一定温度的水（图 18.24）。新风温度按照相应的 A/T 值随室外温度变化进行调节，以抵消围护结构的传热量（$L \longrightarrow R_1$）。而随着瞬变冷负荷（太阳、照明、人员等）变化需要调节送风状态（$O_2 \longrightarrow O_3$）时，则可以局部调

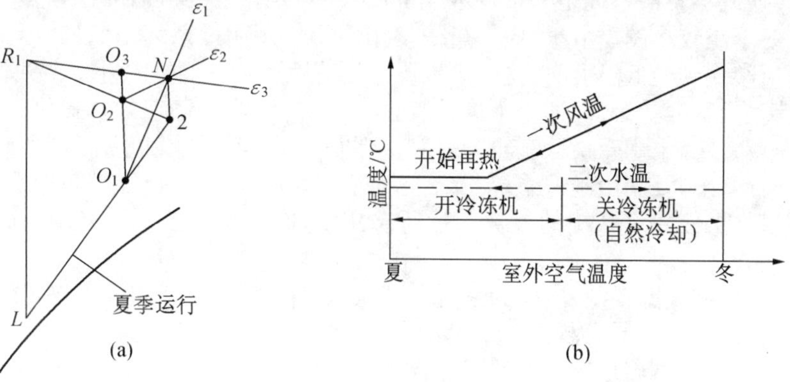

图 18.24　转换系统

节盘管的容量($2 \longrightarrow N$)。

在室外气温降低和冬季时，为了不使用制冷系统而获得冷水，可以利用室外冷风的自然冷却能力，给盘管供应低温水。不转换系统的投资比较便宜，运行较方便。但当冬季很冷，时间很长时，新风要负担全部采暖负荷，集中加热设备的容量就要很大。

(2) 转换的运行调节

对于夏季运行，转换系统仍采用冷的新风和冷水。随着室外温度的降低，集中调节新风再热量来逐渐提高新风温度，以抵消传热负荷的变化。盘管水温仍然不变，靠量调节以消除瞬变负荷的影响(图 18.25)。

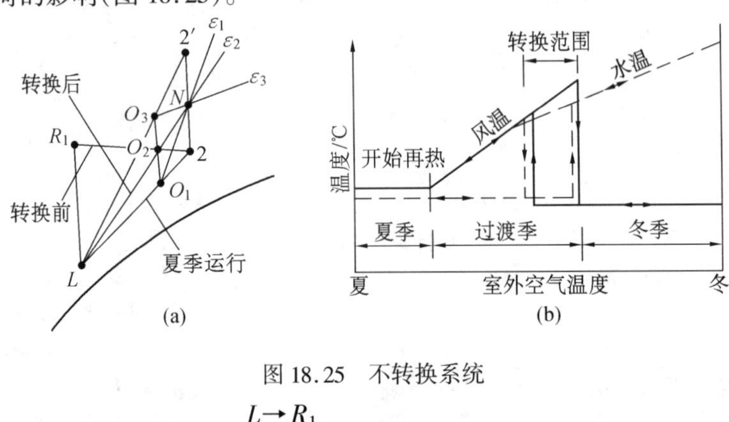

图 18.25　不转换系统

$$\left.\begin{matrix} L \rightarrow R_1 \\ N \rightarrow 2 \end{matrix}\right\rangle \rightarrow O_2 \xrightarrow{\varepsilon_2} N$$

当达到某一室外温度时，不用盘管，只用原来冷的新风单独就能吸收这时室内剩余显热冷负荷，让新风转换成原来的最低状态 L($\left.\begin{matrix} L \\ N \end{matrix}\right\rangle \longrightarrow O_2 \xrightarrow{\varepsilon_2} N$)。转换后，盘管内改为送热水，随着显热冷负荷的减少，只需调节盘管的加热量，以保持一定的室温。

由于室外温度的波动，一年中转换温度可能发生好几次，为了避免在短时期发生多次转换的现象，常把转换点考虑在一定范围内(大约 5℃)。

采用转换或不转换系统是一个技术经济比较的问题，主要考虑的原则是节省运行调节费用，在冬季或较冷的季节里，应尽量少使用或不使用制冷系统。例如，当室外空气温度降低，新风转换到最低温度时，这时可以不用制冷系统而只需把室外冷空气作适当处理就可以保持室内空气状态；而如果不进行转换，冷水可能需要制冷系统提供。相比起来，为了节约运行费用，采用转换系统较为有利。但是，如果新风量较小，则需要转换温度很低，在较长时间内需要利用制冷系统，那么这种转换就不经济。若提高转换温度，则需要加大新风量，结果使新风系统的投资和运行费用增加。所以，还不如采用不转换系统为好。

如是当地冬季气温很低，房间的采暖负荷较大，采用不转换系统时，则冬季的全部热负荷都得靠新风的再热器负担；而如果用转换系统，则可以利用现有的盘管给房间送热风，新风的再热器只需满足转换前的需要，而不必增加再热器的容量。这种情况比较适用于使用转换系统。

第十九章　通风空调系统的测定和调整

通风空调系统安装完毕以后,在正式投入运行之前,都需要进行测定与调整。通过测定与调整可以发现系统设计、施工和设备自身性能等方面存在的问题,同时可使运行管理人员熟悉和了解系统的性能和特点,为解决初调中出现的问题和系统的经济合理运行提供条件。当已经投入使用的通风空调系统出现问题或进行改造时,测定与调整也是解决问题、检查系统是否达到预期效果的重要手段。

通风空调系统的测定与调整应遵照《通风与空调工程施工及验收规范》及相关规范(如《洁净室施工及验收规范》)进行。

通风空调系统的服务对象对通风空调的要求不同,因而测试调整要求也不同。舒适性空调的测定调整要求低。工艺性空调,尤其是恒温恒湿及高洁净度的空调系统要求较高,相应的要使用满足测试精度的仪表和符合要求的测试方法。测定与调整是对设计、安装及运行管理质量的综合检验,设计、安装、建设单位要密切配合,才能全面地完成测试任务。

第一节　通风空调系统风量的测定与调整

风量测定与调整的目的是检查系统和各房间风量是否符合设计要求。测定之前应检查通风机是否正常运转、管道是否有明显漏风处、阀门损坏或启动不便等。

一、风量测定

空调系统风量测定内容包括测定系统的总送风量、回风量和新风量,以及各干管、支管内风量和各送风口、回风口风量。风量测定的方法有多种,所需测量仪表种类也很多,这里主要介绍在风管内和风口处测定的方法。

系统的总风量可以在风管内、空调箱内测定,或测定送、回风机全压及转速,根据风机的性能曲线推算得出。风机启动前,首先要把各风道和风口处的调节阀门放在全开的位置,空气处理室的各个风阀也应处在实际运行的位置,三通阀门放在中间位置。

1. 风管内风量的测定

通过风管的风量为

$$L = 3\,600 F v_{\mathrm{p}} \quad \mathrm{m^3/h} \tag{19.1}$$

式中　F——测定处风管断面积,$\mathrm{m^2}$;

v_{p}——测定断面平均风速,m/s。

风管断面积 F 易于准确测出,因而准确测定断面平均风速 v_{p} 是测定风量的关键。测定管内平均风速实际上可归结为正确选择测定断面,确定测点位置和数量,测定各测点的风速并求出各点平均风速。

(1) 测定断面

测定断面应选在气流稳定的直管段,这样测量出的结果较为准确。一般要求按气流方向,在局部构件之后4～5倍管径(D)或长边(a),在局部管件之前1.5～2倍管径或长边的直管段上选择断面,如图19.1所示,实际工程中如不能够满足规定,可缩短距构件的距离,并尽量使测量断面距上游局部管件距离大些。在测定断面处不出现涡流时,见图19.2断面Ⅰ,可通过增加测点来提高准确性。如测定断面处于涡流中,见图19.2中断面Ⅱ,则在加多测点的同时进行合理的数据处理,或采用其他方法测定,进行比较确定结果。

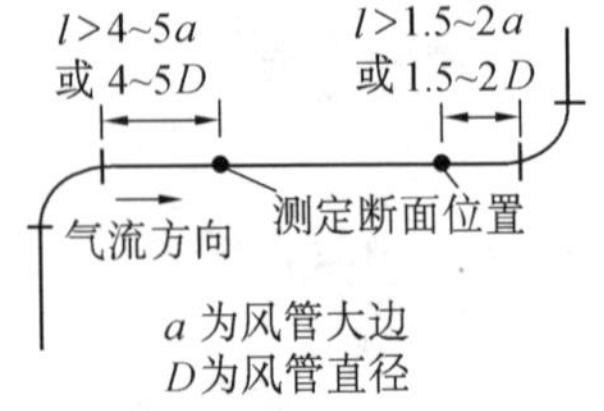

图19.1　测定断面位置

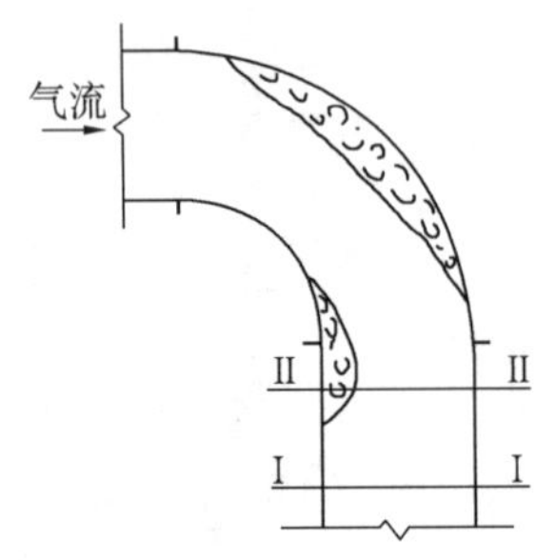

图19.2　测定断面的取法

(2) 测点

测定断面上各点的风速不同,测点的位置和数量直接影响测定数据的精确性。工程测量中一般采用等面积布点法。

矩形风管测点布置见图19.3,每个测点对应的断面积一般不大于0.05 m²,测点位于该面积的中心。

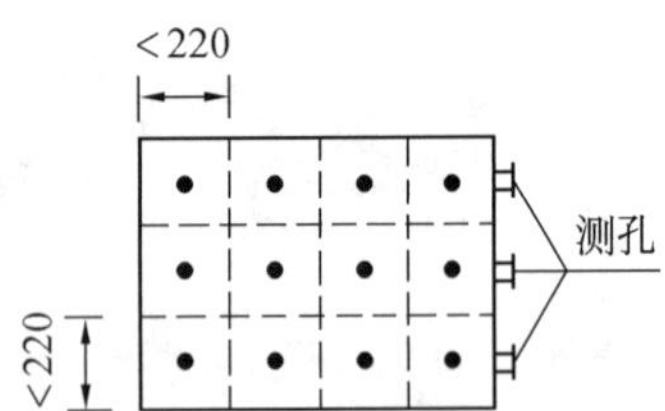

图19.3　矩形风管测点位置

对圆形风管是将圆断面划分为m个面积相等的同心圆环,每个圆环的测点位于各圆环面积的等分线上,在相互垂直的两直径上布置2个或4个测孔。每个圆环的测点通常为4个(见图19.4),如测量断面的流速具有较高的稳定性和对称性,可减少测点数量,如三环只测三点。圆形风管测定断面的分环数见表19.1,各圆环的测点与管壁测孔的距离见表19.2。

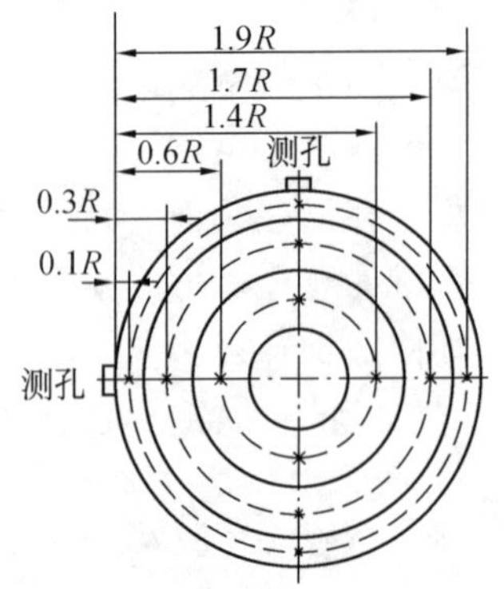

图19.4　直径200以下圆形风管测点布置

(3) 测定断面平均风速

通常用毕托管和微压差计测出各点的动压,求出与平均风速v_p相对应的动压值P_{dp},再求出平均风速。即

$$P_{dp}=\left(\frac{\sqrt{p_{d1}}+\sqrt{p_{d2}}+\cdots+\sqrt{p_{dn}}}{n}\right)^2\quad \text{Pa}\tag{19.2}$$

$$v_p=\frac{\sqrt{2p_{dp}}}{\rho}\quad \text{m/s}\tag{19.3}$$

式中　$p_{d1},p_{d2},\cdots,p_{dn}$——各测点的动压值,Pa;

ρ——空气密度,kg/m³;

n——测点总数。

现场测定中如动压出现负值或零值,计算平均动压时,宜将负值作零值处理,测点数应为全部测点的数目。

表 19.1　各种管道直径的分环数

管径 d/mm	小于 200	200 ~ 400	400 ~ 700	700 ~ 1 000	大于 1 000
环　　数	3	4	5	6	7

表 19.2　圆形风管测定断面内各圆环的测点与管壁的距离

直径/mm	200 以下	200 ~ 400	400 ~ 700	700 以上
测点号 \ 圆环数(个)	3	4	5	6
1	$0.1R$	$0.1R$	$0.05R$	$0.05R$
2	$0.3R$	$0.2R$	$0.2R$	$0.25R$
3	$0.6R$	$0.4R$	$0.3R$	$0.25R$
4	$1.4R$	$0.7R$	$0.5R$	$0.35R$
5	$1.7R$	$1.3R$	$0.7R$	$0.5R$
6	$1.9R$	$1.6R$	$1.3R$	$0.7R$
7		$1.8R$	$1.5R$	$1.3R$
8		$1.9R$	$1.7R$	$1.5R$
9			$1.8R$	$1.65R$
10			$1.95R$	$1.75R$
11				$1.85R$
12				$1.95R$

2. 送风口和回风口的风量测定

风口的气流较复杂,测定风量较困难,因而只有不能在分支管处测定时,才进行风口风量的测定。

(1) 风口处直接测定

对于回风口可采用热电风速仪在风口平面上直接测取测点的风速,然后取平均值。测点布置方法同矩形风管断面测点布置,将风口划分成小方块,然后在每个方块的中心测风速。最后按式(19.1)计算风量。

当送风口装有格栅或网格时,可用叶轮风速仪紧贴风口,匀速按一定的路线移动测得整个风口截面上的平均风速。测三次取其平均值。面积较大的风口可划分为面积相等的小方块,在中心测定风速后取平均值。

风口直接测定的方法简便,但较为粗略。

(2) 送风口风量的加罩测量

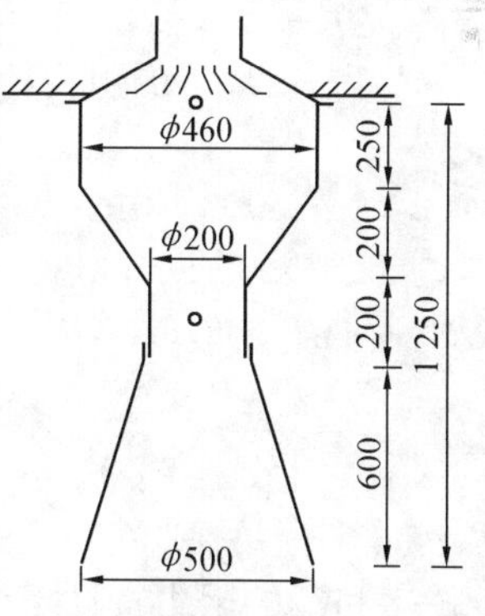

图 19.5　加罩测定散流器风量

为了较准确地测量出风口风量,可采用如图 19.5 所示的装置,在送风口上加罩测定。加罩后会因增加阻力而减少风量,如果原系统阻力较大,如末端装有高效过滤器的净化系统,加罩后对风量的影响很小,可忽略不计,见图 19.6。如原系统阻力较小,加罩对风量的影响不能忽略,可在罩子出口处加一可调速的轴流风机,如图 19.7 所示。调节轴流风机的转数,使罩内静压与大气压力相等,以补偿罩子的阻力对风量的影响,所以这种方法测得的风量比较准确,用于较高精度的风量测定。

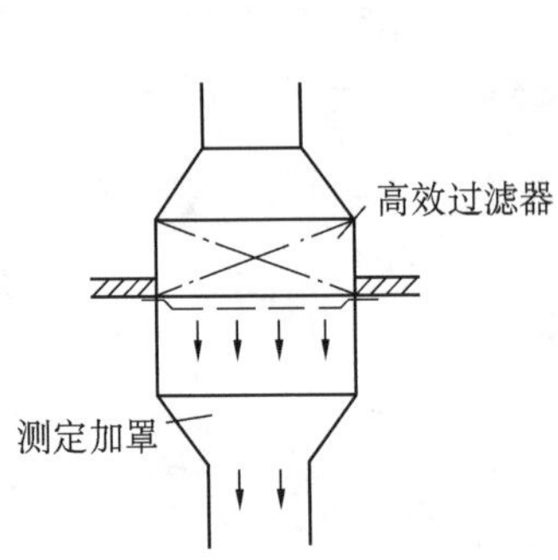

图 19.6　加罩测定高效送风口风量

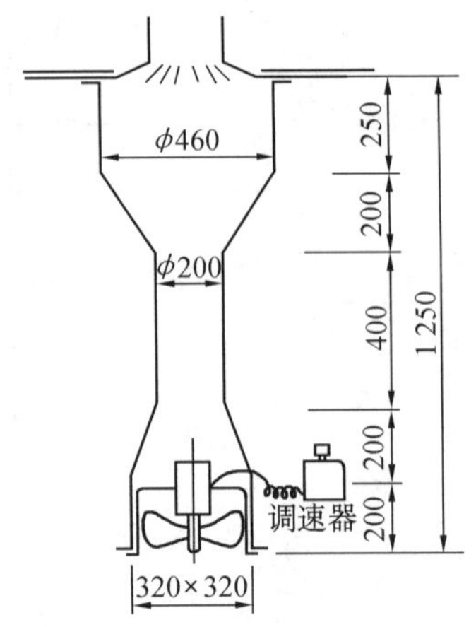

图 19.7　风口风量测定装置

二、风量的调整

风量的调整是为了使系统干管、支管和各风口的风量符合设计要求，以保证空调房间所需要的空气环境。在风量的调整中，通常允许各房间全部送风口测得的风量之和与送风机出口测得的总送风量之和有 ±10% 的误差。

风量的调整实质上是通过调节设在两风管分支处的三通调节阀（或支管上的调节阀）的开度，来改变管路的阻力特性，使系统的总风量、新风量和回风量以及各支路的风量分配满足设计要求。

1. 风量调整的原理

根据流体力学可知，风管的阻力近似与风量的平方成正比，即

$$\Delta H = SL^2 \tag{19.4}$$

式中　ΔH——风管的阻力损失；

S——风管的阻力特性系数，它与管道的结构、尺寸有关，如是仅改变风量，则 S 值基本不变；

L——风管中的风量。

如图 19.8 所示，用式 19.4 来分析，管道①和②为并联管路，两管阻力平衡，即 $\Delta H_1 = \Delta H_2$，而 $\Delta H_1 = S_1 L_1^2$，$\Delta H_2 = S_2 L_2^2$，所以

$$\frac{S_1}{S_2} = \frac{L_2^2}{L_1^2} \text{或} \sqrt{\frac{S_1}{S_2}} = \frac{L_2}{L_1} \tag{19.5}$$

式 19.5 不论总风阀的开度如何变化都是存在的，只要管段①和②的阻力特性不变，L_1/L_2 的值就不会变化。因此，如果两风口的风量比 L_1/L_2 符合设计风量要求的比例关系，只要调整总风阀使总风量与设计总风量相等，那么两风口的风量必然满足设计要求。也就是说，关键在于如何调整三通阀或调节阀使各支管的阻力特性系数的比值等于设计风量下需要的比值。

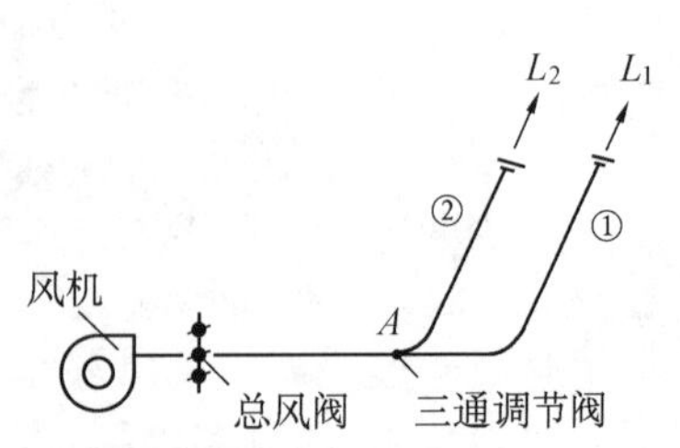

图 19.8　风量分配示意图

2. 风量调整的方法

常用的风量调整方法有流量等比分配法、基准风口调整法和逐段分支调整法等，每种方法都有其适应性，应根据调试对象的具体情况，采取相应的方法进行调整，从而达到节

省时间、加快试调进度的目的。

(1) 流量等比分配法

采用此方法对送(回)风系统进行调整,一般从系统的最远管段,也就是最不利的风口开始,逐步调向通风机。现以图 19.9 所示系统为例加以说明,最不利管路为 1—3—5—9,应从支管 1 开始测定调整。

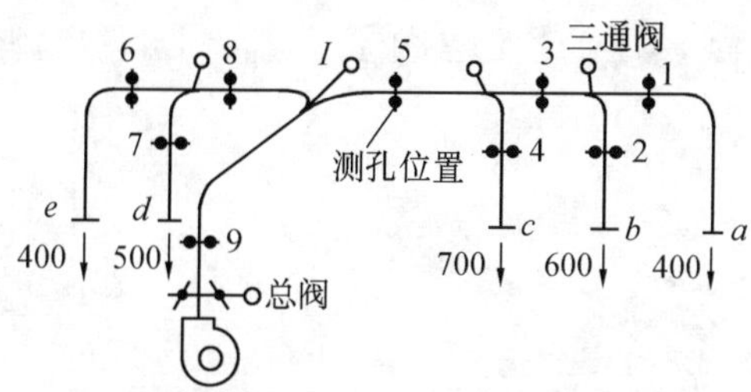

图 19.9　送风系统图

利用两套仪器分别测量支管 1 和 2 的风量,调节三通拉杆阀,使两条支管的实测风量比值与设计风量比值相等,即 $L_{2s}/L_{1s}=L_{2c}/L_{1c}$,式中,下角标 c、s 分别代表测定值、设计值。然后依次测出各支管、各支干管的风量,调整使 $L_{4c}/L_{3c}=L_{4s}/L_{3s}$,$L_{7c}/L_{6c}=L_{7s}/L_{6s}$,$L_{8c}/L_{5c}=L_{8s}/L_{5s}$。此时实测风量不等于设计风量,根据风量平衡原理只要调整总阀门使 $L_{9c}=L_{9s}$,则各干管、支管的风量就会符合设计风量值。

流量等比分配法测定结果较准确,反复测量次数不多,适合于较大的集中式空调系统,但测量时必须在每一管段打测孔,因而使该方法的普遍使用受到了限制。

(2) 基准风口调整法

这种方法不需打测孔,工作量较小,仍以图 19.9 系统为例说明调整步骤。图 19.9 中所注风量为实测风量,设每个风口的设计风量均为 500 m^3/h,则实测风量与设计风量的比值分别为 $L_{ac}/L_{as}=0.8$,$L_{bc}/L_{bs}=1.2$,$L_{dc}/L_{ds}=1.1$,$L_{ec}/L_{es}=0.8$。两支路最小比值的风口分别为 a 和 e,因此以 a、e 风口作为调整各支管上风口风量的基准风口。

对于 1－3－5 支路,使用仪器同时测量 a、b 风口的风量,调整三通阀使 $L_{bc}/L_{bs}=L_{ac}/L_{as}$,此时 a 风口的风量会比原来的风量有所提高。a 风口处仪器不动,将另一套仪器由风口 b 移至风口 c,同时测 a、c 风口的风量,通过调节阀使 $L_{cc}/L_{cs}=L_{ac}/L_{as}$,此时风口 a 的风量会进一步提高。然后同样测定、调整使 $L_{ec}/L_{es}=L_{dc}/L_{ds}$,支管调整完毕。调整三通阀 I 使两支管间的总风量比等于 2:3,最后调总阀门使总风量满足要求,则系统风量测定与调整即全部完成。

需要说明的是如果初测风量比值最小的风口不是支管最远端风口,仍以该风口为基准风口,从末端风口开始逐个调整。

三、空调风机风量的测定与调整

1. 新风量:可在新风道上打测孔,用毕托管和微压计来测量风量。如无新风风道时,一般在新风阀门处(或新风进口处) 用风速仪来测量,风速仪置于离风阀 10 ~ 20 cm 处,并使之与气流流向垂直。

2. 一、二次回风量和排出风量:均可在各自风道上打测孔用毕托管和微压计测算。如打测孔有困难,可在一、二次回风的入口处和排风出口处用风速仪测定。

第二节　局部排风罩性能的测定

一、用动压法测量排风罩的风量

如图 19.10,测出断面 1－1 上各测点的动压 p_{d1},即可求出排风罩排风量。

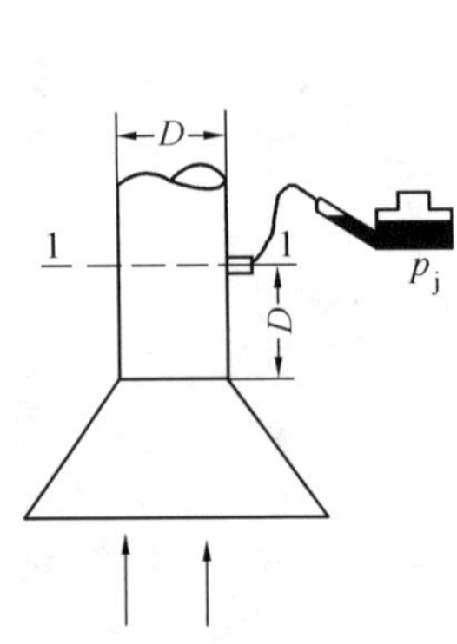

图 19.10　静压法测量排风量

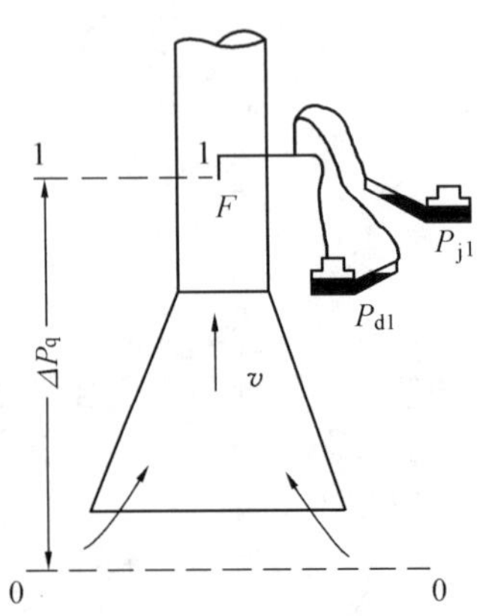

图 19.11　排风罩排风量测定装置

二、用静压法测量排风罩的风量

由于现场测定时各管件间的距离很短,不易找到稳定的测定断面,用动压法较为困难,这时可按图 19.11 所示在排风罩喉部测量静压来求出排风罩的风量。

1. 局部排风罩的阻力

局部排风罩的阻力为进口断面 0－0 与喉口断面 1－1 处的全压差 Δp_q,即

$$\Delta p_q = p_{q0} - p_{q1} = 0 - (p_{j1} + p_{d1}) = -(p_{j1} + p_{d1}) \tag{19.6}$$

2. 局部排风罩的排风量(L)

$$\Delta p_q = \zeta \cdot \frac{\rho v_1^2}{2} = \zeta \cdot p_{d1} = -(p_{j1} + p_{d1})$$

$$p_{d1} = \frac{1}{1+\zeta} |p_{j1}|$$

$$\sqrt{p_{d1}} = \frac{1}{\sqrt{1+\zeta}} \cdot \sqrt{|p_{j1}|} = \mu \sqrt{|p_{j1}|} \tag{19.7}$$

式中　p_{q0}——罩口断面的全压,Pa;

p_{q1}——1－1 断面的全压,Pa;

p_{d1}, p_{j1}——1－1 断面的动压、静压,Pa;

ζ——局部排风罩的局部阻力系数;

v_1——1－1 断面的平均流速,m/s;

ρ——空气的密度,kg/m^3;

μ——局部排风罩的流量系数。

则局部排风罩的排风量为

$$L = v_1 F = \sqrt{\frac{2P_{d1}}{\rho}} \cdot F = \mu F \sqrt{\frac{2|p_j|}{\rho}} \quad m^3/s \tag{19.8}$$

由式(19.7)可知 $\mu = \sqrt{\frac{P_{d1}}{|P_{j1}|}}$，$\mu$ 值可从有关资料查得或测定得到。如一个排风系统中有多个型式相同的排风量，用动压法测出罩口风量后再对各排风罩的排风量进行调整，非常麻烦。可先测出 μ 值，然后按式 19.8 算出要求的静压，通过调整静压来调整各排风罩的排风量，工作量可大大减小。

【例 19.1】 某排风罩的连接管直径 $d = 200$ mm，连接管上的静压 $p_j = -36$ Pa，空气温度 $t = 20$ ℃，$\mu = 0.9$，求该排风罩的排风量。

解 由 $t = 20$℃，得

$$\rho = 1.2 \text{ kg/m}^3$$

连接管断面积

$$F = \frac{\pi}{4} d^2 = 0.0314 \text{ m}^2$$

排风罩排风量为

$$L = \sqrt{\frac{2|p_j|}{\rho}} \cdot F \cdot \mu = \sqrt{\frac{2 \times |-36|}{1.2}} \times 0.0314 \times 0.9 = 0.219 \text{ m}^3/\text{s}$$

第三节　车间工作区含尘浓度的测定

测定空气中粉尘浓度的方法有滤膜测尘、光散射测尘、β 射线测尘、压电晶体测尘等，常用的是滤膜测尘和光散射测尘。

一、滤膜测尘

如图 19.12 所示，在测定点用抽气机抽吸一定体积的含尘空气，当其通过滤膜采样器(见图 19.13)时，在滤膜上留下粉尘，根据采样器前后滤膜的增重(即集尘量)和总抽气量，即可算出质量含尘浓度。

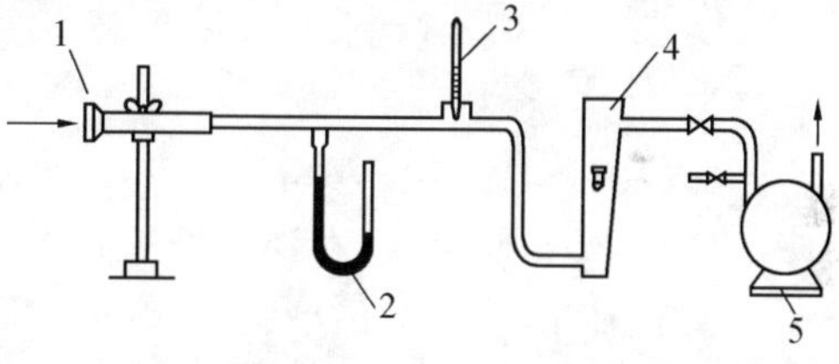

图 19.12　测定工作区空气含尘浓度的采样装置

1—滤膜采样品；2—压力计；3—温度计；4—流量计；5—抽气机；

滤膜是一种带有电荷的高分子聚合物。在一般的温、湿度下($t < 60$℃，$\varphi = 25\% \sim 90\%$)，滤膜的质量不会发生变化。滤膜可分为平面滤膜和锥形滤膜两种，被固定盖紧压在锥形环和螺丝底座中间。平面滤膜的直径为 40 mm，容尘量小，适于空气含尘浓度小于 200 mg/m³ 的场合。锥形滤膜是由直径 75 mm 的平面滤膜折叠而成，容尘量较大，适用于含尘浓度大于 200 mg/m³ 的场合。

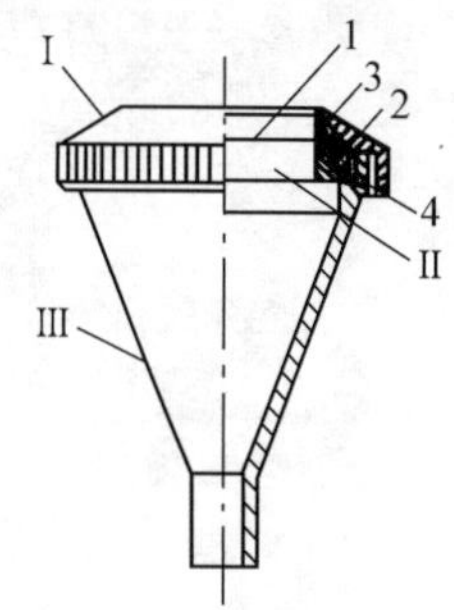

图 19.13　滤膜采样器

Ⅰ—顶盖；Ⅱ—滤膜夹；Ⅲ—漏斗；1—滤膜；2—固定盖；3—锥形环；4—螺丝底座

测定前首先要用感量为万分之一克的分析天平进行滤膜称重，记录质量并编号。然后将采样装置架设在测尘点，检查装置是否严密，开动抽气机，将流量迅速调整至采样流量(通常为 15 ~ 30 L/min)，同时进行计时，在整个采样过程中应保持流量稳定。一般采样时间不得小于 10 min，滤膜的增重不小于 1 mg。对平面滤膜采尘质量应不大于 20 mg。

通常滤膜测尘装置中的流量计是转子流量计，是在 $t = 20$℃，$P = 101.3$ kPa的状况下标定的。因而当流量计前采样气体的状态

与标定的状态有较大差异时,需对流量进行修正。修正公式为

$$L = L'\sqrt{\frac{101.3\times(273+t)}{(B+P)\times(273+20)}}\quad \text{L/min} \tag{19.9}$$

式中 L——实际流量,L/min;

L'——流量计读数,L/min;

B——当地大气压力,kPa;

P——流量计前压力计读数,kPa;

t——流量计前温度计读数,℃。

实际抽气量

$$V_t = L\cdot\tau \quad \text{L} \tag{19.10}$$

式中 τ——采样时间,min。

将 V_t 换算成标准状况下的体积,即

$$V_0 = V_t\cdot\frac{273}{(273+t)}\cdot\frac{B+P}{101.3} \tag{19.11}$$

空气含尘浓度为

$$y = \frac{G_2-G_1}{V_0}\times 10^3 \quad \text{mg/m}^3 \tag{19.12}$$

式中 G_1,G_2——采样前、后的滤膜质量,mg;

V_0——换算为标准状况的抽气量,L。

两个平行样品测出的含尘浓度偏差小于20%,为有效样品,取平均值作为采样点的含尘浓度。否则,应重新采样测尘。

二、光散射测尘

光散射测尘是利用光散射粉尘浓度计来实现的。被测量的含尘气体由仪器内的抽气泵吸入,通过尘粒测量区,在该区域受到由专门光源经透镜产生的平行光的照射,由于尘粒会产生散射光,被光电倍增管接受后,再转变为电讯号。如果将散射光经过光电转换元件变换为有比例的电脉冲,通过单位时间内的脉冲计数,就可以知道悬浮粉尘的相对浓度。

光散射式粉尘浓度计可以测出瞬时的粉尘浓度及一定时间间隔内的平均浓度,并可将数据储存于计算机中,量测范围约为0.01~100 mg/m^3。对于不同的粉尘,光散射式粉尘浓度计需要重新标定。

洁净室的浓度通常用计数浓度表示,一般由光散射式尘埃粒子计数器测得。

第四节　空调设备容量和空调效果的测定

一、空气处理设备的容量检验

一般空调系统中需测定检验的设备主要有加热器、表冷器或喷水室。

1. 加热器

通常加热器的检验测定应在冬季工况下进行,尽可能接近设计工况,但空调试调工作往往不在冬季,因而加热器的加热量也可在任何时候进行测定。如果在热天测试,最好在晚间温度较低时进行。

(1) 测量加热器前后空气的温度可用液体温度计或热电偶,测点应尽可能布置在气流比较稳定、温度较均匀的断面上。如断面上各点的温度差异较大,则应多测几个点,取平均值。

(2) 对于蒸汽加热器,从压力表上读取压力值查蒸汽热力性质表得到蒸汽的饱和温度。热水加热器热水的初终温度用温度计在测温套管内测量。若无测温套管,可用热电偶作近似测量。

(3) 测量热水和空气的温度须同时进行,共测量 0.5~1.0 h,每隔 5~10 min 读取一次。蒸汽压力值可在测量时间内读取 2~3 次数据,取平均值。

(4) 测量时应关断加热器旁通门,并在系统加热工况基本稳定后开始测量各项参数。

测定时刻加热器的加热量为

$$Q' = G \cdot C(t_{2p} - t_{1p}) \quad \text{kW} \tag{19.13}$$

式中　G——空气的流量,kg/s;

C——空气的比热,kJ/(kg·℃);

t_{1p}、t_{2p}——加热器前后空气的平均干球温度,℃。

检测条件下加热器的放热量为

$$Q' = KF\left(\frac{t'_c + t'_z}{2} - \frac{t_{1p} + t_{2p}}{2}\right) \quad \text{kW} \tag{19.14}$$

设计工况下加热器的放热量为

$$Q = KF\left(\frac{t_c + t_z}{2} - \frac{t_1 + t_2}{2}\right) \quad \text{kW} \tag{19.15}$$

如检测时风量和热媒流量与设计工况下相同,则

$$Q = Q' \frac{(t_c + t_z) - (t_1 + t_2)}{(t'_c + t'_z) - (t_{1p} + t_{2p})} \quad \text{kW} \tag{19.16}$$

式中　t_c,t_z——设计工况下热媒的初、终温度,℃;

t_1,t_2——设计工况下空气的初、终温度,℃;

t'_c,t'_z——检测条件下热媒的初、终温度,℃。

t'_c、t'_z、t_{1p}、t_{2p}及 Q' 均已测定,t_1、t_2、t_c、t_z 为设计参数,因此可用式(19.16)得到加热器设计工况下的放热量 Q。若 Q 与设计要求接近,则视加热器容量满足设计要求。

蒸汽为热媒时,以其饱和温度作为热媒的平均温度。

2. 表冷器(或喷水室)容量

检测时的条件通常不同于设计工况,通常有下列两种情况:

(1) 空调系统已投入使用,室外实测状态 W' 接近设计状态 W,室内热湿负荷也接近设计负荷,通过调整一次回风混合比,能够使 $i'_c \approx i_c$(见图 19.14)。在保持设计水初温和水流量下,测出通过冷却设备的空气终状态,如果空气终状态的焓值也接近设计工况下的焓值,则说明冷却设备的容量符合设计要求。

(2) 空调系统尚未正式投入运行,但调整一次混合比仍可使混合点的焓等于设计混合点焓值,仍采用(1)的方法测定。

通常采用干湿球温度计来测定表冷器前后的空气参数,由干湿球温度来计算空气的焓值。由于空气终状态难以测准(空气中带有一些水雾使温度计表面打湿),因而要求选用 0.1 ℃刻度、经过标定的温度计,并用铝箔或镀镍的多孔罩把温包包住,见图 19.15。测量断面较大,应将断面分块,测定各块中心的温度和速度,按下式求得断面平均干球、湿球温度值

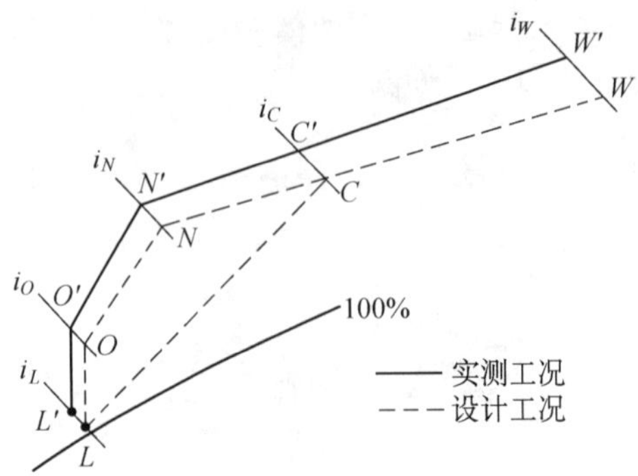

图 19.14　设计冷量的校核

$$t = \frac{\sum v_i t_i}{\sum v_i} \quad ℃ \tag{19.17}$$

式中　v_i——各测点对应的风速值。

测得干、湿球温度后可求出相应的焓，则冷却设备的容量

$$Q = G(i_1 - i_2) \quad \text{kW} \tag{19.18}$$

式中　G——通过冷却设备的风量，kg/s；

i_1, i_2——冷却设备前后空气的焓，kJ/kg 干空气。

冷媒得到的热量理论上等于空气失出的热量，因此也可测冷媒得热量来校核空气侧测得的结果。如水为冷媒时，水的得热量

$$Q' = Wc(t_{w2} - t_{w1}) \quad \text{kW} \tag{19.19}$$

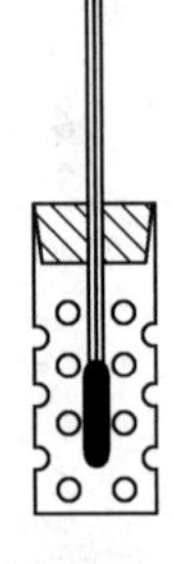

图 19.15　温度计的多孔罩

式中　W——水流量，kg/s

t_{w1}, t_{w2}——冷冻水的初终温度，℃；

c——水的比热，$c = 4.19$ kJ/(kg·K)。

水量 W 的测量方法很多，可用孔板、超声波流量计等实现进、回水管的管内或管外测量。如系统中有回水池、水箱等，也可测量水位变化按式(19.20)来计算水量

$$W = \frac{3\,600 \cdot F \cdot \Delta h}{\tau} \quad \text{m}^3/\text{h} \tag{19.20}$$

式中　Δh——水池在 τ 秒内水位上升的高度，m；

τ——测定的时间，s；

F——水池的横断面积，m^2。

水温测定可以在进、回水管道上的测温套管中分别插入量程相同、0.1℃刻度的温度计测得。

二、空调效果的测定

空调效果的检测是在接近设计工况下系统正常运行后进行的，主要测定空气温度、相对湿度、气流速度、洁净度、噪声等是否满足设计要求和工艺要求。

1. 室内温度和相对湿度

如不需要或无条件全面测定时，可在回风口处测定空气状态，认为回风口空气状态可基本上代表工作区的空气状态。

对于具有较高精度要求的恒温室或洁净室，可在工作区内划分若干横向、竖向断面，形成交叉网格，在每个交点处测出温、湿度。根据测定对象的精度要求、工作区范围的大

小以及气流分布的特点等，一般可取测点的水平间距 0.5～2.0 m，竖向间距为 0.5～1.0 m。对气流影响大的局部地点可适当增加测点数。

2. 气流组织

对于空调精度等级高于 ±0.5℃的房间、洁净房间，以及对气流速度有特殊要求的房间，需进行气流组织测定。

(1) 气流组织的测点布置

对恒温恒湿度房间离外墙 0.5 m、离地面 0.5～2 m 范围内为工作区。在工作区内进行测点布置的要求和方法同温湿度的测定。对洁净室的气流分布和洁净度的测定可参考《空气洁净技术措施》和美国联邦标准 FS－209E 进行。

(2) 风速和风向的测定

风速测量可采用热线或热球风速仪，或采用空气品质测定仪(可同时测出温度、湿度、CO、CO_2 等多项参数)测量确定。气流流向的确定可采用气泡显示法、冷态发烟法或使用合成纤维细丝逐点测定。冷态发烟法准确性较差，且发烟剂(四氯化钛、四氯化锡等)具有腐蚀性，因而只用于粗测，对已投产或已安装好工艺设备的房间禁止使用。冷态发烟法是在送风口处发烟，观察烟雾随气流运动的方向和范围来描绘气流分布情况。

3. 室内静压的测定调整

根据设计要求，某些房间要求保持内部静压高于或低于周围大气压力，一些相邻房间之间有时也要求保持不同的静压值(如不同洁净等级的洁净区域或洁净室之间)。

室内静压可用补偿式微压差计来测定，静压的大小通过送、回风量，新风量和排风量的调整来调节。测定室内是正压或负压可用细的合成纤维丝、薄纸条、燃香等置于稍微开启的门缝处来判别。

4. 空调房间噪声的测定

室内噪声级应在工作区内用声级计来测定，通常以房间中心离地面 1.2 m 处为测点，较大面积的空调房间应按设计要求选择测点数。噪声测定时应消除本底噪声的影响。在空调系统停止运行、室内发声设备停止运行时的室内噪声称本底噪声。如果被测房间的噪声级比本底噪声级高出 10 dB 以上，则本底噪声的影响可忽略不计；如二者相差小于 3 dB，测定结果无实质意义，作废；如两者相差 4～9 dB，则按表 19.3 进行修正。

表 19.3　考虑本底噪声的修正

被测声源噪声级与本底噪声的差值/dB	4～5	6～9
修正值/dB	－2	－1

条件许可时，室内噪声不仅以声级计 *A* 挡数值来评价，而且可按倍频程中心频率分挡测定。在噪声评价曲线上画出各频带的噪声级，以检查被测房间是否满足要求，同时可更全面地反映房间的噪声特性和分布，分析室内噪声的主要声源。

第五节　系统调试中可能出现的故障分析及其排除

通风空调系统的测定与调整中可能出现很多问题，应结合测定分析产生故障的原因，并提出适宜的解决办法和措施。表 19.4 列出常见故障及产生的原因和解决的方法。

表 19.4 常见故障及其排除

故 障	产生原因	排 除 方 法
送风量太大	系统阻力计算偏小或风机选择不当,风量偏大,阻力偏小	调小风机的调节阀,降低风机转速
送风量偏小	漏风过大	检漏并采取相应措施堵漏
	系统阻力过大	检查设备阻力,更换阻力大的设备。检查风道及局部构件,放大局部管道尺寸或更换局部构件
	风机倒转	调整接线
	风机选择不当或性能太差	如果可能增加风机转速,必要时更换风机
	风机转数不对	检查是否皮带"掉转",调紧皮带。或调转数
送风状态不合要求	设备容量不适合	检查设计。通过冷热媒参数和流量调节使之适合设计要求,若不行,则需要换或增添设备
	风道温升(温降)超过设计数据	改进风道保温,降低系统阻力
	冷热源出力不足	检查冷冻机制冷量,管路有无堵塞,水泵流量是否正常,制冷机故障应加以排除
	漏风漏水	堵漏;改善挡水板或滴水盘的安装质量,减少带水量
空调箱存水,风机盘管等漏水	泄水管堵塞,水封高度不够,底室或存水盘坡度有误,无排水管	逐项检查,针对问题采取措施
空内空气状态不符合	设计时的热湿负荷与实际出入较大	通过实测房间的送风和排风,由热平衡和湿平衡关系确定房间的干扰因素,改变送风状态和送风量来满足要求,或更换空调装置,扩大设备的处理能力
	过滤器未检漏、系统未清洗、室内正压不保证、洁净度不满足要求	进行检漏,清洁风道,调整室内正压,必要时要调整气流分布,使洁净度达到要求。
	风口气流分布不合理造成室内不均匀	调整风口,甚至改换风口结构
	室内气流速度超过允许值	减少风量,加大送风温差,扩大送风面积。改变送风口形式或改变房间气流组织
室内噪声过高	噪声源、风机、水泵未隔离	采取隔声、隔振措施
	风速偏大,造成出风口等叶片的风噪声	紧固松动部件、减小风量等
	消声器能力太差	检测消声器消声能力,选择符合要求的消声器予以更换
	风口部件或装饰材料松动	紧固松动部件
	吊顶机组未安避震器	加装弹簧减震器
	空气振动,风机在喘振不稳定区域,风机出口风管设计不合理	减少系统风道阻力或改变风机叶轮直径;改变风机出口风管形式

附录1.1　单位名称、符号、工程单位和国际单位的换算

单位名称	国际单位		工程单位	换　　算
	中　文	符　号		
长　度	米 厘米 毫米 微米	m cm mm μm		
质　量	千克 克 毫克	kg g mg		
体　积	立方米 升 毫　升	m^3 l mL		
时　间	小时 分 秒	h min s		
流　量	米³/时 米³/秒 千克/秒	m^3/h m^3/s kg/s		
密　度	千克/米³	kg/m^3		
力	牛顿	N	公斤力	1公斤力＝9.8 N
压　力	标准大气压 帕斯卡 千　帕	atm Pa kPa	毫米水柱	1毫米水柱＝9.8 Pa 1 atm＝101.325 kPa
绝对温度 摄氏温度	凯尔文 度	K ℃	°K	
热　量	瓦、焦耳/秒 千瓦、千焦耳/秒	W、J/s kW、kJ/s	大卡/时	1大卡/时＝1.16W＝1.16 J/s
比　热 传热系数 辐射强度	焦耳/千克·℃ 瓦/米²·℃ 瓦/米²	kJ/kg·℃ W/m^2·℃ W/m^2	大卡/公斤·℃ 大卡/时·米²·℃ 大卡/厘米²·分	1大卡/公斤·℃＝4.18kJ/kg·℃ 1大卡/时·米²·℃＝1.163 W/m^2·℃ 1大卡/厘米²·分＝0.07 W/m^2
动力粘度	帕·秒	Pa·s	公斤·秒/米²	1公斤·秒/米²＝9.8 Pa·s
浓　度	毫克/米³ 克/米³ 毫升/米³ 千摩尔/米³	mg/m^3 g/m^3 ml/m^3 $kmol/m^3$		
电压	伏 千　伏	V kV		
电流	安 毫安	A mA		
电阻	欧姆	Ω		

附录 1.2 国际单位与英制计算单位换算

量	英　制	国际单位	换算系数	
			英制换算为国际单位	国际单位换算为英制
长度	寸(in) 尺(ft) 码(yard) 哩(mile)	毫米(mm)或厘米(cm) 或厘米(cm)或米(m) 米(m) 千米(km)	1 寸=25.4mm 1 尺=30.5cm 1 码=0.914m 1 哩=1.6km	1cm=0.394 1m=3.28 尺 1m=1.09 码 1km=0.62 哩
面积	平方寸(in^2) 平方寸(in^2) 平方尺(ft^2) 平方码(yaed^2) 亩(acre) 平方哩(mile^2)	平方毫米(mm^2) 平方厘米(cm^2) 平方厘米(cm^2) 平方米(m^2) 公顷(ha) 平方千米(km^2)	1 平方寸=645mm^2 1 平方寸=6.45cm^2 1 平方尺=929cm^2 1 平方码=0.836m^2 一亩=0.45ha=405m^2 1 平方哩=2.59km^2	1m^2=0.002 平方寸 1cm^2=0.155 平方寸 1m^2=10.76 平方尺 1m^2=1.20 平方码 1ha=10 000m^2=2.47 亩 1km^2=0.387 平方哩
体积	立方寸(in^3) 立方尺(ft^3) 立方码(yaed^3)	立方厘米(cm^3) 立方分米(dm^3) 立方米(m^3)	1 立方寸=16.4cm^3 1 立方寸=28.3dm^3 1 立方码=0.765m^3	1cm^3=0.06 立方寸 1m^3=35.3 立方尺 1m^3=1.31 立方码
容积	英制液安士(ounce) 英制品脱(pint) 英制加仑(gallon) 美制液安士 美制品脱 美制加仑	毫升(ml) 毫升(ml)或升(l) 升(l) 立方米(m^3) 毫升(ml) 毫升(ml)或升(l) 升(l)	1 英制液安士=28.4ml 1 英制品脱=586ml 1 英制加仑=4.551 1 美制液安士=29.6ml 1 美制品脱=473ml 1 美制加仑=3.791ml	1ml=0.035 英制液安士 1l=1.76 英制品脱 1m^3=220 英制加仑 1ml=0.034 英制液安士 1l=2.11 美制品脱 1l=0.264 美制加仑
质量	安士(ounce) 磅(1b) 吨(ton)	克(g) 克(g)或千克(kg) 公顷(t)	1 安士=28.3g 1 磅=454g 1 吨=1.02t	1g=0.035 安士 1kg=2.20 磅 1t=0.984 吨
流量	美制加仑每分(GPM) 立方尺每分(CFM)	升每秒(l/s)=升每秒(l/s)	1GPM=0.0631 升每秒 1CFM=0.4719 升每秒	1l/s=15.85GPM 1l/s=2.21CFM 1m^3/h=3.6 升每秒
力	磅力(1b force) 千克力(kg force)	牛顿(N) 牛顿(N)	1 磅力=4.45N 1 千克力=9.81N	1N=0.225 磅力 1N=0.102 千克力
压力	磅力每平方寸(PSI) 千克力每平方厘米 寸水柱(in H$_2$O) 巴(bar)	千帕斯卡(kPa) 千帕斯卡(kPa) 帕斯卡(Pa) 千帕斯卡(kPa)	1 磅力每平方寸=6.89kPa 1 千克力每平方厘米=98kPa 1 寸·水柱=249Pa 1 巴=100kPa	1kPa=0.145 磅力每平方寸 1kPa=0.01 千克力每平方厘米 1Pa=0.004 寸·水柱 1kPa=0.01 巴
速度	哩每小时(miine/h) 尺每分(FPM)	千米每小时(km/h) 米每秒(m/s)	1 哩每平方寸=1.61km/h=0.447m/s 1 寸每分=0.005 08m/s	1km/h=0.62 哩每小时 1m/s=19.7 尺每分
温度	华氏度(℉)	摄氏度(℃)	℃ = $\frac{5(℉-32)}{9}$	℉ = $\frac{9\times ℃}{5}+32$
密度	磅每立方寸(1b/in^2) 磅每平方尺(1b/ft^2) 吨每平方码(ton/yard^2)	克每平方厘米(g/cm^3)=公吨每立方米(t/m^3) 千克每立方米(kg/m^3) 公吨每立方米(t/m^3)	1 磅每立方寸=27.7t/m^3 1 磅每立方寸=16.02kg/m^3 1 吨每立方码=1.33t/m^3	1t/m^3=0.036 磅每平方寸 1kg/m^3=0.06 磅每立方尺 1t/m^3=0.752 吨每立方码
热能	英热单位(Btu) (ton)(美) 卡路里(营养学家)	千焦耳(kJ) 千瓦(kW),千焦耳每秒(kJ/s) 千焦耳(kJ)	1 英热单位=1.055kJ 1ton=3.516kW=3.516kJ/s 1 卡路里=4.18kJ 1Btu=0.251 9kcal	1kJ=0.948 英热单位 1kW=1kJ/s=0.284ton 1kJ=0.239kcal 1kWhr=3.6MJ
功率	马力(HP)	千瓦特(kW)	1 马力=0.746kW	1kW=1.34 马力
常用单位	CFM(ft^3/min)=0.471 91/s CFS(ft^3/s)=28.321/s FPM(ft/min)=0.005 08m/s FPS(ft/s)=0.304 8m/s	Gallon=3.791 GPM=0.063 1l/s 1PSI=0.069Bar 1kWh=3.60MJ	1Btu/1b·°F=4.18kJ/kg·K 1Btu/h·ft·°F=1.7307W/m·K 1Btu/h·ft^2·°F=5.678W/m·K 1SF·h·°F=176m^2·C/kW	

附录 2.1　居住区大气中有害物质的最高容许浓度(摘录)

编号	物质名称	最高容许浓度 mg/m³ 一次	日平均	编号	物质名称	最高容许浓度 mg/m³ 一次	日平均	编号	物质名称	最高容许浓度 mg/m³ 一次	日平均
1	一氧化碳	3.00	1.00	14	吡啶	0.08		25	硫化氢	0.01	
2	乙醛	0.01		15	苯	2.40	0.80	26	硫酸	0.30	0.10
3	二甲苯	0.30		16	苯乙烯	0.01		27	硝基苯	0.01	
4	二氧化硫	0.50	0.15	17	苯胺	0.10	0.03	28	铅及其无机化合物(换算成Pb)		0.0007
5	二氧化碳	0.04		18	环氧氯丙烷	0.20					
6	五氧化二磷	0.15	0.05	19	氟化物(换算成F)	0.02	0.007	29	氯	0.10	0.03
7	丙烯腈		0.05								
8	丙烯醛	0.10		20	氨	0.20		30	氯丁二烯	0.10	
9	丙酮	0.80		21	氧化氮(换算成 NO_2)	0.15		31	氯化氢	0.05	0.015
10	甲基对硫磷(甲基 E605)	0.01						32	铬(六价)	0.0015	
11	甲醇	3.00	1.00	22	砷化物(换算成 As)		0.003	33	锰及其化合物(换算成 MnO_2)		0.01
12	甲醛	0.05		23	敌百虫	0.10		34	飘尘	0.50	0.15
13	汞		0.0003	24	酚	0.02					

注:1. 一次最高容许浓度,指任何一次测定结果的最大容许值。
　2. 日平均最高容许浓度,指任何一日的平均浓度的最大容许值。
　3. 本表所列各项有害物质的检验方法,应按现行的《大气监测检验方法》执行。
　4. 灰尘自然沉降量,可在当地清洁区实测数值的基础上增加 3~5 t/km²/月。

附录 2.2　车间空气中有害物质的最高容许浓度(摘录)

编号	物质名称	最高容许浓度 mg/m³	编号	物质名称	最高容许浓度 mg/m³	编号	物质名称	最高容许浓度 mg/m³
	(一)有毒物质		18	三氧化二砷及五氧化二砷	0.3	34	对硫磷(E605)(皮)	0.05
						35	甲拌磷(3911)(皮)	0.01
1	一氧化碳[①]	30	19	三氧化铬、铬酸盐、重铬酸盐(换算成 CrO_2)	0.05	36	马拉硫磷(4049)(皮)	2
2	一甲胺	5				37	甲基内吸磷甲(基 E059)(皮)	0.2
3	乙醚	500	20	三氯氢硅	3			
4	乙腈	3	21	己内酰胺	10	38	甲基对硫磷甲(基 E605)(皮)	0.1
5	二甲胺	10	22	五氧化二磷	1			
6	二甲苯	100	23	五氯酚及其钠盐	1.3	39	乐戈(乐果)(皮)	1
7	二甲基甲酰胺(皮)	10	24	六六六	0.1	40	敌百虫(皮)	1
8	二甲基二氯硅烷	2	25	丙体六六六	0.05	41	敌敌畏(皮)	0.3
9	二氧化硫	15	26	丙酮	400	42	吡啶	4
10	二氧化硒	0.1	27	丙烯腈(皮)	2		汞及其化合物:	
11	二氯丙醇(皮)	5	28	丙烯醛	0.3	43	金属汞	0.01
12	二硫化碳(皮)	10	29	丙烯醇(皮)	2	44	升汞	0.1
13	二异氰酸甲苯酯	0.2	30	甲苯	100	45	有机汞化合物(皮)	0.005
14	丁烯	100	31	甲醛	3	46	松节油	300
15	丁二烯	100	32	光气	0.5	47	环氧氯丙烷(皮)	1
16	丁醛	10		有机磷化合物		48	环氧乙烷	5
17	三乙基氯化锡(皮)	0.01	33	内吸磷(E059)(皮)	0.02	49	环已酮	50

附录 2.2 续表

编号	物质名称	最高容许浓度 mg/m³
50	环己醇	50
51	环己烷	100
52	苯(皮)	40
53	苯及其同系物的一硝基化合物(硝基苯及硝基甲苯等)(皮)	5
54	苯及其及同系物的二及三硝基化合物(二硝基苯三硝基甲苯等)(皮)	1
55	苯的硝基及二硝基氯化物(一硝基氯苯、二硝基氯苯等)(皮)	1
56	苯胺、甲苯胺、二甲苯胺(皮)	5
57	苯乙烯	40
	钒及其化合物:	
58	五氧化二钒烟	0.1
59	五氧化二钒粉尘	0.5
60	钒铁合金	1
61	苛性碱(换算成 NaOH)	0.5
62	氟化氢及氟化物(换算成 F)	1
63	氨	30
64	臭氧	0.3
65	氧化氮(换算成 NO_2)	5
66	氧化锌	5
67	氧化镉	0.1
68	砷化氢	0.3
	铅及其化合物:	
69	铅烟	0.03
70	铅尘	0.05
71	四乙基铅(皮)	0.005

编号	物质名称	最高容许浓度 mg/m³
72	硫化铅	0.5
73	铍及其化合物	0.001
74	钼(可溶化性合物)	4
75	钼(不溶性化合物)	6
76	黄磷	0.03
77	酚(皮)	5
78	萘烷、四氢化萘	100
79	氰化氢及氢氰酸盐(换算成 HCN)(皮)	0.3
80	联苯-联苯醚	7
81	硫化氢	10
82	硫酸及三氧化硫	2
83	锆及其化合物	5
84	锰及其化合物(换算成 MnO_2)	0.2
85	氯	1
86	氯化氢及盐酸	15
87	氯苯	50
88	氯萘及氯联苯(皮)	1
89	氯化苦	1
	氯化烃:	
90	二氯乙烷	25
91	三氯乙烯	30
92	四氯化碳(皮)	25
93	氯乙烯	30
94	氯丁二烯(皮)	2
95	溴甲烷(皮)	1
96	碘甲烷(皮)	1
97	溶剂汽油	350
98	滴滴涕	0.3
99	羰基镍	0.001
100	钨及碳化钨	6
	醋酸脂:	

编号	物质名称	最高容许浓度 mg/m³
101	醋酸甲脂	100
102	醋酸乙脂	300
103	醋酸丙脂	300
104	醋酸丁酯	300
105	醋酸戊酯	100
	醇:	
106	甲醇	50
107	丙醇	200
108	丁醇	200
109	戊醇	100
110	糠醛	10
111	磷化氢	0.3
	(二) 生产性粉尘	
1	含有 10% 以上游离二氧化硅的粉尘(石英、石英岩等)②	2
2	石棉粉尘及含有10%以上石棉的粉尘	2
3	含有 10% 以下游离二氧化硅的滑石粉尘	4
4	含有 10% 以下游离二氧化硅的水泥粉尘	6
5	含有 10% 以下游离二氧化硅的煤尘	10
6	铝、氧化铝、铝合金粉尘	4
7	玻璃棉和矿渣棉粉尘	5
8	烟草及茶叶粉尘	3
9	其他粉尘③	10

注:1. 表中最高容许浓度,是工人工作地点空气中有害物质所不应超过的数值。工作地点系指工人为观察和管理生产过程而经常或定时停留的地点,如生产操作在车间内许多不同地点进行,则整个车间均算为工作地点。

2. 有(皮)标记者为除经呼吸道吸收外,尚易经皮肤吸收的有毒物质。

3. 工人在车间内停留的时间短暂,经采取措施仍不能达到上表规定的浓度时,可与省、市、自治区卫生主管部门协商解决。

① 一氧化碳的最高容许浓度在作业时间短暂时可予放宽:作业时间 1 小时以内,一氧化碳浓度可达到 50 mg/m³,半小时以内可达到 100 mg/m³;15～20 min 可达到 200 mg/m³。在上述条件下反复作业时,两次作业之间须间隔 2 h 以上。

② 含有 80%以上游离二氧化硅的生产性粉尘,宜不超过 1 mg/m³。

③ 其它粉尘系指游离二氧化硅含量在 10%以下,不含有毒物质的矿物性和动植物性粉尘。

4. 本表所列各项有毒物质的检验方法,应按现行的《车间空气监测检验方法》执行。

附录 2.3　大气污染物综合排放标准(GB 16297－1996)

本标准规定的最高允许排放速率,现有污染源分为一、二、三级,新污染源分为二、三级。按污染源所在的环境空气质量功能区类别,执行相应级别的排放速率标准,即:

位于一类区的污染源执行一级标准(一类区禁止新、扩建污染源,一类区现有污染源改建时执行现有污染源的一级标准);

位于二类区的污染源执行的二级标准;

位于三类区的污染源执行三级标准。

表 1　现有污染源大气污染物排放限值

序号	污染物	最高允许排放浓度/(mg/m³)	最高允许排放速率/(kg/h)				无组织排放监控浓度限值	
			排气筒高度 m	一级	二级	三级	监控点	浓度/(mg/m³)
1	二氧化碳	1200(硫、二氧化硫、硫酸和其他含硫化合物生产)	15	1.6	3.0	4.1	无组织排放源上风向设参照点,下风向设监控点①	0.50(监控点与参照点浓度差值)
			20	2.6	5.1	7.7		
			30	8.8	17	26		
			40	15	30	45		
			50	23	45	69		
		700(硫、二氧化硫、硫酸和其他含硫化合物使用)	60	33	64	98		
			70	47	91	140		
			80	63	120	190		
			90	82	160	240		
			100	100	200	310		
2	氮氧化物	1700(硝酸、氮肥和火炸药生产)	15	0.47	0.91	1.4	无组织排放源上风向设参照点,下风向设监控点	0.15(监控点与参照点浓度差值)
			20	0.77	1.5	2.3		
			30	2.6	5.1	7.7		
			40	4.6	8.9	14		
			50	7.0	14	21		
		420(硝酸使用和其他)	60	9.9	19	29		
			70	14	27	41		
			80	19	37	56		
			90	24	47	72		
			100	31	61	92		
3	颗粒物	22(碳黑尘、染料尘)	15	禁排	0.60	0.87	周界外浓度最高点②	肉眼不可见
			20		1.0	1.5		
			30		4.0	5.9		
			40		6.8	10		
		80③(玻璃棉尘、石英粉尘、矿渣棉尘)	15	禁排	2.2	3.1	无组织排放源上风向设参照点,下风设监控点	2.0(监控点与参照点浓度差值)
			20		3.7	5.3		
			30		14	21		
			40		25	37		
		150(其他)	15	2.1	4.1	5.9	无组织排放源上风向设参照点,下风向设监控点	5.0(监控点与参照点浓度差值)
			20	3.5	6.9	10		
			30	14	27	40		
			40	24	46	69		
			50	36	70	110		
			60	51	100	150		
4	氯化氢	150	15	禁排	0.30	0.46	周界外浓度最高点	0.25
			20		0.51	0.77		
			30		3.0	2.6		
			40		4.5	4.6		
			50		6.4	6.9		
			60		9.1	14.19		
			70		12			
			80					

续　表

序号	污染物	最高允许排放浓度/(mg/m³)	最高允许排放速率/(kg/h)				无组织排放监控浓度限值	
			排气筒高度 m	一级	二级	三级	监控点	浓度/(mg/m³)
5	铬酸雾	0.080	15 20 30 40 50 60	禁排	0.009 0.015 0.089 0.14 0.19	0.014 0.023 0.078 0.13 0.21 0.29	周界外浓度最高点	0.0075
6	硫酸雾	1000(火炸药厂) 70(其他)	15 20 30 40 50 60 70 80	禁排	1.8 3.1 10 18 27 39 55 74	2.8 4.6 16 27 41 59 83 110	周界外浓度最高点	1.5
7	氟化物	100(普钙工业) 11(其他)	15 20 30 40 50 60 70 80	禁排	0.12 0.20 0.69 1.2 1.8 2.6 3.6 4.9	0.18 0.31 1.0 1.8 2.7 3.9 5.5 7.5	无组织排放源上风设参照点，下风向设监控点	20 μg/m³(监控点与参照点浓度差值)
8	氯气④	85	25 30 40 50 60 70 80	禁排	0.60 1.0 3.4 5.9 9.1 13.3 1.8	0.90 1.5 5.2 9.0 14 20 28	周界外浓度最高点	0.50
9	铅及其化合物	0.90	15 20 30 40 50 60 70 80 90 100	禁排	0.005 0.007 0.031 0.055 0.085 0.12 0.17 0.23 0.31 0.39	0.007 0.011 0.048 0.083 0.13 0.18 0.26 0.35 0.47 0.60	周界外浓度最高点	0.0015
10	汞及其化合物	0.015	15 20 30 40 50 60	禁排	1.8×10^{-3} 3.1×10^{-3} 10×10^{-3} 18×10^{-3} 27×10^{-3} 39×10^{-3}	2.8×10^{-3} 4.6×10^{-3} 16×10^{-3} 27×10^{-3} 41×10^{-3} 59×10^{-3}	周界外浓度最高点	0.0015
11	镉及其化合物	1.0	15 20 30 40 50 60 70 80	禁排	0.060 0.10 0.34 0.59 0.91 1.3 1.8 2.5	0.090 0.15 0.52 0.90 1.4 2.0 2.8 3.7	周界外浓度最高点	0.050

续　表

序号	污染物	最高允许排放浓度/(mg/m³)	最高允许排放速率/(kg/h)				无组织排放监控浓度限值	
			排气筒高度 m	一级	二级	三级	监控点	浓度/(mg/m³)
12	铍及其化合物	0.015	15	禁排	1.3×10^{-3}	2.0×10^{-3}	周界外浓度最高点	0.0010
			20		2.2×10^{-3}	3.3×10^{-3}		
			30		7.3×10^{-3}	11×10^{-3}		
			40		13×10^{-3}	19×10^{-3}		
			50		19×10^{-3}	29×10^{-3}		
			60		27×10^{-3}	41×10^{-3}		
			70		39×10^{-3}	58×10^{-3}		
			80		52×10^{-3}	79×10^{-3}		
13	镍及其化合物	5.0	15	禁排	0.18	0.28	周界外浓度最高点	0.050
			20		0.46	0.46		
			30		1.6	1.6		
			40		2.7	2.7		
			50		4.1	4.1		
			60		5.5	5.9		
			70		7.4	8.2		
			80			11		
14	锡及其化合物	10	15	禁排	0.36	0.55	周界外浓度最高点	0.30
			20		0.61	0.93		
			30		2.1	3.1		
			40		3.5	5.4		
			50		5.4	8.2		
			60		7.7	12		
			70		11	17		
			80		15	22		
15	苯	17	15	禁排	0.60	0.90	周界外浓度最高点	0.50
			20		1.0	1.5		
			30		3.3	5.2		
			40		6.0	9.0		
16	甲苯	60	15	禁排	3.6	5.5	周界外浓度最高点	3.0
			20		6.1	9.3		
			30		21	31		
			40		36	54		
17	二甲苯	90	15	禁排	1.2	1.8	周界外浓度最高点	1.5
			20		2.0	3.1		
			30		6.9	10		
			40		12	18		
18	酚类	115	15	禁排	0.30	0.46	周界外浓度最高点	0.25
			20		0.51	0.77		
			30		1.7	2.6		
			40		3.0	4.5		
			50		4.5	6.9		
			60		6.4	9.8		
19	甲醛	30	15	禁排	0.30	0.46	周界外浓度最高点	0.25
			20		0.51	0.77		
			30		1.7	2.6		
			40		3.0	4.5		
			50		4.5	6.9		
			60		6.4	9.8		
20	乙醛	150	15	禁排	0.060	0.090	周界外浓度最高点	0.050
			20		0.10	0.15		
			30		0.17	0.52		
			40		0.34	0.90		
			50		0.59	1.4		
			60		1.3	2.0		

续　表

序号	污染物	最高允许排放浓度/(mg/m³)	最高允许排放速率/(kg/h)				无组织排放监控浓度限值	
			排气筒高度 m	一级	二级	三级	监控点	浓度/(mg/m³)
21	丙烯腈	26	15	禁排	0.91	1.4	周界外浓度最高点	0.75
			20		1.5	2.3		
			30		5.1	7.8		
			40		8.9	13		
			50		14	21		
			60		19	29		
22	丙烯醛	20	15	禁排	0.61	0.92	周界外浓度最高点	0.50
			20		1.0	1.5		
			30		3.4	5.2		
			40		5.9	9.0		
			50		9.1	14		
			60		13	20		
23	氰化氢⑤	2.3	25	禁排	0.18	0.28	周界外浓度最高点	0.030
			30		0.31	0.46		
			40		1.0	1.6		
			50		1.8	2.7		
			60		2.7	4.1		
			70		3.9	5.9		
			80		5.5	8.3		
24	甲醇	220	15	禁排	6.1	9.2	周界外浓度最高点	15
			20		10	15		
			30		34	52		
			40		59	90		
			50		91	140		
			60		130	200		
25	苯胺类	25	15	禁排	0.61	0.92	周界外浓度最高点	0.50
			20		1.0	1.5		
			30		3.4	5.2		
			40		5.9	9.0		
			50		9.1	14		
			60		13	20		
26	氯苯类	85	15	禁排	0.67	0.92	周界外浓度最高点	0.50
			20		1.0	1.5		
			30		2.9	4.4		
			40		5.0	7.6		
			50		7.7	12		
			60		11	17		
			70		15	23		
			80		21	32		
			90		17	41		
			100		34	52		
27	硝基苯类	20	15	禁排	0.060	0.090	周界外浓度最高点	0.050
			20		0.10	0.15		
			30		0.34	0.52		
			40		0.59	0.90		
			50		0.91	1.4		
			60		1.3	2.0		
28	氯乙烯	65	15	禁排	0.91	1.4	周界外浓度最高点	0.75
			20		1.5	2.3		
			30		5.0	7.8		
			40		8.9	13		
			50		14	21		
			60		19	29		

续　表

序号	污染物	最高允许排放浓度/(mg/m^3)	最高允许排放速率/(kg/h)				无组织排放监控浓度限值	
			排气筒高度 m	一级	二级	三级	监控点	浓度/(mg/m^3)
29	苯并[a]芘	0.50×10^{-3} (沥青、碳素制品生产和加工)	15 20 30 40 50 60	禁排	0.06×10^{-3} 0.10×10^{-3} 0.34×10^{-3} 0.59×10^{-3} 0.90×10^{-3} 1.3×10^{-3}	0.09×10^{-3} 0.15×10^{-3} 0.51×10^{-3} 0.89×10^{-3} 1.4×10^{-3} 2.0×10^{-3}	周界外浓度最高点	0.01 $\mu g/m^3$
30	光气⑥	5.0	25 30 40 50	禁排	0.12 0.20 0.69 1.2	0.18 0.31 1.0 1.8	周界外浓度最高点	0.10
31	沥青烟	280 (吹制沥青) 80 (熔炼、浸涂) 150 (建筑搅拌)	15 20 30 40 50 60 70 80	0.11 0.19 0.82 1.4 2.2 3.0 4.5 6.2	0.22 0.36 1.6 2.8 4.3 5.9 8.7 12	0.34 0.55 2.4 4.2 6.6 9.0 13 18	生产设备不得有明显无组织排放存在	
32	石棉尘	2 根(纤维)/cm^3 或 20 mg/m^3	15 20 30 40 50	禁排	0.65 1.1 4.2 7.2 11	0.98 1.7 6.4 11 17	生产设备不得有明显无组织排放存在	
33	非甲烷总烃	150 (使用溶剂汽油或其他混合烃类物质)	15 20 30 40	6.3 10 35 61	12 20 63 120	18 30 100 170	周界外浓度最高点	5.0

① 一般应于无组织排放源上风向 2~50 m 范围内设参考点,排放源下风向 2~50 m 范围内设监控点。

② 周围外浓度最高点一般应设于排放源下风向的单位周界外 10 m 范围内。如预计无组织排放的最大落地浓度点越出 10 m 范围,可将监控点移至该预计浓度最高点。

③ 均指含洲离二氧化硅 10%以上的各种尘。

④ 排放氯气的排气筒不得低于 25 m。

⑤ 排放氰化氢的排气筒不得低于 25 m。

⑥ 排放光气的排气筒不得低于 25 m。

表 2　新污染源大气污染物排放限值

序号	污染物	最高允许排放浓度/(mg/m^3)	最高允许排放速率/(kg/h)			无组织排放监控浓度限值	
			排气筒高度 m	二级	三级	监控点	浓度/(mg/m^3)
1	二氧化硫	960（硫、二氧化硫、硫酸和其他含硫化合物生产）	15	2.6	3.5	周界外浓度最高点[①]	0.40
			20	4.3	6.6		
			30	15	22		
			40	25	38		
			50	39	58		
		550（硫、二氧化硫、硫酸和其他含硫化合物使用）	60	55	83		
			70	77	120		
			80	110	160		
			90	130	200		
			100	170	270		
2	氮氧化物	1400（硝酸、氮肥和火炸药生产）	15	0.77	1.2	周界外浓度最高点	0.12
			20	1.3	2.0		
			30	4.4	6.6		
			40	7.5	11		
			50	12	18		
		240（硝酸使用和其他）	60	16	25		
			70	23	35		
			80	31	47		
			90	40	61		
			100	52	78		
3	颗粒物	18（碳黑尘、染料尘）	15	0.51	0.74	周界外浓度最高点	肉眼不可见
			20	0.85	1.3		
			30	3.4	5.0		
			40	5.8	8.5		
		60[②]（玻璃棉尘、石英粉尘、矿渣棉尘）	15	1.9	2.6	周界外浓度最高点	1.0
			20	3.1	4.5		
			30	12	18		
			40	21	31		
		120（其他）	15	3.5	5.0	周界外浓度最高点	1.0
			20	5.9	8.5		
			30	23	34		
			40	39	59		
			50	60	94		
			60	85	130		
4	氯化氢	100	15	0.26	0.39	周界外浓度最高点	0.20
			20	0.43	0.65		
			30	1.4	2.2		
			40	2.6	3.8		
			50	3.8	5.9		
			60	5.4	8.3		
			70	7.7	12		
			80	10	16		
5	铬酸雾	0.070	15	0.008	0.012	周界外浓度最高点	0.0060
			20	0.013	0.20		
			30	0.043	0.066		
			40	0.076	0.12		
			50	0.12	0.18		
			60	0.16	0.25		
6	硫酸雾	430（火炸药厂）	15	1.5	2.4	周界外浓度最高点	1.2
			20	2.6	3.9		
			30	8.8	13		
			40	15	23		
		45（其他）	50	23	35		
			60	33	50		
			70	46	70		
			80	63	95		

续　表

序号	污染物	最高允许排放浓度/(mg/m^3)	最高允许排放速率/(kg/h) 排气筒高度 m	二级	三级	无组织排放监控浓度限值 监控点	浓度/(mg/m^3)
7	氯化物	90（普钙工业）	15	0.10	0.15	周界外浓度最高点	20 $\mu g/m^3$
			20	0.17	0.26		
			30	0.59	0.88		
			40	1.0	1.5		
		9.0（其他）	50	1.5	2.3		
			60	2.2	3.3		
			70	3.1	4.7		
			80	4.2	6.3		
8	氯气③	65	25	0.52	0.78	周界外浓度最高点	0.40
			30	0.87	1.3		
			40	2.9	4.4		
			50	5.0	7.6		
			60	7.7	12		
			70	11	17		
			80	15	23		
9	铅及其化合物	0.70	15	0.004	0.006	周界外浓度最高点	0.0060
			20	0.006	0.009		
			30	0.027	0.041		
			40	0.047	0.071		
			50	0.072	0.11		
			60	0.10	0.15		
			70	0.15	0.22		
			80	0.20	0.30		
			90	0.26	0.40		
			100	0.33	0.51		
10	汞及其化合物	0.012	15	1.5×10^{-3}	2.4×10^{-3}	周界外浓度最高点	0.0012
			20	2.6×10^{-3}	3.9×10^{-3}		
			30	7.8×10^{-3}	13×10^{-3}		
			40	15×10^{-3}	23×10^{-3}		
			50	23×10^{-3}	35×10^{-3}		
			60	33×10^{-3}	50×10^{-3}		
11	镉及其化合物	0.85	15	0.050	0.080	周界外浓度最高点	0.040
			20	0.090	0.13		
			30	0.29	0.44		
			40	0.50	0.77		
			50	0.77	1.2		
			60	1.1	1.7		
			70	1.5	2.3		
			80	2.1	3.2		
12	铍及其化合物	0.012	15	1.1×10^{-3}	1.7×10^{-3}	周界外浓度最高点	0.0008
			20	1.8×10^{-3}	2.8×10^{-3}		
			30	6.2×10^{-3}	9.4×10^{-3}		
			40	11×10^{-3}	16×10^{-3}		
			50	16×10^{-3}	25×10^{-3}		
			60	23×10^{-3}	35×10^{-3}		
			70	33×10^{-3}	50×10^{-3}		
			80	44×10^{-3}	67×10^{-3}		
13	镍及其化合物	4.3	15	0.15	0.24	周界外浓度最高点	0.040
			20	0.26	0.34		
			30	0.88	1.3		
			40	1.5	2.3		
			50	2.3	3.5		
			60	3.3	5.0		
			70	4.6	7.0		
			80	6.3	10		

续 表

序号	污染物	最高允许排放浓度/(mg/m³)	最高允许排放速率/(kg/h)			无组织排放监控浓度限值	
			排气筒高度 m	二级	三级	监控点	浓度/(mg/m³)
14	锡及其化合物	8.5	15 20 30 40 50 60 70 80	0.31 0.52 1.8 3.0 4.6 6.6 9.3 13	0.47 0.79 2.7 4.6 7.0 10 14 19	周界外浓度最高点	0.24
15	苯	12	15 20 30 40	0.50 0.90 2.9 5.6	0.80 1.3 4.4 7.6	周界外浓度最高点	0.40
16	甲苯	40	15 20 30 40	3.1 5.2 18 30	4.7 7.9 27 46	周界外浓度最高点	2.4
17	二甲苯	70	15 20 30 40	1.0 1.7 5.9 10	1.5 2.6 8.8 15	周界外浓度最高点	1.2
18	酚类	100	15 20 30 40 50 60	0.10 0.17 0.58 1.0 1.5 2.2	0.15 0.26 0.88 1.5 2.3 3.3	周界外浓度最高点	0.080
19	甲醛	25	15 20 30 40 50 60	0.26 0.43 1.4 2.6 3.8 5.4	0.39 0.65 2.2 3.8 5.9 8.3	周界外浓度最高点	0.20
20	乙醛	125	15 20 30 40 50 60	0.050 0.090 0.29 0.50 0.77 1.1	0.80 0.13 0.44 0.77 1.2 1.6	周界外浓度最高点	0.040
21	丙烯腈	22	15 20 30 40 50 60	0.77 1.3 4.4 7.5 12 16	1.2 2.0 6.6 11 18 25	周界外浓度最高点	0.60
22	丙烯醛	16	15 20 30 40 50 60	0.52 0.87 2.9 5.0 7.7 11	0.78 1.3 4.4 7.6 12 17	周界外浓度最高点	0.40
23	氰化氢④	1.9	25 30 40 50 60 70 80	0.15 0.26 0.88 1.5 2.3 3.3 4.6	0.24 0.39 1.3 2.3 3.5 5.0 7.0	周界外浓度最高点	0.024

续　表

序号	污染物	最高允许排放浓度/(mg/m³)	最高允许排放速率/(kg/h)			无组织排放监控浓度限值	
			排气筒高度 m	二级	三级	监控点	浓度/(mg/m³)
24	甲醇	190	15 20 30 40 50 60	5.1 8.6 29 50 77 100	7.8 13 44 70 120 170	周界外浓度最高点	12
25	苯胺类	20	15 20 30 40 50 60	0.52 0.87 2.9 5.0 7.7 11	0.78 1.3 4.4 7.6 12 17	周界外浓度最高点	0.40
26	氯苯类	60	15 20 30 40 50 60 70 80 90 100	0.52 0.87 2.5 4.3 6.6 9.3 13 18 23 29	0.78 1.3 3.8 6.5 9.9 14 20 27 35 44	周界外浓度最高点	0.4
27	硝基苯类	16	15 20 30 40 50 60	0.050 0.090 0.29 0.50 0.77 1.1	0.080 0.13 0.44 0.77 1.2 1.7	周界外浓度最高点	0.040
28	氯乙烯	36	15 20 30 40 50 60	0.77 1.3 4.4 7.5 12 16	1.2 2.0 6.6 11 18 25	周界外浓度最高点	0.60
29	苯并[a]芘	0.30×10^{-3} (沥青及碳素制品生产和加工)	15 20 30 40 50 60	0.050×10^{-3} 0.085×10^{-3} 0.29×10^{-3} 0.50×10^{-3} 0.77×10^{-3} 1.1×10^{-3}	0.080×10^{-3} 0.13×10^{-3} 0.43×10^{-3} 0.76×10^{-3} 1.2×10^{-3} 1.7×10^{-3}	周界外浓度最高点	0.008 μg/m³
30	光气⑤	3.0	25 20 30 40	0.10 0.17 0.59 1.0	0.15 0.26 0.88 1.5	周界外浓度最高点	0.080
31	沥青烟	140 (吹制沥青) 40 (熔炼、浸涂) 75 (建筑搅拌)	15 30 40 50 60 70 80	0.18 0.30 1.3 2.3 5.6 7.4 10	0.27 0.45 2.0 3.5 5.4 7.5 11 15	生产设备不得有明显的无组织排放存在	

续　表

序号	污染物	最高允许排放浓度/(mg/m³)	最高允许排放速率/(kg/h)			无组织排放监控浓度限值	
			排气筒高度 m	一级	二级	监控点	浓度/(mg/m³)
32	石棉尘	1根(纤维)/cm³ 或10 mg/m³	15 20 30 40 50	0.55 0.93 3.6 6.2 9.4	0.83 1.4 5.4 9.3 14	生产设备不得有明显的无组织排放存在	
33	非甲烷总烃	120 (使用溶剂汽油或其他混合烃类物质)	15 20 30 40	10 17 53 100	16 27 83 150	周界外浓度最高点	4.0

① 周界外浓度最高点一般应设置于无组织排放源下风向的单位周界外10 m范围内,若预计无组织排放的最大落地浓度点越出10 m范围,可将监控点移至该预计浓度最高点。

② 均指含游离二氧化硅超过10%以上的各种尘。

③ 排放氯气的排放筒不得低于25 m。

④ 排放氰化氢的排气筒不得低于25 m。

⑤ 排放光气的排气筒不得低于25 m。

附录 3　镀槽边缘控制点的吸入速度 v_x(m/s)

槽的用途	溶液中主要有害物	溶液温度(℃)	电流密度(A/cm^2)	v_x(m/s)
镀　　铬	H_2SO_4、CrO_3	55 ~ 58	20 ~ 35	0.5
镀耐磨铬	H_2SO_4、CrO_3	68 ~ 75	35 ~ 70	0.5
镀　　铬	H_2SO_4、CrO_3	40 ~ 50	10 ~ 20	0.4
电化学抛光	H_3PO_4、H_2SO_4、CrO_3	70 ~ 90	15 ~ 20	0.4
电化学腐蚀	H_2SO_4、KCN	15 ~ 25	8 ~ 10	0.4
氰化镀锌	ZnO、NaCN、NaCH	40 ~ 70	5 ~ 20	0.4
氰化镀铜	CuCN、NaOH、NaCN	55	2 ~ 4	0.4
镍层电化学抛光	H_2SO_4、CrO_3、$C_3H_5(OH)_3$	40 ~ 45	15 ~ 20	0.4
铝件电抛光	H_3PO_4、$C_3H_5(OH)_3$	85 ~ 90	30	0.4
电化学去油	NaOH、Na_2CO_3、Na_3PO_4、Na_2SiO_3	~ 80	3 ~ 8	0.35
阳极腐蚀	H_2SO_4	15 ~ 25	3 ~ 5	0.35
电化学抛光	H_3PO_4	18 ~ 20	1.5 ~ 2	0.35
镀　　镉	NaCN、NaOH、Na_2SO_4	15 ~ 25	1.5 ~ 4	0.35
氰化镀锌	ZnO、NaCN、NaOH	15 ~ 30	2 ~ 5	0.35
镀铜锡合金	NaCN、CuCN、NaOH、Na_2SnO_3	65 ~ 70	2 ~ 2.5	0.35
镀　　镍	$NiSO_4$、NaCl、$COH_6(SO_3Na)_2$	50	3 ~ 4	0.35
镀锡(碱)	Na_2SnO_3、NaOH、CH_3COONa、H_2O_2	65 ~ 75	1.5 ~ 2	0.35
镀锡(滚)	Na_2SnO_3、NaOH、CH_3COONa	70 ~ 80	1 ~ 4	0.35
镀锡(酸)	SnO_4、NaOH、H_2SO_4、C_6H_5OH	65 ~ 75	0.5 ~ 2	0.35
氰化电化学浸蚀	KCN	15 ~ 25	3 ~ 5	0.35
镀　　金	$K_4Fe(CN)_6$、Na_2CO_3、$H(AuCl)_4$	70	4 ~ 6	0.35
铝件电抛光	Na_3PO_4	–	20 ~ 25	0.35
钢件电化学氧化	NaOH	80 ~ 90	5 ~ 10	0.35
退　　铬	NaOH	室温	5 ~ 10	0.35
酸性镀铜	$CuCO_4$、H_2SO_4	15 ~ 25	1 ~ 2	0.3
氰化镀黄铜	CuCN、NaCN、Na_2SO_3、$Zn(CN)_2$	20 ~ 30	0.3 ~ 0.5	0.3
氰化镀黄铜	CuCN、NaCN、NaOH、Na_2CO_3、$Zn(CN)_2$	15 ~ 25	1 ~ 1.5	0.3
镀　　镍	$NiSO_4$、Na_2SO_4、NaCl、$MgSO_4$	15 ~ 25	0.5 ~ 1	0.3
镀锡铅合金	Pb、Sn、H_3BO_4、HBF_4	15 ~ 25	1 ~ 1.2	0.3
电解纯化	Na_2CO_3、K_2CrO_4、H_2CO_5	20	1 ~ 6	0.3
铝阳极氧化	H_2SO_4	15 ~ 25	0.8 ~ 2.5	0.3
铝件阳极绝缘氧化	$C_2H_4O_4$	20 ~ 45	1 ~ 5	0.3
退　　铜	H_2SO_4、CrO_3	20	3 ~ 8	0.3
退　　镍	H_2SO_4、$C_3H_5(OH)_3$	20	3 ~ 8	0.3
化学去油	NaOH、Na_2CO_3、Na_3PO_4	–	–	0.3
黑　　镍	$NiSO_4$、$(NH_4)_2SO_4$、$ZnSO_4$	15 ~ 25	0.2 ~ 0.3	0.25
镀　　银	KCN、AgCl	20	0.5 ~ 1	0.25
预镀银	KCN、K_2CO_3	15 ~ 25	1 ~ 2	0.25
镀银后黑化	Na_2S、Na_2SO_3、$(CH_3)_2CO$	15 ~ 25	0.08 ~ 0.1	0.25
镀　　铍	$BeSO_4$、$(NH_4)_2Mo_7O_{24}$	15 ~ 25	0.005 ~ 0.02	0.25
镀　　金	KCN	20	0.1 ~ 0.2	0.25
镀　　钯	Pa、NH_4Cl、NH_4OH、NH_3	20	0.25 ~ 0.5	0.25
铝件铬酐阳极氧化	CrO_3	15 ~ 25	0.01 ~ 0.02	0.25
退　　银	AgCl、KCN、Na_2CO_3	20 ~ 30	0.3 ~ 0.1	0.25
退　　锡	NaOH	65 ~ 75	1	0.25
热水槽	水蒸汽	> 50	–	0.25

注：v_x 值系根据溶液浓度、成分、温度和电流密度等因素综合确定。

附录 4 锅炉大气污染物排放标准 GB13271—2001

本标准按锅炉建成使用年限分为两个阶段，执行不同的大气污染物排放标准。

Ⅰ时段：2000 年 12 月 31 日前建成使用的锅炉；

Ⅱ时段：2001 年 1 月 1 日起建成使用的锅炉（含在Ⅰ时段立项未建成或未运行使用的锅炉和建成使用锅炉中需要扩建、改造的锅炉）。

表 1 锅炉烟尘最高允许排放浓度和烟气黑度限值

锅炉类别		适用区域	烟尘排放浓度（mg/m^3）		烟气黑度（林格曼温度，级）
			Ⅰ时段	Ⅱ时段	
燃煤锅炉	自然通风锅炉（＜0.7 MW〈1t/h〉）	一类区	100	80	1
		二、三类区	150	120	
	其它锅炉	一类区	100	80	1
		二类区	250	200	
		三类区	350	250	
燃油锅炉	轻柴油、煤油	一类区	80	80	1
		二、三类区	100	100	
	其它燃料油	一类区	100	80*	1
		二、三类区	200	150	
燃气锅炉		全部区域	50	50	1

注：* 一类区禁止新建以重油、渣油为燃料的锅炉

表 2 锅炉二氧化硫和氮氧化物最高允许排放浓度

锅炉类别		适用区域	SO_2 排放浓度（mg/m^3）		NO_x 排放浓度（mg/m^3）	
			Ⅰ时期	Ⅱ时期	Ⅰ时期	Ⅱ时期
燃煤锅炉		全部区域	1 200	900	/	/
燃油锅炉	轻柴油、煤油	全部区域	700	500	/	400
	其它燃料油	全部区域	1 200	900*	/	400*
燃气锅炉		全部区域	100	100	/	400

表 3 燃煤锅炉烟尘初始排放浓度和烟气黑度限值

锅炉类别		燃煤收到基灰分（%）	烟尘初始排放浓度（mg/m^3）		烟气黑度（林格曼黑度，级）
			Ⅰ时段	Ⅱ时段	
层燃锅炉	自然通风锅炉（＜0.7 MW〈1t/h〉）	/	150	120	1
	其它锅炉（≤2.8 MW〈4t/h〉）	Aar≤25%	1 800	1 600	1
		Aar≤25%	2 000	1 800	
	其它锅炉（＞2.8 MW〈4t/h〉）	Aar≤25%	2 000	1 800	1
		Aar＞25%	2 200	2 000	
沸腾锅炉	循环流化床锅炉	/	15 000	15 000	1
	其它沸腾锅炉	/	20 000	18 000	
抛煤机锅炉		/	5 000	5 000	1

附录 5　环境空气质量标准 GB3095 - 1996

1．环境空气质量功能区分类

一类区为自然保护区、风景名胜区和其他需要特殊保护的地区。

二类区为城镇规划中确定的居住区、商业交通居民混合区、文化区、一般工业区和农村地区。

2．环境空气质量标准分级

环境空气质量标准分为三级。

一类区执行一级标准

二类区执行二级标准

三类区执行二级标准

3．浓度限制

各项污染物的浓度限值

<table>
<tr><th rowspan="2">污染物名称</th><th rowspan="2">取值时间</th><th colspan="3">浓度取值</th><th rowspan="2">浓度单位</th></tr>
<tr><th>一级标准</th><th>二级标准</th><th>三级标准</th></tr>
<tr><td>二氧化流 SO_2</td><td>年平均
日平均
1 小时平均</td><td>0.02
0.05
0.15</td><td>0.06
0.15
0.50</td><td>0.10
0.25
0.70</td><td rowspan="7">mg/m^3(标准状态)</td></tr>
<tr><td>总悬浮颗粒物 TSP</td><td>年平均
日平均</td><td>0.08
0.12</td><td>0.20
0.30</td><td>0.30
0.50</td></tr>
<tr><td>可吸人颗粒物 PM_{10}</td><td>年平均
日平均</td><td>0.04
0.05</td><td>0.10
0.15</td><td>0.15
0.25</td></tr>
<tr><td>氮氧化物 NO_2</td><td>年平均
日平均
1 小时平均</td><td>0.05
0.10
0.15</td><td>0.05
0.10
0.15</td><td>0.10
0.15
0.30</td></tr>
<tr><td>二氧化氮 NO_2</td><td>年平均
日平均
1 小时平均</td><td>0.04
0.08
0.12</td><td>0.04
0.08
0.12</td><td>0.08
0.12
0.24</td></tr>
<tr><td>一氧化碳 CO</td><td>日平均
1 小时平均</td><td>4.00
10.00</td><td>4.00
10.00</td><td>6.00
20.00</td></tr>
<tr><td>臭氧 O_3</td><td>1 小时平均</td><td>0.12</td><td>0.16</td><td>0.20</td></tr>
<tr><td>铅 Pb</td><td>季平均
年平均</td><td colspan="3">1.50
1.00</td><td rowspan="3">μg/m^3(标准状态)</td></tr>
<tr><td>苯并[a]芘 B[a]P</td><td>日平均</td><td colspan="3">0.01</td></tr>
<tr><td rowspan="2">氟化物 F</td><td>日平均
1 小时平均</td><td colspan="3">7①
20①</td></tr>
<tr><td>月平均
植物生长季平均</td><td colspan="2">1.8②
1.2②</td><td>3.0③
2.0③</td><td>μg/(dm^2·d)</td></tr>
</table>

① 适用于城市地区；

② 适用于牧业区和以牧业为主的半农半牧区，蚕桑区；

③ 适用于农业和林业区。

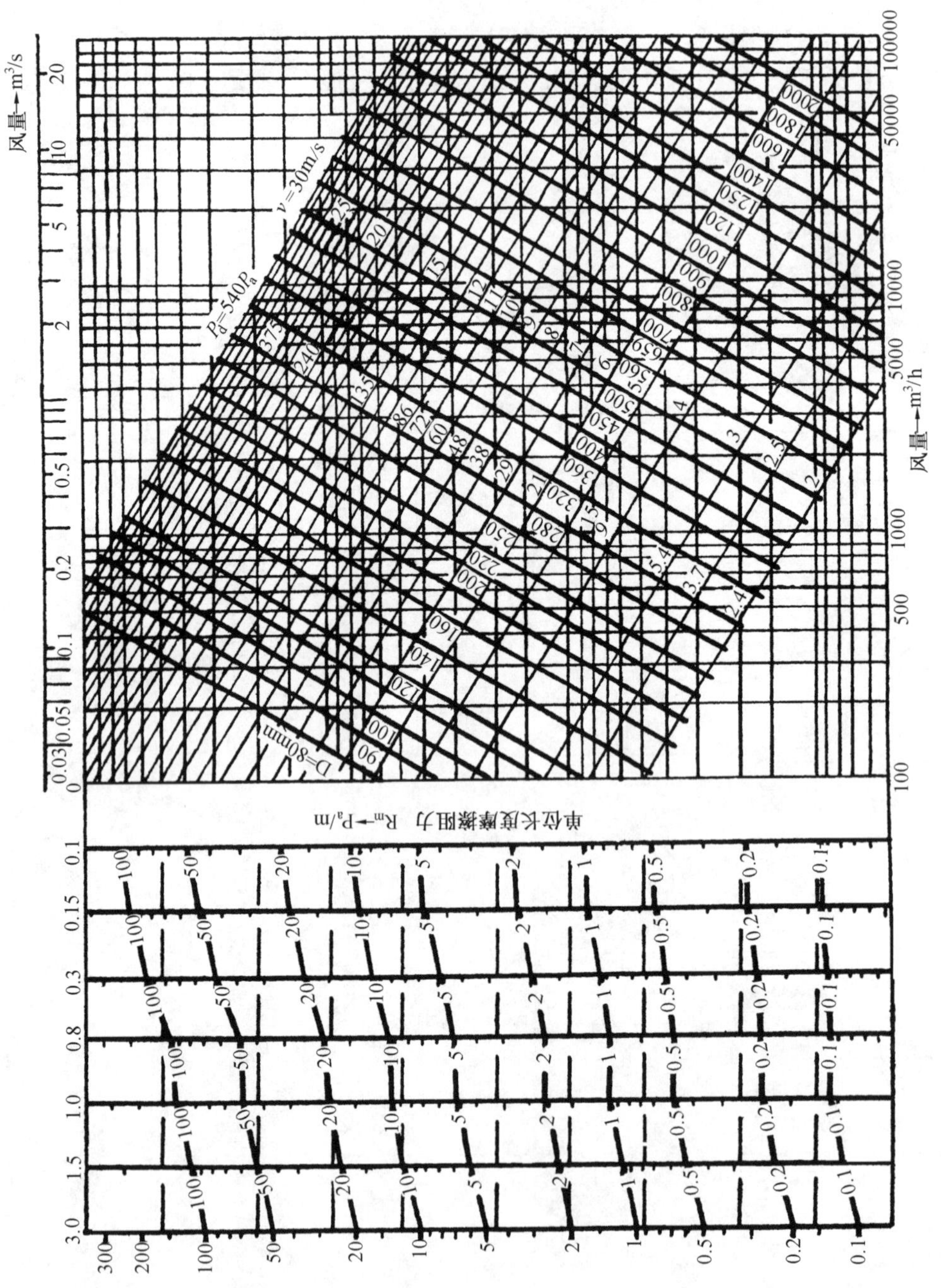

附录 6－1　通风管道单位长度摩擦阻力线算图

附录 6.2　钢板圆形风管计算表

速度 (m/s)	动压 (Pa)	风管断面直径 (mm)				上行:风量(m^3/h) 下行:单位摩擦阻力 (Pa/m)				
		100	120	140	160	180	200	220	250	280
1.0	0.60	28	40	55	71	91	112	135	175	219
		0.22	0.17	0.14	0.12	0.10	0.09	0.08	0.07	0.06
1.5	1.35	42	60	82	107	136	168	202	262	329
		0.45	0.36	0.29	0.25	0.21	0.19	0.17	0.14	0.12
2.0	2.40	55	80	109	143	181	224	270	349	439
		0.76	0.60	0.49	0.42	0.36	0.31	0.28	0.24	0.21
2.5	3.75	69	100	137	179	226	280	337	437	548
		1.13	0.90	0.74	0.62	0.54	0.47	0.42	0.36	0.31
3.0	5.40	83	120	164	214	272	336	405	542	658
		1.58	1.25	1.03	0.87	0.75	0.66	0.58	0.50	0.43
3.5	7.35	97	140	191	250	317	392	472	611	768
		2.10	1.66	1.37	1.15	0.99	0.87	0.78	0.66	0.57
4.0	9.60	111	160	219	286	362	448	540	698	877
		2.68	2.12	1.75	1.48	1.27	1.12	0.99	0.85	0.74
4.5	12.15	125	180	246	322	408	504	607	786	987
		3.33	2.64	2.17	1.84	1.58	1.39	1.24	1.05	0.92
5.0	15.00	139	200	273	357	453	560	675	873	1097
		4.05	3.21	2.64	2.23	1.93	1.69	1.50	1.28	1.11
5.5	18.15	152	220	300	393	498	616	742	960	1206
		4.84	3.84	3.16	2.67	2.30	2.02	1.80	1.53	1.33
6.0	21.60	166	240	328	429	544	672	810	1048	1316
		5.69	4.51	3.72	3.14	2.71	2.38	2.12	1.80	1.57
6.5	25.35	180	260	355	465	589	728	877	1135	1425
		6.61	5.25	4.32	3.65	3.15	2.76	2.46	2.10	1.82
7.0	29.40	194	280	382	500	634	784	945	1222	1535
		7.60	6.03	4.96	4.20	3.62	3.17	2.83	2.41	2.10
7.5	33.75	208	300	410	536	679	840	1012	1310	1645
		8.66	6.87	5.65	4.78	4.12	3.62	3.22	2.75	2.39
8.0	38.40	222	320	437	572	725	896	1080	1397	1754
		9.78	7.76	6.39	5.40	4.66	4.09	3.64	3.10	2.70
8.5	43.35	236	340	464	608	770	952	1147	1484	1864
		10.96	8.70	7.16	6.06	5.23	4.58	4.08	3.48	3.03
9.0	48.60	249	360	492	643	815	1008	1215	1571	1974
		12.22	9.70	7.98	6.75	5.83	5.11	4.55	3.88	3.37

续 表

速度 (m/s)	动压 (Pa)	风管断面直径 (mm)				上行:风量(m^3/h) 下行:单位摩擦阻力(Pa/m)				
		100	120	140	160	180	200	220	250	280
9.5	54.15	263	380	519	679	861	1064	1282	1659	2083
		13.54	10.74	8.85	7.48	6.46	5.66	5.04	4.30	3.74
10.0	60.00	277	400	546	715	906	1120	1350	1746	2193
		14.93	11.85	9.75	8.25	7.12	6.24	5.56	4.74	4.12
10.5	66.15	291	420	574	751	951	1176	1417	1833	2303
		16.38	13.00	10.70	9.05	7.81	6.85	6.10	5.21	4.53
11.0	72.60	305	440	601	786	997	1232	1485	1921	2412
		17.90	14.21	11.70	9.89	8.54	7.49	6.67	5.69	4.95
11.5	79.35	319	460	628	822	1042	1288	1552	2008	2522
		19.49	15.47	12.84	10.77	9.30	8.15	7.26	6.20	5.39
12.0	86.40	333	480	656	858	1087	1344	1620	2095	2632
		21.14	16.78	13.82	11.69	10.09	8.85	7.88	6.72	5.84
12.5	93.75	346	500	683	894	1132	1400	1687	2183	2741
		22.86	18.14	14.94	12.64	10.91	9.57	8.52	7.27	6.32
13.0	101.40	360	521	710	929	1178	1456	1755	2270	2851
		24.64	19.56	16.11	13.62	11.76	10.31	9.19	7.84	6.82
13.5	109.35	374	541	737	965	1223	1512	1822	2357	2961
		26.49	21.03	17.32	14.65	12.64	11.09	9.88	8.43	7.33
14.0	117.60	388	561	765	1001	1268	1568	1890	2444	3070
		28.41	22.55	18.87	15.71	13.56	11.89	10.60	9.04	7.86
14.5	126.15	402	581	792	1036	1314	1624	1957	2532	3180
		30.39	24.13	19.87	16.81	14.51	12.72	11.34	9.67	8.41
15.0	135.00	416	601	819	1072	1359	1680	2025	2619	3290
		32.44	25.75	21.21	17.94	15.49	13.58	12.10	10.33	8.98
15.5	144.15	430	621	847	1108	1404	1736	2092	2706	3399
		34.56	27.43	22.59	19.11	16.50	14.47	12.89	11.00	9.56
16.0	153.60	443	641	874	1144	1450	1792	2160	2794	3509
		36.74	29.17	24.02	20.32	17.54	15.38	13.71	11.70	10.17

续 表

速度 (m/s)	动压 (Pa)	风管断面直径 (mm)				上行:风量(m^3/h) 下行:单位摩擦阻力 (Pa/m)				
		320	360	400	450	500	560	630	700	800
1.0	0.60	287	363	449	569	703	880	1115	1378	1801
		0.05	0.04	0.04	0.03	0.03	0.02	0.02	0.02	0.02
1.5	1.35	430	545	674	853	1054	1321	1673	2066	2701
		0.10	0.09	0.08	0.07	0.06	0.05	0.04	0.04	0.03
2.0	2.40	574	727	898	1137	1405	1761	2230	2755	3601
		0.17	0.15	0.13	0.11	0.10	0.09	0.08	0.07	0.06
2.5	3.75	717	908	1123	1422	1757	2201	2788	3444	4501
		0.26	0.23	0.20	0.17	0.15	0.13	0.11	0.10	0.08
3.0	5.40	860	1090	1347	1706	2108	2641	3345	4133	5402
		0.37	0.32	0.28	0.24	0.21	0.18	0.16	0.14	0.12
3.5	7.35	1004	1272	1572	1991	2459	3081	3903	4821	6302
		0.49	0.42	0.37	0.32	0.28	0.24	0.21	0.19	0.16
4.0	9.60	1147	1454	1796	2275	2811	3521	4460	5510	7202
		0.62	0.54	0.47	0.41	0.36	0.31	0.27	0.24	0.20
4.5	12.15	1291	1635	2021	2559	3162	3962	5018	6199	8102
		0.78	0.67	0.59	0.51	0.45	0.39	0.34	0.30	0.25
5.0	15.00	1434	1817	2245	2844	3513	4402	5575	6888	9003
		0.94	0.82	0.72	0.62	0.55	0.48	0.41	0.36	0.31
5.5	18.15	1578	1999	2470	3128	3864	4842	6133	7576	9903
		1.13	0.98	0.86	0.74	0.65	0.57	0.49	0.43	0.37
6.0	21.60	1721	2180	2694	3412	4216	5282	6691	8265	10803
		1.33	1.15	1.01	0.87	0.77	0.67	0.58	0.51	0.43
6.5	25.35	1864	2362	2919	3697	4567	5722	7248	8954	11703
		1.55	1.34	1.17	1.02	0.89	0.78	0.68	0.59	0.51
7.0	29.40	2008	2544	3143	3981	4918	6163	7806	9643	12604
		1.78	1.54	1.35	1.17	1.03	0.90	0.78	0.68	0.58
7.5	33.75	2151	2725	3368	4266	5270	6603	8363	10332	13504
		2.02	1.75	1.54	1.33	1.17	1.02	0.88	0.78	0.66
8.0	38.40	2295	2907	3592	4550	5621	7043	8921	11020	14404
		2.29	1.98	1.74	1.51	1.32	1.15	1.00	0.88	0.75
8.5	43.35	2438	3089	3817	4834	5972	7483	9478	11709	15304
		2.57	2.22	1.95	1.69	1.49	1.30	1.12	0.99	0.84
9.0	48.60	2581	3271	4041	5119	6324	7923	10036	12398	16205
		2.86	2.48	2.18	1.88	1.66	1.44	1.25	1.10	0.94

续　表

速度 (m/s)	动压 (Pa)	风管断面直径 (mm)　上行:风量(m^3/h)　下行:单位摩擦阻力(Pa/m)								
		320	360	400	450	500	560	630	700	800
9.5	54.15	2725	3452	4266	5403	6675	8363	10593	13087	17105
		3.17	2.74	2.41	2.09	1.84	1.60	1.39	1.22	1.04
10.0	60.00	2868	3634	4490	5687	7026	8804	11151	13775	18005
		3.50	3.03	2.66	2.30	2.02	1.77	1.53	1.35	1.15
10.5	66.15	3012	3816	4715	5972	7378	9244	11709	14464	18906
		3.84	3.32	2.92	2.53	2.22	1.94	1.68	1.48	1.26
11.0	72.60	3155	3997	4939	6256	7729	9684	12266	15153	19806
		4.20	3.63	3.19	2.76	2.43	2.12	1.84	1.62	1.38
11.5	79.35	3298	4179	5164	6541	8080	10124	12824	15842	20706
		4.57	3.95	3.47	3.01	2.65	2.31	2.00	1.76	1.50
12.0	86.40	3442	4361	5388	6825	8432	10564	13381	16530	21606
		4.96	4.29	3.77	3.26	2.87	2.50	2.17	1.91	1.62
12.5	93.75	3585	4542	5613	7109	8783	11005	13939	17219	22507
		5.36	4.64	4.08	3.53	3.10	2.71	2.35	2.07	1.76
13.0	101.40	3729	4724	5837	7394	9134	11445	14496	17908	23407
		5.78	5.00	4.40	3.81	3.35	2.92	2.53	2.23	1.90
13.5	109.35	3872	4906	6062	7678	9485	11885	15054	18597	24307
		6.22	5.38	4.73	4.09	3.60	3.14	2.72	2.39	2.04
14.0	117.60	4016	5087	6286	7962	9837	12325	15611	19286	25207
		6.67	5.77	5.07	4.39	3.86	3.37	2.92	2.57	2.19
14.5	126.15	4159	5269	6511	8247	10188	12765	16169	19974	26108
		7.13	6.17	5.42	4.70	4.13	3.60	3.12	2.75	2.34
15.0	135.00	4302	5451	6735	8531	10539	13205	16726	20663	27008
		7.61	6.59	5.79	5.01	4.41	3.85	3.33	2.93	2.50
15.5	144.15	4446	5633	6960	8816	10891	13646	17284	21352	27908
		8.11	7.02	6.17	5.34	4.70	4.10	3.55	2.13	2.66
16.0	153.60	4589	5814	7184	9100	11242	14086	17842	22041	28808
		8.62	7.46	6.56	5.68	5.00	4.36	3.78	2.32	2.83

续　表

速度 (m/s)	动压 (Pa)	风管断面直径 (mm) 上行:风量(m^3/h) 下行:单位摩擦阻力(Pa/m)							
		900	1000	1120	1250	1400	1600	1800	2000
1.0	0.60	2280	2816	3528	4397	5518	7211	9130	11276
		0.01	0.01	0.01	0.01	0.01	0.01	0.01	0.01
1.5	1.35	3420	4224	5292	6595	8277	10817	13696	16914
		0.03	0.03	0.02	0.02	0.02	0.01	0.01	0.01
2.0	2.40	4560	5632	7056	8793	11036	14422	18261	22552
		0.05	0.04	0.04	0.03	0.03	0.02	0.02	0.02
2.5	3.75	5700	7040	8819	10992	13795	18028	22826	28190
		0.07	0.06	0.06	0.05	0.04	0.04	0.03	0.03
3.0	5.40	6840	8448	10583	13190	16554	21633	27391	33828
		0.10	0.09	0.08	0.07	0.06	0.05	0.04	0.04
3.5	7.35	7980	9865	12347	15388	19313	25239	31956	39465
		0.14	0.12	0.11	0.09	0.08	0.07	0.06	0.05
4.0	9.60	9120	11265	14111	17587	22072	28845	36522	45103
		0.18	0.15	0.14	0.12	0.10	0.09	0.08	0.07
4.5	12.15	10260	12673	15875	19785	24831	32450	41087	50741
		0.22	0.19	0.17	0.15	0.13	0.11	0.10	0.08
5.0	15.00	11400	14081	17639	21983	27590	36056	45652	56379
		0.27	0.24	0.21	0.18	0.16	0.13	0.12	0.10
5.5	18.15	12540	15489	19403	24182	30349	39661	50217	62017
		0.32	0.28	0.25	0.22	0.19	0.16	0.14	0.12
6.0	21.60	13680	16897	21167	26380	33108	43267	54782	67655
		0.38	0.33	0.29	0.25	0.22	0.19	0.16	0.14
6.5	25.35	14820	18305	22930	28579	35867	46872	59348	73293
		0.44	0.39	0.34	0.30	0.26	0.22	0.19	0.17
7.0	29.40	15960	19713	24694	30777	38626	50478	63913	78931
		0.50	0.44	0.39	0.34	0.30	0.25	0.22	0.19
7.5	33.75	1710	21121	26458	32975	41385	54083	68478	84569
		0.57	0.51	0.44	0.39	0.34	0.29	0.25	0.22
8.0	38.40	18240	22529	28222	35174	44144	57689	73043	90207
		0.65	0.57	0.50	0.44	0.38	0.33	0.28	0.25
8.5	43.35	19381	23937	29986	37372	46903	61295	77608	95845
		0.73	0.64	0.56	0.49	0.43	0.37	0.32	0.28
9.0	48.60	20521	25345	31750	39570	49663	64900	82174	101483
		0.81	0.72	0.63	0.55	0.48	0.41	0.35	0.31

续　表

速度(m/s)	动压(Pa)	风管断面直径(mm) 上行:风量(m^3/h) 下行:单位摩擦阻力(Pa/m)							
		900	1000	1120	1250	1400	1600	1800	2000
9.5	54.15	21661	26753	33514	41769	52422	68506	86739	107121
		0.90	0.79	0.69	0.61	0.53	0.45	0.39	0.35
10.0	60.00	22801	28161	35278	43967	55181	72111	91304	112759
		0.99	0.88	0.76	0.67	0.59	0.50	0.43	0.38
10.5	66.15	23941	29569	37042	40165	57940	75717	95869	118396
		1.09	0.96	0.84	0.74	0.64	0.55	0.48	0.42
11.0	72.60	25081	30978	38805	48364	60699	79322	100434	124034
		1.19	1.05	0.92	0.80	0.70	0.60	0.52	0.46
11.5	79.35	26221	32386	40569	50562	63458	82928	105000	129672
		1.30	1.14	1.00	0.88	0.77	0.65	0.57	0.50
12.0	86.40	27361	33794	42333	52760	66217	86534	109565	135310
		1.41	1.24	1.08	0.95	0.83	0.71	0.62	0.54
12.5	93.75	28501	35202	44097	54959	68976	90139	114130	140948
		1.52	1.34	1.17	1.03	0.90	0.77	0.67	0.59
13.0	101.40	29641	36610	45861	57157	71735	93745	118695	146586
		1.64	1.45	1.27	1.11	0.97	0.83	0.72	0.63
13.5	109.35	30781	38018	47625	59355	74494	97350	123260	152224
		1.77	1.56	1.36	1.19	1.04	0.89	0.77	0.68
14.0	117.60	31921	39426	49389	61554	77253	100956	127826	157862
		1.90	1.67	1.46	1.28	1.12	0.95	0.83	0.73
14.5	126.15	33061	40834	51153	63752	80012	104561	132391	163500
		2.03	1.79	1.56	1.37	1.20	1.02	0.89	0.78
15.0	135.00	34201	42242	52916	65950	82771	108167	136956	169138
		2.17	1.19	1.67	1.46	1.28	1.09	0.95	0.83
15.5	144.15	35341	43650	54680	68149	85530	111773	141521	174776
		2.31	2.03	1.78	1.56	1.36	1.16	1.01	0.89
16.0	153.60	36481	15058	56444	70347	88289	115378	146086	180414
		2.45	2.16	1.89	1.66	1.45	1.23	1.07	0.95

附录6.3　钢板矩形风管计算表

速度 (m/s)	动压 (Pa)	风管断面宽×高 (mm) 上行:风量(m^3/h) 下行:单位摩擦阻力 (Pa/m)								
		120	160	200	160	250	200	250	200	250
		120	120	120	160	120	160	160	200	200
1.0	0.60	50	67	84	90	105	113	140	141	176
		0.18	0.15	0.13	0.12	0.12	0.11	0.09	0.09	0.08
1.5	1.35	75	101	126	135	157	169	210	212	264
		0.36	0.30	0.27	0.25	0.25	0.22	0.19	0.19	0.16
2.0	2.40	100	134	168	180	209	225	281	282	352
		0.61	0.51	0.46	0.42	0.41	0.37	0.33	0.32	0.28
2.5	3.75	125	168	210	225	262	282	351	353	440
		0.91	0.77	0.68	0.63	0.62	0.55	0.49	0.47	0.42
3.0	5.40	150	201	252	270	314	338	421	423	528
		1.27	1.07	0.95	0.88	0.87	0.77	0.68	0.66	0.58
3.5	7.35	175	235	294	315	366	394	491	494	616
		1.68	1.42	1.26	1.16	1.15	1.02	0.91	0.88	0.77
4.0	9.60	201	268	336	359	419	450	561	565	704
		2.15	1.81	1.62	1.49	1.47	1.30	1.16	1.12	0.99
4.5	12.15	226	302	378	404	471	507	631	635	792
		2.67	2.25	2.01	1.85	1.83	1.62	1.45	1.40	1.23
5.0	15.00	251	336	421	449	523	563	702	706	880
		3.25	2.74	2.45	2.25	2.23	1.97	1.76	1.70	1.49
5.5	18.15	276	369	463	494	576	619	772	776	968
		3.88	3.27	2.92	2.69	2.66	2.36	2.10	2.03	1.79
6.0	21.60	301	403	505	539	628	676	842	847	1056
		4.56	3.85	3.44	3.17	3.13	2.77	2.48	2.39	2.10
6.5	25.35	326	436	547	584	681	732	912	917	1144
		5.30	4.47	4.00	3.68	3.64	3.22	2.88	2.78	2.44
7.0	29.40	351	470	589	629	733	788	982	988	1232
		6.09	5.14	4.59	4.23	4.18	3.70	3.31	3.19	2.81
7.5	33.75	376	503	631	674	785	845	1052	1059	1320
		6.94	5.86	5.23	4.82	4.77	4.22	3.77	3.64	3.20
8.0	38.40	401	537	673	719	838	901	1123	1129	1408
		7.84	6.62	5.91	5.44	5.39	4.77	4.26	4.11	3.61
8.5	43.35	426	571	715	764	890	957	1193	1200	1496
		8.79	7.42	6.63	6.10	6.04	5.35	4.78	4.61	4.06

续　表

速度 (m/s)	动压 (Pa)	风管断面宽×高 (mm) 上行:风量(m^3/h) 下行:单位摩擦阻力 (Pa/m)								
		120	160	200	160	250	200	250	200	250
		120	120	120	160	120	160	160	200	200
9.0	48.60	451	604	757	809	942	1014	1263	1270	1584
		9.80	8.27	7.39	6.80	6.73	5.96	5.32	5.14	4.52
9.5	54.15	476	638	799	854	995	1070	1333	1341	1672
		10.86	9.17	8.19	7.54	7.46	6.61	5.90	5.70	5.01
10.0	60.00	501	671	841	899	1047	1126	1403	1411	1760
		11.97	10.11	9.03	8.31	8.23	7.28	6.51	6.28	5.52
10.5	66.15	526	705	883	944	1099	1183	1473	1482	1848
		13.14	11.09	9.91	9.12	9.03	7.99	7.14	6.89	6.06
11.0	72.60	551	738	925	989	1152	1239	1544	1552	1936
		14.36	12.12	10.83	9.97	9.87	8.74	7.80	7.54	6.63
11.5	79.35	576	772	967	1034	1204	1295	1614	1623	2024
		15.63	13.20	11.79	10.86	10.74	9.51	8.50	8.20	7.21
12.0	86.40	602	805	1009	1078	1256	1351	1684	1694	2112
		16.96	14.32	12.79	11.78	11.65	10.32	9.22	8.90	7.83
12.5	93.75	627	839	1051	1123	1309	1408	1754	1764	2200
		18.34	15.48	13.83	12.74	12.60	11.16	9.97	9.63	8.46
13.0	101.40	625	873	1093	1168	1361	1464	1824	1835	2288
		19.77	16.69	14.91	13.73	13.59	12.03	10.75	10.38	9.13
13.5	109.35	677	906	1135	1213	1413	1520	1894	1905	2376
		21.25	17.94	16.03	14.76	14.61	12.93	11.55	11.16	9.81
14.0	117.60	702	940	1178	1258	1466	1577	1965	1976	2464
		22.79	19.24	17.19	15.83	15.67	13.87	12.39	11.97	10.52
14.5	126.15	727	973	1220	1303	1518	1633	2035	2046	2552
		24.38	20.59	18.39	16.94	16.76	14.84	13.26	12.80	11.26
15.0	135.00	752	1007	1262	1348	1570	1689	2105	2117	2640
		26.03	21.98	19.64	18.08	17.89	15.84	14.15	13.67	12.02
15.5	144.15	777	1040	1304	1393	1623	1746	2175	2188	2728
		27.73	23.41	20.92	19.26	19.06	16.88	15.08	14.56	12.80
16.0	153.60	802	1074	1346	1438	1675	1802	2245	2258	2816
		29.48	24.89	22.24	20.48	20.26	17.94	16.03	15.48	13.61

续　表

速度 (m/s)	动压 (Pa)	风管断面宽×高 (mm)				上行:风量(m^3/h) 下行:单位摩擦阻力 (Pa/m)				
		320	250	320	400	320	500	400	320	500
		160	250	200	200	250	200	250	320	250
1.0	0.60	180	221	226	283	283	354	354	363	443
		0.08	0.07	0.07	0.06	0.06	0.06	0.05	0.05	0.05
1.5	1.35	270	331	339	424	424	531	531	544	665
		0.17	0.14	0.14	0.13	0.12	0.12	0.11	0.10	0.10
2.0	2.40	360	441	451	565	566	707	708	726	887
		0.29	0.24	0.24	0.22	0.21	0.20	0.18	0.18	0.17
2.5	3.75	450	551	564	707	707	884	885	907	1108
		0.44	0.36	0.37	0.33	0.31	0.30	0.28	0.26	0.25
3.0	5.40	540	662	677	848	849	1061	1063	1089	1330
		0.61	0.50	0.51	0.46	0.43	0.42	0.39	0.37	0.35
3.5	7.35	630	772	790	989	990	1238	1240	1270	1551
		0.81	0.66	0.68	0.61	0.58	0.56	0.51	0.49	0.46
4.0	9.60	720	882	903	1130	1132	1415	1417	1452	1773
		1.04	0.85	0.87	0.79	0.74	0.72	0.66	0.63	0.60
4.5	12.15	810	992	1016	1272	1273	1592	1594	1633	1995
		1.29	1.06	1.08	0.98	0.92	0.90	0.82	0.78	0.74
5.0	15.00	900	1103	1129	1413	1414	1769	1771	1815	2216
		1.57	1.29	1.32	1.19	1.12	1.09	1.00	0.95	0.90
5.5	18.15	990	1213	1242	1554	1556	1945	1948	1996	2438
		1.88	1.54	1.57	1.42	1.33	1.31	1.19	1.13	1.08
6.0	21.60	1080	1323	1354	1696	1697	2122	2125	2177	2660
		2.22	1.81	1.85	1.68	1.57	1.54	1.40	1.33	1.27
6.5	25.35	1170	1433	1467	1837	1839	2299	2302	2359	2881
		2.57	2.11	2.15	1.95	1.83	1.79	1.63	1.55	1.48
7.0	29.40	1260	1544	1580	1978	1980	2476	2479	2540	3103
		2.96	2.42	2.47	2.24	2.10	2.06	1.87	1.78	1.70
7.5	33.75	1350	1654	1693	2120	2122	2653	2656	2722	3325
		3.37	2.76	2.82	2.55	2.39	2.34	2.13	2.03	1.93
8.0	38.40	1440	1764	1806	2261	2263	2830	2833	2903	3546
		3.81	3.12	3.18	2.88	2.70	2.65	2.41	2.30	2.19
8.5	43.35	1530	1874	1919	2420	2405	3007	3010	3085	3768
		4.27	3.50	3.57	3.23	3.03	2.97	2.71	2.58	2.45
9.0	48.60	1620	1985	2032	2544	2546	3184	3188	3266	3989
		4.76	3.90	3.98	3.61	3.38	3.31	3.02	2.87	2.73

续 表

速度 (m/s)	动压 (Pa)	风管断面宽×高 (mm) 上行:风量(m^3/h) 下行:单位摩擦阻力 (Pa/m)								
		320	250	320	400	320	500	400	320	500
		160	250	200	200	250	200	250	320	250
9.5	54.15	1710	2095	2145	2585	2687	3360	3365	348	4211
		5.28	4.32	4.41	4.00	3.75	3.67	3.34	3.18	3.03
10.0	60.00	1800	2205	2257	2826	2829	3537	3542	3629	4433
		5.82	4.77	4.86	4.41	4.13	4.05	3.69	3.51	3.34
10.5	66.15	1890	2315	2370	2968	2970	3714	3719	3810	4654
		6.39	5.23	5.34	4.84	4.53	4.44	4.05	3.85	3.67
11.0	72.60	1980	2426	2483	3109	3112	3891	3986	3992	4876
		6.98	5.72	5.84	5.29	4.95	4.86	4.42	4.21	4.01
11.5	79.35	2070	2536	2596	3250	3253	4068	4073	4173	5098
		7.60	6.23	6.35	5.76	5.39	5.29	4.82	4.59	4.37
12.0	86.40	2160	2646	2709	3391	3395	4245	4250	4355	5319
		8.25	6.76	6.89	6.24	5.85	5.74	5.23	4.98	4.47
12.5	93.75	2250	2757	2822	3533	3536	4422	4427	24536	5541
		8.92	7.31	7.46	6.75	6.33	6.20	5.65	5.38	5.12
13.0	101.40	2340	2867	2935	3674	3678	4598	4604	4718	5763
		9.62	7.88	8.04	7.28	6.83	6.69	6.09	5.80	5.52
13.5	109.35	2430	2977	3048	3815	3819	4775	4781	4899	5984
		10.34	8.47	8.64	7.83	7.34	7.19	6.55	6.24	5.94
14.0	117.60	2520	3087	3160	3957	3960	4952	4958	5081	6260
		11.09	9.09	9.27	8.40	7.87	7.71	7.03	6.69	6.37
14.5	126.15	2610	3198	3273	4098	4102	5129	5136	5262	6427
		11.87	9.72	9.92	8.98	8.42	8.25	7.52	7.16	6.82
15.0	135.00	2700	3308	3386	4239	4243	5306	5313	5444	6649
		12.67	10.38	10.59	9.59	8.99	8.81	8.03	7.64	7.28
15.5	144.15	2790	3418	3499	4381	4385	5483	5490	5625	6871
		13.49	11.06	11.28	10.22	9.58	9.39	8.55	8.14	7.75
16.0	153.60	2880	3528	3612	4522	4526	5660	5667	5806	7092
		14.35	11.75	11.99	10.86	10.18	9.98	9.09	8.66	8.24

续　　表

速度 (m/s)	动压 (Pa)	风管断面宽×高 (mm) 上行:风量(m^3/h) 下行:单位摩擦阻力 (Pa/m)								
		400	630	500	400	500	630	500	630	800
		320	250	320	400	400	320	500	400	320
1.0	0.60	454	558	569	569	712	716	891	896	910
		0.04	0.04	0.04	0.04	0.03	0.04	0.03	0.03	0.03
1.5	1.35	682	836	853	853	1068	1073	1337	1344	1364
		0.09	0.09	0.08	0.08	0.07	0.07	0.06	0.06	0.07
2.0	2.40	909	1115	1137	1138	1424	1431	1782	1792	1819
		0.15	0.15	0.14	0.13	0.12	0.12	0.10	0.10	0.11
2.5	3.75	1136	1394	1422	1422	1780	1789	2228	2240	2274
		0.23	0.23	0.21	0.20	0.17	0.19	0.15	0.16	0.17
3.0	5.40	1363	1673	1706	1706	2136	2147	2673	2688	2729
		0.32	0.32	0.29	0.28	0.24	0.26	0.21	0.22	0.24
3.5	7.35	1590	1951	1990	1991	2492	2504	3119	3136	3183
		0.43	0.43	0.38	0.37	0.33	0.35	0.28	0.29	0.32
4.0	9.60	1817	2230	2275	2275	2848	2862	3564	3584	3638
		0.55	0.55	0.49	0.47	0.42	0.44	0.36	0.37	0.40
4.5	12.15	2045	2509	2559	2560	3204	3220	4010	4032	4093
		0.68	0.68	0.61	0.59	0.52	0.55	0.45	0.46	0.50
5.0	15.00	2272	2788	2843	2844	3560	3578	4455	4481	4548
		0.83	0.83	0374	0372	0.63	0.67	0.55	0.56	0.61
5.5	18.15	2499	3066	3128	3129	3916	3935	4901	4929	5002
		0.99	0.99	0.89	0.86	0.76	0.80	0.65	0.67	0.73
6.0	21.60	2726	3345	3412	3413	4272	4293	5346	5377	5457
		1.17	1.17	1.04	1.01	0.89	0.94	0.77	0.79	0.86
6.5	25.35	2935	3624	3696	3697	4627	4651	5792	5825	5912
		1.36	1.36	1.21	1.18	1.03	1.10	0.90	0.92	1.00
7.0	29.40	3180	3903	3980	3982	4983	5009	6237	6273	6367
		4.57	1.56	1.40	1.35	1.19	1.26	1.03	1.06	1.15
7.5	33.75	3408	4148	4265	4266	5339	5366	6683	6721	6822
		1.78	1.78	1.59	1.54	1.36	1.44	1.17	1.21	1.31
8.0	38.40	3635	4460	4549	4551	5695	5724	7158	7169	7276
		2.02	2.01	1.80	1.74	1.53	1.63	1.33	1.36	1.48
8.5	43.35	3862	4739	4833	4835	6051	6082	7574	7617	7731
		2.26	2.25	2.02	1.96	1.72	1.82	1.49	1.53	1.67
9.0	48.60	4089	5018	5118	5119	6407	6440	8019	8065	8186
		2.52	2.51	2.25	2.18	1.92	2.03	1.66	1.71	1.86

续 表

速度 (m/s)	动压 (Pa)	风管断面宽×高 (mm) 上行:风量(m^3/h) 下行:单位摩擦阻力 (Pa/m)								
		400 320	630 250	500 320	400 400	500 400	630 320	500 500	630 400	800 320
9.5	54.15	4316	5297	5402	5404	6763	6798	8465	8513	8641
		2.80	2.78	2.9	2.42	2.13	2.25	1.84	1.89	2.06
10.0	60.000	4543	5575	5686	5688	7119	7155	8910	8961	9095
		3.08	3.07	2.75	2.67	2.34	2.49	2.03	2.09	2.27
10.5	66.15	4771	5854	5971	5973	7475	7513	9356	9409	9550
		3.38	3.37	3.02	2.93	2.57	2.73	2.23	2.29	2.49
11.0	72.60	4998	6133	6255	6257	7831	7871	9801	9857	10005
		3.70	3.68	3.30	3.20	2.81	2.98	2.44	2.50	2.72
11.5	79.35	5225	6412	6539	6541	8187	8229	10247	10305	10460
		4.03	4.01	3.59	3.48	3.06	3.25	2.65	2.73	2.97
12.0	86.40	5452	6690	6824	6826	8543	8586	10692	10753	10914
		4.37	4.35	3.90	3.78	3.32	3.52	2.88	296	3.22
12.5	93.75	5679	6969	7108	7110	8899	8944	11138	11201	11369
		4.73	4.70	4.22	4.09	3.59	3.81	3.11	3.20	3.48
13.0	101.40	5906	7248	7392	7395	9255	9302	11583	11649	11824
		5.10	5.07	4.55	4.41	3.88	4.11	3.36	3.45	3.75
13.5	109.35	6134	7527	7677	7679	9611	9660	12029	12097	12279
		5.48	5.45	4.89	4.74	4.17	4.42	3.61	3.71	4.04
14.0	117.60	6361	7805	7961	7964	967	10017	12474	12546	12734
		5.88	5.85	5.24	5.08	4.47	4.74	3.87	3.98	4.33
14.5	126.15	6588	8084	8245	8248	10323	10375	12920	12994	13188
		6.29	6.26	5.61	5.44	4.78	5.07	4.14	4.26	4.63
15.0	135.00	6815	8363	8530	8532	10679	10733	13365	13442	13643
		6.71	6.68	5.99	5.81	5.11	5.41	4.42	4.55	4.59
15.5	144.15	7042	8642	8814	8817	11035	11091	13811	13890	14098
		7.15	7.12	6.38	6.19	5.44	5.777	4.71	4.84	5.27
16.0	153.60	7269	8920	9098	9101	11391	11449	14256	14338	14553
		7.60	7.57	6.78	6.58	5.78	6.13	5.01	5.15	5.60

续　表

速度 (m/s)	动压 (Pa)	风管断面宽×高 (mm) 上行:风量(m^3/h) 下行:单位摩擦阻力(Pa/m)								
		630	1000	800	630	1000	800	1250	1000	800
		500	320	400	630	400	500	400	500	630
1.0	0.60	1122	1138	1139	1415	1425	1426	1780	1784	1799
		0.03	0.03	0.03	0.02	0.02	0.02	0.02	0.02	0.02
1.5	1.35	1683	1707	1709	2123	2137	2139	2670	2676	2698
		0.05	0.06	0.06	0.04	0.05	0.05	0.05	0.04	0.04
2.0	2.40	2244	2276	2278	2831	2850	2852	3560	3568	3598
		0.09	0.10	0.09	0.08	0.09	0.08	0.08	0.07	0.07
2.5	3.75	2805	2844	2848	3538	3562	3565	4450	4460	4497
		0.13	0.16	0.14	0.11	0.13	0.12	0.12	0.11	0.10
3.0	5.40	3365	3413	3417	4246	4275	4278	5340	5351	5397
		0.19	0.22	0.20	0.16	0.18	0.16	0.17	0.15	0.14
3.5	7.35	3726	3982	3987	4953	4987	4991	6229	6243	6296
		0.25	0.29	0.26	0.21	0.24	0.22	0.22	0.20	0.19
4.0	9.60	4487	4551	4556	5661	5700	5704	7119	7135	7196
		0.32	0.38	0.33	0.27	0.31	0.28	0.29	0.25	0.24
4.5	12.15	5048	5120	5126	6369	6412	6417	8009	8027	8095
		0.39	0.47	0.42	0.34	0.38	0.35	0.36	0.32	0.30
5.0	15.00	5609	5689	5695	7076	7125	7130	8899	8919	8995
		0.48	0.57	0.51	0.41	0.47	0.42	0.43	0.39	0.36
5.5	18.15	6170	6258	6265	7784	7837	7843	9789	9811	9894
		0.57	0.68	0.61	0.49	0.56	0.51	0.52	0.46	0.43
6.0	21.60	6731	6827	6834	8492	8549	8556	10679	10703	10794
		0.68	0.80	0.71	0.58	0.66	0.60	0.61	0.54	0.51
6.5	25.35	7292	7396	7404	9199	9262	9269	11569	11595	11693
		0.79	0.93	0.83	0.68	0.76	0.70	0.71	0.63	0.59
7.0	29.40	7853	7964	7974	9907	9974	9982	12459	12487	12593
		0.90	1.07	0.95	0.78	0.88	0.80	0.82	0.73	0.68
7.5	33.75	8414	8533	8543	10614	10687	10695	13349	13379	13492
		1.03	1.22	1.09	0.89	1.00	0.91	0.93	0.83	0.77
8.0	38.40	8975	9102	9113	11322	11399	11408	14239	14271	14392
		1.16	1.38	1.23	1.00	1.13	1.03	1.05	0.94	0.87
8.5	43.35	9536	9671	9682	12030	12112	12121	15129	15163	15291
		1.31	1.55	1.38	1.12	1.27	1.16	1.18	1.05	0.98
9.0	48.60	10096	10240	10252	12737	12824	12834	16019	16054	16191
		1.46	1.73	1.54	1.25	1.41	1.29	1.32	1.17	1.09

续 表

速度 (m/s)	动压 (Pa)	风管断面宽×高 (mm) 上行:风量(m^3/h) 下行:单位摩擦阻力 (Pa/m)								
		630	1000	800	630	1000	800	1250	1000	800
		500	320	400	630	400	500	400	500	630
9.5	54.15	10657	10809	10821	13445	13537	13547	16909	16946	17090
		1.61	1.92	1.70	1.39	1.57	1.43	1.46	1.30	1.21
10.0	60.00	11218	11378	11391	14153	14249	14260	17798	17838	17990
		1.78	2.11	1.88	1.53	1.73	1.58	1.61	1.43	1.34
10.5	66.15	11779	11947	11960	14860	14962	14973	18688	18730	18889
		1.95	2.32	2.06	1.68	1.90	1.73	1.77	1.57	1.47
11.0	72.60	12340	12516	12530	15568	15674	15686	19578	19622	19789
		2.13	2.54	2.26	1.84	2.07	1.89	1.93	1.72	1.61
11.5	79.35	12901	13084	13099	16276	16386	16399	20468	20514	20688
		2.32	2.76	2.46	2.00	2.26	2.06	2.11	1.87	1.75
12.0	86.40	13462	13653	13669	16983	17099	17112	21358	21406	21588
		2.52	3.00	2.66	2.17	2.45	2.24	2.28	2.03	1.90
12.5	93.75	14023	14222	14238	17691	17811	17825	22248	22298	22487
		2.73	3.24	2.88	2.35	2.65	2.42	2.47	2.20	2.05
13.0	101.40	14584	14791	14808	18398	18524	18538	23138	23190	23387
		2.94	3.50	3.11	2.54	2.86	2.61	2.66	2.37	2.21
13.5	109.35	15145	15360	15377	19106	19236	19251	24028	24082	24286
		3.16	3.76	3.34	2.73	3.07	2.81	2.87	2.55	2.38
14.0	117.60	15706	15929	15947	19814	19949	19964	24918	24974	25186
		3.39	4.03	3.58	2.92	3.30	3.01	3.07	2.73	2.55
14.5	126.15	16267	16498	16517	20521	20661	20677	25808	25866	26085
		3.63	4.31	3.83	3.13	3.53	3.22	3.29	2.92	2.73
15.0	135.00	16827	17067	17068	21229	21374	21390	26698	26757	26985
		3.88	4.60	4.09	3.34	3.77	3.44	3.51	3.12	2.91
15.5	144.15	17388	17636	17656	21937	22086	22103	27588	27649	27884
		4.13	4.19	4.36	3.56	4.01	3.66	3.74	3.32	3.11
16.0	153.60	17949	18204	18225	22644	22799	22816	28478	28541	28748
		4.39	5.22	4.64	3.78	4.27	3.89	3.98	3.53	3.30

续　表

速度 (m/s)	动压 (Pa)	风管断面宽×高 (mm)			上行:风量(m^3/h) 下行:单位摩擦阻力 (Pa/m)					
		1250	1000	800	1250	1600	1000	1250	1000	1600
		500	630	800	630	500	800	800	1000	630
1.0	0.60	2229	2250	2287	2812	2812	2854	2861	3578	3602
		0.02	0.02	0.02	0.02	0.02	0.01	0.01	0.01	0.01
1.5	1.35	3343	3376	3430	4218	4282	4291	5362	5368	5402
		0.04	0.03	0.03	0.03	0.04	0.03	0.03	0.03	0.03
2.0	2.40	4457	4501	4574	5624	5709	5721	7150	7157	7203
		0.07	0.06	0.06	0.05	0.06	0.05	0.04	0.04	0.05
2.5	3.75	5572	5626	5717	7030	7136	7151	8937	8946	9004
		0.10	0.09	0.09	0.08	0.09	0.07	0.07	0.06	0.07
3.0	5.40	6686	6751	6860	8436	8563	8582	10725	10735	10805
		0.14	0.12	0.12	0.11	0.13	0.10	0.09	0.09	0.10
3.5	7.35	7800	7876	8004	9842	9990	10012	12512	12525	12605
		0.18	0.17	0.16	0.15	0.17	0.14	0.12	0.12	0.14
4.0	9.60	8914	9002	9147	11248	11417	11442	11442	14300	14314
		0.23	0.21	0.20	0.19	0.22	0.18	0.16	0.16	0.18
4.5	12.15	10029	10127	10290	12654	12845	12873	16087	16103	16207
		0.29	0.26	0.25	0.24	0.27	0.22	0.20	0.19	0.22
5.0	15.00	11143	11252	11434	14060	14272	14303	17875	17892	18008
		0.35	0.32	0.31	0.29	0.33	0.27	0.24	0.24	0.27
5.5	18.15	12257	12377	12577	15466	15699	15733	19662	19681	19809
		0.42	0.39	0.37	0.35	0.39	0.33	0.29	0.28	0.32
6.0	21.60	13372	13503	13721	16872	17126	17164	21450	21471	21609
		0.50	0.45	0.44	0.41	0.46	0.38	0.34	0.33	0.38
6.5	25.35	14486	14628	14864	18278	18553	18594	23237	23260	23410
		0.58	0.53	0.51	0.48	0.54	0.45	0.40	0.39	0.44
7.0	29.40	15600	15753	16007	19684	19980	20024	25025	25049	25211
		0.67	0.61	0.58	0.55	0.62	0.51	0.46	0.44	0.50
7.5	33.75	16715	16878	17151	21090	21408	21454	26812	26838	27012
		0.76	0.69	0.66	0.63	0.71	0.58	0.52	0.51	0.57
8.0	38.40	17829	18003	18294	22496	22835	25885	28600	28627	28812
		0.86	0.78	0.75	0.71	0.80	0.66	0.59	0.57	0.65
8.5	43.35	18943	19129	19437	23902	24262	24315	30387	30417	30613
		0.97	0.88	0.84	0.80	0.89	0.74	0.66	0.64	0.73
9.0	48.60	20058	20254	20581	25308	25689	25745	32175	32206	32414
		1.08	0.98	0.94	0.89	1.00	0.83	0.74	0.72	0.81

续　表

速度 (m/s)	动压 (Pa)	风管断面宽×高 (mm) 上行:风量(m³/h) 下行:单位摩擦阻力 (Pa/m)								
		1250 500	1000 630	800 800	1250 630	1600 500	1000 800	1250 800	1000 1000	1600 630
9.5	54.15	21172	21379	21724	26714	27116	27176	33962	33995	34215
		1.20	1.08	1.04	0.99	1.11	0.92	0.82	0.79	0.90
10.0	60.00	22286	22504	22868	28120	28543	28606	35749	35784	36015
		1.32	1.20	1.15	1.09	1.22	1.01	0.90	0.88	0.99
10.5	66.15	23401	23629	24011	29526	29971	30036	37537	37574	37816
		1.45	1.31	1.26	1.19	1.34	1.11	0.99	0.96	1.09
11.0	72.60	24515	24755	25154	30932	31398	31467	39324	39363	39617
		1.58	1.44	1.38	1.30	1.46	1.21	1.08	1.05	1.19
11.5	79.35	25629	25880	26298	32338	32825	32897	41112	41152	41418
		1.72	1.56	1.50	1.42	1.59	1.32	1.18	1.15	1.30
12.0	86.40	26743	27005	27441	33744	34252	34327	42899	42941	43219
		1.87	1.70	1.63	1.54	1.73	1.43	1.28	1.24	1.41
12.5	93.75	27858	28130	28584	35150	35679	35757	44687	44730	45019
		2.02	1.84	1.76	1.67	1.87	1.55	1.39	1.34	1.52
13.0	101.40	28972	29256	29728	36556	37106	37188	46474	46520	46820
		2.18	1.98	1.90	1.80	2.02	1.67	1.49	1.45	1.64
13.5	109.35	30086	30381	30871	37962	38534	38618	48262	48309	48621
		2.35	2.13	2.04	1.93	2.17	1.80	1.61	1.56	1.76
14.0	117.60	31201	31506	32015	39368	39961	40048	50049	50098	50422
		2.52	2.28	2.19	2.07	2.33	1.93	1.72	1.67	1.89
14.5	126.15	32315	32631	33158	40774	41388	41479	51837	51887	52222
		2.69	2.44	2.34	2.22	2.49	2.06	1.85	1.79	2.02
15.0	135.00	33429	33756	34301	42180	42815	42909	53624	53676	54023
		2.87	2.61	2.50	2.37	2.66	2.20	1.97	1.91	2.16
15.5	144.15	34544	34882	35445	43586	44242	44339	55412	55466	55824
		3.06	2.78	2.66	2.52	2.83	2.35	2.10	2.04	2.30
16.0	153.60	35658	36007	36588	44992	45669	45769	57199	57255	57625
		3.25	2.95	2.83	2.68	3.01	2.49	2.23	2.16	2.45

续　表

速度 (m/s)	动压 (Pa)	风管断面宽×高 (mm) 上行:风量(m^3/h) 下行:单位摩擦阻力(Pa/m)						
		1250	1600	2000	1600	2000	1600	2000
		1000	800	800	1000	1000	1250	1250
1.0	0.60	4473	4579	5726	5728	7163	7165	8960
		0.01	0.01	0.01	0.01	0.01	0.01	0.01
1.5	1.35	6709	6868	8589	8592	10745	10748	13440
		0.02	0.02	0.02	0.02	0.02	0.02	0.02
2.0	2.40	8945	9157	11452	11456	14327	14330	17921
		0.04	0.04	0.04	0.03	0.03	0.03	0.03
2.5	3.75	11181	11447	14314	14321	17908	17913	22401
		0.06	0.06	0.06	0.05	0.05	0.04	0.04
3.0	5.40	13418	13736	17177	17185	21490	21495	26881
		0.08	0.08	0.08	0.07	0.06	0.06	0.05
3.5	7.35	15654	16025	20040	20049	25072	25078	31361
		0.11	0.11	0.10	0.09	0.09	0.08	0.07
4.0	9.60	17890	18315	22903	22913	28653	28661	35841
		0.14	0.14	0.13	0.12	0.11	0.10	0.09
4.5	12.15	20126	20604	25766	25777	32235	32235	32243
		0.17	0.18	0.16	0.15	0.14	0.13	0.12
5.0	15.00	22363	22893	28629	28641	35817	35826	44801
		0.21	0.22	0.20	0.18	0.17	0.16	0.14
5.5	18.15	24599	25183	31492	31505	39398	39408	49281
		0.25	0.26	0.24	0.22	0.20	0.19	0.17
6.0	21.60	26835	27472	34355	34369	42980	42991	53762
		0.29	0.31	0.28	0.26	0.24	0.22	0.20
6.5	25.36	29071	29761	37218	37233	46562	46574	58242
		0.34	0.36	0.33	0.30	0.27	0.26	0.23
7.0	29.40	31308	32051	40080	40098	50143	50156	62722
		0.39	0.41	0.38	0.35	0.31	0.30	0.27
7.5	33.75	33544	34340	42943	42962	53725	53739	67202
		0.45	0.47	0.43	0.39	0.36	0.34	0.30
8.0	38.40	35780	36629	45806	45826	57307	57321	71682
		0.50	0.53	0.49	0.45	0.41	0.38	0.34
8.5	43.35	38016	38919	48669	48690	60888	60904	76162
		0.57	0.60	0.55	0.50	0.46	0.43	0.38
9.0	48.60	40253	41208	51532	51554	64470	64486	80642
		0.63	0.66	0.61	0.56	0.51	0.48	0.43

续 表

速度 (m/s)	动压 (Pa)	风管断面宽×高 (mm) 上行:风量(m^3/h) 下行:单位摩擦阻力 (Pa/m)						
		1250 1000	1600 800	2000 800	1600 1000	2000 1000	1600 1250	2000 1250
9.5	54.15	42489	43497	54395	54418	68052	68069	85122
		0.70	0.74	0.68	0.62	0.56	0.53	0.47
10.0	60.00	44725	45787	57258	57282	71633	71652	89603
		0.77	0.81	0.75	0.68	0.62	0.58	0.52
10.5	66.15	46961	48076	60121	60146	75215	75234	94083
		0.85	0.89	0.82	0.75	0.68	0.64	0.57
11.0	72.60	49198	50365	62983	63010	78797	78817	98563
		0.93	0.97	0.90	0.82	0.75	0.70	0.63
11.5	79.35	51434	52655	65846	65876	82378	82399	103043
		1.01	1.06	0.98	0.89	0.81	0.76	0.68
12.0	86.40	53670	54944	68709	68739	85960	85982	107523
		1.10	1.15	1.06	0.97	0.88	0.83	0.74
12.5	93.75	55906	57233	71572	71603	89542	89564	112003
		1.19	1.25	1.15	1.05	0.95	0.90	0.80
13.0	101.40	58143	59523	74435	74467	93123	93147	116483
		1.28	1.34	1.24	1.13	1.03	0.97	0.87
13.5	109.35	60379	61812	77298	77331	96705	96730	120964
		1.37	1.44	1.33	1.22	1.11	1.04	0.93
14.0	117.60	62615	64101	80161	80195	100287	100312	125444
		1.47	1.55	1.43	13.0	1.19	1.11	1.00
14.5	126.15	64851	66391	83024	83059	103868	103895	129924
		1.58	1.66	1.53	1.40	1.27	1.19	1.07
15.0	135.00	37088	68680	85887	85923	107450	107477	134404
		1.68	1.77	1.63	1.49	1.35	1.27	1.14
15.5	144.15	68324	70969	88749	88787	111031	111060	138884
		1.79	1.89	1.74	1.59	1.44	1.36	1.22
16.0	153.60	71560	73259	91612	91651	114613	114643	143364
		1.91	2.01	1.85	1.69	1.53	1.44	1.29

附录 6.4　局部阻力系数

序号	名称	图形和断面	局部阻力系数 ζ(ζ 值以图内所示的速度 v 计算)											
1	伞形风帽(管边尖锐)	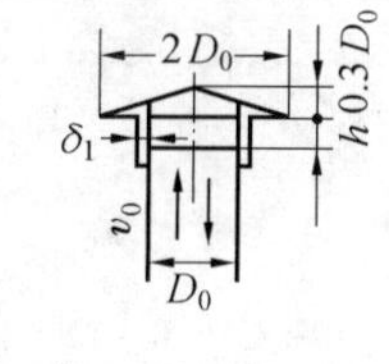		h/D_0										
				0.1	0.2	0.3	0.4	0.5	0.6	0.7	0.8	0.9	1.0	∞
			进风	2.63	1.83	1.53	1.39	1.31	1.19	1.15	1.08	1.07	1.06	1.06
			排风	4.00	2.30	1.60	1.30	1.15	1.10	–	1.00	–	1.00	–
2	带扩散管的伞形风帽	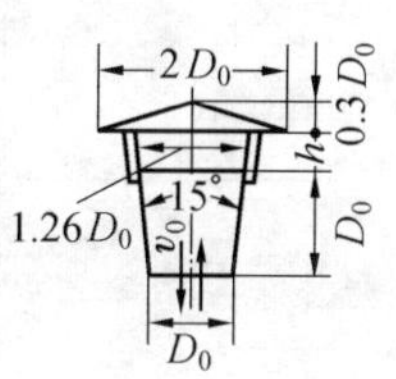	进风	1.32	0.77	0.60	0.48	0.41	0.30	0.29	0.28	0.25	0.25	0.25
			排风	2.60	1.30	0.80	0.7	0.60	0.60	–	0.60	–	0.60	–
3	渐扩管	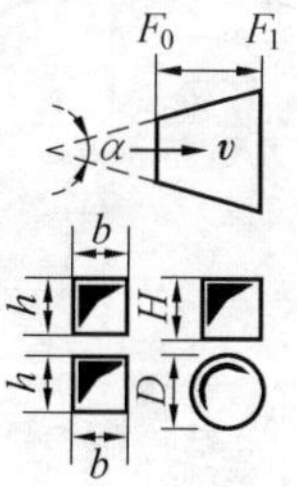	$\frac{F_1}{F_0}$	α°										
				10	15	20	25	30						
			1.25	0.02	0.03	0.05	0.06	0.07						
			1.50	0.03	0.06	0.10	0.12	0.13						
			1.75	0.05	0.09	0.14	0.17	0.19						
			2.00	0.06	0.13	0.20	0.23	0.26						
			2.25	0.08	0.16	0.26	0.38	0.33						
			3.50	0.09	0.19	0.30	0.36	0.39						
4	渐扩管	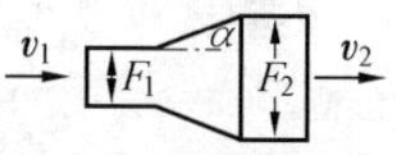	α	22.5	30	45	90							
			ζ_1	0.6	0.8	0.9	1.0							
5	突扩	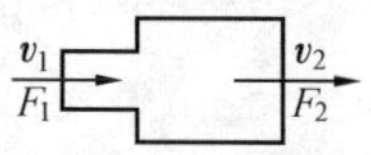	$\frac{F_1}{F_2}$	0	0.1	0.2	0.3	0.4	0.5	0.6	0.7	0.9	1.0	
			ζ_1	1.0	0.81	0.64	0.49	0.36	0.25	0.16	0.09	0.01	0	
6	突缩	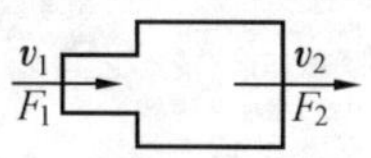	$\frac{F_1}{F_2}$	0	0.1	0.2	0.3	0.4	0.5	0.6	0.7	0.9	1.0	
			ζ_1	0.5	0.47	0.42	0.38	0.34	0.30	0.25	0.20	0.09	0	
7	渐缩管	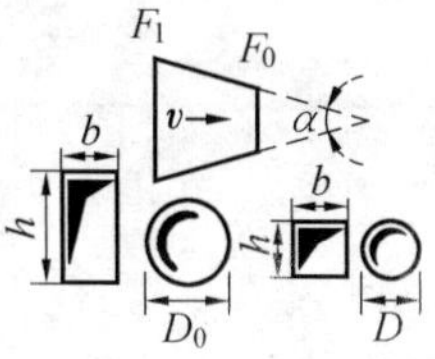	当 $\alpha \leqslant 45°$ 时　$\zeta = 0.10$											

续　表

序号	名称	图形和断面	局部阻力系数ζ(ζ值以图内所示的速度 v 计算)
8	伞形罩	v_0, α	见下表
9	圆(方)弯管	α, d	见下图
10	矩形弯头	v_0, θ, r, a, b	见下表
11	板弯头带导叶		1. 单叶式 ζ=0.35 2. 双叶式 ζ=0.10
12	乙形管	v_0F_0, D_0, l_0, R_0, 30°	见下表

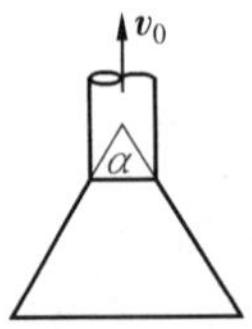

8 伞形罩

α°	20	40	60	90	100
圆　形	0.11	0.06	0.09	0.16	0.27
矩　形	0.19	0.13	0.16	0.25	0.33

9 圆(方)弯管

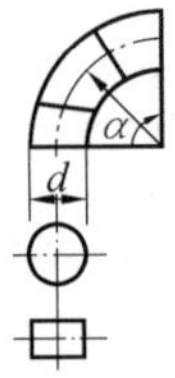

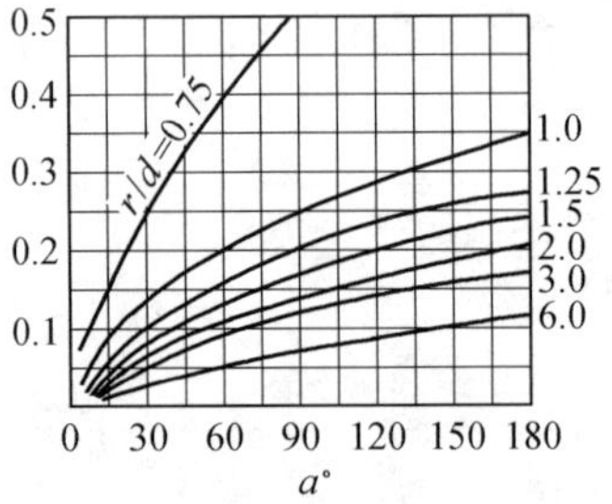

纵坐标：0.1　0.2　0.3　0.4　0.5
横坐标 a°：0　30　60　90　120　150　180
曲线 r/d=0.75，1.0，1.25，1.5，2.0，3.0，6.0

10 矩形弯头

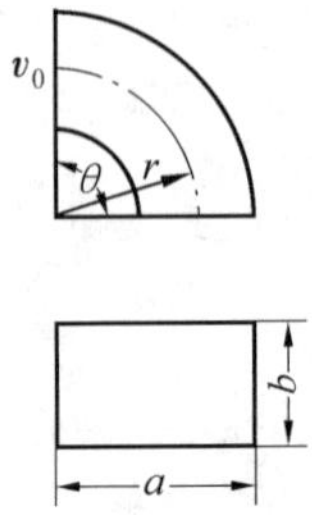

r/b	a/b										
	0.25	0.5	0.75	1.0	1.5	2.0	3.0	4.0	5.0	6.0	8.0
0.5	1.5	1.4	1.3	1.2	1.1	1.0	1.0	1.1	1.1	1.2	1.2
0.75	0.57	0.52	0.48	0.44	0.40	0.39	0.39	0.40	0.42	0.43	0.44
1.0	0.27	0.25	0.23	0.21	0.19	0.18	0.18	0.19	0.20	0.27	0.21
1.5	0.22	0.20	0.19	0.17	0.15	0.14	0.14	0.15	0.16	0.17	0.17
2.0	0.20	0.18	0.16	0.15	0.14	0.13	0.13	0.14	0.14	0.15	0.15

12 乙形管

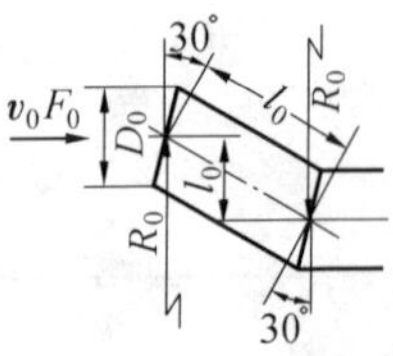

l_0/D_0	0	1.0	2.0	3.0	4.0	5.0	6.0
R_0/D_0	0	1.90	3.74	5.60	7.46	9.30	11.3
ζ	0	0.15	0.15	0.16	0.16	0.16	0.16

续　表

序号	名称	图形和断面	局部阻力系数 ζ(ζ 值以图内所示的速度 v 计算)										
13	乙形弯	$b_0=h$	l/b_0	0	0.4	0.6	0.8	1.0	1.2	1.4	1.6	1.8	2.0
			ζ	0	0.62	0.89	1.61	2.63	3.61	4.01	4.18	4.22	4.18
			l/b_0	2.4	2.8	3.2	4.0	5.0	6.0	7.0	9.0	10.0	∞
			ζ	3.75	3.31	3.20	3.08	2.92	2.80	2.70	2.5	2.41	2.30
14	Z 形管		l/b_0	0	0.4	0.6	0.8	1.0	1.2	1.4	1.6	1.8	2.0
			ζ	1.15	2.40	2.90	3.31	3.44	3.40	3.36	3.28	3.20	3.11
			l/b_0	2.4	2.8	3.2	4.0	5.0	6.0	7.0	9.0	10.0	∞
			ζ	3.16	3.18	3.15	3.00	2.89	2.78	2.70	2.50	2.41	2.30

序号	名称	图形和断面	局部阻力系数 ζ(ζ_1, ζ_2 值以图内所示速度 v_1, v_2 计算)												
15	合流三通	$F_1+F_2=F_3, \alpha=30°$						F_2/F_3							
			L_2/L_3	0.00	0.03	0.05	0.1	0.2	0.3	0.4	0.5	0.6	0.7	0.8	1.0
									ζ_2						
			0.06	-1.13	-0.07	-0.30	+1.82	10.1	23.3	41.5	65.2	—	—	—	—
			0.10	−1.22	-1.00	-0.76	0.02	2.88	7.34	13.4	21.1	29.4	—	—	—
			0.20	-1.50	-1.35	-1.22	-0.84	-0.05	1.4	2.70	4.46	6.48	8.70	11.4	17.3
			0.33	-2.00	-1.80	-1.70	-1.40	-0.72	-0.12	0.52	1.20	1.89	2.56	3.30	4.80
			0.50	-3.00	-2.80	-2.6	-2.24	-1.44	-0.91	-0.36	0.14	0.56	0.84	1.18	1.53
									ζ_1						
			0.01	0.00	0.06	0.04	-0.10	-0.81	-2.10	-4.07	-6.60	—	—	—	—
			0.10	0.01	0.10	0.08	0.04	-0.33	-1.05	-2.14	-3.60	−5.40	—	—	—
			0.20	0.06	0.10	0.13	0.16	0.06	-0.24	-0.73	-1.40	-2.30	-3.34	-3.59	-8.64
			0.33	0.42	0.45	0.48	0.51	0.52	0.32	0.07	-0.32	-0.83	-1.47	-2.19	-4.00
			0.50	1.40	1.40	1.40	1.36	1.26	1.09	0.86	0.53	0.15	-0.52	-0.82	-2.07

续　表

序号	名称	图形和断面	局部阻力系数ζ($\frac{\zeta_1}{\zeta_2}$值以图内所示的速度$\frac{v_1}{v_2}$计算)							
			$\frac{L_2}{L_3}$	F_2/F_3						
				0.1	0.2	0.3	0.4	0.6	0.8	1.0
				ζ_2						
16	合流三通(分支管)	v_1F_1, v_3F_3, v_2F_2, α $F_1+F_2>F_3$ $F_1=F_3$ $\alpha=30°$	0	-1.00	-1.00	-1.00	-1.00	1.00	-1.00	-1.00
			0.1	+0.21	-0.46	-0.57	-0.60	-0.62	-0.63	-0.63
			0.2	3.1	+0.37	-0.06	-0.20	-0.28	-0.30	-0.35
			0.3	7.6	1.5	0.50	0.20	+0.05	-0.08	-0.10
			0.4	13.50	2.95	1.15	0.59	0.26	0.18	+0.16
			0.5	21.2	4.58	1.78	0.97	0.44	0.35	0.27
			0.6	30.4	6.42	2.60	1.37	0.64	0.46	0.31
			0.7	41.3	8.5	3.40	1.77	0.76	0.56	0.40
			0.8	53.8	11.5	4.22	2.14	0.85	0.53	0.45
			0.9	58.0	14.2	5.30	2.58	0.89	0.52	0.40
			1.0	83.7	17.3	6.33	2.92	0.89	0.39	0.27
			$\frac{L_2}{L_3}$	F_2/F_3						
				0.1	0.2	0.3	0.4	0.6	0.8	1.0
				ζ_1						
17	合流三通(直管)	v_1F_1, v_3F_3, v_2F_2, α $F_1+F_2>F_3$ $F_1=F_3$ $\alpha=30°$	0	0.00	0	0	0	0	0	0
			0.1	0.02	0.11	0.13	0.15	0.16	0.17	0.17
			0.2	-0.33	0.01	0.13	0.18	0.20	0.24	0.29
			0.3	-1.10	-0.25	-0.01	+0.10	0.22	0.30	0.35
			0.4	-2.15	-0.75	-0.30	-0.05	0.17	0.26	0.36
			0.5	-3.60	-1.43	-0.70	-0.35	0.00	0.21	0.32
			0.6	-5.40	-2.35	-1.25	-0.70	-0.20	+0.06	0.25
			0.7	-7.60	-3.40	-1.95	-1.2	-0.50	-0.15	+0.10
			0.8	-10.1	-4.61	-2.74	-1.82	-0.90	-0.43	-0.15
			0.9	-13.0	-6.02	-3.70	-2.55	-1.40	-0.80	-0.45
			1.0	-16.30	-7.70	-4.75	-3.35	-1.90	-1.17	-0.75

续 表

序号	名称	图形和断面	ζ 值
18	合流三通	F_2L_2, F_1L_1, F_3L_3, 45°	支管 ζ_{31}(对应 v_3)

$\frac{F_2}{F_1}$	$\frac{F_3}{F_1}$	L_3/L_2 0.2	0.4	0.6	0.8	1.0	1.2	1.4	1.6	1.8	2.0
0.3	0.2	−2.4	−0.01	2.0	3.8	5.3	6.6	7.8	8.9	9.8	11
	0.3	−2.8	−1.2	0.12	1.1	1.9	2.6	3.2	3.7	4.2	4.6
0.4	0.2	−1.2	0.93	2.8	4.5	5.9	7.2	8.4	9.5	10	11
	0.3	−1.6	−0.27	0.18	1.7	2.4	3.0	3.6	4.1	4.5	4.9
	0.4	−1.8	−0.72	0.07	0.66	1.1	1.5	1.8	2.1	2.3	2.5
0.5	0.2	−0.46	1.5	3.3	4.9	6.4	7.7	8.8	9.9	11	12
	0.3	−0.94	0.25	1.2	2.0	2.7	3.3	3.8	4.2	4.7	5.0
	0.4	−1.1	−0.24	0.42	0.92	1.3	1.6	1.9	2.1	2.3	2.5
	0.5	−1.2	−0.38	0.18	0.58	0.88	1.1	1.3	1.5	1.6	1.7
0.6	0.2	−0.55	1.3	3.1	4.7	6.1	7.4	8.6	9.6	11	12
	0.3	−1.1	0	0.88	1.6	2.3	2.8	3.3	3.7	4.1	4.5
	0.4	−1.2	−0.48	0.10	0.54	0.89	1.2	1.4	1.6	1.8	2.0
	0.5	−1.3	−0.62	−0.14	0.21	0.47	0.68	0.85	0.99	1.1	1.2
	0.6	−1.3	−0.69	−0.26	0.04	0.26	0.42	0.57	0.66	0.75	0.82
0.8	0.2	0.06	1.8	3.5	5.1	6.5	7.8	8.9	10	11	12
	0.3	−0.52	0.35	1.1	1.7	2.3	2.8	3.2	3.6	3.9	4.2
	0.4	−0.67	−0.05	0.43	0.80	1.1	1.4	1.6	1.8	1.9	2.1
	0.6	−0.75	−0.27	0.05	0.28	0.45	0.58	0.68	0.76	0.83	0.88
	0.7	−0.77	−0.31	−0.02	0.18	0.32	0.43	0.50	0.56	0.61	0.65
	0.8	−0.78	−0.34	−0.07	0.12	0.24	0.33	0.39	0.44	0.47	0.50
1.0	0.2	0.40	2.1	3.7	5.2	6.6	7.8	9.0	11	11	12
	0.3	−0.21	0.54	1.2	1.8	2.3	2.7	3.1	3.7	3.7	4.0
	0.4	−0.33	0.21	0.62	0.96	1.2	1.5	1.7	2.0	2.0	2.1
	0.5	−0.38	0.05	0.37	0.60	0.79	0.93	1.1	1.2	1.2	1.3
	0.6	−0.41	−0.02	0.23	0.42	0.55	0.66	0.73	0.80	0.85	0.89
	0.8	−0.44	−0.10	0.11	0.24	0.33	0.39	0.43	0.46	0.47	0.48
	1.0	−0.46	−0.14	0.05	0.16	0.23	0.27	0.29	0.30	0.30	0.29

支管 ζ_{21}(对应 v_2)

$\frac{F_2}{F_1}$	$\frac{F_3}{F_1}$	L_3/L_2 0.2	0.4	0.6	0.8	1.0	1.2	1.4	1.6	1.8	2.0
0.3	0.2	5.3	−0.01	2.0	1.1	0.34	−0.20	−0.61	−0.93	−1.2	−1.4
	0.3	5.4	3.7	2.5	1.6	1.0	0.53	0.16	−0.14	−0.38	−0.58
0.4	0.2	1.9	1.1	0.46	−0.07	−0.49	−0.83	−1.1	−1..3	−1.5	−1.7
	0.3	2.0	1.4	0.81	0.42	0.08	−0.20	−0.43	−0.62	−0.78	−0.92
	0.4	2.0	1.5	1.0	0.68	0.39	0.16	−0.04	−0.21	−0.35	−0.47
0.5	0.2	0.77	0.34	−0.09	−0.48	−0.81	−1.1	1.3	−1.5	−1.7	−1.8
	0.3	0.85	0.56	0.25	0.03	−0.27	−0.48	−0.67	−0.82	−0.96	−1.1
	0.4	0.88	0.66	0.43	0.21	0.02	−0.15	−0.30	−0.42	−0.54	−0.64
	0.5	0.91	0.73	0.54	0.36	0.21	0.06	−0.06	−0.17	−0.26	−0.35

序号	名称	图形和断面	α°	A_0/A_1 1.5	2	2.5	3	3.5	4
19	通风机出口变径管	v_0A_0, A_1, α	10	0.08	0.09	0.1	0.1	0.11	0.11
			15	0.1	0.11	0.12	0.13	0.11	0.15
			20	0.12	0.14	0.15	0.16	0.17	0.18
			25	0.15	0.18	0.21	0.23	0.25	0.26
			30	0.18	0.25	0.3	0.33	0.35	0.35
			35	0.21	0.31	0.38	0.41	0.43	0.44

续 表

序号	名称	图形和断面	局部阻力系数ζ(ζ值以图内所示的速度 v 计算)
20	分流三通		见下表
21	90°矩形断面吸入三通		见下表
22	矩形三通		见下表
23	圆形三通		见下表

20 分流三通

支管道(对应 v_3)

v_2/v_1	0.2	0.4	0.6	0.7	0.8	0.9	1.0	1.1	1.2
ζ_{13}	0.76	0.60	0.52	0.50	0.51	0.52	0.56	0.6	0.68
v_3/v_1	1.4	1.6	1.8	2.0	2.2	2.4	2.6	2.8	3.0
ζ_{13}	0.86	1.1	1.4	1.8	2.2	2.6	3.1	3.7	4.2

主管道(对应 v_2)

v_2/v_1	0.2	0.4	0.6	0.8	1.0	1.2	1.4	1.6	1.8
ζ_{12}	0.14	0.06	0.05	0.09	0.18	0.30	0.46	0.64	0.84

21 90°矩形断面吸入三通

$\frac{L_2}{L_1}$	$\frac{F_2}{F_3}$			$\frac{F_2}{F_3}$	
	0.25	0.50	1.0	0.5	1.0
	ζ_2(对应 v_2)			ζ_3(对应 v_3)	
0.1	-0.6	-0.6	-0.6	0.20	0.20
0.2	0.0	-0.2	-0.3	0.20	0.22
0.3	0.4	0.0	-0.1	0.10	0.25
0.4	1.2	0.25	0.0	0.0	0.24
0.5	2.3	0.40	0.1	-0.1	0.20
0.6	3.6	0.70	0.2	-0.2	0.18
0.7	—	1.0	0.3	-0.3	0.15
0.8	—	1.5	0.4	-0.4	0.00

22 矩形三通

F_2/F_1	0.5	1
分 流	0.304	0.247
合 流	0.233	0.072

23 圆形三通

合流($R_0/D_1=2$)

L_3/L_1	0	0.10	0.20	0.30	0.40	0.50	0.60	0.70	0.80	0.90	1.0
ζ_1	-0.13	-0.10	-0.07	-0.03	0	0.03	0.03	0.03	0.03	0.05	0.08

分流($F_3/F_1=0.5, L_3/L_1=0.5$)

R_0/D_1	0.5	0.75	1.0	1.5	2.0
ζ_1	1.10	0.60	0.40	0.25	0.20

续　表

序号	名称	图形和断面	局部阻力系数 ζ(ζ 值以图内所示的速度 v 计算)						
24	直角三通	v_2, v_3, v_1	v_2/v_1	0.6	0.8	1.0	1.2	1.4	1.6
			ζ_{12}	1.18	1.32	1.50	1.72	1.98	2.28
			ζ_{21}	0.6	0.8	1.0	1.6	1.9	2.5
25	矩形送出三通	v_1, v_2, v_3, a, b	$v_2/v_1<1$ 时可不计, $v_2/v_1\geqslant 1$ 时						$\Delta P=\zeta\frac{\rho v^2}{2}$
			x	0.25	0.5	0.75	1.0	1.25	
			ζ_2	0.21	0.07	0.05	0.15	0.36	
			ζ_3	0.30	0.20	0.30	0.4	0.65	
			表中：$x=\left(\frac{v_3}{v_1}\right)\times\left(\frac{a}{b}\right)^{1/4}$						
26	矩形吸入三通	v_3, v_1, v_2	v_1/v_3	0.4	0.6	0.8	1.0	1.2	1.5
			$\frac{F_1}{F_3}=0.75$	-1.2	-0.3	0.35	0.8	1.1	—
			0.67	-1.7	-0.9	-0.3	0.1	0.45	0.7
			0.60	-2.1	-0.3	-0.8	0.4	0.1	0.2
			ζ_2	-1.3	-0.9	-0.5	0.1	0.55	1.4
			$\Delta P=\zeta\frac{\rho v_3^2}{2}$						

序号 27　侧孔吸风（图形：v_1F_1, v_0F_0, v_2F_2）

$\frac{F_2}{F_1}$	L_2/L_0 = 0.1	0.2	0.3	0.4	0.5
	ζ_0				
0.1	0.8	1.3	1.4	1.4	1.4
0.2	-1.4	0.9	1.3	1.4	1.4
0.4	-9.5	0.2	0.9	1.2	1.3
0.6	-21.2	-2.5	0.3	1.0	1.2

$\frac{F_2}{F_1}$	L_2/L_0 = 0.1	0.2	0.3	0.4
	ζ_1			
0.1	0.1	-0.1	-0.8	-2.6
0.2	0.1	0.2	-0.01	-0.6
0.4	0.2	0.3	0.3	0.2
0.6	0.2	0.3	0.4	0.4

续　表

<table>
<tr><th>序号</th><th>名称</th><th>图形和断面</th><th>局部阻力系数 ζ(ζ 值以图内所示的速度 v 计算)</th></tr>
<tr><td>28</td><td>调节式送风口</td><td>v_0F_0 0.03t 0.85t 1.2t 0.17t 0.16t 0.02t 45° α v t t</td><td>
<table>
<tr><td>α°</td><td>30</td><td>40</td><td>50</td><td>60</td><td>70</td><td>80</td><td>90</td><td>100</td><td>110</td></tr>
<tr><td>流线形叶片</td><td>6.4</td><td>2.7</td><td>1.7</td><td>1.6</td><td>—</td><td>—</td><td>—</td><td>—</td><td>—</td></tr>
<tr><td>简易叶片</td><td>—</td><td>—</td><td>—</td><td>1.2</td><td>1.2</td><td>1.4</td><td>1.8</td><td>2.4</td><td>3.5</td></tr>
</table>
</td></tr>
<tr><td>29</td><td>带外挡板的条缝形送风口</td><td>v_0 v_1</td><td>
<table>
<tr><td>v_1/v_0</td><td>0.6</td><td>0.8</td><td>1.0</td><td>1.2</td><td>1.5</td><td>2.0</td></tr>
<tr><td>ζ_1</td><td>2.73</td><td>3.3</td><td>4.0</td><td>4.9</td><td>6.5</td><td>10.4</td></tr>
</table>
</td></tr>
<tr><td>30</td><td>侧面送风口</td><td>v_2 v_1 v_0</td><td>$\zeta=2.04$</td></tr>
<tr><td>31</td><td>45°固定金属百叶窗</td><td> 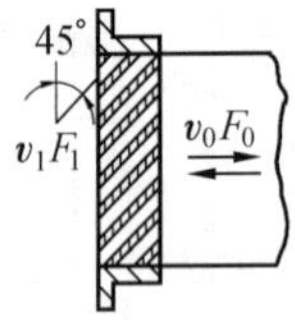45° v_1F_1 v_0F_0</td><td>
<table>
<tr><td>$\frac{F_1}{F_0}$</td><td>0.1</td><td>0.2</td><td>0.3</td><td>0.4</td><td>0.5</td><td>0.6</td><td>0.7</td><td>0.8</td><td>0.9</td><td>1.0</td></tr>
<tr><td>进风 ζ</td><td>—</td><td>45</td><td>17</td><td>6.8</td><td>4.0</td><td>2.3</td><td>1.4</td><td>0.9</td><td>0.6</td><td>0.5</td></tr>
<tr><td>排风 ζ</td><td>—</td><td>58</td><td>24</td><td>13</td><td>8.0</td><td>5.3</td><td>3.7</td><td>2.7</td><td>2.0</td><td>1.5</td></tr>
<tr><td colspan="11">F_0—净面积</td></tr>
</table>
</td></tr>
<tr><td>32</td><td>单面空气分布器</td><td> 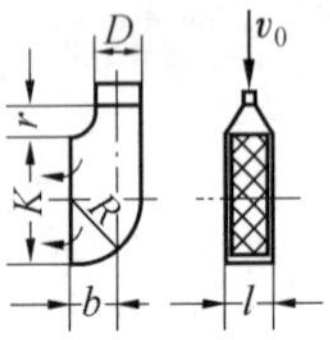D v_0 r K R b l</td><td>当网络净面积为 80%时　$r=0.2D$　$R=1.2D$
$b=0.7D$　$1=1.25D$
$\zeta=1.0$　$K=1.8D$</td></tr>
<tr><td>33</td><td>侧面孔口(最后孔口)</td><td>$F=b\times h$ $h=0.875D_0$ b D_0 v_0F_0 单孔 双孔</td><td>
<table>
<tr><td colspan="2">F_1/F_0</td><td>0.2</td><td>0.3</td><td>0.4</td><td>0.5</td><td>0.6</td><td>0.7</td><td>0.8</td><td>0.9</td><td>1.0</td><td>1.2</td><td>1.4</td><td>1.6</td><td>1.8</td></tr>
<tr><td rowspan="4">送出</td><td colspan="14">单　孔</td></tr>
<tr><td>ζ</td><td>65.7</td><td>30.0</td><td>16.4</td><td>10.0</td><td>7.30</td><td>5.50</td><td>4.48</td><td>3.67</td><td>3.6</td><td>2.44</td><td>—</td><td>—</td><td>—</td></tr>
<tr><td colspan="14">双　孔</td></tr>
<tr><td>ζ</td><td>67.7</td><td>33.0</td><td>17.2</td><td>11.6</td><td>8.45</td><td>6.80</td><td>5.86</td><td>5.00</td><td>4.38</td><td>3.47</td><td>2.9</td><td>2.52</td><td>2.52</td></tr>
<tr><td rowspan="4">吸入</td><td colspan="14">单　孔</td></tr>
<tr><td>ζ</td><td>64.5</td><td>30.0</td><td>14.9</td><td>9.00</td><td>6.27</td><td>4.54</td><td>3.54</td><td>2.70</td><td>2.28</td><td>1.60</td><td>—</td><td>—</td><td>—</td></tr>
<tr><td colspan="14">双　孔</td></tr>
<tr><td>ζ</td><td>66.5</td><td>36.5</td><td>17.0</td><td>12.0</td><td>8.75</td><td>6.85</td><td>5.50</td><td>4.54</td><td>3.84</td><td>2.76</td><td>2.01</td><td>1.40</td><td>1.10</td></tr>
</table>
</td></tr>
</table>

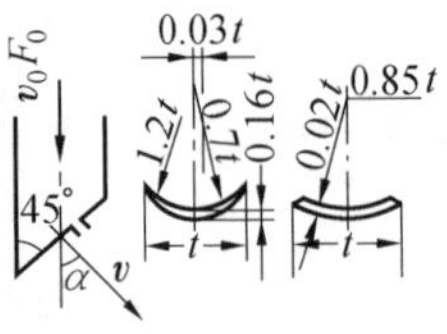

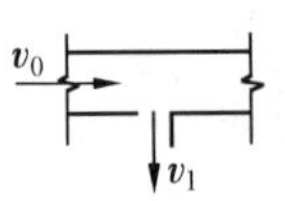

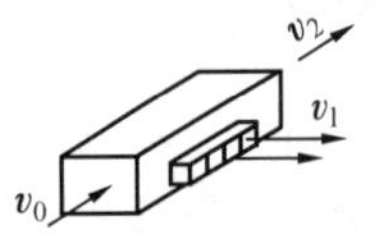

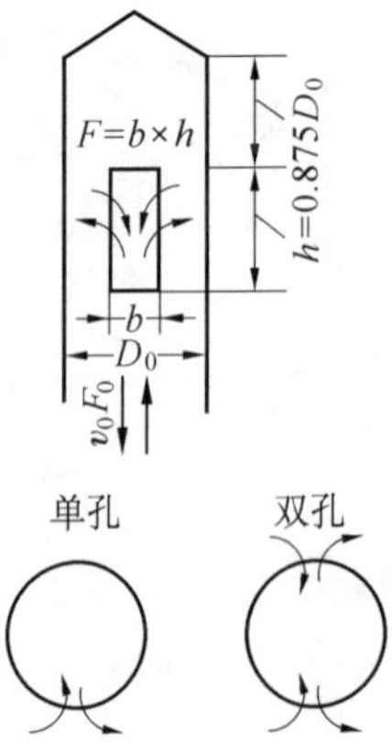

续 表

序号	名称	图形和断面	局部阻力系数ζ(ζ值以图内所示的速度 v 计算)												
34	墙孔		$\frac{l}{h}$	0.0	0.2	0.4	0.6	0.8	1.0	1.2	1.4	1.6	1.8	2.0	4.0
			ζ	2.83	2.72	2.60	2.34	1.95	1.76	1.67	1.62	1.6	1.6	1.55	1.55

序号	名称	v	开孔率 0.2	0.3	0.4	0.5	0.6	
35	孔板送风口	0.5	30	12	6.0	3.6	2.3	$\Delta P = \zeta \frac{v^2\rho}{2}$ v 为面风速
		1.0	33	13	6.8	4.1	2.7	
		1.5	35	14.5	7.4	4.6	3.0	
		2.0	39	15.5	7.8	4.9	3.2	
		2.5	40	16.5	8.3	5.2	3.4	
		3.0	41	17.5	8.0	5.5	3.7	

36 插板槽

ζ值(相应风速为管内风速 v_0)

h/D_0	0	0.1	0.13	0.2	0.3	0.4	0.5	0.6	0.7	0.8	0.9	1.0
1. 圆管												
F_h/F_0	0	—	0.16	0.25	0.38	0.50	0.61	0.71	0.81	0.90	0.96	1.0
ζ	∞	—	97.9	35.0	10.0	4.60	2.06	0.98	0.44	0.17	0.06	0
2. 矩形管												
ζ	∞	193	—	44.5	17.8	8.12	4.02	2.08	0.95	0.39	0.09	0

续　表

序号	名称	图形和断面	局部阻力系数ζ(ζ值以图内所示的速度 v 计算)
37	蝶阀	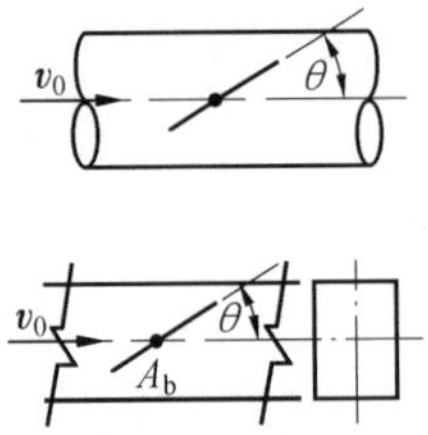	见下表
38	矩形风管平行式多叶阀	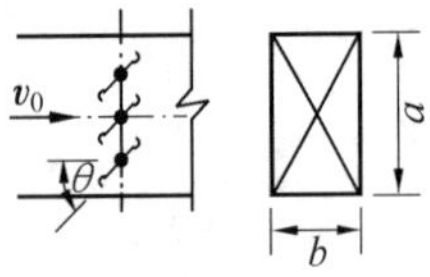	见下表
39	矩形风管对开式多叶阀	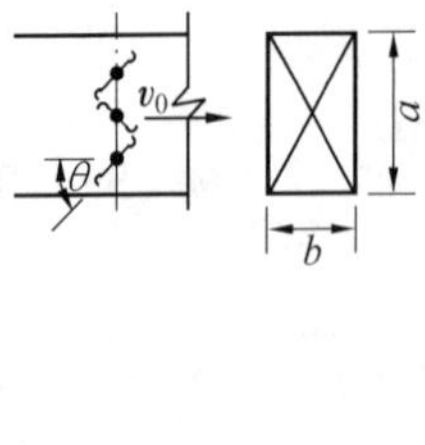	见下表

37 蝶阀 ζ值(相应风速为管内风速 v_0)

θ(°)	0	10	20	30	40	50	60
1. 圆　管							
ζ_0	0.20	0.52	1.5	4.5	11	29	108
2. 矩　形　管							
ζ_0	0.04	0.33	1.2	3.3	9.0	26	70

38 矩形风管平行式多叶阀 ζ值(相应风速为管内风速 v_0)

$\frac{l}{s}$	θ(°) 80	70	60	50	40	30	20	10	0
0.3	116	32	14	9.0	5.0	2.3	1.4	0.79	0.52
0.4	152	38	16	9.0	6.0	2.4	1.5	0.85	0.52
0.5	188	45	18	9.0	6.0	2.4	1.5	0.92	0.52
0.6	245	45	21	9.0	5.4	2.4	1.5	0.92	0.52
0.8	284	55	22	9.0	5.4	2.5	1.5	0.92	0.52
1.0	361	65	24	10	5.4	2.6	1.6	1.0	0.52
1.5	576	102	28	10	5.4	2.7	1.6	1.0	0.52

$$\frac{l}{s}=\frac{n\cdot b}{2(a+b)}$$

l——合计的阀门叶片总长度,mm;
s——风管的周长,mm;
n——阀门叶片的数量;
b——平行于叶片轴的风管尺寸,mm。

39 矩形风管对开式多叶阀 ζ值(相应风速为管内风速 v_0)

$\frac{l}{s}$	θ(°) 80	70	60	50	40	30	20	10	0
0.3	807	284	73	21	9.0	4.1	2.1	0.85	0.52
0.4	915	332	100	28	11	5.0	2.2	0.92	0.52
0.5	1045	377	122	33	13	5.4	2.3	1.0	0.52
0.6	1121	411	148	38	14	6.0	2.3	1.0	0.52
0.8	1299	495	188	54	18	6.6	2.4	1.1	0.52
1.0	1521	547	245	65	21	7.3	2.7	1.2	0.52
1.5	1654	677	361	107	28	9.0	3.2	1.4	0.52

附录 6.5　通风管道统一规格

表 1　圆形通风管道规格

<table>
<tr><th rowspan="2">外径
D
(mm)</th><th colspan="2">钢板制风管</th><th colspan="2">塑料制风管</th></tr>
<tr><th>外径允许偏差
(mm)</th><th>壁厚
(mm)</th><th>外径允许偏差
(mm)</th><th>壁厚
(mm)</th></tr>
<tr><td>100</td><td rowspan="20">±1</td><td rowspan="6">0.5</td><td rowspan="12">±1</td><td rowspan="6">3.0</td></tr>
<tr><td>120</td></tr>
<tr><td>140</td></tr>
<tr><td>160</td></tr>
<tr><td>180</td></tr>
<tr><td>200</td></tr>
<tr><td>220</td><td rowspan="8">0.75</td><td rowspan="8">4.0</td></tr>
<tr><td>250</td></tr>
<tr><td>280</td></tr>
<tr><td>320</td></tr>
<tr><td>360</td></tr>
<tr><td>400</td></tr>
<tr><td>450</td><td rowspan="8">±1.5</td></tr>
<tr><td>500</td></tr>
<tr><td>560</td><td rowspan="6">1.0</td></tr>
<tr><td>630</td></tr>
<tr><td>700</td><td rowspan="4">5.0</td></tr>
<tr><td>800</td></tr>
<tr><td>900</td></tr>
<tr><td>1000</td></tr>
<tr><td>1120</td><td rowspan="4">6.0</td></tr>
<tr><td>1250</td><td rowspan="4">1.2~1.5</td></tr>
<tr><td>1400</td></tr>
<tr><td>1600</td></tr>
<tr><td>1800</td></tr>
<tr><td>2000</td></tr>
</table>

<table>
<tr><th rowspan="2">外径
D
(mm)</th><th colspan="2">除尘风管</th><th colspan="2">气密性风管</th></tr>
<tr><th>外径允许偏差
(mm)</th><th>壁厚
(mm)</th><th>外径允许偏差
(mm)</th><th>壁厚
(mm)</th></tr>
<tr><td>80
90
100</td><td rowspan="20">±1</td><td rowspan="9">1.5</td><td rowspan="20">±1</td><td rowspan="9">2.0</td></tr>
<tr><td>110
120</td></tr>
<tr><td>(130)
140</td></tr>
<tr><td>(150)
160</td></tr>
<tr><td>(170)
180</td></tr>
<tr><td>190
200</td></tr>
<tr><td>(210)
220</td></tr>
<tr><td>(240)
250</td></tr>
<tr><td>(260)
280</td></tr>
<tr><td>(300)
320</td></tr>
<tr><td>(340)
360</td></tr>
<tr><td>(380)
400</td></tr>
<tr><td>(420)
450</td></tr>
<tr><td>(480)
500</td></tr>
<tr><td>(530)
560</td><td rowspan="9">2.0</td><td rowspan="9">3.0~4.0</td></tr>
<tr><td>(600)
630</td></tr>
<tr><td>(670)
700</td></tr>
<tr><td>(750)
800</td></tr>
<tr><td>(850)
900</td></tr>
<tr><td>(950)
1000</td></tr>
<tr><td>(1060)
1120</td></tr>
<tr><td>(1180)
1250</td></tr>
<tr><td>(1320)
1400</td></tr>
<tr><td>(1500)
1600</td><td rowspan="3">3.0</td><td rowspan="3">4.0~6.0</td></tr>
<tr><td>(1700)
1800</td></tr>
<tr><td>(1900)
2000</td></tr>
</table>

表 2　矩形通风管道规格

<table>
<tr><th rowspan="2">外边长
A × B
（mm）</th><th colspan="2">钢板制风管</th><th colspan="2">塑料制风管</th><th rowspan="2">外边长
A × B
（mm）</th><th colspan="2">钢板制风管</th><th colspan="2">塑料制风管</th></tr>
<tr><th>外边长允许偏差（mm）</th><th>壁厚（mm）</th><th>外边长允许偏差（mm）</th><th>壁厚（mm）</th><th>外边长允许偏差（mm）</th><th>壁厚（mm）</th><th>外边长允许偏差（mm）</th><th>壁厚（mm）</th></tr>
<tr><td>120 × 120</td><td rowspan="26">－2</td><td rowspan="6">0.5</td><td rowspan="24">－2</td><td rowspan="14">3.0</td><td>630 × 500</td><td rowspan="26">－2</td><td rowspan="13">1.0</td><td rowspan="26">－3</td><td rowspan="7">5.0</td></tr>
<tr><td>160 × 120</td><td>630 × 630</td></tr>
<tr><td>160 × 160</td><td>800 × 320</td></tr>
<tr><td>220 × 120</td><td>800 × 400</td></tr>
<tr><td>200 × 160</td><td>800 × 500</td></tr>
<tr><td>200 × 200</td><td>800 × 630</td></tr>
<tr><td>250 × 120</td><td rowspan="17">0.75</td><td>800 × 800</td></tr>
<tr><td>250 × 160</td><td>1000 × 320</td><td rowspan="11">6.0</td></tr>
<tr><td>250 × 200</td><td>1000 × 400</td></tr>
<tr><td>250 × 250</td><td>1000 × 500</td></tr>
<tr><td>320 × 160</td><td>1000 × 630</td></tr>
<tr><td>320 × 200</td><td>1000 × 800</td></tr>
<tr><td>320 × 250</td><td>1000 × 1000</td></tr>
<tr><td>320 × 320</td><td>1250 × 400</td><td rowspan="13">1.2</td></tr>
<tr><td>400 × 200</td><td rowspan="9">4.0</td><td>1250 × 500</td></tr>
<tr><td>400 × 250</td><td>1250 × 630</td></tr>
<tr><td>400 × 320</td><td>1250 × 800</td></tr>
<tr><td>400 × 400</td><td>1250 × 1000</td></tr>
<tr><td>500 × 200</td><td>1600 × 500</td><td rowspan="8">8.0</td></tr>
<tr><td>500 × 250</td><td>1600 × 630</td></tr>
<tr><td>500 × 320</td><td>1600 × 800</td></tr>
<tr><td>500 × 400</td><td>1600 × 1000</td></tr>
<tr><td>500 × 500</td><td>1600 × 1250</td></tr>
<tr><td>630 × 250</td><td rowspan="3">1.0</td><td rowspan="3">5.0</td><td>2000 × 800</td></tr>
<tr><td>630 × 320</td><td rowspan="2">－3.0</td><td>2000 × 1000</td></tr>
<tr><td>630 × 400</td><td>2000 × 1250</td></tr>
</table>

注：1. 本通风管道统一规格系经“通风管道定型化”审查会议通过，作为通用规格在全国使用。

2. 除尘、气密性风管规格中分基本系列和辅助系列，应优先采用基本系列（即不加括号数字）。

附录 7　民用及公共建筑通风换气量表

序号	房间名称	换气次数(L/h)	
		进　气	排　气
	一、居住建筑		
1	住宅、宿舍的卧室及起居室		1.0
2	厨房		1.0～3.0
3	卫生间		1.0～3.0
4	盥洗室		0.5～1.0
5	公共厕所		每个大便器 40 m³/h 每个小便器 20 m³/h
	二、医疗建筑		
1	病房	3.0	1.0
2	诊室		1.5
3	X 光室	4.0	5.0
4	X 光的操纵室及暗室	2.0	3.0
5	体疗室	每人 50～60 m³/h	
6	理疗室	4.0	5.0
7	一般手术室	5.0	6.0
8	西药房、调剂室	2.0	2.0
9	中药房、煎药室	1.0	3.0
10	蒸汽消毒室　污部		4.0
	洁部	2.0	
	三、托儿所、幼儿园		
1	活动室、寝室、办公室		1.5
2	盥洗室、厕所		3.0
3	浴室		1.5
4	医务室、隔离室		1.5
5	厨房		3.0
6	洗衣房		5.0
	四、学校		
1	教室		1.0～1.5
2	化学试验室		3.0
3	厕所		5.0
4	健身房		3.0
5	保健室		1.0～1.5
	五、影剧院		
1	观众厅	每人 10 m³/h	
2	休息厅		3.0
3	舞台		1.0
4	吸烟室		10
5	放映室		每台放映机 700 m³/h
	六、体育建筑		
1	比赛厅	每人 10 m³/h	
	七、洗衣房		
1	洗衣间	10	13
2	烫衣间	4.0	6.0
3	包装间	1.0	1.0
4	接收衣服间	3.0	4.0
5	取衣处	2.0	
6	集中衣服处		1.0
	八、公共建筑的共同部分		
1	变电室		10.0
2	配电室		3.0
3	电梯机房		10.0
4	蓄电池室		12.0
5	制冷室调机室		5.0
6	汽车库(停车场、无修理间)		2.0
7	汽车修理间		3.0
8	地下停车库	4.0～5.0	5.0～6.0
9	油罐室		5.0

附录 10.1　湿空气的密度、水蒸汽压力、含湿量和焓

（大气压 B = 1013 mbar）

空气温度 t (℃)	干空气密度 ρ (kg/m³)	饱和空气密度 ρ_b (kg/m³)	饱和空气的水蒸汽分压力 $P_{b,q}$ (mbar)	饱和空气含湿量 d_b (g/kg 干空气)	饱和空气焓 i_b (kJ/kg 干空气)
-20	1.396	1.395	1.02	0.63	-18.55
-19	1.394	1.393	1.13	0.70	-17.39
-18	1.385	1.384	1.25	0.77	-16.20
-17	1.379	1.378	1.37	0.85	-14.99
-16	1.374	1.373	1.50	0.93	-13.77
-15	1.368	1.367	1.65	1.01	-12.60
-14	1.363	1.362	1.81	1.11	-11.35
-13	1.358	1.357	1.98	1.22	-10.05
-12	1.353	1.352	2.17	1.34	-8.75
-11	1.348	1.347	2.37	1.46	-7.45
-10	1.342	1.341	2.59	1.60	-6.07
-9	1.337	1.336	2.83	1.75	-4.73
-8	1.332	1.331	3.09	1.91	-3.31
-7	1.327	1.325	3.36	2.08	-1.88
-6	1.322	1.320	3.67	2.27	-0.42
-5	1.317	1.315	4.00	2.47	1.09
-4	1.312	1.310	4.36	2.69	2.68
-3	1.308	1.306	4.75	2.94	4.31
-2	1.303	1.301	5.16	3.19	5.90
-1	1.298	1.295	5.61	3.47	7.62
0	1.293	1.290	6.09	3.78	9.42
1	1.288	1.285	6.56	4.07	11.14
2	1.284	1.281	7.04	4.37	12.89
3	1.279	1.275	7.57	4.70	14.74
4	1.275	1.271	8.11	5.03	16.58
5	1.270	1.266	8.70	5.40	18.51
6	1.265	1.261	9.32	5.79	20.51
7	1.261	1.256	9.99	6.21	22.61
8	1.256	1.251	10.70	6.65	24.70
9	1.252	1.247	11.46	7.13	26.92
10	1.248	1.242	12.25	7.63	29.18
11	1.243	1.237	13.09	8.15	31.25
12	1.239	1.232	13.99	8.75	34.08
13	1.235	1.228	14.94	9.35	36.59
14	1.230	1.223	15.95	9.97	39.19
15	1.226	1.218	17.01	10.6	41.78
16	1.222	1.214	18.13	11.4	44.80
17	1.217	1.208	19.32	12.1	47.73

续　表

空气温度 t（℃）	干空气密度 ρ（kg/m³）	饱和空气密度 ρ_b（kg/m³）	饱和空气的水蒸汽分压力 $P_{q,b}$（mbar）	饱和空气含湿量 d_b（g/kg 干空气）	饱和空气焓 i_b（kJ/kg 干空气）
18	1.213	1.204	20.59	12.9	50.66
19	1.209	1.200	21.92	13.8	54.01
20	1.205	1.195	23.31	14.7	57.78
21	1.201	1.190	24.80	15.6	61.13
22	1.197	1.185	26.37	16.6	64.06
23	1.193	1.181	28.02	17.7	67.83
24	1.189	1.176	29.77	18.8	72.01
25	1.185	1.171	31.60	20.0	75.78
26	1.181	1.166	33.53	21.4	80.39
27	1.177	1.161	35.56	22.6	84.57
28	1.173	1.156	37.71	24.0	89.18
29	1.169	1.151	39.95	25.6	94.20
30	1.165	1.146	42.32	27.2	99.65
31	1.161	1.141	44.82	28.8	104.67
32	1.157	1.136	47.43	30.6	110.11
33	1.154	1.131	50.18	32.5	115.97
34	1.150	1.126	53.07	34.4	122.25
35	1.146	1.121	56.10	36.6	128.95
36	1.142	1.116	59.26	38.8	135.65
37	1.139	1.111	62.60	41.1	142.35
38	1.135	1.107	66.09	43.5	149.47
39	1.132	1.102	69.75	46.0	157.42
40	1.128	1.097	73.58	48.8	165.80
41	1.124	1.091	77.59	51.7	174.17
42	1.121	1.086	81.80	54.8	182.96
43	1.117	1.081	86.18	58.0	192.17
44	1.114	1.076	90.79	61.3	202.22
45	1.110	1.070	95.60	65.0	212.69
46	1.107	1.065	100.61	68.9	223.57
47	1.103	1.059	105.87	72.8	235.30
48	1.100	1.054	111.33	77.0	247.02
49	1.096	1.048	117.07	81.5	260.00
50	1.093	1.043	123.04	86.2	273.40
55	1.076	1.013	156.94	114	352.11
60	1.060	0.981	198.70	152	456.36
65	1.044	0.946	249.38	204	598.71
70	1.029	0.909	310.82	276	795.50
75	1.014	0.868	384.50	382	1080.19
80	1.000	0.832	472.28	545	1519.81
85	0.986	0.773	576.69	828	2281.81
90	0.973	0.718	699.31	1400	3818.36
95	0.959	0.656	843.09	3120	8436.40
100	0.947	0.589	1013.00	–	–

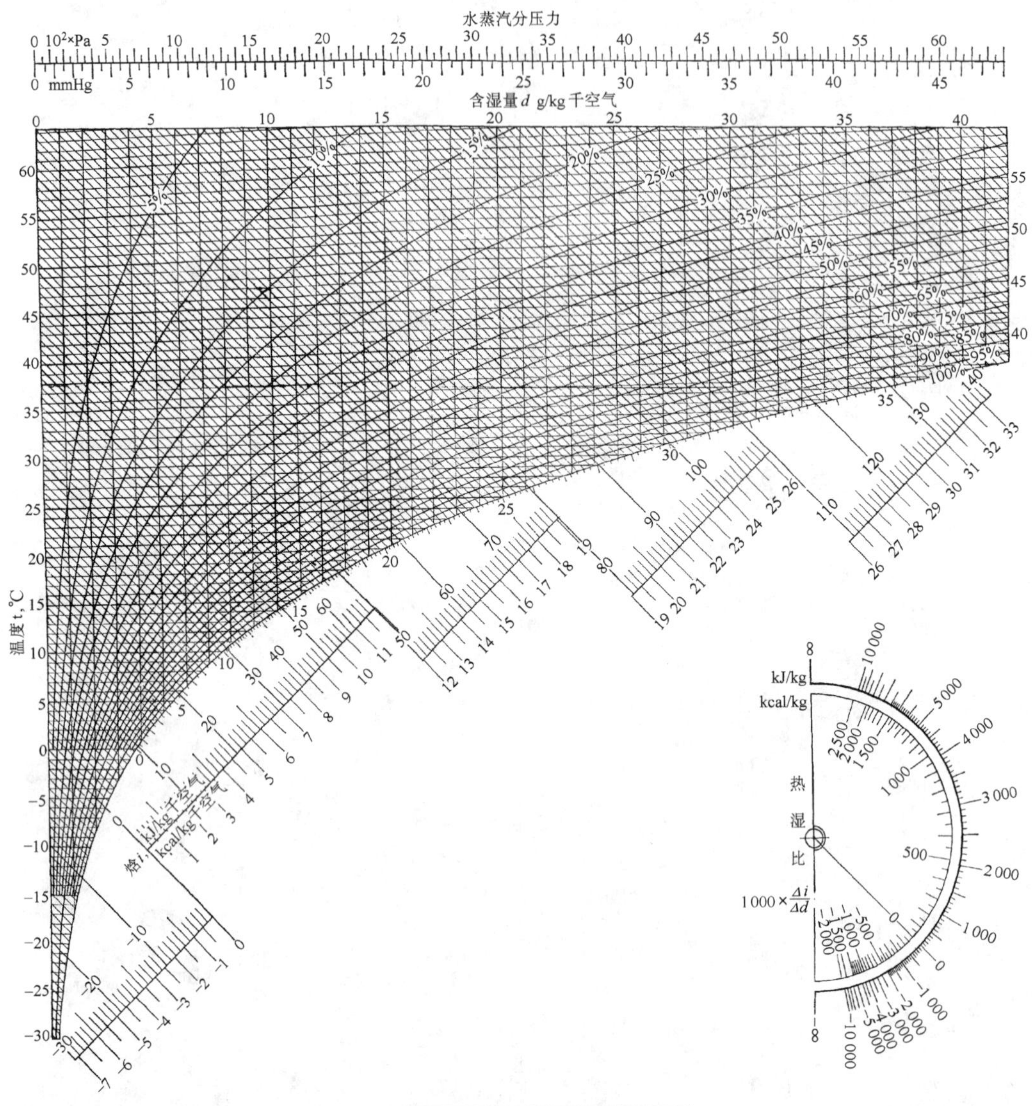

附录 10.2 湿空气焓湿图

大气压 1013.25 mbar(10 Pa) / 760 mmHg

$i=1.01t+0.001d(2500+1.84t)$ kJ/kg干空气

$i=0.24+0.001d(597.3+0.44t)$ kcal/kg干空气

附录 10.2 湿空气焓温图

附录 11.1　部分城市室外气象参数

序号	地名	台站位置			大气压力 hPa		年平均温度(℃)	室外计算(干球)温度℃								夏季空气调节室外计算湿球温度(℃)
								冬季				夏季				
		北纬	东经	海拔(m)	冬季	夏季		采暖	空气调节	最低日平均	通风	通风	空气调节	空气调节日平均	计算日较差	
1	2	3	4	5	6	7	8	9	10	11	12	13	14	15	16	17
01	北京	39°48′	116°28′	31.2	1020.4	998.6	11.4	-9	-12	-15.9	-5	30	33.2	28.6	8.8	26.4
02	天津	39°06′	117°10′	3.3	1026.6	1004.8	12.2	-9	-11	-13.1	-4	29	33.4	29.2	8.1	26.9
03	沈阳	41°46′	123°26′	41.6	1020.8	1007.7	7.8	-19	-22	-24.9	-12	28	31.4	27.2	8.1	25.4
04	大连	38°54′	121°38′	92.8	1013.8	994.7	10.2	-11	-14	-18.6	-5	26	28.4	25.5	5.6	25.0
05	哈尔滨	45°41′	126°37′	171.7	1001.5	985.1	3.6	-26	-29	-33.0	-20	27	30.3	26.0	8.3	23.4
06	上海	31°10′	121°26′	4.5	1025.1	1005.3	15.7	-2	-4	-6.9	3	32	34.0	30.4	6.9	28.2
07	南京	32°00′	118°48′	8.9	1025.2	1004.0	15.3	-3	-6	-9.0	2	32	35.0	31.4	6.9	28.3
08	武汉	30°37′	114°08′	23.3	1023.3	1001.7	16.3	-2	-5	-11.3	3	33	35.2	31.9	6.3	28.2
09	广洲	23°03′	113°19′	6.6	1019.5	1004.5	21.8	7	5	2.9	13	31	33.5	30.1	6.5	27.7
10	重庆	29°35′	106°28′	259.1	991.2	973.2	18.3	4	2	0.9	7	33	36.5	32.5	7.7	27.3
11	济南	36°41′	116°59′	51.6	1020.2	998.5	14.2	-7	-10	-13.7	-2	31	34.8	31.3	6.7	26.7
12	昆明	25°01′	102°41′	1891.4	811.5	808.0	14.7	3	1	-3.5	8	23	25.8	22.2	6.9	19.9
13	西安	34°18′	108°56′	396.9	987.7	959.2	13.3	-5	-8	-12.3	-1	31	35.2	30.7	8.7	26.0
14	兰洲	36°03′	103°53′	1517.2	851.4	843.1	9.1	-11	-13	-15.8	-7	26	30.5	25.8	9.0	20.2
15	乌鲁木齐	43°47′	87°37′	917.9	919.9	906.7	5.7	-22	-27	-33.3	-15	29	34.1	29.0	9.8	18.5

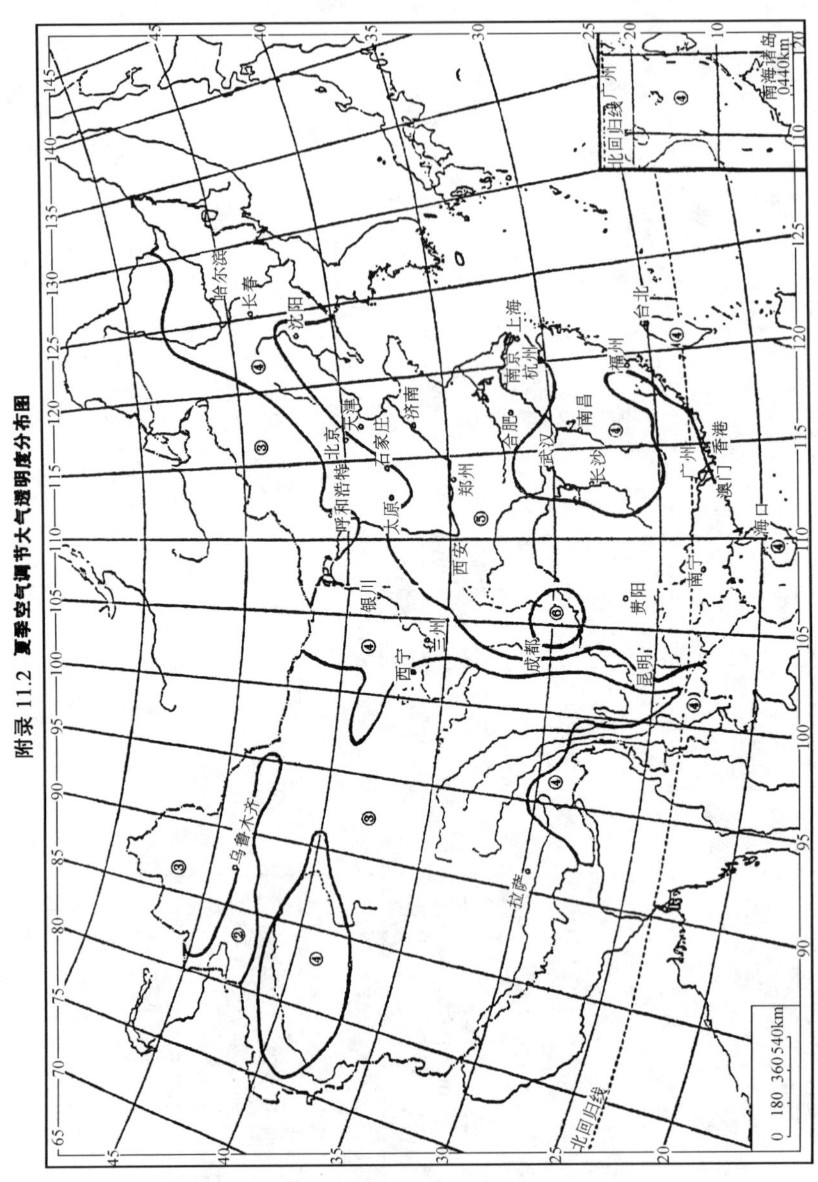

附录 11.2　夏季空气调节大气透明度分布图

附录 11.3　大气透明度等级

附录 2-2 标定的透明度等级	下列大气压力（×10² Pa）（mbar）时的透明度等级							
	650	700	750	800	850	900	950	1 000
1	1	1	1	1	1	1	1	1
2	1	1	1	1	1	2	2	2
3	1	2	2	2	2	3	3	3
4	2	2	3	3	3	4	4	4
5	3	3	4	4	4	4	5	5
6	4	4	4	5	5	5	6	6

附录 11.4　北纬 40°太阳总辐射强度(W/m²)

透明度等级		1						2						3						透明度等级	
朝向		S	SE	E	NE	N	H	S	SE	E	NE	N	H	S	SE	E	NE	N	H	朝向	
时刻(地方太阳时)	6	45	378	706	648	236	209	47	330	612	562	209	192	52	295	536	493	192	185	18	时刻(地方太阳时)
	7	72	570	878	714	174	427	76	519	793	648	166	399	79	471	714	585	159	373	17	
	8	124	671	880	629	94	630	129	632	825	596	101	604	133	591	766	556	108	576	16′	
	9	273	702	787	479	115	813	266	665	475	458	120	777	264	634	707	442	129	749	15	
	10	393	663	621	292	130	958	386	640	5600	291	140	927	371	607	570	283	142	883	14	
	11	465	550	392	135	135	1037	454	534	385	144	144	1004	436	511	372	147	147	958	13′	
	12	492	388	140	140	140	1068	478	380	147	147	147	1030	461	370	150	150	150	986	12	
	13	465	187	135	135	135	1037	454	192	144	144	144	1004	436	192	147	147	147	958	11	
	14	393	130	130	130	130	958	386	140	140	140	140	927	371	142	142	142	142	883	10	
	15	273	115	115	115	115	813	266	120	120	120	120	7777	264	129	129	129	129	749	9	
	16	124	94	94	94	94	630	129	101	101	101	101	604	133	108	108	108	108	571	8	
	17	72	72	72	72	174	427	76	76	76	76	166	399	79	79	79	79	159	373	7	
	18	45	45	45	45	236	209	47	47	47	47	209	192	52	52	52	52	192	185	6	
日总计		3239	4567	4996	3629	1910	9218	3192	4374	4733	3469	1907	8831	3131	4181	4473	3312	1904	8434	日总计	
日平均		135	191	208	151	79	384	133	183	198	144	79	369	130	174	186	138	79	351	日平均	
朝向		S	SW	W	NW	N	H	S	SW	W	NW	N	H	S	SW	W	NW	N	H	朝向	

透明度等级		4						5						6						透明度等级	
朝向		S	SE	E	NE	N	H	S	SE	E	NE	N	H	S	SE	E	NE	N	H	朝向	
时刻(地方太阳时)	6	52	250	445	411	165	166	50	209	368	340	142	148	49	164	279	258	115	127	18	时刻(地方太阳时)
	7	83	421	630	519	152	345	87	379	559	463	148	324	93	334	483	404	142	304	17	
	8	131	537	692	506	109	533	137	500	638	472	117	509	137	443	559	420	121	466	16	
	9	258	593	661	420	135	711	258	569	630	407	144	690	254	521	575	381	155	645	15	
	10	361	576	542	279	151	842	357	558	527	281	162	821	349	526	498	281	176	779	14	
	11	424	493	365	158	158	919	416	480	362	16	169	892	402	495	354	181	181	847	13	
	12	448	364	162	162	162	949	438	361	172	172	172	919	422	352	185	185	185	872	12	
	13	424	199	158	158	158	919	416	207	169	169	169	892	402	216	181	181	181	847	11	
	14	361	151	151	151	151	842	357	162	162	162	162	821	349	176	176	176	176	779	10	
	15	258	135	135	135	135	711	258	144	144	144	144	690	254	155	155	155	155	645	9	
	16	131	109	109	109	109	533	137	117	117	117	117	509	137	121	121	121	121	466	8	
	17	83	83	83	83	152	345	87	87	87	87	148	324	93	93	93	93	142	304	7	
	18	52	52	52	52	165	166	50	50	50	50	142	148	49	49	49	49	115	127	6	
日总计		3067	3964	4186	3142	1904	7981	3051	3824	3986	3033	1935	7687	2990	3609	3706	2885	1964	7203	日总计	
日平均		128	165	174	131	79	333	127	150	166	127	800	320	124	150	155	120	81	300	日平均	
朝向		S	SW	W	NW	N	H	S	SW	W	NW	N	H	S	SW	W	NW	N	H	朝向	

附录 11.5 外墙、屋顶、内墙、楼板夏季热工指标及结构类型

($a_w = 18.6\ W/m^2 \cdot K, \alpha_n = 8.72\ W/m^2 \cdot K$)

序号	构造	壁厚 δ (mm)	保温厚 (mm)	导热热阻 ($m^2 \cdot K/W$)	传热系数 ($W/m^2 \cdot K$)	质量 (kg/m^2)	热容量 ($kJ/m^2 \cdot K$)	类型
1	外 内 1 2 3 20 δ 20 1. 水泥砂浆 2. 砖 墙 3. 白灰粉刷	240 370 490		0.34 0.51 0.65	1.97 1.50 1.22	500 734 950	435 645 833	Ⅲ Ⅱ Ⅰ
2	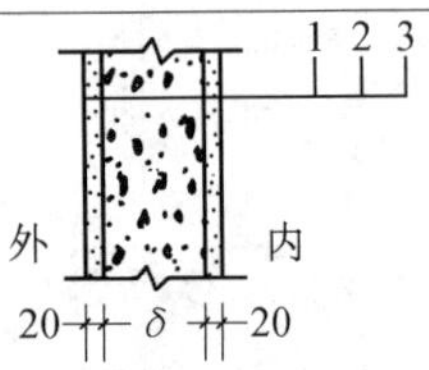 外 内 1 2 3 20 δ 20 1. 外 粉 刷 2. 加气混凝土板 3. 内粉刷	150 175 200 250 280 300 350		0.77 0.89 1.00 1.24 1.38 1.48 1.72	1.07 0.95 0.86 0.71 0.64 0.60 0.53	143 156 168 193 208 218 243	121 130 142 163 176 184 205	Ⅵ Ⅵ Ⅴ Ⅳ Ⅳ Ⅲ Ⅲ
3	外 内 1 2 3 4 5 δ 25 20 钢筋混凝土剪力墙 1. 釉面砖 2. 水泥砂浆 3. 钢筋混凝土 4. 内粉刷	350 300 250 200		0.28 0.25 0.21 0.19	2.21 2.38 2.58 2.81	927 807 687 567	775 674 574 473	Ⅱ Ⅲ Ⅲ Ⅳ

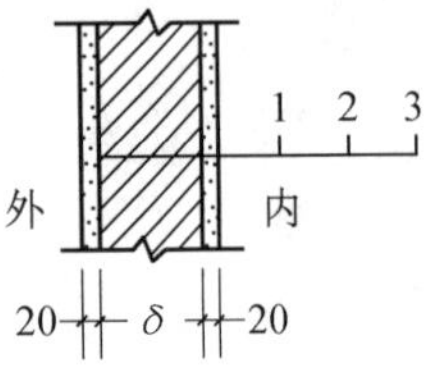

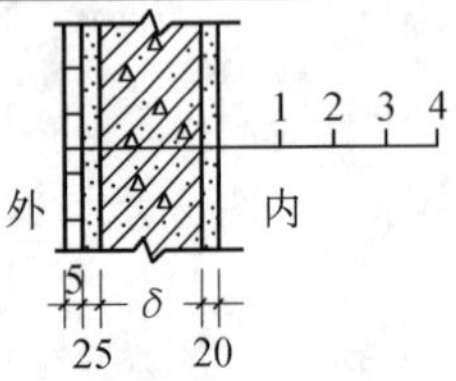

续　表

序号	构　造	壁厚 δ (mm)	保温层		导热热阻 ($m^2·K/W$)	传热系数 ($W/m^2·K$)	质　量 (kg/m^2)	热容量 ($kJ/m^2·K$)	类型
			材料	厚度 l (mm)					
4	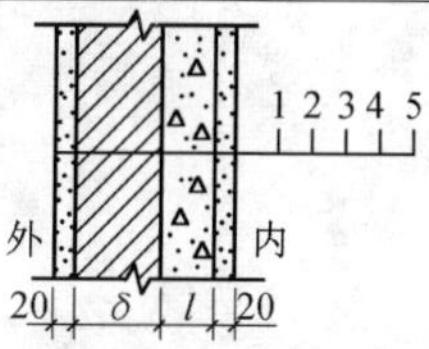 外 内 1 2 3 4 5 20 δ l 20 1. 水泥砂浆抹灰喷浆 2. 砖墙 3. 防潮层(用于炎热潮湿地区) 4. 保湿层 5. 水泥砂浆抹灰加油漆	240	加气混凝土	250	1.58	0.57	690	599	Ⅰ
				190	1.29	0.69	654	569	Ⅰ
				150	1.10	0.79	630	548	Ⅰ
				120	0.95	0.88	612	536	Ⅱ
				90	0.82	1.01	594	519	Ⅱ
				70	0.72	1.13	582	511	Ⅱ
			水泥膨胀珍珠岩	190	2.02	0.45	607	519	Ⅰ
				140	1.59	0.57	589	507	Ⅱ
				110	1.33	0.66	579	498	Ⅱ
				80	1.07	0.80	568	494	Ⅱ
				60	0.90	0.93	563	490	Ⅱ
				50	0.82	1.02	558	486	Ⅱ
				40	0.73	1.12	554	481	Ⅱ
			沥青膨胀珍珠岩	160	2.11	0.44	596	511	Ⅰ
				110	1.56	0.58	579	498	Ⅱ
				80	1.25	0.71	568	494	Ⅱ
				65	1.08	0.80	563	490	Ⅱ
				50	0.92	0.92	558	486	Ⅱ
				40	0.82	1.01	554	481	Ⅱ
									Ⅱ
		370	加气混凝土	220	1.60	0.57	906	791	Ⅰ
				160	1.31	0.67	870	762	Ⅰ
				120	1.12	0.78	846	741	Ⅰ
				80	0.93	0.91	822	720	Ⅰ
				60	0.83	1.00	810	712	Ⅰ

续　表

序号	构　造	壁厚 δ (mm)	保温层 材料	保温层 厚度 l (mm)	导热热阻 ($m^2 \cdot K/W$)	传热系数 ($W/m^2 \cdot K$)	质　量 (kg/m^2)	热容量 ($kJ/m^2 \cdot K$)	类型
5	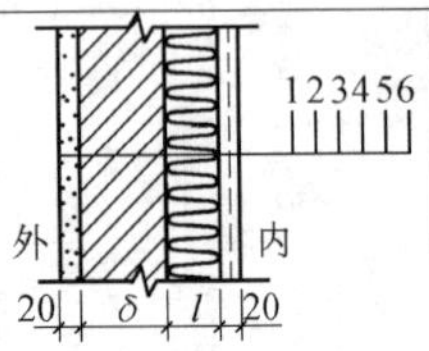 123456 外 内 20 δ l 20 1. 水泥砂浆抹灰加喷浆 2. 砖　墙 3. 防潮层(用于炎热潮湿地区) 4. 保温层 5. 隔汽层(有必要时采用) 6. ϕ6 钢筋网上加 14 号铅丝网再作钢板网抹灰、油漆	240	袋装脲醛泡沫塑料	75	2.01	0.45	545	479	Ⅱ
				55	1.58	0.57	544	478	Ⅱ
				40	1.26	0.70	544	478	Ⅱ
				30	1.04	0.83	544	477	Ⅱ
				25	0.94	0.91	544	461	Ⅱ
			沥青玻璃棉毡	95	2.03	0.45	555	484	Ⅱ
				70	1.60	0.57	552	482	Ⅱ
				50	1.26	0.70	549	481	Ⅱ
				40	1.08	0.79	548	480	Ⅱ
				30	0.91	0.92	547	479	Ⅱ
				25	0.83	1.00	546	479	Ⅱ
			沥青矿渣棉毡	110	1.98	0.47	556	487	Ⅱ
				80	1.55	0.58	553	484	Ⅱ
				60	1.26	0.70	550	482	Ⅱ
				50	1.12	0.78	549	481	Ⅱ
				40	0.97	0.87	548	481	Ⅱ
				30	0.83	1.00	547	479	Ⅱ
				25	0.76	1.08	546	479	Ⅱ
		370	同前上	70	2.06	0.45	779	684	Ⅰ
				50	1.63	0.56	778	684	Ⅰ
				35	1.32	0.67	778	683	Ⅰ
				25	1.10	0.79	778	683	Ⅰ

续　表

序号	构　造	壁厚 δ (mm)	保温层 材料	保温层 厚度 l (mm)	导热热阻 (m^2·K/W)	传热系数 (W/m^2·K)	质　量 (kg/m^2)	热容量 (kJ/m^2·K)	类型
6	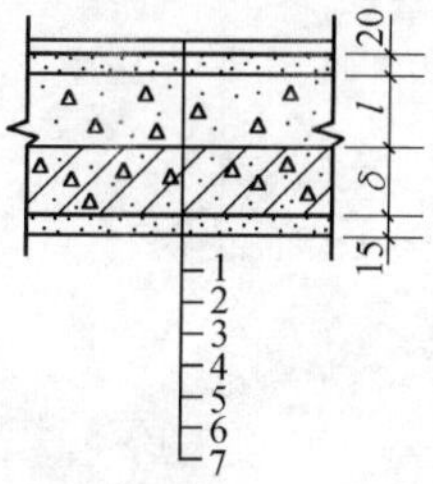 1. 砾砂外表层 5 mm 2. 卷材防水层 3. 水泥砂浆找平层 20 mm 4. 保 温 层 5. 隔 汽 层 6. 现浇钢筋混凝土屋面板 7. 内 粉 刷	70	水泥膨胀珍珠岩	25	0.37	1.86	251	214	Ⅴ
				50	0.58	1.33	260	218	Ⅴ
				75	0.80	1.04	269	226	Ⅳ
				100	1.01	0.85	277	230	Ⅳ
				125	1.23	0.71	286	234	Ⅳ
				150	1.44	0.62	295	243	Ⅲ
				175	1.66	0.55	304	247	Ⅲ
				200	1.87	0.49	312	255	Ⅲ
			沥青膨胀珍珠岩	25	0.46	1.58	250	214	Ⅴ
				50	0.77	1.07	257	222	Ⅴ
				75	1.07	0.80	265	226	Ⅳ
				100	1.38	0.64	272	230	Ⅳ
				125	1.69	0.53	280	239	Ⅲ
				150	1.99	0.47	287	247	Ⅲ
				175	2.30	0.41	295	251	Ⅲ
				200	2.61	0.36	302	260	Ⅲ
			加气混凝土、泡沫混凝土	25	0.28	2.26	257	218	Ⅴ
				50	0.40	1.78	272	230	Ⅴ
				75	0.52	1.47	287	243	Ⅳ
				100	0.64	1.24	302	255	Ⅳ
				125	0.76	1.08	317	268	Ⅲ
				150	0.87	0.97	332	281	Ⅲ
				175	0.99	0.86	347	293	Ⅲ
				200	1.11	0.78	362	306	Ⅲ
7	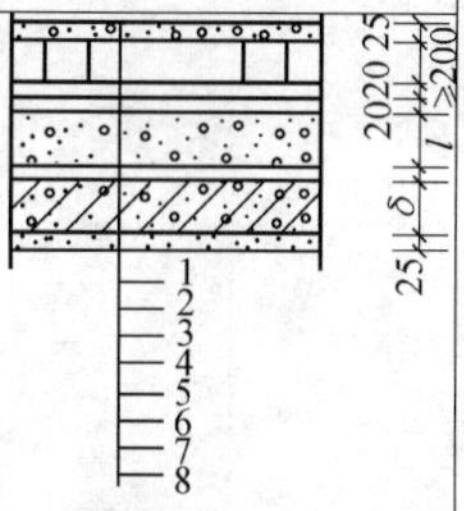 1. 预制细石混凝土板 25 mm，表面喷白色水泥浆 2. 通风层≥200 mm 3. 卷材防水层 4. 水尼砂浆找平层 20 mm 5. 保 温 层 6. 隔汽层 7. 现浇钢筋混凝土板 8. 内 粉 刷		水泥膨胀珍珠岩	25	0.78	1.05	376	318	Ⅲ
				50	1.00	0.86	385	322	Ⅲ
				70	1.21	0.72	394	331	Ⅲ
				100	1.43	0.63	402	335	Ⅱ
				125	1.64	0.55	411	339	Ⅱ
				150	1.86	0.49	420	348	Ⅱ
				175	2.07	0.44	429	352	Ⅱ
				200	2.29	0.41	437	360	Ⅰ
			沥青膨胀珍珠岩	25	0.83	1.00	376	318	Ⅲ
				50	1.11	0.78	385	322	Ⅲ
				75	1.38	0.65	394	331	Ⅲ
				100	1.64	0.55	402	335	Ⅱ
				125	1.91	0.48	411	339	Ⅱ
				150	2.18	0.43	420	348	Ⅱ
				175	2.45	0.38	429	352	Ⅱ
				200	2.72	0.35	437	360	Ⅰ
			加气混凝土、泡沫混凝土	25	0.69	1.16	382	322	Ⅲ
				50	0.81	1.02	397	335	Ⅲ
				75	0.93	0.91	412	348	Ⅲ
				100	1.05	0.83	427	360	Ⅱ
				125	1.17	0.74	442	373	Ⅱ
				150	1.29	0.69	457	385	Ⅰ
				175	1.41	0.64	472	398	Ⅰ
				200	1.53	0.59	487	410	Ⅰ

续　表

序号	构　　造	壁厚 δ (mm)	保温层 mm	导热热阻 ($m^2 \cdot K/W$)	传热系数 ($W/m^2 \cdot K$)	质　量 (kg/m^2)	热容量 ($kJ/m^2 \cdot K$)	类型
8	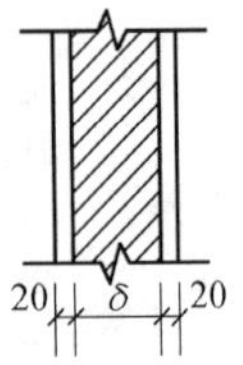20 δ 20 砖砌隔墙	240 180 120			1.75 2.01 2.80			
9	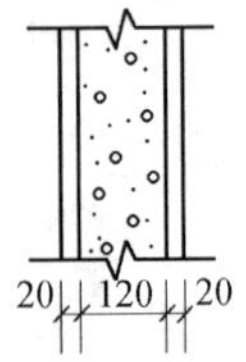20 120 20 粉媒灰砌块隔墙	120			1.88			
10	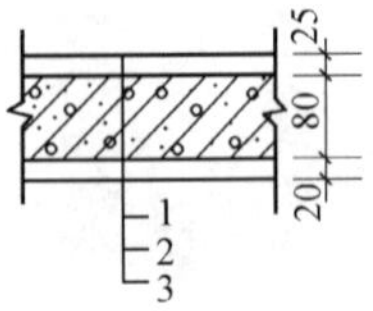25 80 20 1 2 3 1. 面层 2. 钢筋混凝土楼板 3. 粉刷	80			3.13			
			铺地毯		1.44			
11	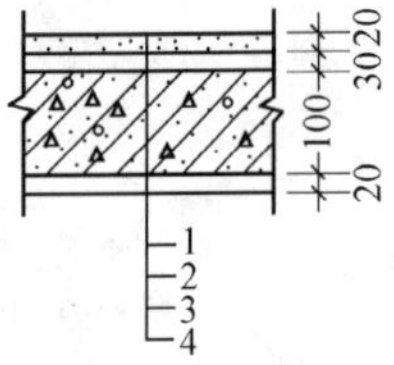3020 100 20 1 2 3 4 1. 水磨石 2. 砂浆找平层 3. 钢筋混凝土楼板 4. 粉刷	100			2.73			
			铺地毯		1.35			

附录 11.6　外墙冷负荷计算温度 t_1(℃)

朝向 / 时间	S	SW	W	NW	N	NE	E	SE
Ⅰ 型 外 墙								
0	34.7	36.3	36.6	34.5	32.2	35.3	37.5	36.9
1	34.9	36.6	36.9	34.7	32.3	35.4	37.6	37.1
2	35.1	36.8	37.2	34.9	32.4	35.5	37.7	37.2
3	35.2	37.0	37.4	35.1	33.5	35.5	37.7	37.2
4	35.3	37.2	37.6	35.3	32.6	35.5	37.6	37.2
5	35.3	37.3	37.8	35.4	32.6	35.5	37.5	37.2
6	35.3	37.4	37.9	35.5	32.7	35.4	37.4	37.1
7	35.3	37.4	37.9	35.5	32.6	35.4	37.3	37.0
8	35.2	37.4	37.9	35.5	32.6	35.2	37.1	36.9
9	35.1	37.3	37.8	35.5	32.5	35.1	36.8	36.7
10	34.9	37.1	37.7	35.4	32.5	34.9	36.6	36.5
11	34.8	37.0	37.5	35.2	32.4	34.7	36.4	36.3
12	34.6	36.7	37.3	35.1	32.2	34.6	36.2	36.1
13	34.4	36.5	37.1	34.9	32.1	34.5	36.1	35.9
14	34.2	36.3	36.9	34.7	32.0	34.4	36.1	35.7
15	34.0	36.1	36.6	34.5	31.9	34.4	36.1	35.7
16	33.9	35.9	36.4	34.4	31.8	34.4	36.2	35.6
17	33.8	35.7	36.2	34.2	31.8	34.4	36.3	35.7
18	33.8	35.6	36.1	34.1	31.8	34.5	36.4	35.8
19	33.9	35.5	36.0	34.0	31.8	34.6	36.6	36.0
20	34.0	35.5	35.9	34.0	31.8	34.8	36.8	36.2
21	34.1	35.6	36.0	34.0	31.9	34.9	37.0	36.4
22	34.3	35.8	36.1	34.1	32.0	35.0	37.2	36.6
23	34.5	36.0	36.3	34.3	32.1	35.2	37.3	36.8
最大值	35.3	37.4	37.9	35.5	32.7	35.5	37.7	37.2
最小值	33.8	35.5	35.9	34.0	31.8	34.4	36.1	35.7
Ⅱ 型 外 墙								
0	36.1	38.2	38.5	36.0	33.1	36.2	38.5	38.1
1	36.2	38.5	38.9	36.3	33.2	36.1	38.4	38.1
2	36.2	38.6	39.1	36.5	33.2	36.0	38.2	37.9
3	36.1	38.6	39.2	36.5	33.2	35.8	38.0	37.7
4	35.9	38.4	39.1	36.5	3.1	35.6	37.6	37.4
5	35.6	38.2	38.9	36.3	33.0	35.3	37.3	37.0
6	35.3	37.9	38.6	36.1	32.8	35.0	36.9	36.6
7	35.0	37.5	38.2	35.8	32.6	34.7	36.4	36.2
8	34.6	37.1	37.8	35.4	32.3	34.3	36.0	35.8
9	34.2	36.6	37.3	35.1	32.1	33.9	35.5	35.3
10	33.9	36.1	36.8	34.7	31.8	33.6	35.2	34.9
11	33.5	35.7	36.3	34.3	31.6	33.5	35.0	34.6

续　表

朝向 / 时间	S	SW	W	NW	N	NE	E	SE
12	33.2	35.3	35.9	33.9	31.4	33.5	35.0	34.5
13	32.9	34.9	35.5	33.6	31.3	33.7	35.2	34.6
14	32.8	34.6	35.2	33.4	31.2	33.9	35.6	34.8
15	32.9	34.4	34.9	33.2	31.2	34.3	36.1	35.2
16	33.1	34.3	34.8	33.2	31.3	34.6	36.6	35.7
17	33.4	34.4	34.8	33.2	31.4	34.9	37.1	36.2
18	33.9	34.7	34.9	33.3	31.6	35.2	37.5	36.7
19	34.4	35.2	35.3	33.5	31.8	35.4	37.9	37.2
20	34.9	35.8	35.8	33.9	32.1	35.7	38.2	37.5
21	35.3	36.5	36.5	34.4	32.4	35.9	38.4	37.8
22	35.7	37.2	37.3	35.0	32.6	36.1	38.5	38.0
23	36.0	37.7	38.0	35.5	32.9	36.2	38.6	38.1
最大值	36.2	38.6	39.2	36.5	33.2	36.2	38.6	38.1
最小值	32.8	34.3	34.8	33.2	31.2	33.5	35.0	34.5
Ⅲ　型　外　墙								
0	38.1	41.9	42.9	39.3	34.7	36.9	39.1	39.1
1	37.5	41.4	42.5	39.1	34.4	36.4	38.4	38.4
2	36.9	40.6	41.8	38.6	34.1	35.8	37.6	37.6
3	36.1	39.7	40.8	37.9	33.6	35.1	36.7	36.8
4	35.3	38.7	39.8	37.1	33.1	34.4	35.9	35.9
5	34.5	37.6	38.6	36.2	32.5	33.7	35.0	35.0
6	33.7	36.6	37.5	35.3	31.9	33.0	34.1	34.2
7	33.0	35.5	36.4	34.4	31.3	32.3	33.3	33.3
8	32.2	34.5	35.4	33.5	30.8	31.6	32.5	32.5
9	31.5	33.6	34.4	32.7	30.3	31.2	32.1	31.9
10	30.9	32.8	33.5	32.0	30.0	31.3	32.1	31.7
11	30.5	32.2	32.8	31.5	29.8	31.9	32.8	32.0
12	30.4	31.8	32.4	31.2	29.8	32.8	34.1	32.8
13	30.6	31.6	32.1	31.1	30.0	33.9	35.6	34.0
14	31.3	31.7	32.1	31.2	30.3	34.9	37.2	35.4
15	32.3	32.1	32.3	31.4	30.7	35.7	38.5	36.9
16	33.5	32.9	32.8	31.9	31.3	36.3	39.5	38.2
17	34.9	34.1	33.7	32.5	31.9	36.8	40.2	39.3
18	36.3	35.7	35.0	33.3	32.5	37.2	40.5	39.9
19	37.4	37.5	36.7	34.5	33.1	37.5	40.7	40.3
20	38.1	39.2	38.7	35.8	33.6	37.7	40.7	40.5
21	38.6	40.6	40.5	37.3	34.1	37.7	40.6	40.4
22	38.7	41.6	42.0	38.5	34.5	37.6	40.2	40.1
23	38.5	42.0	42.8	39.2	34.7	37.4	39.7	39.7
最大值	38.7	42.0	42.9	39.3	34.7	37.7	40.7	40.5
最小值	30.4	31.6	32.1	31.1	29.8	31.2	32.1	31.7

续表

时间＼朝向	S	SW	W	NW	N	NE	E	SE
12	30.5	30.1	30.3	29.8	30.0	37.3	40.5	37.4
13	32.7	31.1	31.1	30.7	30.9	38.4	42.8	40.2
14	35.2	32.6	32.2	31.8	31.9	38.9	43.8	42.3
15	37.7	34.9	33.7	32.9	33.0	39.1	43.9	43.4
16	39.8	37.8	36.0	34.2	34.0	39.2	43.6	43.7
17	41.3	40.9	39.1	36.0	34.8	39.3	43.0	43.4
18	42.0	43.7	42.5	33.3	35.5	39.2	42.4	42.9
19	41.9	45.8	45.7	40.7	36.0	39.0	41.7	42.1
20	41.2	46.8	47.9	42.8	36.4	38.5	40.8	41.2
21	40.1	46.4	48.4	33.5	36.4	37.8	39.7	40.0
22	38.9	45.0	47.2	42.8	36.0	36.9	38.5	38.3
23	37.5	43.0	45.1	41.3	35.2	35.9	37.2	37.4
最大值	42.0	46.8	48.4	43.5	36.4	39.3	43.9	43.7
最小值	28.1	29.1	29.4	28.8	28.1	28.7	29.1	28.9
Ⅳ型外墙								
0	33.7	37.4	39.0	36.7	32.6	32.8	33.5	33.6
1	32.4	35.3	36.6	34.7	31.5	31.7	32.3	32.4
2	31.3	33.6	34.6	33.1	30.5	30.7	31.2	31.3
3	30.3	32.2	32.9	31.7	29.6	29.8	30.3	30.3
4	29.4	30.9	31.6	30.5	28.8	29.0	29.4	29.4
5	28.6	29.9	30.4	29.5	28.1	28.3	28.6	28.7
6	27.9	29.0	29.4	28.7	27.5	27.7	27.9	28.0
7	27.4	28.3	28.6	28.0	27.2	27.8	28.1	27.8
8	27.2	28.0	28.3	27.7	27.7	29.9	30.4	28.9
9	27.5	28.1	28.4	27.9	28.5	33.5	34.5	31.6
10	28.6	28.8	29.0	28.6	29.3	37.0	39.2	35.3
11	30.5	29.8	30.0	29.7	30.2	39.5	43.2	39.2
12	33.3	31.1	31.2	30.9	31.3	40.5	45.8	42.6
13	36.5	33.0	32.5	32.3	32.6	40.5	46.5	45.0
14	39.7	35.7	34.2	33.6	33.8	40.1	45.9	46.0
15	42.2	39.3	36.8	35.0	34.9	39.9	44.6	45.7
16	43.7	43.1	40.6	37.0	35.8	39.7	43.5	44.6
17	44.1	46.5	44.8	39.6	36.4	39.5	42.5	43.4
18	43.4	48.8	48.7	42.6	36.8	39.2	41.5	42.2
19	42.0	49.6	51.3	45.2	37.1	38.6	40.4	40.9
20	40.3	48.6	51.6	46.1	37.1	37.6	39.1	39.5
21	38.5	45.9	49.1	44.5	96.4	36.5	37.7	38.0
22	36.7	42.8	45.4	41.8	35.2	35.2	36.2	36.4
23	35.1	39.9	42.0	39.1	33.9	33.9	34.8	34.9
最大值	44.1	49.6	51.6	46.1	37.1	40.5	46.6	46.0
最小值	27.2	28.0	28.3	27.7	27.2	27.7	27.9	27.8

续 表

时间 \ 朝向	S	SW	W	NW	N	NE	E	SE
Ⅳ 型 外 墙								
0	37.8	42.4	44.0	40.3	34.9	36.3	38.0	38.1
1	36.8	41.1	42.6	39.3	34.3	35.5	37.0	37.1
2	35.8	39.6	41.0	38.1	33.6	34.6	35.9	36.0
3	34.7	38.2	39.5	36.9	22.9	33.7	34.9	35.0
4	33.8	36.8	38.0	35.7	32.1	32.8	33.9	33.9
5	32.8	35.5	36.5	34.5	31.4	32.0	32.9	33.0
6	31.9	34.3	35.2	33.4	30.7	31.2	32.0	32.0
7	31.1	33.2	33.9	32.4	30.0	30.5	31.1	31.2
8	30.3	32.1	32.8	31.5	29.4	30.0	30.6	30.5
9	29.7	31.3	31.9	30.7	29.1	30.2	30.8	30.3
10	29.3	30.7	31.3	30.2	29.1	31.2	32.0	30.9
11	29.3	30.4	30.9	30.0	29.2	32.8	33.9	32.2
12	29.8	30.5	30.9	30.1	29.6	34.4	36.2	34.0
13	30.8	30.8	31.1	30.4	30.1	35.8	38.5	36.2
14	32.3	31.5	31.6	31.0	30.7	36.8	40.3	38.2
15	34.1	32.6	32.3	31.7	31.5	37.5	41.4	40.0
16	36.1	34.4	33.5	32.5	32.3	37.9	41.9	41.1
17	37.8	36.5	35.3	33.6	33.1	38.2	42.1	41.7
18	39.1	38.9	37.7	35.1	33.9	38.4	42.0	41.9
19	39.9	41.2	40.3	36.9	34.5	38.5	41.7	41.8
20	40.2	43.0	42.8	38.9	35.0	38.5	41.3	41.4
21	40.0	44.0	44.6	40.4	35.5	38.2	40.7	40.9
22	39.5	44.1	45.3	41.1	35.6	37.7	39.9	40.1
23	38.7	43.5	45.0	41.0	35.4	37.1	39.0	39.2
最大值	40.2	44.1	45.3	41.1	35.6	38.5	42.1	41.9
最小值	29.3	30.4	30.9	30.0	29.1	30.0	30.6	30.3
Ⅴ 型 外 墙								
0	36.2	40.9	42.7	39.5	34.2	34.8	36.0	36.1
1	34.9	38.9	40.5	37.8	33.3	33.7	34.7	34.9
2	33.7	37.1	38.4	36.1	32.3	32.7	33.6	33.7
3	32.6	35.4	36.5	34.6	31.4	31.8	32.5	32.6
4	31.5	33.9	34.9	33.2	30.5	30.9	31.5	31.6
5	30.6	32.6	33.4	32.0	29.7	30.0	30.6	30.6
6	29.8	31.5	32.1	30.9	29.0	29.3	29.7	29.8
7	29.0	30.4	31.0	30.0	28.4	28.7	29.1	29.1
8	28.4	29.7	30.1	29.3	28.1	29.0	29.4	28.9
9	28.1	29.2	29.6	28.9	28.3	30.5	31.1	29.8
10	28.3	29.1	29.4	22.8	28.7	33.0	34.1	31.8
11	29.0	29.4	29.7	29.2	29.3	35.4	37.4	34.5

续　表

时间＼屋面类型	Ⅰ型	Ⅱ型	Ⅲ型	Ⅳ型	Ⅴ型	Ⅵ型
0	43.7	47.2	47.7	46.1	46.6	38.1
1	44.3	46.4	46.0	43.7	39.0	35.5
2	44.8	45.4	44.2	41.4	36.7	33.2
3	45.0	44.3	42.4	39.3	34.6	31.4
4	45.0	43.1	40.6	37.3	32.8	29.8
5	44.9	41.8	38.8	35.5	31.2	28.4
6	44.5	40.6	37.1	33.9	29.8	27.2
7	44.0	39.3	35.5	32.4	28.7	26.5
8	43.4	38.1	34.1	31.2	28.4	26.8
9	42.7	37.0	33.1	30.7	29.2	28.6
10	41.9	36.1	32.7	31.0	31.4	32.0
11	41.1	35.6	33.0	32.3	34.7	36.7
12	40.2	35.6	34.0	34.5	38.9	42.2
13	39.5	36.0	35.8	37.5	43.4	47.8
14	38.9	37.0	38.1	41.0	47.9	52.9
15	38.5	38.4	40.7	44.6	51.9	57.1
16	38.3	40.1	43.5	47.9	54.9	59.8
17	38.4	41.9	46.1	50.7	56.8	60.9
18	38.8	43.7	48.3	52.7	57.2	60.2
19	39.4	45.4	49.9	53.7	56.3	57.8
20	40.2	46.7	50.8	53.6	54.0	54.0
21	41.1	47.5	50.9	52.5	51.0	49.5
22	42.0	47.8	50.3	50.7	47.7	45.1
23	42.9	47.7	49.2	48.4	44.5	41.3
最大值	45.0	47.8	50.9	53.7	57.2	60.9
最小值	38.3	35.6	32.7	30.7	28.4	26.5

附录 11.7　Ⅰ-Ⅳ型结构地点修正值 t_d(℃)

编号	城　市	S	SW	W	NW	N	NE	E	SE	水　平
1	北　京	0.0	0.0	0.0	0.0	0.0	0.0	0.0	0.0	0.0
2	天　津	-0.4	-0.3	-0.1	-0.1	-0.2	-0.3	-0.1	-0.3	-0.5
3	石家庄	0.5	0.6	0.8	1.0	1.0	0.9	0.8	0.6	0.4
4	太　原	-3.3	-3.0	-2.7	-2.7	-2.8	-2.8	-2.7	-3.0	-2.8
5	呼和浩特	-4.3	-4.3	-4.4	-4.5	-4.6	-4.7	-4.4	-4.3	-4.2
6	沈　阳	-1.4	-1.7	-1.9	-1.9	-1.6	-2.0	-1.9	-1.7	-2.7
7	长　春	-2.3	-2.7	-3.1	-3.3	-3.1	-3.4	-3.1	-2.7	-3.6
8	哈尔滨	-2.2	-2.8	-3.4	-3.7	-3.4	-3.8	-3.4	-2.8	-4.1
9	上　海	-1.0	-0.2	0.5	1.2	1.2	1.0	0.5	-0.2	0.1
10	南　京	1.0	1.5	2.1	2.7	2.7	2.5	2.1	1.5	2.0
11	杭　州	0.6	1.4	2.1	2.9	3.1	2.7	2.1	1.4	1.5
12	合　肥	1.0	1.7	2.5	3.0	2.8	2.8	2.4	1.7	2.7
13	福　州	-1.9	0.0	1.1	2.1	2.2	1.9	1.1	0.0	0.7
14	南　昌	-0.4	1.3	2.4	3.2	3.0	3.1	2.4	1.3	2.4
15	济　南	1.6	1.9	2.2	2.4	2.3	2.3	2.2	1.9	2.2

续　表

编号	城　市	S	SW	W	NW	N	NE	E	SE	水　平
16	郑　州	0.8	0.9	1.3	1.8	2.1	1.6	1.3	0.9	0.7
17	武　汉	-0.1	1.0	1.7	2.4	2.2	2.3	1.7	1.0	1.3
18	长　沙	-0.2	1.3	2.4	3.2	3.1	3.0	2.4	1.3	2.2
19	广　州	-3.9	-2.2	0.0	1.3	1.7	1.2	0.0	-1.8	-0.5
20	南　宁	-3.3	-1.4	0.2	1.5	1.9	1.3	0.2	-1.6	-0.3
21	成　都	-3.0	-2.6	-2.0	-1.1	-.9	-1.3	-2.0	-2.6	-2.5
22	贵　阳	-4.9	-4.3	-3.4	-2.3	-2.0	-2.5	-3.5	-4.3	-3.5
23	昆　明	-8.5	-7.8	-6.7	-5.5	-5.2	-5.7	-6.7	-7.8	-7.2
24	拉　萨	-13.5	-11.8	-10.2	-10.0	-11.0	-10.1	-10.2	-11.8	-8.9
25	西　安	0.5	0.5	0.9	1.5	1.8	1.4	0.9	0.5	0.4
26	兰　州	-4.8	-4.4	-4.0	-3.8	-3.9	-4.0	-4.0	-4.4	-4.0
27	西　宁	-9.6	-8.9	-8.4	-8.5	-8.9	-8.6	-8.4	-8.9	-7.9
28	银　川	-3.8	-3.5	-3.2	-3.3	-3.6	-3.4	-3.2	-3.5	-2.4
29	乌鲁木齐	0.7	0.5	0.2	-0.3	-0.4	-0.4	0.2	0.5	0.1
30	台　北	-1.2	-0.7	0.2	2.6	1.9	1.3	0.2	-0.7	-0.2
31	大　连	-1.8	-1.9	-2.2	-2.7	-3.0	-2.8	-2.2	-1.9	-2.3
32	汕　头	-1.9	-0.9	0.5	1.7	1.8	1.5	0.5	-0.9	0.4
33	海　口	-1.5	-0.6	1.0	2.4	2.9	2.3	1.0	-0.6	1.0
34	桂　林	-1.9	-1.1	0.0	1.1	1.3	0.9	0.0	-1.1	-0.2
35	重　庆	0.4	1.1	2.0	2.7	2.8	2.6	2.0	1.1	1.7
36	敦　煌	-1.7	-1.3	-1.1	-1.5	-2.0	-1.6	-1.1	-1.3	-0.7
37	格 尔 木	-9.6	-8.8	-8.2	-8.3	-8.8	-8.3	-8.2	-8.8	-7.6
38	和　田	-1.6	-1.6	-1.4	-1.1	-0.8	-1.2	-1.4	-1.6	-1.5
39	喀　什	-1.2	-1.0	-0.9	-1.0	-1.2	-1.9	-0.9	-1.0	-0.7
40	库　车	0.2	0.3	0.2	-0.1	-0.3	-0.2	0.2	0.3	0.3

附录 11.8　单层玻璃窗的 K($W/m^2 \cdot K$)值

α_W \ α_n	5.8	6.4	7.0	7.6	8.1	8.7	9.3	9.9	10.5	11.0
16.3	4.28	4.59	4.88	5.16	5.43	5.68	5.92	6.15	6.37	6.58
17.4	4.37	4.68	4.99	5.27	5.55	5.82	6.07	6.32	6.55	6.77
18.6	4.43	4.76	5.07	5.37	5.66	5.94	6.20	6.45	6.70	6.93
19.8	4.49	4.84	5.15	5.47	5.77	6.05	6.33	6.59	6.84	7.08
20.9	4.55	4.90	5.23	5.56	5.86	6.15	6.44	6.71	6.98	7.23
22.1	4.61	4.97	5.30	5.63	5.95	6.26	6.55	6.83	7.11	7.36
23.3	4.65	5.01	5.37	5.71	6.04	6.34	6.64	6.93	7.22	7.49
24.4	4.70	5.07	5.43	5.77	6.11	6.43	6.73	7.04	7.33	7.61
25.6	4.73	5.12	5.48	5.84	6.18	6.50	6.83	7.13	7.43	7.71
26.7	4.78	5.16	5.54	5.90	6.25	6.58	6.91	7.22	7.52	7.82
27.9	4.81	5.20	5.58	5.94	6.30	6.64	6.98	7.30	7.62	7.92
29.1	4.85	5.25	5.63	6.00	6.36	6.71	7.05	7.37	7.70	8.00

注：α_n 和 α_W 的单位是($W/m^2 \cdot K$)。

附录 11.9　双层玻璃窗的 K(W/m²·K)值

α_W \ α_n	5.8	6.4	7.0	7.6	8.1	8.7	9.3	9.9	10.5	11.0
16.3	2.52	2.63	2.72	2.80	2.87	2.94	3.01	3.07	3.12	3.17
17.4	2.55	2.65	2.74	2.84	2.91	2.98	3.05	3.11	3.16	3.21
18.6	2.57	2.67	2.78	2.86	2.94	3.01	3.08	3.14	3.20	3.26
19.8	2.59	2.70	2.80	2.88	2.97	3.05	3.12	3.17	3.23	3.28
20.9	2.61	2.72	2.83	2.91	2.99	3.07	3.14	3.20	3.26	3.31
22.1	2.63	2.74	2.84	2.93	3.01	3.09	3.16	3.23	3.29	3.34
23.3	2.64	2.76	2.86	2.95	3.04	3.12	3.19	3.26	3.31	3.37
24.4	2.66	2.77	2.87	2.97	3.06	3.14	3.21	3.27	3.34	3.40
25.6	2.67	2.79	2.90	2.99	3.07	3.15	3.22	3.29	3.36	3.41
26.7	2.69	2.80	2.91	3.00	3.09	3.17	3.24	3.31	3.37	3.43
27.9	2.70	2.81	2.92	3.01	3.11	3.19	3.26	3.33	3.40	3.45
29.1	2.71	2.83	2.93	3.04	3.12	3.20	3.28	3.35	3.41	3.47

α_n 和 α_W 的单位是(W/m²·K)。

附录 11.10　玻璃窗的地点修正值 t_d(℃)

编　号	城　市	t_d	编　号	城　市	t_d
1	北　京	0	21	成　都	－1
2	天　津	0	22	贵　阳	－3
3	石家庄	1	23	昆　明	－6
4	太　原	－2	24	拉　萨	－11
5	呼和浩特	－4	25	西　安	2
6	沈　阳	－1	26	兰　州	－3
7	长　春	－3	27	西　安	－8
8	哈尔滨	－3	28	银　川	－3
9	上　海	1	29	乌鲁木齐	1
10	南　京	3	30	台　北	1
11	杭　州	3	31	大　连	－2
12	合　肥	3	32	汕　头	1
13	福　州	2	33	海　口	1
14	南　昌	3	34	桂　林	1
15	济　南	3	35	重　庆	3
16	郑　州	2	36	敦　煌	－1
17	武　汉	3	37	格尔木	－9
18	长　沙	3	38	和　田	－1
19	广　州	1	39	喀　什	0
20	南　宁	1	40	库　车	0

附录 11.11　窗玻璃冷负荷系数

朝向＼时间	0	1	2	3	4	5	6	7	8	9	10	11	12	13	14	15	16	17	18	19	20	21	22	23
南区无内遮阳窗玻璃冷负荷系数 C_{CL}																								
S	0.21	0.19	0.18	0.17	0.16	0.14	0.17	0.25	0.33	0.42	0.48	0.54	0.59	0.70	0.70	0.57	0.52	0.44	0.35	0.30	0.28	0.26	0.24	0.22
SE	0.14	0.13	0.12	0.11	0.11	0.10	0.20	0.36	0.47	0.52	0.61	0.54	0.39	0.37	0.36	0.35	0.32	0.28	0.23	0.20	0.19	0.18	0.16	0.15
E	0.12	0.11	0.10	0.09	0.09	0.08	0.24	0.39	0.48	0.61	0.57	0.33	0.31	0.30	0.29	0.28	0.27	0.23	0.21	0.18	0.17	0.15	0.14	0.13
NE	0.12	0.12	0.11	0.10	0.09	0.09	0.26	0.41	0.49	0.59	0.54	0.36	0.32	0.32	0.31	0.29	0.27	0.24	0.20	0.18	0.17	0.16	0.14	0.13
N	0.28	0.25	0.24	0.22	0.21	0.19	0.38	0.49	0.52	0.55	0.59	0.63	0.66	0.68	0.68	0.68	0.69	0.69	0.60	0.40	0.37	0.35	0.32	0.30
NW	0.17	0.16	0.15	0.14	0.13	0.12	0.12	0.15	0.17	0.19	0.20	0.21	0.22	0.27	0.38	0.48	0.54	0.63	0.52	0.25	0.23	0.21	0.20	0.18
W	0.17	0.16	0.15	0.14	0.13	0.12	0.12	0.14	0.16	0.17	0.18	0.19	0.20	0.28	0.40	0.50	0.54	0.61	0.50	0.24	0.23	0.21	0.20	0.18
SW	0.18	0.17	0.15	0.14	0.13	0.12	0.13	0.16	0.19	0.23	0.25	0.27	0.29	0.37	0.48	0.55	0.67	0.60	0.38	0.26	0.24	0.22	0.21	0.19
水平	0.19	0.17	0.16	0.15	0.14	0.13	0.14	0.19	0.28	0.37	0.45	0.52	0.56	0.68	0.67	0.53	0.6	0.38	0.30	0.27	0.25	0.23	0.22	0.20
南区有内遮阳窗玻璃冷负荷系数 C_{CL}																								
S	0.10	0.09	0.09	0.08	0.08	0.07	0.14	0.31	0.47	0.60	0.69	0.77	0.87	0.84	0.74	0.66	0.54	0.38	0.20	0.13	0.12	0.12	0.11	0.10
SE	0.07	0.06	0.06	0.05	0.05	0.05	0.27	0.55	0.74	0.83	0.75	0.52	0.40	0.39	0.36	0.33	0.27	0.20	0.13	0.09	0.09	0.08	0.08	0.07
E	0.06	0.05	0.05	0.05	0.04	0.04	0.36	0.63	0.81	0.81	0.63	0.41	0.27	0.27	0.25	0.23	0.20	0.15	0.10	0.08	0.07	0.07	0.07	0.06
NE	0.06	0.06	0.05	0.05	0.05	0.04	0.40	0.67	0.82	0.76	0.56	0.38	0.31	0.30	0.28	0.25	0.21	0.17	0.11	0.08	0.08	0.07	0.07	0.06
N	0.13	0.12	0.12	0.11	0.10	0.10	0.47	0.67	0.70	0.72	0.77	0.82	0.85	0.84	0.81	0.78	0.77	0.75	0.56	0.18	0.17	0.16	0.15	0.14
NW	0.08	0.07	0.07	0.06	0.06	0.06	0.08	0.13	0.17	0.21	0.24	0.26	0.27	0.34	0.54	0.71	0.84	0.77	0.46	0.11	0.10	0.09	0.09	0.08
W	0.08	0.07	0.07	0.06	0.06	0.06	0.07	0.12	0.16	0.19	0.21	0.22	0.23	0.37	0.60	0.75	0.84	0.73	0.42	0.10	0.10	0.09	0.09	0.08
SW	0.08	0.08	0.07	0.07	0.06	0.06	0.09	0.16	0.22	0.28	0.32	0.35	0.36	0.50	0.69	0.84	0.83	0.61	0.34	0.11	0.10	0.10	0.09	0.09
水平	0.09	0.08	0.08	0.07	0.07	0.06	0.09	0.21	0.38	0.54	0.67	0.76	0.85	0.83	0.72	0.61	0.45	0.28	0.16	0.12	0.11	0.10	0.10	0.09
北区无内遮阳窗玻璃冷负荷系数 C_{CL}																								
S	0.16	0.15	0.14	0.13	0.12	0.11	0.13	0.17	0.21	0.28	0.39	0.49	0.54	0.65	0.60	0.42	0.36	0.32	0.27	0.23	0.21	0.20	0.18	0.17
SE	0.14	0.13	0.12	0.11	0.10	0.09	0.22	0.34	0.45	0.51	0.62	0.58	0.41	0.34	0.32	0.31	0.28	0.26	0.22	0.19	0.18	0.17	0.16	0.15
E	0.12	0.11	0.10	0.09	0.09	0.08	0.29	0.41	0.49	0.60	0.56	0.37	0.29	0.29	0.28	0.26	0.24	0.22	0.19	0.17	0.16	0.15	0.14	0.13
NE	0.12	0.11	0.10	0.09	0.09	0.08	0.35	0.45	0.53	0.54	0.38	0.30	0.30	0.30	0.29	0.27	0.26	0.23	0.20	0.17	0.16	0.15	0.14	0.13
N	0.26	0.24	0.23	0.21	0.19	0.18	0.44	0.42	0.43	0.49	0.56	0.61	0.64	0.66	0.66	0.63	0.59	0.64	0.64	0.38	0.35	0.32	0.30	0.28
NW	0.17	0.15	0.14	0.13	0.12	0.12	0.13	0.15	0.17	0.18	0.20	0.21	0.22	0.22	0.28	0.39	0.50	0.56	0.59	0.31	0.22	0.21	0.19	0.18

续　表

时间 / 朝向	0	1	2	3	4	5	6	7	8	9	10	11	12	13	14	15	16	17	18	19	20	21	22	23
W	0.17	0.16	0.15	0.14	0.13	0.12	0.12	0.14	0.15	0.16	0.17	0.17	0.18	0.25	0.37	0.47	0.52	0.62	0.55	0.24	0.23	0.21	0.20	0.18
SW	0.18	0.16	0.15	0.14	0.13	0.12	0.13	0.15	0.17	0.18	0.20	0.21	0.29	0.40	0.49	0.54	0.64	0.59	0.39	0.25	0.24	0.22	0.20	0.19
水平	0.20	0.18	0.17	0.16	0.15	0.14	016	0.22	0.31	0.39	0.47	0.53	0.57	0.69	0.68	0.55	0.49	0.41	0.33	0.28	0.26	0.25	0.23	0.21
北区有内遮阳窗玻璃冷负荷系数 C_{CL}																								
S	0.07	0.07	0.06	0.06	0.06	0.05	0.11	0.18	0.26	0.40	0.58	0.72	0.84	0.80	0.62	0.45	0.32	0.24	0.16	0.10	0.09	0.09	0.08	0.08
SE	0.06	0.06	0.06	0.05	0.05	0.05	0.30	0.54	0.71	0.83	0.80	0.62	0.43	0.30	0.28	0.25	0.22	0.17	0.13	0.09	0.08	0.08	0.07	0.07
E	0.06	0.05	0.05	0.05	0.04	0.04	0.47	0.68	0.82	0.79	0.59	0.38	0.24	0.24	0.23	0.21	0.18	0.15	0.11	0.08	0.07	0.07	0.06	0.06
NE	0.06	0.05	0.05	0.05	0.04	0.04	0.54	0.79	0.79	0.60	0.38	0.29	0.29	0.29	0.27	0.25	0.21	0.16	0.12	0.08	0.07	0.07	0.06	0.06
N	0.12	0.11	0.11	0.10	0.09	0.09	0.59	0.54	0.54	0.65	0.75	0.81	0.83	0.83	0.79	0.71	0.60	0.61	0.68	0.17	0.16	0.15	0.14	0.13
NW	0.08	0.07	0.07	0.06	0.06	0.06	0.09	0.13	0.17	0.21	0.23	0.25	0.26	0.26	0.35	0.57	0.76	0.83	0.67	0.13	0.10	0.09	0.09	0.08
W	0.08	0.07	0.07	0.06	0.06	0.06	0.08	0.11	0.14	0.17	0.18	0.19	0.20	0.34	0.56	0.72	0.83	0.77	0.53	0.11	0.10	0.09	0.09	0.08
SW	0.08	0.08	0.07	0.07	0.06	0.06	0.09	0.13	0.17	0.20	0.23	0.28	0.38	0.58	0.73	0.84	0.79	0.59	0.37	0.11	0.10	0.10	0.09	0.09
水平	0.09	0.09	0.08	0.08	0.07	0.07	0.13	0.26	0.42	0.57	0.69	0.77	0.85	0.84	0.73	0.63	0.49	0.33	0.19	0.13	0.12	0.11	0.10	0.09

附录 11.12　照明散热冷负荷系数 C_{CL}

灯具造型	空调设备运行时数小时	开灯时数小时	开灯后的小时数																					
			0	1	2	3	4	5	6	7	8	9	10	11	12	13	14	15	16	17	18	19	20	21	22	23
明装荧光灯	24	13	0.37	0.67	0.71	0.74	0.76	0.79	0.81	0.83	0.84	0.86	0.87	0.89	0.90	0.92	0.29	0.26	0.23	0.20	0.19	0.17	0.15	0.14	0.12	0.11
	24	10	0.37	0.67	0.71	0.74	0.76	0.79	0.81	0.83	0.84	0.86	0.87	0.29	0.26	0.23	0.20	0.19	0.17	0.15	0.14	0.12	0.11	0.10	0.09	0.08
	24	8	0.37	0.67	0.71	0.74	0.76	0.79	0.81	0.83	0.84	0.29	0.26	0.23	0.20	0.19	0.17	0.15	0.14	0.12	0.11	0.10	0.09	0.08	0.07	0.06
	16	13	0.60	0.87	0.90	0.91	0.91	0.93	0.93	0.94	0.93	0.95	0.95	0.96	0.96	0.97	0.29	0.26								
	16	10	0.60	0.82	0.83	0.84	0.84	0.84	0.85	0.85	0.86	0.88	0.90	0.32	0.28	0.25	0.23	0.19								
	16	8	0.51	0.79	0.82	0.84	0.85	0.87	0.88	0.89	0.90	0.29	0.26	0.23	0.20	0.19	0.17	0.15								
	12	10	0.63	0.90	0.91	0.93	0.93	0.94	0.95	0.95	0.95	0.96	0.96	0.37												
暗装荧光灯或明装白炽灯	24	10	0.34	0.55	0.61	0.65	0.68	0.71	0.74	0.77	0.79	0.81	0.83	0.39	0.35	0.31	0.28	0.25	0.23	0.20	0.18	0.16	0.15	0.14	0.12	0.11
	16	10	0.58	0.75	0.79	0.80	0.80	0.81	0.82	0.83	0.84	0.86	0.87	0.39	0.35	0.31	0.28	0.25								
	12	10	0.69	0.86	0.89	0.90	0.91	0.91	0.92	0.93	0.94	0.95	0.95	0.50												

附录 11.13　成年男子散热散湿量

活动程度	热湿量	室温 t_n(℃)												
		16	17	18	19	20	21	22	23	24	25	26	27	28
静坐(剧场等)	显热	98.9	93	89.6	87.2	83.7	81.4	77.9	74.4	70.9	67.5	62.8	58.2	53.5
	潜热	17.4	19.8	22	23.3	25.9	26.7	30.2	33.7	37.2	40.7	45.4	50.0	54.7
	全热	116.3	112.8	111.6	110.5	109.3	108.2	108.2	108.2	108.2	108.2	108.2	108.2	108.2
	散湿	26	30	33	35	38	40	45	50	56	61	68	75	82
极轻活动(办公室、旅馆)	显热	108.2	104.7	100.0	96.5	89.6	84.9	79.1	74.4	69.8	65.1	60.5	56.9	51.2
	潜热	33.7	36.1	39.5	43	46.5	51.2	55.8	59.3	63.9	68.6	73.3	76.8	82.6
	全热	141.9	140.7	139.6	139.6	136.1	136.1	134.9	133.7	133.7	133.7	133.7	133.7	133.7
	散湿	50	54	59	64	69	76	83	89	96	102	109	115	123
轻度活动(商店、站立、工厂轻劳动等)	显热	117.5	111.6	105.8	98.9	93	87.2	81.4	75.6	69.8	64	58.2	51.2	46.2
	潜热	70.9	74.4	79.1	83.7	89.6	94.1	100.0	105.8	111.6	117.5	123.3	130.3	134.9
	全热	188.4	186.1	184.9	182.6	182.6	181.4	181.4	181.4	181.4	181.4	181.4	181.4	181.4
	散湿	105	110	118	126	134	140	150	158	167	175	184	194	203
中等活动(工厂中劳动)	显热	150	141.9	133.7	125.6	117.5	111.6	103.5	96.5	88.4	82.6	74.4	67.5	60.5
	潜热	86.1	94.2	102.3	110.5	117.5	123.3	131.4	138.4	146.5	152.4	160.5	167.5	174.5
	全热	236.1	236.1	236.1	236.1	234.9	234.9	234.9	234.9	234.9	234.9	234.9	234.9	234.9
	散湿	128	141	153	165	175	184	196	207	219	227	240	250	260
重度活动(工厂重劳)	显热	191.9	186.1	180.3	174.5	168.6	162.8	157	151.2	145.4	139.6	133.7	127.9	122.1
	潜热	215.2	220.9	226.8	232.6	238.4	244.2	250	255.9	261.7	267.5	273.3	279.1	284.9
	全热	407.1	407.1	407.1	407.1	407.1	407.1	407.1	407.1	407.1	407.1	407.1	407.1	407.1
	散湿	321	330	339	347	356	365	373	382	391	400	408	417	425

注:表中显热、潜热、全热单位 W/人,散湿量为 g/h 人。

附录 11.14　人体显热散热冷负荷系数 C_{CL}

在室内的总小时数	每个人进入室内后的小时数											
	1	2	3	4	5	6	7	8	9	10	11	12
2	0.49	0.58	0.17	0.13	0.10	0.08	0.07	0.06	0.05	0.04	0.04	0.03
4	0.49	0.59	0.66	0.71	0.27	0.21	0.16	0.14	0.11	0.10	0.08	0.07
6	0.50	0.60	0.67	0.72	0.76	0.79	0.34	0.26	0.21	0.18	0.15	0.13
8	0.51	0.61	0.67	0.72	0.76	0.80	0.82	0.84	0.38	0.30	0.25	0.21
10	0.53	0.62	0.69	0.74	0.77	0.80	0.83	0.85	0.87	0.89	0.42	0.34
12	0.55	0.64	0.70	0.75	0.79	0.81	0.84	0.86	0.88	0.89	0.91	0.92
14	0.58	0.66	0.72	0.77	0.80	0.83	0.85	0.87	0.89	0.90	0.91	0.92
16	0.62	0.70	0.75	0.79	0.82	0.85	0.87	0.88	0.90	0.91	0.92	0.93
18	0.66	0.74	0.79	0.82	0.85	0.87	0.89	0.90	0.92	0.93	0.94	0.94

在室内的总小时数	每个人进入室内后的小时数											
	13	14	15	16	17	18	19	20	21	22	23	24
2	0.03	0.02	0.02	0.02	0.02	0.01	0.01	0.01	0.01	0.01	0.01	0.01
4	0.06	0.06	0.05	0.04	0.04	0.03	0.03	0.03	0.02	0.02	0.02	0.01
6	0.11	0.10	0.08	0.07	0.06	0.06	0.05	0.04	0.04	0.03	0.03	0.03
8	0.18	0.15	0.13	0.12	0.10	0.09	0.08	0.07	0.06	0.05	0.05	0.04
10	0.28	0.23	0.20	0.17	0.15	0.13	0.11	0.10	0.09	0.08	0.07	0.06
12	0.45	0.36	0.30	0.25	0.21	0.19	0.16	0.14	0.12	0.11	0.09	0.08
14	0.93	0.94	0.47	0.38	0.31	0.26	0.23	0.20	0.17	0.15	0.13	0.11
16	0.94	0.95	0.95	0.96	0.49	0.39	0.33	0.28	0.24	0.20	0.18	0.16
18	0.95	0.96	0.96	0.97	0.97	0.97	0.50	0.40	0.33	0.28	0.24	0.21

附录 11.15 有罩设备和用具显热散热冷负荷系数 C_{CL}

连续使用小时数	开始使用后的小时数																							
	1	2	3	4	5	6	7	8	9	10	11	12	13	14	15	16	17	18	19	20	21	22	23	24
2	0.27	0.40	0.25	0.18	0.14	0.11	0.09	0.08	0.07	0.06	0.05	0.04	0.04	0.03	0.03	0.03	0.02	0.02	0.02	0.02	0.01	0.01	0.01	0.01
4	0.28	0.41	0.51	0.59	0.39	0.30	0.24	0.19	0.16	0.14	0.12	0.10	0.09	0.08	0.07	0.06	0.05	0.05	0.04	0.04	0.03	0.03	0.02	0.02
6	0.29	0.42	0.52	0.59	0.65	0.70	0.48	0.37	0.30	0.25	0.21	0.18	0.16	0.14	0.12	0.11	0.09	0.08	0.07	0.06	0.05	0.05	0.04	0.04
8	0.31	0.44	0.54	0.61	0.66	0.71	0.75	0.78	0.55	0.43	0.35	0.30	0.25	0.22	0.19	0.16	0.14	0.13	0.11	0.10	0.08	0.07	0.06	0.06
10	0.33	0.46	0.55	0.62	0.68	0.72	0.76	0.79	0.81	0.84	0.60	0.48	0.39	0.33	0.28	0.24	0.21	0.18	0.16	0.14	0.12	0.11	0.09	0.08
12	0.36	0.49	0.58	0.64	0.69	0.74	0.77	0.80	0.82	0.85	0.87	0.88	0.64	0.51	0.42	0.36	031	0.26	0.23	0.20	0.18	0.15	0.13	0.12
14	0.40	0.52	0.61	0.67	0.72	0.76	0.79	0.82	0.84	0.86	0.88	0.89	0.91	0.92	0.67	0.54	0.45	0.38	0.32	0.28	0.24	021	0.19	0.16
16	0.45	0.57	0.65	0.70	0.75	0.78	0.81	0.84	0.86	0.87	0.89	0.90	0.92	0.93	0.94	0.94	0.69	0.56	0.46	0.39	0.34	0.29	0.25	0.22
18	0.52	0.63	0.70	0.75	0.79	0.82	0.84	0.86	0.88	0.89	0.91	0.92	0.93	0.94	0.95	0.95	0.96	0.96	0.71	0.58	0.48	0.41	0.35	0.30

附录 11.16 无罩设备和用具显热散热冷负荷系数 C_{CL}

连续使用小时数	开始使用后的小时数																							
	1	2	3	4	5	6	7	8	9	10	11	12	13	14	15	16	17	18	19	20	21	22	23	24
2	0.56	0.64	0.15	0.11	0.08	0.07	0.06	0.05	0.04	0.04	0.03	0.03	0.02	0.02	0.02	0.02	0.01	0.01	0.01	0.01	0.01	0.01	0.01	0.01
4	0.57	0.65	0.71	0.75	0.23	0.18	0.14	0.12	0.10	0.08	0.07	0.06	0.05	0.05	0.04	0.04	0.03	0.03	0.02	0.02	0.02	0.02	0.01	0.01
6	0.57	0.65	0.71	0.76	0.79	0.82	0.29	0.22	0.18	0.15	0.13	0.11	0.10	0.08	0.07	0.06	0.06	0.05	0.04	0.04	0.03	0.03	0.03	0.02
8	0.58	0.66	0.72	0.76	0.80	082	0.85	0.87	0.33	0.26	0.21	0.18	0.15	0.13	0.11	0.10	0.09	0.08	0.07	0.06	0.05	0.04	0.04	0.03
10	0.60	0.68	0.73	0.77	0.81	0.83	0.85	0.87	0.89	0.90	0.36	0.29	0.24	0.20	0.17	0.15	0.13	0.11	0.10	0.08	0.07	0.07	0.06	0.05
12	0.62	0.69	0.75	0.79	0.82	0.84	0.86	0.88	0.89	0.91	0.92	0.93	0.38	0.31	0.25	0.21	0.18	0.16	0.14	0.12	0.11	0.09	0.08	0.07
14	0.64	0.71	0.76	0.80	0.83	0.85	0.87	0.89	0.90	0.92	0.93	0.93	0.94	0.95	0.40	0.32	0.27	0.23	0.19	0.17	0.15	0.13	0.11	0.10
16	0.67	0.74	0.79	0.82	0.85	0.87	0.89	0.90	0.91	0.92	0.93	0.94	0.95	0.96	0.96	0.97	0.42	0.34	0.28	0.24	0.20	0.18	0.15	0.13
18	0.71	0.78	0.82	0.85	0.87	0.89	0.90	0.92	0.93	0.94	0.94	0.95	0.96	0.96	0.97	0.97	0.97	0.98	0.43	0.35	0.29	0.24	0.21	0.18

附录 13.1　喷水室热交换效率实验公式的系数和指数

〔实验条件：离心喷嘴；喷嘴密度 $n = 13$ 个/(m^2·排)；$v\rho = 1.5 \sim 3.0$ kg/(m^2·s)；喷嘴前水压 $P_0 = 0.1 \sim 0.25$ MPa(工作压力)〕

喷嘴排数	喷孔直径(mm)	喷水方向	热交换效率	冷却干燥			减焓冷却加湿			绝热加湿			等温加湿			增焓冷却加湿			加热加湿			逆流双级喷水室的冷却干燥		
				A 或 A'	m 或 m'	n 或 n'	A 或 A'	m 或 m'	n 或 n'	A 或 A'	m 或 m'	n 或 n'	A 或 A'	m 或 m'	n 或 n'	A 或 A'	m 或 m'	n 或 n'	A 或 A'	m 或 m'	n 或 n'	A 或 A'	m 或 m'	n 或 n'
1	5	顺喷	E	0.635	0.245	0.42	—	—	—	—	—	—	0.87	0	0.05	0.885	0	0.61	0.86	0	0.09	—	—	—
			E'	0.662	0.23	0.67	—	—	—	0.8	0.25	0.4	0.89	0.03	0.29	0.8	0.13	0.42	1.05	0	0.25	—	—	—
		逆喷	E	0.73	0	0.35	—	—	—	—	—	—	—	—	—	—	—	—	—	—	—	—	—	—
			E'	0.88	0	0.83	—	—	—	0.8	0.25	0.4	—	—	—	—	—	—	—	—	—	—	—	—
	3.5	顺喷	E	—	—	—	—	—	—	—	—	—	—	—	—	—	—	—	0.875	0.06	0.07	—	—	—
			E'	—	—	—	—	—	—	—	—	—	—	—	—	—	—	—	1.01	0.06	0.15	—	—	—
		逆喷	E	—	—	—	—	—	—	—	—	—	—	—	—	—	—	—	0.923	0	0.06	—	—	—
			E'	—	—	—	—	—	—	1.05	0.1	0.4	—	—	—	—	—	—	1.24	0	0.27	—	—	—
2	5	一顺一逆	E	0.745	0.07	0.265	0.76	0.124	0.234	—	—	—	0.81	0.1	0.135	0.82	0.09	0.11	—	—	—	0.945	0.1	0.36
			E'	0.755	0.12	0.27	0.835	0.04	0.23	0.75	0.15	0.29	0.88	0.03	0.15	0.84	0.05	0.21	—	—	—	1	0	0
		两逆	E	0.56	0.29	0.46	0.54	0.35	0.41	—	—	—	—	—	—	—	—	—	—	—	—	—	—	—
			E'	0.73	0.15	0.25	0.62	0.3	0.44	—	—	—	—	—	—	—	—	—	—	—	—	—	—	—
	3.5	一顺一逆	E	—	—	—	—	—	—	—	—	—	—	—	—	—	—	—	0.931	0	0.13	—	—	—
			E'	—	—	—	—	—	—	0.873	0.1	0.3	—	—	—	—	—	—	0.89	0.95	0.125	—	—	—
		两逆	E	—	—	—	0.655	0.33	0.33	—	—	—	—	—	—	—	—	—	—	—	—	—	—	—
			E'	—	—	—	0.783	0.18	0.38	—	—	—	—	—	—	—	—	—	—	—	—	—	—	—

注：$E = A(v\rho)^m \mu^n$；$E' = A'(v\rho)^{m'} \mu^{n'}$

附录 13.2　部分水冷式表面冷却器的传热系数和阻力试验公式

型　号	排数	作为冷却用之传热系数 K($W/m^2\cdot℃$)	干冷时空气阻力 ΔH_g 和湿冷时空气阻力 ΔH_s(Pa)	水阻力 (kPa)	作为热水加热用之传热系数 K($W/m^2\cdot℃$)	试验时用的型号
B型 U－Ⅱ型	2	$K=\left[\frac{1}{34.3v_y^{0.781}\zeta^{1.03}}+\frac{1}{207\omega^{0.8}}\right]^{-1}$	$\Delta H_s=20.97v_y^{1.39}$			B－2B－6－27
B型 U－Ⅱ型	6	$K=\left[\frac{1}{31.4v_y^{0.857}\zeta^{0.87}}+\frac{1}{281\omega^{0.8}}\right]^{-1}$	$\Delta H_g=29.75v_y^{1.98}$ $\Delta H_s=38.93v_y^{1.84}$	$\Delta h=64.68\omega^{1.854}$		B－2B－6－24
GL型 GL－Ⅱ型	6	$K=\left[\frac{1}{21.1v_y^{0.845}\zeta^{1.15}}+\frac{1}{216.6\omega^{0.8}}\right]^{-1}$	$\Delta H_g=19.99v_y^{1.862}$ $\Delta H_s=32.05v_y^{1.695}$	$\Delta h=64.68\omega^{1.854}$		B－6R－8.24
JW	2	$K=\left[\frac{1}{42.1v_y^{0.52}\zeta^{1.03}}+\frac{1}{332.6\omega^{0.8}}\right]^{-1}$	$\Delta H_g=5.68v_y^{1.89}$ $\Delta H_s=25.28v_y^{0.895}$	$\Delta h=8.18\omega^{1.93}$	$K=34.77v_y^{0.4}\omega^{0.079}$	小型试验样品
JW	4	$K=\left[\frac{1}{39.7v_y^{0.52}\zeta^{1.03}}+\frac{1}{332.6\omega^{0.8}}\right]^{-1}$	$\Delta H_g=11.96v_y^{1.72}$ $\Delta H_s=42.8v_y^{0.992}$	$\Delta h=12.54\omega^{1.93}$	$K=31.87v_y^{0.48}\omega^{0.08}$	小型试验样品
JW	6	$K=\left[\frac{1}{41.5v_y^{0.52}\zeta^{1.02}}+\frac{1}{325.6\omega^{0.8}}\right]^{-1}$	$\Delta H_g=16.66v_y^{1.75}$ $\Delta H_s=62.23v_y^{1.1}$	$\Delta h=14.5\omega^{1.93}$	$K=30.7v_y^{0.485}\omega^{0.08}$	小型试验样品
JW	8	$K=\left[\frac{1}{35.5v_y^{0.58}\zeta^{1.0}}+\frac{1}{353.6\omega^{0.8}}\right]^{-1}$	$\Delta H_g=23.8v_y^{1.74}$ $\Delta H_s=70.56v_y^{1.21}$	$\Delta h=20.19\omega^{1.93}$	$K=27.3v_y^{0.58}\omega^{0.075}$	小型试验样品
SXL－B	2	$K=\left[\frac{1}{27v_y^{0.425}\zeta^{0.74}}+\frac{1}{157\omega^{0.8}}\right]^{-1}$	$\Delta H_g=17.35v_y^{1.54}$ $\Delta H_s=35.28v_y^{1.4}\zeta^{0.183}$	$\Delta h=15.48\omega^{1.97}$	$K=\left[\frac{1}{21.5v_y^{0.526}}+\frac{1}{319.8\omega^{0.8}}\right]^{-1}$	
KL－1	4	$K=\left[\frac{1}{32.6v_y^{0.57}\zeta^{0.987}}+\frac{1}{350.1\omega^{0.8}}\right]^{-1}$	$\Delta H_g=24.21v_y^{1.828}$ $\Delta H_s=24.01v_y^{1.913}$	$\Delta h=18.03\omega^{2.1}$	$K=\left[\frac{1}{28.6v_y^{0.656}}+\frac{1}{286.1\omega^{0.8}}\right]^{-1}$	
KL－2	4	$K=\left[\frac{1}{29v_y^{0.622}\zeta^{0.758}}+\frac{1}{385\omega^{0.8}}\right]^{-1}$	$\Delta H_g=27v_y^{1.43}$ $\Delta H_s=42.2v_y^{1.2}\zeta^{0.18}$	$\Delta h=22.5\omega^{1.8}$	$K=11.16v_y+15.54\omega^{0.276}$	*KL*－2－4－10/600
KL－3	6	$K=\left[\frac{1}{27.5v_y^{0.778}\zeta^{0.843}}+\frac{1}{460.5\omega^{0.8}}\right]^{-1}$	$\Delta H_g=26.3v_y^{1.75}$ $\Delta H_s=63.3v_y^{1.2}\zeta^{0.15}$	$\Delta h=27.9\omega^{1.81}$	$K=12.97v_y+15.08\omega^{0.13}$	*KL*－3－6－10/600

附录 13.3　部分空气加热器的传热系数和阻力计算公式

加热器型号		传热系数 K(W/m²·℃)		空气阻力 ΔH (Pa)	热水阻力 (kPa)
		蒸　汽	热　水		
SRZ 型	5、6、10D	$13.6(v\rho)^{0.49}$		$1.76(v\rho)^{1.998}$	D 型:$15.2\omega^{1.96}$ Z、X 型:$19.3\omega^{1.83}$
	5、6、10Z	$13.6(v\rho)^{0.49}$		$1.47(v\rho)^{1.98}$	
	5、6、10X	$14.5(v\rho)^{0.532}$		$0.88(v\rho)^{2.12}$	
	7D	$14.3(v\rho)^{0.51}$		$2.06(v\rho)^{1.97}$	
	7Z	$14.3(v\rho)^{0.51}$		$2.94(v\rho)^{1.52}$	
	7X	$15.1(v\rho)^{0.571}$		$1.37(v\rho)^{1.917}$	
SRL 型	B × A/2	$15.2(v\rho)^{0.40}$	$16.5(v\rho)^{0.24}$ *	$1.71(v\rho)^{1.67}$	
	B × A/3	$15.1(v\rho)^{0.43}$	$14.5(v\rho)^{0.29}$ *	$3.03(v\rho)^{1.62}$	
SYA 型	D	$15.4(v\rho)^{0.297}$	$16.6(v\rho)^{0.36}\omega^{0.226}$	$0.86(v\rho)^{1.96}$	
	Z	$15.4(v\rho)^{0.297}$	$16.6(v\rho)^{0.36}\omega^{0.226}$	$0.82(v\rho)^{1.94}$	
	X	$15.4(v\rho)^{0.297}$	$16.6(v\rho)^{0.36}\omega^{0.226}$	$0.78(v\rho)^{1.87}$	
I 型	2C	$25.7(v\rho)^{0.375}$		$0.80(v\rho)^{1.985}$	
	1C	$26.3(v\rho)^{0.423}$		$0.40(v\rho)^{1.985}$	
GL 或 GL－Ⅱ型		$19.8(vp)^{0.608}$	$31.9(v\rho)^{0.46}\omega^{0.5}$	$0.84(v\rho)^{1.862}\times N$	$10.8\omega^{1.854}\times N$
B、U 型或 U－Ⅱ型		$19.8(vp)^{0.608}$	$25.5(vp)^{0.556}\omega^{0.0115}$	$0.84(vp)^{1.862}\times N$	$10.8\omega^{1.854}\times N$

注:(1) vp—— 空气质量流速,kg/m²·s;ω—— 水流速,m/s;N— 排数;

(2) *—— 用 130° 过热水,ω = 0.023 ~ 0.037 m/s

附录 13.4　水冷式表面冷却器的 ε_2 值

冷却器型号	排数	迎面风速 v_y(m/s)			
		1.5	2.0	2.5	3.0
B 型或 U－Ⅱ型 GL 型或 GL－Ⅱ型	2	0.5343	0.518	0.499	0.484
	4	0.791	0.767	0.748	0.733
	6	0.905	0.887	0.875	0.863
	8	0.957	0.946	0.937	0.930
JW 型	2*	0.590	0.545	0.515	0.490
	4*	0.841	0.797	0.768	0.740
	6*	0.940	0.911	0.888	0.872
	8*	0.977	0.964	0.954	0.945
SXL－B 型	2	0.826	0.440	0.423	0.408
	4*	0.970	0.686	0.665	0.649
	6	0.995	0.800	0.806	0.792
	8	0.999	0.824	0.887	0.877
KL－1 型	2	0.466	0.440	0.423	0.408
	4*	0.715	0.686	0.665	0.649
	6	0.848	0.800	0.806	0.792
	8	0.917	0.824	0.887	0.877
KL－2 型	2	0.553	0.530	0.511	0.493
	4*	0.800	0.780	0.762	0.743
	6	0.909	0.896	0.886	0.870
KL－3 型	2	0.450	0.439	0.429	0.416
	4*	0.700	0.685	0.762	0.660
	6	0.834	0.823	0.813	0.802

注:表中有 * 号的为试验数据,无 * 号的是根据理论公式计算出来的。

附录 13.5　JW 型表面冷却器技术数据

型　　号	风量 L(m^3/h)	每排散热面积 F_d(m^2)	迎风面积 F_r(m^2)	通水断面积 f_W(m^2)	备　　注
JW10—4	5 000 ~ 8350	12.15	0.944	0.00407	共有四、六、八、十排四种产品
JW20—4	8 350 ~ 16 700	24.05	1.87	0.00407	
JW30—4	16 700 ~ 25 000	33.40	2.57	0.00553	
JW40—4	25 000 ~ 33 400	44.50	3.43	0.00553	

附录 13.6　SRZ 型空气加热器技术数据

规　格	散热面积 (m^2)	通风有效截面积 (m^2)	热媒流通截面 (m^2)	管排数	管根数	连接管径 (in)	质　量 (kg)
5×5D	10.13	0.154	0.0034	3	23	$1\frac{1}{4}$	54
5×5Z	8.78	0.155					48
5×5X	6.23	0.158					45
10×5D	19.92	0.302					93
10×5Z	17.26	0.306					84
10×5X	12.22	0.312					76
12×5D	24.86	0.378					113
6×6D	15.33	0.231	0.0055	3	29	$1\frac{1}{2}$	77
6×6Z	13.29	0.234					69
6×6X	9.43	0.239					63
10×6D	25.13	0.381					115
10×6Z	21.77	0.385					103
10×6X	15.42	0.393					93
12×6D	31.35	0.475					139
15×6D	37.73	0.572					164
15×6Z	32.67	0.579					146
15×6X	23.13	0.591					139
7×7D	20.31	0.320	0.0063	3	33	2	97
7×7Z	17.60	0.324					87
7×7X	12.48	0.329					79
10×7D	28.59	0.450					129
10×7Z	24.77	0.456					115
10×7X	17.55	0.464					104
12×7D	35.67	0.563					156
15×7D	42.93	0.678					183
15×7Z	37.18	0.685					164
15×7X	26.32	0.698					145
17×7D	49.90	0.788					210
17×7Z	43.21	0.797					187
17×7X	30.58	0.812					169
22×7D	62.75	0.991					260
15×10D	61.14	0.921	0.0089	3	47	$2\frac{1}{2}$	255
15×10Z	52.95	0.932					227
15×10X	37.48	0.951					203
17×10D	71.06	1.072					293
17×10Z	61.54	1.085					260
17×10X	43.66	1.106					232
22×10D	81.27	1.226					331

附录 15.1 盘式散流器性能表

流程 R / 性能 / 喉部直径 d_0(mm)	1.5 m(间距 3 m)				2 m(间距 4 m)				2.5 m(间距 5 m)				3 m(间距 6 m)				4 m(间距 8 m)				5 m(间距 10 m)			
	u_0 (m/s)	L_0 (m^3/h)	l_0 ($m^3/m^2\cdot h$)	$\frac{u_x}{u_0}$ $\frac{\Delta t_x}{\Delta t_0}$	u_0 (m/s)	L_0 (m^3/h)	l_0 ($m^3/m^2\cdot h$)	$\frac{u_x}{u_0}$ $\frac{\Delta t_x}{\Delta t_0}$	u_0 (m/s)	L_0 (m^3/h)	l_0 ($m^3/m^2\cdot h$)	$\frac{u_x}{u_0}$ $\frac{\Delta t_x}{\Delta t_0}$	u_0 (m/s)	L_0 (m^3/h)	l_0 ($m^3/m^2\cdot h$)	$\frac{u_x}{u_0}$ $\frac{\Delta t_x}{\Delta t_0}$	u_0 (m/s)	L_0 (m^3/h)	l_0 ($m^3/m^2\cdot h$)	$\frac{u_x}{u_0}$ $\frac{\Delta t_x}{\Delta t_0}$	u_0 (m/s)	L_0 (m^3/h)	l_0 ($m^3/m^2\cdot h$)	$\frac{u_x}{u_0}$ $\frac{\Delta t_x}{\Delta t_0}$
150	5 4 3	318 254 191	35 28 21	0.07 0.07 0.07																				
200	4 3 2	452 339 226	50 38 25	0.10 0.10 0.10	5 4 3	565 452 339	35 28 21	0.07 0.07 0.07																
250					4 3 2.5	707 530 442	44 33 28	0.09 0.09 0.09	5 4 3	883 707 530	35 28 21	0.07 0.07 0.07												
300					3.5 3 2.5	890 763 636	56 48 40	0.11 0.11 0.11	4 3 2.5	1017 763 636	41 31 25	0.08 0.08 0.08	5 4 3	1272 1017 763	35 28 21	0.07 0.07 0.07								
350									4 3 2	1385 1039 692	55 42 28	0.10 0.10 0.10	4 3 2.5	1385 1039 865	38 29 24	0.08 0.08 0.08								
400													4 3 2	1809 1356 904	50 38 25	0.09 0.09 0.09	5 4 3	2261 1809 1356	35 28 21	0.07 0.07 0.07				
500																	4 3 2	2826 2120 1413	44 33 22	0.09 0.09 0.09	5 4 3	3533 2826 2120	35 28 21	0.07 0.07 0.07
600																	3.5 3 2	3560 3052 2034	56 48 32	0.11 0.11 0.11	4 3 2	4069 3052 2034	41 31 20	0.08 0.08 0.08
700																					4 3 2	5539 4154 2769	55 42 38	0.10 0.10 0.10

附录 15.2 圆形直片散流器性能表

流程 R / 性能 / 喉部直径 d_0(mm)	1.25 m(间距 2.5 m)				1.5 m(间距 3 m)				1.75 m(间距 3.5 m)				2 m(间距 4 m)				2.5 m(间距 5 m)				3 m(间距 6 m)			
	u_0 (m/s)	L_0 (m³/h)	l_0 (m³/m²·h)	$\frac{u_x}{u_0}$ $\frac{\Delta t_x}{\Delta t_0}$	u_0 (m/s)	L_0 (m³/h)	l_0 (m³/m²·h)	$\frac{u_x}{u_0}$ $\frac{\Delta t_x}{\Delta t_0}$	u_0 (m/s)	L_0 (m³/h)	l_0 (m³/m²·h)	$\frac{u_x}{u_0}$ $\frac{\Delta t_x}{\Delta t_0}$	u_0 (m/s)	L_0 (m³/h)	l_0 (m³/m²·h)	$\frac{u_x}{u_0}$ $\frac{\Delta t_x}{\Delta t_0}$	u_0 (m/s)	L_0 (m³/h)	l_0 (m³/m²·h)	$\frac{u_x}{u_0}$ $\frac{\Delta t_x}{\Delta t_0}$	u_0 (m/s)	L_0 (m³/h)	l_0 (m³/m²·h)	$\frac{u_x}{u_0}$ $\frac{\Delta t_x}{\Delta t_0}$
110	5 4	171 137	27 22	0.05 0.05																				
140	5 4 3	278 222 166	44 36 27	0.07 0.07 0.07	5 4	278 222	31 25	0.05 0.05																
170	3 2.5 2	240 204 163	38 33 26	0.10 0.10 0.10	5 4 3	408 327 245	45 36 27	0.07 0.07 0.07	5 4	408 327	33 27	0.05 0.05												
200					3 2.5 2	339 283 226	38 31 25	0.10 0.10 0.10	5 4 3	565 452 339	46 37 28	0.07 0.07 0.07	5 4	565 452	35 28	0.05 0.05								
240									3 2.5 2	488 407 326	40 33 27	0.10 0.10 0.10	4.5 4 3	732 651 488	46 41 31	0.08 0.08 0.08								
260													3 2.5 2	573 478 382	36 30 24	0.10 0.10 0.10	5 4	955 764	38 31	0.05 0.05				
310																	4.5 4 3	1222 1086 815	49 43 33	0.08 0.08 0.08				
355																	3 2.5 2	1068 890 705	43 36 28	0.12 0.12 0.12	4.5 4 3	1603 1425 1068	45 40 30	0.08 0.08 0.08
360																					3 2.5 2	1100 916 732	31 25 20	0.10 0.10 0.10

参考文献

1 赵荣义,范存养,薛殿华,钱以明.空节调节[M].第3版.北京:中国建筑工业出版社,1994.

2 曹叔维,周孝清,李峥嵘.通风与空气调节工程[M].北京:中国建筑工业出版社,1998.

3 电子工业部第十研究院.空气调节设计手册[M].第2版.北京:中国建筑工业出版社,1995.

4 陆耀庆主编.实用供热空调设计手册[M].第2版.北京:中国建筑工业出版社,2008.

5 单寄平.空调负荷实用计算法[M].北京:中国建筑工业出版社,1993.

6 邢振禧.空气调节技术[M].北京:中国商业出版社,1980.

7 马仁民.空气调节[M].北京:科技出版社,1980.

8 中华人民共和国国家标准.采暖通风与空气调节设计规范 GB 50019—2003[S].北京:中国计划出版社,2001.

9 潘云钢.高层民用建筑空调设计[M].北京:中国建筑工业出版社,1999.

10 薛殿华.空气调节[M].北京:清华大学出版社,1991.

11 陆亚俊,马最良,姚杨.空调工程中的制冷技术[M].哈尔滨:哈尔滨工程大学出版社,1997.

12 孙一坚.工业通风[M].第3版.北京:中国建筑工业出版社,1994.

13 国家卫生部.药品生产质量管理规范[S].1999.

14 龚崇实,王福祥.通风空调工程安装手册[M].北京:中国建筑工业出版社,1989.

15 许钟麟编.洁净室设计.北京:地震出版社,1994.

16 P O Fanger 著.21世纪的室内空气品质:追求优异[J].于晓明,译.暖通空调,2000,3.

17 李强民.置换通风原理、设计及应用[J].暖通空调,2000,30(5):41~47.

18 陆耀庆主编.供暖通风设计手册[M].北京:中国建筑工业出版社,1987.

19 马仁民,连之伟.置换通风几个问题的探讨.暖通空调,2000,30(4):18~22.

20 赵培森,竺士文,赵炳文.设备安装手册[M].北京:中国建筑工业出版社,1997.

21 殷平.中国供热通风空调设备手册[M].北京:机械工业出版社,1994.

22 陈义雄.浅说绿化建筑与绿化发展——持续的设计环境的质量受益的用户[J],暖通空调,2000,30(2):27~32.